Regulative Schmerztherapie

Wolfgang Laube • Axel Daase

Regulative Schmerztherapie

Praxismanual für Ärzte, Physio-,
Ergo- und Sporttherapeuten

 Springer

Wolfgang Laube
Altach, Österreich

Axel Daase
Schmerztherapiezentrum
Doctor Painless Academy
Luzern, Schweiz

ISBN 978-3-662-66214-4   ISBN 978-3-662-66215-1   (eBook)
https://doi.org/10.1007/978-3-662-66215-1

Die Deutsche Nationalbibliothek verzeichnet diese Publikation in der Deutschen Nationalbibliografie; detaillierte bibliografische Daten sind im Internet über https://portal.dnb.de abrufbar.

Planung/Lektorat: Renate Eichhorn
Springer ist ein Imprint der eingetragenen Gesellschaft Springer-Verlag GmbH, DE und ist ein Teil von Springer Nature.
Die Anschrift der Gesellschaft ist: Heidelberger Platz 3, 14197 Berlin, Germany

Geleitwort

„Muskelaktivität ist ‚Gehirntraining' und Psychotherapie! Die Therapie und die Lebensstiländerungen sind kognitive Herausforderungen. Der Muskelstatus steht für die konditionellen und die cerebralen Funktionen". (S. 14/Kap. 6)

Endlich ein **klares funktionelles Statement**: In diesem Buch wird die Schmerztherapie weitergedacht, gut erklärt und für die praktische Anwendung dargestellt. Der Untertitel „Praxismanual für Physio-, Ergo- und Sporttherapeuten" greift aus meiner Sicht zu kurz. Dieses Buch ist auch eine sehr gute Basis für verschiedene Professionen, Schmerztherapeuten, Hausärzte, aber auch für Medizinstudenten und interessierte Patienten.

Der Autor schöpft sein Wissen aus **vier beruflichen Leben**: Zunächst war PD Dr. Wolfgang Laube Leistungssportler und Facharzt für Sportmedizin, später Facharzt für Physiologie und Leiter eines Labors für neuro-muskuläre und später sensomotorische Funktionsdiagnostik. In den letzten Jahrzehnten behandelte er als Facharzt für Physikalische und Rehabilitative Medizin und Chefarzt eines Departments für stationäre und ambulante Rehabilitation Tausende Patienten, darunter viele Menschen mit Schmerzerkrankungen. Ich kenne im deutschsprachigen Raum keinen Experten mit vergleichbarer profunder Literaturkenntnis und gleichzeitig praktischer Erfahrung mit Menschen in fünf Jahrzehnten.

„Anamnese und Befund folgen zwei Prinzipien: Erstens ‚Ohr gemeinsam mit dem Auge an erster Stelle weit vor Labor und Bildgebung' und zweitens ‚Man sucht, sieht, findet, erkennt und bewertet nur das, worüber man Wissen und praktische Erfahrungen erworben hat'." (S. 8/Kap. 4)

Auch hier findet sich ein einfaches, aber klares Bekenntnis für eine **gute Medizin am und mit dem Menschen**. Anders ausgedrückt: Der Autor steht mit seinem Werk für Patientenorientierung ein und für das Erwerben von Gesundheitskompetenz in einem **strukturierten Versorgungsmanagement**. Er verdeutlicht dem Leser den Wert von Anamnese, Inspektion und Palpation. Sensomotorik ist kein bloßes Modewort, denn vielfältige und individuell angepasste anstrengende physische Aktivitäten sind das nachhaltig wirkende Haupttherapieelement und wird begleitet von schmerzlindernden „passiven" Interventionen systematisch angewendet.

Im Buch wird eine *„Regulative Schmerztherapie"* umfassend dargestellt. Dieses Konzept ist ein physiologisch begründetes, aufeinanderfolgendes **Interventionsstufenprogramm.** Elemente der Physikalischen Therapie und Manuellen Therapie sind zunächst die passiven Bausteine des Konzepts. Periostdruckbehandlungen, Kapseldehnungen und myofasziale Therapien entlang der Verkettungen und Schmerzprojektionslinien werden erläutert und befundgerecht verknüpft. Es geht nicht um einzelne „Allheilmittel", sondern um die ***Diagnostik relevanter Funktionsstörungen*** und deren gezielte Lösung. Erst im Anschluss daran erfolgt das exakt dosierte Gesundheitstraining durch aktive Therapie und Sport.

„Die aktive Muskulatur ist der wesentliche (grundlegende) ‚funktionelle Faktor' für die Logistiksysteme (Atmung-Herz-Kreislauf-Energiestoffwechsel), den Baustoffwechsel, den Bewegungsapparat, die hormonellen Systeme und auch rückwirkend für das Gehirn. Die von der Muskulatur produzierten Myokine sind entscheidende Signalstoffe und Stimulatoren der hormonellen ‚cross talks' mit dem Gehirn, dem Knochengewebe, dem Pankreas und vielen anderen Geweben und Organen, mit denen die Muskulatur die Gewebehomöostasen aufeinander abstimmt und die wechselseitigen physiologischen Adaptationen fördert. Kalorienreduktion und aktive Muskeltätigkeit sind die Interventionen der Wahl". (S. 4/Kap. 2)

Der **praxisrelevante Bogen von Funktionen, Aktivitäten und Teilhabe (ICF)** wird sehr weit und umfassend gezogen, bis hin zur Edukation, Salutogenese und Positiven Psychologie. Das ist umso wichtiger, da im Bereich Schmerztherapie bisher häufig eher symptom- und problemzentriert gearbeitet wurde und wird. Eine wirklich multimodale Therapie ist weit mehr als die oberflächliche Kombination aus Analgetika, Injektionen und Gesprächstherapie. Hervorzuheben ist die Untersuchung der Funktionen als auch des Zustandes des sensomotorischen Systems, d. h. der konditionellen und koordinativen Fähigkeiten. Wichtig ist dabei die Beachtung des beruflichen sensomotorischen Bedarfs (Berufe mit monotonen, einseitigen physischen Anforderungen) oder auch des Bedarfs eines aktiven Ausgleichs (u. a. PC-Arbeitsplätze) und die individuellen Mobilitätsziele des einzelnen Menschen.

All diese Aspekte werden im vorliegenden Buch dargestellt und setzen sich in unserer Gesellschaft allmählich durch. Die Förderung der aktiven Prävention, Rehabilitation und des (betrieblichen) Gesundheitssports belegen das. Der Wandel ***„von einer Reparaturmedizin zur Präventivmedizin"*** muss von allen Akteuren weiter vorangetrieben werden. Ähnliche Bestrebungen finden sich in der **Funktionsmedizin,** aber auch in der Kinder- und Jugendmedizin sowie in der Arbeits- und Altersmedizin: Die normalen bzw. physiologischen Funktionen des Bewegungssystems zu untersuchen, zu stabilisieren und in der Lebensspanne des Menschen möglichst lange zu erhalten, ist Aufgabe in einem modernen Medizinwesen. **Der Muskelstatus steht allgemein für den Gesundheitsstatus des Menschen und speziell auch für die Schmerzsituation.**

Ich danke dem Autor für dieses wichtige Buch und wünsche eine weite Verbreitung in verschiedenen Facharztrichtungen, Professionen und bei interessierten Laien.

Die Zeit ist reif dafür.

Sommerfeld, im April 2023

Dr. med. Volker Liefring

FA Physikalische und Rehabilitative Medizin

Chefarzt der Sana Rehabilitationsklinik Sommerfeld

Vorstandsmitglied der Deutschen Gesellschaft für Manuelle Medizin (DGMM)

Mitinitiator der Arbeitsgruppe Funktionsmedizin

Geleitwort

Als ich von Wolfgang Laube gebeten wurde, ein Geleitwort für sein neues Buch zu schreiben, war ich sowohl erfreut wie auch verwundert. Ich, als niedergelassener Orthopäde, soll ein Vorwort zu einer wissenschaftlichen Abhandlung schreiben? Dies kann ich nur als Freude und Ehre schätzen. Nachdem sich Wolfgang Laube immer etwas überlegt, bevor er etwas tut, kann ich nur hoffen, dass er sich hierbei ebenfalls etwas überlegt hat. Mir bleibt daher nur meiner Freude Ausdruck zu verleihen und dieser schönen Aufgabe nachzukommen. Ich habe mir nun einige Dinge überlegt, die ich in diesem Geleitwort ansprechen möchte. Die folgenden Punkte erheben aber keinen Anspruch auf Vollständigkeit. Sie sind vielmehr eine Aneinanderreihung von Gedanken, die mir zu den Inhalten des Buches in den Sinn gekommen sind.

Schmerzen sind nach wie vor die wichtigste und häufigste Ursache, weshalb Menschen einer Therapie bedürfen. Ganz gleich, welche Art von Therapie versucht wird, die Hoffnung ist immer zumindest eine Erleichterung, wenn nicht sogar ein völliges Verschwinden der Beschwerden zu erreichen. Wenn man nun Schmerzen möglichst gut und effektiv behandeln möchte, sollte man den Schmerz auch „verstehen". Dies ist bei akuten Schmerzen oder Traumen meist relativ leicht möglich. Hier besteht zumeist ein direkter Zusammenhang zwischen dem Trauma und seiner Intensität und den danach folgenden, meist unangenehmen, weil schmerzhaften Wahrnehmungen. Wesentlich schwieriger gestaltet sich dies bei chronischen Schmerzen. In diesem Fall divergieren Ursache und Wirkung und häufig findet sich kein direkter Zusammenhang mehr. Die Ursache hiervon liegt in der peripheren und zentralen Sensibilisierung des Nervensystems. Hier spielt sehr stark auch die Individualität des Individuums eine große Rolle. Einfließen können hier Dinge wie stattgehabte, schmerzhafte Erfahrungen, der soziale bzw. sozioökonomische Hintergrund, aber auch ethnologische Unterschiede.

Aber gerade in der Ordination sind chronische Schmerzen eine sehr häufige Krankheitsentität. Gerade die oben angeführten Punkte lassen sich, wenn man „seine" Patienten schon längere Zeit kennt, oft besser einschätzen. Hier in diesem Umfeld erfolgreich zu agieren, gehört meiner Meinung nach zu den wichtigen Aufgaben des niedergelassenen Therapeuten bzw. Therapeutin.

Wolfgang Laube führt in seinem Buch mehrfach aus und betont, dass man nur das findet, was man auch sucht, was sowohl für die Anamnese als auch die nachfolgende körperliche Untersuchung hervorgehoben werden muss. Spielt man diesen

Gedanken konsequent weiter, so kann man nur das suchen, was man kennt. Daraus ergibt sich nahtlos, dass die Physiologie, die Lehre von den bekannten und weiterhin aufzuklärenden Funktionen, die Grundlage für dieses Wissen und damit Suchen sein muss. Die Physiologie des menschlichen Organismus sollte verstanden und angewendet werden, speziell auch, um die „Patho-Physiologie", also beim Schmerzpatienten die Schmerzursachen erkennen und begründet behandeln zu können. Einer meiner Lehrer hat immer gesagt: „Untersuchung ist das Testen der Normalfunktion, um die Fehlfunktion zu finden". Ich würde diesen Satz insoweit abwandeln, als ich umformulieren würde: Die Kenntnis der Physiologie ist die Voraussetzung, um die Pathophysiologie zu erkennen.

Einer meiner häufigsten Aussagen, die Patienten von mir regelmäßig in der Ordination zu hören bekommen, ist, dass der Bewegungsapparat von Bewegung kommt. **Bewegung ist also die normale Funktion.** Wie kommt es jedoch zu dieser normalen Funktion? Welche Strukturen werden hierfür benötigt? In meinem Verständnis gibt es hier drei große Komponenten, die zusammen und in gegenseitiger Abhängigkeit, aber auch (positiver wie negativer) Beeinflussung, für die Funktionen des Bewegungsapparates unabdingbar sind. Es ist dies **erstens** der aktive Teil des Bewegungsapparates, das sensomotorische System mit der Muskulatur, dessen Konditionierungs- bzw. Dekonditionierungszustand positiv oder negativ den Gesundheitszustand prägt. **Zweitens** der passive Teil des Bewegungsapparates mit den Anteilen Fasziensystem und Sehnen als „kraftübertragende Bindeglieder" zwischen der Muskulatur und dem gleichfalls dazugehörenden Skelett für dessen Stabilisation und die Bewegung der Gelenke. Über all diesen Strukturen steht **drittens** das zentrale Nervensystem mit seinen höchsten Funktionen, der Motivation, den Emotionen, den Kompetenzen und Toleranzen. **Diese höchsten Leistungen des Nervensystems sind die Grundlage jeglicher Aktivitäten bzw. Bewegungen mit gesundheitlicher Konsequenz.** Erst wenn durch Aktivität diese drei Komponenten uneingeschränkt funktionieren und auch gesundheitlich genutzt werden, wird Bewegung lange in einem gesunden Ausmaß möglich und schmerzfrei sein oder wieder werden können. Es kann daher nur sinnvoll sein, dass sich jegliche Therapie an dieser „Organisation" orientieren soll. Wenn man diese funktionelle Struktur des Bewegungsapparates und den Bedarf an Bewegung nicht in seiner Gänze erkennt und akzeptiert, wird eine Therapie, vor allem wenn sie erfolgreich sein soll, schwierig werden. Je nach dem Krankheitsbild mag der Einfluss dieser Faktoren unterschiedlich sein, aber Anteile von jedem sind jedoch immer zu finden. Das bedeutet für mich, dass auch möglichst viele dieser Faktoren bei einem therapeutischen Ansatz zu adressieren sind. Speziell bei einem Therapieversagen sollte an bisher noch nicht adressierte Komponenten gedacht werden. Hierbei besteht bevorzugt der Bedarf an Bewegung im Fokus.

Eine weitere, mir sehr wichtige Beschäftigung liegt im Sport und hier speziell im Tennissport. In diesem Sport gibt es eine Weisheit, die ich hier durchaus auch passend zu dieser Thematik finde. Um erfolgreich (im Tennis) zu sein, sollte man „in den Kopf des Gegenübers kommen" und ihn dazu bringen, seine Handlungen, seine Spielweise und Spielzüge zu verändern. Das bedeutet, immerwährend zu versuchen, spieltechnisch „schwere Bälle" zu schlagen, oder irgendetwas, das von einem „normalen/natürlichen" Spielverhalten abweicht. In den meisten Fällen wird das dem Gegenüber misslingen und dazu führen, dass ein Fehler passiert. Was hat das nun mit einer Therapie zu tun? Wie Wolfgang Laube in seinem Buch ausführt, steht das zentrale Nervensystem, vereinfacht ausgedrückt „der Kopf über allem". Um dies nun medizinisch entsprechend umzusetzen, muss man als Therapeut/-in speziell bei chronischen Problemen auch „in den Kopf" des Patienten kommen. Denn auch hier ist und muss es das Ziel sein, das Verhalten zu verändern und damit grundlegende, in diesem Fall falsche Muster zu korrigieren. Im Buch werden dafür mannigfaltige Ansätze beschrieben. Allein das Anführen dieser Überlegungen sollte einen Denkprozess bei Therapeuten auslösen. Im Gegensatz zum Sport allerdings führt dies beim dann erfolgreichen Therapeuten auch zu einem Erfolg für den Patienten. Es entsteht eine Win-win-Situation. **Die für mich wichtigste Veränderung von Verhaltensweisen ist die unabdingliche „Beimengung" des „Medikamentes" Bewegung zu jedem therapeutischen Ansatz.** Mit klaren Worten beschreibt der Autor, dass es eigentlich **keine Alternative zur Bewegung in der Therapie, speziell von chronischen Erkrankungen, gibt.** Wie der stete Tropfen den Stein höhlt, so hat der immerwährende Hinweis von Wolfgang Laube bei diversen Diskussionen, und ich durfte in den letzten 10 Jahren einige davon mit ihm führen, dazu geführt, mein therapeutisches Handeln direkt und positiv zugunsten der Aktivität beeinflussen. Wichtig ist hierbei auch das Wissen, dass der Einsatz des aktiven therapeutischen Ansatzes nur in der Langfristigkeit seinen Erfolg zeigen wird.

Zum Schluss möchte ich hier noch einen mir wichtigen Gedanken zu Papier bringen. Eine Frage, die sich mir immer wieder stellt, ist: Gibt es „den" Schmerzpatienten überhaupt? Natürlich muss man, um wissenschaftliche Daten zu erhalten, möglichst einheitliche Patientenkollektive haben und vergleichen. Aber rein topische Diagnosen, wie z. B. Lumbalgie, eröffnen eigentlich ein sehr heterogenes Krankheitsgeschehen. Man kann also behaupten, dass wahrscheinlich jeder Patient anders ist. Wenn man nun von „ärztlicher Kunst" spricht, so bedarf es eigentlich eines „Spagates" zwischen der ärztlichen Wissenschaft, ich würde diese als „evidence based medicine" bezeichnen, und der ärztlichen Kunstfertigkeit, die für mich die „experienced based medicine" ist. Beides zu beachten und einzubringen, ist wichtig und es ist die Mischung entscheidend, um möglichst vielen Patienten helfen zu können.

Wolfgang Laube schafft es immer wieder, beides miteinander zu kombinieren. Er hat mich immer wieder inspiriert und motiviert, beides zu (ver)suchen und auch entsprechend umzusetzen. Aus meiner inzwischen mehr als 20-jährigen Tätigkeit als niedergelassener Orthopäde kann ich es jedem nur empfehlen, die Theorie mit der Praxis, so gut es geht, zu kombinieren. Eines ohne das andere wird nie funktionieren. Wolfgang Laube darf mit Fug und Recht von sich behaupten, beides in sehr großem Ausmaß umzusetzen und zu besitzen.

In einem Alter, in dem viele schon wirkliche „Pensionäre" sind, ich darf dich, den Autor, hier wörtlich zitieren, findet er immer wieder den Ansporn und die Kraft, sein Wissen durch seine Bücher mit einer großen Anzahl von Menschen zu teilen.

Dafür sowie für deine Freundschaft und deine Inspiration möchte ich dir hier noch einmal explizit danken. Ich hoffe, dass es noch das eine oder andere Buch von dir geben wird, da ich der festen, auch eigennützigen Überzeugung bin, mein Wissen durch deine Bücher immer wieder zu erweitern.

Rohrbach, im April 2023

Dr. Christoph Michlmayr

Facharzt für Orthopädie, Arzt für Allgemeinmedizin, Diplom Manuelle Medizin

Derzeitiger Präsident der Gesellschaft für konservative Sportmedizin (GKSM)

Kursleiter Manuelle Medizin MedAK Linz (oberösterreichische Ärztekammer),
Buchautor

Rohrbach Berg, April 2022

Vorwort

Hoffnung für Schmerzpatienten

Wer Schmerzen hat, leidet körperlich und seelisch. Schmerzen ziehen unser ganzes Sein in Mitleidenschaft und beeinträchtigen unsere Lebensqualität nachhaltig.

Oftmals gelten chronische Schmerzpatienten nach einigen Jahren als austherapiert, der Schmerz bleibt und überschattet das ganze Leben. Diesen Patienten helfen zu können, ist eine „hohe Aufgabe".

Lange Zeit galt die manuelle Schmerzbehandlung als „eine zu vernachlässigende" Therapie im Vergleich zu Medikamenten und/oder Operationen. Inzwischen hat die multimodale Schmerztherapie, die den Menschen immer mehr als eine Einheit betrachtet und behandelt, stark an Bedeutung gewonnen. Das interdisziplinäre und „ganzheitliche" Denken hat mir schon immer gelegen und es hat sich als einzig sinnvolle Perspektive für den Patienten ergeben. „Was nachhaltig zählt, ist weg vom Symptom und hin zur Heilung". **Das bedeutet die notwendige Kombination von passiven schmerzlindernden und aktiven nachhaltig wirkenden Interventionen.**

Während meiner Ausbildung zum Physiotherapeuten (1984) faszinierte es mich, dass Schmerzen auch nicht invasiv und/oder nicht medikamentös mittels Massagetechniken gelindert werden können. Ich erlernte die Periostmassage nach Prof. Vogler.

Mit den Jahren der ständigen Anwendung konnte mit der doch sehr schmerzhaften Periostmassage sehr vielen Schmerzpatienten geholfen werden. Viele Patienten gaben an, dass sie „von der Schulmedizin (dem Haus- oder Facharzt)" als austherapiert angesehen werden und dass sie mit den Einschränkungen der Mobilität und Lebensfreude „nun leben müssen". Mit den Erfahrungen qualifizierte sich die Massagetechnik des Periosts, wurde auf myofaszial-tendinös-periostalen Druckpunkte ausgedehnt und die Massagetechnik ist durch die Therapieschritte passive und aktive maximalen Gelenkbewegungen bis zur Schmerztoleranzgrenze und die Massage der von den Patienten immer wieder demonstrierten Schmerzausbreitungen erweitert worden.

Auf einem Weiterbildungslehrgang kam ich mit Dr. Laube, einem Sport- und Reha-Mediziner und Physiologen in Kontakt. Die Leidenschaft für das Thema Physiologie und das gemeinsame Ziel, die Schmerzen und deren Ursachen bei unseren Patienten zu behandeln, machte uns vom ersten Augenblick an zu Verbündeten. Meine praktischen Erfahrungen bei der Behandlung von Schmerzpatienten ergänzten sich mit seinem umfassenden theoretischen und praktischen Wissen um das Thema „Sensomotorik und Schmerzen". Es entstand eine fruchtbare Zusammenarbeit zugunsten der Schmerzpatienten auch in meiner Praxis.

Die Therapiekette schmerzhafte Periostdruckmassage – passive und aktive maximale Bewegungen – Massage der „Schmerzdemonstrationslinien" und das therapeutische Gesundheitstrainings als die nachhaltig wirkende Komponente der Kette in einem Buch vorzustellen, wurde schnell „geboren". Ich hoffe, dass das Kompendium Kollegen und Interessierten zum Vorteil der Patienten sehr viele Impulse gibt.

Tag, Monat, Jahr des Erscheinens
August 2023
PhDr. Axel Daase

Schmerzpatienten nachhaltig helfen!

Schmerzpatienten nachhaltig helfen zu können, bedeutet auch, die Selbstverantwortung der Patienten zu stärken, sodass sie zum eigenen Vorteil aktiv werden! Eine notwendige Hilfe ist die nicht medikamentöse Schmerzlinderung!

Die Entwicklungskette der das Krankheitsgeschehen immer mehr dominierenden und auch immer früher in der Lebensspanne zu diagnostizierenden chronisch-degenerativen Erkrankungen des Stoffwechsels (Adipositas, metabolisches Syndrom, Diabetes mellitus Typ II), des Herz-Kreislauf-Systems (Bluthochdruck), des Stütz- und Bewegungsapparates (Arthrosen), des Gehirns (Depression) und auch von 13 onkologischen Erkrankungen hat einen inzwischen anerkannten gemeinsamen Ausgangspunkt, die strukturelle und funktionelle **Dekonditionierung**. Sie bezieht alle Körpergewebe und Organe ein und so auch das Gehirn! Sie steht nicht nur „schlechthin" für Funktionseinbußen, also man kann weniger, sondern auch für die Entwicklung von Funktionsstörungen, die sich mit der Zeit „strukturell verfestigen"! Dazu gehört eben auch die eingeschränkte Schmerzunterdrückung durch das Gehirn. Bei „primären" Krankheitsentwicklungen auf der Grundlage deutlich unter dem biologischen Bedarf liegenden psychophysischen körperlichen Aktivitäten gehen die Funktionseinbußen den Funktionsstörungen und die den sich daraus entwickelnden krankhaften Strukturveränderungen voraus.

Somit entsteht ausgehend von der physiologischen Funktion inaktivitätsbedingt die **Dekonditionierung als Fundament** der nachfolgenden Entwicklungen. **Dekonditionierung bedeutet, strukturelle und funktionelle Schwäche und Funktionsstörungen.** Daraus resultieren bei verminderter Belastbarkeit **Fehlbelastungen** mit sich fortschreitend entwickelnden **Fehlfunktionen** und **Funktionsstörungen**, die gewebe- und zeitabhängig in **Strukturstörungen** münden. Die **chronisch degenerativen Erkrankungen** sind Realität geworden. **Die Funktions- und die Strukturstörungen legen die Grundlage** und sind teilweise zugleich verantwortlich für die **periphere Sensibilisierung**, die überproportionale Entstehung von Schmerzinformationen. Das Gehirn muss sich dauerhaft intensiviert damit auseinandersetzen. Im Ergebnis bildet das Gehirn Funktionsstörungen der Schmerzverarbeitung, der Bewertung, der emotionalen Reaktionen und Veränderungen des Verhaltens aus. Die Bewegungsprogramme werden von der Schmerzhemmung entkoppelt. Es ist eine **zentrale Sensibilisierung** entstanden, die **Schmerzerkrankung des Gehirns**.

Allein mit dieser belegten grundsätzlichen Kette der Krankheitsentwicklungen bis zur chronischen Schmerzerkrankung in immer mehr Fällen könnte problemlos wirksam präventiv Einfluss genommen werden und „man bräuchte nicht mehr über immer weiter steigende Gesundheitskosten klagen".

Am Ende der Krankheitskette stehen die chronischen Schmerzen gemeinsam mit all den parallel, besser dazugehörenden nachteiligen Veränderungen der Gehirnfunktionen, die „das Leben gestalten, bewerten, emotional verarbeiten, die Lebensbedingungen und Situationen beherrschen und die Bewegungsarmut fördern". Es müssen beim Schmerzpatienten also zuerst die Schmerzen reduziert werden, damit ausreichende tägliche und therapeutische körperliche Aktivität ermöglicht werden.

Die Interventionen der Therapiekette

- direkte Aktivierung der körpereigenen Schmerzhemmung durch die schmerzhafte Periostdruckmassage, wodurch die Schmerzen aber nicht ursächlich gemindert werden,
- schmerzhafte Massagetechnik und
- maximale passive und aktive Gelenk- und Körperbewegungen, welche sowohl die Schmerzhemmung aktivieren als auch über die Durchblutungsförderung wirksam sind,

werden für die Verbesserung und Erhaltung der Belastbarkeit eingesetzt. Allein sind sie zeitlich nur sehr begrenzt wirksam. Aber in diesem Zeitfenster der verminderten Schmerzintensität besteht eine Belastbarkeit für den Aufbau des dann nachhaltig wirksamen therapeutischen Gesundheitstrainings. Das Training ist ausschließlich als sehr langfristige körperliche Aktivität zu verstehen, denn eine teils über 10–20–30 Jahre entwickelte Erkrankung kann nicht in „gewünschten" kurzen Zeiträumen erfolgreich behandelt werden.

Training, dass ist zugleich psychophysische Belastung und Psychotherapie, für eine Gehirnfunktion zugunsten der gesundheitsfördernden Compliance und Resilienz, für eine anti-nozizeptive und anti-depressive Funktion oder die Reorganisation, für mehr Antrieb zur Aktivität und für eine gesteigerte Belastungs-, Anstrengungs- und Schmerztoleranz. Alle diese „positiven" Gehirnfunktionen und Gehirnleistungen sind therapeutische Zielstellungen und werden vom kranken Menschen benötigt, um die „eigene" Genesung systematisch voranzutreiben und zu erhalten.

Ich muss mich unbedingt bei Kathi Müller bedanken, die mich mit ihrem psychologischen Wissen unterstützt hat, das Kapitel Mentaltechniken schreiben zu können.

Tag, Monat, Jahr des Erscheinens

PD Dr. med. sc (habil) Wolfgang Laube, Monat der Veröffentlichung, Jahreszahl der Veröffentlichung

Facharzt für Sportmedizin, Physiologie, Physikalische und rehabilitative Medizin

Präsident der Gesellschaft für Haltungs- und Bewegungsforschung (GHBF),

Gastwissenschaftler an der Medizinischen Fakultät der Martin-Luther-Universität Halle-Wittenberg (Universitätsklinik Halle/Saale) und der Sportklinik Halle/S. – Zentrum für Gelenkchirurgie

Inhaltsverzeichnis

Teil I

Schmerzen, Ursachen, nicht medikamentöse Therapiewege

Schmerzen Begleit- oder Leitsymptom – die zwei Therapiewege

1

> ▶ **Chronische Schmerzen vorrangig Ergebnis des Lebensstils** Schmerzen können sich vom Begleitsymptom zum Merkmal einer chronischen Schmerzerkrankung entwickeln. Diese Entwicklung kann eine genetische Disposition haben, aber wesentlicher sind vererbbare epigenetische Faktoren und das Verhalten der Eltern, die gemeinsam den Lebensstil prägen. Ein primärer oder auf unterschiedlichen Ursachen beruhender sekundärer Dekonditionierungszustand disponiert, ist Hauptursache und verantwortet folgerichtig die Multimorbidität. Chronische Schmerzen sind als Ergebnis der zentralen Sensibilisierung eine „eigene Entität" und sie bestimmen die Compliance, Resilienz, psychophysische Leistungsbereitschaft und -fähigkeit, das gesamte Verhalten und den Aufbau und die Dosierung des aktiven Therapieprogramms. Zur Minderung der negativen zentralnervösen Folgen und für die physische Belastbarkeit müssen sie möglichst nicht pharmakologisch gemindert werden, um Einstellungen und Kompetenzen zugunsten des ursächlich wirkenden aktiven Weges zu erzeugen.

1.1 Chronische Schmerzen – eine Erkrankung des Gehirns

Häufig intermittierende und spätestens andauernde Schmerzen sind Ausdruck einer peripheren Sensibilisierung des Gewebes. Die Umweltreize provozieren verstärkt nozizeptive Afferenzen, wie z. B. Berührungen der Haut. Die Schmerzschwellen sind gemindert und es liegt eine Hyperalgesie vor. Das Gehirn ist das Organ der Schmerzempfindung und aller mit den Schmerzen im Zusammenhang stehenden Reaktionen. Es besitzt kein Schmerzzentrum, sondern eine fast das gesamte Gehirn einbeziehende Schmerzmatrix (s. Komponenten des Schmerzes). Ihr Erregungsmuster, die Neurosignatur, bezieht nahezu das gesamte Gehirn ein (vgl. Laube 2020a, 2022).

W. Laube, A. Daase, *Regulative Schmerztherapie*, https://doi.org/10.1007/978-3-662-66215-1_1

Wichtig: Die Gehirnstrukturen der Schmerzempfindung und der mit den Schmerzen verbundenen Reaktionen sind mit denen der Sensomotorik identisch oder extrem vernetzt. Sie können und dürfen deshalb nicht getrennt voneinander betrachtet werden. Aus dieser physiologischen Tatsache begründet sich in völlig logischer Konsequenz **„Bewegungsmangel ist eine Disposition für Schmerzen und Bewegungsaktivität ist Schmerzprävention oder Schmerztherapie!"**

Das gesunde Gehirn besitzt sehr leistungsfähige Mechanismen der Schmerzhemmung, der -modulation und -toleranz. Deshalb können gesunde Person alle sehr intensiven, anstrengenden oder lang dauernden Bewegungen ohne oder während höchster Intensität (Leistungssportler) mit gut verträglichen Schmerzen ausführen. Hinzu kommt, dass eine trainingsbedingt gut ausgebildete Schmerztoleranz des Gehirns dies zulässt. Die Schmerzhemmung ist ein integraler Bestandteil des Handlungs- und Bewegungsprogramms, des „common drive" und aller damit verknüpften und integrierten neuralen und zentralen humoralen Aktivitäten. Bestehen jedoch im Körper Schmerzherde infolge myofaszial-skelettaler Störungen, aber auch andere Schmerzquellen (gastrointestinal, onkologisch), muss das Gehirn sich mit den ständigen Schmerzinformationen auseinandersetzen. Es bildet dadurch selbst eine Funktionsstörung aus, wodurch die Mechanismen der Schmerzhemmung und – modulation als auch die Schmerztoleranz in ihrer Wirksamkeit und im Wechselspiel mit der Sensomotorik reduziert, gestört und dysbalanciert werden. Daran beteiligt sind alle höchsten Gehirnareale, die das menschliche Handeln organisieren und regeln. Es sind die Gehirnanteile der Schmerzwahrnehmung (sensibler Cortex), der kognitiv-mentalen (präfrontaler Cortex), der emotionalen Verarbeitung (limbisches System) und der neurovegetativen und humoralen Körperregulationen.

Wichtig: Die Therapie chronischer Schmerzen ist Therapie des Gehirns einschließlich und wahrscheinlich sogar vorrangig seiner höchsten Funktionen und Leistungen. Jede Intervention zur vorübergehenden und bevorzugt die zur langfristig nachhaltigen Schmerzlinderung ist auch eine psychotherapeutische Intervention. Sie beeinflusst die schmerzrelevante Pathophysiologie des Gehirns.

1.2 Schmerzsyndrome: genetische und epigenetische Faktoren

Bis zu 50 % der Personen mit muskuloskelettalen Schmerzerkrankungen besitzen disponierende genetische Marker (Diatchenko et al. 2013). Dieser Prozentsatz resultiert aus den Beziehungen der genetischen Varianten und Mechanismen der Vererbung zu den Schmerzen (Mogil 2012). Die genetische Prägung wird immer auch von wesentlichen epigenetischen Faktoren ergänzt (D'Agnelli et al. 2019). Die Diagnose der Fibromyalgie, bei der bevorzugt zentrale Ursachen diskutiert werden, ist bisher nach den Kriterien des American College of Rheumatology (Wolfe et al. 1990, 2010, 2016) eine klinische Diagnose. Validierte biochemische oder auch genetische und epigenetische Indikatoren für eine objektive Diagnosestellung bzw. überhaupt für die Diagnose Schmerzerkrankung sind trotz Forschungsarbeiten bisher noch nicht bekannt.

Bei muskuloskelettalen Schmerzen betrifft der Hauptteil der genetischen Variabilität die Neurotransmittersysteme (Zorina-Lichtenwalter et al. 2016). Arbeiten berichten über die Beteiligung sehr vieler mit der Schmerzsensibilität verknüpfter bzw. verknüpfbarer Gene wie u. a.

- für spannungsabhängige Natriumkanäle,
- für μ-opioid-Rezeptoren,
- für den „transient receptor potential vanilloid channel 2" (TRPV2; u. a. mechano- und thermosensible Neurone im Hinterhorn und im Ggl. trigeminale)
- für das katecholaminerge (noradrenerge) und serotonerge System (deszendierende Schmerzhemmung),
- für das dopaminerge/GABAerge System (Belohnungssystem),
- für die HPA-Achse und
- für immunologische Reaktionen.

In Abhängigkeit von der Häufigkeit bestimmter genetischer Faktoren und der Mensch-Umwelt-Beziehung (Epigenetik) werden die Sensibilisierungsprozesse begünstigt. Ein konkretes „Puzzlebild" der Schmerzerkrankung ist nicht vorhanden.

Nicht unwesentlich sind epigenetische Mechanismen, also solche ohne Änderung des genetischen Codes, auf der Grundlage von früh in der Lebensspanne eingewirkten und weiter vorliegenden Umwelt- und Lebensfaktoren wie psychische und physische Traumata und Stress am Schmerzgeschehen beteiligt (Szyf und Bick 2013). Sie bilden sich durch psychophysiologische Erfahrungen (Beanspruchungen) im Wechselspiel mit der Umwelt heraus und fördern oder unterdrücken u. a. Genexpressionen für die neuronale Plastizität, die für Lern- und Gedächtnisprozesse verantwortlich sind. Entsprechend sind sie Vermittler von langfristigen Veränderungen im zentralen und peripheren Nervensystem (Denk und McMahon 2012).

Wichtig: Die vorhandenen Biomarker sprechen insgesamt mehr für eine Disposition für nozizeptive Entwicklungen. Sie werden weniger als ihre absolute Ursache angesehen, da auch die Palette relativ groß ist. Die genetischen Muster der häufigen chronischen Schmerzzustände weisen auf jeweils geringe Beiträge vieler möglicher Einzelnukleotidpolymorphismen für verschiedene Signalwege hin. In der Summe liegt eine genetische Disposition vor, die durch epigenetische Mechanismen unterstützt werden kann. Familiäre Häufungen z. B. der Fibromyalgie sind bekannt.

1.3 Schmerzen: vom Begleitsymptom bis zur Schmerzerkrankung

In einer physiotherapeutischen Praxis werden Patienten mit sehr verschiedenen Schmerzursachen und pathogenetischen Entwicklungsstadien chronischer Erkrankungen behandelt. In der speziellen schmerztherapeutischen Praxis sind es absolut bevorzugt die Menschen mit einer langfristig entwickelten chronischen Schmerzerkrankung des Gehirns

- als Endstadium der Pathogenese einer primär peripheren degenerativen (z. B. Arthrosen), entzündlichen (z. B. rheumatischer Formenkreis), stoffwechselbedingten (z. B. Gicht, Diabetes), neurologischen (z. B. Polyneuropathie verschiedener Genese) bzw. onkologischen Erkrankung,
- als Folge von Verletzungen (z. B. traumatisch veranlasste Amputationen, spinaler Querschnitt) oder
- als eine zusätzlich entwickelte Erkrankung des Gehirns auf der Basis der benannten Erkrankungen oder Verletzungen.

Dabei lassen sich die Schmerzen in 3 Kategorien einordnen (AWMF-Leitlinie Schmerzgutachten 2017): Es sind Schmerzen

1. als Begleitsymptom einer körperlichen Störung mit der Unterteilungsmöglichkeit
   - „übliche" Schmerzen als Begleitsymptom einer somatisch begründbaren Erkrankung oder Verletzung,
   - „außergewöhnliche" Schmerzen nach Verletzung (z. B. Phantomschmerz) oder z. B. bei einem komplexen regionalen Schmerzsyndrom (CRPS),
2. körperlich teilweise erklärbar mit psychischer Komorbidität (zentrale Sensibilisierung) und
3. als Ergebnis einer primär (cerebralen) psychischen Erkrankung.

Entsprechend können die Schmerzen prinzipiell in die folgenden vier Intensitätsgruppen eingeteilt werden. Die Einordnung hat zugleich Konsequenzen für das Therapieregime hinsichtlich der erforderlichen Komplexität der Therapiekette und der voraussichtlichen Therapiedauer. Diese sind

1. akute bzw. subakute und dann abklingende Schmerzen bei bisher klinisch völlig gesunden Personen,
2. rezidivierende Schmerzen unterschiedlicher, auch variabler Intensität als ein Symptom unter mehreren Krankheitssymptomen ohne bzw. mit zeitabhängig geringer peripherer Sensibilisierung und dessen Rückbildung im Prozess der Gesundung oder Ausheilung,
3. rezidivierende oder länger andauernde Schmerzen geringer bis hoher Intensität mit gleichfalls variabler Ausprägung als Krankheitssymptom mit peripherer und sich entwickelnder zentraler Sensibilisierung und

4. chronische Schmerzen variabler Intensität (länger 3 oder 6 Monate in Abhängigkeit von der Definition) als Ergebnis der fortgeschrittenen zentralen Sensibilisierung oder als Folge einer primär cerebralen Erkrankung.

Schmerzintensitätsgruppe 1

Akute Schmerzen bei einer bisher völlig beschwerdefreien Person können eindeutig einem akuten Trauma (z. B. Sturz, Zusammenstoß, ...), einer akuten Gewebeverletzung durch das akute Übersteigen der Belastbarkeitsgrenze (z. B. Muskelkater) und/oder akut aufgetretener koordinativer Defizite mit Verletzungsfolgen (z. B. Muskelfaserrisse), einer akut inadäquat intensiven und/oder andauernden mechanischen Belastung von Bindegewebsstrukturen (z. B. Enthesopathien), einer Strahlenbelastung der Haut (z. B. Sonnenbrand) oder auch akuten Erkrankungen (z. B. Infektionen) zugeordnet werden.

> **Wichtig:** Die Schmerzen resultieren aus den Entzündungsprozessen infolge der Verletzung oder Erkrankung, die den Geweben oder dem gesamten Organismus als übereinstimmende Abwehrreaktion auf die verschiedenartigen Schädigungsarten durch unbelebte und belebte Krankheitsursachen zur Verfügung stehen.

Entsprechend sind zusätzlich zu den Schmerzen in differenter Ausprägung die klassischen Symptome der Entzündung Schwellung, Ödem, Wärme, „functio laesa" und Rötung vorhanden.

Für den Therapeuten ist es somit „einfach", die Ursache zu erkennen oder in Erfahrung zu bringen und die aktuellen Schwerpunkte und den zeitlichen Ablauf der Interventionen des therapeutischen Regimes festzulegen und auszuführen. Die Folgen eines akuten Ereignisses können je nach Ursache und Ausprägung der Schädigung relativ kurzfristig bewältigt werden. Der Heilungsverlauf kann anhand der Rückbildung des gestörten Befindens, der Schmerzen, der Entzündungszeichen und der Körperfunktionen eingeschätzt werden und er kann, aber muss nicht in einer „restitutio ad integrum" enden.

> **Wichtig:** Unbedingt zu beachten ist, dass eine „restitutio at integrum" stets nicht möglich ist, wenn akute Verletzungen, aber auch umfängliche Entzündungsprozesse Strukturen des sensomotorischen Systems zerstört haben, die durch Narbengewebe ersetzt und deshalb strukturell und funktionell nicht regeneriert werden können. Die Verletzung heilt mit Funktionsänderungen des sensomotorischen Systems aus, die kurz-, mittel- und langfristig Funktionsstörungen und daraus folgend Strukturschäden verursachen können. Ein präventives Programm sollte zumindest empfohlen, besser langfristig eingeleitet werden. Es benötigt ein hohes Maß an Selbstverantwortung.

Eine bereits relativ kurzfristig diagnostizierbare Funktionsstörung ist z. B. die Instabilität des Sprunggelenks nach einer schweren Distorsion, wenn die biomechanische und sensomotorische Gelenkfunktion nach 6 Monaten immer noch inadäquat ist bzw. sich von der nicht verletzten Seite noch deutlich nachteilig unterscheidet. Eine sensomotorische Funktionsstörung nach einer VKB-Ruptur ist

- unmittelbar vorhanden,
- bleibt grundsätzlich für immer bestehen,
- führt langfristig nach ca. 10–15 Jahren bei 70–80 % der Personen zum Strukturschaden, der sekundär degenerativen Erkrankung Gonarthrose,
- die wiederum zur Ursache einer Schmerzerkrankung werden kann.

So heilen akute Verletzungen mit intensiver Unterstützung des Physiotherapeuten potenziell klinisch aus. Die physischen Aktivitäten können je nach Verletzung mehr oder weniger bzw. auf dem gleichen oder einem eingeschränkten Niveau wieder ausgeführt werden und sind als Dispositionen für erneute Verletzungen wirksam. Nach einer VKB-Ruptur kehren nur wenige Athleten erfolgreich in ihren Sport zurück und die Rate der Re-Rupturen beträgt nach dem „return to sport" bei unter 20-Jährigen bis zu 40 % (Gokeler et al. 2022).

Wichtig: Das primäre strukturelle Schädigungsbild ist für die zukünftige Funktion des sensomotorischen Systems entscheidend und sollte bei Bedarf zu sekundär präventiven Konsequenzen führen.

Natürlich ist das Ausmaß der funktionellen Änderungen und somit u. a. auch die Rezidivrate der Verletzung vom anatomischen Standort und dem Ausmaß der Gewebeverletzung abhängig. Aus der Sicht der Sensomotorik sind die Sensorverluste in den Bindegewebsstrukturen und deren neurophysiologische Wertigkeit bestimmend. Die wohl einschneidendste Verletzung ist die VKB-Ruptur mit ihrer umgehenden funktionellen Teilparese aufgrund der auch zerstörten Sensoren des Bandes als sehr wichtige Funktionselemente des sensomotorischen Systems. Mit dem Heilungsprozess nach der operativen Rekonstruktion regeneriert der Sensorstandort vorderes Kreuzband nicht und es bleibt eine funktionelle Narbe im sensomotorischen System zurück.

Sicher scheint, dass nach akuten Verletzungen beim bis dahin strukturell intakten und gesunden Patienten keine oder kaum eine periphere Sensibilisierung vorliegt bzw. entsteht. Dessen Verhinderung muss auch immer ein Element des Therapieprogrammes sein. Dieser Therapieaspekt gilt offensichtlich absolut bevorzugt für Personen ohne bisherige genügende physische Aktivitäten z. B. im Mindestempfehlungsrahmen der WHO (2011, 2020), denn regelmäßige physische Anstrengung qualifiziert die Schmerzhemmung, steigert die Schmerztoleranz und ein guter Trainingszustand der Muskulatur wirkt u. a. anti-nozizeptiv und bestimmt sogar den Gesundheitsstatus des Organismus (vgl. Laube 2020a, 2021).

Wichtig: Mit dem Wissen um die aktuellen und die potenziellen zukünftigen Konsequenzen nach akuten Verletzungen des Stütz- und Bewegungsapparates für die sensofaszial-muskulo-skelettale Funktion und längerfristige sekundäre gesundheitliche Beeinträchtigungen in Abhängigkeit vom Verletzungsort und -umfang und den möglichen Folgen auch für den Beruf und/oder den Sport, ist der Therapeut gefordert zu informieren und aufzuklären. Sehr sinnvoll, wenn nicht sogar für die Perspektive notwendig, ist die umgehende selbstverantwortete Aufnahme und/oder Weiterführung eines sekundär präventiven therapeutischen Gesundheitstrainings (Laube 2020a). Dementsprechend obliegt es dem Therapeuten, nach Verletzungen Einfluss auf die Gesundheitskompetenz zu nehmen, indem mit einer solchen Empfehlung und ihrer Begründung 1. sekundäre Krankheitsentwicklungen deutlich verzögert werden können und 2. ein später sich potenziell entwickelndes Schmerzsyndrom durch einen gut trainierten Muskelstatus verhindert werden kann.

Schmerzintensitätsgruppe 2

Ein „Schnittstellenfall" sind akute, subakute bzw. deutlich funktionshindernde myofaszial-skelettale Schmerzen bei Personen nach einem scheinbar sogenannten „Bagatelltrauma", die bereits vorher intermittierend geringe Beschwerden hatten. Als „Bagatelltrauma", obwohl es das sicher nicht ist, kann auch bereits die fortgesetzt intensive mechanische Beanspruchung durch berufliche oder sportliche Belastungen gewirkt haben. Hier darf davon ausgegangen werden, dass sehr wahrscheinlich entweder

1. bereits ein fehlbelastungsbedingt latenter Entzündungszustand vorhanden war, der rezidivierend die Schwelle zur klinischen Relevanz überschritten hatte und chronisch, also über einen nicht eruierbar langen Zeitbereich, die Gewebebelastbarkeit gemindert und die nun akute Verschlechterung oder sogar eine Verletzung gefördert hat, oder
2. der bevorzugt latente Entzündungsprozess sensomotorische Koordinationsstörungen als Disposition für eine akute Verletzung zu verantworten hatte.

Beide Faktoren sind sicher jeweils mit einer unterschiedlichen Bilanz stets gemeinsam vorhanden. Bei akuten Verschlechterungen oder nach Verletzungen mit einer Schmerzanamnese muss der Therapeut nach den Ursachen der wahrscheinlich latenten Entzündung und vor allen Dingen auch nach dessen sensomotorischen Auswirkungen fahnden. Diese Ursachen sind zusätzlich zum Behandlungsgegenstand zu machen, um nach der Behandlung Rezidive möglichst zu verhindern. Anhand der latenten Entzündung und der intermittierend aufgetretenen Schmerzen kann auch von einer peripheren Sensibilisierung unbekannten Ausmaßes ausgegangen werden. Es gilt, dessen Weiterentwicklung zu unterbinden und eine Rückbildung einzuleiten. Hierfür ist der Zyklus Belastung-Beanspruchung-Adaptation bzw.

De- oder Maladaptation (Laube 2009, 2020b) zu prüfen. Das Belastungsregime und/oder die Relation Belastung-Erholung müssen „therapeutisch" modifiziert werden.

> **Wichtig:** Akute myofaszial-skelettale Schmerzen ohne ein eindeutig intensives Trauma oder infolge der Weiterführung anstrengender Belastungen haben beim Vorliegen einer Schmerzanamnese wahrscheinlich eine chronisch wirkende maladaptive Ursache im Hintergrund, die es aufzuklären gilt. Das Belastungs-Erholungs-Regime ist hierbei ein notwendiger therapeutischer Ansatz, der vom Therapeuten analysierend, beratend und mit gestalterischen und inhaltlichen Konsequenzen einbezogen werden muss. Der Therapeut muss sich hierfür sportwissenschaftliches Wissen aneignen. Dann kann auch eine periphere Sensibilisierung, eine Chronifizierung, beherrscht werden.

Schmerzintensitätsgruppe 3

Treten in aller Regel zwar keine akuten, sondern seit längerer Zeit intermittierend immer wieder zunächst geringe und im Verlauf dann auch subakute myofaszial-skelettale Schmerzen mit variabler Intensität und teilweise schmerzbedingten sensomotorischen Einschränkungen auf, ist ein zugrunde liegender chronischer

- Dekonditionierungsprozess mit maladaptiven und degenerativen sensomyofazial-skelettalen Konsequenzen,
- primär fehlbelastungsbedingter oder sekundär degenerativer Strukturprozess (z. B. Arthroseentwicklung),
- primärer (Erkrankung des rheumatischen Formenkreises) und/oder auch ein sekundärer (exazerbierte Arthrose) Entzündungsprozess verantwortlich zu machen, oder

den Schmerzen liegen

- weitere Erkrankungen des internistischen (z. B. Diabetes mellitus) und orthopädischen Fachgebietes (z. B. Pseudoradikulärsyndrome) sowie des neurologischen (CRPS, nicht diabetische Polyneuropathie), onkologischen und/oder psychiatrischen (z. B. Depression, Angst- und posttraumatische Belastungsstörung) Fachgebietes zugrunde.

Bei den Patienten dieser Gruppe kann

- eine periphere Sensibilisierung als auch
- eine eingeleitete und potenziell fortschreitende bzw. fortgeschrittene zentrale Sensibilisierung angenommen werden.

Die Patienten „sind auf dem Weg" zur chronischen Schmerzerkrankung. Der Stand der zentralen Störung resultiert aus Merkmalen des Befindens und Verhaltens sowie der kognitiv-emotionalen Schmerzverarbeitung. Dies gilt es zu prüfen, um unmittelbar auch psychologisch relevant therapeutisch wirksam zu werden.

> **Wichtig:** Dekonditionierung, chronische Fehlbelastungen, primär degenerative und entzündliche Erkrankungen und Verletzungen sind potenzielle Quellen der Entwicklung einer chronischen Schmerzerkrankung. Deshalb sollten Interventionen zu dessen Verhinderung umgehend Bestandteile des Therapieregimes sein. Hierzu gehört die umgehende Aufklärung über die Disposition zur Schmerzerkrankung und auch, um die notwendige Selbstverantwortung zur Verhinderung zu fördern, aber auch zu fordern. Ein wesentliches präventiv-therapeutisches Element ist die physische Aktivität und je nach Schädigung auch eine psychologische Betreuung. Die Verhinderung der Schmerzerkrankung ist die beste Therapie!

Schmerzintensitätsgruppe 4
Bestehen durchgängig seit mindestens 3 (Merskey und Bogduk 1994) oder 6 Monaten Schmerzen im moderaten bis intensiven Intensitätsbereich oder es sind nur sehr geringe schmerzarme und kaum schmerzfreie Intervalle vorhanden, besteht eine chronische Schmerzerkrankung. Zum klinischen Bild gehören dann auch in variabler Ausprägung und wechselnd intensiv oder andauernd sensomotorische Funktionseinschränkungen bis zum vorübergehenden Verlust, kognitiv-bewertende und emotionale Veränderungen und Störungen bis zu sozialen Beeinträchtigungen. Diese Patienten fallen auch durch ein Auseinanderfallen von subjektiven Angaben der Schmerzintensitäten und objektivierbaren peripheren Maladaptationen auf. Ebenso kann aufgrund des Verhaltens, den mitgeteilten Schmerzempfindungen und -wahrnehmungen sowie der Verarbeitung der Schmerzsituation eine psychiatrisch relevante cerebrale Störung angenommen werden. Beim Vorliegen solcher Symptome wird auch eine ärztliche Schmerzbegutachtung empfohlen (AWMF-Leitlinie Schmerzgutachten 2017).

> **Wichtig:** Chronische Schmerzen sind eine „eigene Entität", denn sie sind nicht mehr Begleitsymptom einer Erkrankung oder Verletzung. Sie unterliegen „eigenen" pathophysiologischen Bedingungen und Zuständen und haben eine „eigene" Systematik (Mills et al. 2019). Da vielfältige Krankheitsursachen zu chronischen Schmerzen führen können und viele Faktoren (physisch, psychisch, sozial) die Entwicklung und Aufrechterhaltung begünstigen, ist das Programm der Interventionen „eigenständig", „individuell auszurichten", „fachübergreifend", aber auch „prinzipiell vergleichbar".

1.4   Aktive Therapie essenziell

Die schmerz-, physio- und trainingstherapeutische Behandlung basiert auf der fachärztlichen Zuweisung, den laufenden oder bisherigen

- medikamentösen und/oder
- andersartigen Interventionen einschließlich den Festlegungen zur Belastbarkeit und/oder
- manualtherapeutischen Interventionen.

Sie müssen dem Therapeuten bekannt sein und im „eigenen" Therapieplan Beachtung finden. Eine Rückkopplung zum Arzt, insbesondere zur Belastbarkeit nach Operationen, ist häufig vorteilhaft oder es liegen die einschlägigen Schemata der überweisenden Klinik bzw. der Ärzte vor.

Die vom Therapeuten zu beantwortenden Fragen sind:

1. Liegt eine für degenerative Prozesse disponierende und auch ursächlich mitverantwortliche Dekonditionierung vor (Laube 2022) und – wenn ja – wie ausgeprägt ist sie?
2. Ist der schmerzverursachende Prozess degenerativ oder primär entzündlich?
3. Wie unterstützt eine primär oder sekundär bedingte Dekonditionierung den entzündlichen Krankheitsprozess und beeinflusst die Intensität des Schmerzgeschehens?
4. Basieren die Schmerzen bereits auf einer peripheren Sensibilisierung und wie weit ist sie vorangeschritten?
5. Gibt es Anzeichen für das Vorliegen einer zentralen Sensibilisierung, sodass die Pathogenese das Stadium der intensiven Einbeziehung des Gehirns erreicht hat oder sich auf der Grundlage der degenerativen oder entzündlichen Erkrankung eine weitere „eigenständige" Erkrankung „mit eigenen pathophysiologischen Bedingungen und Gesetzmäßigkeiten" herausgebildet hat?
6. Gibt es Faktoren und – wenn ja – welche Faktoren begünstigen und unterhalten mit welcher Ausprägung eine Chronifizierung?

Die Ursachensuche gehört zu den wichtigsten Elementen für die Begründung und Durchführung der schmerztherapeutischen Interventionen, weil

- die primäre oder sekundäre Dekonditionierung ein hauptsächlich verursachender und/oder den Krankheitsprozess vorantreibender Faktor ist und unbedingt ein zwingendes Element des aktiven Behandlungsplanes sein muss, wenn die Therapie ursächlich sein soll.
- das tägliche Belastungs-Erholungs-Regime, der Lebensstil, dem Dekonditionierungszustand und der daraus folgenden peripheren und zentralen Belastbarkeit angepasst werden muss.
- auf der Basis des Erkennens des Dekonditionierungszustandes Fehlbelastungen im täglichen Belastungsregime erkannt und ausgeschlossen werden müssen.

- begünstigende oder verursachende Erkrankungen (metabolisches Syndrom, Adipositas, Erkrankungen des rheumatischen Formenkreises, …) fachärztlich, physio- und trainingstherapeutisch und bei Bedarf auch psychologisch mitbehandelt werden müssen.
- eine vorliegende zentrale Sensibilisierung nicht nur das Schmerzgeschehen, sondern gleichfalls den Aufbau und die Dosierung des letztendlich ursächlich wirkenden aktiven Therapieprogramms bestimmt.
- die zentrale Sensibilisierung gravierende Auswirkungen auf die Compliance, die Resilienz, die psychophysische Leistungsbereitschaft, die psychophysische Leistungsfähigkeit und damit insgesamt auf das Verhalten, die Belastungs-, Anstrengungs- und Schmerztoleranz hat. Alles Faktoren, die den Belastungsaufbau, die mögliche Dosierung und damit die Wirksamkeit der erforderlichen therapeutischen physischen Belastungen bestimmen und dessen Beeinflussung deshalb Therapieziele sein müssen.

Wichtig: Bei den Patienten der Schmerzgruppen 3 und 4 und allen, die an einer Erkrankung der Gruppe der physischen Inaktivität (Pedersen 2009) als Basis der sich entwickelnden oder vorliegenden Schmerzerkrankung leiden, ist die Dekonditionierung die wesentliche Krankheitsursache. Sind primär entzündliche internistische Erkrankungen, neurologische bzw. onkologische Erkrankungen oder Verletzungen dafür verantwortlich, besteht fast in aller Regel eine sekundäre Dekonditionierung.

So sind bei den sehr verschieden zu benennenden Krankheitsentitäten und „ihren (!!??) Schmerzsyndromen" dennoch die dafür im Vordergrund stehenden Risikofaktoren, absolut angeführt von der ungenügenden physischen Aktivität, sehr einheitlich und „eigentlich problemlos!?!" beeinflussbar. Sehr nachteilig für die Entwicklung des Gesundheitszustandes der Bevölkerung ist, dass heute bereits viel zu häufig und fortschreitend die Inaktivität im Kindes- und Jugendalter beginnt.

Wichtig: Der Bewegungsmangel und die im 18. Lebensjahr daraus resultierenden Funktionsmängel bzw. -störungen, gegeben durch die koordinativen (Bewegungsvielfältigkeit, -qualitäten) und konditionellen (Ausdauer, Kraft) Defizite der Leistungsfähigkeit, bestimmen 20–40 Jahre später die Morbidität (Crump et al. 2016a, b, c, 2017a, b, c). So ist der Bewegungsmangel mit der entsprechenden Dekonditionierung in allen Altersabschnitten gemeinsam mit einer überkalorischen und nicht vollwertigen Ernährung der gravierende Risikofaktor für Erkrankungen und Schmerzsyndrome und fördert gleichfalls den Alterungsprozess.

Aus gesellschaftlicher Sicht müssen diese Faktoren durch Forderungen und Förderungen minimiert werden. In der Konsequenz steht ein Wandel von einer „Reparaturmedizin" zur „Präventivmedizin" an. Dieser unbedingte Bedarf wird repräsentativ durch das Ausmaß der physischen Inaktivität belegt. Lt. GEDA 2014/2015-EHIS waren in Deutschland ohne wesentliche Unterschiede zwischen den Altersgruppen 54,7 % aller Menschen ab dem 18. Lebensjahr physisch inaktiv. Selbst in der Gruppe des oberen Bildungsniveaus betrug der Anteil 44,3 % (Robert Koch-Institut Nationale Diabetes-Surveillance 2019). Die nahezu logische Konsequenz ist, dass 2010 60 % der Bevölkerung (18–79 Jahre) übergewichtig und 23,6 % an Adipositas erkrankt waren und 2015 bei jedem 10. Erwachsenen die Diagnose Diabetes Typ II (Diabetes Typ I: 0,28 %!!!) gestellt werden musste (Zylka-Menhorn 2017; Goffrier et al. 2017).

> **Wichtig:** Die „Therapie der Dekonditionierung" gehört zu jedem Therapieprogramm und sie ist die Intervention der ersten Wahl und dauerhaft erforderlich!

Die gemeinsame Basis chronisch-degenerativer Erkrankungen „Physische Inaktivität" dokumentiert sich folgerichtig auch in der Multimorbidität der Patienten, die den Schweregrad ausmacht und den therapeutischen Aufwand bestimmt. Das Ergebnis der physischen Inaktivität, die generalisierte Dekonditionierung mit ihrem Hauptmerkmal systemisch erhöhter Entzündungsstatus, ist gravierend häufig mit Übergewicht bzw. der Adipositas kombiniert. Die Stoffwechselerkrankungen fördern zusätzlich die Entzündung. Das ist auch mit einer diabetogenen Stoffwechselstörung gleichzusetzen. Mit der auf diesen Grundlagen sich entwickelnden Kreislauferkrankung entsteht das metabolische Syndrom. Das kann wiederum als ein „frühes" Entwicklungsstadium des Diabetes mellitus Typ II angesehen werden. Obwohl nicht alle Menschen dieses Krankheitsstadium erreichen, so entstehen doch die pathomorphologischen und pathophysiologischen Konsequenzen bereits in den Entwicklungsstadien. Die Folgen der inaktivitätsbedingten Entzündung manifestieren sich gleichfalls in cerebralen Funktionsstörungen und inzwischen sind auch 13 onkologischen Erkrankungen damit in den Zusammenhang gebracht worden. Des Weiteren liefert die Inaktivität die pathophysiologischen Grundlagen für die myofaszial-skelettaler Erkrankungen.

Übersicht
Wichtig: Ein übergroßer Teil der Krankheitsentwicklungen und somit die Morbidität der Bevölkerung wären durch

- eine ausreichende Aktivität (WHO 2011, 2020) und
- ein adäquates Ernährungsverhalten (Rat der Europäischen Union: Grünbuch 2005, siehe lebensmittelbasierte Ernährungsleitfäden: FBDG) aus kalorischer und inhaltlicher Sicht sicher beeinflussbar.

„Es kommt nur darauf an, dem absolut nicht abänderbaren biologischen Bedarf an physischen Belastungen, weil phylogenetisch gewachsen und unwiderruflich gegeben, gerecht zu werden".

1.5 Chronische Schmerzen – parallele therapeutische Wege

Mit der Morbidität steigt auch die Prävalenz chronischer Schmerzsyndrome. 2013 berichteten 32,9 % der Befragten einer repräsentativen Stichprobe über chronische Schmerzen. Bei 5,4 % lagen gleichzeitig körperliche und soziale und bei 2,3 % körperliche, seelische und soziale Beeinträchtigungen vor (Häuser et al. 2013). Eine Schmerzkrankheit hatten 24,0 % der Personen.

Wichtig: Da die physische Inaktivität der Hauptrisikofaktor der benannten Krankheitsentitäten ist, muss in logischer Konsequenz die physische Aktivität der Haupttherapiefaktor aller dieser Erkrankungen sein!

Schmerzen verhindern die notwendigen Bewegungsaktivitäten. Es ist somit bei einem sehr großen Teil der Patienten zunächst erforderlich, das „behindernde" Symptom Schmerz bzw. die Schmerzen als Ausdruck einer cerebralen Schmerzerkrankung zugunsten der erforderlichen ausreichenden psychophysischen Belastbarkeit für aktive Interventionen zu mindern.

Um chronische Schmerzen zu therapieren, gilt es immer, mindestens zwei Wege zu beschreiten, die über weite Strecken parallel gegangen werden müssen:

1. Der erste Weg ist jeweils nur kurzzeitig und nicht ursächlich wirksam. Auf diesem Weg werden als voraussetzende Begleitung der aktiven Interventionen wiederholt ausschließlich die körpereigenen Schmerzhemmmechanismen aktiviert. **„Die physisch und mental-kognitiv absolut störenden Schmerzen müssen gemindert werden, was psychologisch für den Patienten zugleich eine Belohnung darstellt!"**
   Dieser Weg kann mit relativ guter und verlässlicher Erfolgsquote durch die „conditioned pain modulation" (vgl. Laube 2022) beschritten werden und wird

sinnvollerweise durch Interventionen zur Durchblutungsförderung unterstützt. Mittels hochintensiver mechanischer Reizung am Periost bzw. an periostalen Insertionen von Muskeln wird über bis zu 60 s andauernd oder intermittierend ein gerade noch tolerierbarer Schmerz mit VAS 7–8–9 gesetzt. Diese „therapeutische Schmerzreizung" stimuliert die körpereigenen Schmerzhemm- und -modulationsmechanismen. Für wenige Stunden wird die krankheitsbedingte Schmerzintensität deutlich reduziert. Teilweise bereits die erste, aber ausreichend verlässlich die zweite und dritte Intervention begründen eine Belastbarkeit für therapeutische physische Aktivitäten.

Wichtig: Die „therapeutische Schmerzreizung" ist ausschließlich eine „passive" Aktivierung der Schmerzhemmung und keine ursächliche Therapie der Schmerzen. Deshalb funktioniert diese Intervention auch unabhängig von den verschiedenen Schmerzursachen, die cerebral grundsätzlich vergleichbare pathophysiologische Auswirkungen haben.

Die Reduzierung der Schmerzen darf somit nicht zum Anlass genommen werden, „zufrieden zu sein" und weiterhin physisch inaktiv zu bleiben! Die Schmerzlinderung muss für aktive Interventionen genutzt werden.

Wichtig: „Passive" sollten nie ohne „aktive" Interventionen angewendet werden!! Oder besser: „passive" sollten generell nur zur Vor- oder auch Nachbereitung „aktiver" eingesetzt werden!!, denn nur Letztere sind die ursächlich wirkenden!!

2. Der zweite Weg ist ein (sehr) langfristiger, „ursächlich" wirkender Weg. Er wird ausschließlich mit „aktiven" Interventionen bestritten. Es sind Adaptationen auszulösen, welche
   – den maladaptiven Veränderungen entgegenstehen,
   – die maladaptiven Veränderungen gewebe- bzw. strukturabhängig mehr oder weniger sehr begrenzt rückgängig machen können,
   – die nicht mehr änderbaren pathomorphologischen Veränderungen mit der einzigen Instanz, dem sensomotorischen Status, kompensieren und
   – mit ihrer „integrativen" komplexen Wirkung die Schmerzen beherrschen können.

Die nur sehr langfristig zu erreichende therapeutische Zielstellung ist eine periphere Reorganisation der Gewebestrukturen und -funktionen zur Ausschaltung von Schmerzafferenzen. Die periphere Sensibilisierung wird zurückgedrängt. Die strukturelle und funktionelle Verbesserung der myofaszialen Versorgungssituation und die muskulären energetischen und kontraktilen Voraussetzungen für eine aktive Stabilisationsfähigkeit und für alle Bewegungsausführungen sind hierbei die Hauptzielstellungen. Mit dem Anstreben dieser Zielstellungen werden die Ursachen und die Auswirkungen der peripheren Sensibilisierung zurückgedrängt. Der Trainingszustand der Muskulatur bestimmt den Gesundheitszustand (Laube 2020c) und damit auch das Befinden und die Schmerzen. Die tätige Muskulatur „ist Entzündungshemmung!"

Mit der Zurückdrängung der peripheren Sensibilisierung durch die sensomotorischen Aktivitäten wird gleichlaufend, aber wahrscheinlich mit wesentlich längerem Zeitbedarf, die zentrale Sensibilisierung „reorganisierend" beeinflusst. Dies erfolgt über

- die ständige aktive Initiierung (Motivation, Emotion) der therapeutischen physischen Aktivitäten,
- die häufig wiederholten cerebralen Funktionen bzw. Beanspruchungen für
  - die Bewegungsausführungen (intensive und/oder andauernde Muskelansteuerung),
  - die Generierung der Toleranz gegenüber der Anstrengung,
  - die Generierung der Toleranz gegenüber noch verträglichen krankheitsbedingten Schmerzen während der Belastung,
  - die Generierung der Toleranz gegenüber möglichen rein intensitätsabhängigen Schmerzen z. B. beim Krafttraining und
  - durch die gezielte bewegungsspezifische Verarbeitung aller aktivitätsbedingt resultierenden Sensorinformationen wird das Gehirn als das erkrankte Organ bei der Schmerzerkrankung sehr langfristig reorganisiert.

Der zweite Weg ist ausgesprochen lang und die Patienten benötigen „einen sehr langen Atem", wenn sie ihre gesundheitliche Situation durchgreifend und nachhaltig „für sich selbst" verbessern möchten. Die essenziell wirkenden physischen Interventionen, die die periphere und zentrale anti-nozizeptive Reorganisation begründen, müssen durch psychologische Interventionen ergänzt werden. Die psychologischen beeinflussen die Pathophysiologie bzw. Physiologie sehr wichtiger und auch für chronische Schmerzen sehr relevanter Hirngebiete. Sie sind wesentlich am Antrieb, am Lernen, am Gedächtnis, an Antizipationen sowie an den Emotionen beteiligt und vertreten das Belohnungssystem, die Wahrnehmungsfähigkeit und (extrapyramidale) motorische Aktivitäten (limbische, mesolimbische bzw. mesostriatale Strukturen; vgl. Kap. 6).

> **Wichtig:** Medikamente heilen nicht, nur körperliche Aktivität bzw. körperliches Training kann diese „Leistung" übernehmen bzw. diesem Anspruch gerecht werden.

Sekundärer langfristiger Dekonditionierung

Fazit: Schmerzen können sich vom Begleitsymptom zum Merkmal einer chronischen Schmerzerkrankung entwickeln. Diese Entwicklung kann eine genetische Disposition haben, aber wesentlicher sind vererbbare epigenetische Faktoren und das Verhalten der Eltern, die gemeinsam den Lebensstil prägen. Ein primärer oder auf unterschiedlichen Ursachen beruhender sekundärer Dekonditionierungszustand disponiert, ist Hauptursache und verantwortet und unterhält folgerichtig die Schmerzerkrankung und die Multimorbidität. Chronische Schmerzen sind als Ergebnis der zentralen Sensibilisierung eine „eigene Entität" und sie bestimmen die Compliance, Resilienz, psychophysische Leistungsbereitschaft und -fähigkeit, das gesamte Verhalten und den Aufbau und die Dosierung des aktiven Therapieprogramms. Zur Minderung der negativen zentralnervösen Folgen und für die physische Belastbarkeit müssen sie möglichst nicht pharmakologisch gemindert werden, um Einstellungen und Kompetenzen zugunsten des ursächlich wirkendenden aktiven Weges zu erzeugen.

Schmerzen können grundsätzlich in 4 klinische Gruppen eingeteilt werden. 1. akute bzw. subakute, 2. rezidivierende als ein Symptom unter mehreren, 3. intermittierende oder andauernde durch eine periphere und 4. chronische als Ergebnis der zentralen Sensibilisierung. Nach Verletzungen sollte auch Einfluss auf die Gesundheitskompetenz genommen werden, um potenzielle sekundäre Entwicklungen mit Schmerzsyndrom zu verhindern. Myofaszial-skelettale Schmerzen ohne Makrotraumata basieren auf chronischen Mikrotraumata mit maladaptiven Folgen, die es aufzuklären gilt. Die Fehlbelastungen und begünstigende oder verursachende Erkrankungen sind zu erkennen und im Kontext des Konditionierungszustandes zu behandeln. Chronisch intermittierende und/oder andauernde Schmerzen bestimmen den komplexen therapeutischen Aufwand. Es kommt darauf an, dem absolut nicht abänderbaren biologischen Bedarf an physischen Belastungen zu entsprechen und therapeutisch umzusetzen.

Es ist zunächst erforderlich, das „umfänglich und sehr komplex behindernde" Symptom Schmerz möglichst nicht pharmakologisch zu mindern, um die Belastbarkeit, Einstellungen und Kompetenzen zugunsten des ursächlich wirkendenden aktiven Weges zu erzeugen. Die Schmerzreduzierung kann symptomatisch und nicht ursächlich durch die Aktivierung der körpereigenen Schmerzhemmmechanismen mittels der Periostmassage erfolgen. Der ursächlich wirkende Weg ist ausschließlich aktiv. Er steht den maladaptiven Veränderungen entgegen, kann sie sehr begrenzt rückgängig machen, nicht mehr änderbare Maladaptationen muskulär kompensieren und mit seinen „integrativen" komplexen Wirkungen die Schmerzen beherrschen.

Der Trainingszustand der Muskulatur ist ein sehr wesentlicher Faktor des Schmerzgeschehens und damit des Befindens. Medikamente heilen nicht!

Nur körperliche Aktivität bzw. körperliches Training kann diese „Leistung" übernehmen bzw. diesem Anspruch gerecht werden.

Die absolute Konsequenz ist: „Die Verhinderung einer Schmerzerkrankung ist die beste Therapie!" Die Prävalenz von Schmerzsyndromen kann nur deutlich gesenkt werden, wenn ein Wandel von einer „Reparaturmedizin" zur „Präventivmedizin" eingeleitet wird.

Literatur

Crump C, Sundquist J, Winkleby MA, Sieh W, Sundquist K (2016a) Physical fitness among Swedish military conscripts and long-term risk for type 2 diabetes mellitus: a cohort study. Ann Intern Med 164(9):577–584. https://doi.org/10.7326/M15-2002. Epub 2016 Mar 8

Crump C, Sundquist J, Winkleby MA, Sundquist K (2016b) Interactive effects of physical fitness and body mass index on the risk of hypertension. JAMA Intern Med 176(2):210–216. https://doi.org/10.1001/jamainternmed.2015.7444

Crump C, Sundquist J, Winkleby MA, Sundquist K (2016c) Interactive effects of physical fitness and body mass index on risk of stroke: a national cohort study. Int J Stroke 11(6):683–694. https://doi.org/10.1177/1747493016641961. Epub 2016 Mar 25

Crump C, Sundquist J, Winkleby MA, Sundquist K (2017a) Interactive effects of obesity and physical fitness on risk of ischemic heart disease. Int J Obes 41(2):255–261. https://doi.org/10.1038/ijo.2016.209. Epub 2016 Nov 21

Crump C, Sundquist J, Winkleby MA, Sundquist K (2017b) Aerobic fitness, muscular strength and obesity in relation to risk of heart failure. Heart 103(22):1780–1787. https://doi.org/10.1136/heartjnl-2016-310716. Epub 2017 May 12

Crump C, Sundquist J, Winkleby MA, Sundquist K (2017c) Interactive effects of aerobic fitness, strength, and obesity on mortality in men. Am J Prev Med 52(3):353–361. https://doi.org/10.1016/j.amepre.2016.10.002. Epub 2016 Nov 14

D'Agnelli S, Arendt-Nielsen L, Gerra MC, Zatorri K, Boggiani L, Baciarello M, Bignami E (2019) Fibromyalgia: genetics and epigenetics insights may provide the basis for the development of diagnostic biomarkers. Mol Pain 15:1744806918819944. https://doi.org/10.1177/1744806918819944. Epub 2018 Nov 29

Denk F, McMahon SB (2012) Chronic pain: emerging evidence for the involvement of epigenetics. Neuron 73:435–444

Diatchenko L, Fillingim RB, Smith SB, Maixner W (2013) The phenotypic and genetic signatures of common musculoskeletal pain conditions. Nat Rev Rheumatol 9(6):340–350

Goffrier B, Schulz M, Bätzing-Feigenbaum J (2017) Administrative Prävalenzen und Inzidenzen des Diabetes mellitus von 2009 bis 2015. Zentralinstitut für die kassenärztliche Versorgung in Deutschland (Zi). Versorgungsatlas Bericht Nr. 17/03. Berlin. https://doi.org/10.20364/VA-17.03

Gokeler A, Dingenen B, Hewett TE (2022) Rehabilitation and return to sport testing after anterior cruciate ligament reconstruction: where are we in 2022? Arthrosc Sports Med Rehabil 4(1):e77–e82. https://doi.org/10.1016/j.asmr.2021.10.025. eCollection 2022 Jan

Häuser W, Schmutzer G, Hinz A, Hilbert A, Brähler E (2013) Prävalenz chronischer Schmerzen in Deutschland. Befragung einer repräsentativen Bevölkerungsstichprobe. Schmerz 27:46–55. https://doi.org/10.1007/s00482-012-1280-z

Laube W (2009) Physiologie des Zyklus Belastung – Beanspruchung – Ermüdung – Erholung – Adaptation. In: Laube W (Hrsg) Sensomotorisches System. Thieme, Stuttgart/New York, S 499–555

Laube W (2020a) Sensomotorik und Schmerz. Wechselwirkung von Bewegungsreizen und Schmerzempfinden. Springer, Berlin/Heidelberg

Laube W (2020b) Schmerz, Zyklus Belastung – Adaptation und Gesundheitstraining. In: Sensomotorik und Schmerz. Springer, Berlin/Heidelberg, S 319–334

Laube W (2020c) „Mehr Bewegung – Weniger Störung" Funktion basiert auf Struktur – Struktur essentiell auf Funktion angewiesen. Man Med 58(6):307–315

Laube W (2021) Muskeltraining – ein universelles Medikament. Manuelle Med Manuelle Med 59:179–186. https://doi.org/10.1007/s00337-021-00801-x

Laube W (2022) Schmerztherapie ohne Medikamente – Leitfaden zur endogenen Schmerzhemmung für Ärzte und Therapeuten. Springer, Heidelberg

AWMF-Leitlinie für die ärztliche Begutachtung von Menschen mit chronischen Schmerzen („Leitlinie Schmerzbegutachtung") 4. Aktualisierung 2017 AWMF-Registernummer 094 – 003; AWMF-online, Das Portal der wissenschaftlichen Medizin (07.08.21)

Merskey H, Bogduk N (Hrsg) (1994) IASP task force on taxonomy, part III: pain terms, a current list with definitions and notes on usage. IASP Press, Seattle, S 209–214

Mills SEE, Nicolson KP, Smith BH (2019) Chronic pain: a review of its epidemiology and associated factors in population-based studies. Br J Anaesth 123(2):e273–e283. https://doi.org/10.1016/j.bja.2019.03.023. Epub 2019 May 10

Mogil JS (2012) Pain genetics: past, present and future. Trends Genet 28:258–266

Pedersen BK (2009) The diseasome of Physical Inactivity and the role of myokines in muscle-fat cross talk. J Physiol 587:5559–5568

Rat der Europäischen Union (2005) Grünbuch „Förderung gesunder Ernährung und körperlicher Bewegung: eine europäische Dimension zur Verhinderung von Übergewicht, Adipositas und chronischen Krankheiten"

Robert Koch-Institut (2019) Bericht der Nationalen Diabetes-Surveillance 2019. Diabetes in Deutschland. Robert Koch-Institut, Berlin

Szyf M, Bick J (2013) DNA methylation: a mechanism for embedding early life experiences in the genome. Child Dev 84:49–57

Wolfe F, Smythe HA, Yunus MB, Bennett RM (1990) The American College of Rheumatology 1990 criteria for the classification of fibromyalgia. Report of the multicenter criteria committee. Arthritis Rheum 33:160–172

Wolfe F, Clauw DJ, Fitzcharles MA, Goldenberg DL, Katz RS, Mease P, Russell AS, Russell IJ, Winfield JB, Yunus MB (2010) The American College of Rheumatology preliminary diagnostic criteria for fibromyalgia and measurement of symptom severity. Arthritis Care Res 62:600–610

Wolfe F, Clauw DJ, Fitzcharles MA, Goldenberg DL, Häuser W, Katz RL, Mease PJ, Russell AS, Russell IJ, Walitt B (2016) 2016 Revisions to the 2010/2011 fibromyalgia diagnostic criteria. Semin Arthritis Rheum 46:319–329

World Health Organization (2011) Global recommendations on physical activity for health. 1. Exercise. 2. Life style. 3. Health promotion. 4. Chronic disease – prevention and control. 5. National health programs. Genf, WHO Press, World Health Organization

World Health Organization (2020) WHO Guidelines on physical activity and sedentary behaviour. World Health Organization, Geneva. Licence: CC BY-NC-SA 3.0 IGO, ISBN 978-92-4-001512-8 (electronic version), ISBN 978-92-4-001513-5 (print edition)

Zorina-Lichtenwalter K, Meloto CB, Khoury S, Diatchenko L (2016) Genetic predictors of human chronic pain conditions. Neuroscience 338:36–62. https://doi.org/10.1016/j.neuroscience.2016.04.041. Epub 2016 Apr 30

Zylka-Menhorn V (2017) Diabetes mellitus: Inzidenz und Prävalenz steigen in Deutschland. Dtsch Arztebl 114(15):A-748/B-634/C-620

Schmerzen und nicht medikamentöse Interventionen

2

> **Chronische Dekonditionierung wird zur Krankheitsursache** Verletzungen können Dispositionen sein und rezidivierende Bindegewebsentzündungen sind fehlbelastungsbedingt. Die physische Inaktivität ist über die Dekonditionierung die häufigste Krankheitsursache. Mit der inaktivitäts-, adipositas- und altersbedingten Sarkopenie produziert die Muskulatur weniger gesundheitsrelevante Signalstoffe u. a. gegen Entzündungen. Training ist eine essenzielle Therapieform auch bei rheumatischen, onkologischen und psychiatrischen Erkrankungen.
>
> „Passive" Therapien, wie die Periostmassage und myofasziale Techniken, wirken begrenzt, aber sind für die psychophysische Belastbarkeit wichtig. Im endgradigen ROM wird die Schmerztoleranz trainiert. Nachhaltig reorganisierend wirkt ausschließlich das Gesundheitstraining, wobei lange Krankheitsentwicklungen auch lange Therapiezeiträume erfordern.
>
> Die Ernährung ist ein wichtiger Faktor. Ergänzend können komplementär- und alternativmedizinische Interventionen sein, die noch ungenügend wissenschaftlich belegt sind.

2.1 Vielfältige Schmerzursachen und Konsequenzen

Der Bedarf einer Schmerzbehandlung resultiert

- an erster Stelle aus der Ursache und
- an zweiter Stelle aus dem Stand der pathogenetischen Entwicklung.

Als Ursachen akuter und chronischer Schmerzen wirken die folgenden Ereignisse, Krankheitsursachen oder Krankheitsentwicklungen:

W. Laube, A. Daase, *Regulative Schmerztherapie*, https://doi.org/10.1007/978-3-662-66215-1_2

2.1.1 Akute direkte und indirekte Traumen

Hierzu gehören Kontusionen, Distorsionen, Rupturen, Frakturen, Verletzungen mit scharfen Gegenständen usw. Ein sehr großer Teil der Verletzungen erfolgt im häuslichen Bereich oder es handelt sich um Sport- und Berufsunfälle. Mit Verkehrsunfällen sind in der Regel die ausgeprägtesten und auch langfristigen gesundheitlichen Folgen verbunden. Frauen verletzen sich zu 41 % zu Hause und Männer zu 24 %. Mit 20 % ist die Prävalenz der Unfälle bei den 18- bis 29-jährigen Männern besonders hoch. Arbeits- und Wegeunfälle verursachen etwa ein Drittel aller Verletzungen, wobei die Männer mit 37 % und die Frauen mit 18 % daran beteiligt sind. Verkehrsunfälle, Unfälle im öffentlichen Raum und auf den Straßen, verantworten ca. 20 % aller Schädigungen. 50 % der schweren Unfälle betrifft Personen bis zum 50. Lebensjahr und ca. 14 % müssen eine Anschlussheilbehandlung oder eine medizinische Rehabilitation in Anspruch nehmen (Robert Koch-Institut: Beiträge zur Gesundheitsberichterstattung des Bundes 2013).

Aus den Verletzungen resultieren sehr variable akute bis subakute Schmerzen. Schwere Verletzungen sind sehr häufig die Quelle späterer chronischer Schmerzen, wenn die Traumata schwere, umfängliche und/oder multiple Strukturschädigungen verursachen und wenn insbesondere auch neuronale Strukturen betroffen sind. Für eine Einschätzung des Schweregrades einer Verletzung kann der Injury Severity Score (ISS) herangezogen werden, der Werte zwischen 0, nicht verletzt, bis 75, schwere polytraumatische Verletzung, annehmen kann. Es erfolgt eine klinische Klassifizierung des anatomischen Verletzungsschweregrades pro Verletzungsort mit der Tabelle Abbreviated Injury Scale (AIS90/98: 1–6) und eine Benennung der betroffenen Körperregionen mit dem Anatomical Localizer (AIS90/98). Die AIS-Schweregrade sind 0: keine Verletzung, 1: leichte, 2: mäßige, 3: ernste, 4: schwere, 5: lebensbedrohliche und 6: tödliche Verletzung. Dabei werden die Körperregionen Kopf bzw. Hals inklusive von Gehirn und Rückenmark, Gesicht, Thorax einschließlich dessen innerer Organe, Abdomen-Becken mit Bauchraum, Extremitäten-Beckengürtel und äußere Verletzungen beurteilt. Dank steigender Überlebensraten von Polytraumatisierten rückt dessen Lebensqualität immer mehr in den medizinischen Fokus, indem nicht „nur" die körperlichen Funktionseinschränkungen, sondern auch den daraus resultierenden chronischen Schmerzen eine deutlich höhere Aufmerksamkeit geschenkt werden muss (Simmel und Bühren 2013). Personen mit einem ISS von 16 und höher leiden an erheblichen physischen, psychischen und sozialen Folgen. Nach den Daten des Traumaregisters der Deutschen Gesellschaft für Unfallchirurgie und des Trauma-Netzwerks muss pro Jahr mit 18200–18400 schwer verletzten Personen gerechnet werden (Debus et al. 2015), von denen ein großer Anteil auch schmerztherapeutisch behandelt werden muss.

Verletzungen - Funktionsstörungen - degenerative Folgen
Wichtig: Akute Verletzung zur Disposition für funktionelle und degenerative Veränderungen sein. In Abhängigkeit von der Lokalisation und dem Umfang der betroffenen Strukturen werden sie zur Ursache der pathogenetischen Kette sensomotorischer Funktionsveränderungen, daraus folgenden Funktionsstörungen und später sekundären degenerativen maladaptiven Veränderungen. Im fortgeschrittenen Stadium können sich im Ergebnis des degenerativen Prozesses chronische Schmerzen ausbilden (Arthrosen). Die VKB-Ruptur ist das repräsentative Beispiel. Schwere multiple Verletzungen sind Quelle auch einer chronischen Schmerzerkrankung.

Das bedeutet, akute Verletzungen bedürfen je nach Schädigung sekundär präventive therapeutische, in der Regel nach Anleitung selbstverantwortete Interventionen zur Verzögerung von potenziellen Folgeschäden (Beispiel u. a. VKB, schwere Sprunggelenkdistorsionen, Schultergelenkverletzungen) bzw. nach schweren Multitraumen eine umgehend dauerhafte therapeutisch-präventive Behandlung mit wiederholter physio- und psychotherapeutischer Betreuung und selbstverantworteten Phasen.

2.1.2   Akute Muskelverletzungen ohne äußere Einwirkungen

Hierzu gehört die häufigste Sportverletzung, der Muskelfaser- bzw. -bündelriss auf bevorzugter Grundlage von Defiziten bzw. Störungen der sensomotorischen Koordination bei Schnellkraft- bzw. Schnelligkeitsbelastungen (insbesondere Sprints) und/oder ermüdungsbedingten koordinativen Funktionsdefiziten bei diesen Beanspruchungen. Auch ein plötzliches ruckartiges Überschreiten der mechanischen Belastbarkeitsgrenze in der Regel bei Bewegungsstopps, die sensomotorisch aus der Sicht der erforderlichen Reaktionszeit für die notwendigen kompensatorischen Muskelkontraktionen nicht beherrscht werden, kann zur Ursache der Muskelverletzung werden. Sehr häufig handelt es sich um eine Verletzung in den Hamstrings. Die Ergebnisse einiger Autoren weisen darauf hin, dass ein muskuläres Ungleichgewicht zwischen A- und Antagonisten, indem die Hamstrings strukturell verkürzt bzw. die Gelenkmobilität Defizite ausweist, eine Disposition zu einer solchen Verletzung darstellen kann (Hauser und Jenni 2012).

Die benannten pathogenetischen Faktoren dieser Muskelverletzungen treten überhäufig bei Stop-and-Go-Sportarten wie Handball, Volleyball, Fußball, Badminton, Tennis und Squash auf. Im Fußball verantworten sie mindestens 30 % und bis zu 45 % aller Verletzungen (Ekstrand et al. 2011) und sie sind somit wesentlich häufiger als solche einer anderen Genese. Die Verletzung äußert sich mit einem plötzlich stark stechenden akuten Schmerz, einem sensomotorischen Funktionsdefizit, aber je nach Umfang der Gewebeschädigung auch mit Hämatomen. Die Ausheilung kann eine längere Zeit in Anspruch nehmen. Muskelverletzungen dürfen nicht als Bagatellverletzung angesehen werden. Es gilt, die Ursachen in der Funktion und dem koordinativen Trainingszustand der Muskelketten (Opar et al. 2012; Mills et al. 2015), in der sportartspezifischen Belastungsstruktur, die u. a. zu einer spezifischen Balance zwischen den anatomischen A- und Antagonisten bzw. den funktionellen Synergisten führt, den sporttechnischen Bewegungsausführungen, dem konditionellen Zustand und dem Zyklus Belastung – Beanspruchung zu suchen. Quellen rezidivierender Mikrotraumen der Muskelinsertionen und deren aktueller Zustand sind zu suchen bzw. zu beachten, um präventiv negative Auswirkungen auf die sensomotorische Koordination und das Muskelgewebe zu verhindern. Diese sportmedizinischen, funktionsdiagnostischen und trainingsmethodischen Faktoren sind immer mit zu behandeln, um Rezidive zu vermeiden!

Eine einheitliche Terminologie und Klassifikation für die Entwicklung einer systematischen Behandlungsstrategie wurde vorgestellt (Mueller-Wohlfahrt et al. 2013). Die Autoren unterscheiden direkte und indirekte Verletzungen und grenzen ermüdungs-, muskelkater-, rücken- (neuromuskuläre) und muskelbedingte (Faser-, Bündel-, Muskelriss) voneinander ab.

> **Wichtig:** Nach akuten, nicht kontaktbedingten Muskelverletzungen sind die Ursachen bevorzugt aus sportmethodischer Sicht zu analysieren. Vorrangig sind sie in den sensomotorischen sportartspezifischen Bewegungsausführungen oder der Gestaltung von Belastung und Erholung zu finden. Gleichfalls sind belastungs- bzw. sportartspezifische Adaptationen von Muskelketten aufzuklären (Dysbalancen, Aktivierungen der Kettenglieder) und bei Bedarf physiotherapeutisch und trainingsmethodisch mit kompensatorischem sportartunspezifischem Training oder bei Nichtsportlern mit vielseitigem sensomotorischen Koordinationstraining und allgemeiner und spezieller Konditionierung für die hauptsächlichen Alltagsbelastungen zu begegnen.

2.1.3 Chronische Mikrotraumen

Pathogenetisch handelt es sich um das Ergebnis einer chronischen Überschreitung der Belastbarkeit und somit einer Fehlbelastung des myofaszial-tendinösen Überganges durch Zug- und Dehnbelastungen. Die mechanischen Beanspruchungen durch berufliche und/oder sportliche Belastungen stellen Mikrotraumen dar und die Reparaturkapazität des Gewebes ist

- entweder wegen der Intensitäten und Umfänge der mikrotraumatischen Schädigungen oder
- wegen fehlender Regenerationszeiten im Zyklus Belastung –Erholung überfordert.

Bei Nichtsportlern müssen auch

- die aerobe Kapazität als die Grundlage aller regenerativen Prozesse und darüber Regulator der notwendigen Erholungszeit und
- der Funktionszustand der anabolen Systeme beachtet werden.

Die anabolen Systeme sind die essenziellen Vermittler zwischen der Beanspruchung und der Adaptation und infolge ungenügender physischer Aktivitäten sind sie gleichfalls als defizitär zu betrachten. Sie begründen damit gemeinsam mit der aeroben Kapazität eine Disposition und somit Mitursache einer unvollständigen Erholung, erneuter vorzeitiger Ermüdungsentwicklung und einem gesteigerten Fehlbelastungsrisiko. Die rezidivierenden, nicht regenerativ und reparativ beherrschten Mikrotraumen starten einen degenerativen pathogenetischen Prozess mit fortschreitendem narbigen Gewebeumbau, verminderter Kollagensynthese, Neo- und Hypervaskularisation und insgesamt veränderten mechanischen Gewebeeigenschaften (Murrell 2002) und einer systematisch abfallenden Belastungsverträglichkeit. Wie auch bei den Arthrosen werden die absolut im Vordergrund stehenden degenerativen Veränderungen von einer entzündlichen Komponente variabler Intensität begleitet. Entzündliche Exazerbationen können intermittierend die Schmerzintensität und die Funktionsstörung deutlich verstärken. Im Vordergrund steht die Achillodynie bei Läufern, von denen etwa jeder 10. betroffen ist. Ballsportarten und insbesondere die Sprungdisziplinen der Leichtathletik beeinträchtigen die Patellarsehne und obwohl mit Tennis- oder Golfarm bezeichnet, leiden unabhängig von einer Sportart etwa 1–3 % der Bevölkerung an Epikondylitiden (Tilscher 2019). Shiri und Viikari-Juntura (2011) geben für die Epikondylitis lat. in der männlichen Bevölkerung eine Prävalenz von 1–1,3 % und bei den Frauen 1,1–4,0 % an. Die Epikondylitis med. tritt bei 0,3–0,6 % der Männer und 0,3–1,1 % der Frauen auf. Diese degenerative Erkrankung haben sehr häufig Personen mit PC-Arbeitsplätzen, bei denen die stundenlange feinmotorische Beanspruchung zu Fehl- und Überlastungen führt, und Handwerker, die wiederholt schwer heben, Handwerkzeuge nutzen, in der Summe über Stunden repetitive Hand- und Armbewegungen ausführen müssen und Tätigkeiten mit dauerhaft hohem Präzisionsanspruch haben (Shiri et al. 2006; Palmer et al. 2007; Van Rijn et al. 2009). Die bindegewebigen Strukturen der Rotatorenmanschette sind bei bis zu 16 % der Bevölkerung an degenerativ bedingten muskuloskelettalen Schmerzen beteiligt und stehen somit nach dem Rücken und dem Kniegelenk an dritter Stelle (Urwin et al. 1998). Bei diesen Krankheitsentitäten liegt in aller Regel eine Überbelastung in Relation zur Belastbarkeit vor. Die Belastbarkeit wird entweder absolut überschritten und/oder der Trainingszustand, insbesondere auch für die Erholungsprozesse, ist ungenügend.

Epikondylitiden verursachen bevorzugt subakute Schmerzen mit teils erheblicher Einschränkung der Funktion für berufliche Aktivitäten und sie sind in der Regel sehr langwierige Erkrankungen. Wegen ihrer degenerativen Pathogenese ist die Behandlung häufig wenig nachhaltig. Selbst nach längeren „therapeutischen"

Minderungen der Belastung treten nach dem Wiederbeginn der erforderlichen beruflichen Tätigkeiten oder sportlicher Belastungen erneut Beschwerden auf. Nicht selten disponieren ein Missverhältnis zwischen der Körperkonstitution und den physischen beruflichen Anforderungen, ein ungenügender Konditionierungszustand und bei Freizeitsportlern das Trainingsregime für das Auftreten von entzündlichen Über- und Fehlbelastungsreaktionen.

Wichtig: Liegen erstmals auftretende und insbesondere chronisch rezidivierende Entzündungsreaktionen von Sehnen oder Kapselbandstrukturen mit subakuten und in Abständen intensiverer, die Belastbarkeit deutlich einschränkender Intensität vor, gilt es, 1. die beruflichen und/oder sportlichen Belastungsanforderungen (absolut, Struktur, Belastung – Erholung) zu prüfen und 2. die Belastbarkeit aus konstitutioneller Sicht und als das Ergebnis der physischen Aktivität oder auch ungenügenden Aktivität (Qualität von Bewegungsausführungen, Ermüdungsresistenz und Regenerationsfähigkeit anhand der Ausdauerfähigkeit, Kraft und Kraftausdauer zur Bewältigung und Kompensation von Bewegungsausführungen) zu bewerten.

2.1.4 Chronisch degenerative Maladaptionen der Gelenke (Arthrosen)

Die Arthrosen der großen Gelenke (Cox-, Gon-, Omarthrose) sowie der kleinen Gelenke der Wirbelsäule (Facettengelenkarthrose, Spinalkanalstenose), lange als eine „Verschleiß- oder Abnutzungskrankheit" insbesondere auch infolge des Alterungsprozesses angesehen, sind aber pathogenetisch primär eine Störung des Knorpelgewebes, die sich nach der Entwicklung des Stadiums 1 eigengesetzlich und ohne Restitutionsmöglichkeit bis zum Endstadium 4 weiterentwickeln. Sie haben eine sehr lange latente (Stadium 1, teilweise auch noch im Stadium 2) und danach eine mit intermittierenden Beschwerden verbundene Entwicklungszeit. Auch gegen den „Verscheiß" als Ursache spricht die Tatsache, dass es inzwischen wissenschaftliche Ergebnisse gibt, die

1. die Quellen chronisch-degenerativer Erkrankungen der Gruppe der „diseasome of physical inactivity" (Pedersen 2009) im Jugendalter nachweisen (Crump et al. 2016a, b, c, 2017a, b, c) und
2. die Ursachen für die primär nicht entzündlichen degenerativen Arthrosen gleichfalls im Kindes- und Jugendalter sehen (Syrenicz et al. 2006a, b).

Die pathogenetische Entwicklung der Arthrosen beginnt im frühen Lebensabschnitt, indem eine ungenügende physische Aktivität das Knorpelgewebe nicht entsprechend den genetischen Potenzen ausbildet. Das Ergebnis ist eine geminderte Gewebeentwicklung und somit -belastbarkeit. Die Toleranzgrenze gegenüber den mechanischen Belastungen des täglichen Lebens ist reduziert. Das Knorpelgewebe reagiert vorzeitig mit degenerativen Prozessen. Stoffwechselstörungen der Chondro-zyten mindern und verändern die Synthese der Knorpelgrundsubstanz, die dadurch auch Einbußen der Qualität erleidet. Damit geht die Wasserbindungskapazität und folglich die Wasserkisseneigenschaft verloren. Die mechanischen Eigenschaften des Gewebes werden defizitär. Der Knorpel erleidet Schädigungen durch Mikrot-rauma und ein ständiger Prozesszyklus aus minderwertiger Gewebereparatur – er-neuten Verletzungen usw. beginnt und es entstehen irreversible Veränderungen, die wiederum den Versuchen der Reparatur unterliegen. Das Gewebe wird zerstörerisch umgebaut, zieht den subchondralen Bereich fortschreitend mit ein, begleitende Ent-zündungsprozesse beteiligen auch die Gelenkkapsel und letztendlich ist das ge-samte Gelenk bis hin zu den myofaszialen Strukturen betroffen. Diese pathogeneti-schen Schritte verursachen nozizeptive Schmerzen, dann eine periphere und später auch eine zentrale Sensibilisierung und Arthrosen führen letztendlich so auch zur Schmerzerkrankung. Diese „vorzeitigen" pathologischen Gelenkprozesse werden durch eine Dekonditionierung, Übergewicht und die damit verbundenen diabetoge-nen Stoffwechselprozesse disponierend unterstützt.

► **Wichtig:** Arthrosen haben einen sehr langen Entwicklungsweg. Die beste Prävention ist ein guter Konditionierungszustand, um die Versorgung der myofaszialen und Gelenkstrukturen (Durchblutung, Produktion von Gelenk-flüssigkeit, …) und die Belastbarkeit der Gewebe (u. a. Ausdauer, Kraft, Knorpeladaptation, …) zu sichern. Der dazu erforderliche Trainingsprozess muss mittels Vielfältigkeit chronische Überbelastungen, aber auch einen aus-geglichenen Zyklus Belastung – Erholung beachten. Spätestens mit den ers-ten Anzeichen einer arthrotischen Entwicklung sollten nach Beratung, Anlei-tung und primärer physiotherapeutischer Betreuung selbstverantwortete ge-sundheitssportliche Interventionen zum therapeutischen Regime gehören, um die Fortentwicklung zu verzögern und später auch eine zentrale Sensibilisie-rung zu verhindern.

2.1.5 Chronische physische Inaktivität: primäre und sekundäre Ursache

Die chronische physische Inaktivität ist die sehr „einfach" zu benennende, aber den-noch sehr „komplexe globale Ursache" von Krankheitsentwicklungen und der För-derung ihrer Weiterentwicklungen, die Schmerzen verursachen und zur chronischen Schmerzerkrankung werden können. Sie bestimmt die Morbidität und die Mortali-tät der Bevölkerung sehr wesentlich.

Physische Aktivitäten gemeinsam mit einer „vollwertigen und kaloriengerechten Ernährung" sind in der gesamten Lebensspanne als die „einzig wirksamen Interven-tionen" erforderlich, um eine normotrophe, anti-involutive, anti-nozizeptive, anti-degenerative Körperstruktur zu entwickeln oder zu erhalten (Abb. 2.1).

sensomotorisches Lernen, Kraft, Ausdauer
physische Aktivitäten = essentielle Triebkräfte
der normotrophen, anti-entzündlichen, anti-involutiven,
„anti-nozizeptiven, anti-degenerativen" Morphologie und Funktion

Reifung:
genetisch (und epigenetisch) geregelte endogene
„Qualifizierung" der Morphologie/Funktionen:
immer! in Wechselbeziehung
mit den abverlangten Funktionen
= der physischen Aktivität!!!

Wachstum:
genetisch (und epigenetisch) geregelte endogene rein
quantitative Vermehrung oder Erhaltung der
Morphologie/Funktionen
- in der Entwicklung
- durch Training
- als aktives, echtes anti-aging (anti-involutiv)

Alterungsprozess:
beginnt im dritten Lebensjahrzehnt!!!
systematischer physiologischer Rück- und Umbau (Involution)
aller Körperstrukturen und Funktionen

Abb. 2.1 Physische Aktivitäten sind für die Körperentwicklung und deren strukturelle und funktionelle Erhaltung essenziell. Vor allen Dingen ist ausreichende körperliche Aktivität (WHO 2011, 2020) auch anti-nozizeptiv und anti-degenerativ. Reifung und Wachstum und die Verzögerung des Alterungsprozesses sind auf systematisches Gesundheitstraining angewiesen

Entsprechend erfordert das Kindes- und Jugendalter umfängliche körperliche Belastungen für die vollständige, „individuell genetisch hinterlegte" strukturelle und funktionelle Reifung und das Wachstum aller Körpergewebe und Organe. In der weiteren Lebensspanne sind als nachhaltige präventive Gegenmittel gegen chronische Erkrankungen und Schmerzerkrankungen struktur- und funktionserhaltende Belastungen erforderlich. Damit ist Gesundheitstraining (Laube 2020) auch die einzige nachhaltige Therapieintervention, die allerdings lebenslang erforderlich ist.

Wichtig: Inaktivität bezieht in die resultierende atrophische, pro-involutive, pro-degenerative und pro-nozizeptive Entwicklung alle Gewebe und Organe ein. Gewebe- und organspezifisch werden die Funktionen, die Leistungsfähigkeit und Belastbarkeit gemindert und verändert. Zunächst besteht eine Dekonditionierung (Abb. 2.2), die noch keine Erkrankung ist, aber das Fundament der pathogenetischen Kette chronische Funktionsminderung – Funktionsdefizit – Funktionsstörung – Strukturstörung – Erkrankung bildet. Sehr wichtig ist, an dieser Kette beteiligt sich natürlich auch das Gehirn mit seinen im Krankheitsprozess veränderten und beeinträchtigten Funktionen und Leistungen!

Abb. 2.2 Mit der Entwicklung und Aufrechterhaltung der Dekonditionierung startet der komplexe Prozess der Entwicklung der primär chronisch degenerativen Erkrankungen bis hin zur Schmerzerkrankung und dadurch werden auch die Krankheitsprozesse der primär entzündlichen und onkologischen Erkrankungen unterstützt bzw. deren Entstehung gefördert. An diesen Krankheitsprozessen nehmen alle Gewebe und Organe einschließlich des Gehirns teil. Das Gehirn generiert weniger Motivation und Antrieb für Aktivitäten und verantwortet negative Emotionen. Die psychophysischen Funktionen und Leistungen nehmen ab und ebenso die Toleranz gegenüber Belastung, Anstrengung und Schmerzen. Die koordinativen sowie die konditionellen Fähigkeiten werden defizitär und werden zur Quelle der peripheren und die zur zentralen Sensibilisierung

Die stete Beteiligung des Gehirns ist sowohl für die Prävention und insbesondere für die Therapie sehr bedeutungsvoll, denn es vertritt die Gesundheitskompetenz, die Bereitschaft für die psychophysischen Aktivitäten, die Compliance und die Resilienz, also alle voraussetzenden cerebralen Leistungen für die Durchführung eines nachhaltigen, langfristigen aktiven Therapieprogrammes!

Wichtig: Die gravierend häufig vorliegende Krankheitsursache chronisch degenerativer Erkrankungen „chronische physische Inaktivität" ist ausschließlich durch eine dem biologischen Bedarf entsprechende physische Belastung im Kindesalter und/oder später einem präventiven Gesundheitstraining zu begegnen. Bereits zu jeder ersten Therapieverordnung einer gerade gestellten Diagnose, die zur Erkrankungsgruppe der physischen Inaktivität zu zählen ist (Übergewicht, Adipositas, Hypertonie, Stoffwechselstörung, …), und jeder weiteren Verordnung gehört die Aufklärung, Beratung über die hauptsächliche Ursache und das therapeutische Gesundheitstraining als „nicht medikamentöses Gegenmittel".

2.1.6 Erworbene Stoffwechselerkrankungen

Nicht nur sehr eng, sondern sogar ursächlich

- mit der systematischen, langfristigen physischen Inaktivität und der daraus folgenden Dekonditionierung und
- einer in Relation zum geringen physisch bedingten Energieverbrauch deutlich überkalorischen Ernährung

sind die Stoffwechselerkrankungen Adipositas, metabolisches Syndrom und der Diabetes mellitus Typ II verbunden. Dabei sind die Adipositas und das metabolische Syndrom als Entwicklungsstufen des Diabetes zu verstehen, ohne dass alle Personen diese Stufe erreichen müssen, aber immer mehr erkranken. Die sehr hohe Prävalenz des Diabetes bei über 75-Jährigen spricht für die Aussage.

Die Prävalenz der Adipositas steigt weltweit bereits im Kindes- und Jugendalter und ist inzwischen das bestimmende Gesundheitsproblem geworden, indem damit die Grundlage für die die Morbidität und Mortalität bestimmenden chronischen Herz-Kreislauf-Erkrankungen, das metabolische Syndrom (Prävalenz 31 %), die Fortentwicklung zum Diabetes mellitus Typ II, cerebrovaskuläre und onkologische Erkrankungen gelegt wird (Wang et al. 2011; Engin 2017).

> **Wichtig:** Die absoluten Grundlagen der Adipositas sind die chronisch positive Energiebilanz und die Inaktivität, willkürlich sicher beeinflussbare Größen. Ausschließlich auf dieser Basis wird Fett viszeral und subkutan verstärkt gespeichert. So sind und bleiben im Umkehrschluss die Kalorienrestriktion und bei Bedarf die Gewichtsreduktion mit der physischen Aktivität die fundamentalen praktischen Behandlungsoptionen. In der zweiten Instanz haben die Faktoren Genetik, Alter und Geschlecht einen Einfluss auf die Akkumulation von viszeralem Fett. Daran beteiligen sich verschiedene hormonelle Mechanismen (Sexualhormone, Cortisol des abdominalen Fettgewebes, Wachstumshormon, …; Tchernof und Després 2013).

Genetische Hintergründe, welche die physiologische Funktion des viszeralen Fettgewebes prägen, entscheiden dann über den Gesundheitszustand, also darüber, ob es sich um eine sogenannte „metabolisch gesunde (gesündere!?) adipöse" („metabolically healthy obese": weniger ektopisches Fett, höhere Insulinsensitivität) oder ob es sich um eine „metabolisch ungesunde (ungesündere) adipöse" („metabolically unhealthy persons") Person handelt (Goossens 2017). Ob die erstgenannte Untergruppe der Adipösen „wirklich" als gesünder eingestuft werden kann, ist sehr fraglich, denn bei ihnen sind das Krankheitsrisiko und die Komorbiditäten gleichfalls deutlich höher als bei Normalgewichtigen. Entsprechend den Untergruppen sind dennoch die Körperfettverteilung und eine beeinträchtigte Fettgewebefunktion entscheidender für die Insulinresistenz, ein wesentlicher pathogenetischer Faktor für adipositasbedingte Komplikationen, als die absolute Fettmasse. Die Dysfunktion des Fettgewebes äußert sich in der Hypertrophie der Fettzellen, ihrem Stoffwechsel und lokalen Entzündungsprozessen.

Die Adipositas hat auch einen vehementen Einfluss auf die Muskulatur hinsichtlich der kontraktilen Kapazität und dies nicht „nur" wegen der physischen Inaktivität. Die Muskelmasse und somit die konditionelle Fähigkeit Kraft, als ein wesentlicher gesundheitlicher Faktor des Stoffwechsels, des Binde- und Stützgewebes und des anabolen Hormonstatus, werden sowohl durch die inaktivitätsbedingte Atrophie als auch die adipositasbedingte Sarkopenie (Barazzoni et al. 2018) reduziert. Da heute die Adipositas bereits im frühen Lebensalter und mit weiter steigender Prävalenz in den weiteren Lebensabschnitten immer dominierender wird, gehört auch die Sarkopenie zu diesen Lebensabschnitten und ist nicht erst ein pathophysiologisches Merkmal alter Menschen. Direkt damit verbunden ist die geminderte Myokinproduktion der adipösen als Hauptursache der „persistent systemic low grade inflammation", auf deren Basis sich langfristig die chronisch degenerativen Konsequenzen entwickeln, für die sehr gut bekannt die Adipositas ein deutlich erhöhtes Risiko darstellt. Die Sarkopenie muss den folgenden Ursachenkomplexen zuordnen werden:

- der physischen Inaktivität,
- der gestörten Bilanz Kalorienaufnahme – Kalorienverbrauch,
- dem Alterungsprozess.

Wichtig: Die Sarkopenie, von Rosenberg (1989) primär als Verlust von Muskelmasse im Alterungsprozess beschrieben und aktuell durch die European Working Group on Sarcopenia in Older People durch die Merkmale Kraft- und Leistungsdefizit ergänzt (Cruz-Jentoft et al. 2010), gehört nicht nur zum Alterungsprozess. Die Sarkopenie begleitet auch die inaktivitätsbedingte Muskelschwäche in allen früheren Lebensabschnitten (Cruz-Jentoft et al. 2010) und gehört damit zwangsläufig zu den chronischen metabolischen und kardiovaskulären Erkrankungen. Ein zuverlässiger diagnostischer Zugang in allen Altersklassen ist die Kraft des Faustschlusses, die mit dieser Fähigkeit in anderen Körperkompartimenten sehr gut korreliert, bei älteren Menschen werden bevorzugt z. B. Gehtests durchgeführt.

Der Verlust an Muskulatur ist ein Faktor der u. a. bei der Adipositas immer vorliegenden Insulinresistenz, die über provozierte Veränderungen des Fettstoffwechsels die GH-IGF-1-Achse bremst und infolge der kompensatorischen Hyperinsulinämie für einen katabolen Eiweißstoffwechsel sorgt. In der sarkopenischen Muskulatur schwelt stets eine chronische Entzündung, denn u. a. fehlt „eigenes" IL-6 für die Blockierung intramuskulärer proinflammatorischer Signalwege und die Bilanz ist zu den proinflammatorischen Adipokinen verschoben. Insgesamt liegt eine Signalstoffkonstellation vor, die den Muskelkatabolismus unterstützt. So gehört die Sarkopenie mit einer Prävalenz von 37 % und positiv korreliert zum metabolischen Syndrom (Park und Yoon 2013; Park et al. 2013, 2014; Zhang et al. 2018) als auch zu den Entwicklungsstufen des Diabetes mellitus Typ II zu diesen Stoffwechselerkrankungen. Sie wird auch als eigenständige chronisch degenerative neuromuskuläre Erkrankung, vergleichbar der Kardiomyopathie und der chronischen Herzinsuffizienz, angesehen (Barbalho et al. 2020). Defizite der willkürlichen muskulären Aktivität treiben als Hauptpromotor mit positivem Feedback den pathologischen Prozess voran. Die Muskulatur verliert Muskelfasern. Durch den Muskelfaserverlust, aber auch durch veränderte Intrinsic-Eigenschaften der verbleibenden Muskelfasern sinkt die kontraktile Kapazität. Die myogenen Verluste werden durch Fett- und Bindegewebe ersetzt (Sarkopenie).

Der Sarkopenie, dem strukturellen Muskelab- und -umbau inklusive der funktionellen Veränderungen mit Fettinfiltration und Bindegewebsproliferation steht der Begriff Dynapenie gegenüber. Darunter versteht man primär klinisch nicht subjektiv erkennbare sich entwickelnde, durch Inaktivität verursachte und längerfristig systematisch geförderte Struktur- und Funktionsänderungen im Nervensystem und den daraus folgenden Minderungen der muskulären Aktivierungsfähigkeit und/oder Veränderungen der intrinsischen kontraktilen Eigenschaften des Muskelgewebes (Clark et al. 2007, 2011; Clark 2009). Das Ergebnis ist ein Mangel an Kraft und Muskelleistung, die Dynapenie (Clark und Manini 2008), ohne dass die Atrophie ein wesentlicher Faktor sein soll. Die Parallelen hierzu sind einerseits, dass nach dem Beginn eines Krafttrainings der Kraftzuwachs viele Wochen vor der Muskelhypertrophie vorhanden ist und gravierend sein kann und andererseits, dass infolge nachfolgender fehlender Kraftbelastungen der Kraftverlust der Atrophie zeitlich deutlich vorausgeht. So wird auch die Muskelmasse infolge Inaktivität und im Altersverlauf gegenüber der maximalen isometrischen Kraft und insbesondere der kontraktilen Leistung (Produkt: Kraft mal Kontraktionsgeschwindigkeit) deutlich weniger schnell reduziert. Morley et al. (2011) splitten den Begriff Dynapenie noch auf, indem sie mit Dynapenie den Verlust an Muskelleistung und mit Kratopenie den Verlust an Kraft beschreiben. Die geringere Bedeutung der Muskelmasse für diese Veränderungen belegt die Supplementierung mit anabolen Substanzen, womit zwar die Muskelmasse ansteigt, aber nur wenig die Leistung des Muskelgewebes beeinflusst wird (Papadakis et al. 1996). Inaktivität verursacht somit verzögert eine Atrophie und offensichtlich deutlich schneller ablaufende nachteilige Veränderungen des zentralen muskulären Antriebs und der physiologischen Eigenschaften des Muskelgewebes selbst. Der Phänotyp beschreibt nicht die funktionellen Eigenschaften. Die atrophischen Prozesse im Gehirn und die negativen Struktur- und damit funktionellen Anpassungen der Muskulatur müssen als die Vorläufer und Begründer der Sarkopenie angesehen werden. Sie entstehen in allen Altersstufen bei Inaktivität und werden durch eine Adipositas noch gefördert.

Wichtig: Mit der inaktivitäts-, adipositas- und altersbedingten Sarkopenie verliert die Muskulatur auch immer mehr ihre Funktion als Signalstoffproduzent und somit zugleich als Stimulator der hormonellen „cross talks" der Muskulatur mit dem Gehirn, dem Knochengewebe, dem Pankreas und vielen anderen Geweben und Organen, mit denen die Muskulatur die Gewebehomöostasen mit- und aufeinander abstimmt und die wechselseitigen gesundheitsfördernden Adaptationen fördert.

Eine sehr wesentliche Rolle bei der Entwicklung der Sarkopenie/Dynapenie spielt die Mikrozirkulation. Sie hat drei wichtige Merkmale, die die Versorgung und damit auch die Reaktionen des Muskelgewebes auf Trainingsreize (Hypertrophie), die Reparatur-, aber auch die Alterungsprozesse bestimmen. Es sind die Dichte des Kapillarnetzes und die Verteilung der Kapillaren. Die Muskelfaserdicke ist des Weiteren ein wichtiges strukturelles Merkmal der Sauerstoffversorgung. Die Dichte des Kapillarnetzes ist bei der Hypertrophie ein Faktor, indem eine geringe Kapillardichte die Entwicklung benachteiligt. Die dekonditionierte Mikrozirkulation, das rarefizierte Gefäßnetz, geht offensichtlich der Sarkopenie voraus.

Aerobes Training: Fundament der Prävention, Therapie und anti-aging Inervention
Wichtig: Dem aeroben Training muss ein sehr hoher Stellenwert

- sowohl in der Prävention chronisch degenerativer Erkrankungen, die immer auch mindestens mit einer Dynapenie und später einer Sarkopenie verbunden sind,
- als auch für deren Therapie und
- für die Verzögerung des Alterungsprozesse zugeschrieben werden (Hendrickse und Degens 2019).

Hierbei muss aber immer beachtet werden, dass das Ausdauertraining (weniger stabil auch das Kraftausdauer- und das hochintensive Intervalltraining) zwar die Infrastruktur der ATP-Resynthesekapazität liefert, aber dem Verlust an Muskelmasse und -leistung nur durch Krafttraining entgegengewirkt werden kann (Klitgaard et al. 1990). Die Sarkopenie und somit die Muskelmasse spielt eben nicht nur im Alterungsprozess eine wesentliche Rolle, sondern sie ist auch ein ursächlicher Risikofaktor für metabolische und kardiovaskuläre Erkrankungen (Kim und Kim 2020).

Wichtig: Die Adipositas ist grundsätzlich eine beherrschbare Erkrankung, auch wenn der Bedarf an Compliance und Resilienz in Abhängigkeit vom Gewicht und den bereits eingetretenen Komplikationen teils sehr bis extrem hoch ist. Bei einer ausgeprägten Adipositas mit einem BMI von größer 40 oder noch deutlich darüber ist eine „willkürliche" Rückführung des Körpergewichts kaum bis nur noch selten möglich. Die Adipositas ist Ursache einer fortschreitend abnehmenden Muskelmasse und muskulären Gewebequalität mit reduzierter Kontraktilität. Dies verursacht mit anderen pathophysiologischen Prozessen eine erheblich negative Prognose für die Morbidität, die Mortalität und die Entwicklung einer vorzeitigen Behinderung (Barazzoni et al. 2018). Eine sehr ausgeprägte Adipositas beeinflusst die Mortalität jüngerer Menschen wesentlich stärker als bei Älteren und das Risiko für onkologische Entgleisungen ist höher (Engin 2017).

Das metabolische Syndrom ist durch die Merkmale abdominelle Fettleibigkeit, arterielle Hypertonie, Fettstoffwechselstörung und Insulinresistenz mit gestörter Glucosetoleranz charakterisiert. Die Insulinresistenz und Glucosetoleranzstörung stehen für eine diabetogene Stoffwechsellage, die sich über einen langen Zeitraum bei immer mehr Menschen zum Diabetes Typ II entwickelt. Es muss hervorgehoben werden, dass auch ohne Übergewicht jede langfristige chronische physische Inaktivität eine solche Stoffwechsellage verursacht. Daraus resultiert auch, dass diese beiden Faktoren Übergewicht und physische Inaktivität unabhängig voneinander als Hauptrisiko für den Diabetes zu nennen sind. Bereits die gekennzeichnete „diabetogene" Stoffwechsellage ist nachweislich mit einer Muskelschwäche verknüpft. Die abdominelle Fettleibigkeit ist ein wesentlicher Faktor der Sarkopenie (Ishii et al. 2014).

Die aktuellen Daten zur Häufigkeit des Diabetes mellitus Typ II weisen einen Anteil von 7,4 % für alle 18 – 79-Jährigen, 9 % für die Versicherten der AOK und 7 % für diejenigen der Ersatzkassen auf, wobei die Häufigkeit klar den sozialen Status widerspiegelt (DEGS1 Studie RKI 2013; Heidemann et al. 2013; Tamayo et al. 2016). Die Dunkelziffer ist hoch und erste recht die Anzahl der Prädiabetiker. So hat sich der Diabetes mellitus Typ II mit weiter sehr schnell steigender Tendenz zu einer der führenden Zivilisationskrankheiten entwickelt. Die spezielle Eigenheit dieser Erkrankung ist eine fast regelhafte teils jahrzehntelange „Vorlauf- bzw. Entwicklungszeit" bis zur Diagnose. Bei genetischer und vor allem auch epigenetischer Prägung (dem Lebensstil geschuldete bzw. angepasste „Aktivitätsänderung" bzw. „Ablesbarkeit" von Genen ohne Änderung der Gen-Codes durch Methylierungen; wird vererbt!!) wirken die Risikofaktoren systematische physische Inaktivität und Übergewicht und hier besonders die abdominelle Fettleibigkeit als hervorstechende Hauptursachen (siehe Adipositas, metabolisches Syndrom). Bereits jeder einzelne Risikofaktor, und in Kombination weiter intensiviert, verursacht eine Insulinresistenz insbesondere des Muskelgewebes, aber auch des Fett- und Lebergewebes. Insulinresistenz bedeutet, die Muskulatur reagiert nur noch abgeschwächt bis stark reduziert auf Insulin als das einzige den Zuckerspiegel im Blut senkende Hormon. Im Ergebnis transferieren die vom Insulin aktivierten Glucosetransporter weniger Zucker (Glucose) aus dem Blut in die Muskelfasern. Die Insulinresistenz der Leber hat aber zugleich eine erhöhte Produktion von Glucose zur Folge. Dafür verwendet die Leber Aminosäuren, die Bausteine der Eiweiße. Sie werden durch den Abbau des Muskeleiweißes, der kontraktilen Elemente, zur Verfügung gestellt.

Wichtig: Beim Diabetes mellitus werden die Muskeln für die „unnötige Glucoseproduktion" der Leber abgebaut und verlieren zusätzlich zur inaktivitäts-, adipositas- und altersbedingten Sarkopenie an Masse und Funktion.

Die Muskelfasern reduzieren zugleich die Wärmeproduktion (Thermogenese) aus Zucker um ca. 10–15 %. Der Zucker wird stattdessen als Fett abgelagert und unterstützt zusätzlich die Gewichtszunahme und darüber hinaus negative Folgen für die Initiierung und Aufrechterhaltung einer chronischen „Ganzkörperentzündung" ohne direkte Schmerzreaktion.

Es ist zunächst eine erhöhte Insulinproduktion erforderlich. Dies wird durch die Bauchspeicheldrüse auch realisiert. Es bleibt dennoch ein relativer Insulinmangel bestehen. Die verminderte Ansprechbarkeit der Gewebe auf Insulin wird durch die Überproduktion nur abgemildert und über Jahre fortschreitend nicht voll und immer unvollkommener kompensiert.

Die Insulinresistenz der Muskeln steigert den Blutzuckerwert zunächst bei Zuckerbelastung durch die Nahrungsaufnahme (siehe Glucosetoleranztest), dann in den Grenzwert- und nachfolgend in den krankhaften Bereich. Dies hat sehr langfristig mindestens 3 wichtige Konsequenzen.

1. Eiweiße, Fette und Nukleinsäuren („codieren" die genetische Information) werden „verzuckert" (siehe u. a. Hämoglobin – HbA1c). Diese Substanzen verändern dadurch ihre Eigenschaften. Dies vermindert bzw. stört ihre Funktionsfähigkeit im Stoffwechselgeschehen.
2. Die „verzuckerten" Substanzen vermitteln in den Zellen einen erhöhten oxidativen Stress mit nachfolgenden chronischen Zellschädigungen. Ebenso verursachen sie Entzündungsprozesse. So werden u. a. nicht reparabel die Myelinscheiden der Axone der sensiblen und autonomen Neurone geschädigt. Infolgedessen entwickelt sich über lange Zeiträume die Polyneuropathie. Dass die „Verzuckerung" hierfür eine Hauptursache ist, wurde bei Diabetikern vom Typ I gezeigt. Bei der genetisch bedingten Variante konnte die Polyneuropathie durch eine durchgehend sehr strenge Einstellung der Blutzuckerwerte (HbA1c kleiner 7,0) über einen Zeitraum von 24 Jahren verhindert werden. Dagegen entwickelten 64 % der Patienten mit ungenügend streng eingestellten Blutzuckerwerten diese Störung (Ziegler et al. 2015). Zusätzlich verursacht die „Verzuckerung" auch Störungen der Nierenfunktion, Gelenkentzündungen und die Osteoporose.

3. Die Glucosebelastung des Leber- und Fettgewebes führt zu Fettstoffwechselstörungen (siehe veränderte Blutfettwerte) und durch die Kombination Überernährung, Reduzierung der Wärmeproduktion aus Zucker und der zunächst über längere Zeit erhöhten Insulinproduktion wird das abdominelle Fettdepot zusätzlich „gemästet".

Das „endokrine Organ" viszerales Fett (Fonseca-Alaniz et al. 2007; Harwood 2012; Dutheil et al. 2017) produziert u. a. das stark entzündungsfördernde Hormon Tumornekrosefaktor-α. Zugleich sorgt die gegenüber der Adipositas und dem metabolischen Syndrom weiter fortschreitend ungenügende Muskeltätigkeit für zu wenig entzündungshemmende Hormone des „endokrinen Organs" Muskulatur (Pedersen 2013). Die Unterhaltung und Aktivierung der schwelenden und keine Schmerzen verursachenden „gering intensiven, generalisierten, systemischen Entzündung" („chronic low grade systemic inflammation"; Mathur und Pedersen 2008; Brandt und Pedersen 2010) in allen Körpergeweben wird somit auch intensiver fortgeschrieben. Das Ergebnis ist eine sehr langfristige Entwicklung nicht reparierbarer chronischer Schäden der großen Gefäße (Arteriosklerose). Gleichfalls betroffen ist das feine Gefäßnetzwerk der Mikrozirkulation, wo der Sauerstoff- und Stoffaustausch mit dem Gewebe stattfindet. Daraus resultieren der arterielle Bluthochdruck und wieder erst nach langen Zeiträumen die Gewebeschädigungen u. a. des diabetischen Fußes mit den Ulzerationen.

Wichtig: Das absolut hervorzuhebende gesundheitliche Problem zum Zeitpunkt der Diagnosestellung eines Diabetes mellitus Typ II ist, dass die bereits jahrelange Pathogenese viele strukturelle Schädigungen entstehen ließ und den Gesundheitszustand prägen. Die komplexen Stoffwechselstörungen zerstören systematisch die Strukturen des sensomotorischen Systems und somit dessen Funktions- und Leistungsfähigkeit. Es sind sowohl die Nervenbahnen zum als auch vom Gehirn, das Gehirn selbst und die Muskulatur betroffen (Hilton et al. 2008; Wrobel und Najafi 2010; Tuttle et al. 2011; Andersen 2012; Reeves et al. 2013; Brown et al. 2014; Geijselaers et al. 2017).

Wichtig: Für die Prävention und Therapie der Stoffwechselerkrankungen Adipositas, metabolisches Syndrom und Diabetes Typ II sind das therapeutische Gesundheitstraining in Verbindung mit der Ernährung die einzigen nachhaltig wirksamen Interventionen. Die beste Therapie ist die Prävention!

2.1.7 Primär entzündliche Erkrankungen

Die pathophysiologische Grundlage der Erkrankungen des rheumatischen Formenkreises ist die gestörte Toleranz des Immunsystems gegenüber körpereigenen Strukturen mesenchymaler Herkunft (Faszien-, Knorpel-, Knochen-, Sehnen-, Muskel-,
Fettgewebe, Blut). Gegen diese werden Autoantikörper gebildet und chronisch laufen zerstörerische immunologisch bedingte entzündlich-degenerative Reaktionen
ab. Grundsätzlich entsprechen sie denen der Erregerabwehr bei Infektionen, aber
eben gegen die körpereigenen Strukturen. Die Pathogenese ist bisher nur sehr unvollständig verstanden, vielen Krankheitsentitäten (ca. 7000) ist die einzige Ge-
meinsamkeit die „Abwehr von Geweben mesenchymalen Ursprungs", so gibt es
auch keine kausale Therapie und es wird durchgängig symptomatisch medikamentös anti-entzündlich und/oder immunsuppressiv behandelt.

Genomweite Analysen haben bei vielen Erkrankungen das Vorhandensein bestimmter Genvarianten für Rezeptoren von Entzündungsmediatoren und von Protei-
nen intrazellulärer Signalwege gefunden. Aus der Umwelt können bestimmte Erre-
ger, die sehr ähnliche Eigenschaften wie körpereigene Strukturen haben, eine Autoimmunreaktion auslösen. So kann eine inadäquat häufige und intensive
Auseinandersetzung mit Erregern der Umwelt eine Autoimmunerkrankung starten.
Daraus resultiert die pragmatische und weniger medizinisch geprägte Aussage:
„Kinder sollten sich umfänglich und intensiv in der Umwelt bewegen, sich dabei
auch immer wieder „ausreichend" schmutzig machen, damit das Immunsystem die
Umwelt kennen lernt und seine Reaktionen nicht gegen sich selbst richtet"!

Eng betrachtet, sind die folgenden primär entzündlichen autoimmunologisch bedingten Systemerkrankungen des Bindegewebes zu benennen:

1. Primär chronische Polyarthritis, rheumatoid arthritis
2. Kollagenosen (Lupus erythematodes, Sklerodermie, Dermatomyositis, Po-
   lymyositis u. a.)
3. Vaskulitiden
4. Spondylarthropathien (ankylosierende Spondylitis [M. Bechterew], die reaktive
   Arthritis, die Psoriasisarthritis, enteropathische Arthritis u. a.)
5. Metabolische Gelenkerkrankungen (Gicht)

Die chronische Polyarthritis kennt eine familiäre Häufung, was für eine genetische Disposition spricht, und es handelt sich um eine Autoimmunreaktion primär
gegen die Synovia. In einem langen Verlauf werden alle Gelenkstrukturen geschädigt, sodass die Gelenkfunktion letztendlich sogar aufgehoben werden kann.

Bei den Kollagenosen richtet sich der Krankheitsprozess generalisiert und nicht
organspezifisch gegen das Bindegewebe, bei den Spondylarthropathien sind es die
Wirbelbogengelenke, bei den Vaskulitiden ist das Gefäßbindegewebe der primäre
Angriffsort und bei den metabolischen Gelenkerkrankungen führen die Stoffwechselstörungen zur Ablagerung von Kristallen im Gelenkbindegewebe, was wiederum
mit einer rezidivierenden, teils intensiven Entzündung beantwortet werden kann.

Training essentieller Therapiebaustein der rheumatischen Arthritis

Wichtig: Körperliche Aktivitäten sind ein günstig wirkendes notwendiges Therapieelement bei der rheumatischen Arthritis, indem sie die Krankheitssymptome sowie auch systematische Manifestationen positiv beeinflussen. Sie zum ständigen langfristigen Bestandteil der Behandlung zu machen, ist eine Herausforderung, zu dessen Bewältigung ein dreistufiges Implementierungsmodell erarbeitet worden ist (Metsios und Kitas 2018). Unabhängig vom Krankheitsstadium und der medikamentösen Behandlung werden

- die Patienten über die effektiven Langzeitwirkungen der erforderlichen physischen Aktivitäten informiert (Stufe 1),
- sie darüber informiert, dass körperliche Aktivitäten der Schlüssel für das gesamte Krankheitsmanagement sind und die aktuell behindernden Symptome wie Schmerzen, Fatigue-Syndrom und sensomotorische Beeinträchtigungen mindern (Stufe 2) und
- für die Patienten Trainingskapazitäten entwickelt (Stufe 3).

Der Bedarf eines dosierten therapeutischen Gesundheitstrainings gilt in diesem Sinn auch für alle weiteren Erkrankungen des rheumatischen Formenkreises.

2.1.8 Onkologische und psychiatrische Erkrankungen

Wichtig: Auch für diese Krankheitsentitäten gilt, dass systematische, langfristige körperliche Aktivitäten zum therapeutischen Standard gehören. Bei onkologischen Erkrankungen wird dadurch das sehr behindernde Fatigue-Syndrom abgemildert. Die psychiatrischen Erkrankungen profitieren von den positiven Auswirkungen auf die Transmittersysteme und es entstehen u. a. günstigere emotionale Zustände, die der Symptombesserung dienen.

2.2 Schmerztherapie

2.2.1 Vorrangig Medikamente?

Leider wird aktuell unter Schmerztherapie absolut vorrangig medikamentöse Therapie mit Analgetika, Antidepressiva und Antiepileptika verstanden, wozu es auch viele Informationen gibt. Ein ausuferndes Beispiel ist das daraufhin entstandene sehr hohe opioidbedingte Suchtpotenzial in den USA.

Entsprechend fehlen auf Internetplattformen zu chronischen Schmerzen, z. B. der Seite   https://www.msdmanuals.com/de/heim/störungen-der-hirn-,-rückenmarks-und-nervenfunktion/schmerzen/chronische-schmerzen (13.08.2021) Informationen über den unbedingt erforderlichen Bedarf des physischen Trainings als schmerztherapeutische Intervention und als nachhaltig wirkende Therapiemaßnahme bei allen chronischen Erkrankungen, die mit Schmerzen einhergehen oder aus denen sich eine Schmerzerkrankung entwickeln kann. Die „nur" das Symptom und nicht die Ursache beeinflussenden Medikamente stehen absolut im Vordergrund. Bei den „physikalischen Methoden" wird „nur!" die „passive" Triggerpunktbehandlung angegeben und das Tragen von Orthesen, um u. a. die defizitäre Muskulatur zu unterstützen, genannt. Eine defizitäre Muskulatur kann aber nur mit Muskeltraining gebessert werden. Die Angabe „Manchmal hilft Sport oder eine erhöhte Aktivität" entspricht eher einer Desinformation und unterstützt die verbreitet falsche Meinung der Patienten „Medikamente und Operationen machen mich gesund!"

2.2.2 Passive und aktive Interventionen

An erster Stelle müssen beim chronischen Schmerzpatienten immer cerebral wirkende Interventionen zur Reduzierung der Schmerzen stehen, um

- die nachteiligen auf der Grundlage der zentralen Sensibilisierung vorliegenden kognitiven und emotionalen Auswirkungen der Schmerzen (Abb. 2.2) zu lindern,
- eine Bereitschaft zur physischen Anstrengung erreichen zu können,
- die Compliance und die Resilienz positiv zu beeinflussen,
- die „ersten Versuche" einer körperlichen Anstrengung, welche die des täglichen Lebens deutlich überschreitet und in Richtung der erforderlichen therapeutischen Intensität geht, ausführen zu können,
- die nahezu zur zentralen Sensibilisierung gehörende Ängstlichkeit mit dem dazu führenden Angstvermeidungsverhalten auch gegenüber Anstrengung zu beeinflussen,
- infolge einer angepassten Dosierung, die anfangs sehr häufig eine „Unterdosierung" bzw. eine „übervorsichtige" sein sollte, zu erfahren, dass körperliche Aktivität keine Verschlechterung herbeiführen muss,
- um (etwas später) ohne Weiteres dem Patienten auch sensomotorische Defizite deutlich machen zu können,
- um (etwas später) für den Patienten den Dekonditionierungszustand, der eine Krankheitsursache ist und die Schmerzen mit unterhält, bemerkbar werden zu lassen,
- erste Erfahrungen zu therapiesportlichen Anstrengungen zu sammeln und eventuell bereits eine „exercise induced hypoalgesia" zu spüren,
- in der Summe von Therapieeinheiten leichte subjektive Vorteile erkennen zu können und
- beim Patienten einen kognitiven Zugang zu schaffen oder zu bahnen, die wiederholten Informationen, Beratungen, Anleitungen, aktiven „Trainingsdemonstrationen" der ersten Einheiten so zu verarbeiten, dass sich langsam die Einsicht für das positiv beeinflusste Befinden und längerfristig auch für den gesundheitlichen Bedarf der Anstrengungen zum „eigenen" Vorteil entwickelt. Dies ist ein länge-

rer psychischer Lernprozess immer in Verbindung mit dem persönlichen sozialen beruflichen und familiären Umfeld.

> **Training ist primär Training bzw. Therapie der cerebralen Funktionen**
> **Wichtig:** Die primären, sehr wichtigen Zielstellungen streben zunächst ausschließlich die höchste cerebrale Ebene des Krankheitsgeschehens aus biopsychosozialer Sicht an. Können sie mit gutem bis zu ausreichendem Effekt erreicht werden, sind sie in der Folge die Basis der „möglichen" nachhaltigen Therapie mit einem in der Regel langsamen systematischen Fortschritt durch Einsicht und Fähigkeit zum aktiven gesundheitlichen Handeln „für sich selbst!"
>
> Medikamente sind notwendig, aber sie unterdrücken bzw. „zwingen" die Funktion der Systeme „nur" in die gesündere Richtung und müssen in entsprechenden Abständen nachdosiert werden! Die Nachhaltigkeit einer Verbesserung basiert ausschließlich auf Aktivität und den Adaptationen!

Die folgenden „passiven" Interventionen zur Schmerzlinderung, die keine ursächlichen Wirkungen hervorrufen und deshalb auch nur mit einem begrenzten Zeitfenster wirksam sind, stehen zur Verfügung.

1. Mechanismus
Ausschließlich direkte Stimulation der körpereigenen Schmerzhemmmechanismen:

- Die „conditioned pain modulation" mittels Periostmassage.
- „Passive" Gelenkbewegungen in den Endbereich des ROMs mit endgradig „dehnenden" Auslenkungen, indem die erst im endgradigen Bereich reagierenden Mechanosensoren angesprochen werden.

2. Mechanismus
Stimulation der körpereigenen Schmerzhemmung und Schmerzlinderung über die Förderung der Durchblutung:

- Schmerzhafte Interventionen wie Massagen (z. B. Triggerpunkt, tiefe Querfriktion) und weitere manuelle (z. B. Mobilisationen, osteopathische Fasziendistorsionsbehandlung nach Typaldos) oder auch maschinelle (z. B. extrakorporale Stoßwelle) Interventionen, die infolge der Schmerzhaftigkeit auch die zentrale Schmerzhemmung aktivieren und zeitlich begrenzt die Durchblutung schmerzlindernd steigern.
- Die Manuelle Medizin (Ärzte) mit Manipulationen bzw. die manuelle Therapie (Physiotherapeuten) mit passiven, intensiv ausgeführten Mobilisationen.

3. Mechanismus

Vorrangig über die Durchblutung wirksame Methodiken:

- Sogenannte myofasziale Weichteiltechniken und Bewegungen der Gelenke sowie der Gelenkkette Wirbelsäule zur Beeinflussung von Funktionsstörungen im myofaszialen Gewebe.
- Primär osteopathische sogenannte Energie- oder neuromuskuläre Techniken, die inzwischen in sehr vielen Varianten mit Wirkansätzen (Entspannung, Dehnung, Kräftigung? Lernen, Gelenkmobilisationen, Durchblutung, ...) ausgeführt werden und als arthrosensomyofasziale Techniken insbesondere über die Durchblutungsförderung schmerzlindernd sind bzw. sein können.
- Alle lokalen oder auch generalisierten Wärmeanwendungen unabhängig vom Wärmeträger (Wasser, Luft, elektromagnetische Wellen).

Als „aktive" Anwendungen zur Schmerzlinderung mit absolut bevorzugten zentralnervösen Wirkungen bzw. Adaptationen, aber ohne konditionelle Adaptation, können eingesetzt werden.

4. Mechanismus

Aktivierung von Mechanoafferenzen mit auch anti-nozizeptiver Wirkung und Entwicklung der Schmerztoleranz:

- Wie die „passiven", in den endgradigen ROMs geführten und damit die Gelenkkapseln dehnenden Belastungen sind auch entsprechend wiederholt eingenommene **„aktive" endgradige Gelenkpositionen und/oder das Verharren in endgradigen Körperhaltungen**, schmerzlindernd. Sie sind täglich auszuführen und steigern wie auch wiederholte Dehnungen jeder Art die cerebrale Schmerztoleranz als den offensichtlich absolut vorrangigen Anpassungsmechanismus. Die insbesondere aktive maximale Beweglichkeit muss aus diesem Grund als ein Puzzlebaustein des Gesundheitstrainings angesehen werden.

Biofeedback-Methoden zur Schmerzlinderung durch die Beeinflussung der neurovegetativen Bilanz sind weitere sinnvolle „aktive" Therapieinterventionen, weil bereits der Dekonditionierungszustand und erst recht chronische Schmerzen eine Verschiebung des neurovegetativen Gleichgewichts zum Sympathikotonus auslösen und unterhalten.

5. Mechanismus

Mit dem Biofeedback physiologischer Parameter des respiratorischen und Herz-Kreislauf-Systems und der Hautdurchblutung, der sympathischen Aktivität, welche

- die Herzschlagfrequenz und/oder Herzschlagfrequenzvariabilität (HF-Abfall bzw. Anstieg der Variabilität: Bilanz zugunsten des Parasympathikus geändert),
- den Hautwiderstand bzw. den reziproken Hautleitwert, die vorrangig die Funktion der Schweißdrüsen (Sympathikusaktivität = Schweiß = Durchblutung = Wasser = geminderter elektrischer Widerstand und gesteigerte Leitfähigkeit der Haut) widerspiegeln (hoch bei mentaler Aktivität, emotionaler Erregung: psychogalvanische Hautreaktion),
- die Hauttemperatur als Maß der Durchblutung (Anstieg: Rückgang des Sympathikotonus) und/oder
- die Atemaktivität messen und grafisch darstellen,

werden

1. die unbewussten neurovegetativen Regulationen für die genannten Funktionen sichtbar und deshalb bewusst gemacht.

Vor allem wird dem Patienten demonstriert, dass mit der

2. gesundheitlich sinnvoll und notwendigen Rückverschiebung des Regulationsgleichgewichts zwischen Para- und Sympathikus, des neurovegetativen Gleichgewichts, durch
   - eine bewusst versuchte kognitive und mentale Entspannung,
   - eine veränderte Aufmerksamkeit oder Konzentrationsleistung und
   - Bewegungsausführungen

zielgerichtet und „kontrolliert" Einfluss genommen werden kann. Besser ausgedrückt, über den psychophysischen Regulationsbedarf für die genannten willkürlich versuchten oder ausgeführten cerebralen und motorischen Beanspruchungen wird die neurovegetative Bilanz eingestellt. Jede Beanspruchung geht mit neurovegetativen Regulationen einher und der Trainingszustand entscheidet über deren Bilanz in Ruhe und unter dosierter Belastung. Die demonstrierte Verschiebung des neurovegetativen Status sollte auch umgehend als ein Argument zugunsten eines Ausdauertrainings genutzt werden. Es ist die effektivste Trainingsform, um den Sympathikotonus bleibend zu senken.

Entsprechend lassen Messungen das aktuelle neurovegetative Gleichgewicht „erlebbar" werden und sie können für ein feedbackgestütztes Verhaltenstraining eingesetzt werden. Verhaltenstraining – cerebrale Entspannung – ist sicher eine wichtige Komponente bei chronischen Schmerzen und bei diesem Krankheitsbild und bereits auf dem Weg dorthin besteht ein gesteigerter Sympathikotonus mit chronisch nachteiligen Folgen für die Körperfunktionen.

Z. B. können Atemtechniken mit dem Biofeedback der Atemfrequenz und/oder der Herzschlagfrequenz eingesetzt werden. Tiefe, gering frequente Atemexkursionen stimulieren die vagale Aktivität und wirken sich damit reduzierend auf die Herzschlagfrequenz (respiratorische Sinusarrhythmie) aus. Zu beachten ist, dass diese neurovegetative Reaktion von der Atemphase abhängig ist, indem es während der Inspiration zur Beschleunigung und der Exspiration zur Verlangsamung der Herzschlagfrequenz kommt.

Das **EMG-Feedback** ist eine weitere Diagnostik- und Therapiemethodik. Über dem „ruhenden" Skelettmuskel ist physiologisch keine EMG-Aktivität ableitbar (Laube 1984), denn der Tonus des entspannten Muskels ist ausschließlich ein durch die Materialeigenschaften des Muskelgewebes selbst (Muskelfaserzusammensetzung, Sarkomere, Intrinsic-Eigenschaften der Muskelfasern) und die In-vitro-Bedingungen (Temperatur, Durchblutung, Wassergehalt der Flüssigkeitskompartimente intra- und extrafusal) verursachter passiver Muskeltonus (Viol 1985, 1986, 1988; Laube und Müller 2004; Laube 2009, 2014). Physische Anspannungs- und gesteigerte zentrale Erregungsbedingungen, die sich als unnötige aktive Haltearbeit äußern, können durch EMG-Signale angezeigt werden. Der einzige Muskel, über dem auch häufig eine geringe EMG-Aktivität auch in Ruhe gemessen werden kann, ist der M. frontalis. So kann das EMG-Feedback hier helfen, den zentralnervösen Erregungszustand zu ermitteln und ihn mittels Feedback zu mindern.

Die Demonstration vorliegender Abweichungen und Störungen des neurovegetativen Tonus und des sensomotorischen Verhaltens und zugleich ihrer Beeinflussbarkeit über gezielte mentale, emotionale und motorische Handlungen soll dem Patienten helfen, „körperliche Probleme" zu erkennen und verändernde Konsequenzen zu ziehen.

Die **Elektrostimulation** ist eine schmerztherapeutische Intervention, um Schmerzen zugunsten der aktiven Belastbarkeit zu senken.

6. Mechanismus

Je nach Stromform erfolgt eine direkte Schmerzlinderung durch die Wirkung im Nervensystem oder über die Umwandlung in Wärme mit ihren peripher antinozizeptiven Auswirkungen.

Übersicht

Wichtig: Alle „passiven" Maßnahmen bleiben ohne nachhaltige adaptive reorganisierende periphere und zentrale Wirkungen. Auch Verhaltenstraining, ein Training der cerebralen Funktion und Leistung, benötigt das „die Gehirnstruktur fördernde und stabilisierende" körperliche Training. Hier können Parallelen zur Beziehung zwischen dem aeroben Training und der Gedächtnisleistung im Kindes-, aber auch im Erwachsenenalter herangezogen werden. Das aerobe Training bewirkt die Neurogenese im Hippocampus und schafft damit die Voraussetzungen, dass kognitives Lernen erfolgreicher sein kann.

Die „passiven" Interventionen sind generell in Kombination mit aktiven Interventionen einzusetzen, um in der Phase der gelinderten Schmerzen strukturell wirkende Intervention zu nutzen.

Nachhaltige und u. a. den Medikamentenbedarf senkende Aktivitäten werden ausschließlich durch das **therapeutische Gesundheitstraining** (Laube 2020) hervorgerufen, weil es adaptive Struktur- und Funktionsverbesserungen verursacht.

Wichtig: Der Organismus lernt es, adaptiv und somit strukturell basiert, **„provoziert durch die Funktion"**, die Funktionsabläufe der einzelnen Teilsysteme und dessen gesamtes funktionelles Zusammenspiel wieder besser (physiologischer) **„eigenständig"** zu regulieren und nach einer ausreichenden Zeit bzw. vielen Wiederholungen werden auch die koordinativen und konditionellen Voraussetzungen (cerebrale Vernetzung, kontraktile und aerobe Kapazität) der Regelungsprozesse günstiger. Die Rückführbarkeit der Funktionen und Regulationen in den physiologischen Bereich ist natürlich vom Stand der Pathogenese abhängig, aber eine Verbesserung in diese Richtung ist in der Regel immer möglich.

Es ist eine sehr langfristige, eigentlich dauerhaft lebenslange Intervention und gehört (sollte!!) zum Therapieregime jeder chronischen Erkrankung. So gibt es z. B. die wiederholte klinische Erfahrung, dass in der Therapie „deutlich aktiv werdende" Diabetiker weniger Insulin benötigen und nach einer orthopädischen Rehabilitation mit dem Fokus auf physische Aktivität ein verbessertes Befinden, weniger Schmerzen und auch eine günstige Wirkung auf die Mobilität im Alltag angegeben wird. Leider halten diese angestrebten und durch die angeleiteten Aktivitäten hervorgerufenen Wirkungen wegen der fehlenden selbstverantworteten Weiterführung nicht an. Der Effekt wird durch Inaktivität und/oder die Monotonie des Alltags rückgängig gemacht. Nachhaltige Therapie ist immer auch eine aktive, therapeutisch unterstützte, aber letztendlich selbstverantwortete Veränderung der Lebensinhalte, des Lebensstils, was die „Nachhaltigkeit" so ausgesprochen schwer macht.

Wichtig: Es gibt keine chronische Erkrankung außerhalb des Zeitrahmens einer akuten Exacerbation, bei der körperliches Therapie- bzw. Gesundheitstraining eine Kontraindikation wäre! Das absolute Gegenteil ist der Fall!

In Abhängigkeit vom Stand der Pathogenese können Verbesserungen, aber keine Heilungen erreicht werden. Die Schmerzen werden gelindert, aber nicht unbedingt beseitigt, die Mobilität wird günstig beeinflusst bzw. erneut umfänglicher möglich und die Lebensqualität steigt. Z. B. können die Strukturzerstörungen der Arthrose nicht rückgängig gemacht werden, aber die „einzige Instanz", welche das Gelenk bewegt und stabilisiert, die Muskulatur (das sensomotorische System), ist trainierbar und deren Trainingszustand lindert die Schmerzen. Bezeichnend ist, dass der M. quadr. fem. bei einer endgradigen und operationsbedürftigen Gonarthrose ein Kraftdefizit von 35–50 % gegenüber einer gleichaltrigen Person mit einer noch guten Gelenkfunktion aufweist.

Chronische Erkrankungen benötigen lebenslange Therapie
Wichtig: Es ist in der Argumentation gegenüber den Patienten auch immer zu beachten, dass die Symptome einer über Jahre bis zu Jahrzehnten sich entwickelten chronischen Erkrankung ohne und mit primär entzündlichem Hintergrund nicht in wenigen Wochen beherrscht werden können, sondern für deren anhaltende und relativ stabile Linderung einen wesentlich längeren Zeitraum benötigen.

„Eine Lebensqualität mit Schmerzarmut bzw. Schmerzfreiheit und guter Mobilität ist ein Arbeitsprodukt, die Arbeitstätigkeit heißt viel körperliche Anstrengung über dem Niveau der täglichen Anforderungen und konkreter ausgedrückt Training!"

Bei der Argumentation gegenüber den Patienten und der praktischen Ausführung sind stets in Rechnung zu stellen:

- Das Gehirn ist an allen chronischen Krankheitsprozessen mitbeteiligt, indem es in immer mehr Fällen fortschreitend sensibilisiert wird und letztendlich eine „eigenständige" Schmerzerkrankung mit „eigenen" Gesetzmäßigkeiten und der verlorenen Warnfunktion des Schmerzes ausbildet.
- Die Trainierbarkeit eines sehr lange dekonditionierten Menschen mit daraus folgenden pathogenetischen mal- und degenerativen Vorgängen ist mit Abstufungen in Abhängigkeit von der Dauer und der Schwere des Dekonditionierungsgrades reduziert. Es sind ja nicht „nur" die
  - kognitiven Leistungen beeinflusst,
  - die Sensomotorik defizitär,
  - die Ausdauer- und die Kraftfähigkeiten stark gemindert,

sondern mit diesen Defiziten sind auch

  - die Produktionsleistungen und -kapazitäten der peripheren Gewebe für die erforderlichen anabolen auto-, para- und endokrinen Signalstoffe zur Strukturerhaltung oder auch Verbesserung und
  - die Produktion der entsprechenden Hormone der globalen Hormonsysteme versehen.

Die anabolen Hormone sind der essenzielle Vermittler zwischen der Beanspruchung, gleich dem Anstrengungsgrad bzw. dem psychophysischen oder Funktionsaufwand zur Bewältigung der Belastung, und den Adaptationen für die Sicherung des Gleichgewichts der Körperfunktionen (Homöostase) unter der Beanspruchung.

Die lokale und globale anabole Hormonproduktion ist das Ergebnis des „Stimulators Muskelaktivität (besser: sensomotorische Aktivität)", der bei ungenügender physischer Anstrengung nicht ausreichend zur Verfügung steht. So, wie

- das Gehirn durch fehlende Anforderungen atrophiert, aber auch maladaptiv (u. a. Minderung der Schmerzhemmung) reagiert,
- der Muskel an Muskelfasern und kontraktiler Kapazität verliert (inaktivitätsbedingte Sarkopenie!),
- das Bindegewebe an mechanischer Belastbarkeit verliert und die Grenze zur fehlbelastungsbedingten Entzündungsreaktion mindert,
- die Mikrozirkulation als die Versorgungsbasis aller! Gewebe ihre Infrastruktur abbaut,
- die oxidative Kapazität, die Leistungsfähigkeit der Logistiksysteme (Atmung, Herz-Kreislauf, Energiestoffwechsel) zur energetischen Absicherung aller Funktionen und Leistungen der Gewebe abfallen,
- so atrophieren auch die Gewebesysteme für die Hormonproduktionen.

> **Wichtig:** Die Dekonditionierung schließt ausnahmelos alle Körperstrukturen und -funktionen ein und reduziert nicht nur die Funktionsfähigkeiten für die Kraft und Ausdauer, sondern auch die des Gehirns und der Trainierbarkeit.

Der Diabetes mellitus Typ II mit sehr fortgeschrittener Pathogenese soll als Beispiel einer extrem geringen Trainierbarkeit dienen. Es müssen bei dieser Erkrankung nicht nur die peripheren neurologischen Beeinträchtigungen beachtet werden. Das Gehirn ist in den Krankheitsprozess intensiv einbezogen. Kim et al. (2016) sprechen sogar von einer zentralen PNP. Die neuronalen Netzwerkeigenschaften und ihre Integration sind verändert und Neuronenverluste führen zur Verringerung der grauen und weißen Substanz. An diesen Ergebnissen sind direkt und indirekt auch die Störungen der Durchblutung beteiligt. Insgesamt ergeben sich eine Verlangsamung der Informationsverarbeitung und kognitive Benachteiligungen (u. a. Reijmer et al. 2013). Solche cerebralen Veränderungen sind nicht „nur" dem Diabetes (Araki et al. 1994; Kooistra et al. 2013) vorbehalten, sondern finden sich auch bei chronischen Schmerzpatienten mit Arthrosen, der Fibromyalgie, CRPS, viszeralen Schmerzen und dem metabolischen Syndrom (Rodriguez-Raecke et al. 2009; Hsu et al. 2009; Davis und Moayedi 2013; Strauss et al. 2015; Sawaddiruk et al. 2017; Büntjen et al. 2017; Pamfil und Choy 2018; Bora et al. 2018). Mit der Nachweisbarkeit bei vielen chronischen Krankheitsentitäten bestimmen sie die Motivation, das Verständnis und die aktive Handlungskompetenz und darüber als zentrale Ursache auch eine reduzierte Trainierbarkeit. Die erneute ZNS-Reorganisation hat einen sehr hohen und langfristigen Aktivitätsbedarf!

Patienten mit der „Vorstufe" des Diabetes mellitus Typ II mit 48,0 ± 9,0 Jahren bzw. 52,0 ± 11 Jahren weisen eine aerobe Kapazität von 24,0 ± 4,3 ml/kg/min bzw. 25,0 ± 4,9 ml/kg/min auf (Yokota et al. 2013, 2017). Diese aerobe Kapazität ist auf dem Weg zur „biologischen Existenzgrenze". Mit 57,0 ± 5,1 Jahren bzw. 58.4 ± 6 Jahren (Yoo et al. 2015; Kluding et al. 2012) nicht viel ältere Diabetiker im Erwerbsalter mit einer schmerzhafter PNP weisen eine weiter gesteigerte exzessive Dekonditionierung auf. Diese Patientengruppen haben eine maximale aerobe Kapazität von $16,0 \pm 3,8$ ml/kg/min bzw. $17,2 \pm 5,0$ ml/kg/min. Sie liegen somit unter der Grenze von 20 ml/kg/min, ab der die Mortalität sehr steil exponentiell ansteigt (Bachl et al. 2006). Diese Diabetiker leben mit dieser aeroben Kapazität an der Grenze der biologischen Existenzfähigkeit. Der gangränöse diabetische Fuß ist über die Angiopathie der Beleg dafür.

Ein aerobes Training dieser Diabetiker über 16 Wochen hat die aerobe Kapazität marginal, aber dennoch signifikant um 1 ml/kg/min angehoben, weil alle Personen diesen „sehr minimalen", aber gleich gerichteten Effekt ausgebildet haben. Dieser extrem geringe Anstieg nach 4 Monaten Training belegt die ausgeprägt geringe Trainierbarkeit dieser Menschen, trotz funktionsabhängig korrekter Dosierung. Die biologischen Grundlagen der Trainierbarkeit müssen erst einmal erneut aufgebaut werden, wodurch sich die angestrebten Therapiewirkungen zunächst wesentlich hinausschieben. Obwohl dieses Ergebnis zwar ohne Einfluss auf die absolute Schmerzintensität geblieben war, so reduzierte es dennoch die Schmerzinterferenz beim Gehen und den weiteren Aktivitäten des täglichen Lebens (Yoo et al. 2015). Training ist demnach auch beim ausgeprägtesten Dekonditionierungszustand immer auch klinisch relevant wirksam und fördert die Lebensqualität.

Bereits nach 10 Wochen progressivem Ausdauer- und Krafttraining kann bei den Diabetikern eine sichere Reduzierung der schweren Schmerzattacken lt. visueller Analogskala und dem Michigan-Neuropathiefragebogen erreicht werden. Ebenso fallen der HbA1c-Wert und die Herzschlagfrequenz in physischer Ruhe ab. Die bei diesen Patienten vorhandene exzessiv verminderte intradermale Nervenfaserdichte (Zeichen der Small-Fiber-Neuropathie) lässt in den Hautbiopsien des Ober-, aber noch nicht im Unterschenkelbereich als Ergebnis der positiven trainingsbedingten plastischen Reaktionen einen Anstieg erkennen (Kluding et al. 2012).

Wichtig: Das therapeutische Gesundheitstraining muss immer den Stand der Erkrankung, der zunächst besonders durch die cerebralen Folgen der Grunderkrankung (primär degenerativ oder entzündlich, verletzungsbedingt, …) und denjenigen der hinzugetretenen Schmerzerkrankung (vgl. **Abb. 2.2**, Kap. 3, **Abb. 3.2**) charakterisiert wird, beachten. Ein Programm mit allen Beanspruchungsformen muss aufgebaut werden, denn sie verantworten jeweils „eigene", nicht gegeneinander austauschbare, aber sehr wichtige ergänzende und aufeinander abgestimmte Adaptationen. Der Regenerationsprozess ist sehr lang dauernd und ohne Eigenverantwortung nicht zu realisieren.

2.2.3 Therapieelement Ernährung

Die **Ernährung** muss vollwertig sein. Das bedeutet, sie muss alle Nährstoffe und Substanzen für den Bau- und Betriebsstoffwechsel enthalten und kalorisch dem Bedarf entsprechen. Kalorischer Bedarf heißt, das Körpergewicht ist und bleibt im empfohlenen Bereich des BMI zwischen $18,5–25$ kg/m^2 und unter Beachtung des

Alters bei über 65-Jährigen bei maximal 27 kg/m² (Volkert et al. 2006) oder es erfolgt eine Reduktion. Die Adipositas als Krankheitsursache und Disposition für eine Reihe chronischer Erkrankungen gilt es zu verhindern oder u. a. mit der Ernährung zu therapieren. Bei den Genussgiften sollte eine absolute Abstinenz von Nikotin vorhanden sein und immer nach der Devise „die Dosis macht das Gift", die Zucker als Genussgift begreift, eingestuft und praktiziert werden.

Die Ernährung wird von der WHO als bedeutender Lebensstilfaktor angesehen, denn es gibt fortschreitend immer mehr wissenschaftliche Daten zugunsten oder auch zum Nachteil des Gesundheitszustandes. Deshalb ist sie eine wesentliche und vor allen Dingen modifizierbare Komponente des Lebens mit prädiktivem und potenziell ursächlichem Wert auch für chronische Erkrankungen (WHO 2003). Da chronische Schmerzen als das Ergebnis u. a. von oxidativem Stress und Entzündungsreaktionen angesehen werden, die auch ernährungsbedingt unterstützt werden können (Seaman 2002), erfolgt immer intensiver die Suche nach einer Verbindung dieser Zustände und der Ernährung. Aufgrund der sehr komplexen Zusammenhänge zwischen der Ernährung, den chronischen Erkrankungen und den Schmerzen haben viele Studien noch eine geringe methodische Qualität.

Den Zusammenhängen zwischen der Ernährung, den Nahrungsbestandteilen und chronischen muskuloskelettalen Erkrankungen widmen sich Elma et al. (2020). Sie fanden für ein Review nur 9 experimentelle und 3 Beobachtungsstudien mit der Quintessenz:

- eine vegane Ernährung kann chronische Schmerzen senken,
- bei der rheumatischen Arthritis fehlen häufig die Nahrungskomponenten Calcium, Folsäure, Zink, Magnesium und Vit. B6,
- die Fibromyalgie geht mit einer zu geringen Aufnahme von Kohlenhydraten, Eiweißen, Lipiden, Vit. A, E und K, Selen und Zink einher,
- bei der Osteoarthritis ist die Schmerzintensität mit der Kohlenhydrat- und Fettaufnahme und bei der Fibromyalgie ist die Schmerzschwelle mit der Eiweißzufuhr positiv korreliert.

Das Paradigma, dass eine kalorische Restriktion den Alterungsprozess verzögert und damit entsprechend auch den Abbau der physischen Fitness beeinflusst und im Ergebnis die Lebenserwartung verlängert, ist anerkannt, wobei das Verhindern des Übergewichts eine gravierende Komponente des positiven Effekts ist (Sohal und Forster 2014). An der Verzögerung der Alterungsprozesse durch eine kalorische Restriktion ist die Achse GH-IGF-1 beteiligt, denn die Lebensdauer ohne Unterbindung der GH-Wirkung, aber mit Restriktion entspricht etwa den Individuen, bei denen die GH-Rezeptoren geblockt sind und die Nahrungsaufnahme frei zugänglich ist. Eine unterkalorische Ernährung begünstigt die positive Entwicklung der Insulinsensitivität, wie sie bei Individuen ohne GH-Wirksamkeit gefunden werden kann. Daraus folgt, dass bei freier Nahrungsaufnahme somatotrophe Signalwege in die Regulation der Alterungsprozesse und in logischer Konsequenz in die der Lebensspanne eingebunden sind. Über sie werden auch die Auswirkungen der kalorischen Restriktion auf die Lebensdauer vermittelt (Bonkowski et al. 2006). Informationen zur Ernährung (z. B. Raschka und Ruf 2017; Biesalski et al. 2018) und eine fachkompetente ernährungsmedizinische Beratung und dessen Umsetzung zur Reduzierung von Schmerzen und der Erhaltung eines gesunden Körpergewichts muss als ein sehr wichtiges und wertvolles Instrument für den Gesundheitsstatus und somit als ein essenzieller oder zumindest fakultativer, aber häufig sogar obligater Bestandteil des Gesundheitstrainings genutzt werden (vgl. auch Laube 2022).

> **Wichtig:** Die Ernährung ist ein sehr wichtiger gesundheitlicher Faktor und muss als Lebensstilfaktor angesehen werden. An erster Stelle steht dabei die Kalorienaufnahme in Relation zum täglichen Bedarf. Eine positive Bilanz ist die hauptsächliche Ursache einer Gewichtszunahme und der Adipositas mit all ihren Dispositionen für chronische Erkrankungen. An gleichwertiger Stelle steht die Nahrungszusammensetzung, die alle erforderlichen Haupt- und Mikronährstoffe enthalten muss, die sogenannte „vollwertige Ernährung". Bestimmte Nahrungszusammensetzungen (Diäten) wirken entzündungshemmend. Eine Kalorienrestriktion beeinflusst den Alterungsprozess positiv, wenn der Organismus dabei alle Nährstoffe erhält. Das Wissen um die Zusammenhänge zwischen Ernährung und Gesundheit ist noch unvollständig.

2.2.4 Therapieelement intestinales Mikrobiom und Mikronährstoffe

Eine inzwischen mit steigender Häufigkeit eingesetzte diagnostische Methodik ist die Analyse des Stuhls. Die **intestinale Mikrobiomanalyse** diagnostiziert den Besatz des Darms mit Mikroorganismen der aeroben und anaeroben Flora, von solchen, die Histamin bilden und/oder Autoimmunprozesse auslösen oder für eine Dysbiose verantworten sein können. Des Weiteren wird nach einem Pilzbefall und nach Parasiten gesucht. Physiologische Parameter mit Aussagemöglichkeiten für den Verdauungsprozess (Galle, Pankreas, Nährstoffe, Ballaststoffe), die immunologische Situation (sekretorisches IgA) und den Entzündungsstatus (CRP, Zonulin, Calprotectin) werden erhoben. Die Ernährung hat einen wesentlichen Einfluss auf das Darmmikrobiom. Ein inadäquater Besatz an Mikroorganismen wird mit einer Disposition bzw. mit Entwicklungen metabolischer (u. a. Adipositas, Diabetes mellitus Typ II), chronisch entzündlicher (Reizdarmsyndrom), allergischer, autoimmunologischer (enteropathische Arthritis) und neurologisch-psychiatrischer (Depression) Erkrankungen in Zusammenhang gebracht und/oder kann diese unterhalten. Entsprechend arbeitet die Deutsche Gesellschaft für Ernährung e. V., das Bundeszentrum für Ernährung (siehe Symposium September 2021 „Ernährung und Mikrobiom") und ein ernährungswissenschaftlicher Sonderforschungsbereich „Microbiome Signatures" der Deutschen Forschungsgemeinschaft an diesen Themen. Die fortschreitende Aufklärung der Zusammenhänge ist ein wertvoller Beitrag, die Ernährung immer angepasster zu einem therapeutischen Baustein zu machen.

Eine direkt mit der Ernährung im Zusammenhang stehende Diagnostik ist die **Mikronährstoffanalyse im Blut**. Sie wird mit der therapeutischen Konsequenz der **orthomolekularen Therapie/Medizin**, die nach wie vor zu den alternativmedizinischen Methoden gehört, immer häufiger genutzt. Das als Ausgangspunkt der orthomolekularen Medizin postulierte Ungleichgewicht und Defizite von Molekülen (Substanzen) insbesondere im Gehirn (Linus Pauling) soll auf der Basis der Analyse mit körpereigenen Substanzen ausgeglichen werden, um Krankheiten zu behandeln, aber auch Prävention und Leistungs- und Vitaloptimierung zu betreiben. Es muss noch viel aufgeklärt werden und es ist Vorsicht geboten (Nieß et al. 2008). Die zz. vorliegenden Referenzwerte sind bei klinisch gesunden Personen mit einer sogenannten „ausgewogenen" Ernährung erhoben worden, die als solche nicht sicher und ausreichend definiert ist. Die orthomolekulare Medizin ist zz. nicht belegt und empfohlene sehr hohe Dosierungen sind als schädlich erkannt worden (Ernst 2020).

Die Nahrungsergänzungsmittel werden inzwischen in steigender Anzahl unter wissenschaftlichen Kriterien untersucht. Bei Sportlern müssen z. B. die Antioxidantien als kontraproduktiv angesehen werden. Sie minimieren Adaptationen, indem sie die Sauerstoffradikale (ROS) als Signalsubstanzen für die Stimulation der Produktion von Myokinen abfangen. Die ROS promoten somit Trainingsadaptationen (Scheele et al. 2009). Der trainierte Organismus hat „seine eigenen, eben auch trainingsbedingt gesteigerten Kapazitäten", mit den in der Atmungskette entstehenden Sauerstoffradikalen umzugehen und sie vorteilhaft zu nutzen oder sie zu eliminieren. Nachteilig und als pathogenetischer Faktor wirken die ROS aber immer dann, wenn sie das Ergebnis von chronischen Entzündungsprozesse sind. Hier steht die „persistent systemic low grade inflammation" (Mathur und Pedersen 2008; Brandt und Pedersen 2010) durch die physische Inaktivität ganz weit oben. Auch noch bei alten Menschen (Alter: 72 ± 1 Jahre, n = 10) induziert ein 12-wöchiges moderat intensives Schnelligkeitstraining (2 x/Wochenprogramm; Beltran Valls et al. 2014) Adaptationen im antioxidativen System und es hat zusätzlich epigenetische Wirkungen zugunsten der Adaptationen des Krafttrainings. Bei degenerativen und entzündlichen Erkrankungen können drei Diätformen (antioxidativ, kohlenhydratarm, mediterran) und insbesondere die mit reduziertem Zuckerkonsum als auch die mediterrane Diät über die Beeinflussung des oxidativen Stresses und der Entzündungen schmerzlindernde Effekte hervorrufen und somit eine therapeutische Indikation darstellen. Die antioxidative Diät könnte eine Rolle spielen. Die Ergebnisse dazu sind zz. noch nicht ausreichend schlüssig (Kaushik et al. 2020).

Wichtig: Die Diagnostik des Darmmikrobioms und der Konzentration der Mikronährstoffe im Blut sind potenzielle Informationsquellen für die Entwicklung bzw. das Bestehen bestimmter Erkrankungen (Darmflora) und für mögliche Defizite von wichtigen bzw. essenziellen Substanzen. Das Wissen um die konkret abzuleitenden therapeutischen Konsequenzen muss weiter wissenschaftlich aufgearbeitet werden.

2.2.5 Therapieelemente Komplementär- und Alternativmedizin

Während die **Schulmedizin** den Anspruch erbebt, eine vorrangig wissenschaftlich basierte Therapie durchzuführen („evicence based medicine"), gibt es Praktiken und Interventionen der **Komplementär-** und **Alternativmedizin**, deren Anwendungen auf teils historisch sehr langen Erfahrungen beruhen. Die Wirksamkeit ist aber bisher nicht oder kaum wissenschaftlich belegt. An einigen Methoden, wie der Akupunktur, wird intensiv gearbeitet und bei einigen anderen Methoden sind Nachweise aus objektiv methodischen Gründen auch nur schwer oder kaum zu erbringen.

Zu den Methoden bzw. Anwendungen gehören die aus schulmedizinischer und bevorzugt trainingsmethodischer Sicht vorrangig sensomotorisch koordinative Beanspruchungen darstellende und in deren Rahmen auch entsprechende Vorteile auslösende Praktiken wie

- Yoga, eine aus Indien stammende Philosophie, die aus „moderner" Sicht eine New-Age-Philosophie geworden ist, und je nach Schule Wirkungen auf die sensomotorische Koordination, die Körperhaltung, das Gleichgewicht, die Kraft und die Flexibilität hat,
- Tai Chi, eine aus chinesischen Selbstverteidigungs- und Kampftechniken hervorgegangene Bewegungsabfolge, also eine sensomotorisch koordinative Beanspruchung mit meditativen Aspekten, und
- Qi Gong, eine aus China stammende Folge von Bewegungen, Atemtechniken mit dem Akzent Konzentration und Meditation,

des Weiteren

- die Osteopathie, ein primär mechanistisch geprägtes, hinsichtlich der Grundannahmen, wie z. B. der Körper ist eine Funktionseinheit, selbstregulierend und die Funktion bestimmt die Struktur, ohne Weiteres den heutigen Vorstellungen entsprechendes, aber aufgrund der Gesamtphilosophie kritisch zu betrachtendes Diagnose- und Therapieverfahren, bei der die Hände die Werkzeuge sind und bisher nur für wenige Indikationen wissenschaftliche Nachweise vorliegen,

das wahrscheinlich bevorzugt über die damit verbundenen deutlichen bis zu intensiven Schmerzen und Massageeffekte wirkende

- Faszientorsionsmodell nach Typaldos,

die seit Jahrhunderten erfahrungsbedingte Intervention

- Akupunktur, deren Wirkhintergründe inzwischen viel untersucht werden,

die Beeinflussung des Ernährungsregimes durch

- Nahrungsergänzungsmittel (s. Pkt. 2.4), die heute gleichfalls immer häufiger nach wissenschaftlichen Kriterien geprüft werden, und

- die integrative Medizin, die nach verschiedenen, nicht einheitlichen Definitionen eine Integration der komplementären und alternativen Medizin in die konventionelle Schulmedizin versucht (Münstedt und Hübner 2014), verwendet aufgrund eines systematischen Reviews mit vier verschiedenen Szenarien zur integrativen Medizin bzw. der integrativen Gesundheitsversorgung die Begriffe unklar und stark variierend und die Literatur dazu wird deshalb sehr inkonsistent (Coulter et al. 2013), und
- die Homöopathie, Naturheilkunde und Energietherapie haben hinsichtlich der Häufigkeit des Einsatzes kaum eine Bedeutung und weisen bisher auch keine bis kaum ausreichende wissenschaftliche Erklärungen der Wirksamkeit nach den Kriterien der „evidence based medicine" auf.

Wichtig: Die komplementär- und alternativmedizinischen Interventionen sind nicht ausreichend bis nicht wissenschaftlich belegt. Einige stehen im Fokus der Wissenschaft wie z. B. die Akupunktur und die Nahrungsergänzung, andere sind aus rein methodischen Gründen (Probleme bei der Standardisierung der Therapieansätze, Diagnosen und Interventionen, bei vielen das Vorhandensein von Placebos, das Therapieregime ist zugleich ein Placebo durch Zuwendung, Doppelverblindungen) kaum zugänglich.

Körperliche Aktivitäten sind generell die Therapieintervention der ersten Wahl
Fazit: Der Bedarf und die Inhalte einer Schmerzbehandlung resultieren 1. aus der Ursache und 2. aus dem pathogenetischen Entwicklungsstand. Akute Verletzungen können eine Disposition für Störungen, degenerative Veränderungen und eine Schmerzerkrankung sein und bedürfen sekundär präventiver Maßnahmen mit hoher Eigenverantwortlichkeit. Akute nicht kontaktbedingte Muskelverletzungen entstehen bevorzugt infolge sportartspezifischer Bewegungen unter Beteiligung der Gestaltung von Belastung –Erholung. Bei rezidivierenden Entzündungen von Bindegewebsstrukturen gilt es, 1. die beruflichen und/oder sportlichen Belastungen und 2. die Belastbarkeit zu überprüfen. Primäre Arthrosen haben einen sehr langen Entwicklungsweg und mit den ersten Anzeichen sollte präventiv-therapeutisches Training eingesetzt werden. Ungenügende physische Aktivität ist zz. die häufigste Ursache chronisch degenerativer Erkrankungen. Noch nicht als Krankheit anzusehen ist die Dekonditionierung, die aber das Fundament verschiedener pathogenetischer Ketten darstellt. Fortschreitend werden alle Gewebe und Organe einbezogen und therapeutische Gesundheitstraining ist umgehend indiziert.

Die Adipositas hat nicht „nur" wegen der physischen Inaktivität einen Einfluss auf die Muskulatur. Die Muskelmasse als der wesentliche „funktionelle Faktor" des Stoffwechsels, des Binde- und Stützgewebes und des anabolen Hormonstatus wird sowohl durch die inaktivitätsbedingte Atrophie als auch die adipositasbedingte Sarkopenie reduziert und hinzu kommt der Alterungsprozess. Die Muskulatur verliert immer mehr ihre Funktion als Signalstoffproduzent und als Stimulator der hormonellen „cross talks" mit dem Gehirn, dem Knochengewebe, dem Pankreas und vielen anderen Geweben und Organen, mit denen die Muskulatur die Gewebehomöostasen aufeinander abstimmt und die wechselseitigen physiologischen Adaptationen fördert. Kalorienreduktion und Muskeltätigkeit sind die Interventionen der Wahl.

Körperliche Aktivitäten sind ein notwendiges, weil günstig wirkendes Therapieelement bei der rheumatischen Arthritis und allen weiteren Erkrankungen des Formenkreises. Die Krankheitssymptome werden positiv beeinflusst. Bei onkologischen Erkrankungen wird das behindernde Fatigue-Syndrom abgemildert und bei 13 Entitaten die Rezidivrate beeinflusst. Psychiatrische Erkrankungen profitieren von den positiven Auswirkungen auf die Transmittersysteme und es entstehen u. a. günstigere emotionale Zustände.

Bei chronischen Schmerzpatienten zielen die primären Zielstellungen zunächst auf die höchsten cerebralen Ebenen. Die Schmerzen müssen gemindert und die Kooperativität durch Einsichten und die Fähigkeit zum aktiven gesundheitlichen Handeln „für sich selbst!" gestärkt werden. Die „passiven" Interventionen sorgen in einem begrenzten Zeitfenster für funktionelle Verbesserungen, die aber die maladaptiven Veränderungen nicht oder kaum ursächlich beeinflussen. Sie sind für die psychophysische Belastbarkeit wichtig. Zu nennen sind die direkte Stimulation der körpereigenen Schmerzhemmung durch die Periostmassage und die Förderung der Durchblutung durch Massagetechniken. Die „passiven" sind generell in Kombination mit „aktiven" Interventionen einzusetzen, um in der Phase der gelinderten Schmerzen strukturell wirkende Interventionen durchzuführen. Als „aktive" Anwendungen mit bevorzugt zentralnervösen Wirkungen, aber ohne konditionelle Adaptationen, stehen Bewegungen in den endgradigen ROM-Bereich zum Training der Schmerztoleranz zur Verfügung und ebenso biofeedbackgestützte Interventionen. Nachhaltige, weil reorganisierende Wirkungen werden ausschließlich mit dem therapeutischen Gesundheitstraining erreicht.

Grundsätzlich gibt es, außerhalb des Zeitrahmens einer akuten Exacerbation, keine chronische Erkrankung, bei der körperliches Gesundheitstraining eine Kontraindikation wäre! Das absolute Gegenteil ist der Fall!

Der Patient muss mit angepasster Argumentation verstehen lernen, dass die über Jahre bis zu Jahrzehnten sich entwickelten Beschwerden ohne und mit primär entzündlichem Hintergrund nicht in wenigen Wochen beherrscht werden kann. Es ist ein entsprechender langer Zeitraum nötig. „Eine Lebensqualität mit Schmerzarmut bzw. Schmerzfreiheit und guter Mobilität ist ein „Arbeitsprodukt", die Arbeitstätigkeit heißt „körperliche Anstrengungen" und konkreter ausgedrückt therapeutisches Gesundheitstraining!" Es muss ein Programm mit allen Beanspruchungsformen sein, denn jede hat ihre „eigenen", nicht gegeneinander austauschbaren, sich ergänzenden und aufeinander abgestimmten Adaptationen.

Die Ernährung ist ein wichtiger gesundheitlicher Faktor des Lebensstils. An erster Stelle steht die Kalorienaufnahme in Relation zum täglichen Bedarf. Gleichwertig ist die Nahrungszusammensetzung mit allen erforderlichen Haupt- und Mikronährstoffen, die sogenannte „vollwertige, aber auch entzündungshemmende Ernährung".

Ein ergänzender Interventionsbereich kann nach entsprechender Diagnostik das Darmmikrobiom sein. Hierfür muss aber das Wissen um die konkret abzuleitenden therapeutischen Konsequenzen weiter wissenschaftlich aufgearbeitet werden. Komplementär- und alternativmedizinische Interventionen sind nicht ausreichend bis nicht wissenschaftlich belegt. Einige stehen im Fokus der Wissenschaft wie z. B. die Akupunktur und die Nahrungsergänzung, andere sind aus rein methodischen Gründen kaum zugänglich. Sie werden teilweise mit den angestrebten Effekten eingesetzt, wobei möglicherweise u. a. der Placeboeffekt eine Rolle spielt.

Literatur

Andersen H (2012) Motor dysfunction in diabetes. Diabetes Metab Res Rev 28(Suppl. 1):89–92

Araki Y, Nomura M, Tanaka H, Yamamoto H, Yamamoto T, Tsukaguchi I, Nakamura H (1994) MRI of the brain in diabetes mellitus. Neuroradiology 36(2):101–103

Bachl N, Schwarz W, Zeibig J (2006) Fit ins Alter. Springer, Wien/, New York

Barazzoni R, Bischoff S, Boirie Y, Busetto L, Cederholm T, Dicker D, Toplak H, Van Gossum A, Yumuk V, Vettor R (2018) Sarcopenic obesity: time to meet the challenge. Obes Facts 11(4):294–305. https://doi.org/10.1159/000490361. Epub 2018 July 18

Barbalho SM, Flato UAP, Tofano RJ, Goulart RA, Guiguer EL, Detregiachi CRP, Buchaim DV, Araújo AC, Buchaim RL, Reina FTR, Biteli P, Reina DOBR, Bechara MD (2020) Physical exercise and myokines: relationships with sarcopenia and cardiovascular complications. Int J Mol Sci 21(10):3607. https://doi.org/10.3390/ijms21103607

Beltran Valls MR, Dimauro I, Brunelli A, Tranchita E, Ciminelli E, Caserotti P, Duranti G, Sabatini S, Parisi P, Parisi A, Caporossi D (2014) Explosive type of moderate-resistance training induces functional, cardiovascular, and molecular adaptations in the elderly. Age (Dordr) 36(2):759–772. https://doi.org/10.1007/s11357-013-9584-1. Epub 2013 Oct 18

Biesalski HK, Pirlich M, Bischoff St C, Weimann A (2018) Ernährungsmedizin. Nach dem Curriculum Ernährungsmedizin der Bundesärztekammer. Georg Thieme, Stuttgart/New York

Bonkowski MS, Rocha JS, Masternak MM, Al Regaiey KA, Bartke A (2006) Targeted disruption of growth hormone receptor interferes with the beneficial actions of calorie restriction. Proc Natl Acad Sci U S A 103(20):7901–7905. https://doi.org/10.1073/pnas.0600161103. Epub 2006 May 8

Bora E, McIntyre RS, Ozerdem A (2018) Neurococognitive and neuroimaging correlates of obesity and components of metabolic syndrome in bipolar disorder: a systematic review. Psychol Med 1–12. https://doi.org/10.1017/S0033291718003008. [Epub ahead of print]

Brandt C, Pedersen BK (2010) The role of exercise-induced myokines in muscle homeostasis and the defense against chronic diseases. J Biomed Biotechnol 2010:520258. https://doi.org/10.1155/2010/520258. Epub 2010 Mar 9

Brown SJ, Handsaker JC, Bowling FL, Maganaris CN, Boulton AJ, Reeves ND (2014) Do patients with diabetic neuropathy use a higher proportion of their maximum strength when walking? J Biomech 47:3639–3644

Büntjen L, Hopf JM, Merkel C, Voges J, Knape S, Heinze HJ, Schoenfeld MA (2017) Somatosensory misrepresentation associated with chronic pain: spatiotemporal correlates of sensory perception in a patient following a complex regional pain syndrome spread. Front Neurol 8:142. https://doi.org/10.3389/fneur.2017.00142. eCollection 2017

Clark BC (2009) In vivo alterations in skeletal muscle form and function after disuse atrophy. Med Sci Sports Exerc 42:363–372

Clark BC, Manini TM (2008) Sarcopenia=/=dynapenia. J Gerontol A Biol Sci Med Sci 63:829–834. [PubMed: 18772470]

Clark BC, Pierce JR, Manini TM, Ploutz-Snyder LL (2007) Effect of prolonged unweighting of human skeletal muscle on neuromotor force control. Eur J Appl Physiol 100:53–62. [PubMed: 17287986]

Clark BC, Taylor JL, Hoffman RL, Dearth DJ, Thomas JS (2011) Cast immobilization increases long-interval intracortical inhibition. Muscle Nerve 42:363–372. [PubMed: 20544941]

Coulter ID, Khorsan R, Crawford C, Hsiao AF (2013) Challenges of systematic reviewing integrative health care. Integr Med Insights 8:19–28

Crump C, Sundquist J, Winkleby MA, Sieh W, Sundquist K (2016a) Physical fitness among Swedish military conscripts and long-term risk for type 2 diabetes mellitus: a cohort study. Ann Intern Med 164(9):577–584. https://doi.org/10.7326/M15-2002. Epub 2016 Mar 8. PDF

Crump C, Sundquist J, Winkleby MA, Sundquist K (2016b) Interactive effects of physical fitness and body mass index on the risk of hypertension. JAMA Intern Med 176(2):210–216. https://doi.org/10.1001/jamainternmed.2015.7444

Crump C, Sundquist J, Winkleby MA, Sundquist K (2016c) Interactive effects of physical fitness and body mass index on risk of stroke: a national cohort study. Int J Stroke 11(6):683–694. https://doi.org/10.1177/1747493016641961. Epub 2016 Mar 25

Crump C, Sundquist J, Winkleby MA, Sundquist K (2017a) Interactive effects of obesity and physical fitness on risk of ischemic heart disease. Int J Obes 41(2):255–261. https://doi.org/10.1038/ijo.2016.209. Epub 2016 Nov 21

Crump C, Sundquist J, Winkleby MA, Sundquist K (2017b) Aerobic fitness, muscular strength and obesity in relation to risk of heart failure. Heart 103(22):1780–1787. https://doi.org/10.1136/heartjnl-2016-310716. Epub 2017 May 12

Crump C, Sundquist J, Winkleby MA, Sundquist K (2017c) Interactive effects of aerobic fitness, strength, and obesity on mortality in men. Am J Prev Med 52(3):353–361. https://doi.org/10.1016/j.amepre.2016.10.002. Epub 2016 Nov 14

Cruz-Jentoft AJ, Baeyens JP, Bauer JM, Boirie Y, Cederholm T, Landi F, Martin FC, Michel JP, Rolland Y, Schneider SM, Topinkova E, Vandewoude M, Zamboni M (2019) Sarcopenia: European consensus on definition and diagnosis. Age Ageing 39:412–423

Cruz-Jentoft AJ, Bahat G, Bauer J, Boirie Y, Bruyère O, Cederholm T, Cooper C, Landi F, Rolland Y, Sayer AA, Schneider SM, Sieber CC, Topinkova E, Vandewoude M, Visser M, Zamboni M, Writing Group for the European Working Group on Sarcopenia in Older People 2 (EWGSOP2), and the Extended Group for EWGSOP2 (2019) Sarcopenia: revised European consensus on definition and diagnosis. Age Ageing 48(1):16–31. https://doi.org/10.1093/ageing/afy169

Davis KD, Moayedi M (2013) Central mechanisms of pain revealed through functional and structural MRI. J NeuroImmune Pharmacol 8(3):518–534. https://doi.org/10.1007/s11481-012-9386-8. Epub 2012 July 24

Debus F, Lefering R, Frink M, Kühne CA, Mand C, Bücking B (2015) Ruchholtz St: Anzahl der Schwerverletzten in Deutschland. Eine retrospektive Analyse aus dem TraumaRegister der Deutschen Gesellschaft für Unfallchirurgie (DGU). Dtsch Arztebl Int 112:823–829. https://doi.org/10.3238/arztebl.2015.0823

Dutheil F, Gordon BA, Naughton G, Crendal E, Courteix D, Chaplais E, Thivel D, Lac G, Benson AC (2017) Cardiovascular risk of adipokines: a review. J Int Med Res 300060517706578. https://doi.org/10.1177/0300060517706578. [Epub ahead of print]

Ekstrand J, Hagglund M, Walden M (2011) Epidemiology of muscle injuries in professional football (soccer). Am J Sports Med 39:1226–1232

Elma Ö, Yilmaz ST, Deliens T, Coppieters I, Clarys P, Nijs J, Malfliet A (2020) Do nutritional factors interact with chronic musculoskeletal pain? A systematic review. J Clin Med 9(3):702. https://doi.org/10.3390/jcm9030702

Engin A (2017) The definition and prevalence of obesity and metabolic syndrome. Adv Exp Med Biol 960:1–17. https://doi.org/10.1007/978-3-319-48382-5_1

Ernst E (2020) Heilung oder Humbug? 150 alternativmedizinische Verfahren von Akupunktur bis Yoga, 1. Aufl. Springer, Berlin, S 337–338. https://doi.org/10.1007/978-3-662-61709-0. ISBN 978-3-662-61708-3

Fonseca-Alaniz MH, Takada J, Alonso-Vale MI, Lima FB (2007) Adipose tissue as an endocrine organ: from theory to practice. J Pediatr 83:S192–S203

Geijselaers SLC, Sep SJS, Claessens D, Schram MT, van Boxtel MPJ, Henry RMA, Verhey FRJ, Kroon AA, Dagnelie PC, Schalkwijk CG, van der Kallen CJH, Biessels GJ, Stehouwer CDA (2017) The role of hyperglycemia, insulin resistance, and blood pressure in diabetes-associated differences in cognitive performance-the Maastricht study. Diabetes Care 40(11):1537–1547. https://doi.org/10.2337/dc17-0330. Epub 2017 Aug 25

Goossens GH (2017) The metabolic phenotype in obesity: fat mass, body fat distribution, and adipose tissue function. Obes Facts 10(3):207–215. https://doi.org/10.1159/000471488. Epub 2017 Jun 1

Harwood HJ Jr (2012) The adipocyte as an endocrine organ in the regulation of metabolic homeostasis. Neuropharmacology 63:57–75

Hauser M, Jenni CH (2012) Kurz, kürzer, Muskelfaserriss? Weisen verkürzte Hamstrings ein erhöhtes Verletzungsrisiko auf? Züricher Hochschule für angewandte Wissenschaften – Gesundheit, Institut für Physiotherapie, Bachelorarbeit

Heidemann C, Du Y, Schubert I, Rathmann W, Scheidt-Nave C (2013) Prävalenz und zeitliche Entwicklung des bekannten Diabetes mellitus – Ergebnisse der Studie zur Gesundheit Erwachsener in Deutschland (DEGS1). Bundesgesundheitsblatt 56(5/6):668–677. https://doi.org/10.1007/s00103-012-1662-5

Hendrickse P, Degens H (2019) The role of the microcirculation in muscle function and plasticity. J Muscle Res Cell Motil 40(2):127–140. https://doi.org//10.1007/s10974-019-09520-2. Epub 2019 Jun 5

Hilton TN, Tuttle LJ, Bohnert KL, Mueller MJ, Sinacore DR (2008) Excessive adipose tissue infiltration in skeletal muscle in individuals with obesity, diabetes mellitus, and peripheral neuropathy: association with performance and function. Phys Ther 88:1336–1344

Hsu MC, Harris RE, Sundgren PC, Welsh RC, Fernandes CR, Clauw DJ, Williams DA (2009) No consistent difference in gray matter volume between individuals with fibromyalgia and age-matched healthy subjects when controlling for affective disorder. Pain 143(3):262–267. https://doi.org/10.1016/j.pain.2009.03.017. Epub 2009 Apr 16

Ishii S, Tanaka T, Akishita M, Ouchi Y, Tuji T, Iijima K (2014) Kashiwa study investigators: metabolic syndrome, sarcopenia and role of sex and age: cross-sectional analysis of Kashiwa cohort study. PLoS One 9(11):e112718. https://doi.org/10.1371/journal.pone.0112718. eCollection 2014

Kaushik AS, Strath LJ, Sorge RE (2020) Dietary interventions for treatment of chronic pain: oxidative stress and inflammation. Pain Ther 9(2):487–498. https://doi.org/10.1007/s40122-020-00200-5. Epub 2020 Oct 21

Kim DJ, Yu JH, Shin MS, Shin YW, Kim MS (2016) Hyperglycemia reduces efficiency of brain networks in subjects with type 2 diabetes. PLoS One 11(6):e0157268. https://doi.org/10.1371/journal.pone.0157268. eCollection 2016

Kim G, Kim JH (2020) Impact of skeletal muscle mass on metabolic health. Endocrinol Metab (Seoul) 35(1):1–6. https://doi.org/10.3803/EnM.2020.35.1.1

Klitgaard H, Mantoni M, Schiaffino S, Ausoni S, Gorza L, Laurent-Winter C, Schnohr P, Saltin B (1990) Function, morphology and protein expression of ageing skeletal muscle: a cross-sectional study of elderly men with different training backgrounds. Acta Physiol Scand 140(1):41–54

Kluding PM, Pasnoor M, Singh R, Jernigan S, Farmer K, Rucker J, Sharma NK, Wright DE (2012) The effect of exercise on neuropathic symptoms, nerve function, and cutaneous innervation in people with diabetic peripheral neuropathy. J Diabetes Complicat 26(5):424–429. https://doi.org/10.1016/j.jdiacomp.2012.05.007. Epub 2012 June 18

Kooistra M, Geerlings MI, Mali WP, Vincken KL, van der Graaf Y, Biessels GJ (2013) SMART-MR Study Group: diabetes mellitus and progression of vascular brain lesions and brain atrophy in patients with symptomatic atherosclerotic disease. The SMART-MR study. J Neurol Sci 332(1–2):69–74. https://doi.org/10.1016/j.jns.2013.06.019. Epub 2013 July 6

Laube W (1984) Untersuchungen der elektrischen Aktivität des Muskels unter Ruhebedingungen sowie vor und nach definierten Belastungsanforderungen zur Überprüfung der Anwendung als zustandsdiagnostischer Parameter. Forschungsbericht, Zentralinstitut des Sportmedizinischen Dienstes der DDR in Kreischa, 1984 (nicht veröffentlich)

Laube W (2009) Physiologie des sensomotorischen systems. In: Laube W (Hrsg) Sensomotorisches System. Thieme, Stuttgart/New York, S 25–117

Laube W (2014) Biophysikalisch passiver und neurophysiologisch aktiver Muskeltonus? manuelle therapie. Thieme 18:74–78

Laube W (2020) Sensomotorik und Schmerz. Wechselwirkung von Bewegungsreizen und Schmerzempfinden. Springer, Berlin/Heidelberg

Laube W (2022) Schmerztherapie ohne Medikamente – Leitfaden zur endogenen Schmerzhemmung für Ärzte und Therapeuten. Springer, Berlin/Heidelberg

Laube W, Müller K (2004) Der passive Muskeltonus als biophysikalische und der aktive Muskeltonus als neurophysiologische Zustandsgröße aus physiologischer und pathophysiologischer Sicht. Österr Z Phys Med Rehabil 14(1):10–28

Mathur N, Pedersen BK (2008) Exercise as a mean to control low-grade systemic inflammation. Mediat Inflamm 2008:109502. https://doi.org/10.1155/2008/109502. Epub 2009 Jan 11

Metsios GS, Kitas GD (2018) Physical activity, exercise and rheumatoid arthritis: effectiveness, mechanisms and implementation. Best Pract Res Clin Rheumatol 32(5):669–682. https://doi.org/10.1016/j.berh.2019.03.013. Epub 2019 Apr 17

Mills M, Barnett F, Goto S, Blackburn T, Cates S, Clark M, Aguilar A, Fava N, Padua D (2015) Effect of restricted hip flexor muscle length on hip extensor muscle activity and lower extremity biomechanics in college-aged female soccer players. Int J Sports Phys Ther 10:946–954

Morley JE, Abbatecola AM, Argiles JM, Baracos V, Bauer J, Bhasin S, Cederholm T, Stewart Coats AJ, Cummings St R, Evans WJ, Fearon K, Ferrucci L, Fielding RA, Guralnik JM, Harris TB, Inui A, Kalantar-Zadeh K, Kirwan B-A, Mantovani G, Muscaritoli M, Newman AB, Rossi-Fanelli F, Rosano GMC, Roubenoff R, Schambelan M, Sokol GH, Storer TW, Vellas B, von Haehling S, Yeh S-S, Anker SD, The Society on Sarcopenia, Cachexia and Wasting Disorders Trialist Workshop (2011) Sarcopenia with limited mobility: an international consensus. J Am Med Dir Assoc 12:403–409. [PubMed: 21640657]

Mueller-Wohlfahrt HW, Haensel L, Mithoefer K, Ekstrand J, English B, McNally S, Orchard J, van Dijk CN, Kerkhoffs GM, Schamasch P, Blottner D, Swaerd L, Goedhart E, Ueblacker P (2013) Terminology and classification of muscle injuries in sport: the Munich consensus statement. Br J Sports Med 47(6):342–350. https://doi.org/10.1136/bjsports-2012-091448. Epub 2012 Oct 18

Münstedt K, Hübner J (2014) „Integrative Medizin" – Bestandteil der Schulmedizin oder Scharlatanerie? Frauenheilkunde up2date 2. https://doi.org/10.1055/s-0033-1357904

Murrell GA (2002) Understanding tendinopathies. Br J Sports Med 36(6):392–393

Nieß AM, Striegel H, Hipp A, Hansel J, Simon P (2008) Zusätzliche Antioxidanziengabe im Sport – sinnvoll oder unsinnig? Dtsch Z Sportmed 59:55–61

Opar DA, Williams MD, Shield AJ (2012) Hamstring strain injuries: factors that lead to injury and re-injury. Sports Med 42:209–226

Pamfil C, Choy EHS (2018) Functional MRI in rheumatic diseases with a focus on fibromyalgia. Clin Exp Rheumatol. 36 Suppl 114(5):82–85. Epub 2018 Oct 1

Palmer KT, Harris EC, Coggon D (2007) Compensating occupationally related tenosynovitis and epicondylitis: a literature review. Occup Med 57:67–74

Papadakis MA, Grady D, Black D, Tierney MJ, Gooding GA, Schambelan M, Grunfeld C (1996) Growth hormone replacement in healthy older men improves body composition but not functional ability. Ann Intern Med 124:708–716. [PubMed: 8633830]

Park BS, Yoon JS (2013) Relative skeletal muscle mass is associated with development of metabolic syndrome. Diabetes Metab J 37:458–464

Park SH, Park JH, Song PS, Kim DK, Kim KH, Seol SH, Kim HK, Jang HJ, Lee JG, Park HY, Park J, Shin KJ, Kim D, Moon YS (2013) Sarcopenic obesity as an independent risk factor of hypertension. J Am Soc Hypertens 7(6):420–425. https://doi.org/10.1016/j.jash.2013.06.002. Epub 2013 July 30

Park SH, Park JH, Park HY, Jang HJ, Kim HK, Park J, Shin KJ, Lee JG, Moon YS (2014) Additional role of sarcopenia to waist circumference in predicting the odds of metabolic syndrome. Clin Nutr 33(4):668–672. https://doi.org/10.1016/j.clnu.2013.08.008. Epub 2013 Aug 31

Pedersen BK (2009) The Diseasome of Physical Inactivity and the role of myokines in muscle-fat cross talk. J Physiol 587:5559–5568

Pedersen BK (2013) Muscle as a secretory organ. Compr Physiol 3(3):1337–1362. https://doi.org/10.1002/cphy.c120033

Raschka C, Ruf S (2017) Sport und Ernährung: Wissenschaftlich basierte Empfehlungen, Tipps und Ernährungspläne für die Praxis. Georg Thieme, Stuttgart

Reeves ND, Najafi B, Crews RT, Bowling FL (2013) Aging and type 2 diabetes: consequences for motor control, musculoskeletal function, and whole-body movement. J Aging Res 2013:508756

Reijmer YD, Leemans A, Brundel M, Kappelle LJ, Biessels GJ, Utrecht Vascular Cognitive Impairment Study Group (2013) Disruption of the cerebral white matter network is related to slowing of information processing speed in patients with type 2 diabetes. Diabetes 62(6):2112–2115. https://doi.org/10.2337/db12-1644. Epub 2013 Jan 24

van Rijn RM, Huisstede BM, Koes BW, Burdorf A (2009) Associations between work-related factors and specific disorders at the elbow: a systematic literature review. Rheumatology (Oxford) 48:528–536

Robert Koch-Institut (2013) Beiträge zur Gesundheitsberichterstattung des Bundes. Das Unfallgeschehen bei Erwachsenen in Deutschland. Ergebnisse des Unfallmoduls der Befragung „Gesundheit in Deutschland aktuell 2010". Berlin. ISBN 978-3-89606-217-8

Robert Koch-Institut (2013) Studie zur Gesundheit Erwachsener in Deutschland – Welle 1 (DEGS1) des Robert Koch-Instituts (RKI). Bundesgesundheitsbl 56:607–608. https://doi.org/10.1007/s00103-013-1697-2. Online publiziert: 27. Mai 2013, Springer, Berlin/Heidelberg

Rodriguez-Raecke R, Niemeier A, Ihle K, Ruether W, May A (2009) Brain gray matter decrease in chronic pain is the consequence and not the cause of pain. J Neurosci 29(44):13746–13750. https://doi.org/10.1523/JNEUROSCI.3687-09.2009

Rosenberg IR (1989) Summary comments. Am J Clin Nutr 50:1231–1233

Sawaddiruk P, Paiboonworachat S, Chattipakorn N, Chattipakorn SC (2017) Alterations of brain activity in fibromyalgia patients. J Clin Neurosci 38:13–22. https://doi.org/10.1016/j.jocn.2016.12.014. Epub 2017 Jan 10

Scheele C, Nielsen S, Pedersen BK (2009) ROS and myokines promote muscle adaptation to exercise. Trends Endocrinol Metab 20(3):95–99. Epub 2009 Mar 9

Seaman DR (2002) The diet-induced proinflammatory state: a cause of chronic pain and other degenerative diseases? J Manip Physiol Ther 25:168–179

Shiri R, Viikari-Juntura E (2011) Lateral and medial epicondylitis: role of occupational factors. Best Pract Res Clin Rheumatol 25(1):43–57. https://doi.org/10.1016/j.berh.2011.01.013

Shiri R, Viikari-Juntura E, Varonen H, Heliövaara M (2006) Prevalence and determinants of lateral andmedial epicondylitis: a population study. Am J Epidemiol 164:1065–1074

Simmel S, Bühren V (2013) Unfallfolgen nach schweren Verletzungen. Konsequenzen für die Trauma-Rehabilitation. Chirurg 84:764–770. https://doi.org/10.1007/s00104-013-2579-8, Online publiziert: 11. August 2013

Sohal RS, Forster MJ (2014) Caloric restriction and the aging process: a critique. Free Radic Biol Med 73:366–382. https://doi.org/10.1016/j.freeradbiomed.2014.05.015. Epub 2014 Jun 2

Strauss S, Grothe M, Usichenko T, Neumann N, Byblow WD, Lotze M (2015) Inhibition of the primary sensorimotor cortex by topical anesthesia of the forearm in patients with complex regional pain syndrome. Pain 156(12):2556–2561. https://doi.org/10.1097/j.pain.0000000000000324

Syrenicz A, Garanty-Bogacka B, Syrenicz M, Gebala A, Walczak M (2006a) Low-grade systemic inflammation and the risk of type 2 diabetes in obese children and adolescents. Neuro Endocrinol Lett 27(4):453–458

Syrenicz A, Garanty-Bogacka B, Syrenicz M, Gebala A, Dawid G, Walczak M (2006b) Relation of low-grade inflammation and endothelial activation to blood pressure in obese children and adolescents. Neuro Endocrinol Lett 27(4):459–464

Tamayo T, Brinks R, Hoyer A, Kuß O, Rathmann W (2016) The prevalence and incidence of diabetes in Germany – an analysis of statutory health insurance data on 65 million individuals from the years 2009 and 2010. Dtsch Arztebl Int 113:177–182. https://doi.org/10.3238/arztebl.2016.0177

Tilscher T (Koordinator) (2019) Leitlinie der Deutschen Gesellschaft für Orthopädie und Orthopädische Chirurgie. S2k – Epicondylopathia radialis humeri. AWMF online. Stand 24.06.2019, AWMF Registernummer: 033-019

Tuttle LJ, Sinacore DR, Cade WT, Mueller MJ (2011) Lower physical activity is associated with higher intermuscular adipose tissue in people with type 2 diabetes and peripheral neuropathy. Phys Ther 91:923–930

Urwin M, Symmons D, Allison T, Brammah T, Busby H, Roxby M, Simmons A, Williams G (1998) Estimating the burden of musculoskeletal disorders in the community: the comparative prevalence of symptoms at different anatomical sites, and the relation to social deprivation. Ann Rheum Dis 57(11):649–655. https://doi.org/10.1136/ard.57.11.649

Viol M (1985) Grundlagen zur Einschätzung des Muskeltonus. Med Sport 25:78–81

Viol M (1986) Muskelmechanische Veränderungen nach fahrradergometrischer Belastung. Med Sport 26:38–40

Viol M (1988) Zum Einfluss der Durchblutung auf den Muskeltonus. Med Sport 28:22–25

Volkert D, Berner YN, Berry E, Cederholm T, Coti Bertrand P, Milne A, Palmblad J, Schneider S, Sobotka L, Stanga Z, Lenzen-Grossimlinghaus R, Krys U, Pirlich M, Herbst B, Schütz T, Schröer W, Weinrebe W, Ockenga J, Lochs H, DGEM (German Society for Nutritional Medicine), ESPEN (European Society for Parenteral and Enteral Nutrition) (2006) ESPEN guidelines on enteral nutrition: geriatrics. Clin Nutr 25(2):330–360. https://doi.org/10.1016/j.clnu.2006.01.012

Wang YC, McPherson K, Marsh T, Gortmaker SL, Brown M (2011) Health and economic burden of the projected obesity trends in the USA and the UK. Lancet 378:815–825. https://doi.org/10.1016/S0140-6736(11)60814-3

WHO (2003) Diet, nutrition, and the prevention of chronic diseases: report of a joint WHO/FAO expert consultation, Bd 916. World Health Organization, Geneva

WHO guidelines on physical activity and sedentary behaviour: at a glance. Geneva: World Health Organization; 2020. Licence: CC BY-NC-SA 3.0 IGO

World Health Organization (2011) Global Recommendations on Physical Activity for Health. 1.Exercise. 2.Life style. 3.Health promotion. 4.Chronic disease - prevention and control. 5.National health programs. WHO Press, World Health Organization, Genf, Schweiz

Wrobel JS, Najafi B (2010) Diabetic foot biomechanics and gait dysfunction. J Diabetes Sci Technol 4:833–845

Yokota T, Kinugawa S, Yamato M, Hirabayashi K, Suga T, Takada S, Harada K, Morita N, Oyama-Manabe N, Kikuchi Y, Okita K, Tsutsui H (2013) Systemic oxidative stress is associated with lower aerobic capacity and impaired skeletal muscle energy metabolism in patients with metabolic syndrome. Diabetes Care 36(5):1341–1346. https://doi.org/10.2337/dc12-1161. Epub 2013 Feb 7

Yokota T, Kinugawa S, Hirabayashi K, Suga T, Takada S, Omokawa M, Kadoguchi T, Takahashi M, Fukushima A, Matsushima S, Yamato M, Okita K, Tsutsui H (2017) Pioglitazone improves whole-body aerobic capacity and skeletal muscle energy metabolism in patients with metabolic syndrome. J Diabetes Investig 8(4):535–541. https://doi.org/10.1111/jdi.12606. Epub 2017 Jan 31

Yoo M, D'Silva LJ, Martin K, Sharma NK, Pasnoor M, LeMaster JW, Kluding PM (2015) Pilot study of exercise therapy on painful diabetic peripheral neuropathy. Pain Med 16(8):1482–1489. https://doi.org/10.1111/pme.12743. Epub 2015 Mar 20

Zhang H, Lin S, Gao T, Zhong F, Cai J, Sun Y, Ma A (2018) Association between sarcopenia and metabolic syndrome in middle-aged and older non-obese adults: a systematic review and meta-analysis. Nutrients 10(3):364. https://doi.org/10.3390/nu10030364

Ziegler D, Behler M, Schroers-Teuber M, Roden M (2015) Near-normoglycaemia and development of neuropathy: a 24-year p4rospective study from diagnosis of type 1 diabetes. BMJ Open 5(6):e006559. https://doi.org/10.1136/bmjopen-2014-006559

Bausteine der nicht pharmakologischen sogenannten „Regulatorischen" Schmerztherapie nach Daase/Laube

3

▶ **Passive Bausteine der Regulativen Schmerztherapie für die aktive Belastbarkeit** Die „Regulative Schmerztherapie" ist ein physiologisch begründbares aufeinanderfolgendes Interventionsstufenprogramm mit dem primären Ziel, mittels des Mechanismus „Schmerz hemmt Schmerz" die Belastbarkeit für aktive Belastungen zu erreichen. Unterstützend werden passive Interventionen zur Durchblutungsförderung, der zugehörigen Schmerzlinderung und der Gelenkbeweglichkeit mit zugleich anti-nozizeptiver Wirksamkeit eingesetzt. Das therapeutische Gesundheitstraining leitet die langfristige periphere und zentrale antinozizeptive Reorganisation ein. Die aktiven Therapieelemente werden in Abhängigkeit vom klinischen Zustand, der Compliance sowie der Resilienz eingesetzt und dosiert. Das „therapeutische" Gesundheitstraining wird durch das „sekundär präventive" ergänzt bzw. weitergeführt. Beratungen zugunsten eines aktiven Lebensstils, einer gesunden Ernährung und der Lösung sozialer Fragen ergänzen das Programm.

3.1 Prävalenz hoch – multifaktorielle Schmerztherapie

Die Prävalenz des chronischen Schmerzes nach der Definition der Internationalen Assoziation für das Studium von Schmerzen (IASP; Merskey und Bogduk 1994) liegt zwischen 11,5 % und 55,2 % (Mittel gewichtet: 35,5 %; Ospina und Harstall 2002). In der deutschen Bevölkerung (Häuser et al. 2013) leiden 32,9 % der Personen an chronischen muskuloskelettalen Schmerzen (Kriterium: Dauer 3 Monate) in mindestens einer Körperregion. Multifokale Schmerzen waren bei 24 % die Regel. Die Prävalenz chronischer Schmerzen (Landmark et al. 2011; Nord-Trøndelag Health Study; HUNT 3) mit einer Dauer von mindestens 6 Monaten ab einer moderaten Intensität im letzten Monat vor der Erhebung, betrug in einer Population von 46533 Menschen ab dem 20. Lebensjahr 29 %.

© Der/die Autor(en), exklusiv lizenziert an Springer-Verlag GmbH, DE, ein Teil von Springer Nature 2023
W. Laube, A. Daase, *Regulative Schmerztherapie*,
https://doi.org/10.1007/978-3-662-66215-1_3

Lt. der Nationalen Strategie „Muskuloskelettale Erkrankungen" (2017–2022) (Rheumaliga Schweiz 2017) leiden in der Schweiz ca. 25 % aller über 20 Jahre alten Personen an Rückenschmerzen, die auch die häufigsten Gesundheitsstörungen ausmachen und wiederholt medizinischer Behandlung bedürfen. Die Gesundheitsstatistik der Schweiz von 2014 (Bundesamt für Statistik, BFS 2014) berichtet, basierend auf Befragungsdaten, dass im Jahr 2012 34 % der Männer und 44 % der Frauen an Rückenschmerzen gelitten haben. Der Anteil der Bevölkerung ab dem 15. Lebensjahr mit „viel" Schmerzen im unteren Rücken und im Arm-Schulter-Nacken-HWS-Bereich lag bei Männern und Frauen zwischen 4,3 % bis zu 9,2 %. Der Anteil mit „wenig" Schmerzen in diesen Regionen ist wesentlich höher und pendelt zwischen 26 % und 35,8 %. Stets sind die Frauen deutlich häufiger betroffen. 10 % der Bevölkerung leidet sogar an chronischen Rückenschmerzen, die mehr als 12 Wochen andauern (beachte: Es gibt keine einheitlich Definition des chronischen Rückenschmerzes). Das sind bei einer Bevölkerung von 8,57 Mio. (2019) 857.000 Personen. Dies ist allein der Anteil der chronischen nicht primär entzündlichen Rückenschmerzpatienten. Dieser Anteil muss um diejenigen Personen mit den Schmerzsyndromen bei Arthrosen der Gelenke Hüfte, Knie, Finger-Hand und Schulter (9 % der 20-Jährigen, 17 % der 34-Jährigen, ca. 90 % der 65-Jährigen radiologisch bestätigt und davon 25 % mit Schmerzsyndromen und Beeinträchtigungen), diejenigen mit chronischen Schmerzen der bindegewebigen Weichteile bis zur generalisierten Form der Fibromyalgia und denjenigen mit den primär entzündlichen Erkrankungen des Bindegewebes (rheumatoide Arthritis) ergänzt werden. Alle Schmerzsyndrome grenzen die Lebensqualität, die Teilhabe im persönlichen und im Arbeitsleben ein und bedürfen einer langfristigen multimodalen Schmerzbehandlung.

3.2 Therapiebausteine für Krankheiten mit chronischen Schmerzen

Die nachhaltigen Bausteine einer Schmerztherapie sind immer „aktiv". Sie müssen

- den Ursachen entgegenwirken,
- die mal- und pathomorphologischen Veränderungen möglichst effektiv muskulär kompensieren, denn sie sind entweder nicht mehr rückgängig zu machen (Arthrosen) oder müssen durch ein langes Training erneut ausgebaut werden (Infrastruktur der Mikrozirkulation, Kollateralen), und
- die pathophysiologischen Veränderungen, sofern die fortgeschrittene Pathogenese es erlaubt, begrenzt in die physiologische Richtung zurückentwickeln.

Wichtig: Das einzige direkt „aktiv" trainierbare System ist das sensomotorische System, auf dessen Aktivität alle anderen Teilsysteme des Organismus angewiesen sind (Abb. 3.1). Alle „passiven" Maßnahmen müssen die trainingswirksame Funktion des sensomotorischen Systems ermöglichen.

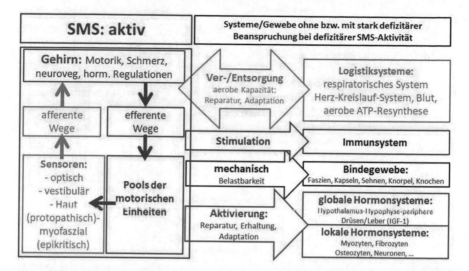

Abb. 3.1 Nur Aktivität schafft Strukturentwicklung, -erhaltung oder -ausbau und so sind alle Gewebe und Organe, die nicht zum sensomotorischen System gehören, auf dessen Aktivität angewiesen, um strukturell und funktionell gesund zu bleiben. SMS-Aktivität sichert die Funktion und Gesundheit der Logistiksysteme, stimuliert das Immunsystem, verantwortet die Belastbarkeit der Bindegewebsstrukturen und aktiviert die Produktion der Schnittstellensubstanzen für alle Strukturerhaltungen und Adaptationen

Die Abb. 3.2 stellt die primäre und/oder die sekundäre ungenügende bzw. die physische Inaktivität als Ursache in den Mittelpunkt der Entwicklung und Aufrechterhaltung einer jeden chronischen Schmerzerkrankung, die aus den „Basisursachen" Genetik, viel besser Epigenetik (Kap. 2), Folgen von Verletzungen und einer entweder genetisch geförderten oder auch einer erworbenen Autoimmunaktivität entstehen kann. Hier nicht betrachtet sind Erkrankungen, die diesen Basisursachen nicht unterliegen, aber denen während des Krankheitsverlaufes eine sekundäre Inaktivität eigen ist oder sie dadurch erzwungen wird. Hierzu gehören dann z. B. onkologische Erkrankungen oder auch andere Entitäten, für deren Entstehung die physische Aktivität kein Faktor ist.

So soll die Abb. 3.2 auch deutlich machen, dass die physische Inaktivität?, aber sicher die Trainierbarkeit u. a. auch eine epigenetische Grundlage haben, die die Eltern den Kindern vererben können. Die Gene mit den Informationen für die trainingsbedingten strukturellen Anpassungen sind methyliert und stehen dem Ableseprozess nicht oder nur schwer zugänglich zur Verfügung. Des Weiteren werden Eltern mit diesen epigenetischen Merkmalen ihren Kindern die physische Inaktivität zusätzlich als Vorbild und Demonstration vorleben und in diesem Sinn den Lebensstil ohne körperliche Anstrengungen zur „sozialen Normalität" machen. Beide Faktoren, Epigenetik und realisierte Inaktivität, sorgen für eine reduzierte Trainerbarkeit.

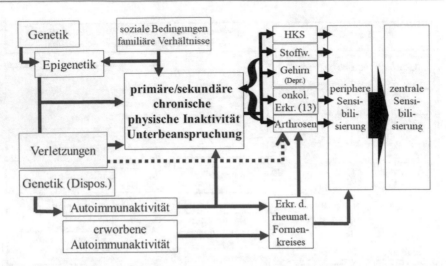

Abb. 3.2 Benannt sind die „Basisursachen" einer Schmerzerkrankung, einer zentralen Sensibilisierung. Die hauptsächlichste ist die physische Inaktivität, die sich u. a. aus der epigenetischen Vererbung ergibt und durch die sozialen und familiären Bedingungen mit Inaktivität erhalten oder weiter ausgeprägt wird. Verletzungen führen direkt oder auch indirekt zur Inaktivität oder sie sind eine Disposition für vorzeitige degenerative Veränderungen, wenn kein kompensatorischer muskulärer Ausgleich geschaffen wird. Genetische Dispositionen für Autoimmunaktivitäten aber auch erworbene Autoimmunaktivitäten führen zu entzündlichen und degenerativen Prozessen und Schmerzen und provozieren eine physische Inaktivität. Der peripheren folgt die zentrale Sensibilisierung bei vielen der verschiedenen Erkrankungen, wodurch dann eine Schmerzerkrankung mit ihren „eigenen" und sehr ähnlichen Gesetzlichkeiten entsteht

Inaktive „leiden" während körperlicher Anstrengungen aufgrund der Dekonditionierung an „überproportionalen" Anstrengungen, die dazu gegenüber bisher aktiven und gut konditionierten Gleichaltrigen „ausbleibende oder ungenügende" positive Effekte haben. Dies unterstützt und fördert kognitiv und emotional die Inaktivität weiter. Verletzungen größeren Umfanges, mit nicht reversiblen Zerstörungen von Strukturen des sensomotorischen Systems führen häufig aus motivationellen Gründen zur ungenügenden Inaktivität. Zentralnervöse Verletzungen schränken primär die Mobilität umfänglich ein. Personen mit der genetischen Disposition und der Realisation einer Autoimmunaktivität gegen das Bindegewebe oder auch von erworbenen Autoimmunreaktionen (Erkrankungen des rheumatischen Formenkreises) sind primär, aber fast in der Regel sekundär physisch inaktiv. Die physische Inaktivität aus welchem Grund auch immer wird zur Disposition der Erkrankungsgruppe der physischen Inaktivität. Alle Erkrankungen können mit einem peripheren Sensibilisierungsprozess verbunden sein, der dann in der Weiterentwicklung die zentrale auslöst und die Schmerzerkrankung begründet. Das bedeutet, unabhängig von der Krankheitsentität sind die Schmerzen und die pathogenetischen Veränderungen der spezifischen Erkrankung durch körperliche Aktivitäten zu behandeln, wofür es Interventionen geben muss, die eine Belastung ermöglichen.

3.3 Schmerzsyndrome: physische Inaktivität ein Hauptfaktor

Die absolute Hauptursache bei vorliegender oder auch nicht vorliegender Disposition ist die chronische physische Inaktivität mit ihren sich sehr schleichend entwickelnden funktionellen und morphologischen Folgen (siehe Pathogenese: Laube 2022). Noch ohne den wesentlichen zugrunde liegenden Mechanismus zu beschreiben, sieht Bortz (1984) die Inaktivität als Ursache des „disuse syndrome" und Lees und Booth (2004) des „sendentary death syndrome". Pedersen (2009) begründet dann die „diseasome of physical inactivity". Heute können die Begriffe „Büro- oder PC-Syndrome", „Handy-Syndrome" oder auch „Fließband-Syndrome" als Synonyme gelten. Es ist eine phänotypisch sehr different zusammengesetzte Gruppe gut und lange bekannter chronisch degenerativer Erkrankungen. Sie entwickeln sich auf der Grundlage einer inaktivitätsbedingten „low grade inflammation", die zu den gewebespezifischen pathophysiologischen und pathomorphologischen Veränderungen führt.

> **Wichtig:** Aus den Folgen einer ungenügenden systematischen physischen Aktivität resultiert die essenzielle Konsequenz, dass die physische Aktivität die therapeutische Hauptintervention ist. Dies gilt bei Erkrankungen anderer primärer Ursachen mit und nach der fachspezifischen Therapie auch.

Die chronischen Schmerzen sind ein Merkmal des fortgeschrittenen Stadiums der Pathogenese. Die „klinische und objektivierbare Beteiligung des Gehirns" wird zum „führenden Krankheitsschritt" und die mit der zentralen Sensibilisierung vorliegenden Gemeinsamkeiten des Krankheitsgeschehens machen ihn zur „eigenständigen Erkrankung". Die Schmerzlinderung wird zur absoluten Basis der Belastbarkeit für den Aufbau der erforderlichen sensomotorischen Aktivitäten. Dies gilt grundsätzlich für alle chronischen Erkrankungen im sogenannten „nicht bzw. sehr gering entzündlichen freien Intervall" und sie sind auch die wesentliche therapeutische Komponente vieler weiterer Krankheitszustände (z. B. das Fatigue-Syndrom onkologischer Erkrankungen u. a.).

Die Prävalenz der Erkrankungen des Stütz- und Bewegungsapparates auf chronisch degenerativer Grundlage mit zunächst intermittierend und später bei vielen Menschen ständig auftretenden Schmerzen steigt mit dem Alter erheblich an. Diese primär in der Körperperipherie (kleine, große Gelenke, myofasziale Strukturen) ablaufenden pathogenetischen Prozesse lösen eine periphere Sensibilisierung aus und das Gehirn bildet daraufhin eine zentrale Sensibilisierung aus. Das Ergebnis ist eine Schmerzkrankheit des Gehirns als „Endpunkt" der pathogenetischen Entwicklung, wodurch zusätzlich zu den zunächst „führenden" schmerzrelevanten peripheren Struktur- und Funktionsstörungen bei z. B. einem CLBP oder bei Arthrosen die zentral bedingten Schmerzen die Oberhand gewinnen. Hierbei handelt es sich nicht um „Alterskrankheiten".

Wichtig: Der sehr lange Entwicklungsweg einer Schmerzerkrankung beginnt teilweise bereits im Kindes- und Jugendalter (Genetik, Epigenetik, Aktivität). Wegen der sehr schleichenden Entwicklung werden die Funktionsstörungen erst ab ca. dem 40. – 50. – 60. Lebensjahr klinisch gravierend relevant. Dann sind aber die peripheren und häufig auch zentralen Konsequenzen der latenten oder der klinisch weniger bedeutsamen Abschnitte der Pathogenese bereits fortgeschritten. Es sind „im Alter sichtbar werdende Erkrankungen mit sekundären Schmerzsyndromen".

3.4   Die „Regulative Schmerztherapie"

▶ **Definition:** Die „Regulative Schmerztherapie" ist mit ihren physiologisch begründeten aufeinanderfolgenden Interventionen primär auf die „Provokation der Schmerzhemmung" ausgerichtet. Darauf aufbauend oder parallel gilt es, die weitere Entwicklung der Schmerzkrankheit des Gehirns durch passive und aktive Interventionen zu unterbinden und die aktive Reorganisation einzuleiten. Die Therapieelemente werden in Abhängigkeit vom klinischen Zustand und der Compliance sowie der Resilienz eingesetzt.

Aus der Sicht des sensomotorischen Systems beeinflussen die „passiven" Elementen zunächst mit passagerer Wirksamkeit die Schmerzempfindung und deren funktionelle und strukturelle Ursachen. Es sind vorrangig die durchblutungsbedingten Defizite und deren Folgen in den bindegewebigen und myofaszialen Strukturen. Die geminderte und gestörte Mikrozirkulation gehört zu den wesentlichsten Faktoren, die als „peripherer Schmerzgenerator" die zentrale Schmerzkrankheit begünstigen oder unterhalten. Auch die aktiven Elemente ordnen sich zunächst dem primären Ziel der Schmerzminderung unter, indem der Patient die „schmerzlindernden Wirkungen physischer Belastungen (EIH) und zugleich die positiven Auswirkungen auf das Befinden erleben soll". Im längerfristigen Ablauf zielen sie immer mehr auf die anti-nozizeptive periphere und zentrale Reorganisation ab. Die diesem Ziel zugrunde liegenden körperlichen Aktivitäten werden mit den Begründungen, Beratungen und Anleitungen zur selbstverantworteten Weiterführung und letztendlich in die angestrebte „therapeutische" Veränderung des Lebensstils eingebettet.

Wichtig: Das Ziel ist eine Veränderung zugunsten eines lebenslangen aktiven Lebensstils, zu dem, erkennbar am Körpergewicht, eine kalorisch begrenzte und zugleich eine inhaltlich sogenannte „vollwertige" Ernährung gehört (externe Beratungen). Soziale Faktoren müssen Berücksichtigung finden (biopsychosoziales Systemmodell).

Endpunkt ist die ständige Ergänzung bzw. Erweiterung durch das therapeutische oder sogar präventive Gesundheitstraining, um die primären therapeutischen Effekte durch eine anti-nozizeptive körperliche Reorganisation und deren Aufrechterhaltung zu fixieren und zu erhalten. Somit wird das Konzept letztendlich den Prämissen des therapeutischen Trainings (Laube 2020) gerecht, welches krankheits- und befundabhängig aufgebaut werden muss und zu dem auch die psychologische und pädagogische Beeinflussung und Führung des Patienten gehört. Dies entspricht grundsätzlich einem Training im Umfang der Empfehlungen der WHO (2011, 2020). Dieses Training ist ein komplexer Prozess, indem mithilfe pädagogischer, psychologischer und biologischer Gesetzmäßigkeiten und den Mitteln und Methoden der physischen Belastung und der Wissensvermittlung ein speziell gerichteter Einfluss auf die

- physischen, psychischen und kognitiven Fähigkeiten und Leistungen sowie die
- psychophysische Leistungsbereitschaft und das Leistungsverhalten des Menschen genommen wird.

Wichtig: Das Training ist auf das konkrete Ziel „schmerzarme bis schmerzfreie und für die täglichen Anforderungen leistungsfähige und belastbare Körperfunktionen und -strukturen" ausgerichtet.

Der Trainingsprozess ist ein wissenschaftlichen Kriterien folgender organisierter, planmäßiger, lebenslanger, systematisch aufgebauter Teil des Lebensprozesses. Organisiert muss er sein, weil der zum Teil des Lebensstils werden soll. Planmäßig steht für die wöchentliche Ausführung, die verschiedenen Belastungsarten im Training und das Belastungs-Erholungs-Regime. Systematisch und lebenslang stehen für den langfristigen Belastungsaufbau zur Reorganisation der Körperstrukturen und den (in der Regel viel) später präventiv wirkenden Belastungen. Er muss ein geregelter Prozess sein, weil das aktuelle Trainingsprogramm immer dem aktuellen Funktions- und Gesundheitszustand, den vorliegenden Adaptationen oder De-Adaptationen entsprechen muss (vgl. Laube 2011). Mit dieser Definition kann der Begriff Training auch auf jeden Patienten angewendet werden.

Wichtig: Training ist kein „Privileg des Sports", aber „Sport das Privileg der Gesundheit bzw. dessen Verbesserung"! Eine systematische Aktivität ist die einzige Möglichkeit, der Prämisse „Struktur folgt Funktion" zu entsprechen, was für die gesamte Lebensspanne gilt!

Mit dieser Komplexität und dem systematischen Aufbau eines therapeutischen Trainingsprozesses beginnend unter Schmerzen und aus krankheitsspezifischen schmerz- und konditionsbedingten Gründen auch bei sehr bis sogar ausgeprägt geringer Belastbarkeit sollte sich das Konzept der Regulativen Schmerztherapie von anderen abgrenzen können. Letztendlich geht es aber nicht um Abgrenzung, sondern um ein systematisches inhaltliches Handeln, welches multifaktoriell ist und die Verbesserung der Lebensqualität zum Ziel hat.

> **Wichtig:** Wie „jedes Konzept!!" kann die „Regulative Schmerztherapie" nur gemeinsam mit der Selbstverantwortung des Menschen nachhaltig wirksam werden.

Es gilt zu beachten, dass die Bezeichnung „Regulative Schmerztherapie" eigentlich nicht korrekt ist. Der Begriff „Regulationstherapie" ist wissenschaftlich nicht definiert und subsumiert u. a. auch eine Reihe nicht belegter und unplausibler Konzepte und Interventionen. Er kann teilweise auch als Sammelbegriff alternativmedizinischer Interventionen angesehen werden, zu denen die Homöopathie, esoterische Konzepte (Reiki: „universelle oder universale Lebensenergie"), die Akupunktur, die Osteopathie, die Kneipp-Therapie u. a. gehören. So ist die Wirksamkeit der Kneipp-Therapie nicht belegt, obwohl Symptomverbesserungen sicher erreicht werden und u. a. die Therapiesäule Ernährung ihren wichtigen positiven Wert hat. Auch die darin integrierte Ordnungstherapie (Bircher-Benner 2014: „Die Ordnungsgesetze des Lebens"; s. Melzer et al. 2004) ist sicher als übergeordnete Zielstellung richtig, aber dennoch bisher ohne wissenschaftliche Definition. Sie richtet sich vorrangig auf die wichtigen Faktoren individuelle Verhaltensweise und die soziale Ebene, also auf „eine gesunde Lebensweise und die Selbstverantwortung für die eigene Gesundheit" (Faktoren: Bewegungsmangel, Ernährung, Genussmittel, …; Faktoren der sozialen Ebenen; zusammenfassend: Risikofaktoren senken – Präventivfaktoren steigern) aus. Zugleich ist sie auch ein übergeordnetes Prinzip der Naturheilverfahren. Wegen ihrer grundsätzlich angestrebten Zielstellungen ist z. B. die nicht belegte Kneipp-Therapie auch sicher zurecht in das Verzeichnis bedeutender immaterieller Kulturgüter (Deutschland; international: „Repräsentative Liste des immateriellen Kulturerbes der Menschheit") aufgenommen worden.

> **Wichtig:** Die Verhaltensweisen, der Lebensstil und Faktoren der sozialen Ebene und insgesamt eine „gesunde Lebensweise", immer geprägt durch Selbstverantwortung, sind wichtige Säulen jeder Therapie.

Die Komponenten der „Regulativen Schmerztherapie" können hinsichtlich der biologischen Wirksamkeit wissenschaftlich beschrieben und belegt werden. Des Weiteren ist der Begriff „Regulation" definiert und beschreibt in einem System das wechselseitige Zusammenspiel der horizontalen und vertikalen Funktionsebenen zugunsten der Funktion des Gesamtsystems. In diesem Sinn sollte der Begriff „Regulative Schmerztherapie" verstanden werden.

Wichtig: Die verschiedenen Komponenten der „Regulativen Schmerztherapie" fördern und regen akzentuiert jeweils differente Mechanismen an, die im gegenseitigen Zusammenspiel eine gesündere Funktion des Gesamtorganismus erlauben. Das Konzept umfasst aufeinanderfolgende oder parallel eingesetzte Interventionen, die wissenschaftlich physiologisch und pathophysiologisch untersucht sind, weiterhin umfänglich bearbeitet werden und deren Wirksamkeit aufgezeigt werden kann (Laube 2020).

Bei allen chronischen Schmerzsyndromen muss am Beginn der therapeutischen Interventionskette die deutliche Reduzierung der Schmerzen stehen, damit der Patient für die ursächlich wirksamen aktiven Interventionen

- ausreichend belastbar,
- mental zugänglich und
- zu seinem eigenen Vorteil motiviert wird.

Wichtig: „Ausschließlich der das Programm ausführende Mensch kann und wird die von ihm selbst „gewünschten" Vorteile Schmerzfreiheit und eine ausreichende Funktion für die täglichen Anforderungen haben. Absichten müssen zu Aktivitäten werden, was die psychologische Herausforderung ist."

Dies bedeutet, gemeinsam mit der vorrangigen Reduzierung der Intensität der Schmerzen (sensorisch-diskriminative Komponente) und deren Auswirkungen auf die Körperfunktionen (neurovegetativ-neurohumorale Komponente) auch Interventionen zur Beeinflussung der kognitiv-bewertenden und affektiv-emotionalen Schmerzkomponente durchzuführen.

Wichtig: Ursächlich bedeutet dies, die peripheren und die resultierenden bzw. die für Schmerzen disponierenden zentralen strukturellen und insbesondere funktionellen Maladaptationen schrittweise durch Adaptationen an Bewegungsaktivitäten positiv zu modifizieren und sofern noch möglich auch zu ersetzen und so „auf den Rückweg zu bringen".

Ein langwieriger Reorganisationsprozess muss eingeleitet und systematisch fortgeführt werden. In aller Regel sind viele der peripheren maladaptiven Strukturprozesse nicht mehr rückgängig zu machen. Aber die nozizeptiven myofaszialen Gewebebedingungen, aus denen vorrangig die Schmerzinformationen kommen, können wesentlich schmerzlindernd beeinflusst werden. So muss eine Arthrose nicht mehr intensiv Schmerzen verursachen und mittels der kognitiven und emotionalen Schmerzkomponente können Schmerzen zugunsten der Lebensqualität zumindest verträglicher verarbeitet werden.

Daraus resultieren die Komponenten der „Regulativen Schmerztherapie":

1. **Schmerzlinderung** durch eine intensive Aktivierung der endogenen Schmerzhemmung, des neurophysiologischen Mechanismus **„Schmerz hemmt Schmerz".**
   Interventionen: Periostmassage, intensive Schmerzen auslösende Physiotherapeutische Interventionen ohne (manuelle Massagen, sogenannte Weichteiltechniken) und mit Hilfsmitteln.
2. **Passive Bewegungen** der Gelenke in den und im Endbereich des ROM, damit die Gelenkkapsel hochgradig unter Spannung gesetzt werden, um
   - einerseits rein mechanisch die Beweglichkeit (Dehnungen der Gelenkkapseln, kaum der myofaszialen Einheit) zu erhalten oder auszuweiten und
   - andererseits die Mechanoafferenzen mit auch anti-nozizeptiver Wirkung zu aktivieren.
   Intervention: statische und dynamische Kapseldehnungen im Endbereich des ROM.
3. Lösung von **Bindegewebsverklebungen** in allen ROM-Ebenen und Bereichen.
   Intervention: aktive und passive Bewegungen zur Förderung der Verschieblichkeiten zwischen Muskelanteilen und Muskeln sowie den Muskeln gegenüber der Haut; indirekt Durchblutungsförderung, sensomotorisch koordinative Anforderungen.
4. Lösung von myofaszialen **Bindegewebsverklebungen.**
   Intervention: Massagetechniken.
5. **Durchblutungsförderung** (reflektorisch, reaktiv) zur Schmerzlinderung über die anti-nozizeptive Beeinflussung des Gewebemilieus (Insterstitium).
   Intervention: Massagetechniken, sogenannte Muskel-Energie-Techniken, Weichteiltechniken.
6. **Aktive Aktivierung der Schmerzhemmung** und Qualifizierung der Integration von Bewegungsprogramm und Schmerzhemmung durch kurze intensive Intervallbelastungen zur Auslösung der belastungsbedingten Schmerzunempfindlichkeit („exercise induced hypoalgesia"; EIH).
   Intervention: (individuell angepasste) intensive Kurzzeitintervalle (Fahrradergometer etc.).
7. **Belastungen mit großen Muskelgruppen** zur globalen Aktivierung der pedokranialen Ketten, akzentuiert Belastungen nicht oder wenig betroffener Körperregionen und schmerzadaptiertes aktives Teil- und Ganzkörpertraining (Painless-Motion-Programm) in den bevorzugt betroffenen oder schmerzenden Körperregionen.
   Intervention: therapeutisches Gesundheitstraining (Laube 2020).
8. In der Regel parallel beginnend und nach erfolgreicher Schmerzreduktion **Weiterführung des aktiven Programmes** mit allen Beanspruchungskomponenten des SMS (Koordination, Ausdauer, Kraft) für alle Körperregionen zur Prävention von Rezidiven, den weiteren Ausbau der körperlichen peripheren und zentralen Reorganisation mit sportmethodisch optimalen Dosierungen und gleichzeitig verzögernder Beeinflussung der Alterungsvorgänge.
   Intervention: präventives Gesundheitstraining.

9. Im Sinn einer **multidisziplinären Schmerztherapie** erfolgt ständig begleitend eine Beratung für einen aktiven Lebensstil
   1. mit systematischen Bewegungsaktivitäten als wesentliche die Schmerzen verhindernde bzw. lindernde Lebenskomponente und
   2. einer „vollwertigen" und dem Energiebedarf angepassten Ernährung zwecks Beibehaltung eines gesunden oder der Reduktion zum gesunden Körpergewicht (BMI) – bei Bedarf werden Kooperationspartner einbezogen.
   3. Soziale Faktoren werden beachtet und in die Beratung einbezogen – bei Bedarf werden Kooperationspartner einbezogen.

Fazit: Die „Regulative Schmerztherapie" ist ein physiologisch begründbares aufeinanderfolgendes Interventionsstufenprogramm. Je nach Ausprägung und Intensität der Schmerzerkrankung gilt die erste Stufe dem primären Ziel, den körpereigenen Mechanismus „Schmerz hemmt Schmerz" mittels Periostreizung zu aktivieren. Es ist zwar ein unter der Intervention sehr schmerzhafter, aber wichtiger Baustein, um nicht medikamentös die Schmerzsituation mit all ihren zentralen maladaptiven Folgen bis in die höchsten Funktionsebenen lindernd zu beeinflussen und das Belohnungssystem des Gehirns positiv anzuregen. Diese passive, nicht ursächlich, aber wirksame Möglichkeit der Schmerzlinderung wird durch passive Anwendungen der Physiotherapie zur Durchblutungsförderung mit vorübergehend zugehöriger Schmerzlinderung und der Förderung oder Erhaltung der endgradigen Gelenkbeweglichkeit mit gleichfalls anti-nozizeptiver Wirksamkeit begleitend ergänzt. Alle passiven Interventionsschritte dienen dem Ziel, die psychische und physische Belastbarkeit für die aktiven, langfristig nachhaltig reorganisierenden Belastungen zu erreichen und im Therapieverlauf auch aufrechtzuerhalten. Das Programm des therapeutischen Gesundheitstrainings (Kap. 7), unterstützt durch Interventionen der positiven Psychologie (Kap. 6), leitet die langfristige periphere und zentrale anti-nozizeptive Reorganisation ein und wird in Abhängigkeit vom Fortschritt das führende Element. Die aktiven Therapieelemente und die psychologischen Interventionen werden in Abhängigkeit vom klinischen Zustand, der Compliance, der Resilienz und der angestrebten positiven Entwicklung der Gesundheitskompetenz eingesetzt. Das „therapeutische" Gesundheitstraining wird durch das „sekundär präventive" ergänzt bzw. damit weitergeführt, um den Status des Organs Muskulatur als „anti-nozizeptives und anti-entzündliches Merkmal des Körpers" auszubilden. Beratungen zugunsten eines aktiven Lebensstils, einer gesunden Ernährung und bei Bedarf der Lösung sozialer Fragen ergänzen das Programm.

Literatur

Bircher-Benner M (2014) Die Ordnungsgesetze des Lebens. Edition Bircher-Benner, Braunwald

Bortz WM II (1984) The disuse syndrome. West J Med 141:691–694

Bundesamt für Statistik, Schweizerische Eidgenossenschaft (2014) Gesundheitsstatistik 2014. Bundesamt für Statistik, Neuenburg

Häuser W, Schmutzer G, Hinz A, Hilbert A,·Brähler E: Prävalenz chronischer Schmerzen in Deutschland. Befragung einer repräsentativen Bevölkerungsstichprobe. Schmerz 2013 27:46–55.·https://doi.org/10.1007/s00482-012-1280-z

Landmark T, Romundstad P, Borchgrevink PC, Kaasa S, Dale O (2011) Associations between recreational exercise and chronic pain in the general population: evidence from the HUNT 3 study. Pain 152(10):2241–2247. https://doi.org/10.1016/j.pain.2011.04.029. Epub 2011 May 23

Laube W (2011) Physiologie, Leistungsphysiologie, Pathophysiologie. In: Hütter-Becker A, Dölken M (Hrsg) Biomechanik, Bewegungslehre, Leistungsphysiologie, Trainingslehre. Thieme, Stuttgart, S 129–308

Laube W (2020) Sensomotorik und Schmerz. Wechselwirkung von Bewegungsreizen und Schmerzempfinden. Springer, Berlin/Heidelberg

Laube W (2022) Schmerztherapie ohne Medikamente – Leitfaden zur endogenen Schmerzhemmung für Ärzte und Therapeuten. Springer, Berlin/Heidelberg

Lees SJ, Booth FW (2004) Sedentary death syndrome. Can J Appl Physiol 29:447–460

Melzer J, Melchart D, Saller R (2004) Entwicklung der Ordnungstherapie durch Bircher-Benner in der Naturheilkunde im 20. Jahrhundert. Forsch Komplementärmed Klass Naturheilkd 11:293–303

Merskey H, Bogduk N (1994) Classification of chronic pain: descriptions of chronic pain syndromes and definitions of pain terms. IASP Press, Seattle

Ospina M, Harstall C (2002) Prevalence of chronic pain: an overview. Alberta Heritage Foundation for Medical Research, Health Technology Assessment, 28th Report. Alberta Heritage Foundation, Edmonton

Pedersen BK (2009) The Diseasome of Physical Inactivity and the role of myokines in muscle-fat cross talk. J Physiol 587:5559–5568

Rheumaliga (RLS) Schweiz (2017) Lique suisse contre le rhumatisme, Lega svizzera contro il eumatismo: Nationale Strategie „Muskuloskelettale Erkrankungen" (2017–2022). Langversion, August 2017. http://www.rheumaliga.ch. Zugriffsdatum am 09.07.2023

World Health Organization (2011) Global Recommendations on Physical Activity for Health. 1. Exercise. 2. Life style. 3. Health promotion. 4. Chronic disease – prevention and control. 5. National health programs. World Health Organization, Geneva

World Health Organization (2020) WHO Guidelines on physical activity and sedentary behaviour. World Health Organization, Geneva. Licence: CC BY-NC-SA 3.0 IGO, ISBN 978-92-4-001512-8 (electronic version), ISBN 978-92-4-001513-5 (print edition)

Teil II
Diagnostik und Therapie

Schwerpunkte des Therapieprozesses, Anamnese, Befundung und Patientenbeispiel

4

▶ **Anhänger** Anamnese und Befund folgen zwei Prinzipien: erstens „**Ohr gemeinsam mit dem Auge an erster Stelle weit vor Labor und Bildgebung**" und zweitens „**Man sucht, sieht, findet, erkennt und bewertet nur das, worüber man Wissen und praktische Erfahrungen erworben hat**". Chronische Schmerzen haben eine pathophysiologische Basis, aber sie sind eine individuelle, absolut subjektiv geprägte Symptomatik mit einer Entwicklungsgeschichte. Die Einflussfaktoren aus pathophysiologischer, psychisch-mentaler und sozialer Sicht sind zu ermitteln. Wichtig sind Informationen zur Gesundheitskompetenz, dem affektiv-emotionalen und kognitiv-bewertenden Funktionszustand und der psychischen wie physischen Erholungsfähigkeit.

Beim Befund liegt der Fokus auf dem Zustand des sensomotorischen Systems, dem motorischen Verhalten und dem myofaszial-arthroskelettalen System. Der arthromyofasziale Status liefert die therapeutischen Konsequenzen und überlappende Symptomatiken verschiedener Krankheitsentitäten sind zu beachten.

4.1 Schwerpunkte des Therapieprozesse

Einleitend sollen die folgenden Schwerpunkte als roter Faden für den Therapieprozess benannt werden.

Die „Big Points" für den Therapeuten und den Patienten sind:

1. Schmerzen zeigen dem Therapeuten an, welche Region des Bewegungsapparates betroffen ist.

W. Laube, A. Daase, *Regulative Schmerztherapie*, https://doi.org/10.1007/978-3-662-66215-1_4

2. Die schmerzende Region muss aber wegen der myofaszialen Verkettungen und übertragener Schmerzen nicht unbedingt die verursachende oder die alleinig verantwortliche Region oder Struktur sein.

3. Die Schmerzregion, aber auch alle angrenzenden Gelenke und myofaszialen Strukturen müssen diagnostiziert werden.

4. Es sind wegen der horizontalen und vertikalen myofaszial-skelettalen Verknüpfungen immer beide Körperseiten bzw. die pedo-kranialen Ketten zu untersuchen und dann auch zu behandeln.

5. Informationen (Anamnese) und Befunde zum Trainingszustand des Organs „Muskulatur" (z. B. Kraft Handschluss, geschätzte aerobe Kapazität) sind für das Therapieregime und die Beratung des Patienten essenziell.

6. Die aerobe Kapazität bestimmt sowohl die Entwicklung der Peripherie als Schmerzquelle und somit im Verlauf die cerebrale nozizeptive Dysfunktion als auch den Muskelschwund (inaktivitäts- und/oder adipositasbedingte Dynapenie, Sarkopenie) und aerobe Kapazität und Kraftdefizite legen gemeinsam die Grundlagen für sensomotorische Defizite und myofaszial-skelettale Fehl- und Überbelastungen und den potenziell daraus folgenden degenerativen Prozessen.

7. Es ist immer zu beachten, dass das Gehirn mit allen seinen hohen, bewussten Leistungen (siehe Schmerzkomponenten) systematisch am Schmerzsyndrom beteiligt ist, die Compliance und Resilienz vertritt und die erforderliche Umstellung in Richtung selbstverantwortetem therapeutischen Gesundheitssport „veranlassen und dann auch beibehalten" muss.

8. Die passiven Interventionen zur Schmerzbeseitigung sind und müssen intensiv schmerzhaft sein, um den Mechanismus „Schmerz hemmt Schmerz" anzuregen.

9. Die mit passiven Interventionen erreichte Schmerzlinderung muss der essenzielle Ausgangspunkt sein, die somatische und anti-nozizeptive Reorganisation des Gehirns und der Körperperipherie mit dauerhaft ausgeführten aktiven Interventionen mit allen sensomotorischen Beanspruchungen (Koordination, Kraft und Ausdauer für alle Körperregionen) anzustreben.

10. Die Therapie mit körperlichen Aktivitäten (therapeutischer Gesundheitssport) steht immer extrem weit vor der Operation und wenn sie „als absolut letztes Mittel" erforderlich wird, bringt bzw. kann sie Hilfe bringen, aber auch danach sind die therapeutischen körperlichen Aktivitäten in gleicher Art und Weise notwendig. Die Operation ersetzt „endstufig" zerstörte Bindegewebsstrukturen, die Gelenkflächen bei Arthrosen, oder Ursache neuraler Kompressionen (Bandscheibenprolaps), aber auf keinen Fall beseitigt sie die Funktionsdefizite der Muskulatur für die Haltung und Bewegung!

11. Alle Maßnahmen des Therapieprozesses sind darauf ausgerichtet, dass der Patient lernt, für seine Gesundheit eine „aktive" Eigenverantwortung zu entwickeln und zu übernehmen und dass die Schmerzfreiheit „ein Arbeitsergebnis" ist und nicht von einem Therapeuten „ausgehändigt" werden wird und kann. Der Therapeut ist der Coach! Heimübungen und ein lebenslanges Training sind die Voraussetzungen für die Beherrschung und Verbesserung der Beschwerden und den bleibenden Therapieerfolg.

Als Prämissen und wichtige Argumente für den Patienten gelten:

1. Chronische Schmerzen sind in der Regel das langfristige Ergebnis ungenügender Bewegungsaktivitäten und – wenn vorhanden – sind auch bei Erkrankungen mit chronisch entzündlicher Ursache das Schonen und Vermeiden von Bewegungen der absolut kontraproduktive und das Gesundheitsproblem aufrechterhaltende und unterstützende Weg.

2. Ein gesunder Körper und ebenso einer mit allen chronischen Erkrankungen (Herz-Kreislauf, Stoffwechsel, Gehirn, Arthrosen) ist zur Gesunderhaltung bzw. für den Gesundungsweg auf Funktion, also auf „gebraucht werden, auf körperliche Aktivität" angewiesen.

3. Dies gilt heute auch für die Reduzierung der Gefährdung von 13 onkologischen Erkrankungen und die Bekämpfung der Folgen dieser und weiterer bösartiger Erkrankungen.

4. Es gibt keine Erkrankung mit der absoluten Ausnahme einer akuten oder der chronischen im akuten Stadium (z. B. aktivierte Arthrose, …), wo physische Aktivitäten eine Kontraindikation wären, sondern sie gehören essenziell immer zum Therapieregime.

5. Die Körperstruktur und der Gesundheitszustand sind immer das Spiegelbild der längerfristig realisierten geistigen und psychophysischen Anforderungen und Funktionen und damit auch des langfristigen Lebensstils.

6. Es gelten die unabänderlichen „biologischen Prinzipien".

7. Es gibt keine „Konservierung" der Körperstruktur und damit der Funktion ohne physische Aktivitäten.

8. Was „wir" nicht in Funktion versetzen, entwickelt sich nicht oder wird wieder abgebaut.

9. Ohne Aktivitäten wird die Durchblutung der myofaszial-skelettalen Strukturen schleichend ungenügend, die Gewebe werden schwach und sie leben von einem fortschreitend abgesenktem und weiter absinkenden „Kontostand für die Leistungen des täglichen Lebens und vor allen Dingen auch für die Erholung" und zusätzlich schwelen unbemerkte Entzündungen mit langfristigen krankhaften Folgen.

10. Die Schwäche der Gewebe bedeutet wenig und weniger zu können und fortschreitend an Belastbarkeit zu verlieren.

11. Ein Körper, der wenig kann und verträgt, wird krankheitsanfällig.

12. Die Konsequenz ist die schleichende und sehr lange unbemerkte und somit verborgene Entwicklung chronisch-degenerativer Erkrankungen.

13. Bis zur Aufdeckung der Erkrankung wird deshalb noch sehr lange Gesundheit vorgetäuscht und der Mediziner nennt das „Borderline-Phase oder latente Krankheitsphase". Die Krankheit „ist auf dem Weg". „Körperlich seit langer Zeit zu wenig aktiv zu sein und sich gesund zu fühlen, bedeutet nicht, auch gesund zu sein".

14. Gesundheit muss lebenslang selbstverantwortet „erarbeitet werden" und sie ist wie auch eine Genesung bzw. Verbesserung des Gesundheitszustandes, dann ein vom Therapeuten unterstütztes, „Arbeitsprodukt eigener körperlicher Aktivitäten"

4.2   Zu den Patienten eines Schmerztherapiezentrums

Die Analyse aller behandelten Schmerzpatienten eines Schmerzzentrums im Jahr 2020 zeigt, dass mit 49 % Männern und 51 % Frauen ein ausgeglichenes Verhältnis vorlag. Das Durchschnittsalter lag bei 45 Jahren, was dem allgemeinen gesundheitlichen Trend entspricht, dass immer mehr bereits relativ junge Menschen an einem chronischen Schmerzsyndrom leiden. Die Anamnesen weisen nahezu zu 100 % aus, dass gesundheitssportliche Aktivität nicht zum bisherigen täglichen Lebensregime gehören.

Vor der Überweisung oder der selbst gewählten Vorstellung in der spezialisierten Schmerzpraxis hatte der absolut größte Teil der Patienten bereits einen sehr langen Weg über viele verschiedene Arzt- und Physiotherapiepraxen zurückgelegt.

Die bevorzugt zu behandelnde Körperregion bei in der Regel mehrfacher Betroffenheit waren:

1. Unterer Rücken: Männer: 54 %, Frauen 61 %
2. Kniegelenk: Männer: 43 %, Frauen 39 %
3. Arm-Schulter-Nackenregion: Männer 39 %, Frauen 41 %
4. Akzentuiert HWS/Nacken: Männer 31 %, Frauen 45 %
5. Hüftgelenk – ISG-Region: Männer 25 %, Frauen 36 %
6. HWS-BWS (oberer Rücken): Männer 18 %, Frauen 31 %
7. Akzentuiert Arme: Männer 12 %, Frauen 25 %
8. Handgelenke: Männer 11 %, Frauen 23 %
9. Akzentuiert Oberschenkel: Männer 9 %, Frauen 19 %
10. Kopfschmerzen: Männer 8 %, Frauen 18 %
11. Füße: Männer 3 %, Frauen 4 %

Unter den Zuweisungsdiagnosen waren die „nichtexistierenden unspezifischen Rückenschmerzen" (vgl. Laube 2021a), Lumboischialgie, Lumbalgie, Lumbago, LWS-Syndrom, ISG-Syndrom und sogenannte spezifische Rückenschmerzen bei Spinalkanalstenose, Bandscheibenvorfall, Facettengelenksdegeneration, Spondylolisthesis, Skoliosen, Hyperlordose und Hyperkyphose im Vordergrund. Diese Diagnosen, häufig genug keine Diagnosen, sondern korrekt ausgedrückt Krankheitszustände, gingen bei den meisten Patienten mit einer subjektiven intermittierenden, aber auch in den „letzten" mindestens 12 Wochen geklagten Schmerzintensitäten von VAS 6–8/10 einher. Somit waren die meisten chronische Schmerzpatienten. Aus der Sicht der klinischen Beobachtung konnten die Schmerzintensitäten aber sehr häufig aus dem sensomotorischen Verhalten nicht durchgängig nachvollzogen werden (vgl. Abschn. 4.4).

Der absolut überwiegende Teil der Patienten war seit Längerem mit Medikamenten und wiederholt mit Infiltrationen, manuellen Techniken der Wirbelsäule und der großen Gelenke, Akupunktur und Stoßwelle behandelt worden. Ein nicht geringer Teil war operiert. Physiotherapie war in der Regel verordnet worden und die Therapieinhalte bestanden primär und in der zeitlichen Relation bevorzugt in Massagen verschiedener Ausführungsformen und angeleiteten Teilkörperbelastungen zur

sogenannten „Körperstammstabilisation". Kaum bis nicht waren Ganz- bzw. Teilkörperbelastungen für das Training der myofaszialen Durchblutung, der Ausdauer
und der Kraft vertreten.

4.3 Anamnese und Befund

Übersicht
Wichtig: Die Anamnese und der Befund müssen jeweils stets den nachfolgend benannten und ausgesprochen sehr wichtigen und deshalb auch immer
notwendigen praktischen Prinzipien folgen:

Erstens **„Bei der Anamnese stehen Befragung und Informationsgewin-
nung mittels Hörens und gemeinsam mit den Augen an absolut erster
Stelle und extrem weit vor der Bildgebung und dem Labor"** und

Zweitens **„Bei der Befundung antizipiert, sucht, sieht, findet, erkennt
und bewertet man nur das, worüber der Therapeut Wissen und praktische Erfahrungen erworben hat".**

Leider leiden die Anamnese und die Befundung in der „gesetzlichen Minutenme-
dizin" viel zu häufig und sogar fast in aller Regel am ökonomisch diktierten Zeitbudget des Therapeuten, was einen Noceboeffekt unterstützt. Dies, obwohl die Informationen aus einer ausführlichen und zielgerichteten Erstbefragung die nachfolgenden
Untersuchungen begründen und „führen". Die strukturellen und funktionellen Gege-
benheiten der betroffenen, aber aufgrund der funktionellen Verkettungen ebenso der
nicht vordergründig betroffenen Körperregionen oder auch der Funktions- bzw. Organsysteme müssen einzeln und vor allem im Zusammenhang geprüft werden. Auf
der anderen Seite kommen Patienten insbesondere mit myofaszial-skelettalen Erkrankungen und Schmerzsyndromen viel zu häufig mit einer vorgeprägten, auch
„nocebobelasteten" Meinung". Diese basiert in der Regel auf

- den bereits längerfristigen „therapeutischen Erfahrungen" ohne ausreichende
  nachhaltige positive gesundheitliche Wirkungen und dem Auftreten von
  Rezidiven,
- den bisher gestellten Diagnosen wie z. B. Bandscheibenvorfall, Arthrose oder
  auch den nur kurzzeitig gebesserten Symptomen wie „schmerzhafte Verspan-
  nungen und ihren Bewertungen" und den mitgeteilten Konsequenzen durch die
  Therapeuten,
- eine viel zu häufig angesprochene und empfohlene („vorzeitige") operative
  Therapie,
- einen ungenügend starken Fokus auf eine erforderliche dauerhafte aktive Therapie nach einem sehr langen Entwicklungsweg der chronisch degenerativen Erkrankung (vgl. Pathogenese; Laube 2022d) und
- ein ungenügendes Wissen der Patienten um die sehr langfristige Entwicklung
  des aktuellen Krankheitszustandes, die auslösenden und diesen Zustand ständig

unterhaltenden und den weiteren Fortschritt verantwortenden Ursachen und vor allem auch zum Bedarf einer ständigen aktiven Therapie mit viel Selbstverantwortung für den eigenen Gesundheitszustand und dessen Besserung und
- dem vom Patienten (implizit) gesehenen Missverhältnis bzw. den sich ergebenden Widersprüchen zwischen dem Änderungsbedarf und den realen Änderungsmöglichkeiten aus sozialer wie individueller Sicht.

Die Art und Weise sowie die Inhalte und der Umfang der Informationsermittlung (Anamnese) und Informationsvermittlung als auch der Aufklärung, eine positiv ausgerichtete Kommunikation, deren Abstimmung mit und das Eingehen und Beachten der Ressourcen und des Wissensstandes des Patienten, das Verständnis des Patienten und die Gestaltung des Verhältnisses zwischen dem Therapeuten und dem Patienten bestimmen sehr wesentlich sowohl in positiver (Placebo), aber auch negativer (Nocebo) Richtung den kurz- und mittelfristigen und gravierend den langfristigen Therapieerfolg, der nur mit

- fortschreitender verständnisbasierter Selbstverantwortung und
- einer zum Therapieziel gehörenden Entwicklung der Gesundheitskompetenz zufriedenstellend sein kann bzw. werden wird.

Alle diese Faktoren „individuell patientengerecht" zu beachten und zugunsten des Patienten wirksam werden zu lassen, ist eine sehr hohe Herausforderung, denn die Informationen zu

- den aktuell ärztlich gesehenen biopsychosozialen Ursachen der chronischen Erkrankungen,
- den vorliegenden krankheitsspezifischen Struktur- und Funktionsstörungen,
- der potenziellen oder abgelaufenen Weiterentwicklung zur Schmerzerkrankung

beschreiben, benennen oder begründen Defizite und

- die resultierenden Konsequenzen mit nachhaltiger Wirkung erfordern dauerhafte Änderungen des Lebensstils aus der Sicht der körperlichen Aktivitäten und sehr häufig der Ernährung, was umgehend auch soziale Bedingungen, Möglichkeiten und Verhaltensweisen einschließt.

Wichtig: Hierbei ist es wichtig zu akzeptieren, dass die Kompetenzen, Verhaltensweisen und der Lebensstil das Ergebnis der Sozialisation seit der frühen Kindheit sind, somit auch die aktuellen biologischen und sozialen Verhältnisse und Möglichkeiten prägen und in aller Regel einem nunmehr erheblichen gesundheitsbedingten Änderungsbedarf unterliegen.

Die Erfahrung als Reha-Arzt lehrt leider auch, dass der Patient vom Arzt zunächst „das Studium" der mitgebrachten bildgebenden und sonstigen Befunde erwartet und, obwohl in der Regel nur nonverbal ausgedrückt, davon enttäuscht ist, wenn dies im Erstkontakt nicht so geschieht oder offensichtlich wird und zunächst die Befragung und die Untersuchung durch den Therapeuten im Vordergrund stehen. Bei z. B. den sehr häufigen Rückenschmerzen und einer „mitgebrachten" Diagnose Bandscheibenvorfall ist der Patient absolut bereits auf Letzteres und „somit auf Schmerzen" fixiert, aber auch ein Zustand nach einer Verletzung bzw. eine rheumatische Diagnose muss einfach mit Schmerzen verbunden sein (Nocebo!). „Ich habe einen Bandscheibenvorfall, ich habe …, bei mir ist alles kaputt und deshalb muss ich Schmerzen haben".

Bei den gesundheitlichen Problematiken wie auch generell

- sind in den bisherigen Untersuchungsergebnissen der Funktions- und Trainingszustand des größten und hoch gesundheitsrelevanten Organs Muskulatur (Myokine, Sarkopenie, Mikrozirkulation und Status des Energiestoffwechsels) als Teil des sensomotorischen Systems so gut wie nie oder nur sehr ungenügend beschrieben und beachtet,
- spielt der Trainingszustand der Muskulatur für den Patienten kaum und fast immer hinsichtlich nunmehr erforderlicher dauerhafter Aktivitäten zugunsten seiner Verbesserung keine nennenswerte Rolle,
- ist eine Beschreibung und Charakterisierung des muskulären Zustandes (inaktivitätsbedingte Sarkopenie) in keinem MRT-Befund vorhanden. Der absolute Fokus liegt ausschließlich auf skelettalen degenerativen Veränderungen. Merkmale der Muskelatrophie und der Sarkopenie werden völlig außer Acht gelassen, obwohl bei fehlender neurologischer Symptomatik die Muskulatur, die Funktion des sensomotorischen Systems, das Interventionsziel der ersten Wahl ist und nicht die Operation. Die Beschreibung des Muskelstatus wird aber auch besonders von den Ärzten nicht eingefordert. Auch die Physiotherapeuten schauen im MRT kaum auf die Muskulatur.

Überhäufig ist auch der Bandscheibenvorfall für die Beschwerden gar nicht vordergründig verantwortlich, weil eben kein adäquater neurologischer Befund zu erheben ist. Die Beschwerden der myofaszial-skelettalen Schmerzsyndrome sind beginnend mit der pathogenetischen Entwicklungsstufe „Funktionsstörung" primär Ausdruck koordinativ sensomotorischer und muskulärer Defizite sowohl aus der Sicht der Durchblutung, des Energiestoffwechsels, also der Ausdauerfähigkeit, und der Kraftfähigkeiten. Das Wechselspiel zwischen Ausdauer- und Kraftfähigkeit ist bedeutsam, denn die mikrozirkuläre Infrastruktur und somit die Versorgungssituation des Muskelgewebes verantwortet dessen Atrophie und sarkopenische Degeneration. Die Dynapenie (Verlust von Kraft und Muskelleistung bei keiner bis zu sehr geringer Atrophie; Minderung des zentralen Antriebs und Veränderungen der kontraktilen Muskeleigenschaften) als Vorläufer der Sarkopenie (Muskelab- und -umbau mit Muskelfaserverlusten und Fett- und Bindegewebsinfiltrationen) sind Muskelerkrankungen (Cruz-Jentoft et al. 2019) und pathogenetische Elemente des nozizeptiven peripheren und zentralen Status. Der Muskelstatus bestimmt den Gesundheitsstatus (Laube 2013, 2020a, 2022a, b) bei der Prävention und der Therapie der Erkrankungsgruppe der „diseasome of physical inactivity" (Pedersen 2009). So sind anamnestische Informationen für Rückschlüsse auf den Muskelstatus der verschiedenen Körperregionen eigentlich essenziell und sie sollten später mit der Befundung objektiv belegt werden.

Wichtig: Die muskuläre Situation, der Zustand des sensomotorischen Systems, bestimmt den Krankheitszustand bei den primär chronisch degenerativen Erkrankungen als auch denen mit primär entzündlicher Genese infolge sekundärer Inaktivität und ist für 13 onkologische Entitäten wesentlich mitverantwortlich. Gleichfalls wird der mentale Zustand geprägt (Laube 2022c). Der muskuläre Zustand ist auch der Einzige, der aktiv therapeutisch beeinflusst und verändert werden kann (Laube 2020a, b, 2021b) und die Nachhaltigkeit eines Therapiekonzepts bestimmt.

Die Anamnese und die Befunderhebung müssen aus biomedizinischer Sicht somit vordergründig auf die strukturellen und funktionellen Verhältnisse des myofaszial-skelettalen Systems und die sensomotorisch koordinativen Funktionsmöglichkeiten ausgerichtet sein und die nozizeptiven und maladaptiven myofaszialen und skelettalen Konsequenzen beschreiben. Aus psychischer und psychologischer Sicht muss direkt damit zusammenhängend der cerebrale Sensibilisierungsstand im Fokus stehen. Es gilt immer zu beachten, dass auch das Gehirn an jedem, auch an dem zz. klinisch scheinbar nur „peripheren Krankheitsstadium" beteiligt ist. Die Faktoren der Schmerzchronifizierung müssen aufgedeckt und dessen Entwicklungsstadium eingeschätzt werden. Dies resultiert aus der pathogenetischen Kette Dekonditionierung – Funktionsstörung – Strukturstörung (Maladaptation) – chronisch degenerative Erkrankung und dessen potenzielle Fortentwicklung zur Schmerzerkrankung des Gehirns (Abb. 2.2) als auch insgesamt aus der Pathogenese (Abb. 4.1) der „diseasome of physical inacitivity" einschließlich der myofazial-skelettalen Erkrankungen.

Wichtig: Die Ursachen der Dekonditionierung als auch die Elemente des Entwurfs der Pathogenese können als „Leitfaden" für die Anamnese und die Befunderhebung dienen.

Die Akzentuierung der Anamnese und des Befundes auf die voraussichtlich vorliegenden und die objektiven diagnostizierbaren Merkmale des Funktions- und

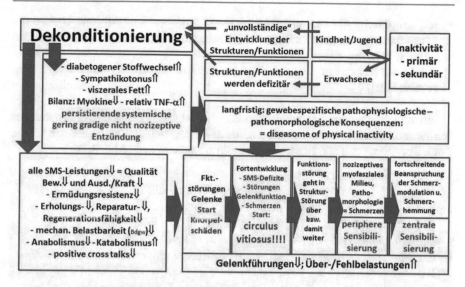

Abb. 4.1 Der Entwurf der Pathogenese der chronisch degenerativen Erkrankungen mit der Dekonditionierung als ein „Schlüsselfaktor" zum Start der Entwicklungen kann als ein „Leitfaden" sowohl für die Anamnese als auch die Befunderhebung genutzt werden. Inaktivität im Kindes- und Jugendalter sorgt für primär weniger belastbare Körperstrukturen und später resultiert eine geminderte Belastbarkeit. Die Dekonditionierung bedeutet die persistierende systemische nicht nozizeptive Entzündung, eine diabetische Stoffwechsellage und hat neurovegetative und neurohumorale Konsequenzen. Die gewebespezifischen Entwicklungen lassen die Erkrankungen der Gruppe der „diseasome of physical inacitivty" entstehen. Die sensomotorischen Defizite und diejenigen der von den sensomotorischen Aktivitäten abhängigen Gewebe und Organen sind gleichfalls für das Entstehen und Unterhalten der myofaszial-skelettalen Erkrankungen und Syndrome verantwortlich und münden insgesamt immer häufiger in der cerebralen Schmerzerkrankung (Pathogenese ausführlich s. Laube 2022d)

Strukturzustandes des sensomotorischen Systems resultiert daraus, dass alle nachhaltigen nozizeptiv, somatisch, aber auch psychisch relevanten Therapiewirkungen wie

- die aktive Qualifizierung der Schmerzhemmung („exercise induced hypoalgesia"),
- die langfristige Zurückdrängung, der strukturellen und funktionellen nozizeptiven Reorganisation, der cerebralen Sensibilisierung,
- die über das Belohnungssystem vermittelte Förderung positiver emotionaler Zustände durch eine nicht pharmakologische Schmerzlinderung (sicher zunächst über einen „indikationsgerechten" Zeitraum auch medikamentös zu unterstützen) und die daraus resultierende verbesserte Mobilität,
- die gravierend schmerzrelevante Verbesserung der Infrastruktur der Mikrozirkulation, des nozizeptiven interstitiellen Milieus (relative Ischämien, Triggerpunkte, …) und insgesamt der aeroben Kapazität (zuzüglich respiratorisches System, Herzfunktion),

- der atrophische Abbau und letztendlich der sarkopenische Ab- und Umbau der Muskulatur u. a. auch infolge der defizitären Infrastruktur der Mikrozirkulation und
- der Abbau des generalisierten Entzündungsstatus (Bilanz Myokine-TNF-α [viszerales Fett])

ausschließlich einer therapeutischen Beeinflussbarkeit durch die Aktivitäten des sensomotorischen Systems unterliegen, die dann zugleich die Interventionen für die Logistiksysteme und alle Bindegewebsstrukturen darstellen (Abb. 3.1).

Wichtig: Nur wenn das sensomotorische System trainiert wird (relevante kognitive, emotionale, schmerzhemmende spinale und supraspinale Strukturen und Muskulatur), werden je nach Art, Umfang und Intensität alle von seiner Aktivität abhängigen Strukturen und Funktionen wie die der Logistiksysteme (Atmung, Herz-Kreislauf [Mikrozirkulation!!], Energiestoffwechsel), des Bindegewebes (Faszien, Gelenkkapseln, Knochen) und die wichtigen, weil essenziell für alle positiven gesundheitsrelevanten Strukturanpassungen verantwortlichen globalen und lokalen Hormonsysteme (Wachstumshormon-IGF-1, Myokine, Osteokine, …) in einen verbesserten Funktionszustand versetzt. Das ist das nachhaltige Therapieziel. Global ausgedrückt, die „Arthrose ist nicht mehr änderbar", aber die sensomotorische und anti-nozizeptive Absicherung der peripheren und zentralen Maladaptationen und deshalb ist Training zugleich Psychotherapie!

4.4   Die Anamnese

Die verschiedenen Elemente der Anamnese sollen hier als ein kompakter Überblick mit dem Ziel „der weitestgehenden bzw. besser grundsätzlichen Vollständigkeit", sofern das überhaupt möglich ist, beschrieben werden. Entsprechend ist es keine „detaillierte, praktische Anleitung für die verschiedenen Krankheitsentitäten", was auch nicht angestrebt worden ist und sicher auch nicht möglich erscheint. Es liegen bei der Zuordnung von Inhalten zu den verschiedenen benannten Anamnesezielstellungen, deren allgemeiner Oberbegriff die Eigenanamnese ist, Überlappungen vor, die sich kaum vermeiden lassen. So ist die Anamnese der körperlichen Aktivitäten ein Teil der Eigenanamnese. In der Regel wird die Anamnese der körperlichen Aktivitäten auch als Sportanamnese bezeichnet. Unter diesem Begriff wäre sie auch wieder unvollständig, denn die arbeitsbedingten physischen Aktivitäten würden nicht darunterfallen, sondern sich in der Berufsanamnese wiederfinden. Gerade die Anamnese der körperlichen Aktivitäten im Kontext Beruf, Freizeit und der sozialen Situation liefert insgesamt sehr wichtige, wenn nicht die hauptsächlichen Informationen. Sie lassen zugleich die Gesundheitskompetenz (englischer Sprachraum: Health Literacy) erkennen, also

- die Fähigkeit des Patienten, Mittel und Bedingungen für die Gesundheit zu verstehen und vorteilhaft zu nutzen (Bruhin und Abel 2003) oder
- die Fähigkeit, Gesundheitsinformationen zu finden, zu verstehen, zu beurteilen und anzuwenden, um im Alltag angemessene Entscheidungen zur Gesundheit treffen zu können. Gesundheitskompetenz gehört zur Bildung und umfasst Wissen, Motivation und Handlungskompetenz (Wikipedia 2021 lt. RKI 2021) bzw.
- Entscheidungen zu treffen, die die Lebensqualität im Lebensverlauf erhalten oder verbessern (RKI 2021).

Wichtig: Gesundheitskompetenz ist selbst initiierte „aktive" Gestaltung und Bewältigung der jeweils vorliegenden Lebensverhältnisse, aber auch Geschehnisse wie z. B. von Unfällen und nicht (rheumatische) oder beeinflussbare Erkrankungen wie aktuell der Infektionserkrankung mit dem Coronavirus und deren möglichen oder eingetretenen Folgen. Sie bestimmt die Selbstverantwortung im aktiven Therapieprozess und ist ein wichtiger integraler Gegenstand der Anamnese und der Befundung.

In Deutschland ist bei 53 % der Personen mit einer eingeschränkten Gesundheitskompetenz zu rechnen (Schaeffer et al. 2017). Der Therapeut sollte im Erstgespräch also auch Informationen zur Gesundheitskompetenz sammeln, um daraufhin seine Strategie der Kommunikation abzuleiten und die Inhalte und Verbalisierungen bei den Erklärungen zu den Ursachen, dem Stand der Erkrankung und den therapeutischen Interventionen daraufhin abzustimmen. Es gilt, umgangssprachlich ausgedrückt,

- den Patienten auf „seinem Bildungs-, Wissens- und sozialen Handlungsniveau abzuholen", um das Therapeut-Patienten-Verhältnis im Sinne einer Placebowirkung zu nutzen und eine Nocebowirkung möglichst auszuschließen oder stark zu minimieren.

Dem Therapeuten obliegt es also, allein durch seine Kommunikation, den Umgang während der Anamnese und später während der Untersuchung und der sehr schwierigen Aufgabe, die Ursachen und aktiven therapeutischen Konsequenzen zu benennen und zu diskutieren, bereits positiv auf den Gesundheitszustand einzuwirken, also einen Placeboeffekt auszulösen. Der Placeboeffekt basiert wesentlich auf einer positiven Erwartung des Patienten, hervorzurufen u. a. durch Akzeptanz, Aufmerksamkeit und ein ausreichendes Zeitbudget. Der Nocebeoeffekt bedeutet psychologisch das Gegenteil.

In einer Praxis, die sich auf die Behandlung von Schmerzpatienten spezialisiert hat, steht der Grundsatz

„Bei der Anamnese stehen die Befragung und die Informationsgewin-
nung mittels Hörens und gemeinsam „mit den Augen" beobachtend an
absolut erster Stelle und sind extrem weit vor der Bildgebung und dem
Labor positioniert".

Essenziell sind die Informationen

- zum potenziellen und praktisch realisierten Ursachengefüge der Schmerzerkrankung aus biopsychosozialer Sicht,
- zur Gesundheitskompetenz,
- zu den erforderlichen Interventionen der nicht medikamentösen Schmerzlinderung,
- zu den notwendigen, grundsätzlich immer einheitlichen dauerhaft wirkenden
  therapeutischen Konsequenzen (therapeutisches Gesundheitstraining),
- zum voraussichtlichen, aus biologischer Sicht eigentlich nie endenden Therapiezeitraum mit nachhaltiger Wirksamkeit und dessen Absicherung,
- zum umgehenden und immer wieder begleitenden Informations- und Beratungs-
  bedarf und
- zum Bedarf einer Erweiterung und der Zusammensetzung des Therapieteams.

Im Folgenden sollen die besonders wichtigen Inhalte, aber auch Hintergründe
der einzelnen Schwerpunkte der Anamnese kurz beschrieben werden. Es geht nicht
darum, einen anamnestischen Fragenkatalog aufzustellen. Die Befragung muss
schwerpunktmäßig strukturiert und systematisch sein, aber die konkreten Verbalisierungen und Ausdrucksformen werden auch von der Persönlichkeit des Patienten
bestimmt und müssen darauf abgestimmt sein und als Gesprächsform muss eine Besprechung mit Elementen einer Diskussion gewählt werden.

4.4.1 Die Allgemeinanamnese

Bei der Allgemeinanamnese sind vor allem Informationen

- zum Körpergewicht und wichtig! auch zu dessen Entwicklung,
- zur Ernährung (bei Adipositas detaillierte Anamnese durch die Ökotrophologie
  erwägen mit therapeutischer Ernährungsberatung in der Konsequenz),
- zum Schlaf (u. a. für die Gewichtsentwicklung und für den psychischen Zustand
  bedeutsam) und
- zur subjektiven Erholungsfähigkeit,
- zur psycho-kognitiv-mentalen Situation und Belastbarkeit,
- zu psychosozialen Belastungen (vgl. auch Berufs-, Familien-, Sozialanamnese),
- zur Einnahme von Medikamenten und
- zur Konsumption von Genussgiften (Nikotin, Alkohol, u. a.) zu entnehmen.

Die subjektive Erholungsfähigkeit z. B. im Verlauf einer Woche oder auch längerer Zeitabschnitte gibt Auskunft über das Belastungs-Erholungs-Regime und die physische und psychische Belastbarkeit bzw. die Belastungsverträglichkeit. Eine inadäquate Erholung bzw. eine zu schnelle erneute Ermüdungsentwicklung mindert die Fähigkeit zur Stabilisation der Körperhaltung und die Bewegungsqualität. Sie ist ein Faktor sensomotorisch koordinativer Defizite mit gesteigerten Gelenkbelastungen und somit eine Disposition für Über- und Fehlbelastungen. Deshalb gibt sie in Abhängigkeit von beruflichen physischen Anforderungen (Anamnese der körperlichen Aktivitäten: Eigen-, Berufs-, Sportanamnese) Hinweise zu zunächst über unbekannt lange Zeiträume subjektiv nicht auffallende chronische Fehlbelastungen. Als „Synonyme" können ein deutlicher allgemeiner Ermüdungszustand oder z. B. eine im Wochenverlauf aufstockende Ermüdung gewertet werden. Ermüdung und der Bedarf, täglich die gleichen Arbeitsanforderungen realisieren zu müssen, sind konträr wirksam. Damit steht umgehend sowohl der Belastungs-Erholungs-Zyklus als auch der konditionelle Trainingszustand im Fokus.

Patientenbeispiel: Ein sehr charakteristisches praktisches Beispiel ist das einer ca. 56-jährigen leptosomen Patientin (Körpergröße 158 cm, Körpergewicht 51,5 kg, BMI 20,6, langfristig keine sportlichen Aktivitäten) in der ambulanten Rehabilitation wegen multiplem myofaszial-skelettelem Schmerzsyndrom. Die tägliche berufliche Anforderung bestand darin, an einem Fließband im Takt Arbeiten mit einem Krafteinsatz von 5–6 kg absolvieren müssen. Sie fühlte sich extrem schnell ermüdet und hatte Schmerzen bevorzugt im Arm-Schulter-Nacken-Bereich, der mittleren, aber auch unteren Wirbelsäule und teilweise in den Gelenken der unteren Extremität. Die Symptomatik stockte von Montag bis Freitag deutlich auf und das Wochenende war in den letzten Monaten immer weniger erholsam. Nach der Klassifizierung der körperlichen Beanspruchung an Arbeitsplätzen (REFA-System) handelte es sich um eine „leichte Arbeit". Die Patientin beschwerte sich gegen diese Einstufung. Aber die Handkraft betrug rechts nur 14 kg und links sogar nur 12 kg. Der geschlechts- und altersangepasste Richtwert für einen bereits schwachen Handgriff liegt bei 23 kg. Das bedeutete, jede Wiederholung am Arbeitsplatz fordert 36–43 % bzw. 42–50 % der maximalen Kraftfähigkeit. Das sind relative Krafteinsätze, die unweigerlich zur schnellen Ermüdung führen müssen. Die Arbeit ist aufgrund des geringen Trainingszustandes subjektiv sehr schwer und belastend. Sie war objektiv eine Disposition bzw. wurde zur Ursache der Realisation und der Unterhaltung des chronischen Schmerzsyndroms. Das Problem der Patientin war demnach nicht die Arbeitsaufgabe, sondern der Trainingszustand. Hinzu kam, dass die geschätzte aerobe Kapazität (Stamatakis et al. 2013) mit 26,4 ml/kg/min für ein deutliches Defizit der Mikrozirkulation, der energetischen Absicherung der muskulären Funktionsfähigkeit und der Erholungsfähigkeit steht.

Ein solch geringer konditioneller Trainingszustand, der bei den DRV-Reha-Patienten sehr häufig festzustellen ist, muss als Ursache einer überproportionalen somatischen und psychomentalen Belastung angesehen werden. Die schnelle Ermüdung wird darüber hinaus zur psychosozialen Belastung, denn das Schmerzsyndrom, das Funktionsdefizit und die resultierende Leistungsminderung und Leistungsschwäche beeinträchtigen auch das soziale Leben. Dies beansprucht die affektiv-emotionale und die kognitiv-bewertende Komponente des Schmerzes, wodurch eine Chronifizierung gefördert und unterhalten wird.

Wichtig: Der sensomotorische Trainingszustand ist somit ein wesentlicher disponierender als auch ein Realisationsfaktor chronisch-degenerative Erkrankungen und dessen Weiterentwicklung zur cerebralen Schmerzerkrankung. Die Allgemeinanamnese gibt wichtige Hinweise.

4.4.2   Die Eigenanamnese

Aus der Eigenanamnese sind stattgefundene Verletzungen des Stütz- und Bewegungsapparates und bisher überstandene oder weiterhin vorliegende Erkrankungen entzündlicher und/oder degenerativer Art die sehr relevanten Informationen.

Ein besonderer Schwerpunkt ist das Ursachengefüge der Erkrankungen der Gruppe der „diseasome of physical inactivity" (Pedersen 2009, vgl. auch Anamnese der körperlichen Aktivitäten), wozu

- Erkrankungen des Herz-Kreislauf-Systems wie die arterielle Hypertonie, das Vorhandensein oder Hinweise auf eine Arteriosklerose, z. T. eine chronisch venöse Insuffizienz mit dem die pathogenetischen Prozesse verursachenden subfaszialen Ödem in der unteren Extremität (Stumptner 2021) und/oder bereits vorliegenden Komplikationen,
- Stoffwechselerkrankungen wie die Adipositas, das metabolische Syndrom, Diabetes mellitus,
- Erkrankungen des Gehirns wie die Depression,
- onkologische Erkrankungen (Knight 2012; Moore et al. 2016; Hong und Lee 2020) und in der Erweiterung der Konzeption von Pedersen (2009)
- primär degenerative Arthrosen (Frank 2003) der Wirbelsäulengelenke aller Abschnitte sowie hauptsächlich der Knie-, Hüft-, Schultergelenke mit der je nach Aktivierungszustand vorhandenen entzündlichen Komponente gehören. Die primären Arthrosen werden von Frank auch als das degenerativ bedingte Ergebnis eines metabolischen Syndroms angesehen, indem die damit einhergehenden Gefäßschädigungen und Stoffwechselstörungen zu den arthrosetypischen irreversiblen, sich systematisch fortentwickelnden Strukturstörungen führen. Degenerative Polyarthrosen sind aus seiner Sicht eine Verlaufsform der Arteriosklerose im passiven Stütz- und Bewegungssystem.

Die primäre körperliche Inaktivität wird in aller Regel bei diesen Erkrankungen durch eine sekundäre ergänzt, die das Krankheitsgeschehen und insbesondere die Entwicklung einer Schmerzerkrankung systematisch unterstützt. Entsprechende und weitergehende Informationen liefert hierzu die Anamnese der körperlichen Aktivitäten auch im Kindes- und Jugendalter, denn inadäquate physische Aktivitäten sprechen für eine ungenügende Entwicklung der Bindegewebsstrukturen und ihrer Belastbarkeit mit Folgen für eine vorzeitige degenerative Entwicklung im späteren Alter.

Funktionsstörungen und -einschränkungen des passiven Stütz- und Bewegungssystems sind bei ca. 25 % der (deutschen) Bevölkerung zu erwarten und bei ca. 10–15 % sind sie chronisch und behandlungsbedürftig (DGRh 2021). Beschwerden im Sinne einer Arthrose haben ca. 24 % der Frauen und 14 % der Männer (selbstberichtet; Zink et al. 2010) und nach dem 60. Lebensjahr ca. 50 % der Frauen und 30 % der Männer (Rabenberg 2013). Die Häufigkeiten muskuloskelettaler Symptome und Erkrankungen in der bevölkerungsbezogenen NAKO Gesundheitsstudie (Schmidt et al. 2020) betragen hinsichtlich der Rückenschmerzen 22,5 %, der Arthrosen 20,6 % und der rheumatoiden Arthritis 1,9 %. Wichtig: Arthrosen gehen auch immer mit einer peripheren und zentralen Sensibilisierung einher, weshalb Betroffene mit den resultierenden myofaszial-skelettalen Beschwerden und cerebralen Konsequenzen sehr häufig zu der Klientel einer Schmerzambulanz gehören.

Aber auch Erkrankungen, die nicht zu dieser Gruppe gehören wie primär entzündliche des rheumatischen Formenkreises (rheumatoide Arthritis, Spondyloarthritiden und weitere), von denen ca. 2 % der Erwachsenen betroffen sind und das geschätzte Lebenszeitrisiko ca. 8 % für die Frauen und 5 % für die Männer beträgt (DGRh 2021), sind zu erfragen bzw. nach potenziell zugehörigen Beschwerden zu fahnden. Zu beachten ist auch, dass die primär entzündlichen rheumatischen Erkrankungen auch mit nicht entzündlich bedingten Schmerzen einhergehen und eine deutlich höhere Prävalenz der Fibromyalgie aufweisen (Lampa 2019).

Das Syndrom der Fibromyalgie, häufig kombiniert mit anderen chronischen Erkrankungen, ist in der Bevölkerung mit etwa 3,5 % vertreten (Eich et al. 2012; Häuser und Sommer 2012).

Direkt mit den Informationen zu den Erkrankungen und Beschwerden sind verhaltensbedingte Aspekte für die therapeutisch erforderlichen Interventionen wesentlich. Sie sind eine Komponente der Anamnese der physischen Aktivitäten (Beruf, Sport), aus denen z. B. eine sekundäre Inaktivität mit ihren zusätzlichen längerfristig hinzugetretenen pro-nozizeptiven Folgen abgeleitet werden kann und auch „psychologisch behandelt" werden muss.

Wichtig: Der Patient muss dann „placeborelevant" erfahren und im Verlauf bemerken, dass es keine chronisch degenerative Erkrankung ohne akute Exacerbation gibt, bei der physische Aktivitäten nicht nur **keine** Kontraindikation wären, sondern sogar ein **wesentlicher Therapiebaustein** sind.

Zu beachten ist auch, dass Verletzungen des Stütz- und Bewegungsapparates immer zugleich Verletzungen des sensomotorischen Systems sind. In Abhängigkeit vom Verletzungsort und des Umfangs der Schädigung ist das sensomotorische System auf der sensorischen Seite strukturell verändert und ein „negativer" impliziter Lernvorgang verändert qualitativ die Bewegungsausführungen und potenziell die Belastbarkeit, die Belastungsverträglichkeit und Kompensationsfähigkeit. Ebenso verändern degenerative und entzündliche Erkrankungen die Struktur und Funktion des sensomotorischen Systems und sie werden deshalb zu indirekten Ursachen einer nachteiligen, die degenerativen Prozesse fördernder Sensomotorik. Gleiches gilt für den Alterungsprozess, das biologische Alter, dessen Auswirkungen ohne ausreichende körperliche Aktivitäten (WHO 2011, 2020) mit denen einer physischen Inaktivität parallel gehen.

Internistische Erkrankungen wie die arterielle Hypertonie, die Adipositas, das metabolische Syndrom bis hin zum Diabetes mellitus Typ II sind mit übergroßem Anteil durch körperliche Inaktivität bedingt und eine primäre und in aller Regel eine sekundäre körperliche Inaktivität liegen als eine Hauptursache der weiteren Unterhaltung der Erkrankung vor.

Insgesamt liefert die Eigenanamnese Informationen zu den Ursachen, der voraussichtlichen Dauer der Krankheitsverläufe, der Multimorbidität, den sich gegenseitig beeinflussenden und disponierenden degenerativen und entzündlichen Erkrankungen und Hinweise zum gegenwärtigen Stand der pathogenetischen Entwicklungen. Darin eingeschlossen sind wichtige Anhaltspunkte zur peripheren und zentralen Sensibilisierung mit ihren Folgen für die Compliance und Resilienz, dem voraussichtlichen Verhalten im Therapieprozess, der Bereitschaft zur praktischen Realisation aktiver Interventionen, die nach der beratenden Besprechung der wesentlichen Ursachen, der Anleitung und kontrollierten Ausführung selbstverantwortet weitergeführt werden müssen.

4.4.3   Die Familienanamnese

Die Familienanamnese hilft, epigenetische und zugleich soziale Faktoren für oder gegen die körperliche Aktivität oder Inaktivität wahrscheinlich zu machen. Familiäre und sozial geprägte Verhaltensnormen und persönliche somatische und psychische Eigenschaften können erkannt werden. Ebenso werden biologische Dispositionen für Erkrankungen ableitbar. Gleichfalls kann die Familienanamnese gemeinsam mit den Hinweisen aus der Eigen- und Sozialanamnese Informationen zur Compliance, Resilienz und Belastbarkeit liefern. Letztere haben Konsequenzen für den Umfang und die Inhalte des Informations- und Beratungsbedarfs und dessen sprachliche Ausdrucksweise.

4.4.4   Die Sozialanamnese

Aus der Sozialanamnese sind vor allen Dingen die Bildung, der Beruf und die familiären Lebensbedingungen wichtig. Der Bildungsgrad spielt für die Gesundheitskompetenz und in der Folge bei chronischen Schmerzerkrankungen eine große Rolle. Alle drei Faktoren stehen in großem Maß für die individuellen, aber auch familiär gestützten Fähigkeiten und Fertigkeiten, gesundheitliche Lösungsstrategien zu suchen, zu entwickeln und die Umsetzung zu organisieren. Daraus resultieren der Lebensstil und u. a. auch die Gesundheitskompetenz, die bei einem zu großen Anteil der Menschen verbesserungswürdig ist. Nach Jordan und Hoebel (2015) haben nach den Kriterien der HLS-EU-Q16 (Europäische Health Literacy Survey, skalierte Kurzform mit 16 „Items) nur 55,8 % der Erwachsenen eine „ausreichende", 31,9 % eine „problematische" und 12,3 % eine „inadäquate" Gesundheitskompetenz. Der Bildungsgrad ist ein bestimmender Faktor. Dagegen sind das Geschlecht und das Alter unwesentlich. Charakteristisch ist eine geringe Gesundheitskompetenz mit einem geminderten körperlichen und psychischen Gesundheitszustand gekoppelt. Mit den sozialen Bedingungen wird auch das aktuelle Zeitbudget „für die eigene Gesundheit" erkennbar und ob und in welchem Umfang Änderungen möglich sein können. Letzteres ergibt sich auch aus dem bisherigen Verhalten während der Krankheitsentwicklung bis zur Schmerzerkrankung, denn Schmerzpatienten haben in aller Regel bereits sehr viele Arztbesuche und wiederholte therapeutische Interventionen hinter sich.

4.4.5 Die Anamnese der körperlichen Aktivitäten in Beruf, Freizeit, Sport

Die Anamnese der körperlichen Aktivitäten ist die Voraussetzung für das Erkennen bzw. die Prognose

- der Ursachen bzw. das Risikoprofil von Schmerzsyndromen (siehe: „disuse syndrome", „sedentary death syndrome", „office syndrome", „handy syndrome", „diseasome of physical inactivity"),
- berufsbedingter einseitig monotoner Belastungen in Art, Umfang und Intensität (PC, Bandarbeit, Handwerker mit spezifischem Belastungsprofil) und den Arbeitsbedingungen als Quelle von chronischen Fehl- und Überbelastungen mit oder ohne aktiven Ausgleich,
- des Ausprägungsgrades der regionalen und/oder generalisierten Dekonditionierung und/oder Fehlbelastung,
- der somatischen Potenzen für Adaptationen (u. a. Trainingszustand der globalen und lokalen anabolen Systeme),
- der psychischen Potenzen u. a. der wahrscheinlichen Compliance und der Resilienz,
- der wahrscheinlichen Schmerzempfindlichkeit und der Schmerztoleranz,
- der voraussichtlich vorliegenden physischen und mentalen Belastbarkeit,
- der Akzeptanz und Realisierbarkeit individuell angepasster hoher körperlicher Anstrengungen und
- der Fähigkeit, wirksame körperliche Belastungen tolerieren und dosieren zu können.

Aus den Informationen zu den körperlichen Aktivitäten und den sozialen Faktoren und Bedingungen wird prognostisch das voraussichtliche Verhalten im Therapieprozess ableitbar. Somit sind diese Informationen auch eine sehr wesentliche Quelle für die Informationen und Beratungen der Patienten. Dies resultiert einmal aus der Tatsache, dass **körperliche Aktivitäten das therapeutische Hauptinstrument** sind und die körperlichen Aktivitäten durch die Faktoren **Ernährung** und bei Bedarf auch durch die **kognitive Verhaltenstherapie** ergänzt werden müssen.

4.4.6   Instrumente einer standardisierten Befragung bei Schmerzpatienten

Für eine standardisierte und validierte Befragung hat die Deutsche Schmerzgesellschaft den „Deutschen Schmerzfragebogen (DSF)" erarbeitet (Petzke et al. 2020). Die Fragebögen können für nicht kommerzielle Zwecke von dort bezogen werden. Darin integriert sind Fragen

- für eine detaillierte subjektive Schmerzbeschreibung,
- zum habituellen Wohlbefinden (MFHW): Diagnostik der positiven Fähigkeiten zum seelischen Wohlbefinden als relativ stabiles Persönlichkeitsmerkmal,
- für die Beschreibung des subjektive Schmerzmodells, die Kausalität, positiv und negativ schmerzbeeinflussenden Faktoren,
- für eine Skala zur Depression, Angst und Stress (DASS): Diagnostik der Depressivität, Angst und individueller Stressbelastung mit je 7 Items (Normwerte),
- für eine Schmerzbeschreibungsliste (SBL): Diagnostik der Eigenschaften (sensorisch, affektiv) der empfundenen Schmerzen anhand von 12 Adjektiven,
- für die gesundheitsbezogene Lebensqualität (Modul L): 12 Items aus psychischer und körperlicher Sicht,
- zu medizinischen, psychologischen und/oder psychiatrischen Komorbiditäten.

Weitere Informationen zum Schmerzgeschehen liefern

- die Erfassung der Schmerzverarbeitung (FESV, Geissner 2001): Schmerzbewältigungsrepertoire aus der Sicht Verhalten, Kognition, schmerzbedingte psychische Beeinträchtigungen und
- die Schmerzempfindungsskala (SES, Geissner 1996): sensorische oder affektive Schmerzwahrnehmung;
- der Pain Disability Index (PDI, Dillmann et al. 2011): selbstwahrgenommene schmerzbedingte Beeinträchtigungen;
- der Oswestry Disability Index (ODI, Fairbank und Pynsent 2000; Mannion et al. 2006): abgeleitet aus dem Oswestry Low Back Pain Questionnaire; beschreibt die gesundheitsbezogene Lebensqualität und die täglichen Aktivitäten gegeben durch die Schmerzintensität, Körperpflege, Heben, Gehen, Sitzen, Stehen, Schlafen, das sexuelle und soziale Leben und die Mobilität;
- der Brief Pain Inventory (BPI, Tan et al. 2004): Schmerzintensität und die funktionellen Effekte;
- Quality of Life Impairment by Pain Inventory (QLIP, Tait et al. 1990; Casser et al. 2012; Petzke et al. 2020): Diagnostik der allgemeinen schmerzbedingten Einschränkung der Lebensqualität, der Allgemeinbefindlichkeit, des allgemeinen Wohlbefinden und des Schlafes;

- das „EuroQol five dimensional questionnaire (EQ-5D) generic quality-of-life“: das am weitesten verbreitete Instrument zur Diagnostik der gesundheitsbezogenen Lebensqualität (Brazier 2008; Rabin et al. 2011);
- Chronic Pain Acceptance Questionnaire (CPAQ, McCracken et al. 2004, deutsch: Nilges et al. 2011): Umgang mit Schmerzen unter den Aspekten Fortführung der ADL-Aufgaben und Freizeitaktivitäten trotz Schmerzen (Aktivitätsbereitschaft, 10 Items) und Schmerzen vermeiden oder kontrollieren zu wollen (Schmerzbereitschaft, 8 Items);
- Fear-Avoidance-Beliefs-Questionnaire (FABQ, Waddell et al. 1993, deutsch: Pfingsten et al. 1997, 2000): Ermittlung der Bewertungen und Meinungen zum Zusammenhang von körperlichen Aktivitäten in Beruf und Freizeit mit Rückenschmerzen und möglicher Wiederaufnahme der Arbeitstätigkeit (16 Items);
- Hospital Anxiety and Depression Scale (HADS, Zigmond und Snaith 1983, deutsch: Herrmann-Lingen et al. 2011): Selbstbeurteilung von Symptomen der Angst und Depression;
- Allgemeine Depressions-Skala (ADS, Radloff 1977, deutsch: Hautzinger et al. 2012);
- Fragebögen Akutmaß der Erholung und Beanspruchung (AEB) und Kurzskala Erholung und Beanspruchung im Sport (KEB; Kellermann et al. 2016; Hitzschke 2018) zum aktuellen Erholungs- und Beanspruchungszustand auf emotionaler, mentaler, allgemeiner und psychischer Ebene (nutzbar auch für das Therapiemonitoring).

Diese Aufzählung der Befragungsinstrumente hat keinen Anspruch auf Vollständigkeit.

4.4.7 Die Jetztanamnese/Schmerzanamnese

Die Jetztanamnese charakterisiert den aktuellen physischen und psychischen Zustand und die Schmerzsituation. Der Schmerzpatient beschreibt entsprechend der sensorisch-diskriminativen Komponente die Lokalisation bzw. die Lokalisationen der Schmerzen, die Schmerzqualität, das intermittierende oder dauerhafte Auftreten, die Schmerzintensitäten und die Provozierbarkeit oder auch die Minderung der Schmerzen durch Körperhaltungen und/oder Bewegungen oder passive Interventionen wie z. B. Wärme oder auch Selbstmassage. Die Art und Weise der Darstellung und das Verhalten während der Anamnese und der Schmerzbeschreibung wird durch die affektiv-emotionale und die kognitiv-bewertende Schmerzkomponente bestimmt. Hinweise auf diese Komponenten liefern auch schon die Beobachtung des Patienten beim Betreten des Raumes, die „nonverbale Körpersprache“ während der anamnestischen Befragung und später während der körperlichen Untersuchung.

Die Eigenanamnese und die Anamnese der körperlichen Aktivitäten muss besonders der Frage nachgehen, ob in der aktuell schmerzenden Körperregion primär die

Ursache zu suchen ist, sie das „schwache Glied" einer Funktionskette ist oder ob der eigentliche Ursprungsort entfernt liegt. So gilt es bei HWS-Beschwerden, die Statik der gesamten Funktionskette bis zu den Füßen und umgekehrt zu untersuchen.

Fragen zur Schmerzsituation im Verlauf einer pedo-kranialen myofaszial-skelettalen Kette sind erforderlich. Sie müssen immer auch im Kontext der täglichen Belastungen oder auch der körperlichen Inaktivität eingeordnet und bewertet werden. Zur Bewertung der Schmerzsituation, aber auch der Fähigkeiten, die Schmerzen kognitiv einordnen und bewältigen zu können, gilt es, den Patienten berichten zu lassen. „Hierfür muss Zeit sein!" Der Patient sollte auch über die von ihm angenommenen Ursachen der Schmerzen sprechen und vielleicht schon über die aus seiner Sicht erforderlichen Maßnahmen.

Wichtige Hinweise resultieren aus der Angabe von morgendlichen Schmerzen mit Steifigkeit und „sogenannten Anlaufschmerzen", indem sie sich nach einer benennbaren Zeit mit Bewegungen zurückbilden und nach Ruhephasen zurückkehren. Sehr häufig ergeben sich aus solchen Informationen Anhaltspunkte für die zu begründenden aktiven therapeutischen Konsequenzen.

4.4.8 Anamnese Chronifizierungsfaktoren und Stand der Chronifizierung

In einer Schwerpunktpraxis für die Behandlung von Patienten mit intermittierender oder permanenter Schmerzsymptomatik sollte das Vorhandensein und die Wirksamkeit von Chronifizierungsfaktoren (Ossipov et al. 2014; Navratilova et al. 2016; Nees und Becker 2018) und der Stand einer zentralen Chronifizierung ermittelt werden. Entsprechend gilt es, die Informationen zu den folgenden Fakten akzentuiert zu bewerten und wichtige cerebrale Funktionen und Leistungen einzuschätzen:

- die bisherige Dauer der Schmerzen,
- die Intensität der Schmerzen und ihre Entwicklung,
- die Ausprägung der schmerzbedingten Behinderungen,
- die Ergebnisse von Scores von Schmerz- und Behinderungsindices,
- die Funktionsfähigkeit und Robustheit der absteigenden Schmerzhemmung (CPM-Diagnostik; Auslösbarkeit einer „exercise induced hypoalgesia"; Laube 2022d),
- der emotionale Zustand hinsichtlich des Lernens und der Gedächtnisbildung,
- die Fähigkeit, schwierige Situationen und im konkreten Fall die Schmerzen mit ihren persönlichen und familiären (sozialen) Folgen zu bewältigen (Bewältigungs- bzw. Copingstrategie oder Coping),
- die Fähigkeit, mit Stresssituationen umzugehen und diese vorteilhaft zu lösen (Stressmanagement),
- die Fähigkeit zur kognitiven Verarbeitung der Schmerzsituation und dem Vorhandensein einer möglichen negativen Verzerrung und Überbewertung (Katastrophisieren) mit Konsequenzen für das Aufrechterhalten von komorbiden Störungen wie die Depression und Angst,

- das generelle Vorhandensein von Angst und insbesondere vor dem Auslösen bewegungsbedingter Schmerzen (Bewegungsangst),
- die Fähigkeit, Belohnungen zu werten und zu verarbeiten,
- das Vorhandensein von Komorbiditäten wie die emotionalen Störungen Angst, Depression und Anhedonie (eingeschränkte oder aufgehobene Fähigkeit, Freude, Lust und Vergnügen zu empfinden).

Alle diese Informationen bewerten den funktionellen Zustand der hohen kortikalen und subkortikalen Strukturen für die motivationellen, kognitiven und emotionalen Prozesse, die direkt mit den Strukturen der absteigenden Schmerzhemmung kommunizieren und mit der Sensibilisierung Dysbalancen und Störungen ausbilden. Die fortschreitende Minderung der absteigenden Schmerzhemmung ist ein wesentliches pathophysiologisches Element der Entwicklung chronischer Schmerzen (Ossipov et al. 2014). Da chronische Schmerzen auch in den Hirnregionen kodiert werden, die Belohnung und Motivation vertreten, sind einerseits chronische Schmerzen auch mit anatomischen und funktionellen Veränderungen in diesen neuronalen Netzwerken verbunden und andererseits bedeutet eine Schmerzminderung eine „Belohnung" (Navratilova et al. 2016). Die Schmerzempfindung und die cerebrale Belohnungsreaktion auf deren Linderung ist eine Leistung von cortico-mesolimbischen Netzwerken und der Übergang vom akuten zum chronischen Schmerz wird durch Veränderungen in diesen Netzwerken verantwortet (Navratilova und Porreca 2014). Somit sind positive Motivationen, Belohnungsprozesse u. a. durch Schmerzlinderung und das Lernen zur Bewältigung von Ängsten im Kontext mit chronischen Schmerzen sehr bedeutsam (Nees und Becker 2018).

Wichtig: Die Beachtung und Behandlung der Komorbiditäten und das Auslösen positiver Erfahrungen, Emotionen, aber auch von Erwartungen (Placebo), sind wichtige therapeutische Konsequenzen aus den Informationen zu den Chronifizierungsfaktoren.

Übersicht
Fazit: Die Anamnese liefert nicht nur Informationen über den bisherigen und den aktuellen Gesundheitsstatus einschließlich dem Entwicklungsstand einer Schmerzerkrankung und begründet damit

- die Schwerpunkte der physischen Untersuchung der myofaszial-skelettalen Strukturen,
  sondern
- weist auf die therapierelevanten Eigenschaften der Persönlichkeit des Patienten hin,

- gibt dem Therapeuten Hinweise zum Ursachengefüge der Schmerzsituation und daraus abgeleitet auch zum voraussichtlichen Verhalten im Therapieprozess,
- beschreibt den Einfluss bzw. den Stand der kognitiv-bewertenden und der emotional-affektiven Schmerzkomponente als wesentliche Merkmale der zentralen Sensibilisierung und
- prognostiziert die physische und kognitiv-mentale Belastbarkeit und Belastungsverträglichkeit.

Die Chancen für die Veränderung in Richtung des notwendig aktiveren Lebensstils werden abschätzbar. Diese Informationen haben direkt Konsequenzen für das Vorgehen, das Verhalten und die Therapiebegründungen und Beratungen des Therapeuten. Der Therapeut hat die sehr schwierige Aufgabe, bereits bei der Anamneseerhebung eine Placebowirkung anzustreben. Dies, obwohl der aktuelle Zustand eines Schmerzpatienten stets physisch und psychisch belastend sind, das Herausfinden der Ursachen Defizite im Verhalten offensichtlich macht und die Ableitung der Konsequenzen Veränderungen der Lebenspraxis bedeuten.

Eine ausführliche Anamnese, bei begrenztem Budget sicher ein wichtiger Zeitfaktor, sorgt für den individuell akzentuierten Untersuchungs- und daraus folgend den Therapieplan, ist die Basis der fortlaufenden Begründung der Interventionen und die beratende Hilfestellung für die aktivere Lebensgestaltung.

4.5   Die Befunderhebung

Nach der systematischen, strukturierten und gezielten Befragung, die die Schwerpunkte der Untersuchungsmethodiken und die speziellen und allgemeinen Ziele der Untersuchung vorgibt, gilt der weitere sehr wichtige Grundsatz

Bei der Befundung antizipiert, sucht, sieht, findet, erkennt und bewertet man nur das, worüber der Therapeut Wissen und praktische Erfahrungen erworben hat.

Die Befundung beginnt, vom Patienten gar nicht als solche bemerkt, mit der **Beobachtung und Bewertung des sensomotorischen Bewegungsverhaltens** beim Betreten des Raumes und während er den Weg zum Sitzplatz zwecks Durchführung der Befragung zurücklegt, sich auf den Stuhl setzt, sich dort habituell positioniert und Positionen ändert. Dieser, vom Patienten nicht so wahrgenommene Teil der Befundung setzt sich fort, indem alle sensomotorischen Aktivitäten wie das erneute Aufstehen, das Gehen zur Untersuchungsliege, dort das Hinsetzen und Hinlegen sowie Positionierungsveränderungen z. B. von der Rücken- in die Bauchlage, das Einnehmen und Ausführen von zu untersuchenden Körperhaltungen und Bewegungen während der aktiven Beweglichkeitsprüfungen und von Testbewegungen eingeschätzt werden. Die zwischenzeitlich immer wieder eingenommenen Körperhaltungen, die Gestik (Körpersprache), eventuell nonverbale oder verbale Schmerzäußerungen und die Sicherheit, Zügigkeit und Präzision der Bewegungsausführungen sowie potenzielle Beeinträchtigung durch Schmerzen werden bewertet. Schonhaltungen und Bewegungseinschränkungen werden sichtbar. Dieses sensomotorische Bewegungsverhalten gilt es auch, mit den Angaben von Schmerzlokalisationen und -intensitäten lt. VAS in Relation zu setzen. Nicht selten besteht ein abzuklärendes Missverhältnis zwischen der Intensitätsangabe und dem Bewegungsverhalten. Die optische Beurteilung des Körperstatus im Stehen, aber ebenso während der verschiedenen Körperpositionen und Bewegungen des Untersuchungsganges, gibt Hinweise auf myofazial-skelettale Veränderungen und Schmerzauslösungen oder -verstärkungen.

Bei der **manuellen körperlichen Untersuchung** liegt der Fokus ganz auf dem myofazial-skelettalen System. Aus den Befunden resultieren dann Indikationsstellungen zur Präzisierung und Objektivierung der Ergebnisse mit apparativen Hilfsmitteln. Wegen der direkten und indirekten mehrschichtigen Wechselbeziehungen zwischen

- dem kontraktilen,
- dem aerob metabolischen Muskelzustand,
- einem insbesondere aus Letzterem resultierenden nozizeptiven Interstitium und
- den funktionellen lokalen wie zentralen Störungen, woraus sich zeitabhängig maladaptive und degenerative Strukturstörungen entwickeln,

sollten die Kraftfähigkeit und die aerobe Kapazität umgehend in das Standardprogramm der Befundung aufgenommen werden. Für einen ausreichenden, verallgemeinerungsfähigen Überblick bedeutet dies für den Therapeuten keine wesentliche Investition. Die Kraftmessung des Faustschlusses ist repräsentativ für den allgemeinen kontraktilen Muskelzustand ohne nennenswerten Zeitaufwand ausführbar. Der sehr wichtige Wert aerobe Kapazität muss „für den Praxisbedarf" nicht aufwändig gemessen werden. Mit den zur Verfügung stehenden Parametern Alter, Geschlecht, BMI, Ruhe-Hf und der anamnestisch ermittelten physischen Aktivität, eingesetzt in die Formel von Stamatakis et al. (2013), kann mit sehr geringem Zeitaufwand die orientierende Berechnung erfolgen. Zu beachten ist, dass das Ergebnis die aerobe Kapazität möglicherweise etwas überschätzt. Aber beide Werte sind bei der Argumentation zu den praktischen therapeutischen Konsequenzen sehr anschaulich und hilfreich einzuordnen.

Wichtig: Ein myofaszial-skelettales Schmerzsyndrom „lebt" von der Dekonditionierung mit defizitärer Mikrozirkulation und die dazugehörenden schmerzenden Triggerpunkte können als „Skelettmuskel-angina-pectoris" angesehen werden. Dem Muskelgewebe „fehlt (Patientensprache!) genügend biologisches Geld", gleich aerobe Kapazität, um die Lebensprozesse ohne Funktionsstörungen und degenerative Entwicklungen realisieren zu können.

Bei der manuellen Untersuchung ist der lokale **tendo-myofasziale Status** in den von Schmerz betroffenen Regionen der absolut wesentliche, aber gleichwertig der Zustand der **myofaszialen kranio-pedalen Verkettungen**. So können z. B. Schmerzen des Hüftgelenks potenziell aus vielfältigen Quellen stammen (Battaglia et al. 2016). Verallgemeinerungswürdig können es ursächlich Prozesse des Gelenkes selbst, aber auch in benachbarten Gelenkstrukturen inklusive des unteren Rückens und den dortigen zugehörigen myofaszialen Strukturen sein.

Wichtig: Die Erstuntersuchung ist immer eine manuelle klinische Ganzkörperuntersuchung des aktiven und passiven Stütz- und Bewegungsapparates zur Beurteilung der myofaszialen Verhältnisse, der passiven und aktiven Beweglichkeit und des sensomotorischen Bewegungsverhaltens zur Beurteilung sowohl der posturalen Regulationen bei täglichen Bewegungsanforderungen und -ausführungen wie dem Stehen auf differenten Unterlagen, dem Gehen, Drehungen, aber auch von sogenannten „Multitaskingaufgaben" durch eine Kombination aus sensomotorischen und kognitiven Anforderungen.

Die Befunde zum myofaszial-skelettalen Zustand liefern viele sehr wichtige diagnostische Informationen, die direkte therapeutische Konsequenzen haben.

1. Die Schmerzen sind zum großen, wenn nicht sogar zum überwiegenden Teil myofaszialen Ursprungs.
2. Triggerpunkte sind das charakteristische Merkmal myofaszial-skelettaler Schmerzsyndrome.
3. Chronische myofasziale Schmerzen sind Zeichen einer peripheren Sensibilisierung, welche die Entwicklung der zentralen Sensibilisierung, der cerebralen Schmerzerkrankung, stimuliert und unterhält.
4. Ein atropher Muskelstatus steht für den pro-entzündlichen Gesamtkörperstatus.
5. Der atrophe Zustand der Muskulatur ist ein grober Marker der sensomotorischen Gelenkführung, der statischen und dynamischen Kompensationsfähigkeit und von Fehlbelastungen der Gelenkketten.
6. Der Muskelstatus beschreibt indirekt die Funktionsfähigkeit der Faszien als Kraftüberträger, Verschiebeschicht und Sensorstandort und insgesamt die Belastbarkeit der Bindegewebsstrukturen, denn nur Muskelaktivität ist auch „Faszien- bzw. Bindegewebstraining".

Wichtig: Die therapeutische Konsequenz aller dieser Faktoren ist das Training aller drei sensomotorischen Beanspruchungsformen (therapeutisches Gesundheitstraining; Laube 2021a) als die einzige nachhaltig wirksame Intervention für die Verbesserung des Muskelstatus (Durchblutung, antinozizeptives interstitielles Milieu, kontraktile Funktion, Antisarkopenie) selbst, die cerebralen Funktionen der verschiedenen Schmerzkomponenten auf den unbewussten und bewussten Ebenen als Elemente der sensomotorischen Aktivitäten (sensomotorische Koordination, Qualifizierung der Schmerzhemmung und -modulation), aber auch peripher für alle Bindegewebsstrukturen (mechanische Belastbarkeit, Verschiebeschichten, Durchblutung für eine physiologische Funktion der Sensoren, gegen nozizeptive Fehladaptionen), wobei bei chronischen Schmerzpatienten, aber auch denen noch ohne ausgeprägte zentrale Sensibilisierung in aller Regel der Bedarf einer Kombination mit schmerzlindernden passiven Anwendungen (Laube 2022d) vorhanden ist.

Das in der Regel zum Schmerztherapeuten führende myofasziale Schmerzsyndrom und das nicht mehr seltene Fibromyalgiesyndrom (3,5 % der Bevölkerung), fast immer mit anderen chronischen Erkrankungen kombiniert, sind aus peripherer Sicht chronische nicht entzündliche Erkrankungen mit Befunden im Muskelgewebe und im Bereich der Insertionen. Die generalisierte Schmerzempfindlichkeit bei der Fibromyalgie wird einer zentralnervösen Störung der nozizeptiven Verarbeitungs- und Hemmsysteme zugeschrieben. Peripher gibt es große Ähnlichkeiten zwischen den „tender points" und den „trigger points", die jeweils als charakteristisch für die Fibromyalgia bzw. jedwede myofaszialen Schmerzen angesehen werden. Man findet sie bei beiden Krankheitsentitäten in unterschiedlicher Anzahl. Die Termini „tender points" und „trigger points" werden nicht eindeutig getrennt, was auch daran liegt, dass keine einheitliche und für die Diagnostik klare Nomenklatur vorhanden ist. Der hauptsächliche Unterschied zwischen „tender points" und „trigger points" ist folgender:

- Die „tender points" sind mechanosensible Punkte im Sinn einer Allodynie bevorzugt im Übergangsbereich Muskel-Sehne ohne eine palpable knotenförmige Struktur und ohne „referred pain" und sie werden vorrangig durch ihre Lokalisation definiert.
- Die Triggerpunkte sind kleine regionale Kontrakturknoten, die gleichfalls im Sinn einer Allodynie druckschmerzhaft oder hyperalgisch an ihrem Ort und im Bereich des myotendinösen Übergangs oder auch mit einem „referred pain" reagieren. Das Interstitium in der direkten Umgebung des Triggerpunktes ist hypoxisch, azidotisch, nozizeptiv, indem es SP und CGRP aus den freien Nervenendigungen und sensibilisierende Substanzen enthält.

Auch bei der Gonarthrose (Dor und Kalichman 2017) wie bei allen Arthrosen sind myofasziale Schmerzen und das Vorhandensein von Triggerpunkten eine wesentliche Komponente des Schmerzbildes und der Behinderung. Die Prävalenz von Triggerpunkten mit ihren myofaszialen Schmerzcharakteristika ist bei der Epikondylitis lateralis hoch und myofasziale Veränderungen werden sogar zur Ätiologie der Epikondylitis gezählt. Entsprechend sind sie zu diagnostizieren und myofasziale Therapietechniken sind wirksam (Shmushkevich und Kalichman 2013). Auch bei der Fibromyalgie werden die Triggerpunkte zu den bedeutsamen Faktoren der Genese gezählt (Alonso-Blanco et al. 2011; Fernández-de-Las-Peñas und Arendt-Nielsen 2016; Castro-Sanchez et al. 2017).

Zur Beurteilung der myofaszialen Gewebeeigenschaften und der Schmerzsituation (Mense 2005; Schwind 2018; Schleip et al. 2020; Mense 2005) ist die **Palpation** sowohl

- für die Charakterisierung des Gewebestatus (Hautverschieblichkeit und -konsistenz, passiver myofaszialer Tonus, Elastizität, Verschieblichkeit, Dolenz) als auch
- für das gezielte Auffinden der zunächst bevorzugt passiv zu behandelnden Therapieorte, wie z. B. von Triggerpunkten, „tender points", passiv hyper- oder auch hypotonen Muskeln bzw. Muskelbereichen und von Funktionsstörungen der Wirbelsäule (s. manualtherapeutische Diagnostik und Therapie; Neumann 2003; Gautschi 2010; Streeck et al. 2016; Schomacher 2017, u. a.) essenziell wichtig. Die Triggerpunkte und die Funktionsstörungen prägen die Schmerzsituation, die Belastbarkeit und die Fortentwicklung der Pathogenese.

Der Geübte (siehe Grundsatz!) ertastet die Gewebekonsistenz, die Verschieblichkeit, die elastischen Eigenschaften und die Schmerzempfindlichkeit. Die Gewebeeigenschaften bzw. der passive myofasziale Tonus (Laube und Müller 2002; Laube 2009, 2014) ist von einer Reihe von Faktoren abhängig. Zu diesen gehören

- der Dehnungszustand des Muskels (die aktuelle elastisch bedingte, also passive Retraktionskraft), gegeben durch die anatomisch bedingte Dehnung zwischen Ansatz und Ursprung, somit auch die aktuelle Gelenkposition und adaptiv (Sportler) oder auch maladaptiv vorliegende Verkürzungen (s. u.),
- die aktuelle Durchblutung und
- der damit direkt im Zusammenhang stehende Füllungszustand der Flüssigkeitskompartimente (intra-, extrazellulär bzw. interstitiell),
- an der unteren Extremität ein mögliches chronisch venöses subfasziales Ödem,
- der Trainingsstatus der Muskulatur (atroph, normotroph, hypertroph),
- strukturelle Verkürzungen durch dauerhaft dysbalancierte Körperhaltungen, aber auch bei Sportlern durch Adaptationen der myofaszialen Länge an die Gelenkposition (Muskellänge) mit dem bewegungsbedingt höchsten Krafteinsatz (die Trainingsspezifik generiert auch die spezifische Struktur der funktionellen Synergisten [anatomisch von A- und Antagonist]),
- die Muskelfaserzusammensetzung,

- die lokale und globale Mikrozirkulation des Muskels und damit die Sauerstoffversorgung für die ATP-Resynthese mit direkter Auswirkung auf die Relaxati-
  onsfähigkeit der Muskelfasern (ATP als Weichmacher; siehe u. a. Triggerpunkte)
  und das interstitielle Milieu,
- die Muskeltemperatur und
- der Ermüdungszustand der Muskulatur.

Der passive Muskeltonus kann haltungs- oder auch lagerungsbedingt während
der Untersuchung durch

- einen willkürlichen Aktivierungszustand ergänzt werden, indem die Muskelfasern 1. einen entsprechend kontraktionsbedingt erhöhten Tonus aufweisen und 2.
  damit gleichfalls ihre passiv-mechanischen Eigenschaften verändern. Bei der
  Untersuchung muss auf eine relaxierte Muskulatur geachtet werden.

Mit den Einflussfaktoren auf das Palpationsergebnis sind sowohl die einzuhal-
tenden Untersuchungsbedingungen benannt als auch beim Vorliegen eines Befundes wird auf dessen mögliche Ursache hingewiesen. Steigerungen des passiven
myofaszialen Tonus sind zunächst bevorzugt einer akzentuiert lokalisierten defizitären Mikrozirkulation (O_2-Mangel und ATP-Defizit), an der unteren Extremität auch
einer möglichen Drainage und Abflussstörungen (subfasziales Ödem) und nach längeren Zeiträumen myofazialen Veränderungen zuzuschreiben, die die Durchblutung
zusätzlich benachteiligen, die Faszienstruktur benachteiligen, Indurationen bewirken und Schmerzen aufrechterhalten. Eine relative Ischämie verursacht eine Kon-
traktur und sie ist die Hauptursache für ein nozizeptives Gewebemilieu. Längerfristig werden eben dadurch die Gewebeatrophie, der -umbau und die -degeneration
(Dynapenie und nachfolgend Sarkopenie) verursacht.

Wichtig: Deshalb muss ein entsprechender Befund immer umgehend zu einer
aktiven Therapieintervention mit nachhaltigem Strukturaufbau und -ausbau
der Gewebever- und -entsorgung führen und darf nicht „nur passager erfolgreich" passiv behandelt werden.

Um eine mögliche primär ursächliche oder auch gleichzeitig vorliegende neurologische Quelle der Schmerzen (Radikulopathien) und damit auch von Muskelatro-
phien und Sensibilitätsstörungen in einem Versorgungsgebiet aufzudecken, sind die
klinischen Symptome mit den Dermatomen, Myotomen und Sklerotomen zu vergleichen. Hierbei sind die neurodynamischen Tests hilfreich.

Da periphere Verletzungen (Gelenke, Bänder, …) in aller Regel auch das sensomotorische System betreffen, indem die sensorische Seite betroffen ist oder nach
Muskelverletzungen im Effektor eine narbige Ausheilung stattgefunden hat, sind
speziell die myofaszial-skelettalen Strukturen dieser Körperregionen und aber auch
die gesamte Kette zu untersuchen. Sie können am Verletzungsort eine Quelle von

Funktionsstörungen sein, die aber auch im Verlauf der myofaszialen pedo-kranialen Ketten, also verletzungsfern möglich sind.

In der Konsequenz ist es immer erforderlich, zwar Schwerpunkte, aber immer auch den gesamten Stütz- und Bewegungsapparat zu untersuchen und dabei das sensomotorische Verhalten des Patienten zu beobachten und das Vorhandensein oder die Provokation von Schmerzen zu dokumentieren.

Die **passive und aktive Beweglichkeit** der Gelenke in der Schwerpunktregion, aber auch in der nicht oder nicht vorrangig betroffenen Region gibt Auskunft über

- eine physiologische, „normale" oder eingeschränkte Beweglichkeit,
- Differenzen zwischen einer „normalen" passiven und der aktiven Beweglichkeit,
- die Dehnfähigkeit der myofaszialen und vor allen Dingen der Kapsel-Bandstrukturen des Gelenkes bzw. der Gelenkkette der Wirbelsäule,
- strukturelle Bewegungseinschränkungen und
- schmerzbedingte Bewegungseinschränkungen bzw. die Schmerztoleranz gegenüber intensiven, weil endgradigen mechanischen Belastungen der Gelenkkapsel.

Die Prüfung der Gelenkbeweglichkeit bis in den Endbereich des ROM bzw. der möglichen Körperhaltung sind zugleich Dehnungen der Gelenkkapseln und von arthromuskulärfaszialen Ketten. Sie können als Funktionstests für den ROM und die Muskulatur des Gelenks angesehen werden und sie werden im Therapieprogramm Bewegungsausführungen zur Steigerung der Schmerztoleranz als die wesentliche Komponente eines gesteigerten Bewegungsumfangs. Auch der Begriff Muskelfunktionstest hat zwei Aspekte. Erstens für die Frage, ob die willkürliche Innervation und die kontraktile Kapazität der Muskulatur in der Lage ist, das Gelenk in den ROM-Endbereich zu bringen (Defizit zwischen passiv und aktiv?) und zweitens ob die sensomotorische Funktion bestimmte Bewegungsausführungen oder Haltungen über die Zeit ermöglicht, woraus Rückschlüsse auf konditionelle Funktionsdefizite gezogen werden müssen. Z. B. zeigt das Aufrichten aus dem Liegen mit aufgesetzten Füßen eine ausreichend oder defizitär dynamisch funktionierende Bauchmuskulatur und der Biering-Sørensen-Test die statische Ausdauer der Rückenmuskulatur an.

Liegen Differenzen zwischen einer „normalen" passiven und der aktiven Beweglichkeit vor, muss bei fehlenden oder nur sehr geringen Schmerzen die Kraftfähigkeit der Muskulatur verantwortlich sein. Eine geminderte Kraft zur vollen Nutzungsfähigkeit des ROM kann u. a. bei der neurologischen Diagnose einer funktionellen Teilparese des M. quadr. fem. nach einer Ruptur des vorderen Kreuzbandes vorhanden sein oder auch nach Verletzungen des Schultergelenks. Auch in fortgeschrittenen Stadien der Arthrose sind ausgeprägte Kraftdefizite gegenüber gleichaltrigen Personen ohne klinisch relevante Arthrose zu verzeichnen, die den aktiven Bewegungsumfang einschränken können. Die Beweglichkeitsprüfung spürt auch sogenannte myofaziale Dysbalancen und Muskelverkürzungen auf. Hinweise darauf ergeben sich bereits aus der Körperhaltung, die mit den Komponenten aktueller psychischer Zustand, Schmerzen und passiven und aktiven Defiziten des Stütz- und Bewegungsapparates verbunden ist. Ebenfalls ergeben sich bei den aktiven Prüfungen einzelner Gelenke und insbesondere der Gelenkketten der Wirbelsäule Hinweise auf Einschränkungen der sensomotorischen Koordination und der Faszienverschieblichkeit. Veränderungen der Verschieblichkeit von Nerven durch Faszienverklebungen oder auch myofasziale Kompressionen infolge eines gesteigerten passiven Muskeltonus werden mittels der neurodynamischen Tests objektiviert. Der absolute Klassiker ist der Lasègue-Test (1864). Die eingeschränkte Gleitfähigkeit des Nervens verursacht eine mechanische Irritation und führt beim Einnehmen konkreter Gelenkpositionen bzw. Körperhaltungen zur gesteigerten Sensitivität. Mithilfe dieser Tests können neben der Beweglichkeit und der Faszienverschieblichkeit auch nozizeptive Gewebeverhältnisse im Innervationsgebiet von den neuropathischen Konsequenzen durch Störungen des Nervens selbst unterschieden werden.

Der Status des Stütz- und Bewegungsapparates wird somit unter verschiedenen Gesichtspunkten geprüft. Es sind die

- passive Beweglichkeit,
- aktive Beweglichkeit,
- Dysbalancen zwischen anatomischen A- und Antagonisten (funktionell sind es immer Synergisten!) anhand von
  - Verkürzungen als Ergebnis dauerhafter Haltungsdefizite,
  - Verkürzungen als Ergebnis funktioneller Adaptationen auf die Länge (den Gelenkwinkel, die Körperhaltung) mit der sehr häufig die höchste kontraktile Leistung im Bewegungsvollzug generiert wird (Sportler),
  - kontraktilen Defizite als Ergebnis einer chronischen Minderbeanspruchung und
  - relativen kontraktilen Defizite gegenüber dem funktionellen Synergisten als Ergebnis einer differenten Beanspruchung bei beruflichen oder sportlichen Belastungen.

Myofasziale Dysbalancen haben somit immer zwei Komponenten:

1. eine absolute oder relative Verkürzung und
2. eine absolute oder relative kontraktile Schwäche.

Die Ursache einer gesteigerten passiven Beweglichkeit kann auch habituell bei einem physiologischen leptosomen Körperbautyp, aber auch infolge einer genetisch determinierten Bindegewebsschwäche sein. Die aktive Beweglichkeit bis in den „normalen" ROM-Endbereich, gegeben durch den statistischen Mittelwert mit seinem Schwankungsbereich bei klinisch gesunden Personen ohne Zustände nach Verletzungen, kann durch myofasziale Verkürzungen (s. o.) und/oder Kraftdefizite eingeschränkt sein. „Übermäßig" ausgeprägte, wobei dies nicht definiert ist, anatomische oder funktionelle Missverhältnisse zwischen den anatomischen Gegenspielern werden als Ursachen von Fehlbelastungen und längerfristig auch Schmerzen diskutiert. Insbesondere kontraktile Abschwächungen haben ihre nachteiligen Auswirkungen beim funktionellen Synergismus der Muskeln bei Körperhaltungen und Bewegungen. Sie werden demnach als eine Komponente der sensomotorischen Koordination wirksam, indem die konditionellen Fähigkeiten der Muskeln die spezifische Bewegungsausführung wesentlich mitbestimmen.

Entsprechung ist die Beweglichkeit von Gelenken und die Einnahme von Körperhaltungen (akzentuiert Körperstamm) sowohl ein Test des passiven myofaszialen Status (Verkürzung, Verklebungen) als auch der kontraktilen Kapazität. Da das Ausmaß der maximalen Bewegungsmöglichkeit auch die Schmerzempfindlichkeit und die Schmerztoleranz anspricht, werden bei der Beweglichkeitsprüfung zugleich diese Faktoren für diese konkreten Belastungen einschätzbar. Des Weiteren ist die aktive Bewegung im ROM eine sensomotorisch koordinative Leistung, deren Ausführungsqualität eingeschätzt werden kann.

Die klinische Untersuchung beinhaltet somit umfänglich die Prüfung des myofaszialen Status unter den benannten Komponenten und Zielstellungen. Es werden die folgenden Muskeln bzw. Muskelgruppen geprüft, die zur Verkürzung neigen: M. pect. major/minor, M. teres major, M. levator scapulae, M. trap. pars desc., M. latissimus dorsi, M. rhomboideus major und minor, M. iliopsoas, M. rect. fem., ischiocrurale Muskelgruppe, Adduktorengruppe, M. trizeps surae. Abgeschwächt ist sehr häufig die Bauchmuskulatur als Synergist der autochthonen Rückenmuskulatur.

Übersicht

Fazit: Die Anamnese und die manuelle Befundung folgen immer zwei Grundprinzipien: Erstens **„Ohr gemeinsam mit dem Auge an erster Stelle weit vor Labor und Bildgebung"** und zweitens **„Man sucht, sieht, findet, erkennt und bewertet nur das, worüber man Wissen und praktische Erfahrungen erworben hat".** Es gilt zu beachten, dass chronische Schmerzen zwar eine pathophysiologische Basis haben, aber dass sie immer eine individuelle, absolut subjektiv geprägte Symptomatik darstellen und eine Entwicklungsgeschichte haben. Entsprechend stehen bei der Anamnese die verschiedenen Einflussfaktoren aus der biologischen (physiologisch-pathophysiologischen), der psychisch-mentalen und der sozialen Sicht im Vordergrund. Sehr wichtig sind Informationen, die auf die Gesundheitskompetenz, den affektiv-emotionalen und kognitiv-bewertenden Funktionszustand und die psychische wie physische Erholungsfähigkeit hinweisen.

Bei der Befundaufnahme liegt der Fokus ganz auf dem Funktionszustand des sensomotorischen Systems, dem motorischen Verhalten und dem myofaszial-arthroskelettalen System. Der arthromyofasziale Status ist die Hauptquelle von Informationen, um Schmerzursachen, aber auch Schmerzfolgen zu erkennen. Der myofasziale Befund lässt eine atrophische und damit konditionell defizitäre Muskulatur mit pro-entzündlichen Folgen in allen Geweben erkennen und ist der Marker von biomechanischen Fehlbelastungen und einer verminderten Bindegewebsbelastbarkeit. Triggerpunkte als Merkmal regionaler Störungen der Mikrozirkulation und/oder „tender points" als

Merkmal einer regional gestörten Mechanosensibilität sind wesentliche Quellen der peripheren und zentralen Sensibilisierung.

Die passive und aktive Beweglichkeit ergibt mögliche Differenzen zwischen der üblichen passiven und der aktiven Beweglichkeit. Strukturelle und/oder schmerzbedingte Bewegungseinschränkungen werden sichtbar. Funktionstests für den ROM, die Muskulatur und die peripheren Nerven ermöglichen Rückschlüsse auf konditionelle Funktionsdefizite, funktionelle und strukturelle Dysbalancen zwischen funktionellen Synergisten (anatomischen Antagonisten) und nozizeptive Geweberverhältnisse in Abgrenzung zu auch neuropathischen Schmerzen. Mit der Palpation werden schmerzhafte, sensible und passiv hypertone Muskelbereiche diagnostiziert. Sie sind vorrangig das Ergebnis von Mikrozirkulationsstörungen und prägen wesentlich die Schmerzsituation und die Belastbarkeit.

Bei Schmerzpatienten muss immer der gesamte Stütz- und Bewegungsapparat untersucht werden, wobei das sensomotorische Verhalten, der myofasziale Status und das Schmerzbild eine „diagnostische", weil auch „therapeutische Einheit" bilden.

4.6   Das Patientenbeispiel

Zuweisung vom Arzt
HWS-Syndrom, Kopfschmerzyndrom, Schulter-Nackenschmerzen, Schmerzen beim Vorwärtsheben beider Arme über 130 Grad in Elevation (**beachte:** Zuweisung unter Beschreibung der schmerzenden Körperregion; keine Diagnose)

4.6.1   Die Anamnese

Allgemeinanamnese
45-jährige Frau, 59 kg, 162 cm

Normalgewichtig, subjektiv Schlafmangel: Ein- und Durchschlafstörungen, Patientin gibt an, seit Jahren nur 4 bis 5 h/Nacht schlafen zu können

Medikamente: Aspirin, Paracetamol, Ibuprofen, Novalgin, wechselnde Psychopharmaka wegen Depression

Sehr langer Anfahrtsweg zum Schmerztherapiezentrum Luzern

Eigenanamnese
Seit ca. 10 Jahren starke Dauer-Spannungskopfschmerzen; Intensität wird zunächst mit VAS 4–6 und seit nicht mehr konkret benennbarer Zeit in sehr häufigen, nicht vorhersagbaren Zeitperioden mit VAS 8–9 bis unerträglich VAS10 angegeben; Lokalisation vorrangig Hinterhauptbereich; Entwicklung des schmerzhaften Hebens beider Arme mit Schmerzen ab ca. 130° Elevation – rechts stärker als links

Fühlt sich seit Jahren fortschreitend intensiver stressempfindlich; die Lebensaktivitäten werden subjektiv wiederholt als Stress erlebt; in Stresssituationen anfallsartige Schmerzverstärkungen mit einer Dauer von ca. einer halben Stunde und Ausweitung der Kopfschmerzen auf den parietalen Bereich beider Kopfhälften; zusätzlich Auftreten von Schwindelgefühl seit ca. 3–4 Jahren; intermittierend mittel bis starke Ohrgeräusche; intermittierend Parästhesien in beiden Armen bis zu den Händen; zuweilen Schwellung der Hände; die Symptomatik hat sich in den letzten Jahren systematisch verschlechtert.

Sehr viele Arztkonsultationen und Physiotherapiebehandlungen mit vorrangig passiven Interventionen; bisher keine Verordnung eines Reha-Trainings; seit Beginn der Beschwerden wiederholt verschiedene Schmerz- und entzündungshemmende Medikamente in steigenden Dosierungen; im Gespräch wird ein Gefühl der Angst erkennbar, dass die Beschwerden nicht mehr therapierbar sind.

Funktionelle Dyspepsie; Fahrradunfall vor 2 Jahren mit Kontusion der rechten Schulter und Verstauchung des rechten Handgelenkes (konservativ ausschließlich mit Schonung behandelt)

Familienanamnese
Alleinerziehende Mutter, 2 Kinder im Teenageralter

Sozialanamnese
Teilzeit-Büroangestellte; sexueller Missbrauch vom Stiefvater im Kindesalter; körperliche Misshandlungen in der Ehe; Trennung vom Ehepartner vor einem Jahr; subjektiv bereits längerfristig Gefühl einer ansteigenden Überforderung am Arbeitsplatz; zunehmender Leistungsdruck; Angst vor Arbeitsplatzverlust; Isolation und Vereinsamung

Anamnese der körperlichen Aktivitäten in Beruf, Freizeit, Sport
Keinerlei sportliche Aktivitäten seit sehr vielen Jahren, nie systematisch Sport

Jetztanamnese/Schmerzanamnese
Gerade: unter Medikation weiterhin dauerhafte Schmerzen beider Kopfhälften mit VAS 7–8; zz. kein Schwindelgefühl; war gestern wiederholt anfallsartig über Minuten aufgetreten; Schwindel möglicherweise immer, wenn schnelle Kopfbewegungen ausgeführt worden waren; Nacken- und Schulterschmerzen mit Ausstrahlungen in beide Arme bis zu den Händen; subjektiv erhöhte Muskelspannung und lokalisierte Schmerzen in der Rücken-, Schulter- und Nackenmuskulatur

Die orientierenden Fragen nach möglichen intermittierenden Beschwerden in den nicht von selbst angegebenen schmerzhaften Körperregionen ergaben nicht systematisch auftretende und nicht provozierbare Beschwerden mit einer VAS-Spanne zwischen 1–4–5 auch im unteren Rücken und den unteren Extremitäten.

Schmerzbeschreibung
Drückend, dumpf, teilweise ziehend, VAS variiert zwischen 5–8, Intensität wird nie geringer angegeben.

Die Schmerzsituation wird anhand von Fragen nach der sensorisch-diskrimitativen Schmerzkomponente wie Schmerzqualität (hell, stechend, brennend, elektrisierend), -intensität, zeitliches Auftreten (Anlaufschmerz, morgendlicher Schmerz, Dauer), Lokalisation (Ort – Region, wechselnd, oberflächlich, tief, ausstrahlend), der kognitiv-bewertenden Komponente mit Informationen zur Bedrohlichkeit der Schmerzen, der emotional-affektiven Komponente anhand des Befindens und der psychomotorischen Komponente aus dem Bewegungsverhalten und der „Körpersprache" abgeleitet. Zu Letzterem gehört bereits die Sensomotorik beim Betreten des Raumes, dem Gehen, Hinsetzen und den Veränderungen der Körperpositionen und -haltungen während des Gespräches und später erweitert durch das Bewegungsverhalten während der Untersuchung (s. auch psychisch relevante Informationen). Sinnvoll ist es, dass die schmerzenden Punkte und/oder Regionen direkt mit den Fingern angezeigt bzw. schmerzauslösende Bewegungen beschrieben und demonstriert werden. Die Schmerzintensitäten werden dokumentiert und auch später mit denen bei der Untersuchung abgeglichen. Dabei werden mögliche Symptome neurologischer Ursachen, wie segmentales Auftreten, Parästhesie wie Taubheit und Kraftminderungen, gefragt.

Psychisch relevante Informationen (siehe auch Eigenanamnese)
Subjektiv mangelnde Konzentrationsfähigkeit, Schlafstörungen, häufiges nächtliches Grübeln ohne Lösungen zu finden, Müdigkeit am Tag, mangelndes Selbstbewusstsein- und Selbstwertgefühl, Antriebslosigkeit, gedrückte Stimmung, allgemeine Kraftlosigkeit, körperliche Schwäche, Mangel an Spannkraft, Kopf ist gesenkt, Rücken gebeugt, beklagt werden bisher sehr viele Untersuchungen bei Ärzten und Physiotherapeuten, sie fühle sich dabei nicht gut und möchte „nur wenig untersucht werden", dies wird vom Therapeuten als ein vorliegender Noceboeffekt bewertet und zur Minimierung und vielleicht zum Abbau solcher Reaktionen wird „eine sparsame Untersuchung nur mit den notwendigen Methoden" angekündigt, außerdem kann aus dem Gespräch eine Enttäuschung und Unzufriedenheit über die bisherigen Therapie entnommen werden, es wurde vermittelt, nur die wichtigen Untersuchungen zur Ermittlung der wahrscheinlich „richtigen" Techniken und Therapieorte durchzuführen

4.6.2   Die Befundung

Körperbau akzentuiert leptosom

Bewegungsverhalten (s. auch Schmerzbeschreibung)
Mimik ausdruckslos, insgesamt Körpersprache und Körperspannung kraftlos, relativ langsame Bewegungen wie depressiv verstimmt und kraftlos, Einnehmen von Sitzplätzen und Aufstehen langsam mit Aufmerksamkeit und stimmungsbedingt „mühsam", Hinlegen und Positionsänderungen auf der Untersuchungsliege kraftlos mit sensomotorischen Defiziten der Ausführung, beim Hinsetzen und dem Positionswechsel auf der Behandlungsbank in Rückenlage sowie Drehen in Bauchlage

fällt auf, dass ihr Torso ohne Rotation „en bloc" bewegt wird. Weiterhin fällt auf, dass beim Abstützen auf der Behandlungsbank die Unterarme wegsacken, die Muskulatur der Patientin nicht „gehorcht". Beim Versuch sich abzustützen, beim Positionswechsel Sitz in Rückenlage und von der Rückenlage in Bauchlage auf der Behandlungsbank fallen Zuckungen und Muskelzittern an beiden Oberarmen auf. Leichte unkoordinierte Bewegungsstörungen der oberen Extremität

Gangbild: geht mit vorgeneigtem Oberkörper, vorgeschobenen Schultern wie bei Verkürzung des M. pect., Schrittlänge normal, Geschwindigkeit auseichend ca. 1 m/s, Mimik ausdruckslos, Gangdynamik und Haltung sprechen für eine depressive Grundstimmung und Niedergeschlagenheit, die Körperhaltung zeigt einen Mangel an Spannkraft, der Kopf ist gesenkt, der Rücken gebeugt, eingeschränkte Aufrichtung des Oberkörpers, Arme werden nahe am Körper gehalten und schwingen nicht mit, Hüftstreckung und Dynamik des Kniegelenks reduziert, plantares Abrollen unvollständig

Inspektion im Stehen von lateral und dorsal (Abb. 4.2)

Lateral: Fehlhaltung mit Ventralneigung des Oberkörpers, leicht reklinierter Kopf, geringe HWS-Lordose, geringe BWS-Kyphose im oberen Bereich und flach im unteren, LWS-Lordose kaum ausgebildet (Flachrücken), Muskulatur schwach entwickelt passend zum leptosomen Körperbau, Becken nach dorsal gekippt, Hüft- und Kniegelenke in Extension

Abb. 4.2   a, b Schema des Standbildes von lateral und dorsal

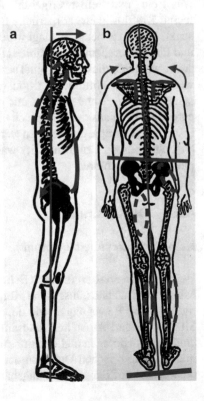

Dorsal: Kopf inadäquat nach vorn geneigt. HWS Steilstellung ohne Seitenab-
weichung, **Brust- und Lendenwirbelsäule** mit langbogiger thorako-lumbaler
Rechtskrümmung – keine Skoliose

Schulterhochstand symmetrisch, **Schulterblätter** mediale Ränder mit relativ
vergrößertem Abstand bei verkürztem M. pect. bds., **Schultergelenke** innenrotiert,
Handflächen zeigen leicht nach außen

Beckenschiefstand links hoch, **Hüftgelenke** links adduziert und nach medial
rotiert, rechts abduziert, Beinachse gerade, Füße leichte Pronationsstellung

Palpation – myofaszial-skelettaler Befund

Bei der sitzenden Patientin werden die gut zugänglichen tendinös-periostalen Insertionen, die später auch die Interventionspunkte der Pressurmassage sind (vgl.
Kap. 5), im Arm-Schultergürtel-Bereich und der HWS palpiert. Dies erfolgt in
einer systematischen Reihenfolge (Kap. 5) und findet immer im Seitenvergleich
mit der Fingerkuppe des Daumens, des Zeige- und/oder Mittelfingers (Abb. 4.3)
statt. Die Intensität der Druckschmerzhaftigkeit wird anhand der VAS-Skala dokumentiert. Aufgrund der zu erwartenden sehr hohen Schmerzempfindlichkeit
infolge der zentralen Sensibilisierung bei der Patientin galt es, bei den zu prüfen-
den Lokalisationen zunächst mit einem geringen Druck zu beginnen und ihn
dann systematisch zu steigern. Die empfindlichsten Insertionen werden am Ende
behandelt.

Lokalisationen und Druck- bzw. Schmerzempfindlichkeit: jeweils sehr stark
und teilweise mit asymmetrischer nozizeptiven Sensibilität die Insertionen des
M. sterno-cleido-mastoideus am Sternum und Clavikula, der Hinterhauptbereich

Abb. 4.3 Palpationstechnik
mit der Fingerkuppe,
gleichzeitig
Behandlungstechnik der
myofaszial-periostalen
Interventionspunkte

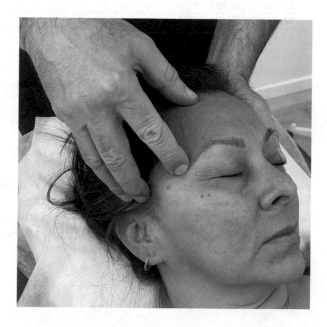

mit Maximum am Warzenfortsatz-Schläfenbein, die Insertionen des M. trapezius, M. semispinalis, M. splenius, M. capitis minor und major, M. masseter superficialis an der Mandibula, M. masseter profundus am Os temporale, M. temporalis in der Fossa temporalis, M. trapezius lateral am Acromion und der Spina scapulae, M. scalenus anterius und posterius.

Die nachfolgenden Schmerzintensitäten lt. VAS-Skala wurden an den verschiedenen Lokalisationen des **Kopfes und des Schultergürtels wie der oberen Extremität** ermittelt:

- M. rectus sup., med., inf.	8/10 bds.
gemeinsamer Reizpunkt aller Anteile des M. rectus: medial os frontale und kranial Maxilla	
- M. masseter p. profunda	2/10 bds.
- M. masseter p. superficialis	6/10 bds.
- M. temporalis	7/10 bds.
- M. splenius capitis	8/10 bds.
- Mm. semispinalis	8/10 bds.
- M. rect. capitis post. major	9/10 bds.
- M. rect. capitis post. minor	9/10 bds.
- M. sterno-cleido-mastoideus	8/10 bds.
- M. pect. major	8/10 bds.
- M. pect. minor	9/10 bds.
- M. trapezius p. desc. hori.	7/10 bds.
- M. delt. pars acromialis spinalis	6/10 bds.
- M. rhomboideus	7/10 bds.
- M. triceps brachii	8/10 bds.
- Flexoren ulnare Gruppe	8/10 bds.
- Extensoren radiale Gruppe	8/10 bds.
- M. opponens pollicis	7/10 bds.
- M. adductor pollicis	8/10 bds.

Für die Behandlung bedeutet dieser Befund, dass die myofaszial-periostalen Interventionspunkte mit einer Schmerzintensität ab 5/10 mit der Pressur behandelt werden.

Gewebetonus: palpatorisch sehr hoch im Bereich des Kopfes, keine Verschieblichkeit der Haut mit dem Periost des Schädelknochens. Dolente Muskelstränge und Druckschmerzhaftigkeit des Periosts der oberen seitlichen Halswirbelsäule – Tuberculum ant. und post. C2 bis C7, Palpation der Proc. spinosi und der paravertebralen Muskulatur ergab: Processus durchgängig mit hoher Empfindlichkeit (VAS 7–8/10 lateral rechts- und linksseitig), cervicale und thorakale Muskulatur derb bis fest, Verschieblichkeit zwischen Haut und Muskulatur eingeschränkt, Myogelosen und aktive wie latente Triggerpunkte im M. trapezius, M. rhomboideus major und minor, M. levator scapulae und M. latissimus dorsi.

Funktionstests

Aktive Beweglichkeit HWS (Abb. 4.4) und Kiefergelenk		
HWS Rotation	links/rechts	40–0–40
HWS Flexion/Extension		20–0–20
HWS Lateralflexion	links/rechts	20–0–25
HWS Inklination/Kinn-Jugulum Abstand		2,9 cm
HWS Reklination/Kinn Jugulum Abstand		14 cm
Kiefergelenk	Kieferöffnung	4 cm
Bei der Patientin sind alle Bewegungen in Flexion, Extension, Lateralflexion und Rotation zu 50 % eingeschränkt.		

Aktive Beweglichkeit BWS und LWS (Abb. 4.5)		
Vorbeugetest-Finger-Boden-Abstand	FBA	29 cm
Rückneigung-Finger-Boden-Abstand	FBA	49 cm
Seitwärtsneigung/Lateralflexion	links/rechts	20–0–20
Rotation	links/rechts	15–0–15

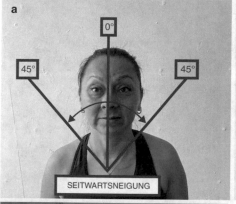

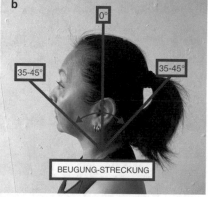

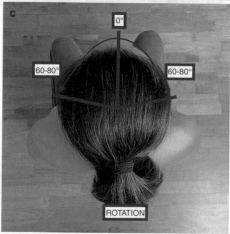

Abb. 4.4 a–c: Bewegungsumfänge der HWS

Abb. 4.5   a–d: Beweglichkeitstests der Wirbelsäule: Flexion-Extension (links), Rotation (Mitte) und Seitneigung (rechts)

Klopftest Wirbelsäule
Proc. spinosi nicht klopfempfindlich

Funktionstests HWS
Distraktionstest und Flexions-Kompressionstest (Abb. 4.6):
Testergebnis: keine Verstärkung der Beschwerden

Aktive Beweglichkeit der Schultergelenke (Abb. 4.7)
Arm-Rumpf-Winkel bei maximaler Elevation in Rückenlage:
Rechts 150–0/links 150–0; jeweils Einschränkung von 30 Grad

Dehnfähigkeit Unterarmbeugemuskulatur (vgl. Abb. 4.8)
Test im Vierfüßlerstand, Handflächen bei max. Außenrotation im Schultergelenk unterhalb der Schultern auf dem Boden aufgestellt:
Position konnte nicht eingenommen werden. Dehnfähigkeit mit 3– bewertet

Dehnfähigkeit Unterarm-Streckmuskulatur (vgl. Abb. 4.8)
Test im Vierfüßlerstand, Handgelenke werden in maximaler Flexion auf den Boden gelegt:
Position konnte nicht eingenommen werden. Versuch stark schmerzhaft, Muskulatur stark verkürzt

Abb. 4.6   a, b: HWS-Distraktions- (links) und Flexions-Kompressionstest (rechts)

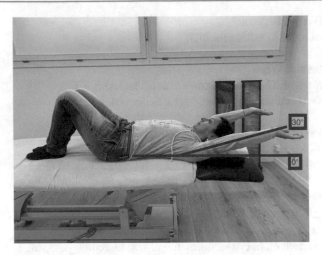

Abb. 4.7   Test des Arm-Rumpf-Winkels

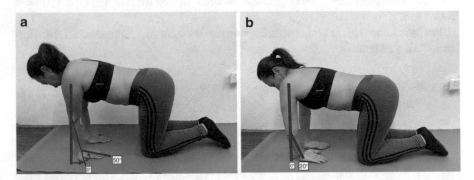

Abb. 4.8   a, b: Dehnfähigkeitstest Unterarm-Beuge- (links) und Streckmuskulatur (rechts)

Dehnfähigkeit M. trizeps br. (vgl. Abb. 4.9)

Testposition konnte nicht eingenommen werden (Oberarme müssten parallel neben den Ohren gehalten und die Handinnenflächen auf das Schulterblatt gelegt werden können):

Testergebnis: M. trizeps br. beidseits verkürzt

Krafttests Rumpf- und Schulter-Armmuskulatur nach Janda

Bauchmuskulatur: 4/5; Rückenstrecker: 5/5; Schulter- und Armmuskulatur: 5/5

4.6.3   Die Behandlung

Interventionen

Acht manuelle Behandlungen im Abstand von 1 Woche über 2 Monate, je eine Stunde, Behandlungsinhalte: Periostmassage, Faszienmassage, 4-Phasen-Dehnung,

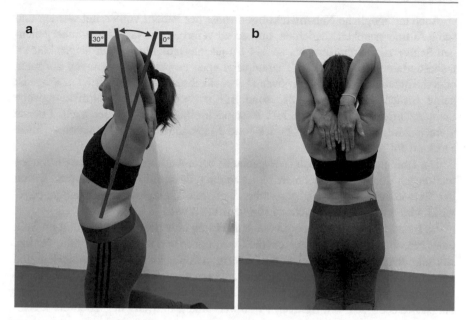

Abb. 4.9 a, b: Dehnfähigkeitstest M. triceps brachi

therapeutisches Gesundheitstraining (Kap. 7), Mentaltraining (Kap. 6), Heimprogramm nach Vorgaben: täglich 2 × Painlessmotion-Übungen mit mentalen Techniken nach Anleitung und kontrollierter Ausführung während der Therapieeinheiten,
ab der 3. Therapiestunde: 2 × wöchentlich Painlessmotion-Gruppenkurse, systematische Erweiterung und Qualifizierung der Heimübungen und Steigerung der Dauer
und Intensitäten des empfohlenen therapeutischen Gesundheitstrainings (Ausdauer
und Kraft)

Aufklärung über die Schmerzhaftigkeit und mögliche Nebenwirkungen
Vor dem Beginn der therapeutischen Pressur- und Faszienmassageinterventionen ist
unbedingt die Aufklärung durchzuführen, indem die notwendige Schmerzhaftigkeit
der Behandlung mitgeteilt und begründet wird. Der Patient muss auf die bewusst
provozierten „therapeutischen" Schmerzen vorbereitet sein! Auch bei den
4-Phasen-Dehnungen werden bei angestrebter Ausführung bis in den ROM-
Endbereich Schmerzintensitäten von VAS 8/10 entstehen.

Wichtig: Die Schmerzen durch die Pressur, als Wirkelement der Faszienmassage und als Ergebnis der maximalen Dehnungen der Gelenkkapseln haben
gemeinsam die Aufgabe, die körpereigenen Mechanismen der Schmerzhemmung und -modulation zu aktivieren. Die zweite schmerzlindernde Wirkkomponente der Massage ist die Durchblutungsförderung. Die Gelenkkapseldehnungen vergrößern neben der Aktivierung der Schmerzhemmung auch die
Schmerztoleranz als die Hauptursache der Erweiterung des ROMs.

Auch auf mögliche **Nebenwirkungen** muss der Patient vorbereitet werden und seine Aufmerksamkeit ausrichten, um sie zu verarbeiten. Nach der vorübergehenden Schmerzlinderung über bis zu 3–4 h und interindividuell auch länger können insbesondere nach den ersten Therapiesitzungen erneute Verstärkungen auftreten oder die Schmerzen „zum alten Niveau" zurückkehren. Die Periostdruckmassage ist keine ursächliche Heilmethode, sondern „nur" eine nicht pharmakologische Schmerzunterdrückung. Der Effekt lässt nach einiger Zeit wieder nach. Ebenso können infolge der intensiven Druck- und Massageirritationen Hämatome (blaue Flecken) auftreten.

Die Patienten werden auch stets gebeten, beim Auftreten von Nebenwirkungen telefonisch Kontakt aufzunehmen. Es ist wichtig, dass mithilfe der Kommunikation der Entwicklung von Angst gegenüber weiterer Therapiesitzungen entgegengewirkt wird und dadurch das Abbrechen verhindert wird.

Es ist sehr wichtig, dass durch die Aufklärung eine positive Erwartung im Sinn eines Placeboeffekts angestrebt und die Compliance und Resilienz gestärkt werden. Bei sehr ängstlichen Patienten und schwierigen Fällen kann es notwendig sein und helfen, wenn dem Patienten eine Hotline anboten wird. Es geht darum, dass die Patienten keine Angst haben müssen, eventuell „mit ihren Schmerzen allein zu sein". Ängste reichen aus, um Schmerzen zu verstärken und aus der Therapie auszuscheiden.

Ein Problem ist auch zu häufig die Tatsache, dass das Wissen und die „Ratschläge von dritten Personen" nicht unbedingt vorteilhaft sind. In vielen Fällen ist zu hören, dass die Patienten vor schmerzhaften Therapieinterventionen entweder gewarnt werden oder sogar von ihnen abgeraten wird. Das begünstigt Noceboeffekte und u. a. eine vorhandene Bewegungsangst.

Verlauf der Behandlung:
Die erste Therapiesitzung

Kontrolle der aktiven Beweglichkeit der HWS als Schmerztest vor der ersten Therapieeinheit (wird vor und nach jeder Therapiesitzung geprüft)

Schmerzauslösende bzw. verstärkende aktive Bewegungen der HWS	
HWS Flexion	VAS 8/10 (in Endposition 0–20)
HWS Extension	VAS 9/10 (in Endposition 0–20)
HWS Rotation rechts	VAS 8/10 (in Endposition 0–40)
HWS Rotation links	VAS 8/10 (in Endposition 0–40)
HWS Lateralflexion rechts	VAS 9/10 (in Endposition 0–25)
HWS Lateralflexion links	VAS 9/10 (in Endposition 0–20)

Bei bestehender Skepsis, bei beobachtbarer zunächst eingeschränkter Kooperationsbereitschaft und einer als ablehnend zu bewertenden Reaktion auf die ersten beiden Stimulationen in der ersten Therapiesitzung erfolgte eine weitere ausgedehnte Information und Aufklärung zum Bedarf der provozierten Schmerzintensitäten.

Die erste Sitzung konnte mit ca. 75 % der üblicherweise gesetzten Stimulationen ausgeführt werden. Der Bitte um eine kurze weitere Verweilzeit in der Praxis kam die Patientin nach und sie konnte nach ca. 20 min von einer Schmerzlinderung berichten, was nach ihren Worten ihr „Mut machte". Die folgenden 7 Therapiesitzungen im Abstand von 7 Tagen begann die Patientin jeweils mit einer dennoch variablen, aber im Trend günstigeren Motivationslage und einem steigenden Vertrauen in die schmerzhaften Interventionen.

Die Patientin wird stets darüber informiert und beraten, dass die im Therapiezeitraum erlernten Painlessmotion-Übungen mit dem integriertem Mentaltraining als Heimproprogramm keine therapeutischen Anwendungen nur während der konkreten Therapiephase sind, sondern auch danach Bestandteil der Lebensaktivitäten sein sollten.

Da bei der Patientin aufgrund der sehr hohen Schmerzempfindlichkeit von einer fortgeschrittenen zentralen Sensibilisierung ausgegangen werden musste, ist von Beginn an die Schmerzblocktechnik (s. Kap. 5) eingesetzt worden. Diese Technik erwies sich dann auch im gesamten Therapieverlauf als ein wirksamer Baustein.

Während der ersten Therapiesitzung sind die folgenden 8 Reizorte, distal vom Hauptschmerzort gelegen und mit niedriger Druckschmerzhaftigkeit versehen, für die Periostpressur ausgewählt worden. Sie sind beidseitig in der benannten Reihenfolge mit der Pressur bearbeitet worden. Mit diesem Vorgehen ist der Systematik gefolgt worden, „Behandlung von der Peripherie in Richtung des Zentrums der schmerzenden Region".

Obere Extremität
1. M. adductor pollicis
2. M. opponens pollicis
3. Extensoren, radiale Muskelgruppe
4. Flexoren, ulnare Muskelgruppe

Schultergürtel, HWS und Kopf
5. M. trapezius p. desc. hori.
6. M. sterno-cleido-mastoideus
7. HWS processus spinosi, processus transversi, Gelenkkapsel der Facettengelenke (Schmerzblockbehandlung)
8. M. semispinalis

Die schmerzenden Insertionen werden systematisch nach der Schmerzintensität mit der Pressur behandelt, wenn die Intensität mindestens 5/10 beträgt und alle liegen sie distal vom Hauptschmerzort. Nachfolgend erfolgen die Interventionen in aufsteigender Reihenfolge und den proximal davon liegenden schmerzenden Insertionen des Schultergürtels, der Wirbelsäule und am Kopf.

An jeder Lokalisation steigt der therapeutische Druck langsam an, bis er eine Schmerzintensität von maximal 8/10 erreicht. Lässt unter der Druckausübung die Empfindung der Schmerzintensität nach ‚wird der Druck nicht erhöht. Wie bei sehr sensibilisierten Patienten zu empfehlen, wurde der Pressurdruck jeweils an- und abschwellend bzw. vibrierend ausgeführt. Nach 60 s ist der Druckschmerz noch über VAS 5/10. Nach weiteren 60 s und nach dem Aussetzen des Druckes ist der Schmerz stark gemindert. Der VAS-Wert sinkt auf 3–2/10 und in späteren Sitzungen auch auf 0/10 ab.

Die besonders hochsensiblen Interventionspunkte bei dieser Patientin am Hinterhaupt (M. trapezius: Reizort Protuberantia occipitalis, M. rectus spinosi major und minor: Reizort: Insertionen beider Muskelanteile, M. semispinalis, M. spinalis.) sind mit der Pressur distal davon im Sinne eines „Schmerzblocks" vorbehandelt worden, indem die pressurprovozierte Aktivierung der Schmerzhemmung durch die Intervention an distalen Orten die Behandelbarkeit der Hauptschmerzorte begünstigt.

So sind die Proc. spinosi, die Proc. transversi und die Gelenkkapseln der Facettengelenke von C7 aufsteigend bis C1 jeweils über 60 s mit der Pressurmassage „vorbehandelt" worden. Dabei sind die Gelenkkapseln der Facettengelenke mit der Slide-Massagetechnik bearbeitet worden (Kap. 5). Die Patientin empfand zunächst einen mehr durchdringenden und bohrenden Schmerz, jedoch keinen hellen oder schneidenden Schmerz, wie er bei der später auch durchgeführten Faszienmassage empfunden worden ist. Die „Schmerzblockbehandlung", die Aktivierung der Schmerzhemmung über Pressurpunkte an der Halswirbelsäule, empfand die Patientin als „wohltuend" und sie berichtete während der Behandlung über einen „wohltuend" abnehmenden, leicht dumpfen, sich „verteilenden und lösenden" Schmerz. Die Interventionen am Oberarm, an der Wirbelsäule und des Schultergürtels provozierten teilweise auch schmerzhafte Ausstrahlungen zur gleichen und gegenüberliegenden Seite in den Bereich des Halses und des Hinterkopfs. Solche Ausstrahlungen sind nicht ungewöhnlich, sollten aber begrenzt bleiben. Unbedingt zu beachten ist, neurovegetative Reaktionen dürfen nicht auftreten und sind eine Kontraindikation zur Weiterführung der aktuellen Behandlung.

Bei der Befundung und anfangs bei der Behandlung am Kopf zeigte sich die Patientin sehr ängstlich. Sie berichtete über schlechte Erfahrungen bei manipulativen Therapien, welche Schwindel hervorgerufen und die Schmerzen deutlich verstärkt hatten. Aus diesen Erfahrungen heraus sind Kopf und Hals für die Patientin „eher therapeutische Tabuzonen". Aber nach der Behandlung der HWS „mithilfe der Schmerzblocksetzung" waren die Angst abklingend und die Zuversicht gesteigert. Die Patientin zeigte sich entspannter und ließ die Provokationen an den zentraleren Interventionspunkten zu.

Nach der ersten Therapiesitzung ist die Frage nach der Befindlichkeit und den Schmerzen am Kopf und im Hals- und Schulterbereich positiv beantwortet worden und der VAS-Wert ist mit 2/10 angegeben worden.

Die Diagnostik der HWS ergab die folgenden Ergebnisse: Der aktive und passive ROM zeigte sich um 5–10° vergrößert und die Schmerzhaftigkeit ist deutlich reduziert.

Kontrolle der aktiven Beweglichkeit der HWS als Schmerztest nach der ersten Therapieeinheit

HWS Flexion	VAS 1/10 (in Endpostion 0–25°)
HWS Extension	VAS 2/10 (in Endposition 0–25°)
HWS Rotation rechts	VAS 1/10 (in Endposition 0–45°)
HWS Rotation links	VAS 1/10 (in Endposition 0–45°)
HWS Lateralflexion rechts	VAS 2/10 (in Endposition 0–25°)
HWS Lateralflexion links	VAS 2/10 (in Endposition 0–25°)

Nach der ersten Therapiesitzung konnte eine Schmerzreduktion von ca. 80 % in der aktiven Beweglichkeit in den Hauptbewegungsrichtungen der Halswirbelsäule erzielt werden bei einer vergrößerten Bewegungsamplitude von durchschnittlich +5°.

Da eine Schmerzlinderung durch das Gehirn „als Belohnung" verarbeitet wird, ist es wichtig, mit der Patientin über die Wirkung sowohl hinsichtlich der Schmerzen als auch der Befindlichkeit zu sprechen. In diesem Gespräch beschrieb die Patientin ein „neues Gefühl", indem sie ausdrückte, sich „leichter zu fühlen" und als ob „Tonnen von meinen Schultern gefallen sind". Die zuvor beklagte „Enge" war abgebaut.

> **Wichtig:** So ist eine Schmerztherapie durch die sehr schmerzhafte Aktivierung der körpereigenen Schmerzhemmung über die Schmerzlinderung Psychotherapie, die durch sensomotorische Aktivitäten unterstützt werden muss.

In diesem Zusammenhang sei im Rahmen des Patientenbeispiels auch auf die Aussagen anderer Patienten nach der Pressurmassage hingewiesen. Sehr häufig berichten die Patienten Folgendes:

„Ich empfinde eine absolute Erleichterung."

„Ich fühle mich viel leichter als vorher."

„Ich fühle mich so, als ob ein Panzer von meiner Haut gefallen ist."

Die „passive Therapiemaßnahme Periostdruckmassage" und die „passive Maßnahme Faszienmassage" wird in der gleichen Therapiesitzung unter Ausnutzung der provozierten Schmerzlinderung durch zwei bis vier „aktive 4-Phasen-Dehnübungen" aus dem Painlessmotion-Programm ergänzt. Die Übungen werden in der ersten Sitzung demonstriert und unter Anleitung und mit Korrekturen auf der Behandlungsmatte ausgeführt. Sie sollen selbstverantwortet im Heimprogramm 2 × täglich durchgeführt werden. Bei dieser Patientin wurden die 4-Phasen-Dehnübungen Bauch-, Rücken-, Nacken- und Trapeziusdehnung ausgewählt.

Nach den schmerzinduzierenden passiven und den aktiven Interventionen der Gelenkdehnungen werden über 10–20 min Ausdauerbelastungen angeschlossen (Laufband: Gehen oder Fahrradergometer). Des Weiteren werden einfache koordinative Belastungen auf einem Trampolin durchgeführt.

Die Patientin verließ nach der ersten Therapiesitzung die Praxis mit einem aufrechteren Gang und weniger allgemeinen Schmerzen (VAS 2/10). Am nächsten Tag berichtete die Patientin telefonisch über Sensibilitätsstörungen im rechten Unterarm und der Hand sowie über verstärkte Nackenschmerzen. Über diese möglichen Nebenwirkungen ist gesprochen worden. Der Empfehlung, ein Wärmebad zu nehmen und die Dehnübungen erneut bis zur verträglichen Schmerzgrenze auszuführen, wurde gefolgt und die Symptomatik legte sich zum Abend des Tages nahezu vollständig. Der Schlaf in der folgenden Nacht wurde nicht durch Schmerzen gestört.

Die zweite Therapiesitzung
Am Anfang steht eine kurze Anamnese zum Zeitraum seit der Erst- bzw. der vorangegangenen Behandlung. Die Patientin kommt mit einer zur Erstsitzung reduzierten Schmerzintensität und die Schmerzqualität ist im Wandel. Der Dauerschmerz hat sich von der vorzugsweisen ziehenden mehr in Richtung einer dumpfen Qualität geändert und die Intensität wird mit VAS 2–4 angegeben. Der Schlaf sei besser und am Morgen werden die Schmerzen als erträglicher beschrieben. Das Befinden hätte sich insgesamt günstig entwickelt. Das Beobachtungsergebnis zeigt eine Entwicklung von der anfänglich vorherrschenden ausdruckslosen Mimik in Richtung eines eher positiveren Gesichtsausdrucks. Die Patientin ist noch skeptisch, aber scheint aufgeschlossener und motivierter. Die Körpersprache und Körperspannung zeigen eine aufrechte Haltung. Die anfänglich befundenen schmerzbedingten, aber auch wegen der Bewegungsangst sehr behutsamen, vorsichtigen und somit langsamen Bewegungen sind etwas zügiger. Als ob die Patientin zu uns Therapeuten sagen möchte: „Ich bin bereit, Verantwortung zu übernehmen". „Ich möchte gesund werden und ich glaube an den Therapieerfolg"!

Kontrolle der Painlessmotion-Übungen
Wie bei Folgesitzungen immer wird das Übungsblatt zur Dokumentation der selbstverantworteten häuslichen Durchführung besprochen. Danach wird die Patientin gebeten, die Übungen der Hausaufgaben, die 4-Phasen-Dehnungen, durchzuführen. Dies erfolgt einmal, um die Ausführung zu demonstrieren und die Schmerzhaftigkeit einzuschätzen als auch, um eventuelle Ausführungsfehler zu erkennen und um diese korrigieren zu können. Es zeigten sich nur kleinere Fehler.

Kontrolle der aktiven Beweglichkeit der HWS als Schmerztest vor der 2. Therapieeinheit

HWS Extension	VAS 1–2/10 (in Endposition 0–25°)
HWS Rotation rechts	VAS 1–2/10 (in Endposition 0–45°)
HWS Rotation links	VAS 1/10 (in Endposition 0–45°)
HWS Lateralflexion rechts	VAS 2–3/10 (in Endposition 0–25°)
HWS Lateralflexion links	VAS 2–3/10 (in Endposition 0–25°)

Es zeigte sich eine stabile Situation der HWS beim aktiven Schmerz- und Beweglichkeitstest betreffend Beweglichkeit und Schmerzstärke der HWS in allen Bewegungen der HWS.

Betreffend Beweglichkeit und Schmerzen fanden sich fast die identischen Werte wie nach der ersten Behandlung. Die nach der ersten Behandlung vergrößerte Bewegungsamplitude von 5° konnte beibehalten werden sowie die verminderte Schmerzstärke in den HWS Hauptbewegungsendpositionen.

Die Schmerzreduktion nach der ersten Therapiestunde hatte auf einem noch hohen Niveau Bestand. Dieser Befund spiegelt auch die aktive Mitarbeit der Patientin wider. Die Erfahrung lehrt, dass bei aktiven, selbstverantwortet mitarbeitenden Patienten, indem sie die 4-Phasen-Dehnungen (Painlessmotion-Übungen) durchführen, eine zwar variable, aber im Trend systematische Schmerzkonsolidierung zu verzeichnen ist. Die Anzahl der Dehnübungen wurde um weitere 4 vergrößert.

Das ist auch der direkte Anlass, das nächste Therapieelement einzusetzen. Das Rehatraining wird aufgenommen. Je nach vorliegender schmerzbedingter Beeinträchtigung für sensomotorische Aktivitäten, einer Bewegungsangst und auf der Basis der aktuellen Funktions- und Leistungsfähigkeit wird angepasst ein Ausdauer-Intervalltraining begonnen und 2 × wöchentlich im angeschlossenen Fitnesszentrum durchgeführt. Gleichfalls startet das ambulante Gruppentraining mit dem 4-Phasen-Painlessmotion-Programm.

Auswahl der Pressurinterventionspunkte in der zweiten Einheit
Da die Patientin insgesamt positiv auf die Behandlung reagierte, wurden in der zweiten Therapiestunde vermehrt Interventionspunkte in der Nähe des Hauptschmerzortes, Schultergürtel und Kopf behandelt. Die Schmerzblockbehandlung an der HWS wurde weitergeführt.

Die Interventionspunkte am Schultergürtel waren:

1. M. levator scapulae	Reizort: Angulus sup. Scapulae
2. M. pectoralis minor	Reizort: Proc. Coracoideus
3. M. pectoralis major	Reizort: Clavicula medial, Sternum intercostal

Die Interventionspunkte am Kopf waren:

4. HWS Schmerzblockbehandlung C7 bis C1	
5. M. sterno-cleido-mastoideus	Reizort: Proc. Mastoideus
6. M. masseter p. superficialis	Reizort: Os zygomaticum, Ramus, Angulus mandibulae
7. M. temporalis	Reizort: Proc. Coronideus mandibulae, Fossa temporalis
8. M. splenius capitis	Reizort: Proc. Mastoideus (os temporale), Linea nuchae (os occipital)
9. M. semispinalis	Reizung: zwischen Linea nuchae superior und inferior (os occipitale)

Schmerztoleranz

Bei der Patientin zeigte sich eine verbesserte Schmerztoleranz der myofaszialen Pressurpunkte am Schultergürtel. An den meisten Reizorten konnte in der zweiten Sitzung bereits mit einer ca. 90%igen Reizintensität von 8/10 gearbeitet werden.

Die provozierten Schmerzen reduzierten sich während des 60-sekündigen Drucks an allen Interventionspunkten deutlich schneller als in der ersten Sitzung auf einen Wert von oder weniger als 5/10. Bei der ersten Sitzung wurden dafür 120 s benötigt.

Ergänzung der Periostdruckmassage durch die Faszienmassage

Aufgrund der gestarteten Schmerzlinderung bei der Periostdruckintervention ist das passive Programm um die Faszienmassage erweitert worden. Diese auch schmerzhafte Intervention ergänzt die provozierte zentrale Schmerzhemmung um die durchblutungsbedingte regionale schmerzlindernde Wirkung in den Regionen.

Instruktionen zum Mentaltraining

Gleichfalls ist die Palette der Therapiebausteine durch das Mentaltraining ausgebaut worden. Die Patientin wurde in die Grundtechniken des Mentaltrainings (Kap. 5) eingeweiht.

Die Therapiesitzungen 3–8

Ab der Sitzung 3 sind bevorzugt die Interventionspunkte am Schultergürtel und Kopf sowie an der gesamten Wirbelsäule behandelt worden. Zusätzlich wurde die Faszienmassagetechnik (Kap. 5) an der oberen Extremität und paravertebral eingesetzt, um mechanisch Bindegewebsverklebungen und über die Durchblutungsförderung Muskelverhärtungen zu lösen.

Die Interventionspunkte der Behandlungen 3 bis 8 waren:

1. M. triceps brachii	Tuberculum infraglenoidale scapulae
2. M. pect. minor	Reizort proc. Coracoideus
3. M. pectoralis major	Reizort: crista tuberculi majoris humeri sternum intercostal 1–4
4. M. supraspinatus	Reizort: Fossa supraspinata, tuberculum majus
5. M. infraspinatus	Fossa infraspinata (med)
6. M. teres major	Angulus inf. Scapulae
7. Schmerzblockbehandlung	HWS C7 bis C1
8. M. rec. capitis post. major	Linea nuchae inf. (os occipitale) lat.
9. M. rec. capitis post. minor	Linea nuchae inf. (os occipital) med.

Therapiewirksamkeit der Einheiten

Im Verlauf der 3. bis 8. Behandlung wurde nicht linear, aber doch deutlich fortschreitend eine Desensibilisierung der Interventionspunkte festgestellt. Der Behandlungsdruck konnte mit der angestrebten Intensität von VAS 8/10 ausgeführt werden und innerhalb der 60 s nahm die Intensität auf VAS 3–4/10 ab. Die Stimulation der Schmerzhemmung zeigte sich somit effektiver.

Das Mentaltraining

Die mentalen Zielstellungen Steigerung der Zuversicht, des Selbstvertrauens, des Vertrauens in den eigenen Körper, des Selbstwertgefühls und die Hoffnung auf Heilung sollten, verbunden mit den entsprechenden Substantiven, eine essenzielle Bedeutung für die Patientin gewinnen. Sie sind im Mentaltraining besonders gefördert worden. Des Weiteren lernte die Patientin auch, ihre Schmerzen zu akzeptieren und ihr damit auch ein Feedback zu geben, die aktiven Übungen auszuführen. Sie lernte „sozusagen mit ihren Körpersignalen zu kommunizieren, körpereigene Schwachstellen zu erkennen und selbständig therapeutische Konsequenzen einzuleiten".

In den Gesprächen wurde erkennbar, dass sie mit den körperlichen Aktivitäten ihre Schmerzen wirksam zugunsten des Befindens und der Mobilität beeinflussen kann. Die Ängstlichkeit nahm ab und das Selbstvertrauen konnte gesteigert werden.

Das Therapieergebnis nach 2 Monaten

Nach 2 Monaten zeigte sich folgendes Bild:

Bewegungsverhalten

Die Patientin zeigte eine deutlich verbesserte positive orientierte „Körpersprache". Das Gangbild war aufrecht und die Bewegungen waren nicht mehr durchgängig vorsichtig und verlangsamt, sondern unmittelbar zielgerichtet. Die Bewegungswechsel Stehen – Sitzen und umgekehrt, vom Sitz in die Rückenlage und Bauchlage waren weitestgehend unauffällig geworden.

Während der 4-Phasen-Übungen ist u. a. das Aufstützen der Arme aus der Bauchlage, um in die Extension der Wirbelsäule zu gehen, ohne Auffälligkeiten möglich. Muskelzuckungen bei Positionswechsel auf der Behandlungsbank waren nicht mehr vorhanden.

Schmerzen

Die Patientin gab nach Therapieabschluss an, keine Schmerzmedikamente mehr einzunehmen. Auch trat im Laufe der Therapie kein Schwindelgefühl mehr auf. Dauerhafte sowie anfallsartige Schmerzen in beiden Kopfhälften gehörten ebenso der Vergangenheit an.

Die Nacken,- Rücken- und Schulterschmerzen mit Ausstrahlungen in beide Arme traten nicht mehr auf.

Diagnostik

Die aktiven Bewegungen der HWS lösten im vollen ROM keine Schmerzen mehr aus. In der Endgradigkeit wurde eine deutliche Spannung angegeben, die sich subjektiv im Übergangsbereich zwischen dehnungsbedingtem Spannungsgefühl und beginnenden Schmerzen befand.

Gewebestatus

Der Gewebetonus war vor der ersten Behandlung im Bereich des Kopfes stark erhöht. Die Verschieblichkeit der Haut gegenüber dem Periost des Schädelknochens zeigt sich nach 8 Behandlungen von anfänglich nicht möglich auf eine gut mögliche

Verschieblichkeit. Anfängliche Verklebungen, Verdickungen im subkutanen Gewebe sowie Gewebewiderstände wurden aufgelöst.

Die derb-feste cervicale und thorakale Muskulatur konnte in eine weich-lockere Konsistenz umgewandelt werden. Die Verschieblichkeit der Haut gegenüber der Muskulatur ist nun uneingeschränkt gut möglich.

Die druckdolenten und schmerzhaften Muskelstränge, das druckdolente Periost der oberen seitlichen Halswirbelsäule (Tuberculum ant. und post. C2 bis C7) die proc. spinosi und die paravertebrale Muskulatur konnten allesamt von einer hohen Druckschmerzempfindlichkeit VAS 7–8/10 auf insgesamt VAS 2/10 reduziert werden.

Die aktiven und latenten Triggerpunkte im N. trapezius, rhombiodeus major und minor, M. levator scapulae und M. latissimus konnten allesamt vollständig ausbehandelt werden.

Beweglichkeit-Dehnfähigkeit

Die Bewegungseinschränkungen konnten nach Therapieabschluss allesamt deutlich verbessert bis vollständig behoben werden.

Triceps brachi:	Dehnfähigkeit M. triceps brachi. um ca.70 % gesteigert
Beweglichkeit der BWS und LWS:	
Finger-Boden-Abstand (FBA) Flexion:	vor Therapie: 29 cm; nach Therapie: 9 cm (Verbesserung: 20 cm)
Finger-Boden-Abstand (FBA) Hyperextension:	vor Therapie: 40 cm; nach Therapie: 32 cm (Verbesserung: 8 cm)
Lateralflexion links/rechts:	vor Therapie: 25°–0°–25°; nach Therapie: 35°–0°–35° (Verbesserung: +5°)
Rotation links/rechts:	vor Therapie: 15–0°–15°; nach Therapie: 25°–0°–25° (Verbesserung +10°)
Dehnfähigkeit der glenohumeralen und scapulären Muskeln:	
Arm-Rumpf-Winkel bei maximaler Elevation in Rückenlage	vor Therapie: 0°–150°; nach Therapie: 0°–180° (Verbesserung +30°)
Dehnfähigkeitsschnelltest der Unterarm-Beuge- und Streckmuskulatur:	Die Grundpositionen können mit leichten ziehenden Dehnschmerzen in der Endposition eingenommen werden.

Heim-Trainingsprogramm

4-Phasen-Dehnprogramm (Painlessmotion): Es wurde schrittweise erweitert um die Dehnung des:

- M. pectoralis major- und minor
- M. latissimus dorsi
- M. triceps brachii
- M. deltoideus
- M. biceps-brachi

- hintere Schultergürtelmuskulatur
- M. scalenus
- Unterarm-Beuge- und Streckmuskulatur

Therapieergebnis
Beschwerdefreiheit nach 2 Monaten

Empfehlung
Weiterführung der Painlessmotion-Übungen (Kap. 5) mit integriertem Mentaltraining (Kap. 6) als Heimproprogramm, Weiterführung und systematisch weiterer Aufbau des therapeutischen Gesundheitstrainings (Kap. 7)

Literatur

Alonso-Blanco C, Fernández-de-las-Peñas C, Morales-Cabezas M, Zarco-Moreno P, Ge HY, Florez-García M (2011) Multiple active myofascial trigger points reproduce the overall spontaneous pain pattern in women with fibromyalgia and are related to widespread mechanical hypersensitivity. Clin J Pain 27(5):405–413. https://doi.org/10.1097/AJP.0b013e318210110a

Battaglia PJ, D'Angelo K, Kettner NW (2016) Posterior, lateral, and anterior hip pain due to musculoskeletal origin: a narrative literature review of history, physical examination, and diagnostic imaging. J Chiropr Med 15(4):281 293. https://doi.org/10.1016/j.jcm.2016.08.004. Epub 2016 Oct 21

Brazier J (2008) Valuing health states for use in cost-effectiveness analysis. PharmacoEconomics 26:769–779

Bruhin E, Abel T (2003) Health literacy, wissensbasierte Gesundheitskompetenz. Leitbegriffe der Gesundheitsförderung. BZgA Bundeszentrale Gesundheitliche Aufklärung

Casser HR, Hüppe M, Kohlmann T et al (2012) German pain questionnaire and standardised documentation with the KEDOQ-Schmerz. Schmerz 26(2):168–175

Castro-Sanchez AM, Garcia-Lopez H, Mataran-Penarrocha GA, Fernandez-Sanchez M, Fernandez-Sola C, Granero-Molina J, Aguilar-Ferrandiz ME (2017) Effects of dry needling on spinal mobility and trigger points in patients with fibromyalgia syndrome. Pain Phys 20(2):37–52

Cruz-Jentoft AJ, Bahat G, Bauer J, Boirie Y, Bruyère O, Cederholm T, Cooper C, Landi F, Rolland Y, Sayer AA, Schneider SM, Sieber CC, Topinkova E, Vandewoude M, Visser M, Zamboni M (2019) Writing group for the European Working Group on Sarcopenia in Older People 2 (EWGSOP2), and the Extended Group for EWGSOP2: Sarcopenia: revised European consensus on definition and diagnosis. Age Ageing 48(1):16–31. https://doi.org/10.1093/ageing/afy169

DGRh – Deutsche Gesellschaft für Rheumatologie. https://dgrh.de/Start/DGRh/Presse/Daten-und-Fakten/Rheuma-in-Zahlen.html, Stand 02/2021, 30.10.2021. Zugriff 30.10.2021

Dillmann U, Nilges P, Saile H, Gebershagen HU (2011) PDI. Pain Disability Index – deutsche Fassung [Verfahrensdokumentation und Fragebogen]. In: Leibnitz.Institut für Psychologie (ZPID) (Hrsg) Open test archive. ZPID, Trier. https://doi.org/10.23668/psycharchives.4505

Dor A, Kalichman L (2017) A myofascial component of pain in knee osteoarthritis. J Bodyw Mov Ther 21(3):642–647. https://doi.org/10.1016/j.jbmt.2017.03.025. Epub 2017 Apr 6

Eich W, Häuser W, Arnold B, Jäckel W, Offenbächer M, Petzke F, Schiltenwolf M, Settan M, Sommer C, Tölle T, Üçeyler N, Henningsen P (2012) Das Fibromyalgiesyndrom. Definition, Klassifikation, klinische Diagnose und Prognose. Schmerz 26(3):247–258. Online publiziert: Schmerz 2012. https://doi.org/10.1007/s00482-012-1169-x

Fairbank JCT, Pynsent PB (2000) The oswestry disability index. Spine 25:2940–2953

Fernández-de-Las-Peñas C, Arendt-Nielsen L (2016) Myofascial pain and fibromyalgia: two different but overlapping disorders. Pain Manag 6(4):401–408. https://doi.org/10.2217/pmt-2016-0013. Epub 2016 Jun 14

Frank KH (2003) Das metabolische Syndrom, Arteriosklerose und degenerative Erkrankung des Stütz- und Bewegungsapparates. Arbeitsmed Sozialmed Umweltmed 38:31–37

Gautschi R (2010) Manuelle Triggerpunkttherapie. Myofasziale Schmerzen und Funktionsstörungen erkennen, verstehen und behandeln. Physiofachbuch. Thieme, Stuttgart

Geissner E (1996) Die Schmerzempfindungs-Skala (SES). Hofgrebe, Verlag für Psychologie, Göttingen/Bern/Toronto/Seatle

Geissner E (2001) Fragebogen zur Erfassung der Schmerzverarbeitung FESV. Hogrefe, Göttingen

Häuser W, Sommer C (2012) Fibromyalgiesyndrom. Klin Neurophysiol 43:259–265. https://doi.org/10.1055/s-0032-1327671

Hautzinger M, Bailer M, Hofmeister D, Keller F (2012) Allgemeine Depressionsskala, 2., Überarb. u. neu normierte Aufl. Hofgrebe

Herrmann-Lingen Ch, Buss U, Snaith RP (2011) Hospital anxietey and depression scale – Deutsche Version. Deutsche Adaptation der Hospital Anxietey and Depression Scale (HADS) von RP Snaith und AS Zigmund, 4., akt. u. neu normierte Aufl. Hofgrebe

Hitzschke B (2018) Entwicklung des Akutmaßes und der Kurzskala zur Erfassung von Erholung und Beanspruchung im Sport. Kumulative Dissertation, Ruhr Universität Bochum Fakultät für Sportwissenschaft Lehr - und Forschungsbereich Sportpsychologie

Hong BS, Lee KP (2020) A systematic review of the biological mechanisms linking physical activity and breast cancer. Phys Act Nutr 24(3):25–31. https://doi.org/10.20463/pan.2020.0018. Epub 2020 Sep 30

Jordan S, Hoebel J (2015) Gesundheitskompetenz von Erwachsenen in Deutschland. Ergebnisse der Studie „Gesundheit in Deutschland aktuell" (GEDA). Bundesgesundheitsbl 58:942–950. https://doi.org/10.1007/s00103-015-2200-z, Online publiziert: 31.07.2015, Springer, Berlin/Heidelberg 2015

Kellermann M, Kölling S, Hitzschke B (2016) Das Akutmaß und die Kurzskala zur Erfassung von Erholung und Beanspruchung im Sport: Manual. Schriftenreihe des Bundesinstituts für Sportwissenschaft, 1. Aufl., Hellenthal Sportverl. Strauß Verlag, ISBN 978-3-86884-538-9

Knight JA (2012) Physical inactivity: associated diseases and disorders. Ann Clin Lab Sci Summer 42(3):320–337

Lampa J (2019) Pain without inflammation in rheumatic diseases. Best Pract Res Clin Rheumatol 33(3):101439. https://doi.org/10.1016/j.berh.2019.101439. Epub 2019 Sep 6

Laube W (2009) Physiologie des sensomotorischen Systems. In: Laube W (Hrsg) Sensomotorisches System. Thieme, Stuttgart/New York, S 25–117

Laube W (2013) Muskelaktivität: Prägung des ZNS und endokrine Funktion – somatische oder degenerativ-nozizeptive Körperstruktur. Man Med 51(2):141–150. https://doi.org/10.1007/s00337-012-0989-1

Laube W (2014) Biophysikalisch passiver und neurophysiologisch aktiver Muskeltonus? manuelle therapie. Thieme 18:74–78

Laube W (2020a) Sensomotorik und Schmerz. Springer, Berlin/Heidelberg

Laube W (2020b) Mehr Bewegung, weniger Störung. Man Med 58:307–315

Laube W (2021a) Der Muskulatur mehr Aufmerksamkeit schenken! Man Med 59:302–306. https://doi.org/10.1007/s00337-021-00821-7

Laube W (2021b) Muskeltraining – ein universelles Medikament. Man Med 59:179–186. https://doi.org/10.1007/s00337-021-00801-x. Angenommen: 02.06.2021

Laube W (2022a) Muskeldysfunktionen – mit Training gegen Schmerz (Teil I). Man Med 60(2):84–89

Laube W (2022b) Muskeldysfunktionen – mit Training gegen Schmerz (Teil II). Man Med. https://doi.org/10.1007/s00337-022-00887-x. Angenommen: 13.05.2022

Laube W (2022c) Mentale Gesundheit und physische Aktivität. Man Med 60:13–21. https://doi.org/10.1007/s00337-021-00845-z, angenommen: 20.10.2021

Laube W (2022d) Schmerztherapie ohne Medikamente – Leitfaden zur endogenen Schmerzhemmung für Ärzte und Therapeuten. Springer, Berlin/Heidelberg

Laube W, Müller K (2002) Muskeltonus als biophysikalische und neurophysiologische Zustandsgröße Passiver Muskeltonus. Man Ther 6(1):21–30

Mannion AF, Junge A, Fairbank JC, Dvorak J, Grob D (2006) Development of a German version of the oswestry disability index. Part 1: cross-cultural adaptation, reliability, and validity. Eur Spine J 15(1):55–65. https://doi.org/10.1007/s00586-004-0815-0. Epub 2005 Apr 26

McCracken L, Vowles K, Eccleston C (2004) Acceptance of chronic pain: component analysis and a revised assessment method. Pain 107:159–166. Research and Therapy, 43, 1335–1346.

Mense S (2005) Muskeltonus und Muskelschmerz. Man Med 43:156–161

Moore SC, Lee IM, Weiderpass E, Campbell PT, Sampson JN, Kitahara CM, Keadle SK, Arem H, Gonzalez AB, Hartge P, Adami HO, Blair C, Borch KB, Boyd E, Check DP, Fournier A, Freedman ND, Gunter M, Johannson M, Khaw KT, Linet MS, Orsini N, Park Y, Riboli E, Robien K, Schairer C, Sesso H, Spriggs M, Dusen RV, Wolk A, Matthews CE, Patel AV (2016) Association of leisure-time physical activity with risk of 26 types of cancer in 1.44 million adults. JAMA Intern Med 176:816–825

Navratilova E, Porreca F (2014) Reward and motivation in pain and pain relief. Nat Neurosci 17(10):1304–1312. https://doi.org/10.1038/nn.3811. Epub 2014 Sep 25

Navratilova E, Morimura K, Xie JY, Atcherley CW, Ossipov MH, Porreca F (2016) Positive emotions and brain reward circuits in chronic pain. J Comp Neurol 524(8):1646–1652. https://doi.org/10.1002/cne.23968. Epub 2016 Feb 3

Nees F, Becker S (2018) Psychological processes in chronic pain: influences of reward and fear learning as key mechanisms – behavioral evidence, neural circuits, and maladaptive changes. Neuroscience 387:72–84. https://doi.org/10.1016/j.neuroscience.2017.08.051. Epub 2017 Sep 7

Neumann HD (2003) Manuelle Medizin. Eine Einführung in Theorie, Diagnostik und Therapie für Ärzte und Physiotherapeuten, 6. Aufl. Springer, Berlin-Heidelberg-New York-Hongkong-London-Mailand-Paris-Tokio

Nilges P, Köster B, Schmidt CO (2011) CPAQ-D. Chronic Pain Acceptance Questionnaire – deutsche Fassung [Verfahrensdokumentation und Fragebogen mit Auswertungsanleitung]. In: Leibniz-Institut für Psychologie (ZPID) (Hrsg) Open test archive. Trier. https://doi.org/10.23668/psycharchives.4574

Ossipov MH, Morimura K, Porreca F (2014) Descending pain modulation and chronification of pain. Curr Opin Support Palliat Care 8(2):143–151. https://doi.org/10.1097/SPC.0000000000000055

Pedersen BK (2009) The diseasome of physical inactivity and the role of myokines in muscle-fat cross talk. J Physiol 587:5559–5568

Petzke F, Hüppe M, Kohlmann T, Kükenshöner S, Lindena G, Pfingsten M, Nagel N (2020) Handbuch Deutscher Schmerz-Fragebogen. https://www.schmerzgesellschaft.de/fileadmin/pdf/DSF_Handbuch_2020.pdf; Fragebögen: https://www.schmerzgesellschaft.de/schmerzfragebogen. Zugegriffen am 03.11.2021

Pfingsten M, Leibing E, Franz C, Bansemer D, Busch O, Hildebrandt J (1997) Erfassung der „fear-avoidance-beliefs" bei Patienten mit Rückenschmerzen. Schmerz 11:387–395. https://doi.org/10.1007/s004820050114

Pfingsten M, Kroner-Herwig B, Leibing E, Kronshage U, Hildebrandt J (2000) Validation of the German version of the fear-avoidance beliefs questionnaire (FABQ). Eur J Pain 4:259–266

Rabenberg M (2013) Arthrose. Gesundheitsberichterstattung des Bundes, Bd 54. Robert Koch-Institut, Berlin

Rabin R, Oemar M, Oppe M (2011) EQ-5D-3L User Guide, version 4.0. Rotterdam: Euro-QoL Group

Radloff LS (1977) The CES-D scale: a self-report depression scale for research in the general population. Appl Psychol Meas 1:385–401

RKI. https://www.rki.de/DE/Content/GesundAZ/G/Gesundheitskompetenz/Gesundheitskompetenz_node.html. Stand 01.02.2021

Schaeffer D, Berens EM, Vogt D (2017) Gesundheitskompetenz der Bevölkerung in Deutschland. Ergebnisse einer repräsentativen Befragung. Ärzteblatt 114(4):53–60. https://doi.org/10.3238/arztebl.2017.0053

Schleip R, Findley TW, Chaitow L, Huijing PA (Hrsg) (2020) Lehrbuch Faszien Grundlagen, Forschung, Behandlung (Fascia The tensional network of THE HUMAN BODY). Urban & Fischer in Elsevier, München, ISBN 978-3437-55308-0

Schmidt CO, Günther K-P, Goronzy J, Albrecht K, Chenot J-F, Callhoff J, Richter A, Kasch R, Ahrens W, Becher H, Berger K, Brenner H, Fischer B, Franzke C-W, Hoffmann W, Holleczek B, Jaeschke L, Jenning C, Jöckel KH, Kaaks R, Keil T, Kluttig A, Krause G, Kuß O, Leitzmann M, Lieb W, Linseisen J, Löffler M, Meinke-Franze C, Meisinger C, Michels KB, Mikolajczyk R, Obi N, Peters A, Pischon T, Schikowski T, Schipf S, Specker C, Völzke H, Wirkner K, Zink A, Sander O (2020) Häufigkeiten muskuloskelettaler Symptome und Erkrankungen in der bevölkerungsbezogenen NAKO Gesundheitsstudie. Frequencies of musculoskeletal symptoms and disorders in the population-based German National Cohort (GNC). Bundesgesundheitsbl Gesundheitsforsch Gesundheitsschutz 63:415–425

Schomacher J (2017) Manuelle Therapie. Bewegen und Spüren lernen. Physiofachbuch, 6. Aufl. Thieme, Stuttgart/New York

Schwind P (2018) Praxishandbuch Faszienbehandlung. Muskelfaszien, Membranen, Organhüllen. Urban & Fischer in Elsevier, München, ISBN 978-3-437-56563-2

Shmushkevich Y, Kalichman L (2013) Myofascial pain in lateral epicondylalgia: a review. J Bodyw Mov Ther 17(4):434–439. https://doi.org/10.1016/j.jbmt.2013.02.003. Epub 2013 Apr 21

Stamatakis E, Hamer M, O'Donovan G, Batty GD, Kivimaki M (2013) A non-exercise testing method for estimating cardiorespiratory fitness: associations with all-cause and cardiovascular mortality in a pooled analysis of eight population-based cohorts. Eur Heart J 34(10):750–758. https://doi.org/10.1093/eurheartj/ehs097. Epub 2012 May 3

Streeck U, Focke J, Melzer C, Streeck J (2016) Manuelle Therapie und komplexe Rehabilitation, 2. Aufl. Springer, Berlin, ISBN 978-3-662-48802-7

Stumptner T (2021) Phlebologie. Plädoyer für einen überfälligen Paradigmenwechsel. Hofgrebe, Bern

Tait RC, Chibnall JT, Krause S (1990) The pain disability index: psychometric properties. Pain 40:171–182

Tan G, Jensen MP, Thornby JI, Shanti BF (2004) Validation of the brief pain inventory for chronic nonmalignant pain. J Pain 5(2):133–137. https://doi.org/10.1016/j.jpain.2003.12.005

Waddell G, Newton M, Henderson I, Somerville D, Main CJ (1993) A fear-avoidance beliefs questionnaire (FABQ) and the role of fear-avoidance beliefs in chronic low back pain and disability. Pain 52(2):157–168. https://doi.org/10.1016/0304-3959(93)90127-B

Wikipedia. https://de.wikipedia.org/wiki/Gesundheitskompetenz. Zugegriffen am 28.10.2021

World Health Organization (2011) Global recommendations on physical activity for health. 1.Exercise. 2.Life style. 3.Health promotion. 4.Chronic disease – prevention and control. 5.National health programs

World Health Organization (2020) WHO Guidelines on physical activity and sedentary behaviour. World Health Organization, Geneva. Licence: CC BY-NC-SA 3.0 IGO, ISBN 978-92-4-001512-8 (electronic version), ISBN 978-92-4-001513-5 (print edition)

Zigmond AS, Snaith RP (1983) The hospital anxiety and depression scale. Acta Psychiatr Scand 67(6):361–370. https://doi.org/10.1111/j.1600-0447.1983.tb09716.x

Zink A, Minden K, List S (2010) Entzündlich-rheumatische Erkrankungen. Gesundheitsberichterstattung des Bundes. Robert Koch-Institut in Zusammenarbeit mit dem Statistischen Bundesamt, Bd 49. Westkreuz-Druckerei, Berlin, ISBN 978-3-89606-204-8 ISSN 1437-5478

Passive Bausteine zur funktionellen Schmerzlinderung und Verbesserung der myofaszialen Gewebehomöostase

5

> **Aktivierung der endogenen Schmerzhemmung durch Periostreizung** Die Stimulation der körpereigenen Schmerzhemmung erfolgt mit schmerzhaftem **Druck auf periostale bzw. myofaszial-tendinöse Punkte**. Die Wirkung ist generalisiert, wobei die ipsilaterale Stimulation am effektivsten erscheint. Eine große Anzahl bewährter Interventionspunkte wird beschrieben.
>
> **Endgradige Gelenkbewegungen** dehnen bevorzugt die Gelenkkapseln. Dehnen in 4 Phasen vereint die Wirkungen direkter Antinozizeption und erhöhter Schmerztoleranz, Beeinflussung der passiven myofaszialen Eigenschaften und Durchblutungsförderung. Intensive **Massagen charakteristischer „Linien der Schmerzausbreitung bzw. -projektionen"** kombinieren die Periostdruck- mit der myofaszialen Massage und aktivieren auch die Schmerzhemmung. Hervorzuheben ist, die Wirkungen aller Interventionen Periostdruckmassage, Kapseldehnungen und die Massage der Schmerzausbreitungslinien sind nicht ursächlich und somit zeitlich begrenzt. Es sind wertvolle Elemente zugunsten der Belastbarkeit für aktive Interventionen.

5.1 Periostdruckmassage: Beschreibung der Methodik zur passiven Aktivierung der endogenen Schmerzhemmung

5.1.1 Aufklärung über die Schmerzhaftigkeit und mögliche Nebenwirkungen

Vor dem Beginn der therapeutischen Periostdruck- und Faszienmassage ist unbedingt eine Aufklärung durchzuführen. Die Ausführung ist verständlich zu beschreiben und die notwendige intensive Schmerzhaftigkeit der Behandlung mitzuteilen und zu begründen. Der Patient muss auf die bewusst provozierten „therapeutischen Schmerzen" eingestellt und somit darauf vorbereitet werden.

> **Wichtig:** Die Schmerzhaftigkeit muss als „**Schmerzmedikament ohne Tablette oder Spritze zur Aktivierung der „körpereigenen!" Schmerzhemmung"** angenommen und akzeptiert werden! Der Patient sollte weiterhin unbedingt erfahren, die zu erwartende Schmerzlinderung ist keine Heilung, sondern es handelt sich „nur" um eine zeitlich begrenzt wirksame Unterdrückung der Schmerzwahrnehmung. Die geringeren Schmerzen können psychologisch als eine „körpereigene Belohnung" angesehen werden. Damit wird das effektive körperliche Gesundheitstraining ermöglicht, welches dann in einem längeren Zeitraum „als Heilmittel" die körpereigene Schmerzunterdrückung qualifiziert.

Information und Aufklärung sind auch deshalb besonders wichtig, weil eine „therapeutische" Auslösung intensiver Schmerzen „als Medikament" zur Linderung der krankheitsbedingten Schmerzen für den Patienten eine völlig neue Erfahrung ist. Bei der Argumentation kann sich der Therapeut möglicherweise auf schmerzhafte therapiebedingte Erfahrungen berufen, denn nach intensiven Massagen (Bindegewebsmassage, eventuell Therapie nach dem Fasziendistorsionsmodell, …) oder der Stoßwellentherapie sind die Schmerzen sehr häufig über einen Zeitraum gelindert.

> **Wichtig:** Es gilt, die positive Erwartung aufzubauen: „Nach den starken Schmerzen durch den Therapeuten werden die Schmerzen deutlich weniger werden".

Insgesamt muss die Angst sowohl vor dem zunächst unbekannten Procedere als auch vor den zu erwartenden Schmerzen abgebaut oder genommen werden. Auch später bei den 4-Phasen-Dehnungen (vgl. Abschn. 5.2) werden bei angestrebter Ausführung bis in den maximal tolerierbaren ROM-Endbereich Schmerzintensitäten von VAS 8/10 entstehen.

▶ **Wichtig:** Die Schmerzen durch den intensiven mechanischen Druck auf das Periost bzw. den faszial-tendinös-periostalen Übergang, die intensive myofasziale Massage und die maximalen Dehnungen der Gelenkkapseln haben gemeinsam die Aufgabe, die körpereigenen Mechanismen der Schmerzhemmung und -modulation zu aktivieren. Wiederholungen können als ein cerebraler „therapeutischer" Lernprozess aufgefasst werden, der durch Muskelaktivitäten qualifiziert und gefestigt werden muss. Die zweite schmerzlindernde Wirkkomponente der Massage und der aktiven Komponenten der 4-Phasen-Dehnungen ist die Durchblutungsförderung. Die Gelenkkapseldehnungen vergrößern neben der Aktivierung der Schmerzhemmung auch die Schmerztoleranz als Hauptursache der Erweiterung des ROMs.

Auch auf die **zeitliche Begrenzung des schmerzlindernden Effektes** und mögliche **Nebenwirkungen** muss der Patient vorbereitet werden und seine Aufmerksamkeit darauf ausrichten, um sie nicht nachteilig als Noceboeffekt zu verarbeiten. Nach der vorübergehenden Schmerzlinderung über bis zu 3–4 h und interindividuell auch länger können insbesondere nach den ersten Therapiesitzungen die Schmerzen in Richtung des „alten Niveaus" wieder ansteigen.

Wichtig: Die Periostdruckmassage ist keine ursächliche Heilmethode, sondern „nur" eine nicht pharmakologische Schmerzunterdrückung. Der Effekt lässt eben nach einiger Zeit wieder nach, wie es bei einer „echten" Schmerztablette auch der Fall ist. Schmerzmedikamente heilen nicht. Sie unterdrücken „nur" die Schmerzempfindung durch das Gehirn oder die zu den Schmerzen führende Entzündungsreaktion aber wieder, ohne nachhaltig die Ursache der Entzündung zu bekämpfen.

Therapeutische Schmerzen gegen die krankheitsbedingten und für mehr Bewegung
Wichtig: Die Prämissen sollten lauten:

„Die therapeutischen Schmerzen bekämpfen die krankheitsbedingten Schmerzen",
    „Mit weniger oder sogar ohne Schmerzen kann ich mich wieder oder besser bewegen" und
    „Immer wieder wiederholte anstrengende Bewegungen helfen, die Schmerzen dauerhaft zu lindern"

5.1.2 Die Therapiepositionen und die subjektive Entspannung

Die **Periostdruckmassage** wird am sitzenden oder liegenden Patienten durchgeführt. Es ist darauf zu achten, dass er sich subjektiv maximal möglich entspannt. Die zu behandelnden Körperregionen sind nicht bekleidet. Das Raumklima und die Raumtemperatur sollen sich im Komfortbereich bzw. im Bereich der thermischen Behaglichkeit befinden. Die Wärmebilanz sollte ausgeglichen sein, also keine zusätzliche Wärmebildung erfordern (unbekleidet: 27–32 °C, bekleidet: ca. 23–24 °C). Entsprechend sind zz. nicht behandelte Körperregionen abzudecken. Auf die Hauttemperatur der Hände des Therapeuten ist zu achten und weil mit den Fingerkuppen massiv Druck ausgeübt wird, müssen die Fingernägel entsprechend gepflegt sein. Während der Intervention darf der Patient dem Massagedruck des Therapeuten keine aktive Gegenspannung entgegensetzen.

5.1.3 Die Drucktechniken der Periostdruckmassage

Mit der Periostdruckmassage werden das Periost, myofaszial-tendinöse Übergangsbereiche oder Gelenkkapseln gereizt. Sie wird vorrangig punktförmig oder sehr kleinflächig ausgeführt. Dies wird erreicht, indem mit den Fingerkuppen des Daumens, des Zeige- oder Mittelfingers, ihren Phalangen und/oder mit dem Erbsenbein gearbeitet wird. Dort, wo das Periost eine Weichteilbedeckung hat, werden das Olekranon oder die Ulna eingesetzt. Die Fingerkuppen, Phalangen, Erbsenbein, Olekranon oder die Ulna werden in einem Winkel von 90° auf den entsprechenden Reizort bzw. den „Interventionspunkt" aufgesetzt. Die Druckrichtung ist je nach Interventionspunkt anzupassen. In der Regel erfolgt der Druck in einem Winkel von 90° oder 45° zur Körperoberfläche. Es gilt zu beachten, dass es erhebliche Wirkungsunterschiede zwischen einer technisch ungünstigen und einer guten Ausführung der Periostdruckmassage gibt. Daher ist, wie durchgängig bei allen manuellen bzw. „Hands-on-Techniken", ein sorgfältiges Erlernen der Technik notwendig, um Therapiemisserfolge zu vermeiden. Des Weiteren setzt die korrekte Stimulation gute Kenntnisse in der Anatomie, Physiologie und Pathophysiologie des sensomotorischen Systems und des passiven Stütz- und Bewegungsapparates voraus.

Es werden die folgenden Periostdrucktechniken angewendet:

Die optimal wirksame Schmerzintensität beträgt an jedem Interventionsort 7–8/10. Zu Beginn der Behandlung wird der Patient an „diese Intensität herangeführt". Der Druck wird je nach Verträglichkeit über 60 bis zu 120 s aufrechterhalten.

1. Arbeit mit stetigem Druck
Bei der stetigen Periostdrucktechnik wird langsam bis zügig ein ansteigender manueller Druck aufgebaut. Nach dem Erreichen des maximalen Drucks für die angestrebte Schmerzintensität wird er dann weitestgehend gleichbleibend ausgeübt.

2. Arbeit mit an- und abschwellendem Druck
Bei der Technik mit an- und abschwellendem Druck wird während der gesamten Interventionszeit der manuelle Druck dem Atemrhythmus des Patienten angepasst. Während der Ausatmung (respiratorische neurovegetative Stimulation des Parasympathikotonus) schwillt er an und während der Inspiration (respiratorische neurovegetative Stimulation des Sympathikotonus) ab. Diese Technik wird vor allem bei Interventionspunkten am Thorax eingesetzt.

3. Arbeit mit gleichbleibenden Vibrationen
Nach dem Erreichen des Periostdrucks mit der subjektiven Empfindung VAS 7–8/10 werden gleichmäßige Vibrationen mit sehr geringer Amplitude ausgeführt. Diese Technik ist sehr anstrengend und erfordert sehr viel Übung. Der Therapeut begibt sich in eine isometrische Körperanspannung und erzeugt die Vibrationen. Bei dieser Technik ist es günstig, mit der Kuppe des Daumens zu arbeiten (Abb. 5.2). Halt vermitteln die eingeschlagenen Finger.

4. Arbeit mit an- und abschwellenden Vibrationen
Nach dem Erreichen des Periostdrucks mit der subjektiven Empfindung VAS 7–8/10 werden die Vibrationen mit sehr geringer Amplitude dem Atemrhythmus angepasst. Mit der Ausatmung wird der vibrierende Druck anschwellend verstärkt und mit der Einatmung abschwellend gesenkt. Diese Technik wird vor allem bei Interventionspunkten am Thorax eingesetzt.

5. Arbeit mit gleichbleibendem zirkulierendem Druck
Der Periostdruck bleibt konstant und es werden gleichmäßige Zirkelungen mit der Fingerbeere ausgeführt. Der Durchmesser der Zirkel beträgt bis maximal 5 mm.

6. Arbeit mit an- und abschwellendem zirkulierendem Druck
Der Periostdruck bleibt konstant und es werden an- und abschwellende Zirkelungen mit der Fingerbeere im Atemrhythmus ausgeführt. Mit der Ausatmung wird der Druck der Zirkelungen anschwellend verstärkt und mit der Einatmung abschwellend gesenkt.

Die Periostreizung an jedem Interventionsort wird durch eine Abschlussmaßnahme beendet, indem über 8–10 s Klopfungen und Ausstreichungen auf der Behandlungsregion ausgeführt werden.

5.1.4   Schmerzintensität und Schmerztoleranz der Patienten

Die Reizstärke muss „optimal" sein, was nach klinischen Erfahrungen einer Schmerzprovokation lt. VAS von 7–8/10 entspricht. Dies ist der im Mittel anzustrebende Wert. Da die VAS-Skala eine subjektive Schmerzempfindung widerspiegelt, kann der VAS-Wert aber auch ein wenig geringer sein. Die Überprüfung der Druckwerte mit einem Algometer an der Toleranzgrenze gleicher Interventionspunkte bei verschiedenen Patienten und an den verschiedenen anatomischen Lokalisationen weist aus, dass Druckwerte zwischen 1–18 kgf/cm^2 (kilogram-force/cm^2) eingesetzt werden.

Der Druckaufbau muss so ablaufen, dass der absolut maximal tolerierbare Bereich (VAS 9–10/10) nicht erreicht wird und umgehend wieder verlassen werden muss. Die Patienten werden angehalten, die „obere, noch geradeso gut tolerierbare" Schmerzgrenze zu benennen, mit der die Behandlung fortgesetzt werden kann.

5.1.5   Die Handhaltungen des Therapeuten bei der Periostdruckmassage, Faszienmassage und den Kräftigungs- und Dehnübungen

Wichtig: Der Patient sorgt mit seinen Feedback-Informationen dafür, dass die Behandlung in einem für ihn „noch erträglichen" Rahmen realisiert wird. Das Auftreten sehr unangenehmer Schmerzempfindungen oder sogar vegetativer Reaktionen wie Übelkeit, kalter Schweiß oder reaktive Muskelspannungen sind absolute Abbruchkriterien.

1. Knöchelarbeit des Zeigefingers (Abb. 5.1)
Es wird mit dem Knöchel des eingeschlagenen Zeigefingers gearbeitet. Dabei liegt die Mittelphalanx der Körperoberfläche des Patienten vollkommen auf. Der abgespreizt-gestreckte Daumen sowie die eingeschlagenen Finger 3–5 ruhen auf der Körperoberfläche und geben dem Therapeuten Halt.

2. Daumenarbeit (Abb. 5.2)
Es wird mit der Kuppe des Daumens gearbeitet. Die Finger 2–5 werden flach auf den Patientenkörper gelegt und sichern die Führung des arbeitenden Daumens.

Abb. 5.1 Handhaltung bei der Periostdruckmassage-Technik: Knöchelarbeit des Zeigefingers

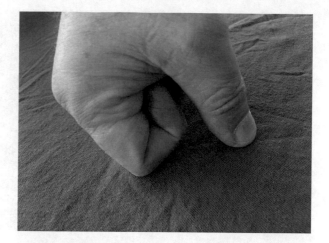

Abb. 5.2 Handhaltung bei der Periostdruckmassage-Technik: Daumenarbeit

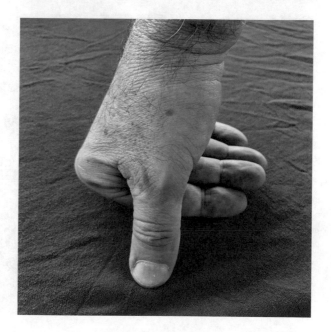

3. Knöchelarbeit des Zeigefingergrundgelenkes (Abb. 5.3)

Der Druck wird mit dem Knöchel des Zeigefingergrundgelenkes ausgeübt. Den Halt erhält der Therapeut durch den aufgesetzten, abgespreizten Daumen auf dem Patientenkörper. Der Druck wird aus der Therapeutenschulter erzeugt und über den gestreckten Arm geleitet.

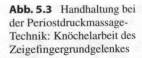

Abb. 5.3 Handhaltung bei
der Periostdruckmassage-
Technik: Knöchelarbeit des
Zeigefingergrundgelenkes

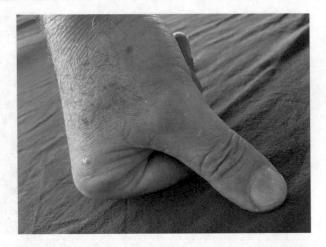

Abb. 5.4 Handhaltung bei
der Periostdruckmassage-
Technik: Daumenarbeit
unterstützt,
Vibrationsarbeitstechnik

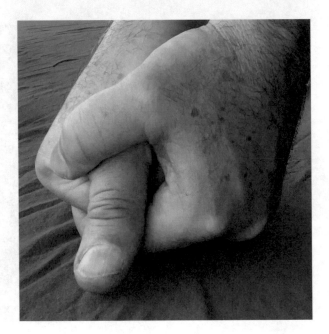

4. Daumenarbeit unterstützt (Abb. 5.4)

Der Druck wird mit der Kuppe des einen z. B. rechten Daumens erzeugt und er erhält Unterstützung durch den fest aufgelegten Daumen der anderen z. B. der linken
Hand. Halt geben die eingeschlagenen Finger der anderen linken Hand.

5. Zeigefingerarbeit (Abb. 5.5)

Den Druck erzeugt die Fingerbeere des Zeigefingers. Der gestreckte Daumen sowie die eingeschlagenen Finger 3–5 liegen auf dem Körper des Patienten und geben dem arbeitenden Finger Halt. Der Therapeut erhält mehr Sensibilität, wenn er den Zeigefinger leicht beugt.

6. Mittelfingerarbeit (Abb. 5.6)

Der Therapeut drückt mit der Beere des Mittelfingers. Der Zeigefinger stützt den Mittelfinger ab. Die auf den Patienten aufgestützten Finger 1, 4 und 5 geben zusätzlichen Halt.

Abb. 5.5 Handhaltung bei der Periostdruckmassage-Technik: Zeigefingerarbeit

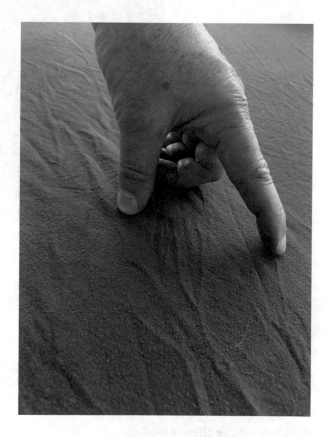

Abb. 5.6 Handhaltung bei
der Periostdruckmassage-
Technik: Mittelfingerarbeit

7. Erbsenbeinarbeit (Abb. 5.7)

Das Handgelenk wird dorsal flektiert, das Erbsenbein auf den Interventionsort aufgelegt und damit der Druck generiert. Mit dieser Technik lässt sich eine große Intensität entfalten.

8. Olekranonarbeit (Abb. 5.8)

Das Ellenbogengelenk wird maximal gebeugt und das Olekranon auf den Interventionspunkten aufgelegt und damit der Druck ausgeübt. Mit dieser Technik lässt sich eine große Intensität entfalten.

9. Arbeit mit der Ulna (Abb. 5.9)

Der Druck wird mit der Ulna appliziert. Das Ellenbogengelenk wird ca. 90 ° flektiert und der Unterarm auf die zu behandelnde Körperregion aufgelegt und angedrückt. Bei dieser Technik lässt sich eine große Intensität entfalten.

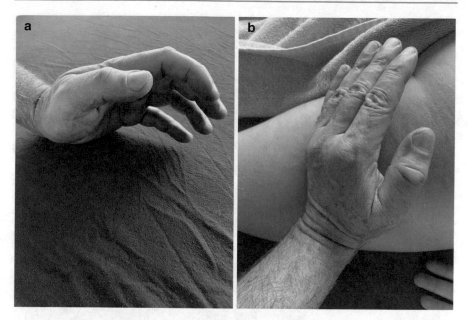

Abb. 5.7 a, b Handhaltung bei der Periostdruckmassage-Technik: Erbsenbeinarbeit am Beispiel der Interventionsregion M. vastus lateralis am Oberschenkel

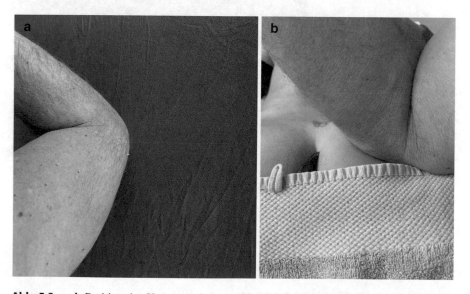

Abb. 5.8 a, b Position des Unterarms bei ca. 100–120° flektiertem Ellenbogengelenk für die Olekranonarbeit bei der Periostdruckmassage-Technik am Beispiel der Interventionsregion M. gluteus max. am Os sacrum

Abb. 5.9 a, b Position des Unterarms bei 90° flektiertem Ellenbogengelenk für die Intervention mit der Ulna am Beispiel der Interventionsregion M. vast. lateralis

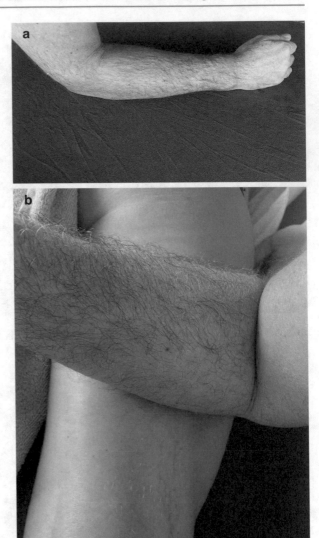

5.1.6   Die Auswahl der Interventionspunkte

Die Aktivierung des endogenen Mechanismus „Schmerz hemmt Schmerz" durch intensive „therapeutische" Schmerzen hat generalisierte Auswirkungen, wobei dennoch der Reizort das Ausmaß der Schmerzlinderung mitbestimmt. Aus physiologischer Sicht kann die Intervention fern der bevorzugt schmerzenden Region, auf der gleichen wie der kontralateralen Körperseite, im Derma-, Myo- oder Sklerotom, aber auch nahe der „Hauptschmerzregion" ausgeführt werden. Am effektivsten scheint die Stimulation auf der ipsilateralen Seite zu sein. Da die Lokalisation der Reizsetzung ein Wirkungsfaktor ist, gilt es,

1. die Effektivität der Schmerzlinderung in Abhängigkeit vom Ort der Periostdruckmassage zu prüfen und
2. es werden viele gut zugängliche Periostpunkte und tendinös-periostale Lokalisationen als Interventionsorte benannt.

Bei der **Befundung** bzw. in der **ersten Therapiesitzung** erfolgt die Druckapplikation an den korrespondierenden Lokalisationen der Körperseiten mit langsam intensiver werdender Intensität bis zum VAS-Wert von 7–8/10 und der Druck wird je nach Verträglichkeit über maximal ca. 60 s konstant aufrechterhalten. Protokolliert werden

1. die Druckschmerzempfindlichkeit (Hyperalgesie? Allodynie?),
2. die Reaktion auf dieses Procedere (sensomotorisches Verhalten, Befindlichkeit) und
3. ob, wie schnell und in welchem Ausmaß die intensive Schmerzempfindung auf VAS 4–5/10 abklingt.

Daraus resultiert

1. der einsetzbare Druck je Lokalisation und
2. wie schnell und in welchem Ausmaß die Schmerzhemmung vom jeweiligen Interventionsort aktiviert werden kann.

Bei **Gesunden** reduziert sich der VAS-Wert 7–8/10 innerhalb von 60 s auf mindestens 4–5/10, aber häufig sogar bis auf VAS 2–1/10.

Bei **chronischen Schmerzpatienten** ist die Schmerzsensibilität hoch und

• die Schmerzreaktion kann paradox ausfallen, indem die Schmerzen bei konstantem Druck intensiver werden oder
• die Reduktion der Schmerzempfindung bleibt aus oder ist sehr gering.

Der Schmerzhemmmechanismus reagiert träge, verzögert oder überhaupt nicht. Das sind zugleich wichtige Anhaltspunkte für eine Abschätzung des Ausmaßes der cerebralen Sensibilisierung, dem Schweregrad der chronischen Schmerzkrankheit.

Die Testergebnisse Empfindlichkeit und Abnahme der Schmerzintensität sind die Kriterien für die anfängliche **Auswahl der Interventionspunkte**. Sie müssen im Verlauf aktualisiert werden. Bei intensiven Schmerzen beginnt die Behandlung mit entfernt liegenden Reizpunkten, um eine Therapie im „Schwerpunktgebiet" vorzubereiten. Dieses Vorgehen wird auch als Schmerzblockbehandlung bezeichnet.

5.1.7   Die periostalen, tendinös-periostalen und myofaszialen Druckpunkte

Im Folgenden werden anatomische Lokalisationen angegeben, die als potenzielle Interventionsorte der Periostdruckmassage genutzt werden können.

Druckpunkte am Kopf und Hals
Insertion M. rectus sup., med. und inf. (Augenmuskeln; Abb. 5.10)
* Patient in Rückenlage. Therapeut steht seitlich an der Liege.
* **Reizort:** Anulus tendineus communis (Os frontale).
* **Nervenversorgung:** N. oculomotorius (3. Hirnnerv).

Insertion M. masseter pars profunda (Abb. 5.11)
* Patient in Rückenlage. Therapeut steht seitlich an der Liege.
* **Reizort:** Proc. zygomaticus (Os temporale), Ramus und Angulus mandibulae.
* **Nervenversorgung:** N. mandibularis (Ast des N. trigeminus, 5. Hirnnerv).

Insertion M. masseter Pars superficialis (Abb. 5.12 und 5.13)
* Patient in Rückenlage. Therapeut steht am Kopfende.
* **Reizort:** Os zygomaticum Facies lateralis, Angulus mandibulae.
* **Nervenversorgung:** N. mandibularis (Ast des N. trigeminus 5. Hirnnerv).

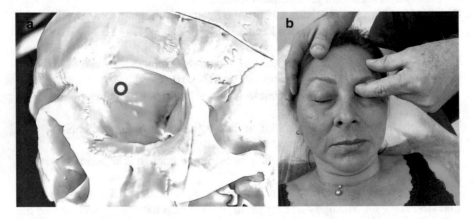

Abb. 5.10 a, b **Reizort am Skelett (links):** Os frontale proximal, ein querfingerbreit oberhalb der Maxilla. **In der Praxis (rechts):** Stimulation mit der Zeigefingerkuppe und Druckrichtung von ventral-lateral nach dorsal-medial

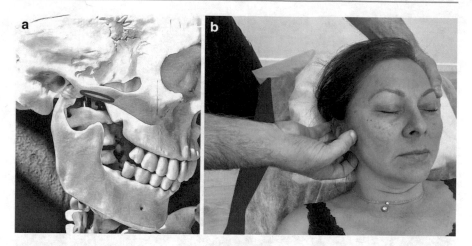

Abb. 5.11   a, b Reizort am Skelett (links): Proc. zygomaticus (Os temporale; links). **In der Praxis (rechts):** Stimulation mit der Daumenkuppe. Der Druck erfolgt von kaudal-lateral nach kranial-medial

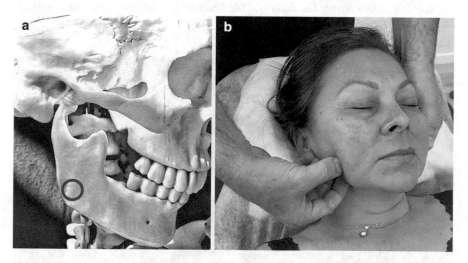

Abb. 5.12   a, b Reizort am Skelett (links): Angulus mandibulae. **In der Praxis (rechts):** Stimulation mit der Daumenkuppe. Der Druck erfolgt von lateral nach medial

Insertion M. temporalis (Abb. 5.14)

- Patient in Rückenlage. Therapeut steht am Kopfende.
- **Reizort:** Proc. coronoideus mandibulae, Fossa temporalis.
- **Nervenversorgung:** N. mandibularis (Ast des N. trigeminus 5. Hirnnerv).

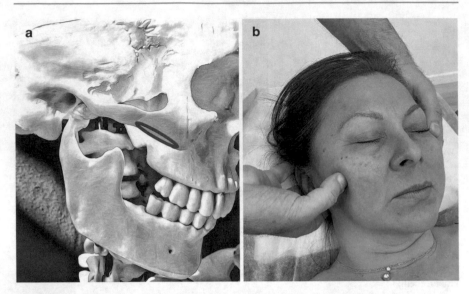

Abb. 5.13   a, b Reizort am Skelett (links): Os zygomaticum Facies lateralis. **In der Praxis (rechts):** Stimulation mit der Daumenkuppe. Die Druckrichtung erfolgt von kaudal-lateral nach kranial-medial (rechts)

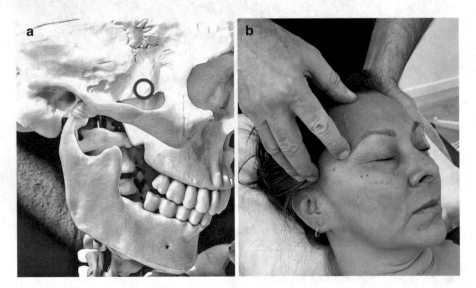

Abb. 5.14   a, b Reizort am Skelett (links): Proc. coronoideus mandibulae, Fossa temporalis. **In der Praxis (rechts):** Stimulation mit der Zeigefingerkuppe in der Fossa temporalis am Proc. coronideus mandibulae. Die Druckrichtung erfolgt von kranial-lateral nach kaudal-medial

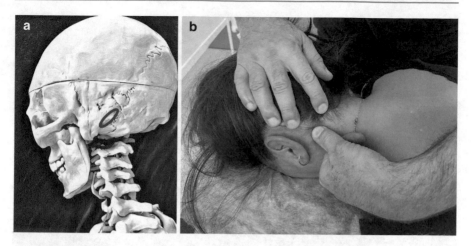

Abb. 5.15 a, b Reizort am Skelett (links): Proc. mastoideus (Os temporale), Linea nuchae (Os occipitale, links). **In der Praxis (rechts):** Stimulation mit der Daumenkuppe. Der Druck erfolgt von kaudal-lateral nach kranial-medial

Insertion M. splenius capitis (Abb. 5.15)
- Patient in Bauchlage. Therapeut steht seitlich an der Liege.
- **Reizort:** Proc. mastoideus (Os temporale), Linea nuchae (Os occipitale), Proc. spinosi C3-Th3.
- **Nervenversorgung:** N. spinalis (R. posteriores, C2-Th3; lt. Lit. auch größerer Ursprungsbereich benannt).

Insertion Mm. semispinalis (Abb. 5.16)
- Patient in Bauchlage. Therapeut steht seitlich an der Liege.
- **Reizung:** zwischen Linea nuchea superior und inferior (Os occipitale).
- **Nervenversorgung:** N. spinalis (R. posteriores).

Insertion M. rect. capitis post. major (Abb. 5.17)
- Patient in Bauchlage. Therapeut steht seitlich an der Liege.
- **Reizort:** Linea nuchea inf. (Os occipitale).
- **Nervenversorgung:** N. spinalis (R. posteriores).

Insertion M. rect. capitis post. minor (Abb. 5.18)
- Patient in Bauchlage. Therapeut steht seitlich an der Liege.
- **Reizort:** Linea nuchea inf. (Os occipitale).
- **Nervenversorgung:** N. spinalis (R. posterior).

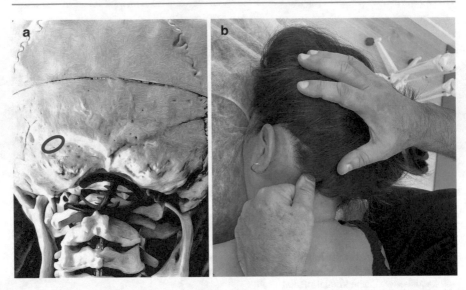

Abb. 5.16 a, b Reizort am Skelett (links): Zwischen Linea nuchea superior und inferior (Os occipitale, links). **In der Praxis (rechts):** Stimulation mit der Daumenkuppe. Die Druckrichtung erfolgt von kaudal-lateral nach kranial-medial

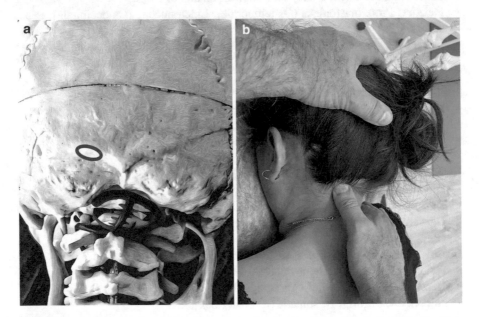

Abb. 5.17 a, b Reizort am Skelett (links): Linea nuchea inf. (Os occipitale, links). **In der Praxis (rechts):** Stimulation mit der Daumenkuppe. Die Druckrichtung erfolgt von kaudal-lateral nach kranial-medial

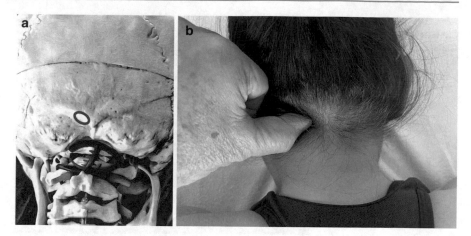

Abb. 5.18 a, b Reizort am Skelett (links): Linea nuchea inf. (Os occipitale, links). **In der Praxis (rechts):** Stimulation mit der Daumenkuppe. Die Druckrichtung erfolgt von kaudal-lateral nach kranial-medial

Druckpunkte Schultergürtel und obere Extremitäten

Insertion M. sternocleidomastoideus (Abb. 5.19, 5.20 und 5.21)
- Patient in Rücken- (Manubrium sterni; Caput claviculare und lateral) oder Bauchlage (Proc. mastoideus, Linea nuchae sup.). Therapeut steht am Kopfende.
- **Reizort:** Caput claviculare und lateral, Manubrium sterni, Proc. mastoideus, Linea nuchae sup.
- **Nervenversorgung:** N. accessories, Äste des Plexus cervicalis, C1-C3/C4.

Insertion M. pect. major (Abb. 5.22 und 5.23)
- Patient in Rückenlage. Therapeut steht seitlich an der Liege.
- **Reizort:** Clavicula med. (nicht eingezeichnet), Sternum intercostal 1–4, Crista tuberculi majoris humeri.
- **Nervenversorgung:** N. pect. med./lat. (Plexus brachialis), C5-Th1.

Insertion: M. pect. minor (Abb. 5.24)
- Patient in Rückenlage, Therapeut steht seitlich an der Liege.
- **Reizort:** Proc. coracoideus.
- **Nervenversorgung:** N. pect. med./lat. (Plexus brachialis), C5-Th1.

Insertion: M. trapezius pars desc. und hori. (Abb. 5.25, 5.26 und 5.27)
- Patient in Bauchlage, Therapeut steht seitlich an der Liege (Abb. 5.25).
- Patient in Rückenlage, Therapeut sitzt oder steht kopfwärts (Abb. 5.26).

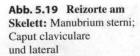

Abb. 5.19 Reizorte am Skelett: Manubrium sterni; Caput claviculare und lateral

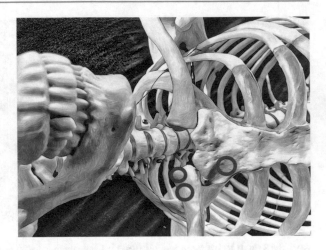

- Patient in Bauchlage oder Rückenlage. Therapeut sitzt oder steht kopfwärts (Abb. 5.27).
- **Reizort:** Protuberantia occipitalis ext., Linea nuchae sup., Clavicula (lat. Drittel; Pars descendens), Acromion (Pars transversa), Spina scapulae (Pars ascendens), Dornfortsätze C1-Th5.
- **Nervenversorgung:** N. accessories R. externus (motorisch), Plexus cervicalis (C2-C4) R. trapezius (sensibel).

Insertion: M. delt. p. clavicularis, acromialis, spinalis (Abb. 5.28, 5.29 und 5.30)
- Patient in Rücken- (M. delt. p. clav, Tuberositas deltoidea) oder Bauchlage (M. delt. p. acr., spin.)
- **Reizort:** Clavicula (lat. Drittel), Acromion, Spina scapulae (lat.-mittl. Bereich), Tuberositas deltoidei
- **Nervenversorgung:** N. axillaris, Plexus brachialis, C5-C6

Insertion: M. subscapularis (Abb. 5.31)
- Patient in Rückenlage. Therapeut steht seitlich an der Liege.
- **Reizort:** Tuberculum minus humeri.
- **Nervenversorgung:** Plexus brachialis, N. subscapularis, C4-C6.

Insertion: M. supraspinatus (Abb. 5.32)
- Patient in Bauch- (Fossa supraspinatus) oder Rückenlage (Tuberculum majus). Therapeut steht kopfwärts oder seitlich an der Liege.
- **Reizort:** Fossa supraspinata. Tuberculum majus.
- **Nervenversorgung:** Plexus brachialis, N. suprascapularis, C4-C6.

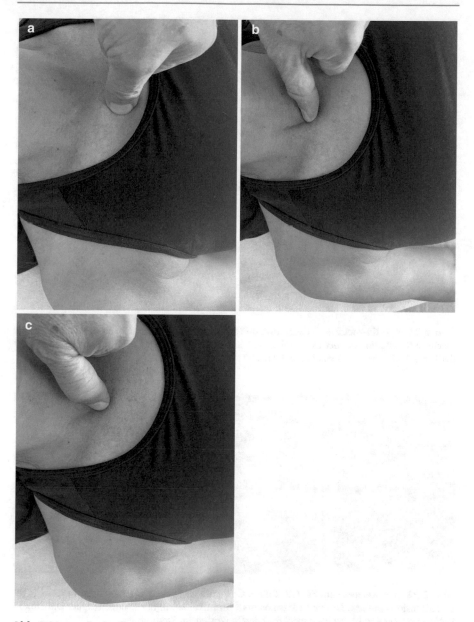

Abb. 5.20   a–c In der Praxis: Stimulation mit der Daumenkuppe. Die Druckrichtung erfolgt von ventral nach dorsal am Reizort Manubrium sterni (links); von kranial-medial nach kaudal-lateral am Reizort Caput claviculare (Mitte); von kranial nach kaudal am Reizort Caput claviculare (rechts)

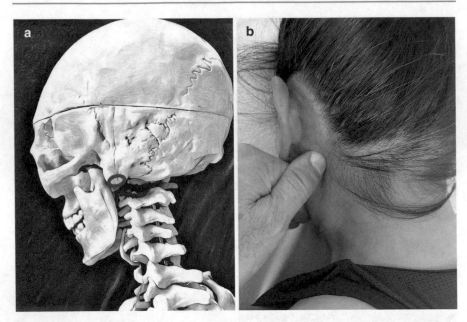

Abb. 5.21   a, b Reizort am Skelett (links): Proc. mastoideus, Linea nuchae sup. **In der Praxis (rechts):** Stimulation mit der Daumenkuppe. Die Druckrichtung erfolgt am Proc. mastoideus und der Linea nuchae sup. von kaudal-lateral nach kranial-medial

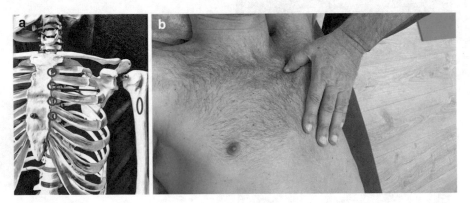

Abb. 5.22   a, b Reizorte am Skelett (links): Clavicula med., Sternum intercostal 1–4, Crista tuberculi majoris humeri. **In der Praxis (rechts):** Stimulation mit der Daumenkuppe. Die Druckrichtung erfolgt von lateral nach medial zu den Reizorten am Sternum

Abb. 5.23 In der Praxis:
Stimulation mit der
Daumenkuppe. Die
Druckrichtung an der
Crista tuberculi majoris
humeri erfolgt von
kaudal-ventral nach
kranial-dorsal

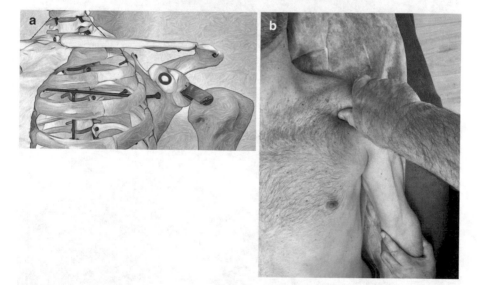

Abb. 5.24 a, b Reizort am Skelett (links): Proc. coracoideus. **In der Praxis (rechts):** Stimulation mit der Daumenkuppe. Die Druckrichtung erfolgt von medial-ventral nach lateral-dorsal am Proc. coracoideus

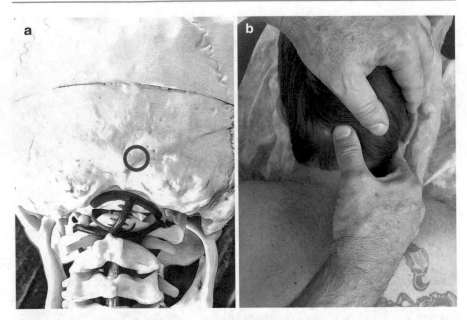

Abb. 5.25   a, b **Reizort am Skelett (links):** Protuberantia occipitalis ext., Linea nuchae sup. **In der Praxis (rechts):** Stimulation mit der Daumenkuppe. Die Druckrichtung erfolgt von dorsal-lateral nach ventral-medial

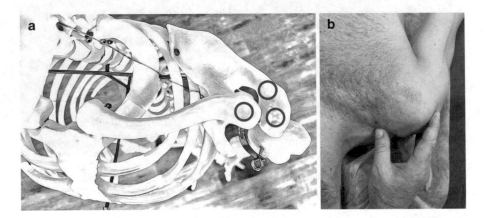

Abb. 5.26   a, b **Reizort am Skelett (links):** Clavicula (lat. Drittel), Acromion, Spina scapulae. **In der Praxis (rechts):** Stimulation mit der Daumenkuppe. Die Druckrichtung erfolgt von kranial nach kaudal

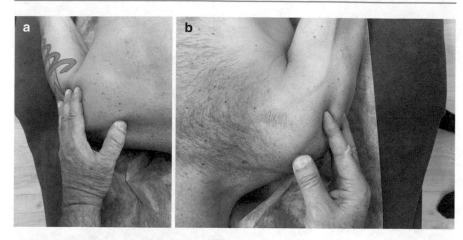

Abb. 5.27   a, b In der Praxis: Behandlung mit der Daumenkuppe. Die Druckrichtung erfolgt von kranial nach kaudal am Reizort spina scapulae (links). Die Druckrichtung erfolgt von kranial nach kaudal am Reizort Acromion (rechts)

Insertion: M. infraspinatus (Abb. 5.33)
- Patient in Bauchlage. Therapeut steht seitlich an der Liege.
- **Reizorte:** Fossa infraspinata (med.), Tuberculum majus.
- **Nervenversorgung:** Plexus brachialis, N. suprascapularis, C4-C6.

Insertion: M. teres major (Abb. 5.34)
- Patient in Bauchlage. Therapeut steht seitlich an der Liege.
- **Reizort:** Angulus inf. Scapulae.
- **Nervenversorgung:** Plexus brachialis, N. thoracodorsalis, C6-C7, N. subscapularis C5-C6.

Insertion: M. levator scapulae (Abb. 5.35)
- Patient in Bauchlage. Therapeut steht kopfwärts an der Liege.
- **Reizort:** Angulus sup. scapulae.
- **Nervenversorgung:** Plexus cervicalis, C3-C5, Plexus brachialis, N. subscapularis, C6-C7.

Insertion: M. rhomboideus (Abb. 5.36)
- Patient in Bauchlage. Therapeut steht seitlich an der Liege.
- **Reizort:** Margo med. scapulae.
- **Nervenversorgung:** Plexus brachialis, N. dorsalis scapulae (C5 teilweise C4-C6).

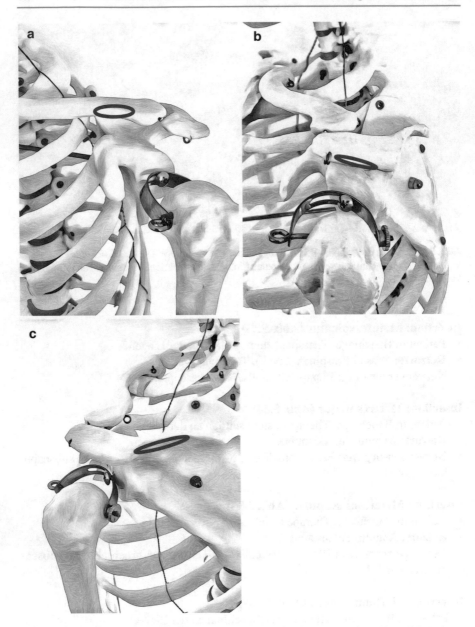

Abb. 5.28 a–c Reizorte am Skelett: lateraler Bereich Clavicula (M. delt. p. clav.; links), Acromion (M. delt. p. acr.; Mitte) und Spina scapulae (M. delt. p. spin.; rechts)

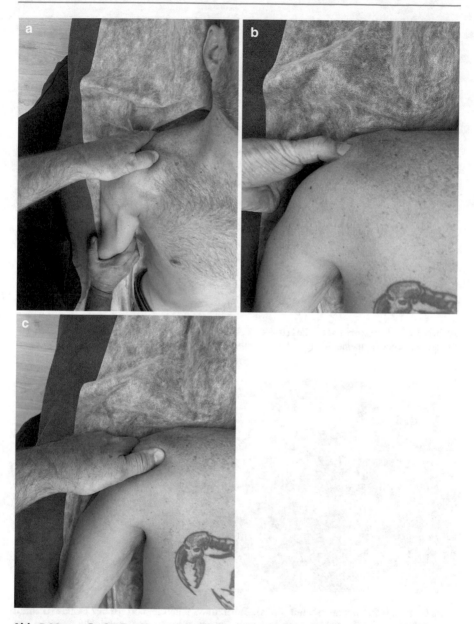

Abb. 5.29   a–c In der Praxis: Stimulation mit der Daumenkuppe. Die Druckrichtung erfolgt am Reizort lateraler Bereich Clavicula von kaudal-ventral nach kranial-dorsal (M. delt. p. clav.; links), am Acromion von kaudal-lateral nach kranial-medial (M. delt. p. acr.; Mitte) und an der Spina scapulae von kaudal-lateral nach kranial-medial (M. delt. p. spin.; rechts)

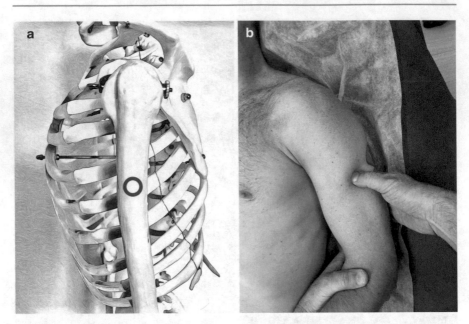

Abb. 5.30 a, b **Reizort am Skelett (links):** Tuberositas deltoideus. **In der Praxis (rechts):** Stimulation mit der Daumenkuppe. Die Druckrichtung erfolgt von lateral nach medial

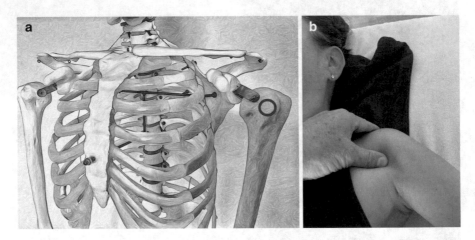

Abb. 5.31 a, b **Reizort am Skelett (links):** Tuberculum minus humeri. **In der Praxis (rechts):** Stimulation mit der Daumenkuppe, die übrigen Finger stützen. Die Druckrichtung erfolgt von kaudal-medial nach kranial-lateral

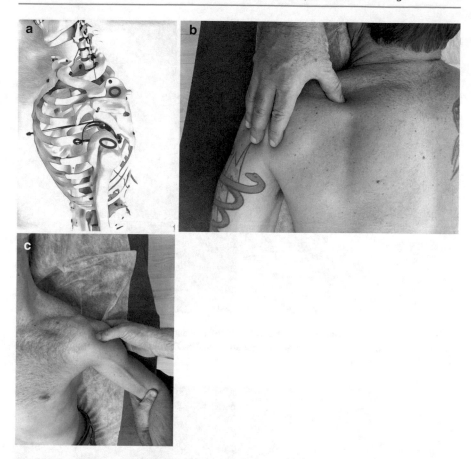

Abb. 5.32   a–c Reizorte am Skelett (links): Fossa supraspinatus und Tuberculum majus. **In der Praxis (Mitte und rechts):** Stimulation mit der Daumenkuppe. Die übrigen Finger stützen. Die Druckrichtung erfolgt von kranial-lateral nach kaudal-medial in der Fossa supraspinatus (Mitte) und dem Tub. majus von lateral nach medial (rechts)

Insertion: M. triceps brachii (Abb. 5.37)
- Patient in Bauchlage. Therapeut steht seitlich an der Liege.
- **Reizort:** Tuberculum infraglenoidale scapulae.
- **Nervenversorgung:** Plexus brachialis, N. radialis, C6-C8.

Insertion: M. bizeps brachii (Abb. 5.38 und 5.39)
- Patient in Rückenlage. Therapeut steht seitlich an der Liege.
- **Reizort:** Proc. coracoideus, Tuberositas radii.
- **Nervenversorgung:** Plexus brachialis, N. musculocutaneus, C5-C7.

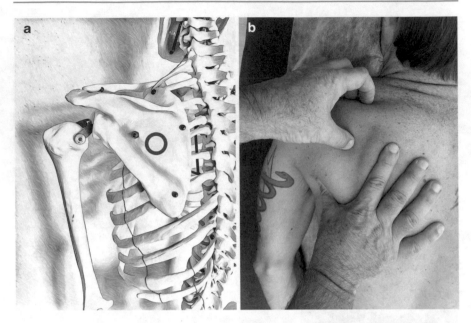

Abb. 5.33   a, b Reizort am Skelett (links): Fossa infraspinata. **In der Praxis (rechts):** Stimulation mit der Daumenkuppe. Die übrigen Finger stützen. Die Druckrichtung in die Fossa infraspinatus erfolgt von dorsal nach ventral

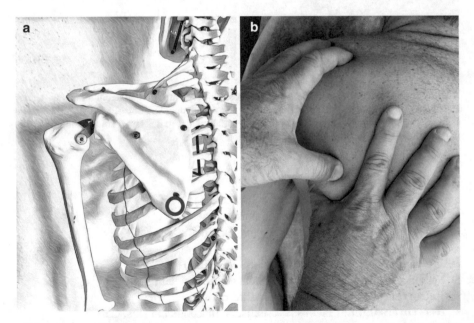

Abb. 5.34   a, b Reizort am Skelett (links): Angulus inf. Scapulae. **In der Praxis (rechts):** Stimulation mit der Daumenkuppe. Die übrigen Finger stützen und stabilisieren die Scapula. Die Druckrichtung erfolgt von dorsal nach ventral

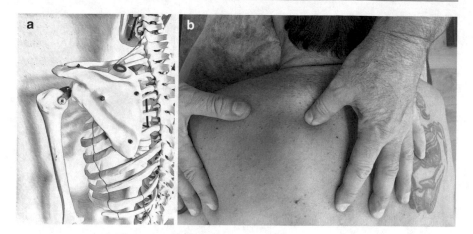

Abb. 5.35   a, b Reizort am Skelett (links): Angulus sup. scapulae. **In der Praxis (rechts):** Stimulation mit der Daumenkuppe. Die übrigen Finger stützen und stabilisieren die Scapula. Die Druckrichtung erfolgt von kranial-medial nach kaudal-lateral

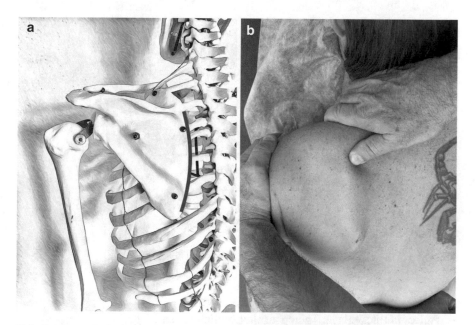

Abb. 5.36   a, b Reizort am Skelett (links): Margo med. Scapulae. **In der Praxis (rechts):** Stimulation mit der Daumenkuppe. Die übrigen Finger unterstützen die Position der Scapula. Die Druckrichtung erfolgt am Margo med. scapulae von medial nach lateral

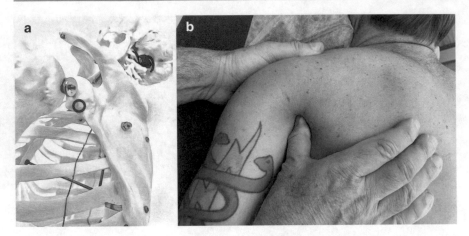

Abb. 5.37 a, b **Reizort am Skelett (links):** Tuberkulum infraglenoidale scapulae. **In der Praxis (rechts):** Stimulation mit der Daumenkuppe. Die übrigen Finger unterstützen die Position der Schulter. Die Druckrichtung erfolgt zum Tub. infraglenoidale scapulae von kaudal-lateral nach kranial-medial

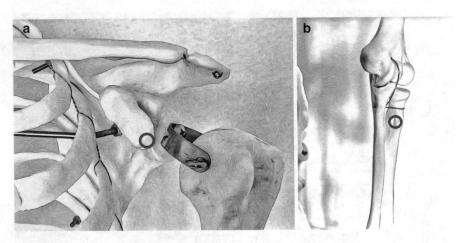

Abb. 5.38 a, b Reizorte am Skelett: Proc. coracoideus und Tuberositas radii

Insertion: Flexoren ulnare Gruppe (Abb. 5.40)

- Patient in Rückenlage. Therapeut sitzt seitlich an der Liege.
- **Reizort:** Epicondylus med., Ventralfläche Radius dist. Tuberositas rad. (M. flex. digit. superficialis, M. pronator teres).
- **Nervenversorgung:** N. medianus C6-C7, N. ulnaris, C7-Th1.

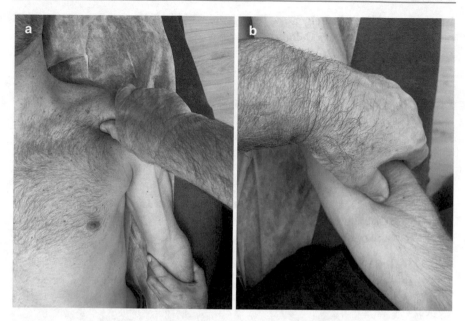

Abb. 5.39 a, b In der Praxis: Stimulation mit der Daumenkuppe. Die Druckrichtung erfolgt am Proc. coracoideus von kaudal-ventral nach kranial-dorsal (links) und an der Tub. rad. von ventral-medial nach dorsal-lateral (rechts)

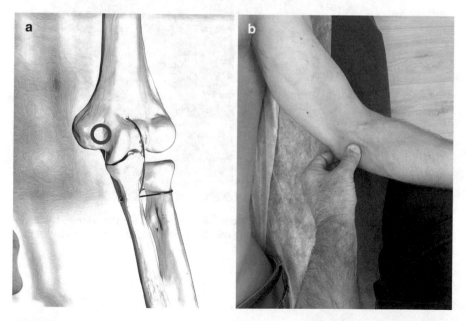

Abb. 5.40 a, b Reizorte am Skelett (links): Epicondylus medialis, Ventralfläche Radius dist. Tuberositas rad. **In der Praxis (rechts):** Stimulation mit der Daumenkuppe. Die übrigen Finger stützen. Die Druckrichtung erfolgt am Epicond. med. von kaudal-medial nach kranial-lateral

Insertion: radiale Muskelgruppe (Extensoren, Abb. 5.41)
- Patient in Rückenlage. Therapeut sitzt oder steht seitlich an der Liege.
- **Reizort:** Epicondylus lat.
- **Nervenversorgung:** Plexus brachialis, N. radialis, C6-C7.

Insertion: M. opponens pollicis (Abb. 5.42)
- Patient in Rückenlage. Therapeut sitzt seitlich an der Liege.
- **Reizort:** Tuberculum ossis trapezii, Retinaculum flexorum.
- **Nervenversorgung:** Plexus brachialis, N. medianus, C6-C8 auch C8-Th1.

Insertion: M. adductor pollicis (Abb. 5.43)
- Patient in Rückenlage. Therapeut steht seitlich an der Liege.
- **Reizort:** Os metacarpale III.
- **Nervenversrogung:** Plexus brachialis, N. ulnaris, C8-Th1.

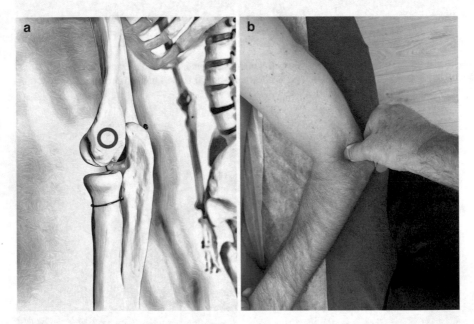

Abb. 5.41   **a, b Reizort am Skelett (links):** Epicondylus lateralis. **In der Praxis (rechts):** Stimulation mit der Daumenkuppe. Die Druckrichtung erfolgt am Epicond. lat. von kranial-lateral nach kaudal-medial

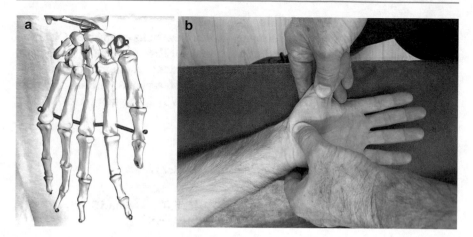

Abb. 5.42   a, b Reizort am Skelett (links): Tuberculum ossis trapezii, Retinaculum flexorum. **In der Praxis (rechts):** Stimulation mit der Daumenkuppe. Die anderen Finger unterstützen die Handposition. Die Druckrichtung erfolgt am Tub. ossis trap. von ventral nach dorsal

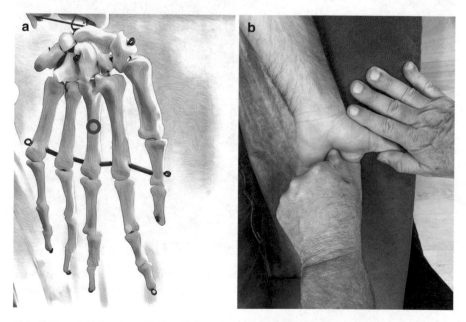

Abb. 5.43   a, **b Reizort am Skelett (links):** Os metacarpale III. **In der Praxis (rechts):** Stimulation mit der Daumenkuppe. Die übrigen Finger unterstützen die Position der Patientenhand. Die Druckrichtung erfolgt am Os metacarpale III von ventral-lateral nach dorsal-medial

Druckpunkte an der Wirbelsäule

An der Wirbelsäule erfolgen die Reizungen in den Bewegungssegmenten C1/C2 bis L5/S1. Die Interventionspunkte sind: die Kapseln der Facettengelenke, die Processus spinosii und transversii bzw. die tendinös-periostalen Insertionen des transverso-spinalen und des spinalen muskulären Systems (M. scalenus: Tub.ant. und post. C3-C7; M. semispinalis C7-Th[8]; M. rotatores [nur BWS]; M. erector spinae/M. multifidus, C5-S4-Lig. sacroiliacum, Crista iliaca).

Processus spinosus der BWS (Abb. 5.44)
• Patient in Bauchlage. Therapeut steht seitlich an der Liege.

Processus der HWS/BWS/LWS (Abb. 5.45, 5.46, 5.47, 5.48 und 5.49)
• Patient in Bauchlage. Therapeut steht seitlich an der Liege.

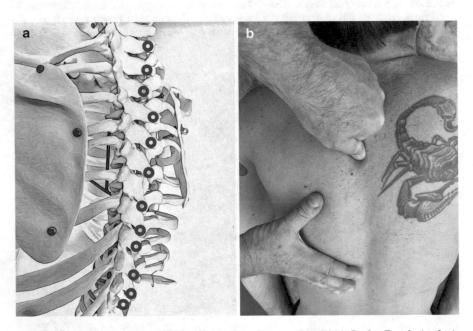

Abb. 5.44 a, b Reizorte am Skelett (links): Dornfortsätze Th1-Th12. **In der Praxis (rechts):** Stimulation mit der Daumenkuppe. Die Druckrichtung erfolgt am Reizort Proc. spinosi von lateral nach medial

Abb. 5.45   a–c Reizorte am Skelett (links): Halswirbelsäule C1-C7. **In der Praxis (rechts):** Stimulation mit der Daumenkuppe. Die Druckrichtung erfolgt in Richtung der Kapseln des Atlantoaxialgelenkes und der Facettengelenke von dorsal-lateral nach ventral-medial (Beispiel: C_2 Proc. spin., [Mitte]; Kapsel Facettengelenk C_2, [rechts])

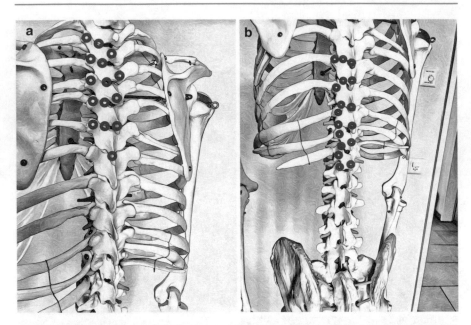

Abb 5.46 a, b Reizorte am Skelett: Brustwirbelsäule Th1-Th5 (links) und Th8-Th12 (rechts); Proc. spinosii, Proc. transversii, Kapseln der Facettengelenke

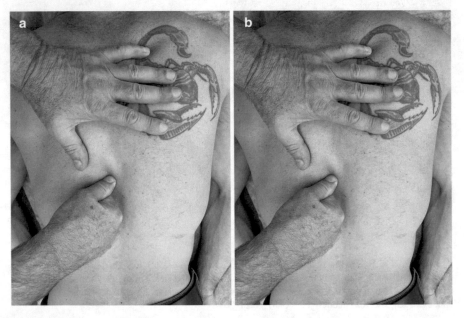

Abb. 5.47 a–c In der Praxis: Stimulation mit der Daumenkuppe. Die übrigen Finger stützen. Die Druckrichtung erfolgt an den Proc. spinosi (s. Beispiel: Th^8 [links]) von lateral nach medial, an den Kapseln der Facettengelenke (s. Beispiel: Th^8 [Mitte]) von dorsal-lateral nach ventral-medial und an den Proc. transversi (s. Beispiel: Th^8 [rechts]) von dorsal nach ventral

Abb. 5.47   (Fortsetzung)

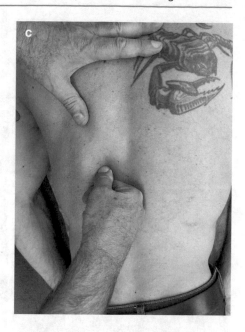

Abb. 5.48   Reizorte am Skelett: LWS L1-L5/S1 Proc. spinosi, Proc. transversii und Kapseln der Facettengelenke

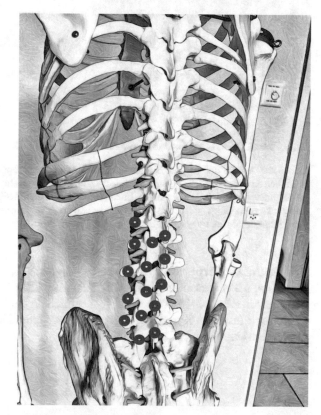

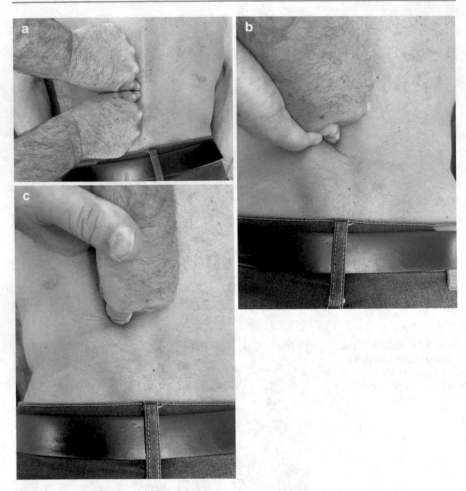

Abb. 5.49 a–c In der Praxis: Stimulation mit den Daumenkuppen, wobei der zweite Daumen zusätzlich den Therapiedaumen stützt (Doppel-Daumentechnik). Die Druckrichtung erfolgt an den Proc. spinosi (Beispiel: Proc. spin. L$_{1/2}$ [links]) von lateral nach medial, an den Kapseln der Facettengelenke (Beispiel: L$_{1/2}$ [rechts]) von dorso-lateral nach ventral-medial und an den Proc. transversii (Beispiel: Proc. transversus L$_4$) im Winkel von 90° von dorsal nach ventral

Druckpunkte Körperstamm ventral
Insertion: M. rectus abdominis (Abb. 5.50 und 5.51)
- Patient in Rückenlage. Therapeut steht seitlich an der Liege.
- **Reizort:** Insertion Knorpel 5.-7. Rippe, Proc. xiphoideus, Os pubis, Symphyse.
- **Nervenversorgung:** N. spinalis, Th1-Th12.

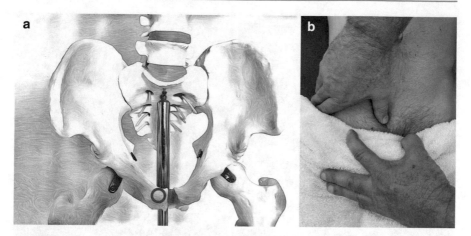

Abb. 5.50   a, b Reizort am Skelett (links): Os pubis, Symphyse. **In der Praxis (rechts):** Stimulation mit der Daumenkuppe. Die Druckrichtung erfolgt an der Symphyse von kranial-ventral nach kaudal-dorsal

Insertion: M. obliquus externus abd. (Abb. 5.52 und 5.53)
- Patient in Rückenlage. Therapeut steht seitlich an der Liege.
- **Reizort:** 5.-12. Rippe, Crista iliaca.
- **Nervenversorgung:** N. spinalis, Th5-Th12.

Insertion: M. latissimus dorsi (Abb. 5.54)
- Patient in Rückenlage. Therapeut sitzt oder steht seitlich an der Liege.
- **Reizort:** Crista tuberculi minoris und Sulcus intertubercularis (Humerus).
- **Nervenversorgung:** Nervus thoracodorsalis (Plexus brachialis) C6-C8.

Insertion: M. iliopsoas (Abb. 5.55)
- Patient in Rückenlage. Das Hüftgelenk ist außenrotiert und das Kniegelenk flektiert. Therapeut sitzend auf der Behandlungsliege.
- **Reizort:** Trochanter minor.
- **Nervenversorgung:** Plexus lumbalis, L1-L4.

Insertion: M. quadratus lumborum (Abb. 5.56)
- Patient in Bauchlage. Therapeut steht seitlich an der Liege.
- **Reizort:** Crista iliaca.
- **Nervenversorgung:** N. spinalis Th12-L3.

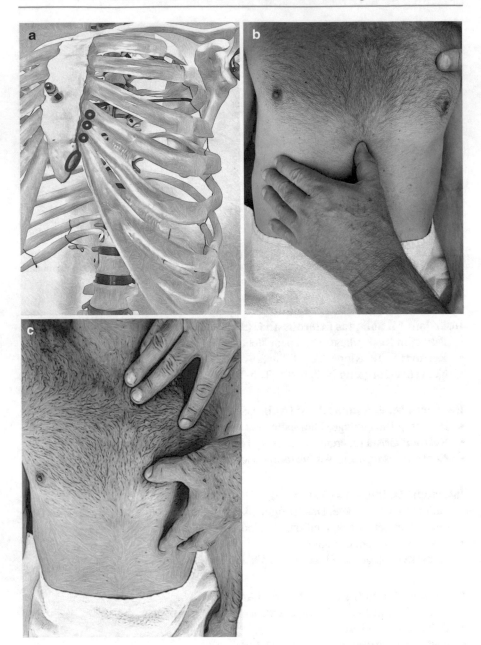

Abb. 5.51   a–c Reizorte am Skelett (links): Proc. xiphoideus und Knorpel 5. bis 7. Rippe. **In der Praxis:** Stimulation mit der Daumenkuppe. Die übrigen Finger stützen. Die Druckrichtung erfolgt am Proc. xiphoideus von kaudal-lateral nach kranial-medial (Mitte) bzw. den Oberkanten der Rippen (Beispiel: 6. Rippe [rechts]) von kranial-lateral nach kaudal-medial

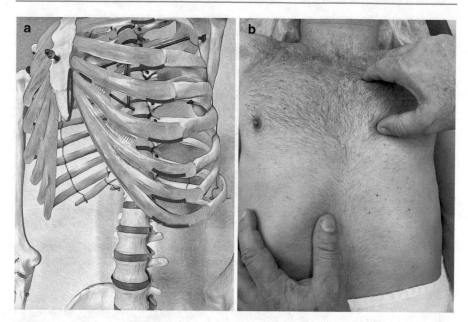

Abb. 5.52 a, b Reizorte am Skelett (links): Proc. xiphoideus, Unterränder der 5. bis 12. Rippe. **In der Praxis (rechts):** Stimulation mit der Daumenkuppe. Die übrigen Finger stützen. Die Druckrichtung erfolgt an den Unterrändern der Rippen von kaudal-lateral nach kranial-medial (Beispiel: 5. Rippe)

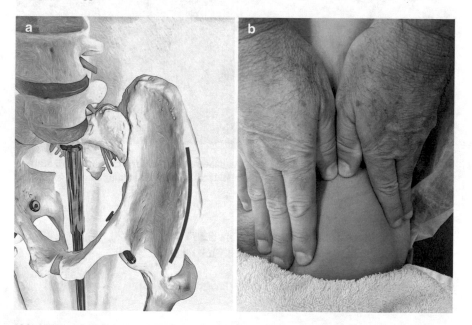

Abb. 5.53 a, b Reizorte am Skelett (links): Crista iliaca vorderes bis mittleres Drittel. **In der Praxis (rechts):** Stimulation mit den Daumenkuppen (Doppel-Daumentechnik). Die anderen Finger stützen. Die Druckrichtung erfolgt an der Crista iliaca von kranial-medial nach kaudal-lateral

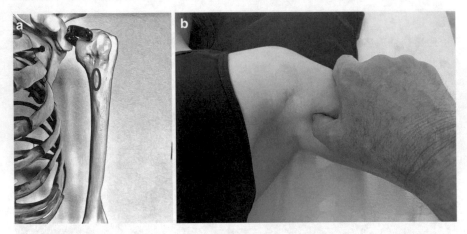

Abb. 5.54 a, b Reizorte am Skelett (links): Crista tuberculi minoris und Sulcus intertubercularis humeri. **In der Praxis (rechts):** Stimulation mit der Daumenkuppe. Die Druckrichtung erfolgt von medial nach lateral

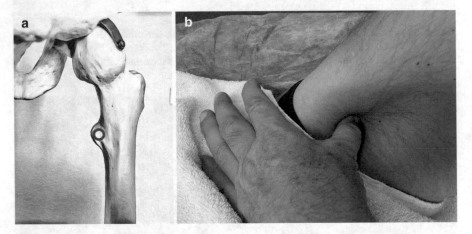

Abb. 5.55 a, b Reizorte am Skelett (links): Trochanter minor. **In der Praxis (rechts):** Stimulation mit der Daumenkuppe. Die übrigen Finger stützen. Die Druckrichtung erfolgt von medial nach lateral

Insertion: M. iliocostalis lumborum (Abb. 5.57)

- Patient in Bauchlage. Therapeut steht seitlich an der Liege.
- **Reizort:** Crista iliaca, Os sacrum.
- **Nervenversorgung:** N. spinalis (R. posteriores) Th7-L3.

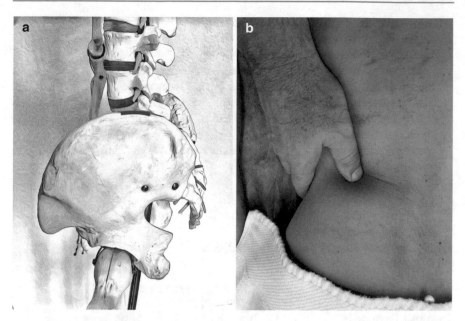

Abb. 5.56 a, b Reizorte am Skelett (links): Crista iliaca an der dorsal höchsten Erhebung. **In der Praxis (rechts):** Stimulation mit der Daumenkuppe. Die anderen Finger stützen. Die Druckrichtung erfolgt von kranial nach kaudal

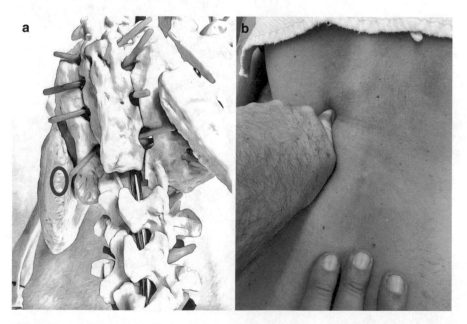

Abb. 5.57 a, b Reizorte am Skelett (links): Crista iliaca, Os sacrum. **In der Praxis (rechts):** Stimulation mit der Daumenkuppe. Die übrigen Finger stützen. Die Druckrichtung erfolgt von kranial-medial nach kaudal-lateral

Druckpunkte Becken und untere Extremität

Insertion: M. gluteus max., med., min. (Abb. 5.58, 5.59, 5.60, 5.61, 5.62 und 5.63)

- Patient in Bauchlage. Therapeut steht seitlich an der Liege.
- **Reizorte:** M. glut. max.: Linea glutea post., Os sacrum-os coccygis; M. glut. med.: zwischen Linea glut. post. und ant., M. glut. min.: zwischen Linea glut. ant. und inf. (vom M. glut. med. überdeckt); M. glut. med. und min.: Trochanter major.
- **Nervenversorgung:** M. glut. max.: Plexus sacralis/N. glut. inf., L5-S2; M. glut. med./min: N. glut. sup., L4-S1.

Insertion: M. piriformis (Abb. 5.64)

- Patient in Bauchlage. Therapeut steht seitlich an der Liege.
- **Reizort:** Trochanter major (Apex).
- **Nervenversorgung:** Plexus sacralis, L5-S2.

Abb. 5.58   Reizorte am Skelett: Linea glutea post., Os sacrum, Os coccygis (M. glut. max.)

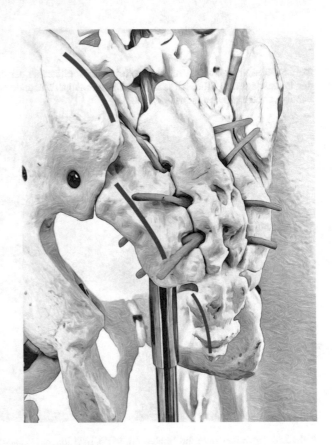

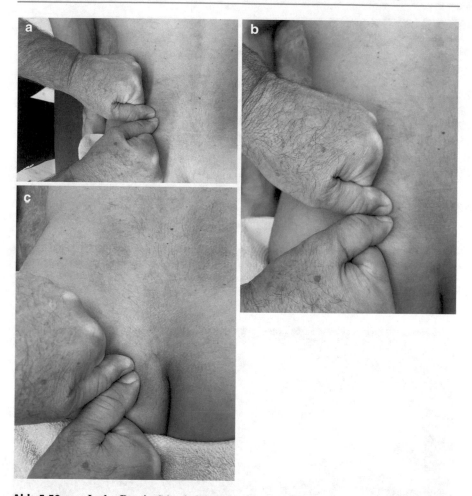

Abb. 5.59 a–c In der Praxis: Stimulation mit den Daumenkuppen (Doppeldaumentechnik). Die übrigen Finger stützen. Die Druckrichtung erfolgt jeweils von kaudal-lateral nach kranial-medial (Beispiel: Linea glutea post. [links], Os sacrum [Mitte], Os coccygis [rechts])

Insertion: M. adductor magnus (Abb. 5.65 und 5.66)

- Patient in Bauch- (Tuber ischiadicum) oder Rückenlage (Epicondylus med.). Therapeut steht seitlich an der Liege.
- **Reizort:** Tuber ischiadicum, Epikondylus med.
- **Nervenversorgung:** Plexus lumbalis, N. obturatorius, L2-L4, Plexus sacralis, N. tibialis L4-L5.

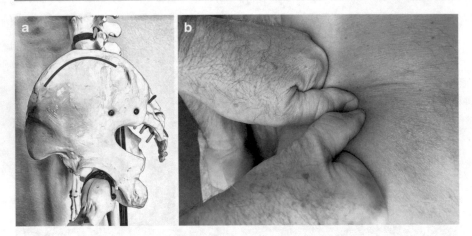

Abb. 5.60 a, b Reizorte am Skelett (links): zwischen Linea glut. ant. und der Linea glutea posterior (M. glut. med.). **In der Praxis (rechts):** Stimulation mit den Daumenkuppen (Doppeldaumentechnik). Die übrigen Finger stützen. Die Druckrichtung erfolgt von kaudal-lateral nach kranial-medial

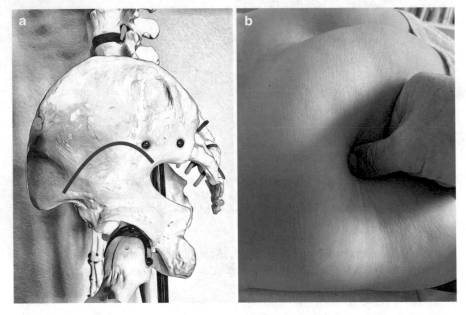

Abb. 5.61 a, b Reizorte am Skelett (links): zwischen Linea glut. ant. und inf. (M. glut. min.). **In der Praxis (rechts):** Stimulation mit der Daumenkuppe, die übrigen Finger stützen. Die Druckrichtung erfolgt von dorsal-lateral nach ventral-medial

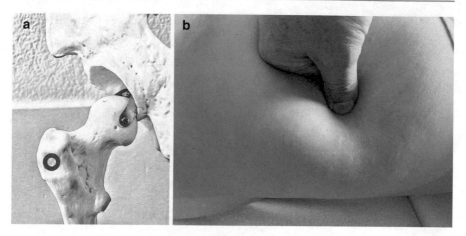

Abb. 5.62 a, b Reizorte am Skelett (links): Trochanter major (M. glut. med.). **In der Praxis (rechts):** Stimulation mit der Daumenkuppe, die übrigen Finger stützen. Die Druckrichtung erfolgt von kranial-lateral nach kaudal-medial

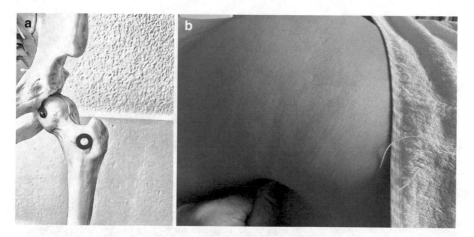

Abb. 5.63 a, b Reizorte am Skelett (links): Trochanter major ventral (M. glut. min.). **In der Praxis (rechts):** Stimulation mit der Daumenkuppe, die übrigen Finger stützen. Die Druckrichtung erfolgt von kranial-lateral nach kaudal-medial

Insertion: M. semitendinosus (Abb. 5.67 und 5.68)
- Patientin in Bauch- (Tuber ischiadicum) oder Rückenlage (Pes anserinus). Therapeut steht seitlich-fußwärts an der Liege.
- **Reizort:** Tuber ischiadicum, Pes anserinus (mit M. sartorius, M. gracilis).
- **Nervenversorgung:** Plexus sacralis, N. tibialis, L5-S2.

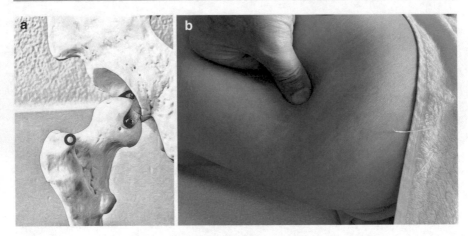

Abb. 5.64 a, b Reizort am Skelett (links): Trochanter major (Apex) dorsal. **In der Praxis (rechts):** Stimulation mit der Daumenkuppe, die übrigen Finger stützen. Die Druckrichtung erfolgt von kranial-lateral nach kaudal-medial

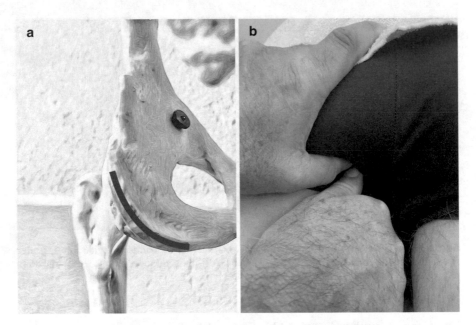

Abb. 5.65 a, b Reizort am Skelett (links): Tuber ischiadicum. **In der Praxis (rechts):** Stimulation mit den Daumenkuppen (Doppeldaumentechnik), die übrigen Finger stützen. Die Druckrichtung erfolgt von kaudal-medial nach kranial-lateral

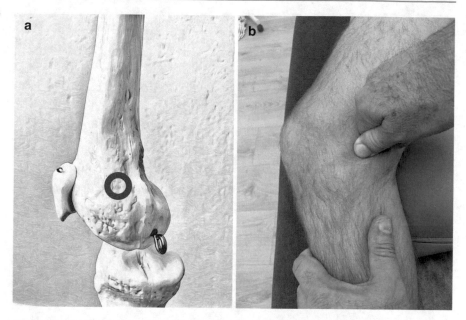

Abb. 5.66   a, b Reizort am Skelett (links): Epicondylus med. am Knie. **In der Praxis (rechts):** Stimulation mit der Daumenkuppe, die übrigen Finger stützen Die Druckrichtung erfolgt von kranial-medial nach kaudal-lateral

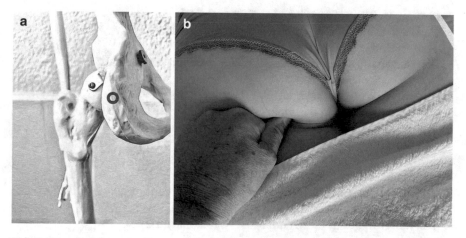

Abb. 5.67   a, b Reizort am Skelett (links): Tuber ischiadicum. **In der Praxis (rechts):** Stimulation mit der Daumenkuppe. Die Druckrichtung erfolgt von kaudal-lateral nach kranial-medial

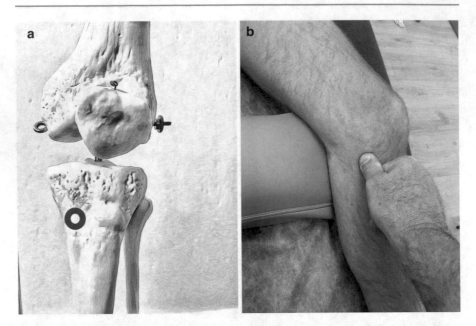

Abb. 5.68 a, b Reizort am Skelett (links): Pes anserinus (M. semitendinosus, M. sartorius, M. gracilis). **In der Praxis (rechts):** Stimulation mit der Daumenkuppe, die übrigen Finger stützen. Die Druckrichtung erfolgt von kaudal-medial nach kranial-lateral

Insertion: M. biceps femoris (Abb. 5.69 und 5.70)
- Patient in Bauchlage. Therapeut steht seitlich an der Liege.
- **Reizort:** Tuber ischiadicum, Caput fibulae.
- **Nervenversorgung:** Plexus sacralis, N. tibialis, N. peroneus, L5-S2.

Insertion: M. rectus femoris (Abb. 5.71)
- Patient in Rückenlage. Therapeut steht seitlich an der Liege.
- **Reizort:** Spina iliaca ant. inf.
- **Nervenversorgung:** Plexus lumbalis, N. femoralis, L2-L4.

Insertion: M. vastus lateralis (Abb. 5.72)
- Patient in Rückenlage. Therapeut steht seitlich an der Liege.
- **Reizort:** ca. Mitte Femur lateral.
- **Nervenversorgung:** Plexus lumbalis, N. femoralis, L2-L4.

Insertion: M. vast. medialis (Abb. 5.73)
- Patient in Rückenlage. Therapeut steht seitlich an der Liege.
- **Reizort:** Grenze mittl.-unt. Drittel Femur medial.
- **Nervenversorgung:** Plexus lumbalis, N. femoralis, L2-L4.

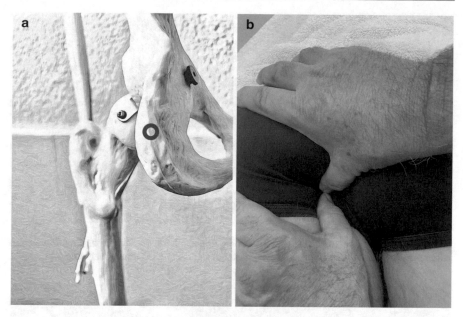

Abb. 5.69   a, b Reizort am Skelett (links): Tuber ischiadicum. **In der Praxis (rechts):** Stimulation mit den Daumenkuppen (Doppeldaumentechnik) am Tub. ischiadicum, die übrigen Finger stützen. Die Druckrichtung erfolgt von kaudal-medial nach kranial-lateral

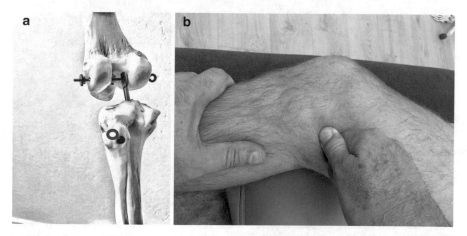

Abb. 5.70   a, b Reizort am Skelett (links): Caput fibulae. **In der Praxis (rechts):** Stimulation mit der Daumenkuppe am Caput fibulae, die übrigen Finger stützen. Die Druckrichtung erfolgt von kranial-lateral nach kaudal-medial

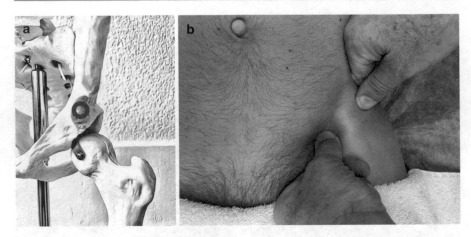

Abb. 5.71 a, b **Reizort am Skelett (links):** Spina iliaca ant. inf. **In der Praxis (rechts):** Stimulation mit der linken Daumenkuppe. Die Druckrichtung erfolgt von ventral nach dorsal

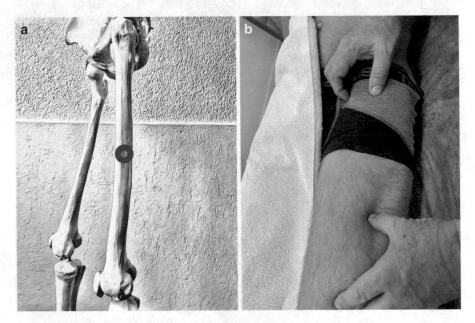

Abb. 5.72 a, b **Reizort am Skelett (links):** Mitte des Femur lateral. **In der Praxis (rechts):** Stimulation mit dem Daumen, die anderen Finger stützen. Die Druckrichtung erfolgt von lateral nach medial

Insertion: M. tensor fascia latae (Abb. 5.74)

- Patient in Rückenlage. Therapeut steht seitlich an der Liege.
- **Reizort:** Spina iliaca ant. sup.
- **Nervenversorgung:** Plexus sacralis, L4-S1.

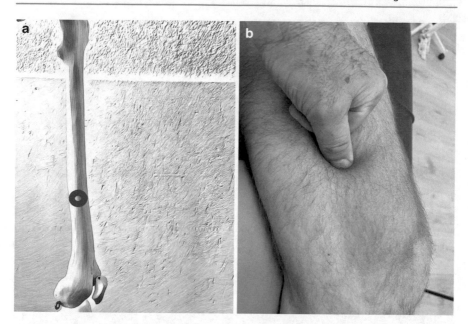

Abb. 5.73 a, b **Reizort am Skelett (links):** Grenze vom mittleren zum unteren Drittel des Femur medial. **In der Praxis (rechts):** Stimulation mit dem Daumen. Die anderen Finger stützen den Daumen. Die Druckrichtung erfolgt von medial nach lateral

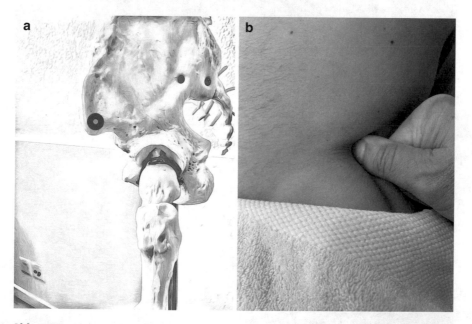

Abb. 5.74 a, b **Reizort am Skelett (links):** Spina iliaca ant. sup. (links). **In der Praxis (rechts):** Stimulation mit der Daumenkuppe. Die Druckrichtung erfolgt von kaudal-lateral nach kranial-medial

Insertion: M. sartorius (Abb. 5.75)
- Patient in Rückenlage. Therapeut steht seitlich an der Liege.
- **Reizort:** Spina iliaca ant. sup., Pes anserinus (M. gracilis, M. semitendinosus).
- **Nervenversorgung:** N. femoralis L2-L4.

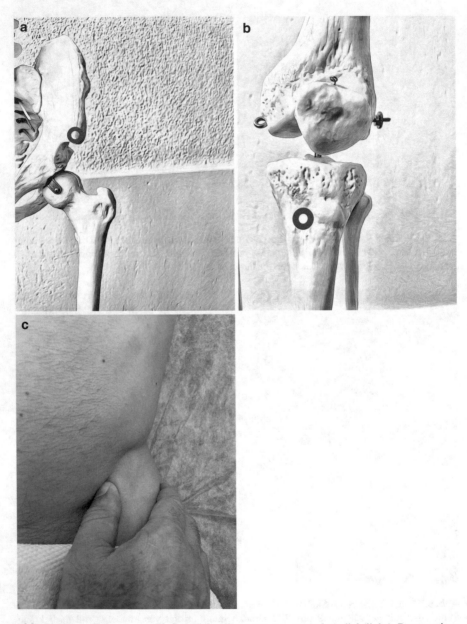

Abb. 5.75   a–c Reizorte am Skelett: Spina iliaca ant. sup. ventral-medial (links), Pes anserinus (Mitte). **In der Praxis (rechts):** Stimulation mit der Daumenkuppe. Druckrichtung von kaudal-medial nach kranial-lateral

Insertion: M. popliteus (Abb. 5.76)
- Patient in Bauchlage. Kniegelenk ist 90° flektiert. Therapeut sitzt seitlich auf der Liege.
- **Reizort:** dorsale Gelenkkapsel, Planum popliteum tibiae.
- **Nervenversorgung:** N. tibialis (N. ischiadicus, Plexus sacralis) L4-S3.

Insertion: M. tibialis ant. (Abb. 5.77)
- Patient in Rückenlage. Therapeut steht seitlich an der Liege.
- **Reizort:** Condylus lat. tibiae.
- **Nervenversorgung:** Plexus sacralis, N. ischiadicus, N. fib. profundus, L5-S1.

Insertion: M. soleus (Abb. 5.78)
- Patient in Bauchlage. Das Knie ist gebeugt. Therapeut steht seitlich an der Liege.
- **Reizort:** Caput fibulare, oberes Drittel dorsal Fibula.
- **Nervenversorgung:** Plexus sacralis, N. ischiadicus, S1-S2.

Insertion: M. gastrocnemius (Abb. 5.79)
- Patient in Bauchlage. Das Knie ist 90° gebeugt. Therapeut steht seitlich an der Liege.
- **Reizort:** Epicondylus med. und lat.
- **Nervenversorgung:** Plexus sacralis, N. ischiadicus, N. tibialis, S1-S2.

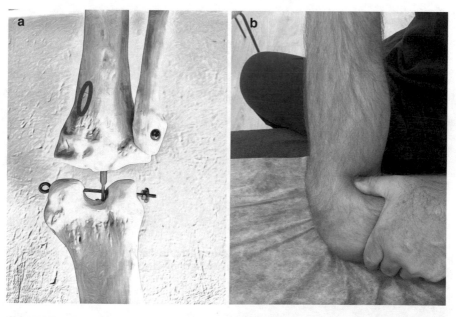

Abb. 5.76 a, b Reizort am Skelett (links): Dorsale Gelenkkapsel, Planum popliteum tibiae. **In der Praxis (rechts):** Stimulation mit der Daumenkuppe. Die Druckrichtung erfolgt beim gebeugten Knie von dorsal-medial nach ventral-lateral

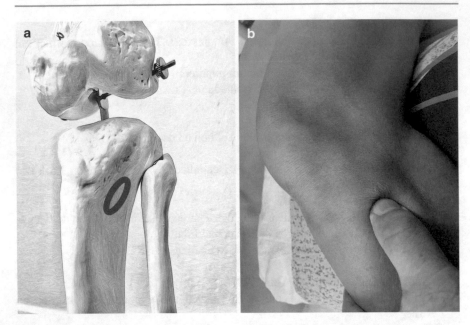

Abb. 5.77 a, b Reizort am Skelett (links): Condylus lat. Tibiae. **In der Praxis (rechts):** Stimulation mit der Daumenkuppe. Die Druckrichtung erfolgt am Condylus lat. von kaudal-lateral nach kranial-medial

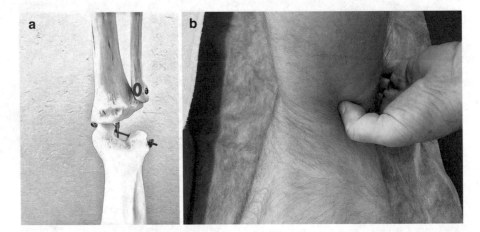

Abb. 5.78 a, b Reizort am Skelett (links): Caput fibulare. **In der Praxis (rechts):** Stimulation mit der Daumenkuppe. Die Druckrichtung erfolgt am Caput fibulare von dorsal-medial nach ventral-lateral

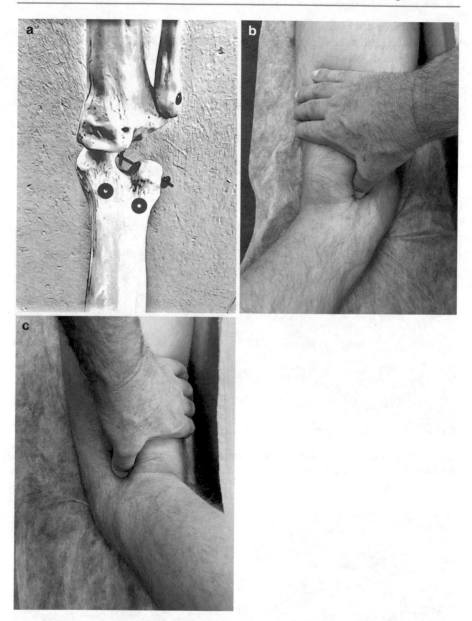

Abb. 5.79 a–c Reizort am Skelett (links): Epicondylus med. und lat. **In der Praxis (rechts):** Stimulation mit der Daumenkuppe. Die Druckrichtung erfolgt am Epicondylus med. (Mitte) von dorsal-medial nach ventral-lateral und am Epicondylus lat. (rechts) von dorsal-lateral nach ventral-medial

Druckpunkte am Fuß

Insertion: M. extensor digitorum brevis (Abb. 5.80, 5.81, 5.82 und 5.83)
- Patient ist in Rückenlage. Therapeut steht seitlich an der Liege oder sitzt am Fußende.
- **Reizort:** Dorsal- und Außenfläche des Calcaneus.
- **Nervenversorgung:** N. fibularis (peroneus) profundus (L5, S1).

Reizort: Musculus flexor digitorum brevis (Abb. 5.84)
- Patient in Rückenlage. Therapeut sitzt oder steht am Fußende.
- **Reizort:** Processus medialis tuberis calcanei, Plantaraponeurose.
- **Nervenversorgung:** N. plantaris medialis, ein Ast des N. tibialis (L5, S1).

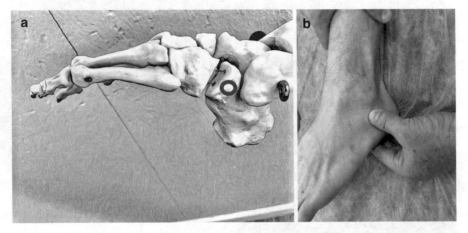

Abb. 5.80   a, b Reizort am Skelett (links): dorsale Außenfläche des Calcaneus. **In der Praxis (rechts):** Stimulation mit der Daumenkuppe. Die Druckrichtung erfolgt von lateral nach medial

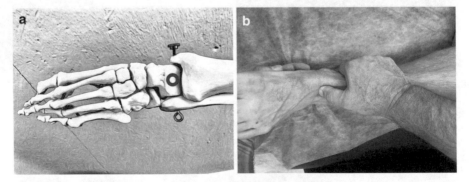

Abb. 5.81   a, b Reizort am Skelett (links): Talus ventral. **In der Praxis (rechts):** Stimulation mit der Daumenkuppe. Die Druckrichtung erfolgt von ventral nach dorsal

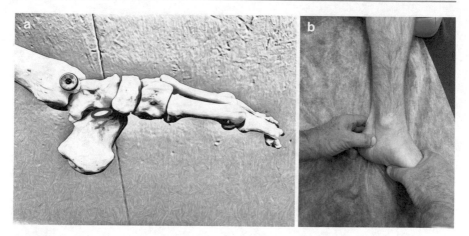

Abb. 5.82 a, b Reizort am Skelett (links): Calcaneus am Sustemtaculum tali. **In der Praxis (rechts):** Stimulation mit der Daumenkuppe. Der Druck erfolgt von kaudal-medial nach kranial-lateral

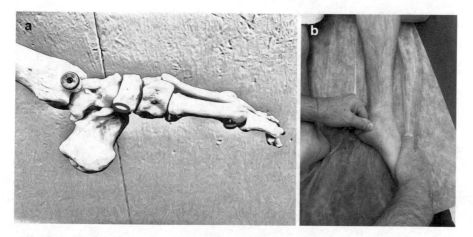

Abb. 5.83 a, b Reizort am Skelett (links): Os naviculare. **In der Praxis (rechts):** Stimulation mit der Daumenkuppe. Die Druckrichtung erfolgt von kaudal-medial nach kranial-lateral

Reizort: Grundgelenkkapsel I. Zehe (Abb. 5.85)
• Patient in Rückenlage. Therapeut sitzt am Fußende.

Reizort: Grundgelenkkapsel II-V. Zehe (Abb. 5.86)
• Patient in Rückenlage. Therapeut sitzt am Fußende.
• **Reizort:** plantar Köpfchen Os metatarsale II bis V.

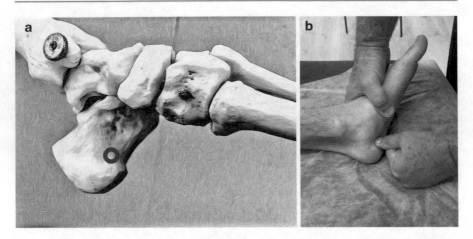

Abb. 5.84   a, b Reizort am Skelett (links): Proc. med. tuberis calcanei. **In der Praxis (rechts):** Stimulation mit der Daumenkuppe. Die Druckrichtung erfolgt von kaudal-medial nach kranial-lateral

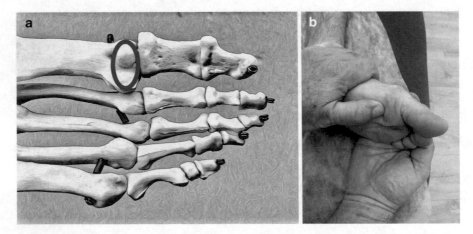

Abb. 5.85   a, b Reizort am Skelett (links): Gelenkkapsel Grundgelenk I. Zehe. **In der Praxis (rechts):** Stimulation mit der Daumenkuppe. Der Druck erfolgt von plantar

Reizort: mittlerer Bereich der Mittelfußknochen 1 bis 5 (Abb. 5.87)

- Patient in Rückenlage. Therapeut sitzt am Fußende.
- **Reizort:** Mitte des Corpus Os metatarsale I bis V.

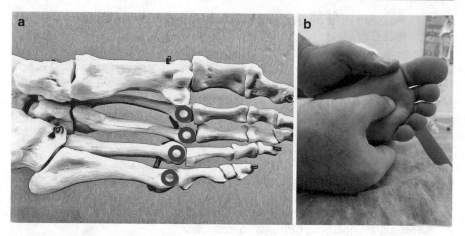

Abb. 5.86 a, b Reizort am Skelett (links): Gelenkkapseln Zehengrundgelenke II–V. **In der Praxis (rechts):** Stimulation mit der Daumenkuppe. Der Druck erfolgt jeweils von plantar

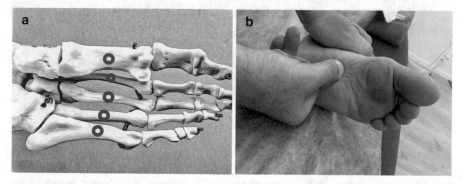

Abb. 5.87 a, b Reizort am Skelett (links): Mittelfußknochen plantar I bis V. **In der Praxis (rechts):** Stimulation mit der Daumenkuppe. Der Druck erfolgt jeweils von plantar

Übersicht

Fazit: Die Stimulation der körpereigenen Schmerzhemmung nach dem Mechanismus „Schmerz hemmt Schmerz" wird mit sehr lokalisierter und intensiver Druckausübung auf das Periost, myofaszial-periostale oder auch tendo-periostale Interventionspunkte provoziert. Die angestrebte Schmerzintensität liegt mit VAS 7–8/10 an der Toleranzgrenze des Menschen.

Die Aktivierung der Schmerzhemmung wirkt sich stets generalisiert aus. Somit erfolgt sie unabhängig vom Interventionspunkt, obwohl dennoch die Effektivität der Schmerzlinderung bezogen auf die Schmerzregion des Patienten variiert. Am effektivsten scheint die Stimulation auf der ipsilateralen Seite zu sein. Entsprechend werden eine große Anzahl von in der Praxis bewährten Reizinterventionspunkten und die Art und Weise der Reizsetzung beschrieben.

5.2   Passive und aktive Kapseldehnungen ohne und mit Geräten

Passive Gelenkmobilisationen sind das zweite Element der Therapiekette. Den Mobilisationen, den Bewegungen in den und im Endbereich des ROM geht immer die Diagnostik der Gelenkbeweglichkeit voraus. Das diagnostische Procedere wird sowohl in den Hauptbewegungsrichtungen und in Abhängigkeit vom Gelenk (insbesondere Schultergelenk) auch in den dazwischenliegenden Bewegungsrichtungen ausgeführt. Damit wird der ROM

- als Ausgangslimit der ersten „maximal tolerierbaren" passiven Bewegungen dokumentiert,
- die zugehörige Intensität provozierter Schmerzen ermittelt und
- die Schmerztoleranz einer Prüfung unterzogen.

> **Übersicht**
> **Wichtig:** Es ist bekannt, dass Kapseldehnungen, Bewegungen in den Endbereich des ROM, die eigentlich fälschlicherweise als Muskeldehnungen ausgeführt und als solche angesehen werden,
>
> - vorrangig die Schmerztoleranz vergrößern,
> - weniger oder gar nicht die Schmerzschwellen mindern und
> - keine Verlängerungen des myofaszialen Gewebes hervorrufen.

Für den Effekt Verlängerung des myofaszialen Gewebes müssten die endgradigen Gelenkpositionen stabil über sehr lange Zeiträume beibehalten werden. Infolge der absolut vorrangigen zentralen Wirkung, gegeben durch den Anstieg der Schmerztoleranz, verursachen die wiederholten, letztendlich kurzzeitigen maximalen Ausnutzungen der Gelenkbeweglichkeit einen Anstieg des ROM um 5°–10° (15°).

> **Übersicht**
> **Wichtig:** Aufgrund der zentralen Ursache der ROM-Erweiterung, der Steigerung der Schmerztoleranz, ist diese Intervention anti-nozizeptiv wirksam, aber sie muss wie jede Reaktion (Anpassung) auf konkrete Beanspruchungen durch Wiederholungen gefestigt und aufrechterhalten werden.

Da Schmerzen bzw. die Schmerztoleranz ein wesentlicher Faktor des ROM sind, erfolgt die Diagnostik zunächst stets im Rahmen der Aufnahmediagnostik und somit vor der schmerzlindernden Periostdruckmassage, der ersten Intervention der Therapiekette. Das diagnostische Procedere wird in der ersten Therapieeinheit nach der Periostdruckmassage für die in das Schmerzgeschehen eingebunden Gelenke und diejenigen mit eingeschränktem ROM wiederholt, um den „Effekt der alleinigen Schmerzlinderung auf den ROM" zu erkennen.

Übersicht

Wichtig: Die zeitlich begrenzte Schmerzlinderung durch die Periostdruckmassage und der zusätzlichen Faszienmassage in den nachfolgenden Therapieeinheiten hat sehr häufig bereits einen erklärbaren ROM-Effekt aufgrund

- der gesteigerten Schmerztoleranz,
- der gelösten Faszienverklebungen und
- der massageinduzierten vorübergehenden Durchblutungssteigerung.

Zusammengefasst hat der **Therapiebaustein „Kapseldehnungen"** folgende physiologische Bausteine bzw. Ziele:

1. Die Bewegungen in den maximalen ROM, das dortige statische Verweilen und/ oder dynamische Bewegungen in den letzten ca. 10–15° des ROM aktivieren die üblicherweise erst endgradig antwortenden Mechanosensoren und sicher auch Nozizeptoren in der Gelenkkapsel und im myofaszialen Gewebe und generieren eine anti-nozizeptive Wirkung im Sinne der Steigerung der Schmerztoleranz.
2. Die Dehnungen der Gelenkkapsel und weniger ausgeprägt, aber auch im myofasziale Gewebe wirksam, beeinflussen die passiv-mechanischen Eigenschaften der Bindegewebsstrukturen, indem zeitlich begrenzt eine Hysterese (Änderung der Ruhedehnungskurve) vorliegt. Die Spannung bei gleicher Dehnung ist im Gewebe vorübergehend reduziert, was auch einen Einfluss auf die Antworten der Sensoren hat und die Schmerzwahrnehmung reduziert. Die Hysterese wirkt kurzzeitig schmerzlindernd und ist damit verbunden auch eine Komponente der ROM-Vergrößerung.

5.2.1 Die 4 Phasen der Kapseldehnungen

Eine Erwärmung vor dem Dehnprogramm erfolgt standardmäßig in jeder Therapieeinheit und wird unbedingt „als Vorbild" auch vor der Ausführung der Selbstanwendungen im Heimprogramm empfohlen. Mit der Durchführung der Dehnungen in den Therapieeinheiten erfolgen zugleich die praktischen Anleitungen zum Erlernen der Abläufe der 4-Phasen-Kapseldehnungen. Eine Kontrolle der Ausführungen erfolgt in jeder nachfolgenden Therapieeinheit.

Mit den Bewegungen in den und mit kleiner Amplitude im Endbereich des ROM, den Kapseldehnungen, wird stets die aktuell maximal mögliche Beweglichkeit angestrebt. Als Zeichen des Erreichens des maximalen ROM gilt die Provokation eines intensiven dehnungsbedingten nozizeptiven Schmerzes von VAS 7–8/10. Der jeweils in der Therapieeinheit erreichte ROM wird mit dem VAS-Wert dokumentiert. Die Ausführung mit dem VAS-Wert 7–8/10 wird und muss in aller Regel in der ersten oder den ersten Therapieeinheiten aufgebaut werden. Es gelten unter Beachtung des Standes der Pathogenese und des Schmerzgeschehens die Grundprinzipien des Trainings für den systematischen Aufbau der Belastung.

> **Wichtig:** Etwas zu können und so auch die Entwicklung einer gesteigerten Schmerztoleranz und somit einer Schmerzlinderung auf gleichartige Belastungen entsteht nur durch funktionelle Adaptationen auf aktuelle Beanspruchungen und strukturell auf deren systematische langfristige sehr häufige Wiederholung.

Ist die Intervention „Kapseldehnung" Teil der Selbstanwendung im Heimprogramm wird der Patient dazu angeleitet, sich nach der Erwärmung durch mehrere „vorbereitende" Wiederholungen an den maximalen Bewegungsumfang heranzuarbeiten, bevor die für die effektive Aktivierung der Schmerzhemmung „wirksamen" Bewegungsausschläge mit dem intensiven Dehnungsschmerz von VAS 7–8/10 ausgeführt werden. Die maximal dehnschmerzbedingt tolerierten aktiven Bewegungsausschläge sollen gleichfalls mit einer sehr hohen Anstrengung bzw. einem sehr hohen Anstrengungsempfinden verbunden sein, was mit der Borg-Skala (Kap. 7) kontrolliert wird. Die Borg-RPE-Werte von 16–17 werden angestrebt. Auch dieser sehr hohe Anstrengungsgrad muss aufgebaut werden, denn

1. jede Belastung erfordert einen Belastungsaufbau und
2. jeder Schmerzpatient ist im Ergebnis der Dekonditionierung und der Pathogenese der Schmerzerkrankung unabhängig von der Ursache u. a. auch anstrengungsintolerant (Abb. 2.2).

Mit dem gleichen Anstrengungsgrad Borg-RPE 16–17 sollen die isometrischen Kontraktionen in der Phase 3 (s. u.) ausgeführt werden.

Durchweg alle Kapseldehnungen werden sowohl in der Therapieeinheit als auch während der Selbstanwendungen generell mit der Atemtechnik kombiniert. Der Patient wird aufgefordert, langsam und tief mit einer Frequenz von ca. 6/min und dem In- und Exspirationsverhältnis der Spontanatmung von ca. 1:1,2–1,5 zu atmen. Das entspricht etwa einer ca. 6-sekündigen Inspirationsphase und einer ca. 8-sekündigen Exspirationsphase.

Alle Kapseldehnungen werden immer in den nachfolgend beschriebenen 4 Ausführungsphasen durchgeführt. In allen Phasen werden zusätzlich dosierte an- und abschwellend vibrierende Traktionen ausgeführt. Die Dauer jeder Kapseldehnungsphase beträgt immer 60 s bzw. sie wird über 6 Atemzyklen ausgeführt. Das bedeutet, in jeder Phase finden 6 Wiederholungen statt.

1. Phase (Test + passive Kapseldehnung)
Immer mit Beginn der **Ausatmung** (Phase der respiratorischen Parasympathikusaktivierung – Herzschlagfrequenz fällt, Herzschlagvariabilität steigt) beginnen sowohl die an- und abschwellend vibrierenden Traktionen und gleichzeitig wird das Gelenk bzw. bei Ausführungen für die Wirbelsäule die Körperposition in den maximal möglichen bzw. tolerierten ROM gebracht, der die angestrebte/n maximale/n Kapseldehnung/en hervorruft. Angestrebt wird ein Dehnungsreiz mit einer Schmerzempfindung von maximal VAS 7–8/10. Bei der Erstausführung wird der Patient an die entsprechenden Dehnintensitäten herangeführt, um die dafür erforderliche Compliance und die Resilienz „aufzubauen".

Die passiv dehnende Gelenkposition oder Körperhaltung wird während der **Einatmung** (Phase der respiratorischen Sympathikusaktivierung – Herzschlagfrequenz steigt, Herzschlagvariabilität sinkt)

- in der Phase 1 entweder beibehalten oder noch verträglich weiter ausgeweitet,
- in der Phase 2 durch Muskelkontraktionen gegen die Dehnrichtung (Kontraktions-Relaxations-Zyklus; AED-Zyklus) kompensiert oder wenig um 10–20° zurückgeführt,
- in der Phase 3 werden unter den Ausführungen der Phase 2 intensive Periostdruckreize appliziert und
- in der Phase 4 werden aktive Bewegungen in die Gegenrichtung ausgeführt.

Wichtig: Die passiven maximalen Dehnungen in der Ausatmungsphase, die Nachdehnungen, der Kontraktions-Relaxations-Zyklus und die Gegenbewegungen, immer kombiniert mit sanften Traktionen und Vibrationen, mit den hohen Schmerzintensitäten sind gemeinsam der „Hauptstimulator" zur Aktivierung der körpereigenen Schmerzhemmmechanismen.

2. Phase (AED Technik: Kontraktions-Relaxations-Dehnzyklus)
Die 2. Phase startet immer mit dem Ende der **Ausatmung**. Das Gelenk befindet sich passiv im maximal möglichen bzw. tolerierbaren ROM. Die Gelenkkapsel bzw. Bereiche davon sind je nach Gelenk und Gelenkführung maximal unter Spannung. Mit dem Start der **Einatmung** erfolgt die Aufforderung, die Muskulatur, die gegen die Dehnrichtung wirkt, maximal zu kontrahieren. Es wird eine isometrische Kontraktion, weil der Therapeut den entsprechenden Widerstand leistet und somit die dehnende Gelenkposition weitestgehend fixiert. Die Kontraktion wird generell durch den Therapeuten verbal stimuliert. Das Anstrengungsempfinden durch die Kontraktion sollte lt. Borg-RPE ca. 16–17/20 betragen. In der sich dann anschließenden **Ausatmung** soll die Muskulatur völlig entspannt werden und gleichzeitig erfolgt unter Traktion und Vibration erneut ein passiver Dehnreiz in den maximalen ROM, der systematisch über die 6 Wiederholungen der Phase ausgebaut wird.

3. Phase (AED-Technik + aktive Dehnung + Periostreizsetzung)
In der 3. Phase wird immer in der **Ausatmung**, der „parasympathischen Beruhigung" bzw. Entspannung" die passive Dehnung durch eine „unterstützende" Kontraktion in die zu dehnende Gelenkbewegung ergänzt und während der **Aus- und Einatmung** intensive Periostdruckreizungen an vorher ausgewählten Interventionspunkten gesetzt (vgl. Abschn. 5.1).

4. Phase (Aktive Bewegungen im ROM)
Die 4. Phase besteht immer aus aktiven und passiven Gelenkbewegungen in den ROM-Endbereich. Während der **Ausatmung** erfolgt aktiv und passiv die Dehnung in die „therapeutische Richtung" und während der **Einatmung** in die Gegenrichtung.

5.2.2 Kapseldehnungen der Handgelenke ohne Geräte

Die passiven und aktiven 4-Phasen-Kapseldehnungen des Handgelenkes ohne Geräte werden auf der Therapieliege in Rückenlage durchgeführt. Die Dehnungen erfolgen in den Hauptbewegungsrichtungen Dorsalextension, Palmarflexion, Ulnarabduktion, Radialabduktion.

Phase 1 Handgelenk: Dorsalextension (Abb. 5.88)
Ausgangsposition: Rückenlage. Der Therapeut sitzt neben der Liege. Das Schultergelenk des zu behandelnden Handgelenkes ist in ca. 70–90° Abduktion, der Oberarm liegt bis zum Ellenbogengelenk noch auf der Liege und der Unterarm auf dem Oberschenkel des Therapeuten. Das Ellenbogengelenk ist in Extension, der Unterarm ist in Supination positioniert. Der Therapeut umfasst mit einer (der rechten, s.

Abb. 5.88 *Dehnung der Phase 1 in die Dorsalextension des Handgelenkes in der Rückenlage. Der Therapeut sitzt und umfasst mit seiner rechten Hand den Unterarm proximal am Ellenbogengelenk, die linke Hand legt er* flach auf die Handinnenfläche der Patientin. *Aus dieser Ausgangslage erfolgen mit der rechten Hand die Traktionen und mit der linken Hand die an- und abschwellenden Vibrationen und die maximale Extension*

Beispiel Abb. 5.88) Hand den Unterarm proximal am Ellenbogengelenk von dorsal und die andere (die linke) Hand liegt flach auf der Volarseite der Patientenhand und extendiert das Handgelenk.

Die Ausführung der Übung:

- **Ausatmung:** Die manuellen, vibrierenden Traktionen des Armes beginnen durch Zug nach lateral mit der rechten Hand, welche am Unterarm proximal des Ellenbogengelenkes positioniert ist. Die linke Hand unterstützt die Vibrationen während aller 4 Phasen.
- Mit jeder **Ausatmung** erfolgt der Kapseldehnreiz, die maximale Dorsalextension des Handgelenkes, begrenzt durch eine Schmerzempfindung von VAS 7–8/10, die während jeder weiteren Ausatmung nach Verträglichkeit erweitert wird.
- Während jeder **Einatmung** soll der Dehnungsreiz konstant erhalten bleiben.

Phase 2 Handgelenk: Dorsalextension (Abb. 5.89)
Beibehaltung der Positionierung, der Grifftechnik, der Vibrationen, des Atemmodus.

- Das Handgelenk ist in maximaler Extension.
- Während der **Einatmung** erfolgen maximale Muskelaktivitäten (Borg-RPE 16–17) gegen die passive Dorsalextension. Der Therapeut liefert die notwendige Gegenkraft zur Beibehaltung der Gelenkposition und stimuliert verbal.
- Während der **Ausatmung** wird die Muskulatur maximal relaxiert und unter Traktion und Vibration erfolgt eine maximale Nachdehnung in die Dorsalextension.

Abb. 5.89 Dehnung in der Extension der Phase 2. Während der Einatmung erfolgt eine isometrische Kontraktion in die Flexion. In der Ausatmungsphase erfolgt die Nachdehnung in die Extension mit Traktion und manuell an- und abschwellenden Vibrationen

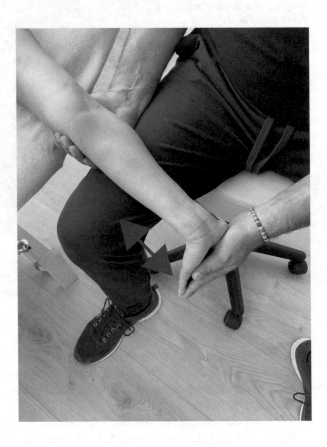

Phase 3 Handgelenk: Dorsalextension (Abb. 5.90)
Beibehaltung der Positionierung, der Grifftechnik, der Vibrationen und des Atemmodus mit der AED-Technik.

- Mit der Daumenkuppe werden während der gesamten Phase 3 Periostdruckreize am Interventionspunkt des M. flexor carpi radialis am Epicondylus medialis gesetzt.
- **Ausatmung:** Die passive Nachdehnung wird durch Kontraktionen in die Dorsalextension assistiert.

Abb. 5.90 Während der Phase 3 werden intensive Periostdruckreize am Interventionspunkt des M. flexor carpi radialis am Epicondylus medialis gesetzt

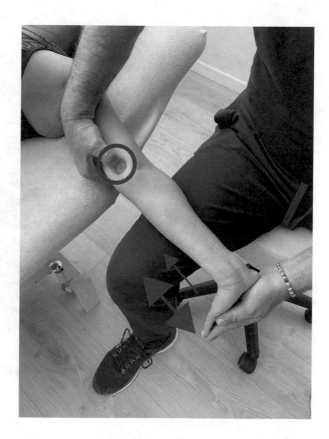

Phase 4 Handgelenk: Dorsalextension (Abb. 5.91)
Beibehaltung der Positionierung, der Vibrationen und des Atemmodus mit der AED-Technik.

- Die Dorsalextension wird aktiv in die maximale ROM-Position geführt und die Nachdehnung wird passiv unterstützt.
- Während der **Ausatmung** erfolgt aktiv die maximale Dorsalextension. Der Therapeut unterstützt die Bewegung durch taktile Reize und eine passive Nachdehnung.
- Während der **Einatmung** wird das Handgelenk aktiv maximal flektiert.

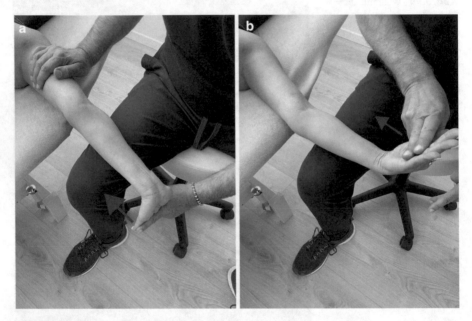

Abb. 5.91   a, b Die aktive und passiv unterstützte maximale Extension während der Ausatmung (links) und die aktive Handgelenkflexion während der Einatmung (rechts)

Phase 1 Handgelenk: Flexion (Abb. 5.92)
Ausgangsposition: Rückenlage. Der Therapeut sitzt neben der Liege. Das Schultergelenk des zu behandelnden Handgelenkes ist in ca. 70–90° Abduktion, der Oberarm liegt bis zum Ellenbogengelenk noch auf der Liege und der Unterarm auf dem Oberschenkel des Therapeuten. Das Ellenbogengelenk ist in Extension, der Unterarm ist in Pronation positioniert. Der Therapeut umfasst mit einer (der rechten; s. Beispiel Abb. 5.92) Hand das Ellenbogengelenk von ventral und die andere (die linke) Hand liegt auf der Dorsalseite der Patientenhand und flektiert das Handgelenk.

Die Ausführung der Übung:

- **Ausatmung:** Beginn der manuellen Traktionen und Vibrationen des Armes durch Zug mit der Hand am Ellenbogengelenk nach lateral. Die linke Hand unterstützt die Vibrationen während aller 4 Phasen.
- Mit der **Ausatmung** erfolgt der Kapseldehnreiz, die maximale Flexion des Handgelenkes, begrenzt durch eine Schmerzempfindung von VAS 7–8/10, die während jeder weiteren Ausatmung nach Verträglichkeit erweitert wird.
- Während jeder **Einatmung** soll der Dehnungsreiz konstant erhalten bleiben.

Abb. 5.92 *Dehnung der Phase 1 in die Flexion des Handgelenkes in der Rückenlage. Der Therapeut sitzt und umfasst mit der rechten Hand das Ellenbogengelenk. Die andere Hand liegt flach auf dem Handrücken. Aus dieser Ausgangslage erfolgt die vibrierende Traktion und die maximale Flexion*

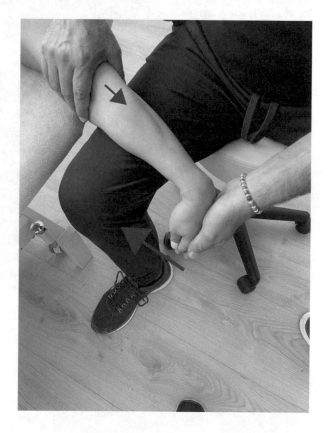

Phase 2 Handgelenk: Flexion (Abb. 5.93)
Beibehaltung der Positionierung, der Grifftechnik, der Vibrationen, des Atemmodus.

- Das Handgelenk ist in maximaler Flexion.
- Während der **Einatmung** erfolgen maximale Muskelaktivitäten (Borg-RPE 16–17) gegen die passive Flexion. Der Therapeut liefert die notwendige Gegenkraft zur Beibehaltung der Gelenkposition und stimuliert verbal.
- Während der **Ausatmung** wird die Muskulatur maximal relaxiert und unter Traktion und Vibration erfolgt eine maximale Nachdehnung in die Flexion.

Abb. 5.93 Dehnung in der Flexion der Phase 2. Während der Einatmung erfolgt eine isometrische Kontraktion in die Extension. In der Ausatmungsphase erfolgt die Nachdehnung in die Flexion mit Traktion und manuell an- und abschwellenden Vibrationen

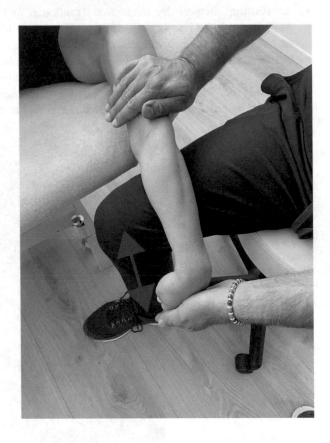

Phase 3 Handgelenk: Flexion (Abb. 5.94)
Beibehaltung der Positionierung, der Grifftechnik, der Vibrationen und des Atemmodus mit der AED-Technik.

* Mit der Daumenkuppe werden während der gesamten Phase 3 Periostdruckreize am Interventionspunkt des M. extensor digitorum am Epicondylus lateralis gesetzt.
* Während der **Ausatmung** wird die passive Nachdehnung zusätzlich durch Kontraktionen in die Flexion assistiert.

Abb. 5.94 Während der Phase 3 werden intensive Periostdruckreize am Interventionspunkt des M. extensor digitorum am Epicondylus lateralis gesetzt

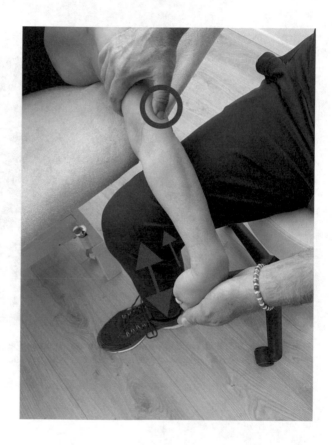

Phase 4 Handgelenk: Flexion (Abb. 5.95)
Beibehaltung der Positionierung, der Vibrationen und des Atemmodus mit der AED-Technik.

- Die Flexion wird aktiv in die maximale ROM-Position geführt und die Nachdehnung wird passiv unterstützt.
- Während der **Ausatmung** erfolgt die aktive maximale Flexion. Der Therapeut unterstützt die Bewegung durch taktile Reize und eine passive Nachdehnung. Während der **Einatmung** wird das Handgelenk aktiv maximal extendiert.

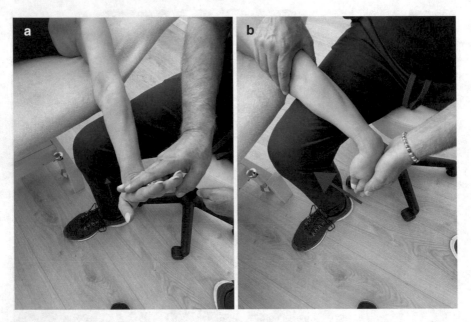

Abb. 5.95 a, b Die aktive und passiv unterstützte maximale Flexion während der Ausatmung (rechts) und die aktive Handgelenkextension während der Einatmung (links)

Phase 1 Handgelenk: Radialabduktion (Abb. 5.96)
Ausgangsposition: Rückenlage. Der Therapeut sitzt neben der Liege. Das Schultergelenk des zu behandelnden Handgelenkes ist in ca. 70–90° Abduktion, der Oberarm liegt bis zum Ellenbogengelenk noch auf der Liege auf. Das Ellenbogengelenk
und alle Finger sind in Extension. Der Unterarm ist in Pronation gelagert. Der Therapeut umfasst mit einer (der rechten; s. Beispiel Abb. 5.96) Hand den Unterarm
proximal des Handgelenkes von der Seite und die andere (die linke) Hand greift die
Patientenhand von unten wie zum Händedruck und führt eine Radialabduktion aus.
   Die Ausführung der Übung:

- **Ausatmung:** Beginn der manuellen Traktionen und Vibrationen des Handgelenkes durch Zug nach lateral mit der linken Hand. Die rechte Hand am Unterarm
  unterstützt die Vibrationen während aller 4 Phasen.
- Mit jeder **Ausatmung** erfolgt der Kapseldehnreiz, die maximale Radialabduktion des Handgelenkes, begrenzt durch eine Schmerzempfindung von VAS
  7–8/10, die während jeder weiteren Ausatmung nach Verträglichkeit erweitert wird.
- Während jeder **Einatmung** soll der Dehnungsreiz konstant erhalten bleiben.

Abb. 5.96 *Dehnung der*
Phase 1 in die
Radialabduktion des
Handgelenkes in der
Rückenlage. Der Therapeut
sitzt und umfasst mit einer
Hand den Unterarm
proximal des Handgelenkes
von der Seite und die
andere Hand greift die
Patientenhand von unten
wie zum Händedruck. *Aus*
dieser Ausgangslage
erfolgt die vibrierende
Traktion und die maximale
Radialabduktion

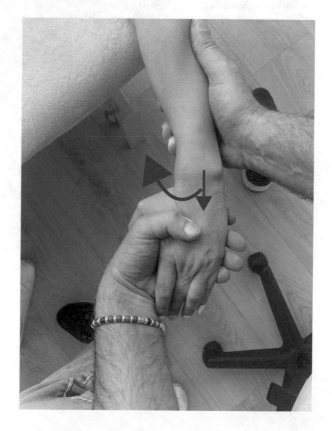

Phase 2 Handgelenk: Radialabduktion (Abb. 5.97)
Beibehaltung der Positionierung, der Grifftechnik, der Vibrationen, des Atemmodus.

- Das Handgelenk ist in maximaler Radialabduktion.
- Während der **Einatmung** erfolgen maximale Muskelaktivitäten (Borg-RPE 16–17) gegen die passive Radialabduktion. Der Therapeut liefert die notwendige Gegenkraft zur Beibehaltung der Gelenkposition und stimuliert verbal.
- Während der **Ausatmung** wird die Muskulatur maximal relaxiert und unter Traktion und Vibration erfolgt eine maximale Nachdehnung in die Radialabduktion.

Abb. 5.97 Dehnung in der Radialabduktion der Phase 2. Während der Einatmung erfolgt eine isometrische Kontraktion in die Ulnarabduktion. In der Ausatmungsphase erfolgt die Nachdehnung in die Radialabduktion mit Traktion und manuell an- und abschwellenden Vibrationen

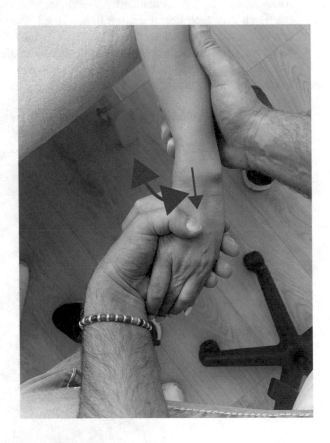

Phase 3 Handgelenk: Radialabduktion (Abb. 5.98)
Beibehaltung der Positionierung, der Grifftechnik, der Vibrationen und des Atem-modus mit der AED-Technik.

- Mit der Daumenkuppe werden während der gesamten Phase 3 Periostdruckreize am Interventionspunkt des M. pronator teres am Radius gesetzt.
- Während der **Ausatmung** wird die passive Nachdehnung zusätzlich durch Kon-traktionen in die Radialabduktion assistiert.

Abb. 5.98 Während der Phase 3 werden zusätzlich intensive Periostdruckreize am Interventionspunkt des M. pronator teres am Radius gesetzt

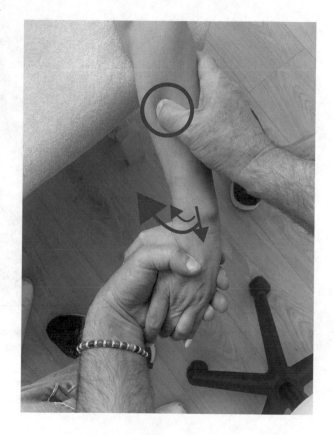

Phase 4 Handgelenk: Radialabduktion (Abb. 5.99)
Beibehaltung der Positionierung, der Vibrationen und des Atemmodus mit der AED-Technik.

- Die Radialabduktion wird aktiv in die maximale ROM-Position geführt und die Nachdehnung wird passiv unterstützt.
- Während der **Ausatmung** erfolgt die maximale Radialabduktion. Der Therapeut unterstützt die Bewegung durch taktile Reize und eine passive Nachdehnung.
- Während der **Einatmung** wird das Handgelenk aktiv maximal ulnarabduziert.

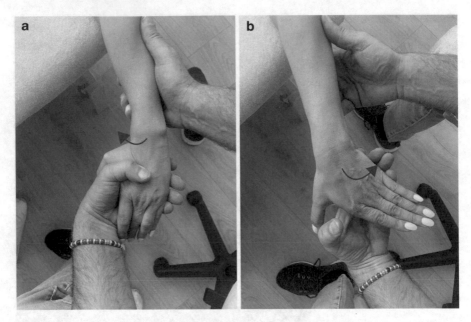

Abb. 5.99 a, b Die aktive und passiv unterstützte maximale Radialabduktion während der Ausatmung (links) und die aktive Ulnarabduktion während der Einatmung (rechts)

Phase 1 Handgelenk: Ulnarabduktion (Abb. 5.100)
Ausgangsposition: Rückenlage. Der Therapeut sitzt neben der Liege. Das Schultergelenk des zu behandelnden Handgelenkes ist in ca. 70–90° Abduktion, der Oberarm liegt bis zum Ellenbogengelenk noch auf der Liege auf. Das Ellenbogengelenk
und alle Finger sind in Extension. Der Unterarm ist in Pronation positioniert. Der
Therapeut umfasst mit einer (der rechten, s. Beispiel Abb. 5.100) Hand den Unterarm proximal des Handgelenkes von der Seite und die andere Hand greift die Patientenhand von unten wie zum Händedruck und führt eine Ulnarabduktion aus.
Die Ausführung der Übung:

- **Ausatmung:** Beginn der manuellen Traktionen und Vibrationen des Handgelenkes durch Zug nach lateral mit der linken Hand. Die rechte Hand unterstützt die
Vibrationen während aller 4 Phasen.
- Mit jeder **Ausatmung** erfolgt der Kapseldehnreiz, die maximale Ulnarabduktion
des Handgelenkes, begrenzt durch eine Schmerzempfindung von VAS 7–8/10,
die während jeder weiteren Ausatmung nach Verträglichkeit erweitert wird.
- Während jeder **Einatmung** soll der Dehnungsreiz konstant erhalten bleiben.

Abb. 5.100 *Dehnung der*
Phase 1 in die
Ulnarabduktion des
Handgelenkes in der
Rückenlage. Der Therapeut
sitzt und umfasst mit einer
Hand den Unterarm
proximal des Handgelenkes
von der Seite und die
andere Hand greift die
Patientenhand von unten
wie zum Händedruck. *Aus*
dieser Ausgangslage
erfolgt die vibrierende
Traktion und die maximale
Ulnarabduktion

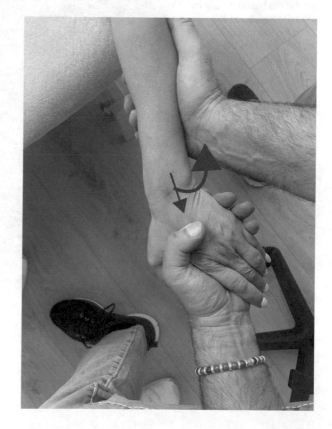

Phase 2 Handgelenk: Ulnarabduktion (Abb. 5.101)
Beibehaltung der Positionierung, der Grifftechnik, der Vibrationen, des Atemmodus.

- Das Handgelenk ist in maximaler Ulnarabduktion.
- Während der **Einatmung** erfolgen maximale Muskelaktivitäten (Borg-RPE 16–17) gegen die passive Ulnarabduktion. Der Therapeut liefert die notwendige Gegenkraft zur Beibehaltung der Gelenkposition und stimuliert verbal.
- Während der **Ausatmung** wird die Muskulatur maximal relaxiert und unter Traktion und Vibration erfolgt eine maximale Nachdehnung in die Ulnarabduktion.

Abb. 5.101 Dehnung in die Ulnarabduktion der Phase 2. Während der Einatmung erfolgt eine isometrische Kontraktion in die Radialabduktion. In der Ausatmungsphase erfolgt die Nachdehnung in die Ulnarabduktion mit Traktion und manuell an- und abschwellenden Vibrationen

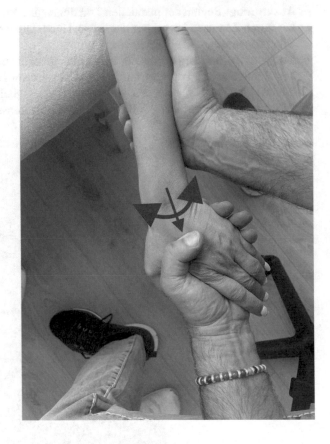

Phase 3 Handgelenk: Ulnarabduktion (Abb. 5.102)
Beibehaltung der Positionierung, der Grifftechnik, der Vibrationen und des Atemmodus mit der AED-Technik.

- Mit der Daumenkuppe werden während der gesamten Phase 3 Periostdruckreize am Interventionspunkt des M. pronator teres am Radius gesetzt.
- Während der **Ausatmung** wird die passive Nachdehnung zusätzlich durch Kontraktionen in die Ulnarabduktion assistiert.

Abb. 5.102 Während der Phase 3 werden intensive Periostdruckreize am Interventionspunkt des M. pronator teres am Radius gesetzt

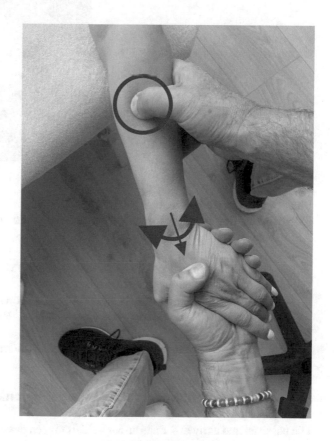

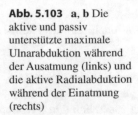

Abb. 5.103 a, b Die
aktive und passiv
unterstützte maximale
Ulnarabduktion während
der Ausatmung (links) und
die aktive Radialabduktion
während der Einatmung
(rechts)

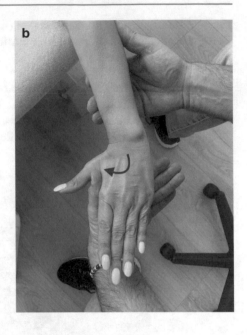

Phase 4 Handgelenk: Ulnarabduktion (Abb. 5.103)
Beibehaltung der Positionierung, der Vibrationen und des Atemmodus mit der
AED-Technik.

- Die Ulnarabduktion wird aktiv in die maximale ROM-Position geführt und die
  Nachdehnung wird passiv unterstützt.
- Während der **Ausatmung** erfolgt aktiv die maximale Ulnarabduktion. Der The-
  rapeut unterstützt die Bewegung durch taktile Reize und eine passive
  Nachdehnung.
- Während der **Einatmung** wird das Handgelenk aktiv maximal radialabduziert.

5.2.3   Kapseldehnungen des Ellenbogengelenkes ohne Geräte

Die passiven und aktiven 4-Phasen-Kapseldehnungen des Ellenbogengelenkes ohne
Geräte werden auf der Therapieliege in Rückenlage durchgeführt. Die Dehnungen
erfolgen in den Hauptbewegungsrichtungen Extension, Flexion sowie Pronation
und Supination.

Phase 1 Ellenbogengelenk: Extension (Abb. 5.104)
Ausgangsposition: Rückenlage. Der Therapeut sitzt oder steht neben der Liege.
Das Schultergelenk auf der Seite des zu behandelnden Ellenbogengelenkes ist in

Abb. 5.104 *Dehnung der Phase 1 in die Extension des Ellenbogengelenkes in der Rückenlage. Der Therapeut sitzt und umgreift mit der einen Hand den Oberarm proximal des Ellenbogengelenkes und mit der anderen Hand das Handgelenk. Aus dieser Ausgangslage erfolgt die vibrierende Traktion in die maximale Extension*

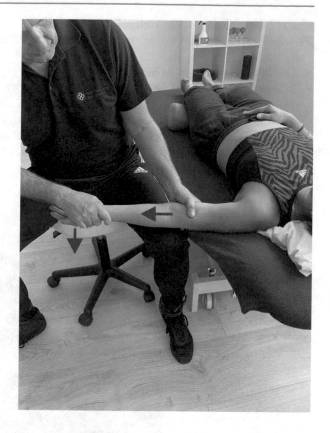

90° Abduktion. Der Oberarm liegt proximal noch auf der Liege und der Unterarm auf dem Oberschenkel des Therapeuten. Das Ellenbogengelenk ist gestreckt, der Unterarm in Supination positioniert. Der Therapeut umfasst mit einer Hand (der linken, s. Beispiel Abb. 5.104) den distalen Oberarm wenig über dem Ellenbogengelenk und mit der anderen Hand (der rechten) das Handgelenk und führt mit beiden Händen eine Traktion und Vibrationen des Armes aus.

Die Ausführung der Übung:

- **Ausatmung:** Beginn der manuellen Traktionen und Vibrationen des Ellenbogengelenkes durch Zug nach lateral mit der rechten Hand. Die linke Hand unterstützt die Vibrationen während aller 4 Phasen.
- Mit der **Ausatmung** erfolgt der Kapseldehnreiz, die maximale Extension des Ellenbogengelenkes, begrenzt durch eine Schmerzempfindung von VAS 7–8/10, die während jeder weiteren Ausatmung nach Verträglichkeit erweitert wird.
- Während jeder **Einatmung** soll der Dehnungsreiz konstant erhalten bleiben.

Phase 2 Ellenbogengelenk: Extension (Abb. 5.105)
Beibehaltung der Positionierung, der Grifftechnik, der Vibrationen, des Atemmodus.

- Das Ellenbogengelenk ist in maximaler Extension.
- Während der **Einatmung** erfolgen maximale Muskelaktivitäten (Borg-RPE 16–17) gegen die passive Extension. Der Therapeut liefert die notwendige Gegenkraft zur Beibehaltung der Gelenkposition und stimuliert verbal.
- Während der **Ausatmung** wird die Muskulatur maximal relaxiert und unter Traktion und Vibration erfolgt eine maximale Nachdehnung in die Extension.

Abb. 5.105 Dehnung in der Extension der Phase 2. Während der Einatmung erfolgt eine isometrische Kontraktion in die Ellenbogengelenkflexion. In der Ausatmungsphase erfolgt die Nachdehnung in die Extension mit Traktion und manuell an- und abschwellenden Vibrationen

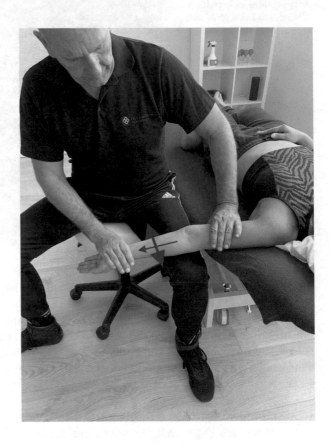

Phase 3 Ellenbogengelenk: Extension (Abb. 5.106)
Beibehaltung der Positionierung, der Grifftechnik, der Vibrationen und des Atemmodus mit der AED-Technik.

- Mit der Daumenkuppe werden während der gesamten Phase 3 Periostdruckreize am Interventionspunkt des M. flexor carpi radialis am Epicondylus medialis humeri gesetzt.
- Während der **Ausatmung** wird die passive Nachdehnung zusätzlich durch Kontraktionen in die Extension assistiert.

Abb. 5.106 Während der Phase 3 werden zusätzlich intensive Periostdruckreize am Interventionspunkt des M. flexor carpi radialis am Epicondylus medialis humeri gesetzt

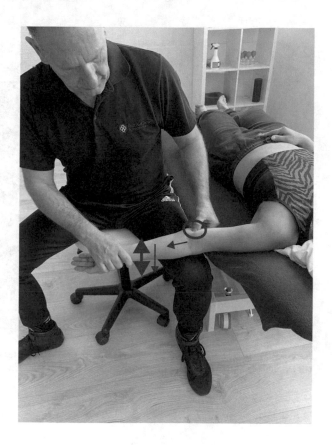

Phase 4 Ellenbogengelenk: Extension (Abb. 5.107)
Beibehaltung der Positionierung, der Vibrationen und des Atemmodus mit der AED-Technik.

- Die Extension wird aktiv in die maximale ROM-Position geführt und die Nachdehnung wird passiv unterstützt.
- Während der **Ausatmung** erfolgt aktiv die maximale Extension. Der Therapeut unterstützt die Bewegung durch taktile Reize und eine passive Nachdehnung.
- Während der **Einatmung** wird das Ellenbogengelenk aktiv maximal flektiert.

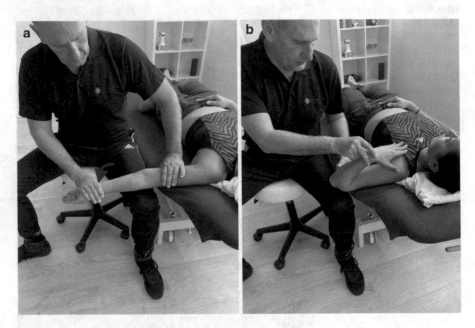

Abb. 5.107 a, b Die aktive und passiv unterstützte maximale Extension während der Ausatmung (links) und die aktive maximale Ellenbogenflexion während der Einatmung (rechts)

Phase 1 Ellenbogengelenk: Flexion (Abb. 5.108)

Ausgangsposition: Rückenlage. Der Therapeut sitzt neben der Liege. Das Schultergelenk der Seite des zu behandelnden Ellenbogengelenkes ist in ca. 20° Abduktion und liegt auf der Liege. Das Ellenbogengelenk ist zunächst gestreckt, der Unterarm in Supination gelagert. Der Therapeut umfasst mit einer (der linken; s. Beispiel Abb. 5.108) Hand ca. in der Mitte den Unterarm von dorsal und mit der anderen (der rechten) das Handgelenk. Das Ellenbogengelenk wird flektiert.

Die Ausführung der Übung:

- **Ausatmung:** Beginn der manuellen an- und abschwellenden Vibrationen des Ellenbogengelenkes durch die dorsal aufgelegten Therapeutenhände am Unterarm während aller 4 Phasen.
- Mit jeder **Ausatmung** erfolgt der Kapseldehnreiz, die maximale Flexion des Ellenbogengelenkes, begrenzt durch eine Schmerzempfindung von VAS 7–8/10, die während jeder weiteren Ausatmung nach Verträglichkeit erweitert wird.
- Während jeder Einatmung soll der Dehnungsreiz konstant erhalten bleiben.

Abb. 5.108 *Dehnung der Phase 1 in die Flexion des Ellenbogengelenkes in der Rückenlage. Der Therapeut sitzt und legt eine Hand auf den Unterarm und die andere Hand umfasst das Handgelenk. Aus dieser Ausgangslage erfolgen die an- und abschwellenden Vibrationen in die maximale Flexion*

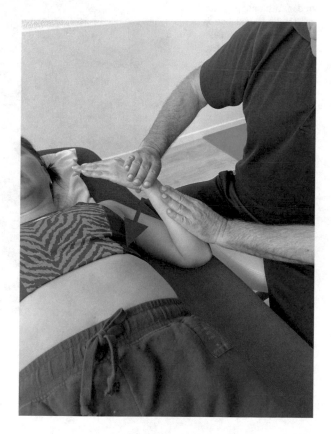

Phase 2 Ellenbogengelenk: Flexion (Abb. 5.109)
Beibehaltung der Positionierung, der Grifftechnik, der Vibrationen, des Atemmodus.

- Das Ellenbogengelenk ist in maximaler Flexion.
- Während der **Einatmung** erfolgen maximale Muskelaktivitäten (Borg-RPE 16–17) gegen die passive Flexion. Der Therapeut liefert die notwendige Gegenkraft zur Beibehaltung der Gelenkposition und stimuliert verbal.
- Während der **Ausatmung** wird die Muskulatur maximal relaxiert und unter applizierten an- und abschwellenden Vibrationen erfolgt eine maximale Nachdehnung in die Flexion.

Abb. 5.109 Dehnung in der Flexion der Phase 2. Während der Einatmung erfolgt eine isometrische Kontraktion in die Ellenbogengelenkextension. In der Ausatmungsphase erfolgt die Nachdehnung in die Flexion mit manuell an- und abschwellenden Vibrationen

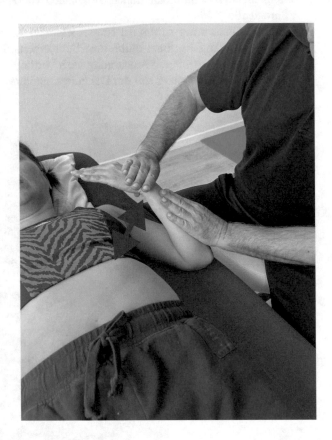

Phase 3 Ellenbogengelenk: Flexion (Abb. 5.110)
Beibehaltung der Positionierung, der Grifftechnik, der Vibrationen und des Atemmodus mit der AED-Technik.

- Mit der Daumenkuppe werden während der gesamten Phase 3 Periostdruckreize
  am Interventionspunkt des M. flexor carpi radialis am Epicondylus medialis humeri gesetzt.
- Während der **Ausatmung** wird die passive Nachdehnung zusätzlich durch Kontraktionen in die Flexion assistiert.

Abb. 5.110 Während der
Phase 3 werden intensive
Periostdruckreize am
Interventionspunkt des
M. flexor carpi radialis am
Epicondylus medialis
humeri gesetzt

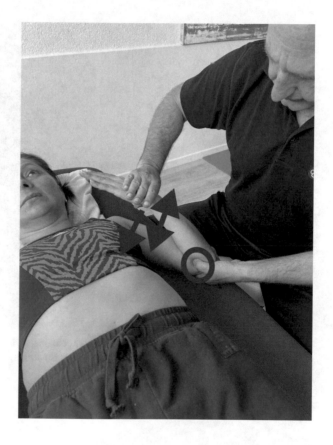

Phase 4 Ellenbogengelenk: Flexion (Abb. 5.111)
Beibehaltung der Positionierung, der Vibrationen und des Atemmodus mit der AED-Technik.

- Die Flexion wird aktiv in die maximale ROM-Position geführt und die Nachdehnung wird passiv unterstützt.
- Während der **Ausatmung** erfolgt aktiv die maximale Flexion. Der Therapeut unterstützt die Bewegung durch taktile Reize und eine passive Nachdehnung.
- Während der **Einatmung** wird das Ellenbogengelenk aktiv maximal extendiert.

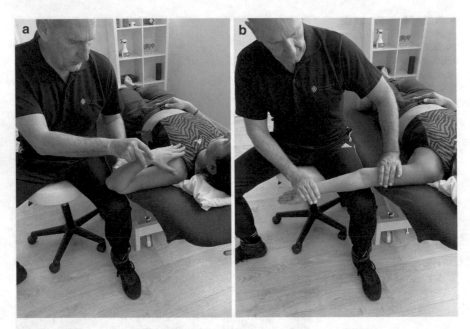

Abb. 5.111   a, b Die aktive und passiv unterstützte maximale Flexion während der Ausatmung (links) und die aktive Ellenbogenextension während der Einatmung (rechts)

Ellenbogengelenk: Supination (Abb. 5.112)

Ausgangsposition: Rückenlage. Der Therapeut sitzt oder steht neben der Liege. Das Schultergelenk des zu behandelnden Ellenbogengelenkes ist in ca. 45° Abduktion. Der Oberarm liegt bis zum Ellenbogengelenk noch auf der Liege auf. Das Ellenbogengelenk ist ca. 10–20° flektiert. Der Therapeut umfasst mit einer (der rechten; s. Beispiel Abb. 5.112) Hand den distalen Oberarm wenig über dem Ellenbogengelenk von hinten und die andere (die linke) Hand greift die Patientenhand wie zum Händedruck und führt die Supination aus.

Die Ausführung der Übung:

- **Ausatmung:** Beginn der manuellen Traktionen und Vibrationen des Hand- und Ellenbogengelenkes durch Zug nach lateral mit der linken Hand. Die rechte Hand unterstützt die Vibrationen während aller 4 Phasen.
- Mit jeder **Ausatmung** erfolgt der Kapseldehnreiz, die maximale Supination des Ellenbogengelenkes, begrenzt durch eine Schmerzempfindung von VAS 7–8/10, die während jeder weiteren Ausatmung nach Verträglichkeit erweitert wird.
- Während jeder **Einatmung** soll der Dehnungsreiz konstant erhalten bleiben.

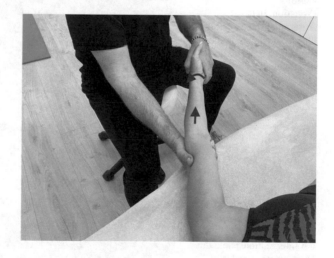

Abb. 5.112 *Dehnung der Phase 1 in die Supination des Ellenbogengelenkes in der Rückenlage. Der Therapeut sitzt und umfasst mit einer Hand den Oberarm proximal des Ellenbogengelenkes und die andere Hand* greift die Patientenhand wie zum Händedruck. *Aus dieser Ausgangslage erfolgt die vibrierende Traktion in die maximale Supination*

Phase 2 Ellenbogengelenk: Supination (Abb. 5.113)
Beibehaltung der Positionierung, der Grifftechnik, der Vibrationen, des Atemmodus.

- Das Ellenbogengelenk ist in maximaler Supination.
- Während der **Einatmung** erfolgen maximale Muskelaktivitäten (Borg-RPE 16–17) gegen die passive Supination. Der Therapeut liefert die notwendige Gegenkraft zur Beibehaltung der Gelenkposition und stimuliert verbal.
- Während der **Ausatmung** wird die Muskulatur maximal relaxiert und unter Traktion und Vibration erfolgt eine maximale Nachdehnung in die Supination.

Phase 3 Ellenbogengelenk: Supination (Abb. 5.114)
Beibehaltung der Positionierung, der Grifftechnik, der Vibrationen und des Atemmodus mit der AED-Technik.

Abb. 5.113 Dehnung in die Supination der Phase 2. Während der Einatmung erfolgt eine isometrische Kontraktion in die Pronation. In der Ausatmungsphase erfolgt die Nachdehnung in die Supination mit Traktion und manuell an- und abschwellenden Vibrationen

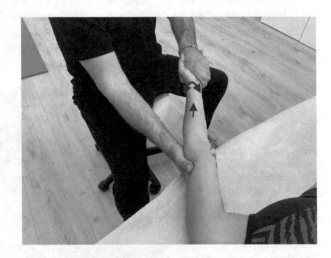

Abb. 5.114 Während der Phase 3 werden zusätzlich intensive Periostdruckreize am Interventionspunkt des M. supinator gesetzt

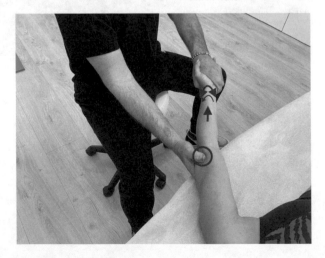

- Mit der Daumenkuppe werden während der gesamten Phase 3 Periostdruckreize am Interventionspunkt des M. supinator gesetzt.
- Während der **Ausatmung** wird die passive Nachdehnung zusätzlich durch Kontraktionen in die Supination assistiert.

Phase 4 Ellenbogengelenk: Supination (Abb. 5.115)
Beibehaltung der Positionierung, der Vibrationen und des Atemmodus mit der AED-Technik.

- Die Supination wird aktiv in die maximale ROM-Position geführt und die Nachdehnung wird passiv unterstützt.
- Während der **Ausatmung** erfolgt aktiv die maximale Supination. Der Therapeut unterstützt die Bewegung durch taktile Reize und eine passive Nachdehnung.
- Während der **Einatmung** wird das Ellenbogengelenk aktiv maximal proniert.

Phase 1 Ellenbogengelenk: Pronation (Abb. 5.116)
Ausgangsposition: Rückenlage. Der Therapeut sitzt oder steht neben der Liege. Das Schultergelenk des zu behandelnden Ellenbogengelenkes ist in ca. 45° Abduktion und der Oberarm liegt bis zum Ellenbogengelenk noch auf der Liege auf. Das Ellenbogengelenk ist ca. 10–20° flektiert. Der Therapeut umfasst mit einer (der linken; s. Beispiel Abb. 5.116) Hand den distalen Oberarm wenig über dem Ellenbogengelenk von dorsal und die andere (die rechte) Hand umgreift den Handrücken der Patientenhand und führt die Pronation aus.
Die Ausführung der Übung:

- **Ausatmung:** Beginn der manuellen Traktionen und Vibrationen des Hand- und Ellenbogengelenkes durch Zug nach lateral mit der linken Hand. Die rechte Hand unterstützt die Vibrationen während aller 4 Phasen.

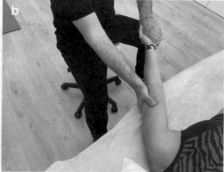

Abb. 5.115 **a, b** Die aktive und passiv unterstützte maximale Supination während der Ausatmung (rechts) und die aktive Ellenbogengelenkpronation während der Einatmung (links)

- Mit jeder **Ausatmung** erfolgt der Kapseldehnreiz, die maximale Pronation des Ellenbogengelenkes, begrenzt durch eine Schmerzempfindung von VAS 7–8/10, die während jeder weiteren Ausatmung nach Verträglichkeit erweitert wird.
- Während jeder **Einatmung** soll der Dehnungsreiz konstant erhalten bleiben.

Phase 2 Ellenbogengelenk: Pronation (Abb. 5.117)
Beibehaltung der Positionierung, der Grifftechnik, der Vibrationen, des Atemmodus.

- Das Ellenbogengelenk ist in maximaler Pronation.
- Während der **Einatmung** erfolgen maximale Muskelaktivitäten (Borg-RPE 16–17) gegen die passive Pronation. Der Therapeut liefert die notwendige Gegenkraft zur Beibehaltung der Gelenkposition und stimuliert verbal.
- Während der **Ausatmung** wird die Muskulatur maximal relaxiert und unter Traktion und Vibration erfolgt eine maximale Nachdehnung in die Pronation.

Abb. 5.116 *Dehnung der Phase 1 in die Pronation des Ellenbogengelenkes in der Rückenlage. Der Therapeut sitzt und umfasst mit einer Hand den Oberarm proximal des Ellenbogengelenkes und die andere Hand* umgreift den Handrücken der Patientenhand. *Aus dieser Ausgangslage erfolgt die vibrierende Traktion in die maximale Pronation*

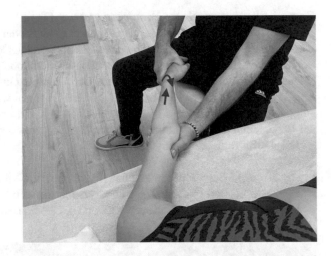

Abb. 5.117 Dehnung in der Pronation der Phase 2. Während der Einatmung erfolgt eine isometrische Kontraktion in die Supination. In der Ausatmungsphase erfolgt die Nachdehnung in die Pronation mit Traktion und manuell an- und abschwellenden Vibrationen

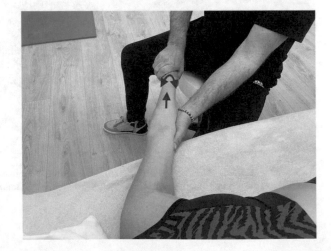

Phase 3 Ellenbogengelenk: Pronation (Abb. 5.118)
Beibehaltung der Positionierung, der Grifftechnik, der Vibrationen und des Atemmodus mit der AED-Technik.

- Mit der Daumenkuppe werden während der gesamten Phase 3 Periostdruckreize am Interventionspunkt des M. pronator teres am Epicondylus medialis humeri gesetzt.
- Während der Ausatmung wird die passive Nachdehnung zusätzlich durch Kontraktionen in die Pronation assistiert.

Phase 4 Ellenbogengelenk: Pronation (Abb. 5.119)
Beibehaltung der Positionierung, der Vibrationen und des Atemmodus mit der AED-Technik.

- Die Pronation wird aktiv in die maximale ROM-Position geführt und die Nachdehnung wird passiv unterstützt.

Abb. 5.118 Während der Phase 3 werden intensive Periostdruckreize am Interventionspunkt des M. pronator teres am Epicondylus medialis humeri gesetzt

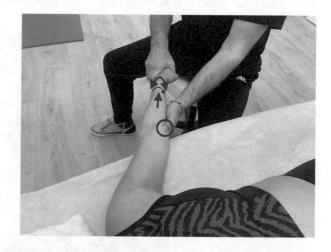

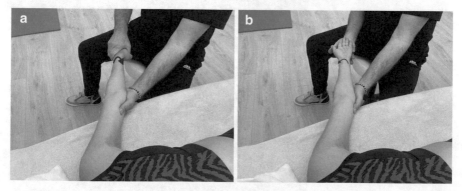

Abb. 5.119 a, b Die aktive und passiv unterstützte maximale Pronation während der Ausatmung (links) und die aktive Supination während der Einatmung (rechts)

- Während der **Ausatmung** erfolgt aktiv die maximale Pronation. Der Therapeut unterstützt die Bewegung durch taktile Reize und eine passive Nachdehnung.
- Während der **Einatmung** wird das Ellenbogengelenk aktiv maximal supiniert.

5.2.4   Kapseldehnungen der Schultergelenke ohne Geräte

Die passiven und aktiven 4-Phasen-Kapseldehnungen des Schultergelenkes werden auf der Therapieliege in Rücken- oder Bauchlage in den Hauptbewegungsrichtungen Anteversion, Abduktion, Rotation und Retroversion durchgeführt.

Phase 1: Schultergelenk: Retroversion in der Bauchlage (Abb. 5.120)
Ausgangsposition: Bauchlage am rechten oder linken Rand der Behandlungsliege. Der Therapeut sitzt oder steht neben der Liege. Der Arm des zu behandelnden Schultergelenkes liegt zunächst mit gestrecktem Ellenbogen- und Handgelenk sowie gestreckten Fingergelenken neben dem Rumpf und befindet sich in der 0°-Stellung. Eine (die rechte, s. Abb. 5.120) Hand des Therapeuten umfasst den proxima-

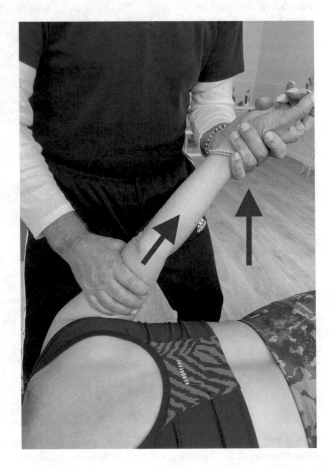

Abb. 5.120 *Dehnung der Phase 1 in die Retroversion. Der Therapeut steht und umgreift mit der einen (rechten) Hand den proximalen Oberarm und mit der anderen (linken) Hand von unten das Handgelenk. Unter vibrierenden Traktionen des Schultergelenkes wird es in die maximal verträgliche Retroversion geführt*

len Oberarm von hinten. Die andere (die linke) Hand umfasst das Handgelenk von unten.

Die Ausführung der Übung:

- **Ausatmung:** Beginn der manuellen Traktionen und Vibrationen des Armes durch Zug mit beiden Händen nach dorsal. Beide Hände unterstützen die Vibrationen während aller 4 Phasen.
- Mit jeder **Ausatmung** erfolgt der Kapseldehnreiz, die passive maximal verträgliche Retroversion im Schultergelenk, begrenzt durch VAS 7–8/10, die während jeder weiteren Ausatmung nach Verträglichkeit erweitert wird.
- Während jeder **Einatmung** soll der Dehnungsreiz konstant erhalten bleiben.

Phase 2 Schultergelenk: Retroversion in der Bauchlage (Abb. 5.121)
Weiter in Bauchlage. Atemmodus, Grifftechnik und die Traktionen werden beibehalten.

Abb. 5.121 Dehnung der Phase 2 in die Retroversion. Während der Einatmung erfolgt eine isometrische Kontraktion gegen die passive Retroversion. Der Therapeut liefert den Widerstand. In der Ausatmung erfolgt die maximal verträgliche Nachdehnung

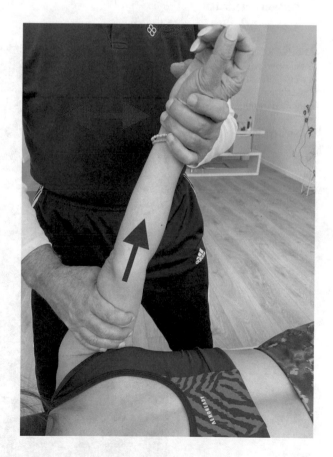

- Das Schultergelenk ist in maximaler Retroversion.
- Während der **Einatmung** erfolgen maximale isometrische Muskelaktivitäten (Borg-RPE 16–17) gegen die passive Retroversion. Der Therapeut liefert die notwendige Gegenkraft zur Beibehaltung der Gelenkposition und stimuliert verbal.
- Während der **Ausatmung** wird die Muskulatur maximal relaxiert und unter Traktion und Vibration erfolgt eine maximale Nachdehnung in die Retroversion.

Phase 3 Schultergelenk: Retroversion in der Bauchlage (Abb. 5.122)
Weiter in Bauchlage. Atemmodus, Grifftechnik, die vibrierenden Traktionen und die AED-Technik werden beibehalten.

- Mit der Daumenkuppe werden während der gesamten Phase 3 Periostdruckreize am Interventionspunkt des M. triceps brachii am Tuberculum infraglenoidale gesetzt.
- **Ausatmung:** Die passive Nachdehnung wird durch Kontraktionen in die Retroversion unterstützt.

Abb. 5.122 Die Ausführungen der Phase 2 werden durch intensive Periostdruckreize am Interventionspunkt des M. triceps brachii an der Scapula ergänzt

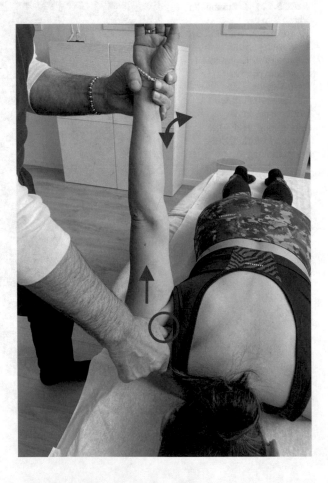

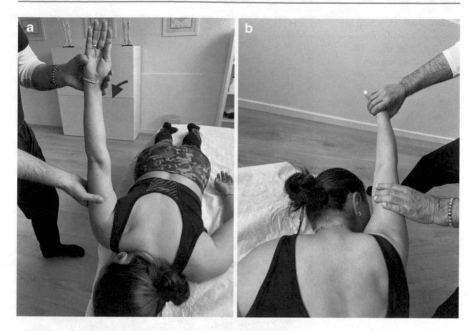

Abb. 5.123   a, b Die aktive und passive Retroversion im Schultergelenk während der Ausatmung (links) und die Anteversion während der Einatmung (rechts)

Phase 4 Schultergelenk: Retroversion in der Bauchlage (Abb. 5.123)
Weiter in Bauchlage.

- Die Retroversion wird aktiv in die maximale ROM-Position geführt und die Nachdehnung passiv unterstützt.
- Während der **Ausatmung** erfolgt im Schultergelenk aktiv und passiv die maximale Retroversion. Der Therapeut unterstützt die Bewegung durch taktile Reize in die Bewegungsrichtung.
- Während der **Einatmung** erfolgt im Schultergelenk aktiv eine maximale Anteversion. Der Therapeut gibt unterstützend taktile Reize.

Kapseldehnung Schulter – Anteversion
Phase 1 Schultergelenk: Anteversion in der Rückenlage (Abb. 5.124)
Ausgangsposition: Rückenlage. Der Therapeut steht oder sitzt neben der Liege. Bei Behandlung der rechten bzw. linken Schulter liegt der Patient am rechten oder linken Rand der Behandlungsliege. Der Arm des Patienten liegt mit gestrecktem Ellenbogen- und Handgelenk sowie gestreckten Fingergelenken neben dem Rumpf des zu behandelnden Schultergelenkes in der 0°-Position. Der Therapeut umfasst

Abb. 5.124 *Dehnung der Phase 1 in die Anteversion aus der Rückenlage. Der Therapeut steht und umgreift mit der einen (linken) Hand den proximalen Oberarm und mit der anderen (rechten) Hand von unten das Handgelenk. Aus dieser Ausgangslage erfolgen die vibrierenden Traktionen des Schultergelenkes nach kranial und die maximal verträgliche Anteversion im Schultergelenk*

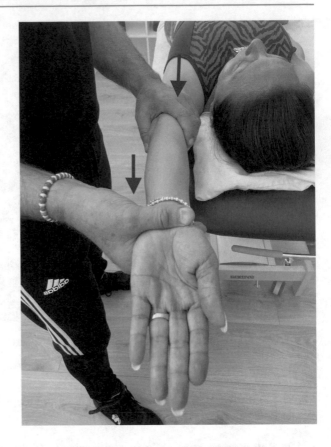

mit einer (der linken) Hand (s. Beispiel Abb. 5.124) den Oberarm des Patienten proximal am Ellenbogengelenk. Mit der anderen (rechten) Hand umgreift er das Handgelenk des Patienten.

Die Ausführung der Übung:

- **Ausatmung:** Beginn der manuellen Traktionen und Vibrationen des Armes durch Zug mit beiden Händen nach kranial. Beide Hände unterstützen die Vibrationen während aller 4 Phasen.
- Mit jeder **Ausatmung** erfolgt der Kapseldehnreiz, die passive maximal verträgliche Anteversion im Schultergelenk, begrenzt durch VAS 7–8/10, die während jeder weiteren Ausatmung nach Verträglichkeit erweitert wird.
- Während jeder **Einatmung** soll der Dehnungsreiz konstant erhalten bleiben.

Phase 2 Schultergelenk: Anteversion in der Rückenlage (Abb. 5.125)
Beibehaltung der Positionierung, der Grifftechnik, der Vibrationen, des Atemmodus.

- Das Schultergelenk ist in der maximalen Anteversion.
- Während der **Einatmung** erfolgen maximale Muskelaktivitäten (Borg-RPE 16–17) gegen die passive Anteversion. Der Therapeut liefert die notwendige Gegenkraft zur Beibehaltung der Gelenkposition und stimuliert verbal.
- Während der **Ausatmung** wird die Muskulatur maximal relaxiert und unter Traktion und Vibration erfolgt eine maximale Nachdehnung in die Anteversion.

Abb. 5.125 Dehnung in die Anteversion. Während der Einatmung erfolgt eine isometrische Kontraktion gegen die passive Anteversion. Der Therapeut leistet entsprechenden Widerstand. In der Ausatmung erfolgt die maximal verträgliche Nachdehnung

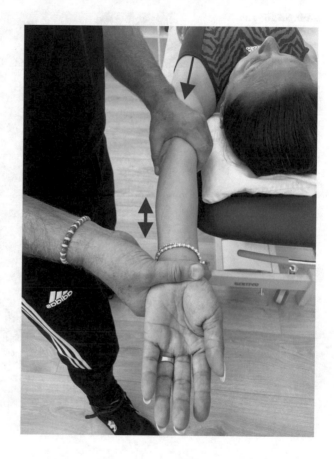

Phase 3 Schultergelenk: Anteversion in der Rückenlage (Abb. 5.126)
Weiter Positionierung in Rückenlage, der Atemmodus, die Grifftechnik, die vibrierenden Traktionen und die AED-Technik werden beibehalten.

- Mit der Daumenkuppe werden während der gesamten Phase 3 Periostdruckreize am Sternum intercostal 2–3 appliziert.
- **Ausatmung:** Die passive Nachdehnung wird durch Kontraktionen in die Anteversion unterstützt.

Abb. 5.126 Die Ausführungen der Phase 2 werden durch intensive Periostdruckreize am Sternum intercostal 2–3 ergänzt

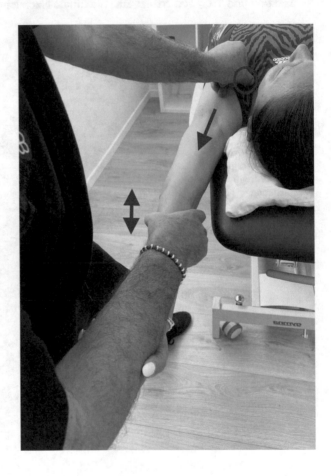

Phase 4 Schultergelenk: Anteversion in der Rückenlage (Abb. 5.127)
Weiter Positionierung in Rückenlage.

- Die Anteversion wird aktiv in die maximale ROM-Position geführt und zusätzlich die Nachdehnung passiv unterstützt.
- Während der **Ausatmung** erfolgt aktiv und passiv die maximale Anteversion. Der Therapeut unterstützt die Bewegung durch taktile Reize und eine passive Nachdehnung.
- Während der **Einatmung** wird das Schultergelenk in die maximale Retroversion gebracht.

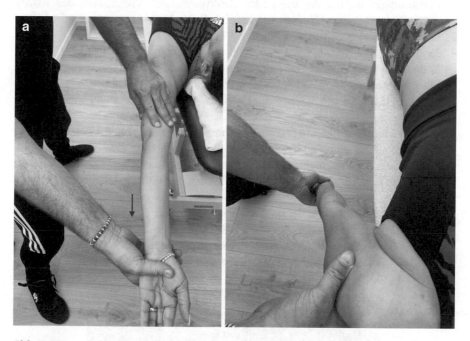

Abb. 5.127   a, b Die aktive und passive Anteversion während der Ausatmung (links) und die aktive Retroversion während der Einatmung (rechts)

Phase 1 Schultergelenk: Anteversion in der Bauchlage (Abb. 5.128)
Ausgangsposition: Bauchlage. Der Therapeut steht oder sitzt neben der Liege. Bei Behandlung der rechten bzw. linken Schulter liegt der Patient am rechten oder linken Rand der Behandlungsliege. Der Arm des Patienten liegt mit gestrecktem Ellenbogen- und Handgelenk sowie gestreckten Fingergelenken in maximaler Anteversion. Der Therapeut umfasst mit einer (der linken) Hand (s. Beispiel Abb. 5.128) den Oberarm des Patienten proximal am Ellenbogengelenk. Mit der anderen (rechten) Hand umgreift er das Handgelenk des Patienten.
Die Ausführung der Übung:

- **Ausatmung:** Beginn der manuellen Traktionen und Vibrationen des Armes durch Zug mit beiden Händen nach kranial. Beide Hände unterstützen die Vibrationen während aller 4 Phasen.
- In jeder der **Ausatmung** erfolgt der Kapseldehnreiz, die passiv maximal verträgliche Anteversion im Schultergelenk, begrenzt durch VAS 7–8/10, die während jeder weiteren Ausatmung nach Verträglichkeit erweitert wird.
- Während jeder **Einatmung** soll der Dehnungsreiz konstant erhalten bleiben.

Phase 2 Schultergelenk: Anteversion in der Bauchlage (Abb. 5.129)
Beibehaltung der Positionierung, der Vibrationen, des Atemmodus, die Grifftechnik variiert, indem der Patientenarm auf dem rechten Unterarm des Therapeuten ruht und die linke Hand des Therapeuten die Patientenschulter fixiert.

- Das Schultergelenk ist in der maximalen Anteversion.
- Während der **Einatmung** erfolgen maximale Muskelaktivitäten (Borg-RPE 16–17) gegen die passive Anteversion. Der Therapeut liefert die notwendige Gegenkraft zur Beibehaltung der Gelenkposition und stimuliert verbal.

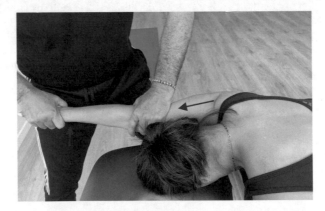

Abb. 5.128 Dehnung der Phase 1 in die Anteversion aus der Bauchlage. Das Schultergelenk ist in Anteversion. Der Therapeut steht und umgreift mit der einen (linken) Hand das Ellenbogengelenk und mit der anderen (rechten) Hand das Handgelenk. Aus dieser Ausgangslage erfolgen die vibrierende Traktion nach kranial und die maximale Anteversion im Schultergelenk

- Während der **Ausatmung** wird die Muskulatur maximal relaxiert und unter Traktion und Vibration erfolgt eine maximale Nachdehnung in die Anteversion.

Phase 3 Schultergelenk: Anteversion in der Bauchlage (Abb. 5.130)
Beibehaltung der Positionierung, der Grifftechnik, der Vibrationen und des Atemmodus mit der AED-Technik.

- Mit der Daumenkuppe werden während der gesamten Phase Periostdruckreize in der Fossa supraspinata scapulae am Interventionspunkt M. supraspinatus gesetzt.
- **Ausatmung:** Die passive Nachdehnung wird durch Kontraktionen in die Anteversion unterstützt.

Abb. 5.129 Dehnung der Phase 2 in die Anteversion. Während der Einatmung erfolgt eine isometrische Kontraktion gegen die passive Anteversion. Der Therapeut leistet den Widerstand. In der Ausatmung erfolgt die maximal verträgliche Nachdehnung

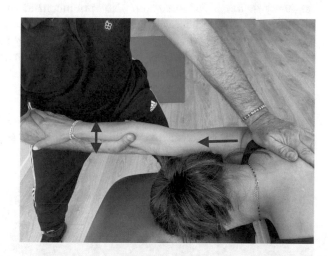

Abb. 5.130 Die Ausführungen der Phase 2 werden durch intensive Periostdruckreize am Interventionspunkt des M. supraspinatus in der Fossa supraspinata scapulae ergänzt

Phase 4 Schultergelenk: Anteversion in der Bauchlage (Abb. 5.131)
Weiter Positionierung in Bauchlage.

- Die Anteversion wird aktiv in die maximale ROM-Position geführt und zusätzlich die Nachdehnung passiv unterstützt.
- In der **Ausatmung** erfolgt aktiv die maximale Anteversion. Der Therapeut unterstützt die Bewegung durch taktile Reize und eine passive Nachdehnung.
- Während der **Einatmung** wird das Schultergelenk in die maximale Retroversion gebracht.

Phase 1 Schultergelenk: Abduktion in der Rückenlage (Abb. 5.132)
Ausgangsposition: Rückenlage. Der Therapeut steht neben der Liege. *Das Schultergelenk ist in ca. 70° Abduktion.* Die Patientenhand ist zwischen dem Oberarm und dem Oberkörper unterhalb der Achselhöhle des Therapeuten eingeklemmt. *Der Therapeut fixiert mit der einen (linken bzw. dem Kopf zugewandten; s. Beispiel Abb. 5.132) Hand die Schulter. Die andere Hand umgreift den proximalen Unterarm distal des Ellenbogengelenkes.*
Die Ausführung der Übung:

- **Ausatmung:** Beginn der manuellen Traktionen und Vibrationen des Armes durch Zug mit der rechten Hand nach lateral. Beide Hände unterstützen die Vibrationen während aller 4 Phasen.

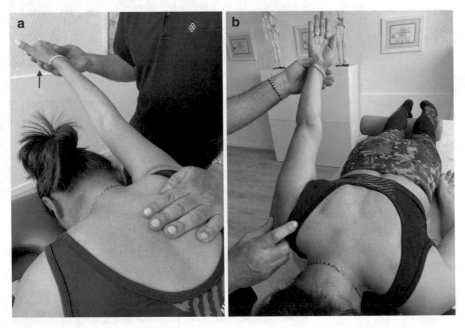

Abb. 5.131   a, b Die aktive und passive Anteversion während der Ausatmung (links) und die aktive Retroversion während der Einatmung (rechts)

- Mit jeder **Ausatmung** erfolgt die Kapseldehnung, die passive maximal verträgliche Abduktion im Schultergelenk, begrenzt durch VAS 7–8/10, die während jeder weiteren Ausatmung nach Verträglichkeit erweitert wird.
- Während jeder **Einatmung** soll der Dehnungsreiz konstant erhalten bleiben.

Phase 2 Schultergelenk: Abduktion in der Rückenlage (Abb. 5.133)
Beibehaltung der Positionierung, der Grifftechnik, der Vibrationen, des Atemmodus.

- Das Schultergelenk ist in der maximalen Abduktion.
- Während der **Einatmung** erfolgen maximale Muskelaktivitäten (Borg-RPE 16–17) gegen die passive Abduktion. Der Therapeut liefert die notwendige Gegenkraft zur Beibehaltung der Gelenkposition und stimuliert verbal.
- Während der **Ausatmung** wird die Muskulatur maximal relaxiert und unter Traktion und Vibration erfolgt eine maximale Nachdehnung in die Abduktion.

Abb. 5.132 *Dehnung der Phase 1 in die Abduktion aus der Rückenlage. Das Schultergelenk ist in ca. 70° Abduktion. Der Therapeut steht und fixiert die Schulter und umgreift den Unterarm proximal um Ellenbogengelenk. Aus dieser Ausgangslage erfolgen die vibrierenden Traktionen nach lateral und die maximale Abduktion im Schultergelenk*

Abb. 5.133 Dehnung der Phase 2 in die Abduktion. Während der Einatmung erfolgt eine isometrische Kontraktion gegen die passive Abduktion. In der Ausatmung erfolgt die maximal verträgliche Nachdehnung

Phase 3 Schultergelenk: Abduktion in der Rückenlage (Abb. 5.134)
Beibehaltung der Positionierung, der Grifftechnik, der Vibrationen und des Atemmodus mit der AED-Technik.

- Mit der Daumenkuppe werden während der gesamten Phase 3 Periostdruckreize am Interventionspunkt des M. subscapularis appliziert.
- **Ausatmung:** Die passive Nachdehnung wird durch Kontraktionen in die Abduktion unterstützt.

Phase 4 Schultergelenk: Abduktion in der Rückenlage (Abb. 5.135)
Weiter Positionierung in Rückenlage.

- Die Abduktion wird aktiv in die maximale ROM-Position geführt und die Nachdehnung wird passiv unterstützt.
- Während der **Ausatmung** erfolgt aktiv die maximale Abduktion. Der Therapeut unterstützt die Bewegung durch taktile Reize und eine passive Nachdehnung.
- Während der **Einatmung** wird das Schultergelenk aktiv in die Neutralstellung gebracht.

Abb. 5.134 Die Ausführungen der Phase 2 werden durch intensive Periostdruckreize am Interventionspunkt des M. subscapularis ergänzt

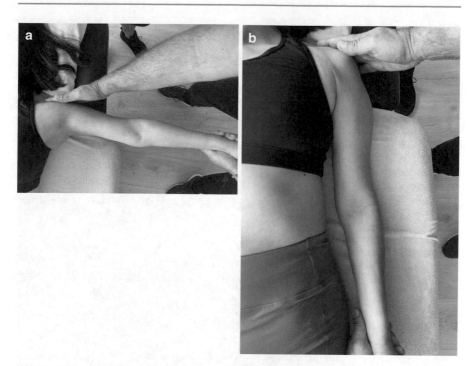

Abb. 5.135   a, b Die aktive und passive Abduktion während der Ausatmung (links) und die aktive Adduktion in die Neutralstellung des Schultergelenkes während der Einatmung (rechts)

Phase 1 Schultergelenk: Abduktion in der Bauchlage (5.136)

Ausgangsposition: Bauchlage. Der Therapeut steht neben der Liege. Der Arm des zu behandelnden Schultergelenkes liegt mit gestrecktem Ellenbogen- und Handgelenk sowie gestreckten Fingergelenken neben dem Rumpf in der 0°-Position. Der Therapeut umgreift mit der einen (rechten; s. Beispiel Abb. 5.136) Hand das Ellenbogengelenk von unten und klemmt die Patientenhand zwischen dem Oberarm und dem Oberkörper unterhalb der Achselhöhle ein. Mit der anderen (linken) Hand fixiert er die Schulter von oben.

Die Ausführung der Übung:

- **Ausatmung:** Beginn der manuellen Traktionen und Vibrationen des Armes durch Zug mit der rechten Hand nach lateral. Beide Hände unterstützen die Vibrationen während aller 4 Phasen.
- Während jeder **Ausatmung** erfolgt der Kapseldehnreiz, die passive maximal verträgliche Abduktion im Schultergelenk, begrenzt durch eine Schmerzempfindung von VAS 7–8/10, die während jeder weiteren Ausatmung nach Verträglichkeit erweitert wird.
- Während jeder **Einatmung** soll der Dehnungsreiz konstant erhalten bleiben.

Abb. 5.136 Dehnung der Phase 1 in die Abduktion aus der Bauchlage. Das Schultergelenk ist in ca. 70° Abduktion. Der Therapeut steht und fixiert mit der einen (linken) Hand die Schulter und umgreift mit der anderen (rechten) das Ellenbogengelenk. Der Unterarm ist zwischen dem Unterarm und dem Oberkörper des Therapeuten fixiert. Aus dieser Ausgangslage erfolgen die vibrierenden Traktionen des Armes und die maximale Abduktion im Schultergelenk

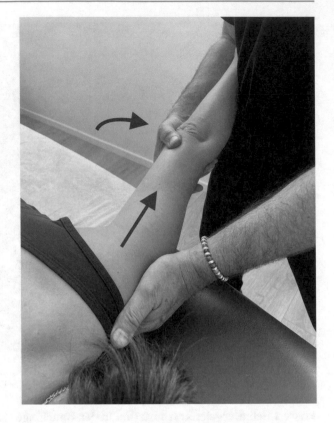

Phase 2 Schultergelenk: Abduktion in der Bauchlage (Abb. 5.137)

Beibehaltung der Positionierung, der Grifftechnik, der Vibrationen, des Atemmodus.

- Das Schultergelenk ist in maximaler Abduktion.
- Während der **Einatmung** erfolgen maximale Muskelaktivitäten (Borg-RPE 16–17) gegen die passive Abduktion. Der Therapeut liefert die notwendige Gegenkraft zur Beibehaltung der Gelenkposition und stimuliert verbal.
- Während der **Ausatmung** wird die Muskulatur maximal relaxiert und unter Traktion und Vibration erfolgt eine maximale Nachdehnung in die Abduktion.

Abb. 5.137 Dehnung der
Phase 2 in die Abduktion.
Während der Einatmung
erfolgt eine isometrische
Kontraktion gegen die
passive Abduktion. Der
Therapeut leistet den
Widerstand. In der
Ausatmungsphase erfolgt
die maximal verträgliche
Nachdehnung

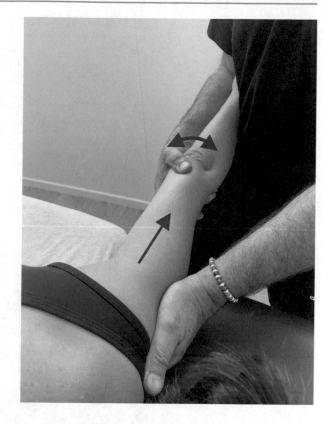

Phase 3 Schultergelenk: Abduktion in der Bauchlage (Abb. 5.138)

Beibehaltung der Positionierung, der Grifftechnik, der Vibrationen und des Atemmodus mit der AED-Technik.

- Mit der Daumenkuppe werden während der gesamten Phase 3 Periostdruckreize
  am Interventionspunkt des M. triceps brachii Caput longum am Tuberculum infraglenoidale gesetzt.

  Oder:

- Mit der Daumenkuppe werden die Periostdruckreize am Interventionspunkt des
  M. supraspinatus in der Fossa supraspinata scapulae gesetzt.
- **Ausatmung:** Die passive Nachdehnung wird durch Kontraktionen in die Abduk-
  tion unterstützt.

Abb. 5.138 Die Ausführungen der Phase 2 werden in der Phase 3 durch intensive Periostdruckreizung am Interventionspunkt des M. triceps brachii Caput longum am Tuberculum infraglenoidale oder (Abb. 5.138) am Interventionspunkt des M. supraspinatus in der Fossa supraspinata scapulae ergänzt

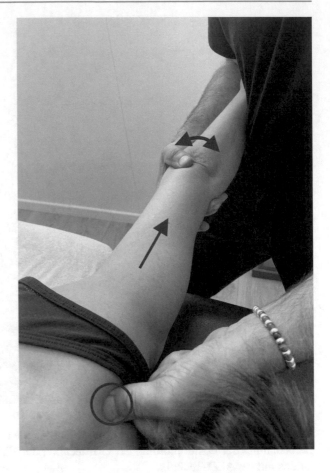

Phase 4 Schultergelenk: Abduktion in der Bauchlage (Abb. 5.139)
Weiter Positionierung in Bauchlage.

- Die Abduktion wird aktiv in die maximale ROM-Position geführt und die Nachdehnung zusätzlich passiv unterstützt.
- In der **Ausatmung** erfolgt aktiv die maximale Abduktion. Der Therapeut unterstützt die Bewegung durch taktile Reize und eine passive Nachdehnung.
- Während der **Einatmung** wird das Schultergelenk aktiv in die Neutralstellung gebracht.

Phase 1 Schultergelenk: Innenrotation in der Rückenlage (Abb. 5.140)
Ausgangsposition: Rückenlage. Der Therapeut steht neben der Liege. Das Schultergelenk ist in 90° Abduktion. Der Oberarm liegt teilweise auf der Behandlungsliege. Das Ellenbogengelenk ist 90° flektiert und das Handgelenk und die Fingergelenke sind gestreckt. Das Schultergelenk ist 0° rotiert. Eine (rechte; s. Beispiel Abb. 5.140) Hand des Therapeuten umfasst den Oberarm proximal des Ellenbogengelenkes und die andere (linke) die Mittelhand des Patienten.

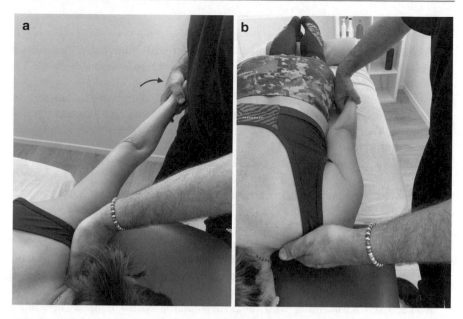

Abb. 5.139   a, b Die aktive und passive Abduktion während der Ausatmung (links) und die aktive Adduktion während der Einatmung in die Neutralstellung des Schultergelenkes (rechts)

Abb. 5.140   Dehnung der Phase 1 in die Innenrotation aus der Rückenlage. Das Schultergelenk ist in 90° Abduktion und der Ellenbogen 90° flektiert. Der Therapeut steht und umgreift mit der einen (rechten) Hand den Oberarm proximal des Ellenbogengelenkes und mit der anderen (linken) Hand die Mittelhand. Aus dieser Ausgangslage erfolgen die vibrierende Traktion des Schultergelenkes nach lateral und die maximal verträgliche Innenrotation im Schultergelenk

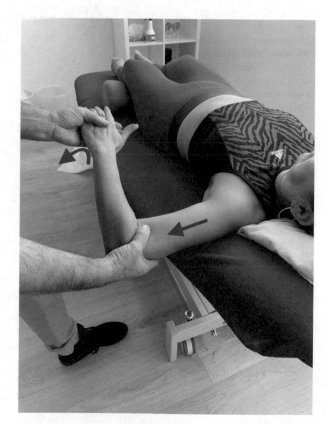

Die Ausführung der Übung:

- **Ausatmung:** Beginn der manuellen Traktionen und Vibrationen des Armes durch Zug mit der rechten Hand nach lateral. Beide Hände unterstützen die Vibrationen während aller 4 Phasen.
- Während jeder **Ausatmung** erfolgt die Kapselreizung, die passive maximale verträgliche Innenrotation im Schultergelenk, begrenzt durch eine Schmerzempfindung von VAS 7–8/10, die während jeder weiteren Ausatmung nach Verträglichkeit erweitert wird.
- Während jeder **Einatmung** soll der Dehnungsreiz konstant erhalten bleiben.

Phase 2: Schultergelenk: Innenrotation in der Rückenlage (Abb. 5.141)
Beibehaltung der Positionierung, der Grifftechnik, der Vibrationen, des Atemmodus.

- Das Schultergelenk ist in maximaler Innenrotation.
- Während der **Einatmung** erfolgen maximale Muskelaktivitäten (Borg-RPE 16–17) gegen die passive Innenrotation. Der Therapeut liefert die notwendige Gegenkraft zur Beibehaltung der Gelenkposition und stimuliert verbal.
- Während der **Ausatmung** wird die Muskulatur maximal relaxiert und unter Traktion und Vibration erfolgt eine maximale Nachdehnung in die Innenrotation.

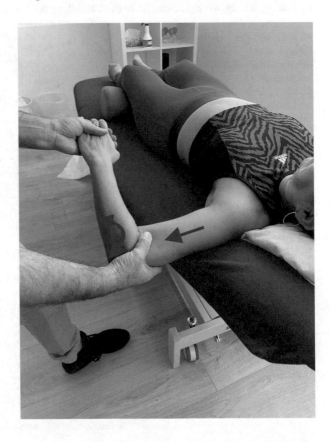

Abb. 5.141 Dehnung der Phase 2 in die Innenrotation. Während der Einatmung erfolgt eine isometrische Kontraktion gegen die passive Innenrotation. Der Therapeut leistet den Widerstand. In der Ausatmung erfolgt die maximal verträgliche Nachdehnung in die Innenrotation

Phase 3: Schultergelenk: Innenrotation in der Rückenlage (Abb. 5.142)
Beibehaltung der Positionierung, der Vibrationen und des Atemmodus mit der AED-Technik.

- Die Grifftechnik des Therapeuten ändert sich! Eine Hand umfasst das Schultergelenk von cranial und die andere umfasst den distalen Oberarm direkt vor dem Ellenbogengelenk.
- Mit der Daumenkuppe werden während der gesamten Phase 3 Periostdruckreize am Interventionspunkt des M. subscapularis gesetzt.
- **Ausatmung:** Die passive Nachdehnung wird durch Kontraktionen in die Innenrotation unterstützt.

Abb. 5.142 Die Ausführungen der Phase 2 werden durch intensive Periostdruckreize am Interventionspunkt des M. subscapularis ergänzt

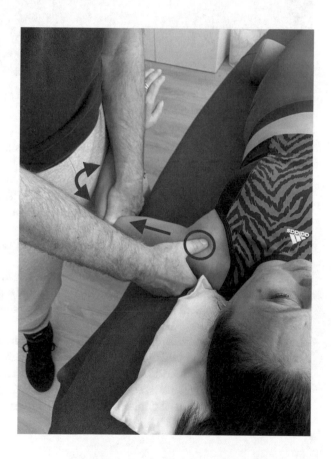

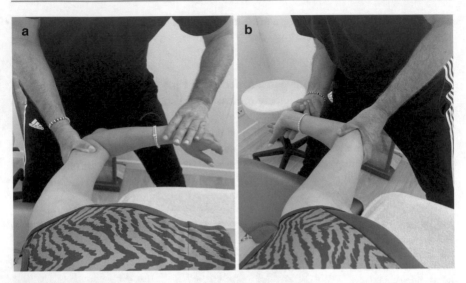

Abb. 5.143 a, b Die aktive und passive Innenrotation während der Ausatmung (links) und die Außenrotation während der Einatmung (rechts)

Phase 4 Schultergelenk: Innenrotation in der Rückenlage (Abb. 5.143)
Weiter Positionierung in Rückenlage.

- Der Therapeut wechselt erneut die Handgriffe. Eine Hand umfasst den distalen Oberarm wenig proximal des Ellenbogengelenkes von außen und die andere das Handgelenk von dorsal.
- Die Innenrotation wird aktiv in die maximale ROM-Position geführt und zusätzlich die Nachdehnung passiv unterstützt.
- Während der **Ausatmung** erfolgt aktiv die maximale Innenrotation. Der Therapeut unterstützt die Bewegung durch taktile Reize und eine passive Nachdehnung.
- Während der **Einatmung** wird das Schultergelenk aktiv maximal außenrotiert.

Phase 1 Schultergelenk: Außenrotation in der Rückenlage (Abb. 5.144)
Ausgangsposition: Rückenlage. Der Therapeut steht neben der Liege. Das Schultergelenk ist in 90° Abduktion. Der Oberarm liegt teilweise auf der Behandlungsliege. Das Ellenbogengelenk ist 90° flektiert und das Handgelenk und die Fingergelenke sind gestreckt. Das Schultergelenk ist 0° rotiert. Eine (linke; s. Beispiel

Abb. 5.144) Hand des Therapeuten umfasst den Oberarm proximal des Ellenbogengelenkes und die andere (rechte) Hand die Mittelhand des Patienten von dorsal.
Die Ausführung der Übung:

- **Ausatmung:** Beginn der manuellen Traktionen und Vibrationen des Armes
durch Zug mit der linken Hand nach lateral. Beide Hände unterstützen die Vibrationen während aller 4 Phasen.
- Während jeder **Ausatmung** erfolgt die Kapselreizung, die maximal verträgliche
Außenrotation, begrenzt durch eine Schmerzempfindung von VAS 7–8/10, die
während jeder weiteren Ausatmung nach Verträglichkeit erweitert wird.
- Während jeder **Einatmung** soll der Dehnungsreiz konstant erhalten bleiben.

Abb. 5.144 Dehnung der
Phase 1 in die
Außenrotation aus der
Rückenlage. Das Schulter-
und das Ellenbogengelenk
sind in 90° Abduktion bzw.
90° Flexion. Der Therapeut
steht und umgreift mit
einer (linken) Hand den
Oberarm proximal des
Ellenbogengelenkes und
mit der anderen (rechten)
Hand die Mittelhand von
dorsal. Aus dieser
Ausgangslage erfolgen die
vibrierenden Traktionen
und die maximale
Außenrotation im
Schultergelenk

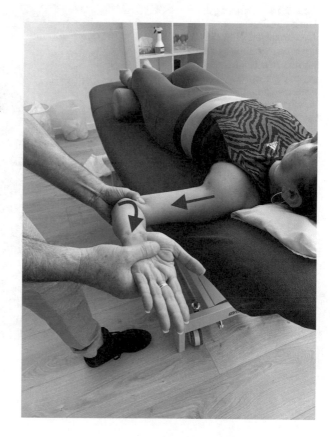

Phase 2 Schultergelenk: Außenrotation in der Rückenlage (Abb. 5.145)
Beibehaltung der Positionierung, der Grifftechnik, der Vibrationen, des Atemmodus.

- Das Schultergelenk ist in maximaler Außenrotation.
- Während der **Einatmung** erfolgen maximale Muskelaktivitäten (Borg-RPE 16–17) gegen die passive Außenrotation. Der Therapeut liefert die notwendige Gegenkraft zur Beibehaltung der Gelenkposition und stimuliert verbal.
- Während der **Ausatmung** wird die Muskulatur maximal relaxiert und unter Traktion und Vibration erfolgt eine maximale Nachdehnung in die Außenrotation.

Abb. 5.145 Dehnung der Phase 2 in der Außenrotation. Während der Einatmung erfolgt eine isometrische Kontraktion gegen die passive Außenrotation. In der Ausatmung erfolgt die maximal verträgliche Nachdehnung in die Außenrotation

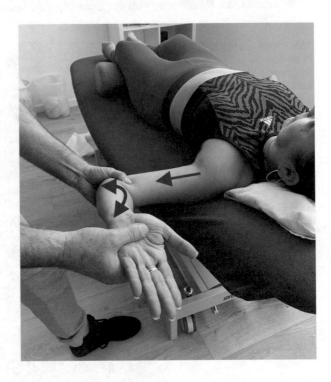

Phase 3: Schultergelenk: Außenrotation in der Rückenlage (Abb. 5.146)
Beibehaltung der Positionierung, der Vibrationen und des Atemmodus mit der
AED-Technik.

- Die Grifftechnik des Therapeuten ändert sich! Eine Hand umfasst das Schultergelenk von cranial und die andere umfasst den distalen Oberarm direkt vor dem
  Ellenbogengelenk.
- Mit der Daumenkuppe werden während der gesamten Phase 3 Periostdruckreize
  am Interventionspunkt des M. subscapularis gesetzt.
- **Ausatmung:** Die passive Nachdehnung wird durch Kontraktionen in die Außenrotation unterstützt.

Abb. 5.146 Die
Ausführungen der Phase 2
werden durch intensive
Periostdruckreize am
Interventionspunkt des
M. subscapularis ergänzt

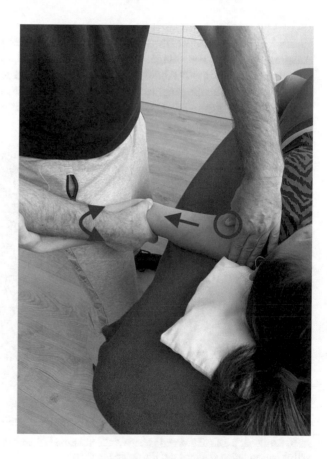

Phase 4 Schultergelenk: Außenrotation in der Rückenlage (Abb. 5.147)
Weiter Positionierung in Rückenlage.

- Der Therapeut wechselt erneut die Handgriffe. Eine Hand umfasst den distalen Oberarm wenig proximal des Ellenbogengelenkes von außen und die andere das Handgelenk von ventral.
- Die Außenrotation wird aktiv in die maximale ROM-Position geführt und zusätzlich die Nachdehnung passiv unterstützt.
- Während der **Ausatmung** erfolgt aktiv die maximale Außenrotation. Der Therapeut unterstützt die Bewegung durch taktile Reize und eine passive Nachdehnung.
- Während der **Einatmung** wird aktiv die maximale Innenrotation ausgeführt.

Phase 1 Schultergelenk: Innenrotation in der Bauchlage (Abb. 5.148)
Ausgangsposition: Bauchlage. Der Therapeut sitzt oder steht neben der Liege. Das Schultergelenk ist in 90° Abduktion. Der Oberarm liegt teilweise auf der Behandlungsliege. Das Ellenbogengelenk ist 90° flektiert und das Handgelenk und die Fingergelenke sind gestreckt. Das Schultergelenk ist 0° rotiert. Eine (die rechte; s.

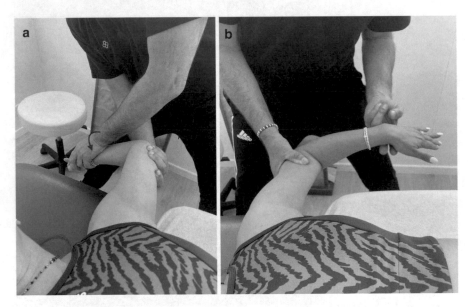

Abb. 5.147 a, b Die aktive und passive Außenrotation während der Ausatmung (links) und die aktive Innenrotation während der Einatmung (rechts)

Abb. 5.148 Dehnung der Phase 1 in die Innenrotation aus der Bauchlage. Das Schultergelenk ist in 90° Abduktion und das Ellenbogengelenk 90° flektiert. Der Therapeut sitzt und umgreift mit der einen (rechten) Hand den Oberarm proximal des Ellenbogengelenkes und mit der anderen (linken) Hand das Handgelenk des Patienten von dorsal. Aus dieser Ausgangslage erfolgen die vibrierenden Traktionen nach lateral und die maximal verträgliche Innenrotation des Schultergelenkes

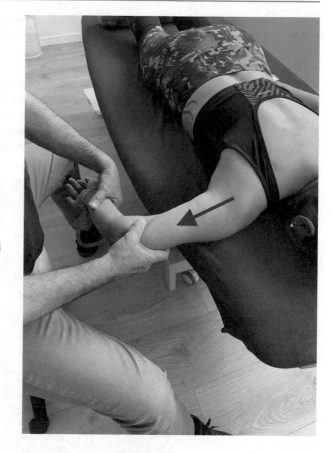

Beispiel Abb. 5.148) Hand des Therapeuten umfasst den Oberarm proximal des Ellenbogengelenkes und die andere (die linke) Hand das Handgelenk des Patienten von dorsal.

Die Ausführung der Übung:

- **Ausatmung:** Beginn der manuellen Traktionen und Vibrationen des Armes durch Zug mit der rechten Hand nach lateral. Beide Hände unterstützen die Vibrationen während aller 4 Phasen.
- Während jeder Ausatmung erfolgt der Kapseldehnreiz, die passive maximal verträgliche Innenrotation, begrenzt durch die Schmerzempfindung VAS 7–8/10, die während jeder weiteren Ausatmung nach Verträglichkeit erweitert wird.
- Während jeder Einatmung soll der Dehnungsreiz konstant erhalten bleiben.

Phase 2: Schultergelenk: Innenrotation in der Bauchlage (Abb. 5.149)
Beibehaltung der Positionierung, der Grifftechnik, der Vibrationen, des Atemmodus.

- Das Schultergelenk ist in maximaler Innenrotation.
- Während der **Einatmung** erfolgen maximale Muskelaktivitäten (Borg-RPE 16–17) gegen die passive Innenrotation. Der Therapeut liefert die notwendige Gegenkraft zur Beibehaltung der Gelenkposition und stimuliert verbal.
- Während der **Ausatmung** wird die Muskulatur maximal relaxiert und unter Traktion und Vibration erfolgt eine maximale Nachdehnung in die Innenrotation.

Abb. 5.149 Dehnung der Phase 2 in die Innenrotation. Während der Einatmung erfolgt eine isometrische Kontraktion gegen die passive Innenrotation. Der Therapeut leistet den Widerstand. In der Ausatmungsphase erfolgt die maximal verträgliche Nachdehnung in die Innenrotation

Phase 3: Schultergelenk: Innenrotation in der Bauchlage (Abb. 5.150)
Beibehaltung der Positionierung, der Vibrationen und des Atemmodus mit der
AED-Technik.

- Die Grifftechnik des Therapeuten ändert sich! Eine Hand umfasst das Schultergelenk von cranial und die andere umfasst das Ellenbogengelenk in der Ellenbo-
  genbeuge.
- Mit der Daumenkuppe werden während der gesamten Phase 3 Periostdruckreize
  am Interventionspunkt des M. supraspinatus appliziert.
- **Ausatmung:** Die passive Nachdehnung wird durch Kontraktionen in die Innenrotation unterstützt.

Abb. 5.150 Die
Ausführungen der Phase 2
werden durch intensive
Periostdruckreize mit der
rechten Daumenkuppe am
Interventionspunkt des
M. supraspinatus ergänzt

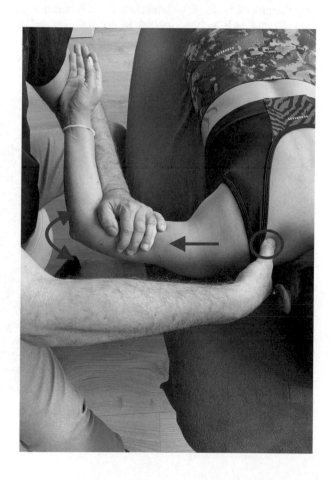

Phase 4: Schultergelenk: Innenrotation in der Bauchlage (Abb. 5.151)
Weiter Positionierung in Bauchlage.

- Der Therapeut wechselt erneut die Handgriffe in Abhängigkeit von der passiven Bewegung in die Innen- oder Außenrotation.
- Während der **Ausatmung** erfolgt aktiv die maximale Innenrotation. Der Therapeut unterstützt die Bewegung durch taktile Reize und eine passive Nachdehnung.
- Während der **Einatmung** wird das Schultergelenk maximal außenrotiert.

Phase 1: Schultergelenk: Außenrotation in der Bauchlage (Abb. 5.152)
Ausgangsposition: Bauchlage. Der Therapeut sitzt oder steht neben der Liege. Das Schultergelenk ist in 90° Abduktion. Der Oberarm liegt teilweise auf der Behandlungsliege. Das Ellenbogengelenk ist 90° flektiert und das Handgelenk und die Fingergelenke sind gestreckt. Das Schultergelenk ist 0° rotiert. Eine (die linke; s. Beispiel Abb. 5.152) Hand des Therapeuten umfasst den Oberarm proximal des

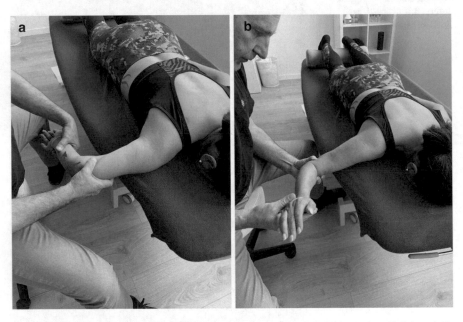

Abb. 5.151   a, b Die aktive und passive Innenrotation während der Ausatmung (links) und die aktive Außenrotation während der Einatmung (rechts)

Ellenbogengelenkes und die andere (die rechte) Hand das Handgelenk/die Mittelhand des Patienten so, dass der Daumen auf dem Handrücken liegt.

Die Ausführung der Übung:

- **Ausatmung:** Beginn der manuellen Traktionen und Vibrationen des Armes durch Zug mit der linken Hand nach lateral. Beide Hände unterstützen die Vibrationen während aller 4 Phasen.
- Während jeder Ausatmung erfolgt der Kapselreiz, die passive maximal verträgliche Außenrotation, begrenzt durch eine Schmerzempfindung von VAS 7–8/10, die während jeder weiteren Ausatmung nach Verträglichkeit erweitert wird.
- Während jeder **Einatmung** soll der Dehnungsreiz konstant erhalten bleiben.

Abb. 5.152 Dehnung der Phase 1 in die Außenrotation. Das Schultergelenk ist in 90° Abduktion und das Ellenbogengelenk 90° flektiert. Der Therapeut sitzt und umgreift mit der einen (linken) Hand den Oberarm proximal des Ellenbogengelenkes und mit der anderen (rechten) Hand das Handgelenk/die Mittelhand von volar. Aus dieser Ausgangslage erfolgen die vibrierenden Traktionen nach lateral und die maximal verträgliche Außenrotation des Schultergelenkes

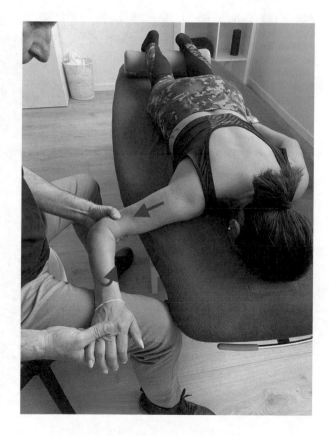

Phase 2: Schultergelenk: Außenrotation in der Bauchlage (Abb. 5.153)
Beibehaltung der Positionierung, der Grifftechnik, der Vibrationen, des Atemmodus.

- Das Schultergelenk ist in maximaler Außenrotation.
- Während der **Einatmung** erfolgen maximale Muskelaktivitäten (Borg-RPE 16–17) gegen die passive Außenrotation. Der Therapeut liefert die notwendige Gegenkraft zur Beibehaltung der Gelenkposition und stimuliert verbal.
- Während der **Ausatmung** wird die Muskulatur maximal relaxiert und unter Traktion und Vibration erfolgt eine maximale Nachdehnung in die Außenrotation.

Abb. 5.153 Dehnung der Phase 2 in die Außenrotation. Während der Einatmung erfolgt eine isometrische Kontraktion gegen die passive Außenrotation. Der Therapeut leistet Widerstand. In der Ausatmung erfolgt die maximal verträgliche Nachdehnung in die Außenrotation

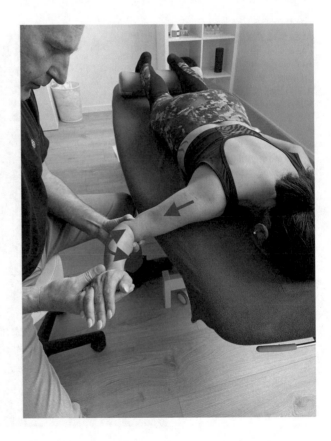

Phase 3: Schultergelenk: Außenrotation in der Bauchlage (Abb. 5.154)
Beibehaltung der Positionierung, der Vibrationen und des Atemmodus mit der
AED-Technik.

- Die Grifftechnik des Therapeuten ändert sich! Der Daumen der einen Hand ist
  auf dem Innervationspunkt des M. supraspinatus und die Finger stützen sich auf
  der Scapula ab. Der Unterarm des Patienten liegt auf dem Unterarm des Therapeuten positioniert.
- Mit der Daumenkuppe werden während der gesamten Phase 3 Periostdruckreize
  am Interventionspunkt des M. supraspinatus appliziert.
- **Ausatmung:** Die passive Nachdehnung wird durch Kontraktionen in die Außenrotation unterstützt.

Abb. 5.154 Die
Ausführungen der Phase 2
werden durch intensive
Periostdruckreize mit der
Daumenkuppe am
Interventionspunkt des
M. supraspinatus ergänzt

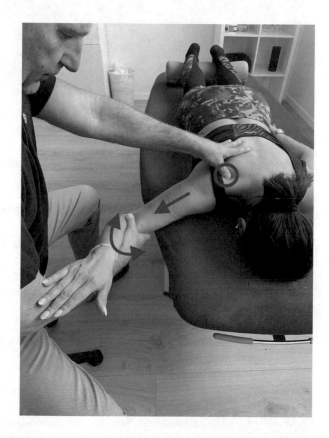

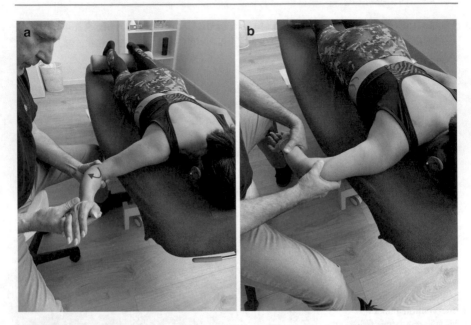

Abb. 5.155 Die aktive und passive Außenrotation während der Ausatmung (links) und die aktive Innenrotation während der Einatmung (rechts)

Phase 4: Schultergelenk: Außenrotation in der Bauchlage (Abb. 5.155)
Weiter Positionierung in Bauchlage.

- Der Therapeut wechselt erneut die Handgriffe in Abhängigkeit von der passiven Bewegung in die Innen- oder Außenrotation.
- Während der **Ausatmung** erfolgt aktiv und passiv die maximale Außenrotation. Der Therapeut unterstützt die Bewegung durch taktile Reize und eine passive Nachdehnung.
- Während der **Einatmung** wird das Schultergelenk aktiv maximal innenrotiert.

5.2.5   Kapseldehnungen Schultergelenk ohne Geräte „painless motion"

Übersicht
Wichtig: Die „painless motion"-Soloübungen kombinieren aktive sowie passive Wirkkomponenten. Es werden die Beweglichkeit, die passiv-mechanischen Eigenschaften der myofaszialen Strukturen, die Durchblutung und die Stimulation der körpereigenen Schmerzhemmung angesprochen.

Die Bewegungen werden auch als supervidiertes Gruppenprogramm durchgeführt und sie sind Bestandteil des Heimtrainingsprogramms.

Die passiven und aktiven Kapseldehnungen des Schultergelenkes ohne Geräte werden auf der Therapiematte durchgeführt. Die Dehnungen erfolgen in den Bewegungsrichtungen Anteversion, Retroversion, Außen- und Innenrotation.

Phase 1 Schultergelenk: Soloübung 1 – Anteversion, Abduktion, Rotation (Abb. 5.156)

Ausgangsposition: Der Patient legt sich in die Bauchlage und der Arm des zu therapierenden Schultergelenkes mit Einschränkung der Abduktion wird in größtmöglich tolerierter Abduktion auf der Therapiematte abgelegt. Die Handflächen sollen auf der Matte aufliegen. Es folgt eine Rotation des Rumpfes in Richtung des abduzierten Armes in die größtmöglich tolerierte Körperseitlage.

Je nachdem wie stark die vorderen Kapselstrukturen ROM-limitierend sind, wird der Arm zur Körperlängsachse im maximal möglichen Abduktionswinkel positioniert. Der andere Arm im Gesichtsfeld des Patienten stützt vor bzw. in Höhe der Schulter den Körper ab und hilft später bei der maximal möglichen Rotation des Oberkörpers, um die Dehnung der Schultergelenkkapsel der Gegenseite auszuführen bzw. zu verstärken.

Abb. 5.156
Ausgangsposition in der Seitenlage. Der Arm des betroffenen Schultergelenkes liegt unten und wird gestreckt mit maximal möglichem Abduktionswinkel gelagert. Das Hüft- und Kniegelenk des oberen Beines ist gestreckt, kreuzt das unten liegende Bein, dessen Hüft- und Kniegelenk jeweils leicht flektiert sind. Die Hand des nicht betroffenen Schultergelenkes stützt vor dem Gelenk ab, sichert die Rotation und unterstützt die dehnende Rotation

Die oben liegende untere Extremität hilft zusätzlich bei der Einnahme der Körperrotation und folglich der Schulterkapseldehnung, indem Hüft- und Kniegelenk in Neutralstellung bleiben und die unten positionierte untere Extremität ist im Hüft- und Kniegelenk leicht flektiert.

Die Ausführung der Übung:

- Ist die gut tolerierte Ausgangsstellung der Dehnung mit maximal möglichem Abduktionswinkel gefunden, rotiert der Oberkörper dosiert in Richtung des auf der Matte aufliegenden Schultergelenkes und verstärkt die Dehnung des Schultergelenkes.
- Die oben liegende untere Extremität wird im Hüftgelenk in die Extension geführt, um die dehnende Position des Schultergelenkes zu intensivieren.
- In den maximalen endgradigen Bewegungspositionen soll ein dehnungsbedingter Schmerz von VAS 7–8/10 empfunden werden.
- Nach dem Erreichen der maximal tolerierbaren Endposition erfolgt mit jeder **Ausatmung** der Versuch, die Dehnposition verträglichkeitsabhängig zu erweitern.
- Während der **Einatmung** soll die Dehnung möglichst beibehalten oder höchstens wenig gemindert werden.

Phase 2 Schultergelenk: Soloübung 1 – Anteversion, Abduktion, Rotation (Abb. 5.157)
Beibehaltung der Positionierung und des Atemmodus mit Verstärkung oder Beibehaltung des Dehnungszustandes.

- Der Patient befindet sich in der maximalen Dehnendposition der Phase 1.
- Der Winkel der Abduktion soll maximal verträglich vergrößert werden.
- Während der **Einatmung** erfolgen maximale Muskelaktivitäten (Borg-RPE 16–17) der Arm-Schulter-Rumpfmuskulatur gegen den Mattenboden. Zur Entwicklung einer möglichst maximalen isometrischen Kontraktion wird verbal stimuliert.
- Während der **Ausatmung** stoppt die isometrische Kontraktion. Mit der Relaxation erfolgt eine maximal mögliche bzw. tolerierbare Nachdehnung des Schultergelenkes.

Abb. 5.157 Die
Abduktionsposition ist
vergrößert. Isometrisch
erfolgt in der Einatmung
maximale Kontraktionen
der Arm-Schulter-
Rumpfmuskulatur gegen
den Mattenboden.
Während der Ausatmung
wird die passive Dehnung
verstärkt

Phase 3 Schultergelenk: Soloübung 1 – Anteversion, Abduktion, Rotation (Abb. 5.158)

Beibehaltung der Positionierung und des Atemmodus mit Verstärkung oder Beibehaltung des Dehnungszustandes.

- Der Patient befindet sich in der maximalen Dehnposition der Phase 2.
- Der Abduktionswinkel soll weiter vergrößert und, sofern möglich, bis in die Elevation maximal erweitert werden.
- Während der **Einatmung** erfolgt erneut eine möglichst maximale isometrische Muskelkontraktion der Arm-Schulter-Rumpfmuskulatur mit dem Anstrengungsempfinden Borg-RPE 16–17.
- Während der **Ausatmung** stoppt die isometrische Kontraktion und es erfolgt die maximal verträgliche passive Nachdehnung, die zusätzlich durch Kontraktionen in die Retroversion assistiert wird.

Abb. 5.158 Die Patientin befindet sich in der 3. Behandlungsphase und in der Dehnposition 3. Im Einatmungszyklus drückt die Patientin ihren gesamten Arm nach unten in die Matte. Im Ausatmungszyklus aktiviert die Patientin ihre dorsale Arm- und Schultermuskulatur zur Unterstützung der passiven Dehnung

Phase 4 Schultergelenk: Soloübung 1 – Anteversion, Abduktion, Rotation (Abb. 5.159 und 5.160)

Die Positionierung wird geändert. Wenn möglich, wird der Kniestand eingenommen. Die alternative Ausgangsstellung ist der Sitz auf einem Hocker oder der aufrechte Stand. Die Ausgangsposition in beiden Schultergelenken ist die maximale Innenrotation und Adduktion. Im Bereich der Handgelenke sind die Arme über Kreuz.

- Es erfolgen nacheinander die Bewegungen
  - maximale Anteversion mit Außenrotation (Abb. 5.159a, b),
  - Retroversion aus 135° Abduktion und Außenrotation (Abb. 5.160a, b) und
  - maximal mögliche Retroversion in ca. 45° Abduktion.

Abb. 5.159 a, b Ausgangsposition der Übung (links). Die Arme kreuzen durch Adduktion und maximaler Innenrotation vor dem Körper. Es folgt die möglichst maximale Elevation (rechts) und Außenrotation (nicht dargestellt)

Abb. 5.160 a, b Es erfolgen eine ca. 135° Abduktion und Retroversion (links) und eine maximale Retroversion mit Außenrotation (rechts)

Phase 1 Schultergelenk: Soloübung 1 – Außenrotation (Abb. 5.161)

Ausgangsposition: Ausgangsposition: Seitenlage auf der Therapiematte. Das auf der Matte aufliegende Schultergelenk ist zunächst in 90° Anteversion, das Ellenbogengelenk in 90° Flexion, das Handgelenk in Mittelstellung und die Handfläche und die Finger sind gestreckt. Die Hand der anderen Extremität wird flach volar auf das Handgelenk und die Hand der Gegenseite aufgelegt und der Unterarm nach unten gedrückt, sodass eine Außenrotation im Schultergelenk entsteht.

Die Ausführung der Übung:

- Während der **Ausatmung** drückt die auf dem Handgelenk flach aufliegende Hand auf den Unterarm, sodass eine maximale Außenrotation im Schultergelenk resultiert, die bei Einschränkung der Außenrotation eine Schmerzempfindung von VAS 7–8/10 hervorrufen sollte. Mit jeder folgenden Ausatmung sollte die Dehnung entweder beibehalten oder je nach Verträglichkeit verstärkt werden.
- Während der **Einatmung** soll der Dehnungsreiz konstant bleiben.

Abb. 5.161 *Ausgangsposition mit passiver selbst assistierter Außenrotation. Die Hand der oben liegenden Extremität drückt auf den Unterarm, sodass die maximal verträgliche Schulter-Außenrotation provoziert wird*

Phase 2 Schultergelenk: Soloübung 1 – Außenrotation (Abb. 5.162)
Beibehaltung der Positionierung und des Atemmodus mit Verstärkung oder Beibehaltung des Dehnungszustandes.

- Das Schultergelenk ist in maximaler Außenrotation.
- Während der **Einatmung** erfolgen maximale Muskelaktivitäten (Borg-RPE 16–17) gegen die passive Außenrotation. Die „dehnende" Hand leistet Widerstand, sodass eine isometrische Kontraktion in die Innenrotation entsteht.
- Zur Entwicklung einer möglichst maximalen isometrischen Spannung wird bei Ausführung mit dem Therapeuten verbal stimuliert.
- Während der **Ausatmung** stoppt die isometrische Kontraktion. Mit der Relaxation erfolgt eine maximale Nachdehnung in die Außenrotation.

Abb. 5.162 *Passive selbst assistierte Außenrotation.* Während der Einatmung erfolgt eine isometrische Kontraktion dagegen, indem der Patient selbst Widerstand leistet. In der Ausatmung erfolgt die maximal verträgliche Nachdehnung in die Außenrotation des Schultergelenkes

Phase 3 Schultergelenk: Soloübung 1 – Außenrotation (Abb. 5.163)
Beibehaltung der Positionierung und des Atemmodus mit Verstärkung oder Beibehaltung des Dehnungszustandes.

- Das Schultergelenk ist in maximaler Außenrotation.
- Der Außenrotationswinkel soll durch weiter verstärktes passives Nachdrücken in die Außenrotation vergrößert werden.
- Während der **Ausatmung** wird die passive Nachdehnung zusätzlich durch Kontraktionen in die Außenrotation assistiert.

Abb. 5.163 *Passive selbst assistierte Außenrotation.* Die passive Nachdehnung wird zusätzlich durch Kontraktionen in die Außenrotation unterstützt

Phase 4 Schultergelenk: Soloübung 1 – Außenrotation (Abb. 5.164)
Beibehaltung der Positionierung und des Atemmodus mit Verstärkung oder Beibehaltung des Dehnungszustandes.

- Die Außenrotation wird aktiv in die maximale ROM-Position geführt und die Nachdehnung wird vom Patienten eigenständig passiv-assistiert unterstützt.
- Während der **Ausatmung** erfolgt aktiv die maximale Außenrotation. Der Patient unterstützt die Bewegung durch eine passive Nachdehnung.
- Während der **Einatmung** erfolgt aktiv die maximale Innenrotation.

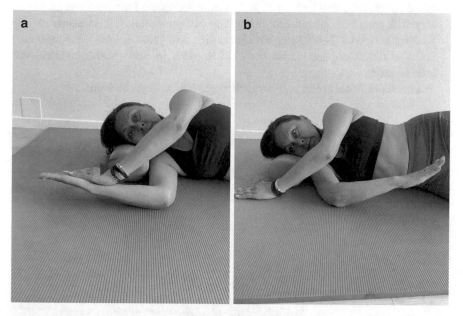

Abb. 5.164 a, b Aktive und *passive selbst assistierte Außenrotation (links)* und die aktive maximale Innenrotation (rechts)

Phase 1 Schultergelenk: Soloübung 3 – Innenrotation (Abb. 5.165)
Ausgangsposition: Ausgangsposition: Seitenlage auf der Therapiematte. Das auf der Matte aufliegende Schultergelenk ist zunächst in 90° Anteversion, das Ellenbogengelenk in 90° Flexion, das Handgelenk in Mittelstellung und die Handfläche und die Finger sind gestreckt. Die Hand der anderen Extremität wird flach von dorsal auf das Handgelenk und die Hand der Gegenseite aufgelegt und der Unterarm nach unten gedrückt, sodass eine Innenrotation im Schultergelenk entsteht.

Die Ausführung der Übung:

- Während der **Ausatmung** drückt die auf dem Handgelenk flach aufliegende Hand intensiv auf den Unterarm, sodass eine maximale Innenrotation im Schultergelenk resultiert, die bei Einschränkung der Innenrotation eine Schmerzempfindung von VAS 7–8/10 hervorrufen sollte. Mit jeder folgenden Ausatmung sollte die Dehnung entweder beibehalten oder je nach Verträglichkeit verstärkt werden.
- Während der **Einatmung** soll der Dehnungsreiz konstant bleiben.

Abb. 5.165 *Ausgangsposition mit passiver selbst assistierter Innenrotation. Die Hand der oben liegenden Extremität drückt auf den Unterarm, sodass die maximal verträgliche Schulter-Innenrotation provoziert wird*

Phase 2 Schultergelenk: Soloübung 3 – Innenrotation (Abb. 5.166)
Beibehaltung der Positionierung und des Atemmodus mit Verstärkung oder Beibehaltung des Dehnungszustandes.

- Das Schultergelenk ist in maximaler Innenrotation.
- Während der **Einatmung** erfolgen maximale Muskelaktivitäten (Borg-RPE 16–17) gegen die passive Innenrotation. Die „dehnende" Hand leistet Widerstand, sodass eine isometrische Kontraktion in die Außenrotation entsteht.
- Zur Entwicklung einer möglichst maximalen isometrischen Spannung wird bei Ausführung mit dem Therapeuten verbal stimuliert.
- Während der **Ausatmung** stoppt die isometrische Kontraktion. Mit der Relaxation erfolgt eine maximale Nachdehnung in die Innenrotation.

Abb. 5.166 *Passive selbst assistierte Innenrotation.* Während der Einatmung erfolgt eine isometrische Kontraktion dagegen, indem der Patient selbst Widerstand leistet. In der Ausatmung erfolgt die maximal verträgliche Nachdehnung in die Innenrotation des Schultergelenkes

Phase 3 Schultergelenk: Soloübung 3 – Innenrotation (Abb. 5.167)

Beibehaltung der Positionierung und des Atemmodus mit Verstärkung oder Beibehaltung des Dehnungszustandes.

- Das Schultergelenk ist in maximaler Innenrotation.
- Der Innenrotationswinkel soll durch weiter verstärktes passives Nachdrücken in die Innenrotation weiter vergrößert werden.
- Während der **Ausatmung** wird die passive Nachdehnung zusätzlich durch Kontraktionen in die Innenrotation assistiert.

Abb. 5.167 *Passive selbst assistierte Innenrotation.* Die passive Nachdehnung wird zusätzlich durch Kontraktionen in die Innenrotation unterstützt

Phase 4 Schultergelenk: Soloübung 3 – Innenrotation (Abb. 5.168)
Beibehaltung der Positionierung und des Atemmodus mit Verstärkung oder Beibehaltung des Dehnungszustandes.

- Die Innenrotation wird aktiv in die maximale ROM-Position geführt und die Nachdehnung wird vom Patienten eigenständig passiv-assistiert unterstützt.
- Während der **Ausatmung** erfolgt aktiv die maximale Innenrotation. Der Patient unterstützt die Bewegung durch eine passive Nachdehnung.
- Während der **Einatmung** erfolgt aktiv die maximale Außenrotation.

Abb. 5.168   a, b Aktive und *passive selbst assistierte Innenrotation (links)* und die aktive maximale Außenrotation (rechts)

5.2.6 Kapseldehnungen des Kiefergelenkes ohne Geräte

Die passiven und aktiven Kapseldehnungen des Kiefergelenkes ohne Geräte werden auf der Therapieliege in Rückenlage durchgeführt. Die Dehnungen erfolgen in den Hauptbewegungsrichtungen Senkung des Unterkiefers (Mundöffnung) und die Laterotrusion (Bewegung einer Unterkieferhälfte nach lateral, Malbewegung nach außen).

Phase 1 Kiefergelenk: Abduktion (Senkung) des Unterkiefers (Mundöffnung) (Abb. 5.169)
Ausgangsposition: Rückenlage. Der Therapeut sitzt am Kopfende der Behandlungsliege. Beide Daumen des Therapeuten berühren sich leicht und liegen flach auf der Mitte des Unterkiefers. Sie üben Druck von ventral oben nach dorsal unten aus, sodass sich der Mund passiv öffnet. Die Finger beider Hände sind flektiert (zur Faust geballt). Sie liegen dem Hals an und unterstützen die Mundöffnung.
Die Ausführung der Übung:

* **Ausatmung:** Beginn der manuellen vibrierenden Traktion des Kiefergelenkes durch eine dosierte Druck-Zugbewegung beider Daumen nach kaudal-dorsal am Unterkiefer in die maximale Abduktion während aller 4 Phasen.

Abb. 5.169 *Phase 1 Dehnung durch Abduktion des Kiefergelenkes in Rückenlage. Der Therapeut sitzt und* die Daumen beider Hände sind auf dem Unterkiefer positioniert und drücken von oben-ventral nach unten-dorsal das Kiefergelenk in die Abduktion. *Aus dieser Ausgangslage erfolgt die vibrierende Traktion in die maximale Abduktion*

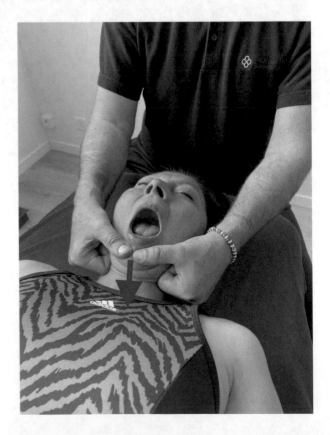

- Während der **Ausatmung** erfolgt passiv eine maximale Abduktion des Kiefergelenkes, begrenzt durch eine Schmerzempfindung von VAS 7–8/10, die während jeder weiteren Ausatmung nach Verträglichkeit erweitert wird.
- Während jeder **Einatmung** soll der Dehnungsreiz konstant erhalten bleiben.

Phase 2 Kiefergelenk: Abduktion (Senkung) des Unterkiefers (Mundöffnung) (Abb. 5.170)
Beibehaltung der Positionierung, der Grifftechnik, der Vibrationen und des Atemmodus mit der AED-Technik.

- Das Kiefergelenk ist in maximaler Abduktion.
- Während der **Einatmung** erfolgen maximale Muskelaktivitäten (Borg-RPE 16–17) gegen die passive Abduktion. Der Therapeut liefert die notwendige Gegenkraft zur Beibehaltung der Gelenkposition und stimuliert verbal.

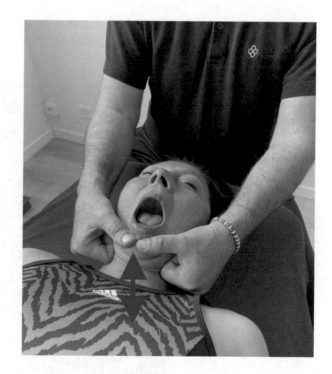

Abb. 5.170 Phase 2 Dehnung *durch* Abduktion des Kiefergelenkes. Während der Einatmung erfolgt eine isometrische Kontraktion gegen die passive Abduktion. In der Ausatmungsphase erfolgt die Nachdehnung in die zu dehnende Abduktion mit Traktion und manuell an- und abschwellenden Vibrationen

Phase 3 Kiefergelenk: Abduktion (Senkung) des Unterkiefers (Mundöffnung) (Abb. 5.171)

Beibehaltung der Positionierung, der Vibrationen und des Atemmodus mit der AED-Technik. Die Grifftechnik des Therapeuten ändert sich! Der Daumen der einen Hand ist auf dem Interventionspunkt des M. masseter Pars superficialis gesetzt.

- Mit der Kuppe eines Daumens werden während der gesamten Phase 3 Periostdruckreize am Interventionspunkt des M. masseter Pars superficialis gesetzt.
- Während der **Ausatmung** wird die passive Nachdehnung zusätzlich durch Kontraktionen in die Abduktion des Kiefergelenkes assistiert.

Phase 4 Kiefergelenk: Abduktion (Senkung) des Unterkiefers (Mundöffnung) (Abb. 5.172)

Beibehaltung der Positionierung, der Vibrationen und des Atemmodus mit der AED-Technik.

- Die Abduktion des Kiefergelenkes wird aktiv in die maximale ROM-Position geführt und die Nachdehnung wird passiv unterstützt.

Abb. 5.171 Während der Ausführungen der Phase 2 werden in der Phase 3 zusätzlich mit dem Daumen intensive Periostdruckreize am Interventionspunkt des M. masseter Pars superficialis gesetzt

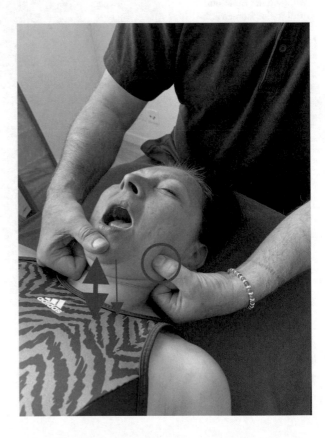

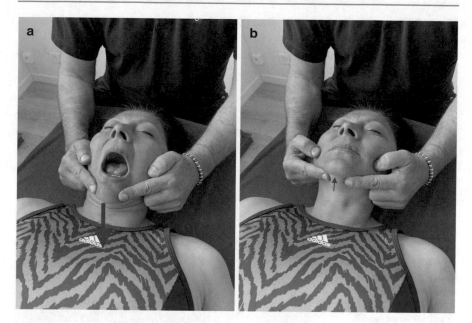

Abb. 5.172   a, b Die aktive und passive maximale Abduktion während der Ausatmung (links) und die Adduktion während der Einatmung (rechts)

- Während der **Ausatmung** erfolgt aktiv die maximale Abduktion. Der Therapeut unterstützt die Bewegung durch taktile Reize und eine passive Nachdehnung.
- Während der **Einatmung** wird aktiv maximal in die Adduktion bewegt.

Phase 1 Kiefergelenk: Laterotrusion (Seitwärtsbewegung) des Unterkiefers (Malbewegung) (Abb. 5.173)

Ausgangsposition: Rückenlage. Der Therapeut sitzt oder steht am Kopfende der Behandlungsliege oder etwas seitlich. Eine (die rechte; s. Beispiel Abb. 5.173) Hand des Therapeuten liegt mit den Fingern in Richtung Mandibula zeigend flach seitlich auf dem Kopf und fixiert ihn in der Normalstellung zum Rumpf. Die andere (die linke) Hand, zur Faust geballt, liegt mit dem Daumen oben liegend seitlich auf dem Korpus des Unterkiefers. Diese Hand übt sanft einen Druck von lateral nach medial in Richtung der Laterotrusion (Malbewegung) zur Gegenseite aus.
Die Ausführung der Übung:

- **Ausatmung:** Beginn der manuellen vibrierenden Traktionen des Kiefergelenkes durch eine dosierte Druck-Zugbewegung mit der linken Hand an der Außenseite des Unterkiefers nach kaudal-medial während aller 4 Phasen.
- Während der **Ausatmung** erfolgt passiv eine maximale Laterotrusion des Kiefergelenkes, begrenzt durch eine Schmerzempfindung von VAS 7–8/10, die während jeder weiteren Ausatmung nach Verträglichkeit erweitert wird.
- Während jeder **Einatmung** soll der Dehnungsreiz konstant erhalten bleiben.

Phase 2 Kiefergelenk: Laterotrusion (Seitwärtsbewegung) des Unterkiefers (Malbewegung) (Abb. 5.174)

Beibehaltung der Positionierung, der Grifftechnik, der Vibrationen und des Atemmodus mit der AED-Technik.

- Das Kiefergelenk ist in maximaler Laterotrusion.
- Während der **Einatmung** erfolgen maximale Muskelaktivitäten (Borg-RPE 16–17) gegen die passive Laterotrusion. Der Therapeut liefert die notwendige Gegenkraft zur Beibehaltung der Gelenkposition und stimuliert verbal.

Abb. 5.173 *Phase 1 Dehnung durch (Rechts-) Laterotrusion des Kiefergelenkes in Rückenlage. Der Therapeut sitzt und eine Hand liegt flach auf einer Kopfseite und stabilisiert den Kopf in der Normalposition. Die andere Hand, zur Faust geballt, liegt mit* dem Daumen-Mittelhandknochen seitlich am Unterkiefer und drückt von lateral nach medial in die Laterotrusion (Malbewegung)

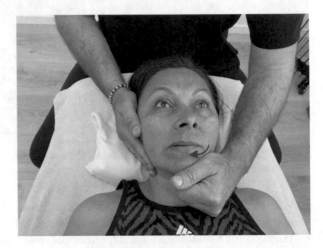

Abb. 5.174 Phase 2 Dehnung *durch (Rechts-) Laterotrusion* des Kiefergelenkes. Während der Einatmung erfolgt eine isometrische Kontraktion gegen die passive Dehnrichtung. In der Ausatmungsphase erfolgt die Nachdehnung in die zu dehnende *(Rechts-) Laterotrusion* mit Traktion und manuell an- und abschwellenden Vibrationen

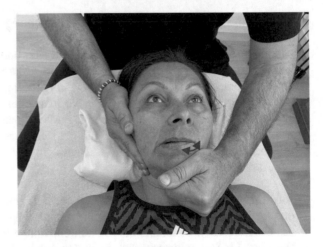

Phase 3 Kiefergelenk: Laterotrusion (Seitwärtsbewegung) des Unterkiefers (Malbewegung) (Abb. 5.175)

Beibehaltung der Positionierung, der Vibrationen und des Atemmodus mit der AED-Technik.

- Der Daumen der Hand des Therapeuten laterale am Kopf wird in der Fossa temporalis (Schläfengrube) positioniert.
- Mit der Kuppe eines Daumens werden während der gesamten Phase 3 Periostdruckreize am Interventionspunkt M. temporalis in der Fossa temporalis gesetzt.
- Während der **Ausatmung** wird die passive Nachdehnung zusätzlich durch Kontraktionen in die Dehnrichtung (rechts) Laterotrusion assistiert.

Phase 4 Kiefergelenk: Laterotrusion (Seitwärtsbewegung) des Unterkiefers (Malbewegung) (Abb. 5.176)

Beibehaltung der Positionierung, der Vibrationen und des Atemmodus mit der AED-Technik.

- Die Laterotrusion des Kiefergelenkes wird aktiv in die maximale ROM-Position geführt und die Nachdehnung wird passiv unterstützt.
- Während der **Ausatmung** erfolgt aktiv die maximale Laterotrusion. Der Therapeut unterstützt die Bewegung durch taktile Reize und eine passive Nachdehnung.
- Während der **Einatmung** wird aktiv maximal in die Laterotrusion der Gegenrichtung bewegt.

Abb. 5.175 Während der Ausführungen der Phase 2 werden in der Phase 3 zusätzlich mit dem Daumen intensive Periostdruckreize am Interventionspunkt des M. temporalis in der Fossa temporalis am Os sphenoidale (Keilbein) gesetzt

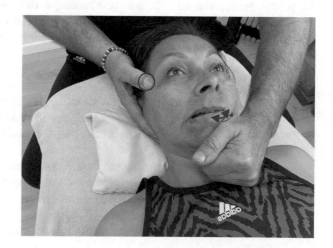

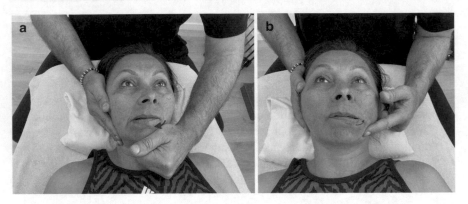

Abb. 5.176   a, b Die aktive und passive maximale Laterotrusion in die Dehnrichtung während der Ausatmung (links) und Laterotrusion zur Gegenseite während der Einatmung (rechts)

5.2.7   Kapseldehnungen der Halswirbelsäule ohne Geräte

Die passiven und aktiven Kapseldehnungen der Halswirbelsäule ohne Geräte werden auf der Therapieliege in Rückenlage durchgeführt. Die Dehnungen erfolgen in den Hauptbewegungsrichtungen Flexion, Extension, Rotation, Lateralflexion.

Phase 1 Halswirbelsäule: Flexion (Abb. 5.177)
Ausgangsposition: Rückenlage. Der Therapeut sitzt oder steht am Kopfende der Liege oder auch etwas seitlich. Eine (die rechte; s. Beispiel Abb. 5.177) Hand des Therapeuten umfasst mit den Fingern in Richtung des Os occipitale den Hinterkopf und flektiert den Kopf, die HWS und die andere (die linke) Hand umfasst mit den Fingern 2 und 3 das Kinn.
   Die Ausführung der Übung:

- **Ausatmung:** Beginn der manuellen vibrierenden Traktionen des Kopfes, der HWS durch eine Zug- und Flexionsbewegung nach kranial, ausgeführt mit der am Hinterkopf positionierten Hand und den Fingern am Unterkiefer während aller 4 Phasen.
- Während der **Ausatmung** erfolgten die Kapselreizungen, die passive maximal verträgliche Flexion der HWS, begrenzt durch eine Schmerzempfindung von VAS 7–8/10, die während jeder weiteren Ausatmung nach Verträglichkeit erweitert wird.
- Während jeder **Einatmung** soll der Dehnungsreiz konstant erhalten bleiben.

Phase 2 Halswirbelsäule: Flexion (Abb. 5.178)
Beibehaltung der Positionierung, der Grifftechnik, der Vibrationen und des Atemmodus mit der AED-Technik.

- Der Kopf, die HWS, ist in maximaler Flexion.
- Während der **Einatmung** erfolgen maximale Muskelaktivitäten (Borg-RPE 16–17) gegen die passive HWS-Flexion. Der Therapeut liefert die notwendige Gegenkraft zur Beibehaltung der Gelenkposition und stimuliert verbal.
- Während der **Ausatmung** wird die Muskulatur maximal relaxiert und unter Traktion und Vibration erfolgt eine maximale Nachdehnung in die Flexion.

Abb. 5.177 *Phase 1 Dehnung durch Flexion des Kopfes, der HWS, in Rückenlage. Der Therapeut sitzt und umfasst mit einer Hand den Hinterkopf und zwei Fingern der anderen Hand das Kinn. Aus dieser Ausgangslage erfolgt die vibrierende Traktion in die maximale Flexion*

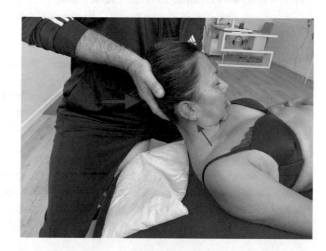

Abb. 5.178 Phase 2 Dehnung *durch Flexion des Kopfes, der HWS.* Während der Einatmung erfolgt eine isometrische Kontraktion in die HWS-Extension. In der Ausatmungsphase erfolgt die Nachdehnung in die HWS-Flexion mit Traktion und manuell an- und abschwellenden Vibrationen

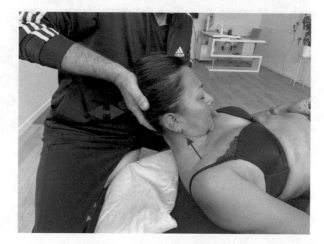

Phase 3 Halswirbelsäule: Flexion (Abb. 5.179)
Beibehaltung der Positionierung, der Grifftechnik, der Vibrationen und des Atemmodus mit der AED-Technik.

- Mit der Daumenkuppe werden während der gesamten Phase 3 Periostdruckreize am Interventionspunkt des M. sternocleidomastoideus an der lateralen Fläche des Proc. mastoideus gesetzt.
- Während der **Ausatmung** wird die passive Nachdehnung zusätzlich durch Kontraktionen in die HWS-Flexion assistiert.

Phase 4 Halswirbelsäule: Flexion (Abb. 5.180)
Beibehaltung der Positionierung, der Vibrationen und des Atemmodus mit der AED-Technik.

- Die HWS-Flexion wird aktiv in die maximale ROM-Position geführt und die Nachdehnung wird passiv unterstützt.
- Während der **Ausatmung** erfolgt aktiv die maximale HWS-Flexion. Der Therapeut unterstützt die Bewegung durch taktile Reize und eine passive Nachdehnung.
- Während der **Einatmung** wird der Kopf, die HWS, aktiv maximal extendiert.

Phase 1 Halswirbelsäule: Extension (Abb. 5.181)
Ausgangsposition: Rückenlage. Der Therapeut sitzt am Kopfende der Liege oder auch etwas seitlich. Eine (die rechte; s. Beispiel Abb. 5.181) Hand des Therapeuten umfasst mit den Fingern in Richtung des Os occipitale den Hinterkopf, wobei der Daumen hinter dem Ohr positioniert wird. Der Kopf liegt auf der Hand, dem Hand-

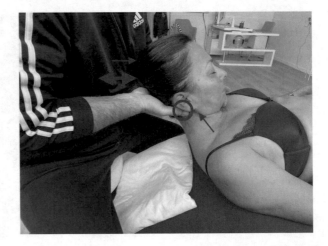

Abb. 5.179 Während der Phase 3 werden intensive Periostdruckreize am Interventionspunkt des M. sternocleidomastoideus an der lateralen Fläche des Proc. mastoideus gesetzt

gelenk und dem distalen Unterarm. Die andere (die linke) Hand umfasst mit den Fingern 2 und 3 das Kinn und extendiert den Kopf, die HWS.

Die Ausführung der Übung:

- **Ausatmung:** Beginn der manuellen vibrierenden Traktionen des Kopfes, der HWS durch eine Zug- und Extensionsbewegung nach kranial, ausgeführt mit der am Hinterkopf positionierten Hand und den Fingern am Unterkiefer während aller 4 Phasen.
- Während der **Ausatmung** erfolgen die Kapselreizungen, die passive maximal verträgliche Extension der HWS, begrenzt durch eine Schmerzempfindung von VAS 7–8/10, die während jeder weiteren Ausatmung nach Verträglichkeit erweitert wird.
- Während jeder **Einatmung** soll der Dehnungsreiz konstant erhalten bleiben.

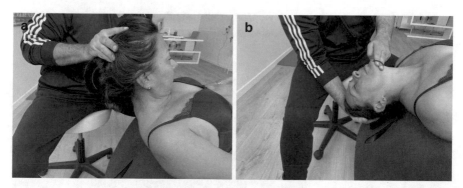

Abb. 5.180 **a, b** Die aktive und passiv-assistiv unterstützte maximale Flexion der HWS während der Ausatmung (links) und die aktive Extension der HWS während der Einatmung (rechts)

Abb. 5.181 *Phase 1 Dehnung durch Extension des Kopfes, der HWS, in Rückenlage. Der Therapeut sitzt und umfasst mit einer Hand den Hinterkopf und zwei Fingern der anderen Hand das Kinn. Aus dieser Ausgangslage erfolgt die vibrierende Traktion und in die maximale Extension*

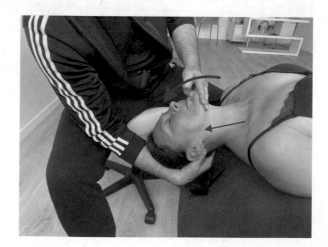

Phase 2 Halswirbelsäule: Extension (Abb. 5.182)
Beibehaltung der Positionierung, der Grifftechnik, der Vibrationen und des Atemmodus mit der AED-Technik.

- Der Kopf, die HWS, ist in maximaler Extension.
- Während der **Einatmung** erfolgen maximale Muskelaktivitäten (Borg-RPE
  16–17) gegen die passive HWS-Extension. Der Therapeut liefert die notwendige
  Gegenkraft zur Beibehaltung der Gelenkposition und stimuliert verbal.
- Während der **Ausatmung** wird die Muskulatur maximal relaxiert und unter
  Traktion und Vibration erfolgt eine maximale Nachdehnung in die Extension.

Phase 3 Halswirbelsäule: Extension (Abb. 5.183)
Beibehaltung der Positionierung, der Grifftechnik, der Vibrationen und des Atemmodus mit der AED-Technik.

- Mit der Daumenkuppe werden während der gesamten Phase 3 Periostdruckreize
  am Interventionspunkt des M. sternocleidomastoideus an der lateralen Fläche
  des Proc. mastoideus gesetzt.
- Während der **Ausatmung** wird die passive Nachdehnung zusätzlich durch Kontraktionen in die Extension der HWS assistiert.

Abb. 5.182 Phase 2
Dehnung *durch Extension
des Kopfes, der
HWS.* Während der
Einatmung erfolgt eine
isometrische Kontraktion
in die HWS-Flexion. In
der Ausatmungsphase erfolgt
die Nachdehnung in die
HWS-Extension mit
Traktion und manuell an-
und abschwellenden
Vibrationen

Phase 4 Halswirbelsäule: Extension (Abb. 5.184)

Beibehaltung der Positionierung, der Vibrationen und des Atemmodus mit der AED-Technik.

- Die HWS-Extension wird aktiv in die maximale ROM-Position geführt und die Nachdehnung wird passiv unterstützt.
- Während der **Ausatmung** erfolgt aktiv die maximale HWS-Extension. Der Therapeut unterstützt die Bewegung durch taktile Reize und eine passive Nachdehnung.
- Während der **Einatmung** wird der Kopf, die HWS, aktiv maximal flektiert.

Abb. 5.183 Während der Phase 3 werden intensive Periostdruckreize am Interventionspunkt des M. sternocleidomastoideus an der lateralen Fläche des Proc. mastoideus gesetzt

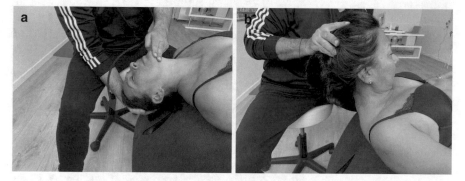

Abb. 5.184 a, b Die aktive und passive maximale Extension der HWS während der Ausatmung (links) und die aktive Flexion der HWS während der Einatmung (rechts)

Phase 1 Halswirbelsäule: Lateralflexion (Abb. 5.185)

Ausgangsposition: Rückenlage. Der Therapeut sitzt am Kopfende der Liege oder auch etwas seitlich. Eine (die rechte; s. Beispiel Abb. 5.185) Hand des Therapeuten umfasst den Hinterkopf von lateral. Der *Daumen ist am Proc. mastoideus* und die Fingerkuppen 2–5 befinden sich hinter dem Ohrläppchen der anderen Kopfseite. Diese Hand flektiert durch Zug den Kopf, die HWS nach lateral. Die andere (die linke) Hand liegt flach auf der Schulter, dem M. deltoideus.

Die Ausführung der Übung:

- **Ausatmung:** Beginn der manuellen vibrierenden Traktionen des Kopfes, der HWS durch eine Zug- und Lateralflexionsbewegung nach kranial, ausgeführt mit der am Hinterkopf positionierten während aller 4 Phasen.
- Während der **Ausatmung** erfolgt passiv eine maximale Lateralflexion der HWS, begrenzt durch eine Schmerzempfindung von VAS 7–8/10, die während jeder weiteren Ausatmung nach Verträglichkeit erweitert wird.
- Während jeder **Einatmung** soll der Dehnungsreiz konstant erhalten bleiben.

Abb. 5.185 *Phase 1 Dehnung durch Lateralflexion des Kopfes, der HWS, in Rückenlage. Der Therapeut sitzt und umfasst von lateral mit einer Hand den Hinterkopf in Richtung der Gegenseite und die andere Hand stützt auf dem Schultergelenk. Aus dieser Ausgangslage erfolgt die vibrierende Traktion in die maximale Lateralflexion*

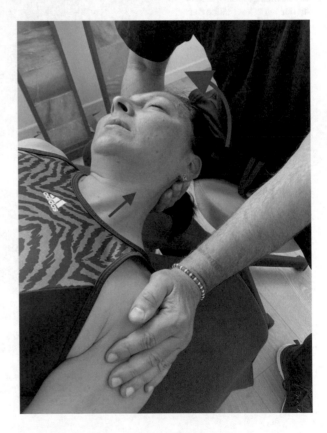

Phase 2 Halswirbelsäule: Lateralflexion (Abb. 5.186)
Beibehaltung der Positionierung, der Grifftechnik, der Vibrationen und des Atem-modus mit der AED-Technik.

- Der Kopf, die HWS, ist in maximaler HWS-Lateralflexion.
- Während der **Einatmung** erfolgen maximale Muskelaktivitäten (Borg-RPE 16–17) gegen die passive HWS-Lateralflexion. Der Therapeut liefert die notwendige Gegenkraft zur Beibehaltung der Gelenkposition und stimuliert verbal.
- Während der **Ausatmung** wird die Muskulatur maximal relaxiert und unter Traktion und Vibration erfolgt eine maximale Nachdehnung in die HWS-Lateralflexion.

Abb. 5.186 Phase 2 Dehnung *durch Lateralflexion des Kopfes, der HWS.* Während der Einatmung erfolgt eine isometrische Kontraktion in die HWS-Lateralflexion zur Gegenseite. In der Ausatmungsphase erfolgt die Nachdehnung in die zu dehnende HWS-Lateralflexion mit Traktion und manuell an- und abschwellenden Vibrationen

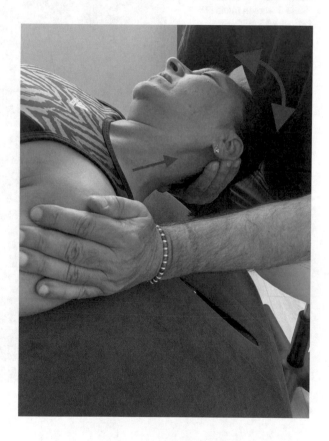

Phase 3 Halswirbelsäule: Lateralflexion (Abb. 5.187)
Beibehaltung der Positionierung, der Grifftechnik, der Vibrationen und des Atemmodus mit der AED-Technik.

- Mit dem Zeigefinger werden während der gesamten Phase 3 Periostdruckreize
  am Interventionspunkt des M. sternocleidomastoideus an der lateralen Fläche
  des Proc. mastoideus gesetzt.
- Während der **Ausatmung** wird die passive Nachdehnung zusätzlich durch Kontraktionen in die HWS-Lateralflexion assistiert.

Abb. 5.187 Während der
Phase 3 werden intensive
Periostdruckreize am
Interventionspunkt des
M. sternocleidomastoideus
an der lateralen Fläche des
Proc. mastoideus gesetzt

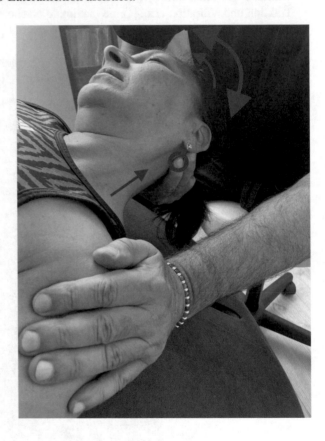

Phase 4 Halswirbelsäule: Lateralflexion (Abb. 5.188)
Beibehaltung der Positionierung, der Vibrationen und des Atemmodus mit der AED-Technik.

- Die HWS-Lateralflexion wird aktiv in die maximale ROM-Position geführt und die Nachdehnung wird passiv unterstützt.
- Während der **Ausatmung** erfolgt aktiv die maximale HWS-Lateralflexion. Der Therapeut unterstützt die Bewegung durch taktile Reize und eine passive Nachdehnung.
- Während der **Einatmung** wird der Kopf, die HWS, aktiv maximal in die entgegengesetzte HWS-Lateralflexion bewegt.

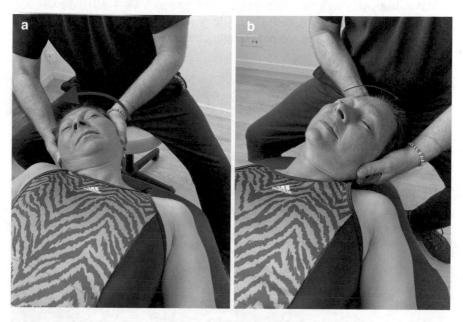

Abb. 5.188   a, b Die aktive und passive maximale HWS-Lateralflexion (Therapierichtung) während der Ausatmung (links) und die aktive HWS-Lateralflexion in die Gegenrichtung während der Einatmung (rechts)

Phase 1 Halswirbelsäule: Rotation (Abb. 5.189)

Ausgangsposition: Rückenlage. Der Therapeut sitzt am Kopfende der Liege oder auch etwas seitlich. Eine (die rechte; s. Beispiel Abb. 5.189) Hand des Therapeuten umfasst mit dem Daumen und dem Zeigefinger das Ohr des Patienten und rotiert den Kopf zur Gegenseite. Die andere (die linke) Hand umfasst den Kopf entsprechend auf der Gegenseite.

Die Ausführung der Übung:

- **Ausatmung:** Beginn der manuellen vibrierenden Traktionen des Kopfes, der HWS, durch eine Zug- und Rotationsbewegung nach kranial, ausgeführt mit der am Hinterkopf und seitlich am Kopf positionierten Hand während aller 4 Phasen.
- Während der **Ausatmung** erfolgt passiv eine maximale Rotation des Kopfes, der HWS, begrenzt durch eine Schmerzempfindung von VAS 7–8/10, die während jeder weiteren Ausatmung nach Verträglichkeit erweitert wird.
- Während der **Einatmung** soll der Dehnungsreiz konstant erhalten bleiben.

Abb. 5.189 *Phase 1 Dehnung durch Rotation des Kopfes, der HWS, in Rückenlage. Der Therapeut sitzt und umfasst mit dem* Daumen und dem Zeigefinger beider Hände jeweils das Ohr *des Kopfes. Aus dieser Ausgangslage erfolgt die vibrierende Traktion und in die maximale Rotation nach links oder rechts*

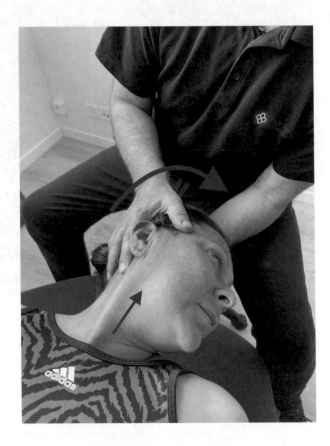

Phase 2 Halswirbelsäule: Rotation (Abb. 5.190)
Beibehaltung der Positionierung, der Grifftechnik, der Vibrationen und des Atemmodus mit der AED-Technik.

- Der Kopf, die HWS, ist in maximaler HWS-Rotation.
- Während der **Einatmung** erfolgen maximale Muskelaktivitäten (Borg-RPE 16–17) gegen die passive HWS-Rotation. Der Therapeut liefert die notwendige Gegenkraft zur Beibehaltung der Gelenkposition und stimuliert verbal.
- Während der **Einatmung** wird die Muskulatur maximal relaxiert und unter Traktion und Vibration erfolgt eine maximale Nachdehnung in die HWS-Rotation.

Abb. 5.190 Phase 2 Dehnung *durch Rotation des Kopfes, der HWS*. Während der Einatmung erfolgt eine isometrische Kontraktion in die HWS-Rotation zur Gegenseite. In der Ausatmungsphase erfolgt die Nachdehnung in die zu dehnende HWS-Rotation mit Traktion und manuell an- und abschwellenden Vibrationen

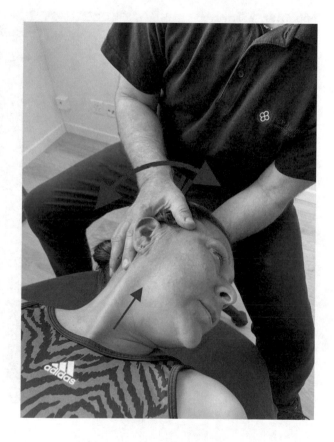

Phase 3 Halswirbelsäule: Rotation (Abb. 5.191)
Beibehaltung der Positionierung, der Grifftechnik, der Vibrationen und des Atemmodus mit der AED-Technik.

- Mit der Kuppe des Zeige- und Mittelfingers werden während der gesamten Phase
  3 Periostdruckreize am Interventionspunkt des M. sternocleidomastoideus an der
  lateralen Fläche des Proc. mastoideus gesetzt.
- Während der **Ausatmung** wird die passive Nachdehnung zusätzlich durch Kontraktionen in die HWS-Rotation assistiert.

Abb. 5.191 Während der
Phase 3 werden intensive
Periostdruckreize am
Interventionspunkt des
M. sternocleidomastoideus
an der lateralen Fläche des
Proc. mastoideus gesetzt

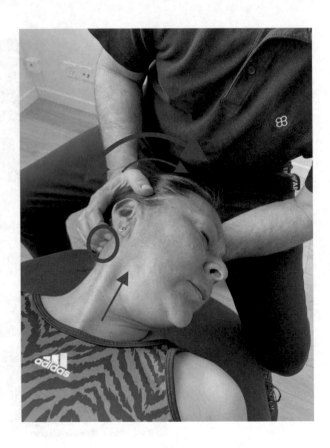

Phase 4 Halswirbelsäule: Rotation (Abb. 5.192)
Beibehaltung der Positionierung, der Vibrationen und des Atemmodus mit der AED-Technik.

- Die HWS-Rotation wird aktiv in die maximale ROM-Position geführt und die Nachdehnung wird passiv unterstützt.
- Während der **Ausatmung** erfolgt aktiv die maximale HWS-Rotation in die Therapierichtung. Der Therapeut unterstützt die Bewegung durch taktile Reize und eine passive Nachdehnung.
- Während der **Einatmung** wird der Kopf, die HWS, aktiv maximal in die entgegengesetzte HWS-Rotation bewegt.

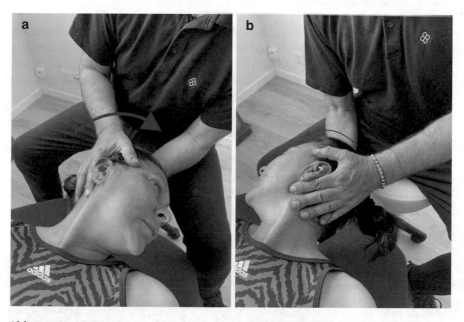

Abb. 5.192   a, b Die aktive und passive maximale Rotation der HWS nach links (Therapierichtung im Bild) während der Ausatmung (links) und die aktive Rotation der HWS nach rechts während der Einatmung (rechts)

5.2.8   Kapseldehnungen der Gelenkkette Wirbelsäule ohne Geräte

Die passiven und aktiven Kapseldehnungen der Wirbelsäulengelenkkette ohne Geräte werden auf der Therapieliege oder Therapiematte in Bauchlage, Rückenlage oder in Seitenlage durchgeführt. Die Dehnungen erfolgen in die Hauptbewegungsrichtungen Extension, Flexion und Rotation.

Phase 1 Wirbelsäule: Extension (Abb. 5.193)
Ausgangsposition: Bauchlage auf der Therapieliege. Die Hände stützen schulterbreit ca. eine Handlänge vor den Schultern den Oberkörper ab, wodurch die Wirbelsäule in die Extension gebracht wird. Der Therapeut sitzt oder steht daneben.
Die Ausführung der Übung:

- **Ausatmung:** Beginn der manuellen Vibrationen mit einer Hand am Brustbein und mit der anderen Hand paravertebral der Wirbelsäule im unteren BWS-Bereich.
- Während der **Ausatmung** erfolgen die Kapseldehnreizungen, die passive maximal verträgliche Extension der Wirbelsäule, die durch eine Schmerzempfindung von VAS 7–8/10 begrenzt wird. Dies erfolgt unter Zuhilfenahme der stützenden Arme, die den Oberkörper aktiv in die verstärkte Wirbelsäulenextension drücken. Gleichzeitig wird der Kopf rekliniert und die Augen blicken aktiv nach oben.
- Zur Unterstützung werden durch den Therapeuten 1. paravertebral taktile Reize gesetzt und 2. auf das Sternum ein Druck nach oben ausgeübt, um die maximale Extensionshaltung der Wirbelsäule zu erreichen.
- Während der **Einatmung** bleibt der Dehnungsreiz konstant erhalten.

Abb. 5.193 *Wirbelsäulen-dehnung in die Extension der Phase 1 aus der Bauchlage auf der Therapieliege. Es erfolgt eine aktive Aufrichtung über die stützenden Arme in die verstärkte Wirbelsäule-nextension. Der Therapeut steht und setzt mit einer Hand taktile Reize paravertebral und mit der anderen wird Druck auf das Sternum ausgeübt*

Phase 2 Wirbelsäule: Extension (Abb. 5.194)
Beibehaltung der Positionierung und des Atemmodus mit Verstärkung oder Beibehaltung des Dehnungszustandes.

- Die Wirbelsäule ist in maximaler Extension.
- Während der **Einatmung** erfolgen maximale Muskelaktivitäten (Borg-RPE 16–17) gegen die passive Extension, indem die unteren Extremitäten auf die Unterlage und das Sternum gegen den Widerstand des Therapeuten gedrückt werden. Zur Entwicklung einer möglichst maximalen aktiven Spannung wird verbal stimuliert.
- Während der **Ausatmung** wird die Muskulatur maximal relaxiert und unter manuell an- und abschwellenden Vibrationen erfolgt eine maximale Nachdehnung in die Extension.

Phase 3 Wirbelsäule: Extension (Abb. 5.195)
Beibehaltung der Positionierung, der Grifftechnik und des Atemmodus mit der AED-Technik und der manuellen Vibrationen.

- Mit der Daumenkuppe werden während der gesamten Phase 3 Periostdruckreize am Interventionspunkt des M. iliocostalis lumborum am Os ilium appliziert.
- Während der **Ausatmung** wird die passive Nachdehnung zusätzlich durch Kontraktionen in die Extension assistiert.

Abb. 5.194 *Wirbelsäulendehnung in die Extension der Phase 2.* Während der Einatmung erfolgen aktive Muskelaktivitäten gegen die passive Extension, indem beide Beine auf die Therapieliege gedrückt und gegen den Widerstand am Sternum kontrahiert wird. In der Ausatmungsphase erfolgt die maximal tolerierte Nachdehnung mit manuell an- und abschwellenden Vibrationen

Abb. 5.195 Die
Ausführungen der Phase 2
werden durch intensive
Periostdruckreize am
Interventionspunkt des
M. iliocostalis lumborum
am Os ilium ergänzt

Phase 4 Wirbelsäule: Extension (Abb. 5.196)

Beibehaltung der Positionierung, der Grifftechnik und des Atemmodus mit der
AED-Technik und der manuellen Vibrationen.

- Die Extension wird aktiv in die maximale ROM-Position geführt und die Nachdehnung wird passiv unterstützt.
- Während der **Ausatmung** erfolgt aktiv die maximale Extension. Der Therapeut
  unterstützt die Bewegung durch taktile Reize und eine passive Nachdehnung.
- Während der **Einatmung** wird aktiv eine maximal mögliche Flexion (Päckchen-
  sitz) durchgeführt.

Phase 1 Wirbelsäule: Flexion (Abb. 5.197)

Ausgangsposition: modifizierter aufrechter Schneidersitz auf der Therapieliege mit
90° Hüftgelenkflexion, Außenrotation und 90° Kniegelenkflexion. Die Fußsohlen
sind aneinandergelegt. Der Therapeut steht daneben. Eine Hand des Therapeuten ist
am Hinterkopf des Patienten positioniert und die andere paravertebral im Bereich
der unteren LWS.

Die Ausführung der Übung:

- **Ausatmung:** Beginn der manuellen Vibrationen mit einer Hand paravertebral
  der Wirbelsäule im mittleren und unteren BWS-Bereich.
- Während der **Ausatmung** erfolgen die Kapseldehnreizungen, die aktive und zusätzlich mit der Hand am Kopf die passive maximale Flexion der Wirbelsäule,
  begrenzt durch eine Schmerzempfindung von VAS 7–8/10, die während jeder
  weiteren Ausatmung nach Verträglichkeit erweitert wird.
- Während jeder **Einatmung** soll der Dehnungsreiz konstant erhalten bleiben.

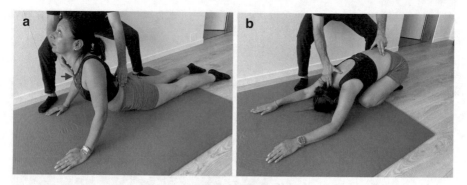

Abb. 5.196 a, b Die aktive und passive Wirbelsäulenextension während der Einatmung (links) und die aktive maximale Flexion während der Ausatmung

Abb. 5.197 Wirbelsäulen-dehnung in die Flexion der Phase 1 aus dem modifizierten Schneidersitz auf der Therapieliege. Es erfolgt eine aktive Flexion der Wirbelsäule. Der Therapeut steht und setzt mit einer Hand taktile Reize paravertebral und mit der anderen Hand wird die Flexion passiv unterstützt

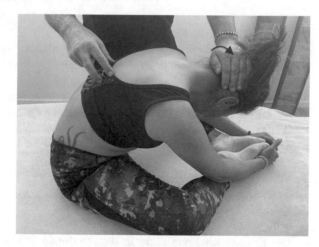

Phase 2 Wirbelsäule: Flexion (Abb. 5.198)

Beibehaltung der Positionierung, der Grifftechnik und des Atemmodus mit der AED-Technik und der manuellen Vibrationen.

- Die Wirbelsäule ist in maximaler Flexion.
- Während der **Einatmung** erfolgen maximale Muskelaktivitäten (Borg-RPE 16–17) gegen die Flexion. Der Therapeut liefert die notwendige Gegenkraft zur Beibehaltung der Gelenkposition und stimuliert verbal.
- Während der **Ausatmung** wird die Muskulatur maximal relaxiert und unter manuellen an- und abschwellenden Vibrationen erfolgt eine maximale Nachdehnung in die Flexion.

Abb. 5.198 *Wirbelsäulendehnung in die Flexion der Phase 2.* Während der Einatmung erfolgt eine isometrische Kontraktion gegen die Hand des Therapeuten am Hinterkopf. In der Ausatmungsphase erfolgt die Nachdehnung mit manuell an- und abschwellenden Vibrationen

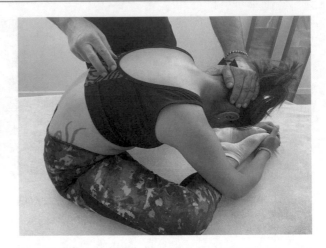

Phase 3 Wirbelsäule: Flexion (Abb. 5.199)

Beibehaltung der Positionierung, der Grifftechnik, der Vibrationen und des Atemmodus mit der AED-Technik werden beibehalten.

- Mit der Daumenkuppe werden während der gesamten Phase 3 Periostdruckreize am Interventionspunkt des M. semispinalis am Os occipitale gesetzt.
- Während der **Ausatmung** wird die passive Nachdehnung zusätzlich durch Kontraktionen in die Flexion assistiert.

Phase 4 Wirbelsäule: Flexion (Abb. 5.200)

Beibehaltung der Positionierung, der Vibrationen und des Atemmodus mit der AED-Technik werden beibehalten.

- Die Flexion wird nun aktiv in die maximale ROM-Position geführt und die Nachdehnung wird passiv unterstützt.
- Während der **Ausatmung** erfolgt aktiv die maximale Flexion. Der Therapeut unterstützt die Bewegung durch taktile Reize und eine passive Nachdehnung.
- Während der **Einatmung** wird die HWS maximal extendiert.

Phase 1 Wirbelsäule: Rotation (Abb. 5.201)

Ausgangsposition: Rückenlage auf der Therapieliege und unter Beibehaltung des beidseitigen Kontaktes der Schultergelenke auf der Liege Rotation des Beckens nach rechts oder links. Die Knie- und Hüftgelenke sind ca. 45° flektiert. Der Kopf ist maximal zur Gegenseite rotiert und der gegenüberliegende Arm wird abduziert und ca. 110° eleviert. Es resultiert eine Rotation der Wirbelsäule bei fixiertem Becken und aufliegendem Schultergelenk. Die Patientenhand auf der Rotationsrichtung liegt auf dem Oberschenkel bzw. dem Kniegelenk. Eine (die rechte, s. Beispiel Abb. 5.201) Hand des Therapeuten fasst auf die Patientenhand auf dem Oberschenkel und die andere (die linke) Hand auf die Schulter der Rotationsgegenseite.

Abb. 5.199 Die
Ausführungen der Phase 2
werden durch intensive
Periostdruckreize am
Interventionspunkt des
M. semispinalis ergänzt

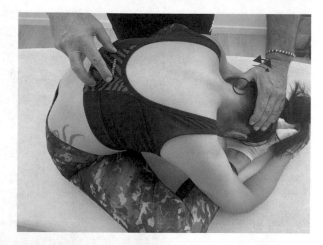

Abb. 5.200 a, b Die aktive und passive unterstützte Flexion während der Ausatmung (links) und die aktive Extension während der Einatmung (rechts)

Die Ausführung der Übung:

- **Ausatmung:** Beginn der manuellen vibrierenden Traktionen durch Applikationen dosierter Druck-Zugbewegungen mit der Fußhand nach kaudal und mit der Kopfhand nach kranial.
- Während der **Ausatmung** erfolgen die Kapseldehnreizungen, die aktive und zusätzlich mit der Hand an der Schulter passive maximale Rotation der Wirbelsäule, begrenzt durch eine Schmerzempfindung von VAS 7–8/10, die während jeder weiteren Ausatmung nach Verträglichkeit erweitert wird.
- Während jeder **Einatmung** soll der Dehnungsreiz konstant erhalten bleiben.

Abb. 5.201 Dehnende
Rotation der *Wirbelsäule*
der Phase 1 auf der
Therapieliege. Der
Therapeut steht und fixiert
mit einer Hand die
Schulter und mit der
anderen Hand den
Oberschenkel oberhalb des
Kniegelenkes. Aus dieser
Ausgangslage erfolgen die
an- und abschwellenden
Vibrationen und die
maximale Rotation der
Wirbelsäule

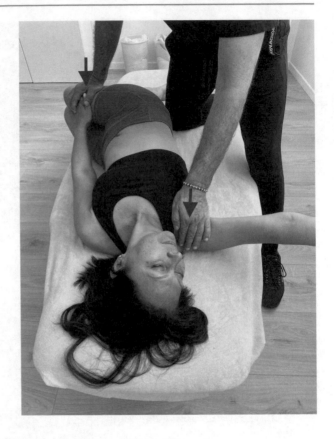

Phase 2 Wirbelsäule: Rotation (Abb. 5.202)

Beibehaltung der Positionierung, der Grifftechnik, der Vibrationen und, des Atemmodus mit der AED-Technik.

- Die Wirbelsäule ist in maximaler Rotation.
- Während der **Einatmung** erfolgen maximale Muskelaktivitäten (Borg-RPE
  16–17) gegen die passive Rotation. Der Therapeut liefert die notwendige Gegen-
  kraft zur Beibehaltung der Gelenkposition und stimuliert verbal.
- Während der **Ausatmung** wird die Muskulatur maximal relaxiert und unter
  Traktion und Vibration erfolgt eine maximale Nachdehnung in die Rotation.

Phase 3 Wirbelsäule: Rotation (Abb. 5.203)

Beibehaltung der Positionierung, der Grifftechnik, der Vibrationen und des Atemmodus mit der AED-Technik.

Abb. 5.202 Dehnende
Rotation der *Wirbelsäule
der Phase 2*. Während
der Einatmung erfolgt
eine isometrische
Kontraktion gegen die
Therapeutenhände an
der Schulter und dem
Oberschenkel. In der
Ausatmungsphase erfolgt
die Nachdehnung mit
manuell an- und
abschwellenden
Vibrationen

- Mit der Daumenkuppe werden während der gesamten Phase 3 Periostdruckreize am Interventionspunkt des M. vastus lateralis am Femur gesetzt.
- Während der **Ausatmung** wird die passive Nachdehnung zusätzlich durch Kontraktionen in die Rotation assistiert.

Phase 4 Wirbelsäule: Rotation (Abb. 5.204)
Beibehaltung der Positionierung, der Vibrationen und des Atemmodus mit der AED-Technik.

- Die Rotation wird nun aktiv in die maximale ROM-Position geführt und die Nachdehnung wird passiv-assistiv unterstützt.
- Während der **Ausatmung** erfolgt aktiv die maximale Rotation in die bisherige therapeutische Richtung. Der Therapeut unterstützt die Bewegung durch taktile Reize und eine passive Nachdehnung.
- Während der **Einatmung** wird die Rotation in die Gegenrichtung ausgeführt.

Abb. 5.203 Die
Ausführungen der Phase 2
werden durch intensive
Periostdruckreize am
Interventionspunkt des
M. vastus lateralis am
Femur ergänzt

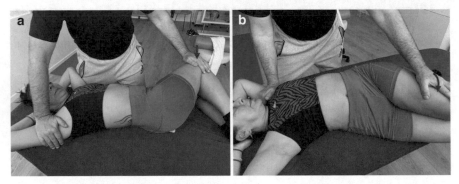

Abb. 5.204 Die aktive und passiv-assistiv unterstützte Rotation während der Ausatmung (links)
und die aktive Gegenrotation während der Einatmung (rechts)

5.2.9   Kapseldehnungen des Hüftgelenkes ohne Geräte

Die passiven und aktiven Kapseldehnungen des Hüftgelenkes ohne Geräte werden auf der Therapieliege in Rückenlage durchgeführt. Jede Phase dauert 60 s oder wird über 6 Atemzüge ausgeführt. Die Dehnungen erfolgen in die Hauptbewegungsrichtungen Extension, Flexion und Außenrotation.

Phase 1 Hüftgelenk: Flexion – Außenrotation (Abb. 5.205)
Ausgangsposition: Rückenlage auf der Therapieliege. Der Therapeut steht neben der Liege. Bei 90° gebeugtem Kniegelenk wird das Hüftgelenk maximal flektiert und außenrotiert. Eine (die rechte, s. Beispiel Abb. 5.205) Hand des Therapeuten ist am Kniegelenk und die andere (die linke) Hand umfasst das Sprunggelenk und den Calcaneus von außen.
   Die Ausführung der Übung:

- **Ausatmung:** Beginn der manuellen vibrierenden Traktionen des Hüftgelenkes durch applizierte dosierte Druck-Zug-Flexions-Außenrotationsbewegung nach kranial, ausgeführt mit den am Kniegelenk und Mittelfuß positionierten Händen während aller 4 Phasen.
- Während jeder **Ausatmung** erfolgt der Kapselreiz, die passive maximal verträgliche Flexion und Außenrotation, begrenzt durch eine Schmerzempfindung von VAS 7–8/10, die während jeder weiteren Ausatmung nach Verträglichkeit erweitert wird.
- Während jeder **Einatmung** soll der Dehnungsreiz konstant erhalten bleiben.

Abb. 5.205 *Hüftgelenk-dehnung der Phase 1 in die Flexion- und Außenrotation aus der Rückenlage. Der Therapeut steht und umgreift mit der einen Hand das Kniegelenk und mit der anderen den Fuß. Das Hüftgelenk wird flektiert und außenrotiert. Aus dieser Ausgangslage erfolgen die vibrierenden Traktionen und die maximale Flexion- und Außenrotation*

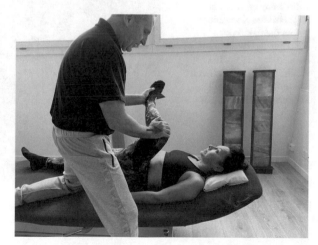

Phase 2 Hüftgelenk: Flexion – Außenrotation (Abb. 5.206)
Beibehaltung der Positionierung, der Grifftechnik, der Vibrationen und des Atemmodus mit der AED-Technik.

- Das Hüftgelenk ist in maximaler Flexion und Außenrotation.
- Während der **Einatmung** erfolgen maximale Muskelaktivitäten (Borg-RPE 16–17) gegen die passive Hüftflexion- und Außenrotation. Der Therapeut liefert die notwendige Gegenkraft zur Beibehaltung der Gelenkposition und stimuliert verbal.
- Während der **Ausatmung** wird die Muskulatur maximal relaxiert und unter Traktion und Vibration erfolgt eine maximale Nachdehnung in die Hüftflexion und Außenrotation.

Phase 3 Hüftgelenk: Flexion – Außenrotation (Abb. 5.207)
Beibehaltung der Positionierung, der Grifftechnik, der Vibrationen und des Atemmodus mit der AED-Technik.

- Mit der Daumenkuppe werden während der gesamten Phase 3 Periostdruckreize am Interventionspunkt des M. rectus femoris an der Spina iliaca ant. inf. gesetzt.
- Während der **Ausatmung** wird die passive Nachdehnung zusätzlich durch Kontraktionen in die Flexion-Außenrotation assistiert.

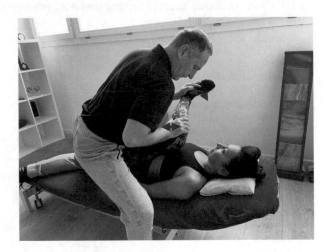

Abb. 5.206 *Hüftgelenk-Dehnbehandlung der Phase 2.* Während der Einatmung erfolgt eine isometrische Kontraktion gegen die fixierenden Therapeutenhände. In der Ausatmung erfolgt die Nachdehnung mit manuell an- und abschwellenden vibrierenden Traktionen

Abb. 5.207 Die
Ausführungen der Phase 2
werden durch intensive
Periostreize am
Interventionspunkt des
M. rectus femoris an der
Spina iliaca ant.
inf. ergänzt

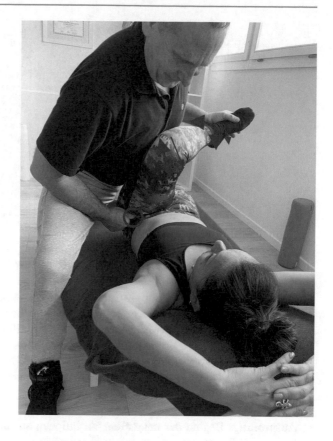

Phase 4 Hüftgelenk: Flexion – Außenrotation (Abb. 5.208)

Beibehaltung der Positionierung, der Vibrationen und des Atemmodus mit der
AED-Technik.

- Die Flexion und Außenrotation werden nun aktiv in die maximale ROM-Position
  geführt und die Nachdehnung wird passiv-assistiv unterstützt.
- Während der **Ausatmung** erfolgt die maximale Flexion und Außenrotation. Der
  Therapeut unterstützt die Bewegung durch taktile Reize und eine passive
  Nachdehnung.
- Während der **Einatmung** wird eine aktiv und durch Führung unterstützte nicht
  endgradige Extension und Innenrotation ausgeführt.

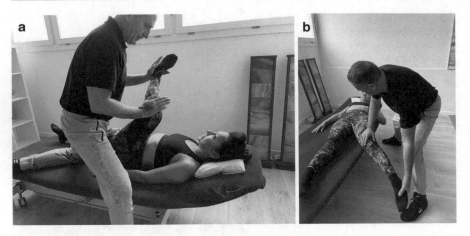

Abb. 5.208 a, b Die aktive und passiv unterstützte Flexion und Außenrotation während der Ausatmung (links) und die aktive Extension und Innenrotation während der Einatmung (rechts)

Phase 1 Hüftgelenk: Extension – Innenrotation (Abb. 5.209)
Ausgangsposition: Bauchlage. Der Therapeut steht neben der Liege und stützt sich mit einem Kniegelenk auf der Liege ab. Er umgreift mit einer Hand (der linken; s. Beispiel Abb. 5.209) das 90° flektierte Kniegelenk und mit dem Oberarm wird das Hüftgelenk in die Innenrotation gedrückt. Die andere Hand (die rechte) stützt auf die Region untere LWS-Os sacrum und fixiert das Becken.

Die Ausführung der Übung:

- **Ausatmung:** Beginn der manuellen Vibrationen auf die lumbo-sacrale Region mit der am Os sacrum positionierten Hand während aller 4 Phasen.
- Während jeder **Ausatmung** erfolgt der Kapselreiz, die passive maximal verträgliche Extension und Innenrotation, begrenzt durch eine Schmerzempfindung von VAS 7–8/10, die während jeder weiteren Ausatmung nach Verträglichkeit erweitert wird.
- Während jeder **Einatmung** soll der Dehnungsreiz konstant erhalten bleiben.

Phase 2 Hüftgelenk: Extension – Innenrotation (Abb. 5.210)
Beibehaltung der Positionierung, der Grifftechnik, der Vibrationen und des Atemmodus mit der AED-Technik.

- Das Hüftgelenk ist in maximaler Extension und Innenrotation.
- Während der **Einatmung** erfolgen maximale Muskelaktivitäten (Borg-RPE 16–17) gegen die passive Hüftextension und Innenrotation, indem Spannung gegen die Therapeutenhand am Kniegelenk und den Oberarm des Therapeuten generiert wird. Der Therapeut liefert die notwendige Gegenkraft zur Beibehaltung der Gelenkposition und stimuliert verbal.

Abb. 5.209 *Dehnung der Phase 1 in die Extension und Innenrotation aus der Bauchlage. Der Therapeut steht, stützt sich mit dem Knie auf der Liege ab und umgreift mit der einen Hand das Kniegelenk und führt mit dem Oberarm das Hüftgelenk in die Innenrotation. Die andere Hand fixiert das Becken. Aus dieser Ausgangslage erfolgen die Vibrationen und die maximale Extension und Innenrotation*

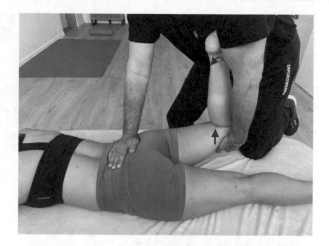

Abb. 5.210 *Dehnung der Phase 2.* Während der Einatmung erfolgt eine isometrische Kontraktion gegen die Therapeutenhand am Kniegelenk und den Oberarm. In der Ausatmungsphase erfolgt die Nachdehnung mit manuell an- und abschwellenden Vibrationen

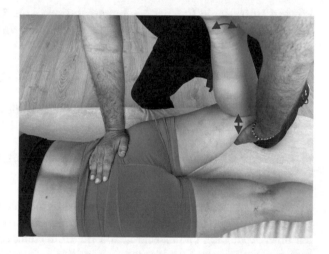

- Während der **Ausatmung** wird die Muskulatur maximal relaxiert und unter an- und abschwellenden Vibrationen erfolgt eine maximale Nachdehnung in die Hüftextension und Innenrotation.

Phase 3 Hüftgelenk: Extension – Innenrotation (Abb. 5.211)
Beibehaltung der Positionierung, der Grifftechnik, der Vibrationen und des Atemmodus mit der AED-Technik.

- Mit der Daumenkuppe werden während der gesamten Phase 3 Periostdruckreize am Interventionspunkt des Gluteus medius an der Darmbeinschaufel gesetzt.
- Während der **Ausatmung** wird die passive Nachdehnung zusätzlich durch Kontraktionen in die Extension – Innenrotation assistiert.

Abb. 5.211 Während der Phase 3 werden zusätzlich intensive Periostdruckreize am Interventionspunkt des M. gluteus medius an der Darmbeinschaufel appliziert

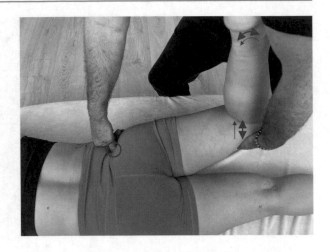

Phase 4 Hüftgelenk: Extension – Innenrotation (Abb. 5.212)

Beibehaltung der Positionierung, der Grifftechnik, der Vibrationen und des Atemmodus mit der AED-Technik.

* Die Extension und Innenrotation wird nun aktiv in die maximale ROM-Position geführt und die Nachdehnung passiv unterstützt.
* Während der **Ausatmung** erfolgt die maximale Hüftextension- und Innenrotation. Der Therapeut unterstützt die Bewegung durch taktile Reize und eine passive Nachdehnung.
* Während der **Einatmung** wird die Extension aktiv aufgehoben (0°-Position) und eine Hüftgelenkaußenrotation ausgeführt.

Phase 1 Hüftgelenk: Abduktion – Außenrotation (Abb. 5.213)

Ausgangsposition: Rückenlage. Die Kniegelenke sind so flektiert, dass die Fußsohlen unter Abduktion und Außenrotation im Hüftgelenk aufeinandergelegt werden können. Der Therapeut positioniert sich kniend auf der Therapieliege. Die Hände des Therapeuten liegen medial auf den Kniegelenken.

Die Ausführung der Übung:

* **Ausatmung:** Beginn der manuellen Vibrationen auf die Kniegelenke mit beiden Händen während aller 4 Phasen.
* Mit jeder **Ausatmung** erfolgt der Kapselreiz, die passive maximal verträgliche Abduktion und Außenrotation, begrenzt durch eine Schmerzempfindung von VAS 7–8/10, die während jeder weiteren Ausatmung nach Verträglichkeit erweitert wird.
* Während jeder **Einatmung** soll der Dehnungsreiz konstant erhalten bleiben.

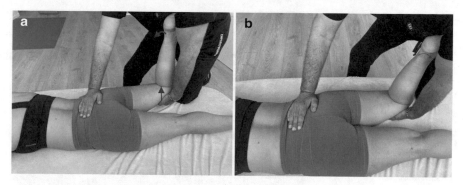

Abb. 5.212 a, b Die passive maximale Hüftextension und Innenrotation während der Ausatmung (links) und die aktive Rückführung der Extension in die 0°-Position und die Hüftaußenrotation während der Einatmung (rechts)

Abb. 5.213 *Dehnung der Phase 1 in die Abduktion und Außenrotation im Hüftgelenk aus der Rückenlage. Die Hüftgelenke befinden sich in Abduktion-Außenrotation. Aus dieser Ausgangslage erfolgen die an- und abschwellenden Vibrationen am Kniegelenk nach lateral und die maximale Abduktion und Außenrotation*

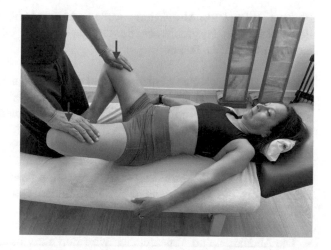

Phase 2 Hüftgelenk: Abduktion – Außenrotation (Abb. 5.214)

Beibehaltung der Positionierung, der Grifftechnik, der Vibrationen und des Atemmodus mit der AED-Technik.

- Das Hüftgelenk ist in maximaler Abduktion und Außenrotation.
- Während der **Einatmung** erfolgen maximale Muskelaktivitäten (Borg-RPE 16–17) gegen die passive Abduktion und Außenrotation. Der Therapeut liefert die notwendige Gegenkraft zur Beibehaltung der Gelenkposition und stimuliert verbal.
- Während der **Ausatmung** wird die Muskulatur maximal relaxiert und unter Vibration erfolgt eine maximale Nachdehnung in die Abduktion und Außenrotation.

Abb. 5.214 Dehnbehandlung in die Abduktion und Außenrotation des Hüftgelenkes der Phase 2. Während der Einatmung erfolgt eine isometrische Kontraktion gegen die Therapeutenhände an den Kniegelenken. In der Ausatmungsphase erfolgt die Nachdehnung mit manuell an- und abschwellenden Vibrationen

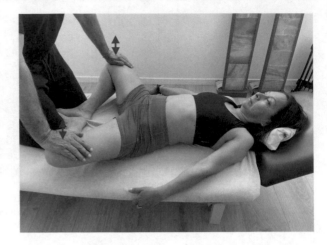

Phase 3 Hüftgelenk: Abduktion – Außenrotation (Abb. 5.215)

Beibehaltung der Positionierung, der Grifftechnik, der Vibrationen und des Atemmodus mit der AED-Technik.

- Mit der Daumenkuppe werden während der gesamten Phase 3 Periostdruckreize am Interventionspunkt des M. vastus medialis am Femur gesetzt.
- Während der **Ausatmung** wird die passive Nachdehnung zusätzlich durch Kontraktionen in die Abduktion- und Außenrotation assistiert.

Phase 4 Hüftgelenk: Abduktion – Außenrotation (Abb. 5.216)

Beibehaltung der Positionierung, der Vibrationen und des Atemmodus mit der AED-Technik.

- Die Abduktion und Außenrotation wird nun aktiv in die maximale ROM-Position geführt und die Nachdehnung wird passiv unterstützt.
- Während der **Ausatmung** erfolgt die maximale Abduktion- und Außenrotation. Der Therapeut unterstützt die Bewegung durch taktile Reize und eine passive Nachdehnung.
- Während der **Einatmung** werden die Hüftgelenke in die Adduktion und Innenrotation geführt.

Abb. 5.215 Die
Ausführungen der Phase 2
werden durch intensive
Periostreize beidseitig am
Interventionspunkt des
M. quadriceps vastus
medialis am Femur ergänzt

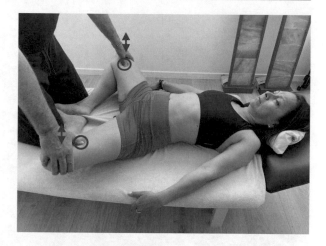

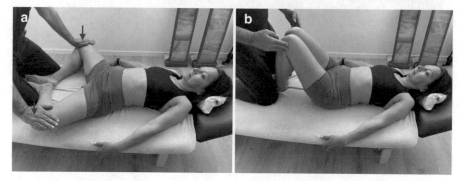

Abb. 5.216 a, b Die passiv unterstützte aktive Abduktion und Außenrotation während der Ausatmung (links) und die Adduktion und Innenrotation während der Einatmung (rechts)

5.2.10 Kapseldehnungen der Hüftgelenke ohne Geräte „painless motion"

Die passiven und aktiven Kapseldehnungen des Hüftgelenkes ohne Geräte werden auf der Therapieliege, einem Stuhl oder der Therapiematte im Sitzen durchgeführt. Die Dehnungen erfolgen in den Bewegungsrichtungen Flexion und Außenrotation.

Phase 1 Hüftgelenk: Flexion, Außenrotation Variante 1 (Abb. 5.217)
Ausgangsposition: Variante aus dem Sitzen auf dem Rand einer Therapieliege oder einem Stuhl. Die Höhe der Therapieliege ist entsprechend der Sitzhöhe des Patienten eingestellt. Die Fußsohlen sollen zunächst plan den Boden berühren. Die Arme werden vor dem Körper gekreuzt und die Hände auf die Schultern aufgelegt. Der Unterschenkel der rechten oder linken unteren Extremität wird proximal des oberen Sprunggelenkes unter Außenrotation im Hüftgelenk proximal des Kniegelenkes auf den Oberschenkel der Gegenseite aufgelegt. Die Unterschenkelachse sollte in der

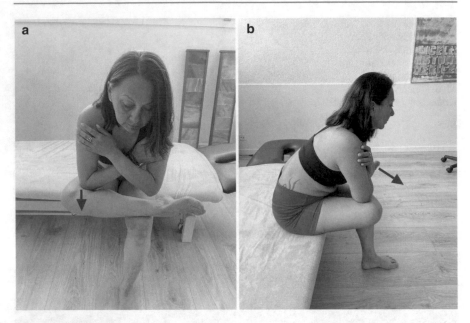

Abb. 5.217   a, b *Ausgangsposition mit passiver selbst assistierter Hüftflexion- und Außenrotation im Sitz auf der Therapieliege. Die Dehnung erfolgt, indem* der Oberkörper nach vorne gebeugt und über das Ellenbogengelenk Druck ausgeübt wird

horizontalen Ebene sein. Das Ellenbogengelenk der Seite des aufgelegten Beines stützt auf das Kniegelenk.

Die Ausführung der Übung:

- Während der **Ausatmung** erfolgt die Dehnung in die Außenrotation des Hüftgelenkes durch langsames und federndes Bewegen des Oberkörpers mit aufgerichteter Wirbelsäule nach vorne, indem dadurch über das aufgestützte Ellenbogengelenk Druck auf das Kniegelenk ausgeübt wird. Es sollte eine dehnungsbedingte Schmerzempfindung von VAS 7–8/10 erreicht werden. Die Dehnung sollte während jeder weiteren Ausatmung nach Verträglichkeit erweitert werden.
- Jeweils während der **Einatmung** soll der Dehnungsreiz konstant bleiben.

Phase 2 Hüftgelenk: Flexion, Außenrotation Variante 1 (Abb. 5.218)
Beibehaltung der Positionierung und des Atemmodus mit Verstärkung oder Beibehaltung des Dehnungszustandes.

- Das Hüftgelenk ist in maximaler Flexion- und Außenrotation.
- Während der **Einatmung** erfolgen maximale Muskelaktivitäten (Borg-RPE 16–17) gegen die passive Flexion- und Außenrotation. Durch den Widerstand des Oberkörpers resultiert eine isometrische Kontraktion. Zur Entwicklung einer möglichst maximalen isometrischen Spannung wird der Patient verbal stimuliert.
- Während der **Ausatmung** wird die Muskulatur maximal relaxiert und es erfolgt eine maximale Nachdehnung in die Flexion- und Außenrotation.

Abb. 5.218 *Passive selbst assistierte Hüftflexion- und Außenrotation.* Während der Einatmung erfolgt eine isometrische Kontraktion dagegen, indem der Patient mit dem Oberkörper selbst Widerstand leistet. In der Ausatmung erfolgt die maximal verträgliche Nachdehnung in die *Hüftflexion- und Außenrotation*

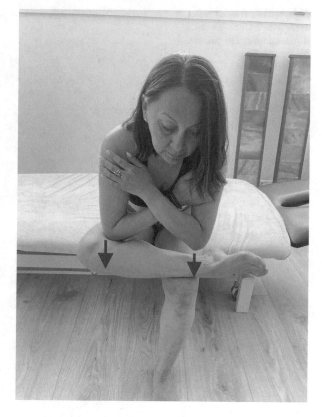

Phase 3 Hüftgelenk: Flexion, Außenrotation Variante 1 (Abb. 5.219)

Beibehaltung der Positionierung und des Atemmodus mit Verstärkung oder Beibehaltung des Dehnungszustandes.

- Das Hüftgelenk ist in maximaler Flexion- und Außenrotation.
- Während der **Ausatmung** wird die passive Nachdehnung zusätzlich durch Kontraktionen in die Flexion- und Außenrotation assistiert.

Phase 4 Hüftgelenk: Flexion, Außenrotation Variante 1 (Abb. 5.220)

Beibehaltung der Positionierung und des Atemmodus mit Verstärkung oder Beibehaltung des Dehnungszustandes.

- Die Flexion- und Außenrotation wird aktiv in die maximale ROM-Position geführt und die Nachdehnung wird vom Patienten eigenständig passiv unterstützt.
- Während der **Ausatmung** wird der Oberkörper mit aufgerichteter Wirbelsäule zwecks passiver Dehnung aktiv nach vorne gebeugt.
- Während der **Einatmung** wird die gerade Sitzposition eingenommen.

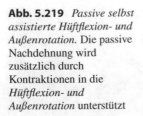

Abb. 5.219 *Passive selbst assistierte Hüftflexion- und Außenrotation.* Die passive Nachdehnung wird zusätzlich durch Kontraktionen in die *Hüftflexion- und Außenrotation* unterstützt

Phase 1 Hüftgelenk: Flexion, Außenrotation Variante 2 (Abb. 5.221)

Ausgangsposition: Variante aus dem Sitzen auf einer Therapiematte. Die Fußsohlen sollen zunächst bei entsprechend flektierten Hüft- und Kniegelenken plan den Boden berühren und der Oberkörper ist mit beiden Händen nach hinten abgestützt. Der Unterschenkel der rechten oder linken unteren Extremität wird proximal des oberen Sprunggelenkes unter Flexion und Außenrotation im Hüftgelenk proximal des Kniegelenkes auf den Oberschenkel der Gegenseite aufgelegt. Die Unterschenkelachse sollte in der horizontalen Ebene sein.

Die Ausführung der Übung:

- Während der **Ausatmung** erfolgt die Dehnung in die Außenrotation des Hüftgelenkes durch langsames und federndes Bewegen des Oberkörpers mit aufgerichteter Wirbelsäule nach vorne. Es sollte eine dehnungsbedingte Schmerzempfindung von VAS 7–8/10 erreicht werden. Die Dehnung sollte während jeder weiteren Ausatmung nach Verträglichkeit erweitert werden.
- Während der **Einatmung** soll der Dehnungsreiz konstant bleiben.

Abb. 5.220   a, b Aktive und *passive selbst assistierte Hüftflexion- und Außenrotation (links)* und die aktive Aufrichtung (rechts)

Abb. 5.221
Ausgangsposition mit passiver selbst assistierter Hüftflexion- und Außenrotation im Sitz auf der Therapiematte. Die Dehnung erfolgt, indem der Oberkörper nach vorne gebeugt wird

Phase 2 Hüftgelenk: Flexion, Außenrotation Variante 2 (Abb. 5.222)

Beibehaltung der Positionierung und des Atemmodus mit Verstärkung oder Beibehaltung des Dehnungszustandes.

- Das Hüftgelenk ist in maximaler Flexion- und Außenrotation.
- Während der **Einatmung** erfolgen maximale Muskelaktivitäten (Borg-RPE 16–17) gegen die passive Flexion- und Außenrotation (in die Extension-Innenro-

Abb. 5.222 *Passive selbst assistierte Hüftflexion- und Außenrotation.* Während der Einatmung erfolgt eine isometrische Kontraktion dagegen, indem der Patient mit dem vorgebeugten Oberkörper selbst Widerstand leistet. In der Ausatmung erfolgt die maximal verträgliche Nachdehnung in die *Hüftflexion- und Außenrotation*

tation). Durch den Widerstand des vorgebeugten Oberkörpers resultiert eine isometrische Kontraktion. Zur Entwicklung einer möglichst maximalen isometrischen Spannung wird der Patient verbal stimuliert.

- Während der **Ausatmung** wird die Muskulatur maximal relaxiert und es erfolgt eine maximale Nachdehnung in die Flexion- und Außenrotation.

Phase 3 Hüftgelenk: Flexion, Außenrotation Variante 2 (Abb. 5.223)
Beibehaltung der Positionierung und des Atemmodus mit Verstärkung oder Beibehaltung des Dehnungszustandes.

- Das Hüftgelenk ist in maximaler Flexion- und Außenrotation.
- Während der **Ausatmung** wird die passive Nachdehnung zusätzlich durch Kontraktionen in die Flexion- und Außenrotation assistiert.

Phase 4 Hüftgelenk: Flexion, Außenrotation Variante 2 (Abb. 5.224)
Beibehaltung der Positionierung und des Atemmodus mit Verstärkung oder Beibehaltung des Dehnungszustandes.

- Die Flexion- und Außenrotation wird aktiv in die maximale ROM-Position geführt und die Nachdehnung wird vom Patienten eigenständig passiv unterstützt.
- Während der **Ausatmung** wird unter aktiver Zuhilfenahme beider Hände und durch die Vorbeugung des geraden Oberkörpers passiv die Flexion und Außenrotation im Hüftgelenk verstärkt.
- Während der **Einatmung** wird mit dem Abstützen des Oberkörpers durch beide Hände die gerade Sitzposition eingenommen.

Abb. 5.223 *Passive selbst assistierte Hüftflexion- und Außenrotation.* Die passive Nachdehnung wird zusätzlich durch Kontraktionen in die *Hüftflexion- und Außenrotation* unterstützt

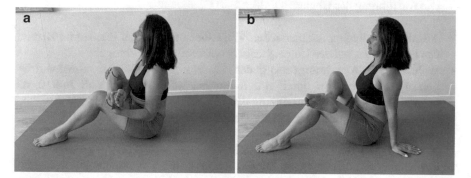

Abb. 5.224 Aktive, mit beiden Händen assistiert (links, **a**), und *passive durch das Vorbeugen des Oberkörpers selbst assistierte Hüftflexion- und Außenrotation (links)* und die aktive Aufrichtung in den Sitz unter Abstützung mit beiden Armen nach hinten (rechts, **b**)

5.2.11 Kapseldehnungen der Kniegelenke ohne Geräte

Die passiven und aktiven Kapseldehnungen des Kniegelenkes ohne Geräte werden auf der Therapieliege in Rückenlage durchgeführt. Die Dehnungen erfolgen in die Hauptbewegungsrichtungen Extension und Flexion.

Phase 1 Kniegelenk: Flexion (Abb. 5.225)
Ausgangsposition: Bauchlage. Die Kniegelenke sind zunächst in gestreckter Position. Der Therapeut steht neben der Liege. Das Sprunggelenk wird maximal plantarflektiert und das Kniegelenk 90° gebeugt. Die eine Hand (die linke; s. Beispiel Abb. 5.225) des Therapeuten wird auf den Fußrücken gelegt und die andere Hand (die rechte) umfasst etwa in der Mitte den Unterschenkel.

Abb. 5.225 Dehnung der Phase 1 in die Flexion des Kniegelenkes aus der Bauchlage. Der Therapeut steht und umgreift mit der einen Hand den Fußrücken und bringt das obere Sprunggelenk in die Plantarflexion und mit der anderen Hand umgreift er mittig den Unterschenkel. Aus dieser Ausgangslage erfolgen die Vibrationen und die maximale Flexion

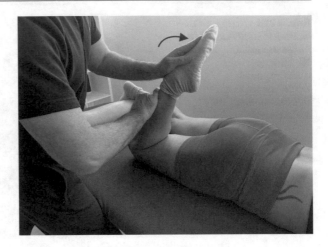

Die Ausführung der Übung:

- **Ausatmung:** Beginn der manuellen Vibrationen mit beiden Händen im Bereich des Fußrückens und des Unterschenkels während aller 4 Phasen.
- Während jeder **Ausatmung** erfolgt der Kapselreiz, die passive maximal verträgliche Flexion, begrenzt durch eine Schmerzempfindung von VAS 7–8/10, die während jeder weiteren Ausatmung nach Verträglichkeit erweitert wird.
- Während jeder **Einatmung** soll der Dehnungsreiz konstant erhalten bleiben.

Phase 2 Kniegelenk: Flexion (Abb. 5.226)

Beibehaltung der Positionierung, der Grifftechnik, der Vibrationen und des Atemmodus mit der AED-Technik.

- Das Kniegelenk ist in maximaler Flexion.
- Während der **Einatmung** erfolgen maximale Muskelaktivitäten (Borg-RPE 16–17) gegen die passive Flexion. Der Therapeut liefert die notwendige Gegenkraft zur Beibehaltung der Gelenkposition und stimuliert verbal.
- Während der **Ausatmung** wird die Muskulatur maximal relaxiert und unter Vibrationen erfolgt eine maximale Nachdehnung in die Flexion.

Phase 3 Kniegelenk: Flexion (Abb. 5.227)

Beibehaltung der Positionierung, der Grifftechnik, der Vibrationen und des Atemmodus mit der AED-Technik.

- Mit der Daumenkuppe werden während der gesamten Phase 3 Periostdruckreize am Interventionspunkt des M. vastus lateralis am Femur gesetzt.
- Während der **Ausatmung** wird die passive Nachdehnung zusätzlich durch Kontraktionen in die Flexion assistiert.

Abb. 5.226 Dehnung in die Flexion der Phase 2. Während der Einatmung erfolgt eine isometrische Kontraktion gegen die Therapeutenhände. In der Ausatmungsphase erfolgt die Nachdehnung mit manuell an- und abschwellenden Vibrationen

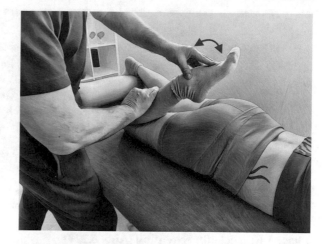

Abb. 5.227 Die Ausführungen der Phase 2 werden durch intensive Periostdruckreize am Interventionspunkt des M. quadriceps vastus lateralis am Femur ergänzt

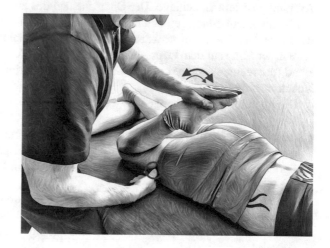

Phase 4 Kniegelenk: Flexion (Abb. 5.228)

Beibehaltung der Positionierung, der Vibrationen und des Atemmodus mit der AED-Technik.

- Die Flexion wird aktiv in die maximale ROM-Position geführt und die Nachdehnung passiv unterstützt.
- Während der **Ausatmung** erfolgt aktiv die maximale Flexion. Der Therapeut unterstützt die Bewegung durch taktile Reize und eine passive Nachdehnung.
- Während der **Einatmung** wird das Kniegelenk aktiv maximal gestreckt.

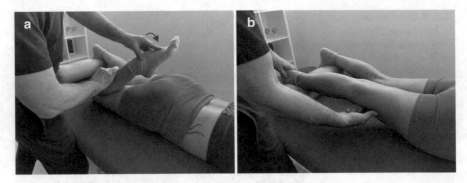

Abb. 5.228 Die aktive und passiv unterstützte maximale Flexion während der Ausatmung (links) und die aktive maximale Extension während der Einatmung (rechts)

Phase 1 Kniegelenk: Extension (Abb. 5.229)
Ausgangposition: Bauchlage. Der Oberschenkel des zu behandelnden Kniegelenkes ist mit einem 2-fach gefalteten Handtuch unterlagert. Der Therapeut steht neben der Liege. Der Therapeut stützt mit einer Hand (der linken; s. Beispiel Abb. 5.229) etwa in der Mitte auf dem Oberschenkel und fixiert das Kniegelenk. Mit der anderen Hand (der rechten) umfasst er den Unterschenkel proximal des oberen Sprunggelenkes von vorne.
Die Ausführung der Übung:

- **Ausatmung:** Beginn der manuellen vibrierenden Traktionen des Beines durch eine Zug- und Extensionsbewegung nach kaudal, ausgeführt mit der Hand am Sprunggelenk während aller 4 Phasen. Die Hand am Oberschenkel unterstützt die Vibrationen.
- Mit der **Ausatmung** erfolgt die Kapselreizung, die passive maximal verträgliche Extension des Kniegelenkes, begrenzt durch eine Schmerzempfindung von VAS 7–8/10, die während jeder weiteren Ausatmung nach Verträglichkeit erweitert wird.
- Während jeder **Einatmung** soll der Dehnungsreiz konstant erhalten bleiben.

Phase 2 Kniegelenk: Extension (Abb. 5.230)
Beibehaltung der Positionierung, der Grifftechnik, der Traktionen und Vibrationen und des Atemmodus mit der AED-Technik.

- Das Kniegelenk ist in maximaler Extension.
- Während der **Einatmung** erfolgen maximale Muskelaktivitäten (Borg-RPE 16–17) gegen die passive Extension. Der Therapeut liefert die notwendige Gegenkraft zur Beibehaltung der Gelenkposition und stimuliert verbal.
- Während der **Ausatmung** wird die Muskulatur maximal relaxiert und unter Traktion und Vibration erfolgt eine maximale Nachdehnung in die Extension.

Abb. 5.229 *Dehnung der Phase 1 in die Extension des Kniegelenkes aus der Bauchlage. Der Therapeut steht und umgreift mit der einen Hand den Unterschenkel proximal des oberen Sprunggelenkes und die andere Hand stützt proximal des Kniegelenkes auf dem Oberschenkel. Aus dieser Ausgangslage erfolgen die vibrierende Traktion nach kaudal und die maximale Extension*

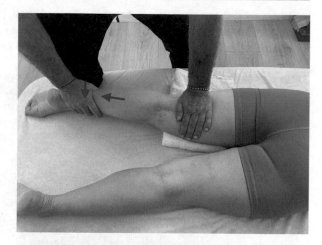

Abb. 5.230 Dehnung in der Extension der Phase 2. Während der Einatmung erfolgt eine isometrische Kontraktion in die Kniegelenkflexion. In der Ausatmungsphase erfolgt die Nachdehnung in die Extension mit Traktion und manuell an- und abschwellenden Vibrationen

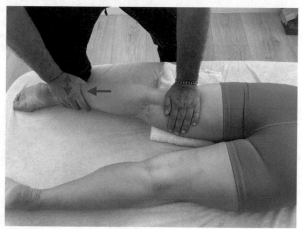

Phase 3 Kniegelenk: Extension (Abb. 5.231)

Beibehaltung der Positionierung, der Grifftechnik, der Traktionen und Vibrationen und des Atemmodus mit der AED-Technik.

- Mit der Daumenkuppe werden während der gesamten Phase 3 Periostdruckreize am Interventionspunkt des M. triceps surae Caput laterale am Condylus lateralis gesetzt.
- Während der **Ausatmung** wird die passive Nachdehnung zusätzlich durch Kontraktionen in die Extension assistiert.

Phase 4 Kniegelenk: Extension (Abb. 5.232)

Beibehaltung der Positionierung, der Vibrationen und des Atemmodus mit der AED-Technik.

- Die Extension wird aktiv in die maximale ROM-Position geführt und die Nachdehnung wird passiv unterstützt.

- Während der **Ausatmung** erfolgt aktiv die maximale Extension. Der Therapeut unterstützt die Bewegung durch taktile Reize und eine passive Nachdehnung.
- Während der **Einatmung** wird das Kniegelenk aktiv maximal flektiert.

Abb. 5.231 Während der Phase 3 werden zusätzlich intensive Periostdruckreize am Interventionspunkt des M. triceps surae Caput laterale am Epicondylus lateralis appliziert

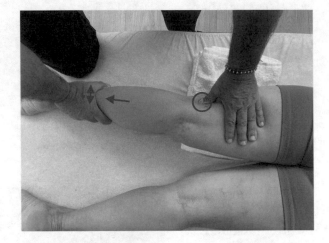

Abb. 5.232 **a**, **b** Die aktive und passiv unterstützte maximale Extension während der Ausatmung (links) und die aktive maximale Flexion während der Einatmung (rechts)

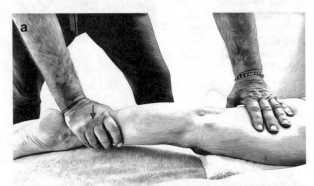

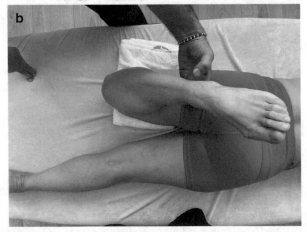

5.2.12 Kapseldehnungen der Sprunggelenke ohne Geräte

Die passiven und aktiven Kapseldehnungen des oberen Sprunggelenkes ohne Geräte werden auf der Therapieliege in Rückenlage durchgeführt. Die Dehnungen erfolgen in den Hauptbewegungsrichtungen Dorsalextension und Plantarflexion.

Phase 1 oberes Sprunggelenk: Dorsalextension (Abb. 5.233)
Ausgangsposition: Rückenlage. Die Kniegelenke sind mit einer Rolle unterlagert. Der Therapeut sitzt am Fußende der Behandlungsliege. Eine (die linke; s. Beispiel Abb. 5.233) Hand des Therapeuten umfasst den Calcaneus und führt eine Traktion aus. Die andere (die rechte) Hand liegt mit dem Handballen plantar auf dem Vorfuß und drückt das Sprunggelenk in die Dorsalextension.
Die Ausführung der Übung:

- **Ausatmung:** Beginn der manuellen vibrierenden Traktionen am oberen Sprunggelenk durch eine kaudale Zug- und Dorsalextensionsbewegung, ausgeführt mit den Händen am Calcaneus- und Fußballen während aller 4 Phasen.

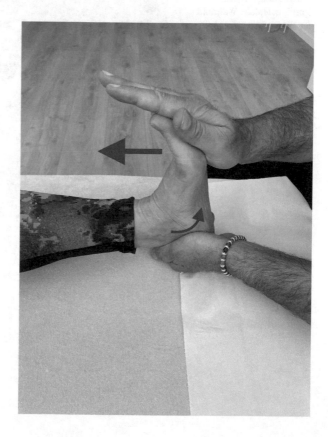

Abb. 5.233 *Phase 1 Dehnung durch Dorsalextension des oberen Sprunggelenkes in Rückenlage. Der Therapeut sitzt am Fußende und umgreift mit einer Hand* das Fersenbein und übt Traktionen des Sprunggelenkes aus. Die andere Hand drückt das Sprunggelenk in die Dorsalextension. *Aus dieser Ausgangslage erfolgen die vibrierende Traktion nach kaudal und die maximale Dorsalextension im oberen Sprunggelenk*

- Während der **Ausatmung** erfolgt der Kapseldehnreiz, die passive maximal verträgliche Dorsalextension, begrenzt durch eine Schmerzempfindung von VAS 7–8/10, die während jeder weiteren Ausatmung nach Verträglichkeit erweitert wird.
- Während jeder **Einatmung** soll der Dehnungsreiz konstant erhalten bleiben.

Phase 2 oberes Sprunggelenk: Dorsalextension (Abb. 5.234)
Beibehaltung der Positionierung, der Grifftechnik, der Vibrationen und des Atemmodus mit der AED-Technik.

- Das obere Sprunggelenk ist in maximaler Dorsalextension.
- Während der **Einatmung** erfolgen maximale Muskelaktivitäten (Borg-RPE 16–17) gegen die passive Dorsalextension. Der Therapeut liefert die notwendige Gegenkraft zur Beibehaltung der Gelenkposition und stimuliert verbal.

Abb. 5.234 Phase 2 Dehnung *durch* Dorsalextension des Sprunggelenkes. Während der Einatmung erfolgt eine isometrische Kontraktion gegen die passive Dehnrichtung. In der Ausatmungsphase erfolgt die Nachdehnung in die Dorsalextension des Sprunggelenkes mit Traktion und manuell an- und abschwellenden Vibrationen

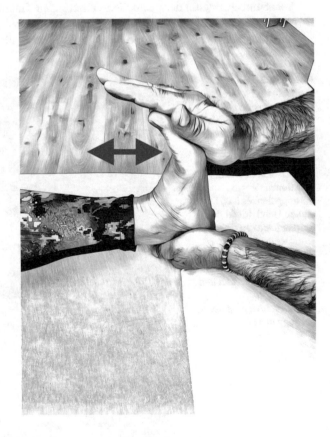

Phase 3 oberes Sprunggelenk: Dorsalextension (Abb. 5.235)
Beibehaltung der Positionierung, der Grifftechnik, der Vibrationen und des Atemmodus mit der AED-Technik.

- Der Daumen des Therapeuten wird am Sustentaculum tali positioniert.
- Mit der Kuppe eines Daumens werden während der gesamten Phase 3 Periostdruckreize am Interventionspunkt am Sustentaculum tali gesetzt.
- Während der **Ausatmung** wird die passive Nachdehnung zusätzlich durch Kontraktionen in die Dorsalextension assistiert.

Abb. 5.235 Während der
Ausführungen der Phase 2
werden in der Phase 3
zusätzlich mit dem
Daumen intensive
Periostdruckreize am
Sustentaculum tali gesetzt

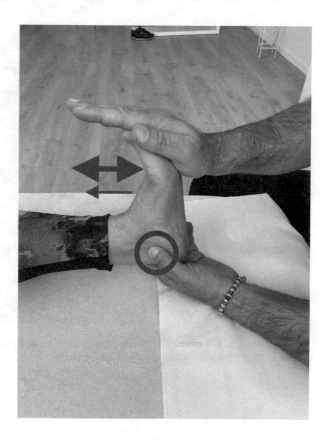

Phase 4 oberes Sprunggelenk: Dorsalextension (Abb. 5.236)
Beibehaltung der Positionierung, der Vibrationen und des Atemmodus mit der AED-Technik.

- Die Dorsalextension wird aktiv in die maximale ROM-Position geführt und die Nachdehnung wird passiv unterstützt.
- Während der **Ausatmung** erfolgt aktiv die maximale Dorsalextension. Der Therapeut unterstützt die Bewegung durch taktile Reize und eine passive Nachdehnung.
- Während der **Einatmung** wird aktiv maximal in die Plantarflexion bewegt.

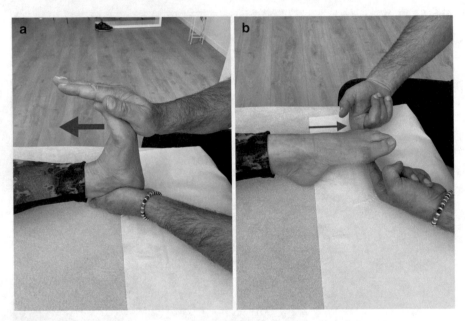

Abb. 5.236 a, b Die aktive und passive maximale Dorsalextension während der Ausatmung (links) und Plantarflexion während der Einatmung (rechts)

Phase 1 oberes Sprunggelenk: Plantarflexion (Abb. 5.237)

Ausgangsposition: Rückenlage. Die Kniegelenke sind mit einer Rolle unterlagert. Der Therapeut sitzt am Fußende der Behandlungsliege. Eine (die linke; s. Beispiel Abb. 5.237) Hand des Therapeuten umfasst den Calcaneus und führt eine Traktion aus. Die andere (die rechte) Hand umfasst von lateral den Mittelfuß und drückt das Sprunggelenk in die Plantarflexion.

Die Ausführung der Übung:

- **Ausatmung:** Beginn der manuellen vibrierenden Traktionen am oberen Sprunggelenk durch eine kaudale Zug- und Plantarflexionsbewegung, ausgeführt mit den Händen am Calcaneus- und Fußrücken während aller 4 Phasen.
- Während der **Ausatmung** erfolgt der Kapseldehnreiz, die passive maximal verträgliche Plantarflexion, begrenzt durch eine Schmerzempfindung von VAS 7–8/10, die während jeder weiteren Ausatmung nach Verträglichkeit erweitert wird.
- Während jeder **Einatmung** soll der Dehnungsreiz konstant erhalten bleiben.

Abb. 5.237 *Phase 1 Dehnung durch Plantarflexion des oberen Sprunggelenkes in Rückenlage. Der Therapeut sitzt am Fußende und umgreift mit einer Hand* das Fersenbein und übt Traktionen des Sprunggelenkes aus. Die andere Hand umgreift von lateral den Mittelfuß und führt die Plantarflexion aus. *Aus dieser Ausgangslage erfolgen die vibrierende Traktion nach kaudal und die maximale Plantarflexion im oberen Sprunggelenk*

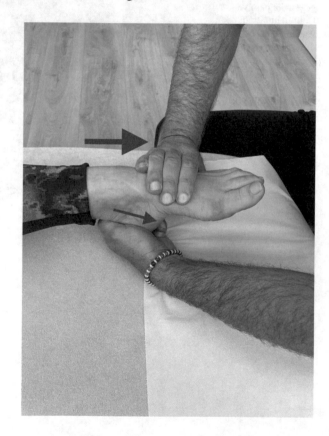

Phase 2 oberes Sprunggelenk: Plantarflexion (Abb. 5.238)
Beibehaltung der Positionierung, der Grifftechnik, der Vibrationen und des Atemmodus mit der AED-Technik.

- Das obere Sprunggelenk ist in maximaler Plantarflexion.
- Während der **Einatmung** erfolgen maximale Muskelaktivitäten (Borg-RPE 16–17) gegen die passive Plantarflexion. Der Therapeut liefert die notwendige Gegenkraft zur Beibehaltung der Gelenkposition und stimuliert verbal.

Abb. 5.238 Phase 2 Dehnung *durch* Plantarflexion des Sprunggelenkes. Während der Einatmung erfolgt eine isometrische Kontraktion gegen die passive Dehnrichtung. In der Ausatmungsphase erfolgt die Nachdehnung in die Plantarflexion des Sprunggelenkes mit Traktion und manuell an- und abschwellenden Vibrationen

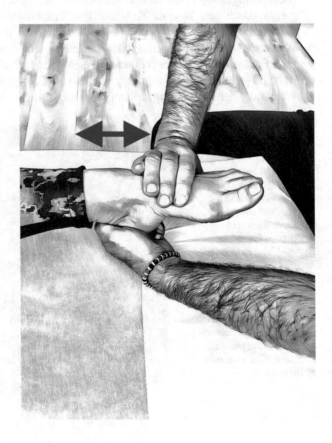

Phase 3 oberes Sprunggelenk: Plantarflexion (Abb. 5.239)
Beibehaltung der Positionierung, der Grifftechnik, der Vibrationen und des Atemmodus mit der AED-Technik.

- Der Daumen des Therapeuten wird am Sustentaculum tali positioniert.
- Mit der Kuppe eines Daumens werden während der gesamten Phase 3 Periostdruckreize am Interventionspunkt am Sustentaculum tali gesetzt.
- Während der **Ausatmung** wird die passive Nachdehnung zusätzlich durch Kontraktionen in die Plantarflexion assistiert.

Abb. 5.239 Während der Ausführungen der Phase 2 werden in der Phase 3 zusätzlich mit dem Daumen intensive Periostdruckreize am Sustentaculum tali gesetzt

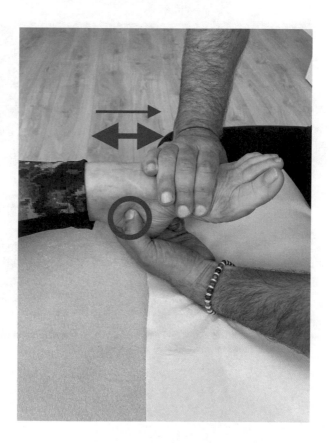

Phase 4 oberes Sprunggelenk: Plantarflexion (Abb. 5.240)
Beibehaltung der Positionierung, der Vibrationen und des Atemmodus mit der AED-Technik.

- Die Plantarflexion wird aktiv in die maximale ROM-Position geführt und die Nachdehnung wird passiv unterstützt.
- Während der **Ausatmung** erfolgt aktiv die maximale Plantarflexion. Der Therapeut unterstützt die Bewegung durch taktile Reize und eine passive Nachdehnung.
- Während der **Einatmung** wird aktiv maximal in die Dorsalextension bewegt.

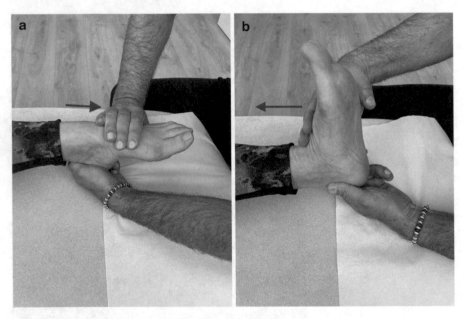

Abb. 5.240 a, b Die aktive und passive maximale Plantarflexion während der Ausatmung (links) und Dorsalextension während der Einatmung (rechts)

Phase 1 unteres Sprunggelenk: Supination (Abb. 5.241)

Ausgangsposition: Rückenlage. Die Kniegelenke sind mit einer Rolle unterlagert. Der Therapeut sitzt am Fußende der Behandlungsliege. Eine (die rechte; s. Beispiel Abb. 5.241) Hand des Therapeuten umfasst von lateral den cranialen Mittelfuß, indem der Daumen plantar und die Finger 2–5 auf dem Fußrücken nahe dem Sprunggelenk positioniert werden und führt die Supination aus. Die andere (die linke) Hand umfasst von medial den Calcaneus und fixiert mit dem Daumen von plantar die Normalposition des Calcaneus.

Die Ausführung der Übung:

- **Ausatmung:** Beginn der manuellen vibrierenden Traktionen am unteren Sprunggelenk, durchgeführt durch einen kaudalen Zug mit der Hand am Calcaneus sowie der Hand am Mittelfuß in die Supinationsbewegung während aller 4 Phasen.
- Während der **Ausatmung** erfolgt der Kapseldehnreiz, die passive maximal verträgliche Supination, begrenzt durch eine Schmerzempfindung von VAS 7–8/10, die während jeder weiteren Ausatmung nach Verträglichkeit erweitert wird.
- Während jeder **Einatmung** soll der Dehnungsreiz konstant erhalten bleiben.

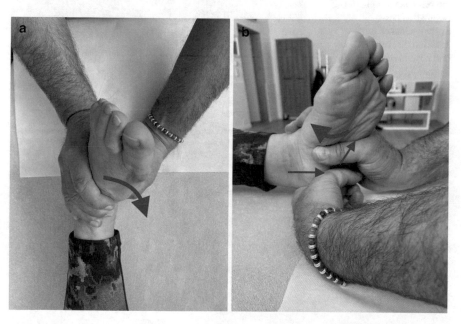

Abb. 5.241 *Phase 1 Dehnung durch Supination des unteren Sprunggelenkes in Rückenlage.* Die rechte Hand des Therapeuten umfasst von außen den cranialen Mittelfuß, indem der Daumen plantar und die Finger 2–5 auf dem Fußrücken nahe dem Sprunggelenk positioniert werden und die Supination ausführen (links, **a**). Die linke Hand umfasst von innen den Calcaneus und fixiert mit dem Daumen von plantar die Normalposition (links, **b**)

Phase 2 unteres Sprunggelenk: Supination (Abb. 5.242)

Beibehaltung der Positionierung, der Grifftechnik, der Vibrationen und des Atemmodus mit der AED-Technik.

- Das untere Sprunggelenk ist in maximaler Supination.
- Während der **Einatmung** erfolgen maximale Muskelaktivitäten (Borg-RPE 16–17) gegen die passive Supination. Der Therapeut liefert die notwendige Gegenkraft zur Beibehaltung der Gelenkposition und stimuliert verbal.

Abb. 5.242 Phase 2 Dehnung *durch* Supination des unteren Sprunggelenkes. Während der Einatmung erfolgt eine isometrische Kontraktion gegen die passive Dehnrichtung. In der Ausatmungsphase erfolgt die Nachdehnung in die Supination des Sprunggelenkes mit Traktion und manuell an- und abschwellenden Vibrationen

Phase 3 unteres Sprunggelenk: Supination (Abb. 5.243)

Beibehaltung der Positionierung des Körpers, die Grifftechnik ändert sich, der Vibrationen und des Atemmodus mit der AED-Technik.

- Der Daumen des Therapeuten wird am Sustentaculum tali positioniert.
- Mit der Kuppe eines Daumens werden während der gesamten Phase 3 Periostdruckreize am Interventionspunkt am Sustentaculum tali gesetzt.
- Während der **Ausatmung** wird die passive Nachdehnung zusätzlich durch Kontraktionen in die Supination assistiert.

Abb. 5.243 Während der Ausführungen der Phase 2 werden in der Phase 3 zusätzlich mit dem Daumen intensive Periostdruckreize am Sustentaculum tali gesetzt

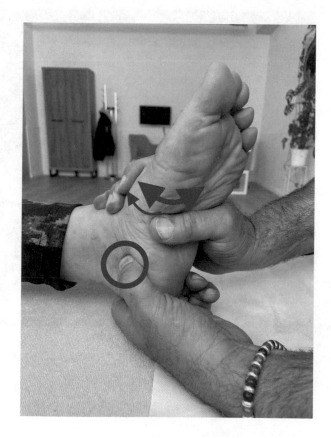

Phase 4 unteres Sprunggelenk: Supination (Abb. 5.244)
Beibehaltung der Positionierung, der Vibrationen und des Atemmodus mit der AED-Technik.

- Die Supination wird aktiv in die maximale ROM-Position geführt und die Nachdehnung wird passiv unterstützt.
- Während der **Ausatmung** erfolgt aktiv die maximale Supination. Der Therapeut unterstützt die Bewegung durch taktile Reize und eine passive Nachdehnung.
- Während der **Einatmung** wird aktiv maximal in die Pronation bewegt.

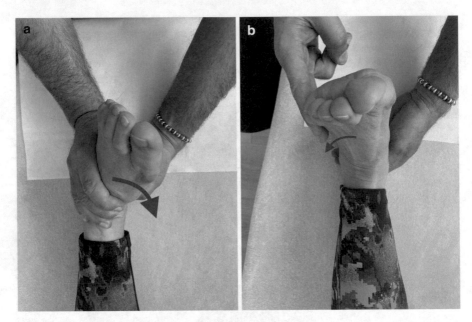

Abb. 5.244 a, b Die aktive und passive maximale Supination während der Ausatmung (links) und die Pronation während der Einatmung (rechts)

Phase 1 unteres Sprunggelenk: Pronation (Abb. 5.245)

Ausgangsposition: Rückenlage. Die Kniegelenke sind mit einer Rolle unterlagert. Der Therapeut sitzt am Fußende der Behandlungsliege. Eine (die rechte; s. Beispiel Abb. 5.245) Hand des Therapeuten umfasst von lateral den cranialen Mittelfuß, indem der Daumen plantar und die Finger 2–5 auf dem Fußrücken nahe dem Sprunggelenk positioniert werden und sie führt die Pronation aus. Die andere (die linke) Hand umfasst von medial den Calcaneus und fixiert mit dem Daumen von plantar die Normalposition des Calcaneus.

Die Ausführung der Übung:

- **Ausatmung:** Beginn der manuellen vibrierenden Traktionen am unteren Sprunggelenk, durchgeführt durch einen kaudalen Zug mit der Hand am Calcaneus sowie der anderen Hand am Mittelfuß in die Pronationsbewegung während aller 4 Phasen.
- **Ausatmung:** Beginn der manuellen Traktionen am Calcaneus.
- Während der **Ausatmung** erfolgt der Kapseldehnreiz, die passive maximal verträgliche Pronation, begrenzt durch eine Schmerzempfindung von VAS 7–8/10, die während jeder weiteren Ausatmung nach Verträglichkeit erweitert wird.
- Während jeder **Einatmung** soll der Dehnungsreiz konstant erhalten bleiben.

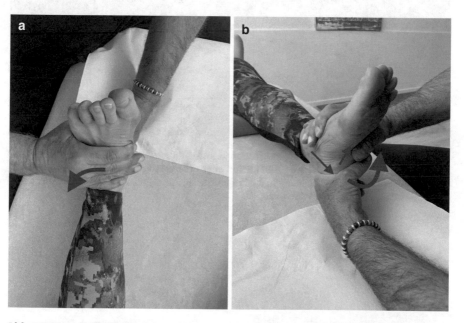

Abb. 5.245 a, b *Phase 1 Dehnung durch Pronation des unteren Sprunggelenkes in Rückenlage. Der Therapeut sitzt am Fußende.* Die rechte Hand des Therapeuten umfasst von lateral den cranialen Mittelfuß, indem der Daumen plantar und die Finger 2–5 auf dem Fußrücken nahe dem Sprunggelenk positioniert werden und sie führt die Pronation aus. Die linke Hand umfasst von medial den Calcaneus und fixiert mit dem Daumen von plantar die Normalposition des Calcaneus

Phase 2 unteres Sprunggelenk: Pronation (Abb. 5.246)

Beibehaltung der Positionierung, der Grifftechnik, der Vibrationen und des Atemmodus mit der AED-Technik.

* Das untere Sprunggelenk ist in maximaler Pronation.
* Während der **Einatmung** erfolgen maximale Muskelaktivitäten (Borg-RPE 16–17) gegen die passive Pronation. Der Therapeut liefert die notwendige Gegenkraft zur Beibehaltung der Gelenkposition und stimuliert verbal.

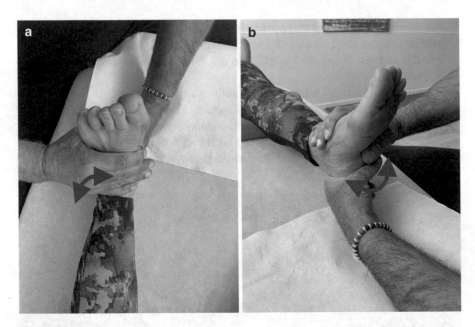

Abb. 5.246 a, b Phase 2 Dehnung *durch* Pronation des unteren Sprunggelenkes. Während der Einatmung erfolgt eine isometrische Kontraktion gegen die passive Dehnrichtung. In der Ausatmungsphase erfolgt die Nachdehnung in die Pronation des Sprunggelenkes mit Traktion und manuell an- und abschwellenden Vibrationen

Phase 3 unteres Sprunggelenk: Pronation (Abb. 5.247)
Beibehaltung der Positionierung des Körpers, die Grifftechnik ändert sich, der Vibrationen und des Atemmodus mit der AED-Technik.

- Der Daumen des Therapeuten wird am Sustentaculum tali positioniert.
- Mit der Kuppe eines Daumens werden während der gesamten Phase 3 Periostdruckreize am Interventionspunkt am Sustentaculum tali gesetzt.
- Während der **Ausatmung** wird die passive Nachdehnung zusätzlich durch Kontraktionen in die Pronation assistiert.

Abb. 5.247 Während der Ausführungen der Phase 2 werden in der Phase 3 zusätzlich mit dem Daumen intensive Periostdruckreize am Sustentaculum tali gesetzt

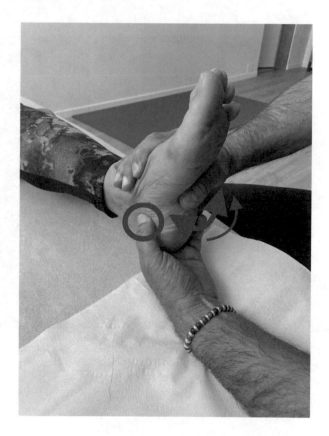

Phase 4 unteres Sprunggelenk: Pronation (Abb. 5.248)
Beibehaltung der Positionierung, der Vibrationen und des Atemmodus mit der AED-Technik.

- Die Pronation wird aktiv in die maximale ROM-Position geführt und die Nachdehnung wird passiv unterstützt.
- Während der **Ausatmung** erfolgt aktiv die maximale Pronation. Der Therapeut unterstützt die Bewegung durch taktile Reize und eine passive Nachdehnung.
- Während der **Einatmung** wird aktiv maximal in die Supination bewegt.

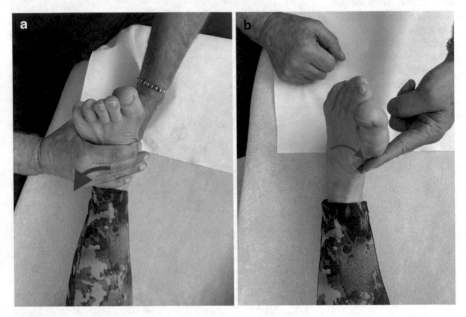

Abb. 5.248 a, b Die aktive und passive maximale Pronation während der Ausatmung (links) und die Supination während der Einatmung (rechts)

5.2.13 Kapseldehnungen der Schultergelenke aktiv mit Hanteln

Die passiven und aktiven Kapseldehnungen des Schultergelenkes mit Gerät werden auf der Trainingsbank in Rückenlage oder im Sitz durchgeführt. Die Dehnungen erfolgen in den Hauptbewegungsrichtungen Flexion, Extension, Abduktion, Elevation und Rotation.

Gewichtsbestimmung – Tryout
Vor der Übung wird das Trainingsgewicht der Kurzhantel mittels Tryout bestimmt. Bei den Schmerzpatienten haben sich Kurzhanteln mit einem Gewicht von 2 kg für die Frauen und bis zu 5 kg für die Männer praktisch bewährt.

Die Position zur Bestimmung der Gewichte für die Kapseldehnungen der Schultergelenke ist die Rückenlage auf der Trainingsbank.

- Gewichtsbestimmung für die Flexion: Schultergelenke werden aktiv in die maximal mögliche Flexion geführt (Abb. 5.249) und Kurzhanteln in jede Hand gegeben.
- Gewichtsbestimmung für die Abduktion/Elevation: Schultergelenke werden aktiv in die 90° Abduktion oder auch geringe Elevation geführt (Fortführung der Abduktion) (Abb. 5.153) und Kurzhanteln in jede Hand gegeben.

Können die Hanteln gegen die Schwerkraft mit einem sich entwickelnden maximalen Borg-RPE 16–17-Wert über 120 s gehalten werden, handelt es sich um das optimale Übungsgewicht.

Nach der Bestimmung des „optimalen" Übungsgewichtes wird eine Pause von ca. 3–4 min empfohlen.

Phase 1 Schultergelenk mit Hanteln: Flexion (Abb. 5.249)
Ausgangsposition: Rückenlage auf der Trainingsbank. Gegen die Lordosierung der
LWS sind die Füße auf den Boden gestellt, wozu die Höhe der Bank entsprechend
eingestellt werden muss, oder das Aufstellen der Füße erfolgt auf der Bank. Die
LWS ist unterlagert. Die Schultergelenke befinden sich am Rand der Trainingsbank,
sodass die maximal flektierten oberen Extremitäten frei über die Trainingsbank hi-
nausragen. In den Händen sind die Hanteln mit dem Übungsgewicht.

Generell soll bei allen Bewegungsausführungen die Bauchmuskulatur angespannt werden, um einer Lordosierung der LWS entgegenzuwirken. Die Atmung
soll stets mit einer Frequenz von ca. 6/min ruhig und tief „in den Brustkorb und den
Bauch" erfolgen.

Die Ausführung der Übung:

* Während der **Ausatmung** soll eine möglichst maximale Entspannung erfolgen,
  sodass mithilfe der Schwerkraft der ROM der Schulterflexion vergrößert wird,
  der von einer Schmerzempfindung von maximal VAS 7–8/10 begrenzt wird.
  Während jeder weiteren Ausatmung sollte die Flexion nach Verträglichkeit erweitert wird. Der Therapeut steht für Hilfeleistungen zur Verfügung.
* Während jeder **Einatmung** soll der Dehnungsreiz konstant erhalten bleiben.

Abb. 5.249 *Dehnung der
Phase 1 in die maximale
Flexion des
Schultergelenkes aus der
Rückenlage auf der
Trainingsbank. Das
ausgetestete Gewicht in
beiden Händen vergrößert
unter maximal möglicher
Entspannung den ROM
während der Ausatmung*

Phase 2 Schultergelenk mit Hanteln: Flexion (Abb. 5.250)
Beibehaltung der Positionierung und des Atemmodus mit der AED-Technik.

- Das Schultergelenk ist in maximaler Flexion.
- Während der **Einatmung** erfolgen maximale isometrische Muskelaktivitäten (Borg-RPE 16–17) gegen die passive Flexion, wodurch die maximale passive Dehnposition kompensiert oder kurz dynamisch mit nachfolgender isometrischer Haltearbeit um ca. 10–20° verringert wird.
- Während der **Ausatmung** wird die Muskulatur maximal relaxiert und es erfolgt eine maximale passive Nachdehnung in die Flexion.

Phase 3 Schultergelenk mit Hanteln: Flexion (Abb. 5.251)
Beibehaltung der Positionierung und des Atemmodus mit der AED-Technik.

- Während der **Ausatmung** wird die passive Nachdehnung zusätzlich durch Kontraktionen in die Flexion assistiert.

Abb. 5.250 Dehnung der Phase 2 in der Flexion. Während der Einatmung erfolgt eine Kontraktion, die die maximale Flexion kompensiert oder gering vermindert. In der Ausatmungsphase erfolgt die Nachdehnung

Abb. 5.251 Während der Ausführungen der Phase 2 wird die passive Nachdehnung zusätzlich durch Kontraktionen in die Flexion assistiert

Phase 4 Schultergelenk mit Hanteln: Flexion (Abb. 5.252)
Beibehaltung der Positionierung und des Atemmodus mit der AED-Technik.

* Während der **Ausatmung** wird die Flexion aktiv und durch das Gewicht der Kurzhantel passiv unterstützt in die maximale ROM-Position geführt.
* Während der **Einatmung** werden die Schultergelenke aktiv in die 90°-Flexionsposition gebracht.

Phase 1 Schultergelenk mit Hanteln: Elevation, Retroversion (Abb. 5.253)
Ausgangsposition: Rückenlage auf der Trainingsbank. Gegen die Lordosierung der LWS sind die Beine auf den Boden gestellt, wozu die Höhe der Bank entsprechend eingestellt werden muss, oder das Aufstellen der Füße erfolgt auf der Bank. Die LWS ist unterlagert. Die Schultergelenke sind 90° abduziert oder in geringer Elevation von ca. 100–110° und hängen frei nach lateral über die Trainingsbank hinaus. In den Händen sind die Hanteln mit dem Übungsgewicht.

In allen Phasen sollen die Bauchmuskeln angespannt werden.

Die Ausführung der Übung:

Abb. 5.252 a, b Aktive und passiv durch das Gewicht unterstützte maximale Flexion während der Ausatmung (links) und Bewegung der Schultergelenke in die 90°-Flexionsposition (rechts)

Abb. 5.253 *Dehnung der Phase 1 in die maximale Retroversion der Schultergelenke aus der Abduktion oder leichter Elevation in der Rückenlage auf der Trainingsbank. Das ausgetestete Gewicht in beiden Händen vergrößert unter maximal möglicher Entspannung den ROM während der Ausatmung*

- Während der **Ausatmung** soll eine möglichst maximale Entspannung erfolgen, sodass mithilfe der Schwerkraft die abduzierten bzw. leicht elevierten Schultergelenke maximal in Richtung Retroversion gebracht werden, was von einer Schmerzempfindung von maximal VAS 7–8/10 begrenzt wird. Während jeder weiteren Ausatmung sollte die Retroversion nach Verträglichkeit erweitert wird. Der Therapeut steht für Hilfeleistungen zur Verfügung.
- Während jeder **Einatmung** soll der Dehnungsreiz konstant erhalten bleiben.

Phase 2 Schultergelenk mit Hanteln: Elevation, Retroversion (Abb. 5.254)
Beibehaltung der Positionierung und des Atemmodus mit der AED-Technik.

- Das Schultergelenk ist in maximaler Retroversion aus der Abduktion oder leichten Elevation.
- Während der **Einatmung** erfolgen maximale isometrische Muskelaktivitäten (Borg-RPE 16–17) gegen die passive Retroversion, wodurch die maximale passive Dehnposition kompensiert oder kurz dynamisch mit nachfolgender isometrischer Haltearbeit um ca. 10–20° verringert wird.
- Während der Ausatmung wird die Muskulatur maximal relaxiert und es erfolgt eine maximale Nachdehnung in die Retroversion.

Abb. 5.254 Dehnung der Phase 2 in der Retroversion aus der Abduktion/ Elevation. Während der Einatmung erfolgt eine Kontraktion, die die maximale Retroversion kompensiert oder gering vermindert. In der Ausatmungsphase erfolgt die Nachdehnung

Phase 3 Schultergelenk mit Hanteln: Elevation, Retroversion (Abb. 5.255)
Beibehaltung der Positionierung und des Atemmodus mit der AED-Technik.

- Während der **Ausatmung** wird die passive Nachdehnung zusätzlich durch Kontraktionen in die Retroversion assistiert.

Phase 4 Schultergelenk mit Hanteln: Elevation, Retroversion (Abb. 5.256)
Beibehaltung der Positionierung und des Atemmodus mit der AED-Technik.

- Während der **Ausatmung** wird die Retroversion aktiv und durch das Gewicht der Kurzhantel passiv unterstützt in die maximale ROM-Position geführt.
- Während der **Einatmung** werden die Schultergelenke aktiv in die 90°-Anteversion gebracht.

Abb. 5.255 Während der Ausführungen der Phase 2 wird die passive Nachdehnung zusätzlich durch Kontraktionen in die Retroversion assistiert

Abb. 5.256 a, b Aktive und passiv durch das Gewicht unterstützte maximale Retroversion während der Ausatmung (links) und Bewegung der Schultergelenke in die 90°-Anteversion (rechts)

5.2.14 Kapseldehnungen des Schultergelenkes aktiv mit Seilzug im Sitz

Die passiven und aktiven Kapseldehnungen des Schultergelenkes mit dem Seilzug werden im Sitzen bzw. bei guter Stabilisationsfähigkeit des Rumpfes im Stehen ausgeführt. Die Dehnungen erfolgen in den Hauptbewegungsrichtungen Abduktion, Retroversion, Elevation, Außen- und Innenrotation. Nacheinander oder in aufeinanderfolgenden Therapieeinheiten werden mehrere limitierte Bewegungswinkel therapiert. Bei guter Stabilisationsfähigkeit des Rumpfes können die Dehnungen auch im Stehen durchgeführt werden.

Einstellung Seilzuggerät

Der Patient sitzt oder steht mit dem Rücken vor dem Seilzuggerät in einer Entfernung, sodass durch das Ergreifen der Handgriffe des Gerätes im zu trainierenden Gelenkwinkel eine Zug-Dehnwirkung entsteht (Abb. 5.257). Der Seilzug soll ständig unter Spannung sein.

Gewichtsbestimmung – Tryout

Vor der Übung wird das Trainingsgewicht mittels Tryout bestimmt. Der Patient sitzt mit dem Rücken zum Seilzuggerät auf einer Trainingsbank und lehnt sich an die Rückenstütze (Abb. 5.257). In den zu dehnenden Gelenkwinkel von in der Regel 90° bzw. 95-110° werden die Schultergelenke abduziert bzw. eleviert. Im Anschluss wird ein Tryout-Gewicht am Kabelzug eingestellt. Der Patient ergreift, vom Therapeuten unterstützt, bei gewähltem Gelenkwinkel die Handgriffe des Seilzuges, wodurch eine deutliche Dehnposition nach dorsal in die Retroversion entsteht. Können die Gewichte mit einem sich entwickelnden maximalen Borg-RPE 16–17-Wert über 120 s gehalten werden, handelt es sich um das optimale Übungsgewicht.

Nach der Bestimmung des „optimalen" Übungsgewichtes wird eine Pause von ca. 3–4 min empfohlen.

Phase 1 Schultergelenk, Seilzug, im Sitz: Abduktion-Retroversion-Elevation (Abb. 5.257)

Ausgangsposition: Sitz auf der Trainingsbank mit Rückenlehne. Die Schultergelenke sind 90° abduziert oder in geringer Elevation von ca. 100–110°. Die Arme werden in der Winkelposition nach hinten bewegt und die Hände erfassen die Griffe des Seilzuggerätes. Die Sitzposition nach vorne soll so eingestellt sein, dass die Gewichte des Seilzuges die Schultergelenke in eine deutliche Dehnposition bringen. Die Füße stehen fest auf dem Boden und die LWS ist unterlagert. Zur Stabilisation des Rumpfes wird durchgängig die Rücken- und Bauchmuskulatur angespannt und der Kontakt zum Rückenpolster soll stets erhalten bleiben. Das ausgetestete Gewicht ist eingestellt.

Die Ausführung der Übung:

- Während der **Ausatmung** soll eine möglichst maximale Entspannung erfolgen, sodass mithilfe der Schwerkraft die abduzierten bzw. leicht elevierten Schultergelenke maximal in Richtung Retroversion gezogen werden, was von einer Schmerzempfindung von maximal VAS 7–8/10 begrenzt wird. Während jeder weiteren Ausatmung sollte die Retroversion nach Verträglichkeit erweitert werden. Der Therapeut steht für Hilfeleistungen zur Verfügung.
- Während jeder **Einatmung** soll der Dehnungsreiz konstant erhalten bleiben.

Abb. 5.257 *Dehnung der Phase 1 in die maximale Retroversion der Schultergelenke aus der Abduktion oder leichter Elevation im Sitz. Das ausgetestete Gewicht in beiden Händen vergrößert unter maximal möglicher Entspannung den ROM während der Ausatmung*

Phase 2 Schultergelenk, Seilzug, im Sitz: Abduktion-Retroversion-Elevation (Abb. 5.258)
Beibehaltung der Positionierung und des Atemmodus mit der AED-Technik.

- Die Schultergelenke sind in maximaler Retroversion aus der Abduktion oder leichten Elevation.
- Während der **Einatmung** erfolgen maximale isometrische Muskelaktivitäten (Borg-RPE 16–17) gegen die passive Retroversion, wodurch die maximale passive Dehnposition kompensiert oder kurz dynamisch mit nachfolgender isometrischer Haltearbeit um ca. 10–20° verringert wird.
- Während der **Ausatmung** wird die Muskulatur maximal relaxiert und es erfolgt eine maximale Nachdehnung in die Retroversion.

Abb. 5.258 Dehnung der Phase 2 in die maximale Retroversion aus der Abduktion/Elevation im Sitz. Während der Einatmung erfolgt eine Kontraktion, die die maximale Retroversion kompensiert oder gering vermindert. In der Ausatmungsphase erfolgt die Nachdehnung

Phase 3 Schultergelenk, Seilzug, im Sitz: Abduktion-Retroversion-Elevation (Abb. 5.259)
Beibehaltung der Positionierung und des Atemmodus mit der AED-Technik.

- Während der **Ausatmung** wird die passive Nachdehnung zusätzlich durch Kontraktionen in die Retroversion assistiert.

Phase 4 Schultergelenk, Seilzug, im Sitz: Abduktion-Retroversion-Elevation (Abb. 5.260)
Beibehaltung der Positionierung und des Atemmodus mit der AED-Technik.

- Während der **Ausatmung** wird die Retroversion aktiv und durch das Gewicht des Seilzuges passiv unterstützt in die maximale ROM-Position geführt.
- Während der **Einatmung** werden die Schultergelenke aktiv in die 90°-Anteversion gebracht.

Abb. 5.259 Während der Ausführungen der Phase 2 wird die passive Nachdehnung zusätzlich durch Kontraktionen in die Retroversion assistiert

Abb. 5.260 a, b Aktive und passive maximale Dehnung in die Retroversion während der Ausatmung (links) und Bewegung der Schultergelenke in die 90°-Anteversion (rechts)

Phase 1 Schultergelenk, Seilzug, im Stehen: Außenrotation
Gewichtsbestimmung – Tryout: Vor der Übung wird das Trainingsgewicht mittels
Tryout bestimmt. Der Patient steht mit dem Rücken zum Seilzuggerät (Abb. 5.261).
Der zu dehnende Gelenkwinkel der Außenrotation des Schultergelenkes wird eingenommen. Im Anschluss wird ein Tryout-Gewicht am Kabelzug eingestellt. Der Patient ergreift, vom Therapeuten unterstützt, bei gewähltem Gelenkwinkel den Handgriff des Seilzuges, wodurch eine deutliche Dehnposition in die Außenrotation
entsteht. Kann das Gewicht mit einem sich entwickelnden maximalen Borg-RPE
16–17-Wert über 120 s gehalten werden, handelt es sich um das optimale
Übungsgewicht.

   Nach der Bestimmung des „optimalen" Übungsgewichtes wird eine Pause von
ca. 3–4 min empfohlen.

   Ausgangsposition: Stehen aufrecht mit symmetrischer Gewichtsverteilung auf
beiden Beinen mit dem Rücken zum Seilzuggerät. Das Becken soll aufgerichtet
sein, das Brustbein nach vorne oben bewegt, die Schultern gesenkt, die Halswirbelsäule und der Kopf aufgerichtet werden und die Augen nach vorne sehen. Zur Stabilisierung des Schultergelenkes wird ein Keilkissen zwischen Rumpf und Oberarm
eingeklemmt. Der Griff des Seilzuges wird mit der Hand des am Rumpf anliegenden Oberarmes und bei einem Winkel von 90° im Ellenbogengelenk ergriffen. Das
ausgetestete Übungsgewicht zieht in die Außenrotation. Die Rücken- und Bauchmuskulatur ist durchgängig angespannt.

Abb. 5.261 *Dehnung der*
Phase 1 in die maximale
Außenrotation des
Schultergelenkes. Das
ausgetestete Gewicht in
der Hand vergrößert unter
maximal möglicher
Entspannung den ROM
während der Ausatmung

Die Ausführung der Übung:

- Während der **Ausatmung** soll eine möglichst maximale Entspannung erfolgen, sodass mithilfe des Seilzuggewichtes bei gegebenem ROM ein maximal dehnender Zug in die Außenrotation entsteht, der eine Schmerzempfindung von maximal VAS 7–8/10 hervorruft. Während jeder weiteren Ausatmung sollte die Außenrotation nach Verträglichkeit erweitert werden. Der Therapeut steht für Hilfeleistungen zur Verfügung.
- Während jeder **Einatmung** soll der Dehnungsreiz konstant erhalten bleiben.

Phase 2 Schultergelenk, Seilzug, im Stehen: Außenrotation (Abb. 5.262)
Beibehaltung der Positionierung und des Atemmodus mit der AED-Technik.

- Das Schultergelenk ist in maximaler Außenrotation.
- Während der **Einatmung** erfolgen maximale isometrische Muskelaktivitäten (Borg-RPE 16–17) gegen die passive Außenrotation, wodurch die maximale pas-

Abb. 5.262 Dehnung der Phase 2 in die maximale Außenrotation. Während der Einatmung erfolgt eine Kontraktion, die die maximale Außenrotation kompensiert oder gering vermindert. In der Ausatmungsphase erfolgt die Nachdehnung

sive Dehnposition kompensiert oder kurz dynamisch mit nachfolgender isometrischer Haltearbeit um ca. 10–20° verringert wird.

- Während der **Ausatmung** wird die Muskulatur maximal relaxiert und es erfolgt eine maximale Nachdehnung in die Außenrotation.

Phase 3 Schultergelenk, Seilzug, im Stehen: Außenrotation (Abb. 5.263)
Beibehaltung der Positionierung und des Atemmodus mit der AED-Technik.

- Während der **Ausatmung** wird die passive Nachdehnung zusätzlich durch Kontraktionen in die Außenrotation assistiert.

Abb. 5.263 Während der Ausführungen der Phase 2 wird die passive Nachdehnung zusätzlich durch Kontraktionen in die Außenrotation assistiert

Phase 4 Schultergelenk, Seilzug, im Stehen: Außenrotation (Abb. 5.264)
Beibehaltung der Positionierung und des Atemmodus mit der AED-Technik.

- Während der **Ausatmung** wird die Außenrotation aktiv und durch das Gewicht des Seilzuges passiv unterstützt in die maximale ROM-Position geführt.
- Während der **Einatmung** wird das Schultergelenk aktiv in die maximale Innenrotation gebracht.

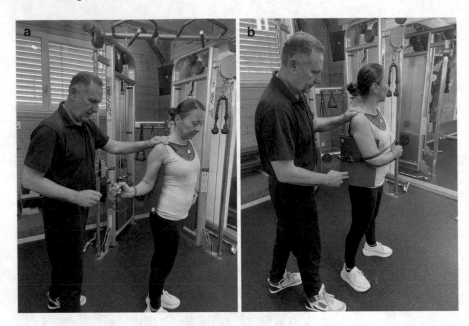

Abb. 5.264 a, **b** Aktive und passive durch das Gewicht des Seilzuges unterstützte maximale Außenrotation während der Ausatmung (links) und Bewegung des Schultergelenkes in die maximale Innenrotation (rechts)

Phase 1 Schultergelenk, Seilzug, im Stehen: Innenrotation (Abb. 5.265)
Ausgangsposition: Stehen aufrecht mit symmetrischer Gewichtsverteilung auf beiden
Beinen mit dem Rücken zum Seilzuggerät. Das Becken soll aufrichtet sein, das Brustbein nach vorne oben bewegt, die Schultern gesenkt, die Halswirbelsäule und der Kopf
aufrichtet werden und die Augen nach vorne sehen. Zur Stabilisierung des Schultergelenkes wird ein Handtuch zwischen Rumpf und Oberarm eingeklemmt. Der sich auf der
entgegengesetzten Seite des zu dehnenden Schultergelenkes befindliche Handgriff des
Seilzuges wird mit der Hand des am Rumpf anliegenden Oberarmes und bei einem
Winkel von 90° im Ellenbogengelenk ergriffen. Das ausgetestete Übungsgewicht zieht
in die Innenrotation. Die Rücken- und Bauchmuskulatur ist durchgängig angespannt.
   Die Ausführung der Übung:

- Während der **Ausatmung** soll eine möglichst maximale Entspannung erfolgen,
  sodass mithilfe der Seilzuggewichte bei gegebenen ROM eine maximale Dehnung in die Innenrotation entsteht, die eine Schmerzempfindung von maximal
  VAS 7–8/10 hervorruft. Während jeder weiteren Ausatmung sollte die Außenrotation nach Verträglichkeit erweitert werden. Der Therapeut steht für Hilfeleistungen zur Verfügung.
- Während der **Einatmung** soll der Dehnungsreiz konstant erhalten bleiben.

Abb. 5.265 *Dehnung der*
Phase 1 in die maximale
Innenrotation des
Schultergelenkes. Das
ausgetestete Gewicht in
der Hand vergrößert unter
maximal möglicher
Entspannung den ROM
während der Ausatmung

Phase 2 Schultergelenk, Seilzug, im Stehen: Innenrotation (Abb. 5.266)
Beibehaltung der Positionierung und des Atemmodus mit der AED-Technik.

- Das Schultergelenk ist in maximaler Innenrotation.
- Während der **Einatmung** erfolgen maximale isometrische Muskelaktivitäten (Borg-RPE 16–17) gegen die passive Innenrotation, wodurch die maximale passive Dehnposition kompensiert oder kurz dynamisch mit nachfolgender isometrischer Haltearbeit um ca. 10–20° verringert wird.
- Während der **Ausatmung** wird die Muskulatur maximal relaxiert und es erfolgt eine maximale Nachdehnung in die Außenrotation.

Abb. 5.266 Dehnung der Phase 2 in die maximale Innenrotation. Während der Einatmung erfolgt eine Kontraktion, die die maximale Innenrotation kompensiert oder gering vermindert. In der Ausatmungsphase erfolgt die Nachdehnung

Phase 3 Schultergelenk, Seilzug, im Stehen: Innenrotation (Abb. 5.267)
Beibehaltung der Positionierung und des Atemmodus mit der AED-Technik.

- Während der **Ausatmung** wird die passive Nachdehnung zusätzlich durch Kontraktionen in die Innenrotation assistiert.

Phase 4 Schultergelenk, Seilzug, im Stehen: Innenrotation (Abb. 5.268)
Beibehaltung der Positionierung und des Atemmodus mit der AED-Technik.

- Während der **Ausatmung** wird die Innenrotation aktiv und durch das Gewicht des Seilzuges passiv unterstützt in die maximale ROM-Position geführt.
- Während der **Einatmung** wird das Schultergelenk aktiv durch Außenrotation in die 0°-Position gebracht.

Abb. 5.267 Während der
Ausführungen der Phase 2
wird die passive
Nachdehnung zusätzlich
durch Kontraktionen in die
Innenrotation assistiert

Abb. 5.268 a, b Aktive und passive durch das Gewicht des Seilzuges unterstützte maximale Innenrotation während der Ausatmung (links) und Außenrotation des Schultergelenkes in die 0°-Position (rechts)

Übersicht

Fazit: Bewegungen in den maximalen ROM mit nozizeptiven Konsequenzen und solche im endgradigen Bereich sind absolut bevorzugt Dehnungen der Gelenkkapseln und weniger des myofaszialen Gewebes. Sie werden aber in der Praxis vorrangig als Muskeldehnungen angesehen und beschrieben. Das Ergebnis der häufig wiederholten maximalen Ausnutzung des ROM ist vorrangig eine Vergrößerung der Schmerztoleranz, also einer cerebralen Wirkung der Dehnungen, weshalb der maximale Gelenkwinkel um 5–10° ansteigen kann. Gelenkspezifische Bewegungseinschränkungen des ROM, in der Manuellen Medizin als Kapselmuster bezeichnet, sind Funktionsmerkmale infolge jahrelanger abertausender spezifischer Bewegungsausführungen z. B. im Sport, chronisch physischer Inaktivität, von erforderlich gewesenen oder bestehenden Immobilisationen und chronisch degenerativer Erkrankungen des passiven Stütz- und Bewegungsapparates (SBS). Es sind aber **„nie nur"** die am ROM diagnostizierten Veränderungen im „passiven Bereich des SBS", sondern zugleich auch immer solche im sensomotorischen System, zu dem eben auch die Schmerzhemmung gehört. Somit sind maximale Gelenkbewegungen, Dehnungen der Gelenkkapseln einzelner Gelenke, aber auch der Gelenkkette der Wirbelsäule, anti-nozizeptiv wirksam. Werden die Dehnungen so weit geführt, dass zusätzlich intensive Schmerzen provoziert werden, dann sind sie zugleich eine Intervention zur Aktivierung der endogenen Schmerzhemmung und Schmerzmodulation. Entsprechend werden unspezifisch und zeitlich begrenzt die Schmerzempfindungen gemindert und nach vielen Wiederholungen interagieren die aktuelle Schmerzhemmung und die Entwicklung der Schmerztoleranz.

Die beschriebenen 4-Phasen-Dehnungen beginnen mit der passiven maximal nozizeptiv bedingt verträglichen Dehnung (Phase 1), fortgeführt durch Kontraktionen gegen die Dehnrichtung und der nachfolgenden passiven und nozizeptiv hoch relevanten Dehnung (Phase 2), gefolgt von der Kombination des Kontraktions-Relaxationsmodus mit zusätzlichen Periostdruckreizen (Phase 3) und letztendlich aktiven Bewegungen mit passiver Unterstützung in die therapeutische Dehnrichtung (Phase 4). Die Kapseldehnungen und die Aktivierung der Schmerzhemmung nach dem Mechanismus „Schmerz hemmt Schmerz" sind unmittelbar anti-nozizeptive Therapie. Zeitlich begrenzt anti-nozizeptiv wirken auch die Komponenten Beeinflussung der passiv-mechanischen Eigenschaften des myofaszialen-kapsulären Gewebes und die kontraktionsbedingte Durchblutungsförderung. Dieser Interventionsschritt hat das Ziel, mit der Schmerzhemmung die Belastbarkeit für die nachhaltigen aktiven Interventionen zu erreichen und bei Bedarf aufrechtzuerhalten.

5.3   Massage der „Schmerzprojektionslinien"

Sehr häufig bereits während des Aufnahmegespräches und in der Regel während der Untersuchung demonstriert der Patient mehrfach und charakteristisch linienförmig die Schmerzausbreitung über periostale und myofasziale Gewebestrukturen. Die Schmerzen werden als ziehend und brennend beschrieben.

Daraus ist die praktische Konsequenz abgeleitet worden, entlang dieser **„Schmerzprojektionslinien"** intensiv zu massieren, sofern eine Behandlung in der direkt betroffenen Körperregion toleriert wird. Die Massage kombiniert auf den periostalen Abschnitten die schmerzbedingte Aktivierung des Mechanismus „Schmerz hemmt Schmerz" und im Bereich der myofaszialen Strukturen wird die Wirkung durch die Stimulation der Durchblutungsförderung mit all den daraus folgenden physiologischen Konsequenzen ergänzt.

5.3.1   Die Massagetechnik

Die intensive **Massage der Schmerzprojektionslinien** erfolgt als Periost- und/oder myofasziale Druckmassage mit der sehr sensiblen Daumenkuppe. In der Praxis hat sich die Daumen-Faust-Technik sehr bewährt. Der Daumen ist gestreckt, die zur Faust geballten Finger stabilisieren ihn (Abb. 5.269) und Hand- und Ellenbogenge-

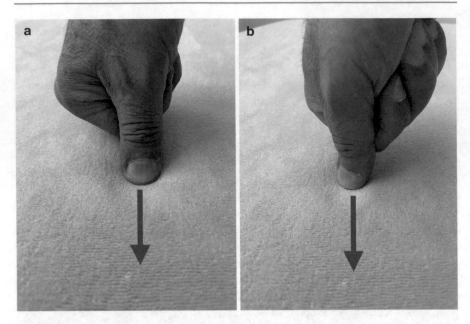

Abb. 5.269 a, b Daumen-Faust-Technik in zwei Ansichten bei der Massage der Schmerzprojektionslinien

lenk sind in gestreckter Position. Üblicherweise wird der Daumen quer oder entlang der Schmerzprojektionslinie positioniert und behält diese Position über die gesamte Projektionslinie bei.

Bei sehr guter Muskelkraft der Daumen- und Handmuskulatur ist es auch möglich, nur mit dem leicht gebeugten Daumen ohne Schienung durch die angrenzenden Finger zu arbeiten. Hierbei positioniert der Therapeut die übrigen Finger zur Stabilisierung auf dem Patienten.

Die Abb. 5.270a–c demonstriert unterschiedliche Positionen der Daumenkuppe zum z. B. paravertebralen Gewebe (Abb. 5.270a, b) bzw. der Schmerzprojektionslinie am lateralen Oberschenkel (Abb. 5.270c). Die jeweils rote Linie kennzeichnet die Massagerichtung und den gesamten Massageverlauf.

Es werden unterschiedliche Positionen der Daumenkuppe zum behandelnden Gewebe gezeigt. Die rote Linie zeigt die Behandlungsrichtung. Links (**a**) wird mit einer Daumenposition quer und in der Mitte (**b**) entlang der Schmerzprojektionslinie massiert. Rechts (**c**) wird mit freiem Daumen und quer zur Schmerzlinie gearbeitet.

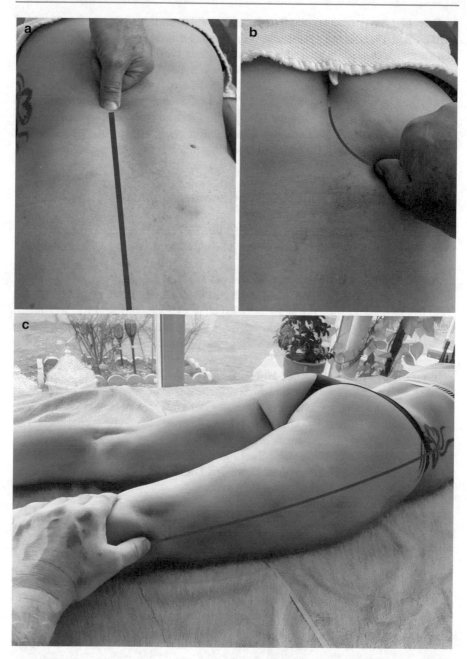

Abb. 5.270 a–c Arbeitstechnik mit der Daumenkuppe bei der Massage der Schmerzprojektions-linien. Der Daumen ist gestreckt und er wird durch den Mittelhandknochen des Zeigefingers ge-schient. Die Finger, zur Faust geballt, stützen den Daumen (**a**, **b**) bzw. der Daumen ist das Massag-einstrument und die Finger liegen auf der Haut auf (**c**)

Die Massage wird generell mit einer intermittierenden, wellenförmigen Druck-Slide-Technik und mit sehr geringem Fortschreiten über die gesamte Schmerzprojektionslinie ausgeführt. Entsprechend wird an jedem periostalen und myofaszialen Punkt der Linie sehr lokalisiert ein hoher, schmerzhafter Druck appliziert (Abb. 5.271, 5.272, 5.273, 5.274, 5.275, 5.276, 5.277, 5.278, 5.279, 5.280, 5.281, 5.282, 5.283, 5.284, 5.285, 5.286, 5.287, 5.288, 5.289, 5.290, 5.291 und 5.292). Bei myofaszialem Gewebe beträgt die Eindringtiefe der Daumenkuppe je nach Lokalisation ca. 1 bis 2 cm. Der Massagedruck soll sehr schmerzhaft sein. Ein VAS-Wert von 7–8/10 wird angestrebt bzw. das subjektiv tolerierbare Schmerzlimit.

5.3.2 Die Schmerzprojektions- oder Massagelinien

Schmerzprojektionslinie: Kopf-Kiefer (Abb. 5.271)
- **Massagelinie:** vom Os temporale (Schläfenbein) zum Os zygomaticum (Jochbein)
- **Ausgangsposition:** Rückenlage. Therapeut sitzt am Kopfende.
- **Ausführung:** Der Daumen wird an der Unterkante des Proc. zygomaticus des Schläfenbeins positioniert. Massiert wird an der Unterkante des Proc. zygomaticus des Os temporale in Richtung des Os zygomaticum und über die gesamte Strecke des Ursprungs des M. masseter pars profunda und Pars superficialis.

Schmerzprojektionslinie: Kopf-Hals (M. sternocleidomastoideus) (Abb. 5.272)
- **Massagelinie:** von der lateralen Außenfläche des Proc. mastoideus (Ansatz des M. sternocleidomastoideus am Os temporale) zur Oberkante und Vorderfläche des medialen Drittels der Clavicula (Caput laterale) bzw. zur Vorderfläche des Manubrium sterni (Caput mediale).
- **Ausgangsposition:** Rückenlage. Therapeut sitzt oder steht neben der Liege.
- **Ausführung:** Die Daumenkuppe führt den Druck auf das myofasziale Gewebe parallel und gleitend zur Massagelinie aus.

Abb. 5.271 Die Kopf-Kiefer-Massagelinie an der Unterkante des Schläfen- und Jochbeins

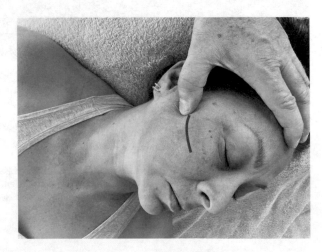

Abb. 5.272 Die
Kopf-Hals-Massagelinie
des M. sternocleidomas-
toideus vom Proc.
mastoideus zum
Manubrium sterni

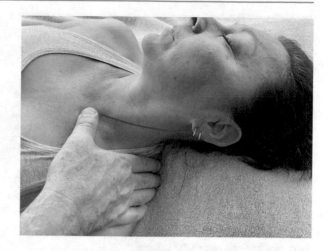

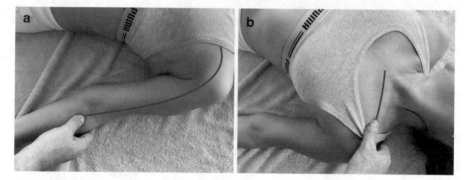

Abb. 5.273   a, b Die anteriore Schulter-Ellenbogen-Massagelinie von der Tub. radii zum Manubrium sterni

Schmerzprojektionslinie: anterior Schulter-Ellenbogen (Abb. 5.273)

- **Massagelinie:** von der Tuberositas radii (Ansatz der kurzen Bicepssehne) über
  den kurzen Kopf des M. biceps br., den Proc. coracoideus, die Unterkante der
  Clavicula zum Manubrium sterni.
- **Ausgangsposition:** Rückenlage. Obere Extremität im Schultergelenk außenrotiert, Unterarm in Supinationsstellung. Therapeut sitzt oder steht neben der Liege.
- **Ausführung:** Die Daumenkuppe führt den Druck auf das myofasziale Gewebe
  langsam quer zur Massagelinie aus.

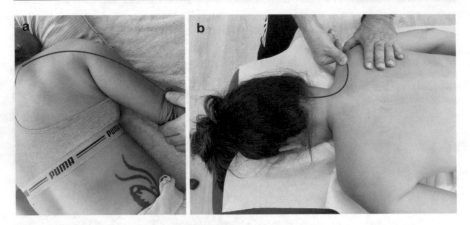

Abb. 5.274 a, b Die posteriore Schulter-Ellenbogen-Massagelinie vom Olekranon lateral zum Proc. protuberantia occipitales externa

Schmerzprojektionslinie: posterior Schulter-Ellenbogen (Abb. 5.274)

- **Massagelinie:** vom Olekranon lateral (Ansatz des M. triceps. brachi.), über die Rückseite und den medialen Rand des Humerus (Caput mediale), das Tuberculum infraglenoidale scapulae (Ursprung Caput longum), die Spina scapulae nach medial, lateral der Dornfortsätze der HWS (Ursprung M. trap. p. asc.) und der autochthonen paravertebralen Muskulatur in der Tiefe zur Proc. protuberantia occipitales externa (Ursprung Lig. nuchae, M. trap. p. asc.).
- **Ausgangsposition:** Bauchlage. Therapeut steht neben der Liege.
- **Ausführung:** Die Daumenkuppe führt den Druck auf das myofasziale Gewebe langsam gleitend quer zur Massagelinie aus.

Schmerzprojektionslinie: lateral Schulter-Ellenbogen (Abb. 5.275)

- **Massagelinie:** vom Olekranon lateral (Ansatz des M. triceps. brachi.), lateral über den Zwischenraum des M. biceps br. und des M. triceps br., den M. delt. pars acromialis bis zum Acromion, den M. trap. pars descendens zum Proc. mastoideus.
- **Ausgangsposition:** Bauchlage. Therapeut steht neben der Liege.
- **Ausführung:** Die Daumenkuppe führt den Druck auf das myofasziale Gewebe langsam gleitend quer zur Massagelinie aus.

Schmerzprojektionslinie: medial Schulter-Ellenbogen (Abb. 5.276)

- **Massagelinie:** vom Epicondylus medialis humeri, medial über den Zwischenraum des M. biceps br. und des M. triceps br. zum unteren Kapselansatz des Schultergelenkes.
- **Ausgangsposition:** Patient in Rückenlage. Der Therapeut sitzt neben der Liege.
- **Ausführung:** Die Daumenkuppe führt den Druck auf das myofasziale Gewebe langsam gleitend quer zur Massagelinie aus.

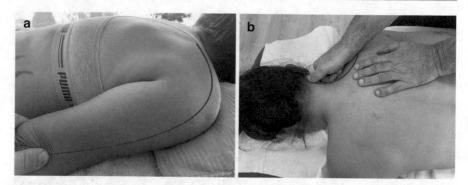

Abb. 5.275   a, b Die laterale Schulter-Ellenbogen-Massagelinie vom Olekranon lateral zum Proc. mastoideus

Abb. 5.276 Die mediale Schulter-Ellenbogen-Massagelinie vom Olecranon zum unteren Kapselansatz des Schultergelenkes

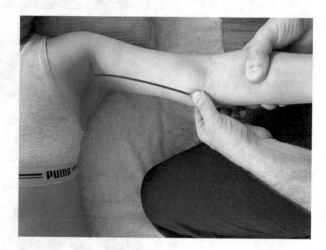

Schmerzprojektionslinie: Ellenbogen-Hand-Extensoren-Massagelinie (Abb. 5.277)

- **Massagelinie:** vom Epicondylus lat. humeri, über Extensoren des Handgelenkes, das Handgelenk, die Mittelhand dorsal zum Endglied des 3. Fingers.
- **Ausgangsposition:** Rückenlage. Der Unterarm liegt in der Pronationsposition. Der Therapeut steht neben der Liege.
- **Ausführung:** Die Daumenkuppe führt den Druck auf das myofasziale Gewebe langsam gleitend quer zur Massagelinie aus.

Schmerzprojektionslinie: Flexoren Ellenbogen-Hand (Abb. 5.278)

- **Massagelinie:** vom Epicondylus med. humeri, über die Flexoren des Handgelenkes das Handgelenk, die Mittelhand von volar zum Endglied des 3. Fingers.
- **Ausgangsposition:** Rückenlage. Der Unterarm liegt in der Supinationsposition. Der Therapeut steht neben der Liege.
- **Ausführung:** Die Daumenkuppe führt den Druck auf das myofasziale Gewebe langsam gleitend quer zur Massagelinie aus.

Abb. 5.277 Die
Ellenbogen-Hand-
Extensoren-Massagelinie
vom Epicodylius lat.
humeri zum Endglied des
3. Fingers

Abb. 5.278 Die
Ellenbogen-Hand-
Flexoren-Massagelinie
vom Epicondylus med.
humeri zum Endglied des
3. Fingers

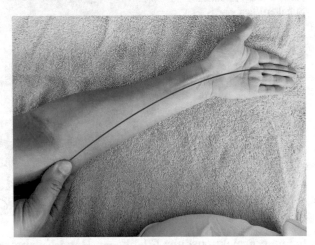

Schmerzprojektionslinie: radial Ellenbogen-Hand (Abb. 5.279)

- **Massagelinie:** vom Caput radii, auf der radialen Seite über den Zwischenraum zwischen den Flexoren und Extensoren zum Retinaculum muskulorum extensorum, den 2. Mittelhandknochen zum Endglied des 2. Fingers medial.
- **Ausgangsposition:** Rückenlage. Unterarm und Hand liegen in Zwischenposition zwischen Pro- und Supination.
- **Ausführung:** Die Daumenkuppe führt den Druck auf das myofasziale Gewebe langsam gleitend quer zur Massagelinie aus.

Schmerzprojektionslinie: ulnar Ellenbogen-Hand (Abb. 5.280)

- **Massagelinie:** vom Olecranon Ulnarseite (humero-ulnaren Gelenkspalt), über den Zwischenraum zwischen den Flexoren und Extensoren entlang der ulnaren Knochenkante, den ulnaren Bereich des Handgelenkes, des V. Mittelhandknochens, die laterale Seite des V. Fingers zur lateralen Fläche des Endgliedes des 5. Fingers.

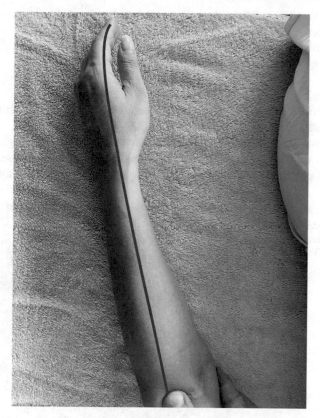

Abb. 5.279 Die radiale Ellenbogen-Hand-Massagelinie vom Caput radii zum Endglied des 2. Fingers medial

Abb. 5.280 Die ulnare Ellenbogen-Hand-Massagelinie vom Olecranon lateral zum Endglied des 5. Fingers

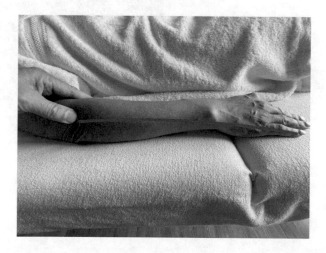

- **Ausgangsposition:** Rückenlage. Der Unterarm und die Hand liegen in Pronationsposition. Der Therapeut steht neben der Liege.
- **Ausführung:** Die Daumenkuppe führt den Druck auf das myofasziale Gewebe langsam gleitend quer zur Massagelinie aus.

Schmerzprojektionslinie: Wirbelsäule (Abb. 5.281)
- **Massagelinie:** von L5/S1, über die paravertebrale Muskulatur (Abstand zu den Dornfortsätzen ca. 1–2 cm) zum Os occipitale.
- **Ausgangsposition:** Bauchlage. Der Therapeut steht neben der Liege.
- **Ausführung:** Die Daumenkuppe führt in Daumen-Faust-Technik den Druck auf das myofasziale Gewebe langsam gleitend quer zur Massagelinie aus.

Abb. 5.281 Die Wirbelsäulen-Massagelinie von L5/S1 paravertebral geführt zum Os occipitale

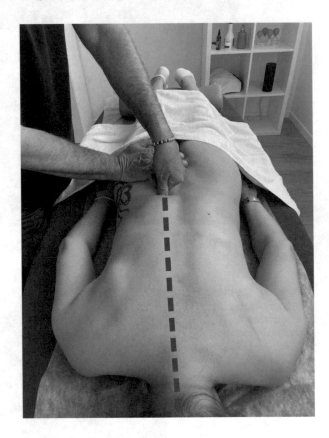

Schmerzprojektionslinie: Os ilium-Os sacrum-ISG (Abb. 5.282)
- **Massagelinie:** von Spina iliaca post. sup. und der Crista iliaca, über den M. ilio-costalis lumborum zum kaudalen Ende des Os sacrum (S5).
- **Ausgangsposition:** Bauchlage. Der Therapeut steht neben der Liege.
- **Ausführung:** Die Daumenkuppe führt in Daumen-Faust-Technik den Druck auf das myofasziale Gewebe langsam gleitend parallel zur Massagelinie aus.

Schmerzprojektionslinie: Os ilium (Abb. 5.283)
- **Massagelinie:** vom Proc. spinosi L4, über den M. latissimus dorsi, der Spina iliaca posterior superior, dem Os ilium, den M. obliqus externus zum Ende des mittleren Drittels der Crista iliaca.
- **Ausgangsposition:** Bauchlage. Der Therapeut steht neben der Liege.
- **Ausführung:** Die Daumenkuppe führt in Daumen-Faust-Technik den Druck auf das periostale und myofasziale Gewebe langsam gleitend parallel zur Massage-linie aus.

Abb. 5.282   Die Os ilium-Os sacrum-ISG-Massagelinie von der Spina il. post. sup. und der Crista iliaca bis zu S5

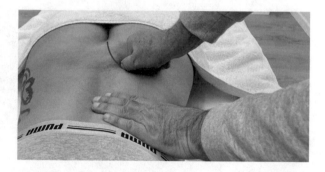

Abb. 5.283   Die Os-ilium-Massagelinie vom Proc. spinosi L4 zur Crista iliaca

Schmerzprojektionslinie: ventral zentral Hüftgelenk-Kniegelenk (Abb. 5.284)

- **Massagelinie:** vom proximalen am Rand der Patella, über den M. rectus femoris zur Spina iliaca anterior inferior.
- **Ausgangsposition:** Rückenlage. Kniegelenk mit einer Knierolle unterlagert. Der Therapeut steht neben der Liege.
- **Ausführung:** Die Daumenkuppe führt den Druck auf das myofasziale Gewebe langsam gleitend quer zur Massagelinie aus.

Schmerzprojektionslinie: ventral medial Hüftgelenk-Kniegelenk (Abb. 5.285)

- **Massagelinie:** von der Patella seitlich medial oben (Retinaculum patellae), über den M. vastus med. zum Ursprung des Muskels zur Linea intertrochanterica bzw. nach etwas medial zum äußeren Drittel des Lig. inguinale.
- **Ausgangsposition:** Rückenlage. Kniegelenke mit einer Knierolle unterlagert. Der Therapeut steht neben der Liege.
- **Ausführung:** Die Daumenkuppe führt den Druck auf das myofasziale Gewebe langsam gleitend quer zur Massagelinie aus.

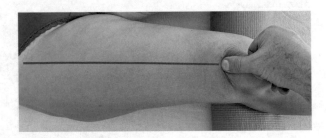

Abb. 5.284 Die ventrale zentrale Hüftgelenk-Kniegelenk-Massagelinie vom proximalen Rand der Patella zur Spina il. ant. inf

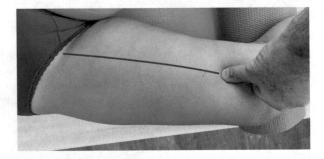

Abb. 5.285 Die ventrale mediale Hüftgelenk-Kniegelenk-Massagelinie vom medialen seitlichen Patellarand oben zur Linea intertrochanterica bzw. dem lateralen Drittel des Lig. inguinale

Schmerzprojektionslinie: lateral Hüftgelenk-Kniegelenk (Abb. 5.286)
- **Massagelinie:** vom Condylus lateralis tibiae, über den Tractus iliotibialis, den M. tensor fasciae lateae zur lateralen Fläche der Spina iliaca anterior superior.
- **Ausgangsposition:** Bauchlage. Der Therapeut steht neben der Liege.
- **Ausführung:** Die Daumenkuppe führt den Druck auf das myofasziale Gewebe langsam gleitend quer zur Massagelinie aus.

Schmerzprojektionslinie: dorsal lateral Hüftgelenk-Kniegelenk (Abb. 5.287)
- **Massagelinie:** vom Fibularköpfchen, über den M. biceps femoris zum lateralen Drittel des Tuber ischiadicum.
- **Ausgangsposition:** Bauchlage. Der Therapeut steht neben der Liege.
- **Ausführung:** Die Daumenkuppe, die anderen Finger werden zur Unterstützung am Bein des Patienten abgelegt, führt den Druck auf das myofasziale Gewebe langsam gleitend quer zur Massagelinie aus.

Abb. 5.286 Die laterale Hüftgelenk-Kniegelenk-Massagelinie vom Condylus lat. tibiae zur Spina il. ant. sup

Abb. 5.287 Die posteriore Hüftgelenk-Kniegelenk-Massagelinie vom Fibulaköpfchen zum lateralen Drittel des Tuber ischiadicum

Schmerzprojektionslinie: dorsal medial Hüftgelenk-Kniegelenk (Abb. 5.288)

- **Massagelinie:** vom Pes anserinus (Condylus medialis tibiae), über den M. semimembranosus und M. semitendinosus zum Tuber ischiadicum.
- **Ausgangsposition:** Bauchlage. Der Therapeut steht neben der Liege.
- **Ausführung:** Die Daumenkuppe führt den Druck auf das myofasziale Gewebe langsam gleitend quer zur Massagelinie aus.

Abb. 5.288 Die dorsale mediale Hüftgelenk-Kniegelenk-Massagelinie vom Pes anserinus zum Tuber ischiadicum

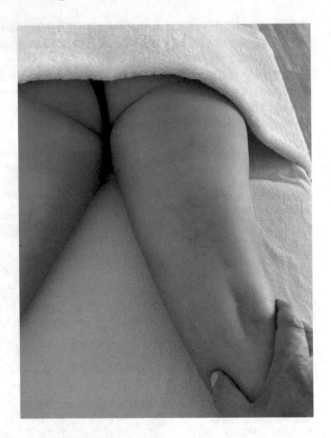

Schmerzprojektionslinie: anterior Kniegelenk-Fuß (Abb. 5.289)

- **Massagelinie:** vom Condylus lateralis tibiae (ventral des Caput fibulae), über die laterale Tibiaschaftfläche zur Basis des Os metatarsale I.
- **Ausgangsposition:** Rückenlage. Kniegelenke mit einer Knierolle unterlagert. Der Therapeut steht neben der Liege.
- **Ausführung:** Die Daumenkuppe, die Finger umgreifen das Bein und dienen zur Stabilisierung der Therapeutenhand, führt den Druck auf das Periost und das myofasziale Gewebe langsam gleitend quer zur Massagelinie aus.

Schmerzprojektionslinie: posterior Kniegelenk-Fuß (Abb. 5.290)

- **Massagelinie:** von dorsal zwischen Condylus med. und lat., über den Zwischenraum zwischen M. gastrocnemius Caput lat. und med., die Achillessehne, den Calcaneus, die Plantaraponeurose zum Grundgelenk der 1. Zehe.

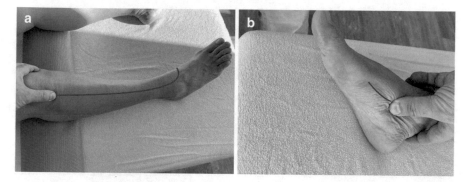

Abb. 5.289 a, b Die anteriore Kniegelenk-Fuß-Massagelinie vom Condylus lat. ventral des Caput fibulae zur Basis Os metatarsale I

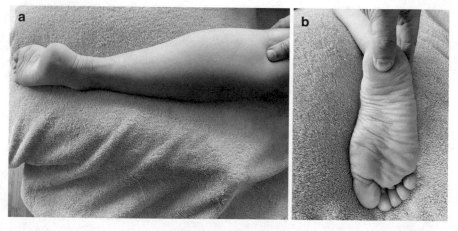

Abb. 5.290 a, b Die posteriore Kniegelenk-Fuß-Massagelinie von der Mitte zwischen dem Condylus med. und lat. zum Grundgelenk der 1. Zehe

- **Ausgangsposition:** Bauchlage. Der Therapeut steht neben der Liege.
- **Ausführung:** Die Daumenkuppe, die Finger umgreifen das Bein und dienen zur Stabilisierung der Therapeutenhand, führt den Druck auf das Periost, das myofasziale Gewebe, die Achillessehne und die Plantarfaszie langsam gleitend quer zur Massagelinie aus.

Schmerzprojektionslinie: lateral Kniegelenk-Fuß (Abb. 5.291)

- **Massagelinie:** vom Caput fibulae, über den M. peroneus long. und brevis (auf der Fibula), hinter dem Malleolus lateralis nach plantar zur Basis Os metatarsale I.
- **Ausgangsposition:** Bauchlage. Der Therapeut steht neben der Liege.
- **Ausführung:** Die Daumenkuppe, die Finger umgreifen das Bein und dienen zur Stabilisierung der Therapeutenhand, führt den Druck auf das myofasziale Gewebe und die Plantaraponeurose langsam gleitend quer zur Massagelinie aus.

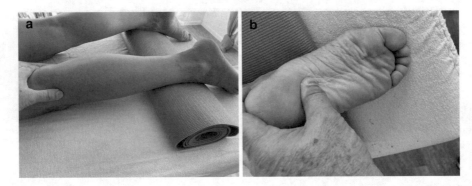

Abb. 5.291   a, b Die laterale Kniegelenk-Fuß-Massagelinie vom Caput fibulae zur Basis Os metatarsale I

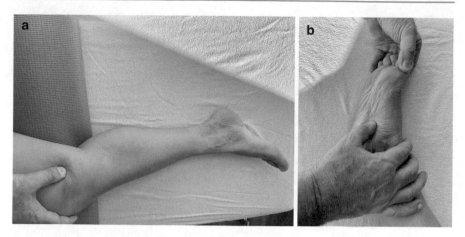

Abb. 5.292 a, b Die mediale Kniegelenk-Fuß-Massagelinie vom Epicondylus med. zu den Endgliedern der Zehe 2–5

Schmerzprojektionslinie: medial Kniegelenk-Fuß (Abb. 5.292)

- **Massagelinie:** vom Epicondylus med., über die mediale Tibiaschaftfläche, hinter den Malleolus mediales, die Plantaraponeurose zu den Endgliedern der Zehen 2–5.
- **Ausgangsposition:** Rückenlage. Der Therapeut steht neben der Liege.
- **Ausführung:** Die Daumenkuppe, die Finger umgreifen das Bein und dienen zur Stabilisierung der Therapeutenhand, führt den Druck auf das Periost, das myofasziale Gewebe und die Plantaraponeurose langsam gleitend quer zur Massagelinie aus.

Fazit: Die Patienten geben charakteristische linienförmig Schmerzausbreitungen an, die als **„Schmerzprojektionslinien"** massiert werden. Der Abschnitt beschreibt insgesamt 21 dieser Linien. Massiert wird in der Regel mit der Daumen-Faust-Technik, indem der Daumen entlang der gesamten Projektionslinie einen intensiven, schmerzhaften Druck auf die periostalen und myofazialen Abschnitte ausübt. Die Massage kombiniert die Periostdruckmassage mit der myofazialen, wodurch die Schmerzhemmung aktiviert wird und in den myofazialen Abschnitten auch die Durchblutungsförderung zum Wirkungsfaktor wird.

Chronische Schmerzerkrankung und Mentaltechniken

6

▶ **Gehirn höchst plastisches Organ** Das Gehirn, **Organ des Verhaltens, Handelns, der Emotionen und Entscheidungen,** adaptiert, deadaptiert oder maladaptiert. Es lernt implizit mit der Pathogenese. Das begründet Mentaltechniken. Das Training ist Training der Compliance, Resilienz und Trainierbarkeit. Muskelaktivität ist „Gehirntraining!" und Psychotherapie! Die Therapie und die Lebensstiländerungen sind kognitive Herausforderungen. Der Muskelstatus steht für die konditionellen und die cerebralen Funktionen.

Die **mentalen Techniken** lösen Placeboeffekte mit einer Schmerzhemmung aus. Bei den Schmerzpatienten sind die Compliance und Resilienz ineffektiv. Die mentalen Techniken stimulieren positive Emotionen, Bewertungen und Entscheidungsprozesse, mindern Stressreaktionen und fördern vorteilhaftes Verhalten, wobei aber Absichten nicht das Verhalten widerspiegeln. **Die Effekte des mentalen Trainings sind nur durch Langfristigkeit und mit ausreichender Dosierung erreichbar und physisches und psychisches Training sind zu kombinieren.**

6.1 Das Gehirn: Training, Inaktivität, Maladaption

Das Gehirn ist „das Organ des Verhaltens und Handelns" und es ist hoch adaptiv und maladaptiv plastisch. Der „Entscheidungsträger" adaptiert auf Training, deadaptiert auf Inaktivität und maladaptiert im Rahmen chronisch degenerativer Erkrankungen und wird immer häufiger zum Träger der chronischen Schmerzerkrankung. Aus diesem Grund werden zunächst durch die Schmerzerkrankung beeinflusste cerebrale Funktionen und Leistungen beleuchtet und damit auch Mentaltechniken als Teil des Therapieregimes begründet. Mentaltechniken sind psychologische Trainingsinterventionen für das Gehirn, die sich aus der positiven Psychologie begründen. Sie haben das Ziel, Kompetenzen, kognitive Fähigkeiten und Fertigkeiten, Entscheidungen zum eigenen gesundheitlichen Vorteil zu fällen, Wertgefühle (Selbstbewusstsein) zu verbessern, die mentale Belastbarkeit zu steigern, also in der Zusammenfassung die positive mentale Funktion und Gesundheit zu fördern.

6.1.1   Gehirn – Entscheidungsträger, Compliance und Resilienz

Das Gehirn generiert die Motivation für kurz- und langfristige Zielstellungen, ist das Organ des tätigkeitsspezifisch angeeigneten Wissens und Könnens, ist der kognitive Entscheidungsträger, der Initiator und ist unter dem „Vorstandsvorsitzenden Präfrontaler Cortex (PFC) das ausführende Organ" aller Handlungen und liefert jeweils die emotionalen Grundlagen und „Begleitungen" dafür. So sorgt der PFC für die komplexe Handlungsplanung, verantwortet die exekutiven Funktionen, die situationsangemessene Handlungssteuerung und Regulation emotionaler Prozesse (Supervisory Attentional System) und ist auf der höchstmöglichen Ebene als Teil der Schmerzmatrix am Schmerzgeschehen beteiligt.

Für die Erhaltung des Gesundheitszustandes und bzw. dessen Wiederherstellung oder Verbesserung sind die **Motivatoren bzw. motivierenden Faktoren**

1. **Interesse** und **Neugier** für das Erwerben von Wissen, für den Willen, Gelerntes praktisch umzusetzen und anzuwenden (Handlungsinitiierung und -durchführung) und
2. **Freude** an der sich entwickelnden erkennbaren Problemlösung mit ihrer biologisch unabänderbar erforderlichen Langfristigkeit und all den „Hochs und auch den nicht zu vermeidenden Tiefs" besonders wichtig.

Das Gehirn ist der Leistungsträger des Wirksamkeitsstrebens bzw. des Explorationsstrebens, das ein allgemeiner Mechanismus der Verhaltensregulation ist und als eine treibende Kraft zur motivationellen Grundausstattung des Menschen (Heckhausen und Heckhausen 2018) und zur Kontrolle der physischen und sozialen Umwelt (White 1959 zit. n. Heckhausen und Heckhausen 2018) gehört. Es soll durch die mentalen Interventionen der positiven Psychologie gestärkt werden, denn das Gehirn bestimmt den Lebensstil, die Verständnis- und Handlungsfähigkeit, die Kompetenzen, die Art und Weise der Kommunikation und die Umsetzung der biologisch notwendigen gesundheitsfördernden oder eine Krankheit ursächlich positiv beeinflussenden Verhaltensweisen und Handlungen.

Wichtig: Das Erlernen und Einsetzen der benannten Leistungen des Gehirns zugunsten oder zum Nachteil des Gesundheitszustandes unterliegt dem biologischen Grundprinzip,

- „inadäquate bzw. ungenügende gesundheitsorientierte Funktionen (Leistungen: geringe Gesundheitskompetenz, primäre und/oder sekundäre physische Inaktivität) werden als erlernte inadäquate Verhaltensweisen zunächst zur Disposition und zeitabhängig als maladaptive Verhaltensweisen zur Ursache von Krankheitsentwicklungen, in die das Gehirn von Beginn an immer unmittelbar einbezogen ist, und die Compliance und Resilienz bestimmt". Diese Entwicklung verhindert die Entwicklung von Strategien und Handlungen des gesundheitsorientierten bzw. genesungsorientierten Verhaltens. Die Erwartungen und die subjektive Zuordnung der Ursachen des Krankheitsgeschehens und der eigenen Fähigkeiten zu deren Bewältigung (Attributionen) werden und bleiben inadäquat

Das begründet den Bedarf mentaler positiver Therapietechniken zur gesundheitsfördernden Beeinflussung der psychosozialen Handlungskompetenz mit der eingeschlossenen, jeweils dazu passenden emotionalen Kompetenz, gegeben insbesondere durch

- die Aufmerksamkeit für sich selbst, also ausgerichtet auf die Krankheit und die krankheitsbedingenden und aufrechterhaltenden Verhaltensmuster,
- die konstruktiv positive Bewältigung belastender Gefühle und Situationen,
- das Ineinklangbringen von Emotionen und Motivationen zugunsten einer ausreichenden psychischen Belastbarkeit und psychophysischen Aktivität und
- die Entwicklung der Fähigkeit zur Selbstregulation.

Der Therapieprozess muss immer Interventionen zur Entwicklung und/oder Stabilisierung der Gesundheitskompetenz einschließen, also die Fähigkeit unterstützen bzw. qualifizieren, Informationen zu den Ursachen und Konsequenzen der aktuellen Krankheit und für den „Rückweg in Richtung der Gesundung" zu suchen, zu finden, zu akzeptieren, zu verstehen, für sich und sein Umfeld zu bewerten und daraus Entscheidungen zu den erforderlichen Veränderungen des Lebensstils zu treffen und aktiv zum eigenen Vorteil zu realisieren (spezifiziert nach Jordan und Hoebel 2015). Es geht um die Selbstverantwortung für die Gesundheit oder Gesundung unter Mithilfe der Kompetenz der verschiedenen Therapeuten (Ärzte, Physio-, Sport-, Ergotherapeuten, Psychologen). Ohne selbstständige aktive Mitarbeit des Patienten kann die Erkrankung von den Therapeuten „nur verwaltet werden".

Gehirn adatiert zugunsten
Wichtig: Obwohl die Therapieziele und die erforderlichen Therapiekomponenten leicht zu formulieren sind und das „**globale Rezept**" grundsätzlich für alle Patienten vergleichbar ist, kann aufgrund der differenten interindividuellen biopsychosozialen Situation und dem Stand der Pathogenese des Krankheitsprozesses kein „**allgemeines, generell für jeden Patienten gültiges detailliertes Rezept**" benannt werden. Dafür sind die anamnestischen, untersu-

chungs- und verlaufsbedingten Informationen vom konkreten Patienten zwingend notwendig. Das Therapieprinzip und die Elemente des Therapieprozesses sind vergleichbar, aber der Aufbau und die Anteiligkeiten der Interventionen, die Arten, Umfänge und Intensitäten und deren Dosierungen in den Therapieabschnitten sind individuell.

Deshalb sollen auch die Begründungen und Argumente zugunsten des therapeutischen Trainings im Vordergrund stehen und nicht das Aufzählen von inhaltlichen Programmpunkten, deren Dosierung dann auch nur für den einzelnen Patienten gültig sein wird.

6.1.2   Gehirn – an allen Krankheitsprozessen beteiligt

Die Entstehung und die Entwicklungen aller chronisch degenerativen Erkrankungen (Laube 2022), der Erkrankungsgruppe der „Physischen Inaktivität" (Pedersen 2009) und die in aller Regel vorliegende „erzwungene" und/oder „vorrangig selbstverantworte" sekundäre physische Inaktivität bei de facto allen weiteren chronischen Erkrankungen, aber auch nach Unfällen, die sicher nicht auf der Grundlage der physische Inaktivität entstehen, schließen teilweise schon primär, frühzeitig oder im Zeitverlauf auch das Organ Gehirn ein. Die Funktion des Gehirns, also das beobachtbare und „innere" Verhalten (Erleben, Kognition) im weiten Sinn, ist wie bei jedem anderen Organ auch von der Art wie auch dem Umfang und der Intensität der Beanspruchung abhängig. Nur die Beanspruchung, der Funktionsaufwand fördert, entwickelt oder verändert die Funktion des Gehirns!

Da das Gehirn absolut allein

- das mental-kognitiv basierte sensomotorische (Verhalten und Reaktionen aus der Sicht der körperlichen Aktivitäten: Sensomotorik, neurovegetative Reaktionen),
- das Erleben, Reagieren und Handeln (Verhalten aus der Sicht der Psychologie, der Physiologie der Gehirnfunktionen) als auch
- das soziale Verhalten und den Lebensstil verantwortet,

ergibt sich **1.** eine direkte primäre Beteiligung des Gehirns infolge

- der epigenetischen Prägungen über Vererbungsprozesse durch die Eltern und
- der Prägung des sensomotorischen und sozialen Verhaltens durch die „Vorgaben und Handlungen" der Eltern, gegeben durch die Einflussnahme auf die Entwicklung und das Verhalten (Erziehung) im frühen Lebensabschnitt,

ergibt sich **2.** eine frühzeitige Beteiligung des Gehirns sowohl aus den Faktoren unter 1. als auch als Ergebnis

- der Nachhaltigkeit einer pädagogisch vermittelten körperlichen Aktivität als Lebensstilbestandteil und den sozialen Bedingungen ihrer Verwirklichung,

ergibt sich **3.** eine zeitabhängige Einbeziehung des Gehirns im Rahmen

- der Pathogenese chronischer Erkrankungen, die auf der Basis einer primären physischen Inaktivität stehen oder sich zwar davon unabhängig entwickelt haben, aber eine sekundäre Inaktivität bedingen, und

ergibt sich **4.** eine zeitabhängige Einbeziehung des Gehirns als Ergebnis

- von Unfällen und/oder Erkrankungen mit Einschränkung oder Veränderungen der cerebralen Funktionen und der Mobilität aus der Sicht der strukturellen und funktionellen Schädigungen bzw. Maladaptationen.

6.1.3   Physische Aktivität oder Inaktivität: epigenetische Repräsentation und Trainierbarkeit

Epigenetische Veränderungen beruhen bei Stabilität des Genotyps

- auf der Förderung häufig in Anspruch genommener Signalwege zur Realisation beanspruchungsbedingter Adaptationen oder
- auf der Depression und damit der geminderten oder auch blockierten Abrufbarkeit der entsprechenden genetischen Informationen zur strukturellen und funktionellen Qualifikation der Gewebe und Organe.

So erarbeiten sich aktive Personen einen trainings- bzw. aktivitätsbedingten „erleichterten oder gebahnten Zugang" zu den Signalwegen für die Adaptationen, der als epigenetische Modifikation im „Gedächtnis" der Zellen und Muskelfasern verbleiben kann. Diese Modifikationen sind der Spiegel der körperlichen Aktivitäten und können auf die nächste, aber auch auf die weiteren Generationen („intergenerational or transgenerational epigenetic inheritance"; Denham et al. 2018) übertragen werden. Der aktuelle Wissensstand zur Vererbung und den Mechanismen ist zz. aber noch sehr spärlich.

> **Wichtig:** Aber es ist bereits grundsätzlich anerkannt, dass gesundheitlich vorteilhafte epigenetische Modifikationen durch regelmäßige Trainingsaktivitäten der Eltern als auch nachteilige durch einen inaktiven Lebensstil der Eltern als begründbare Krankheitsrisiken epigenetisch vererbt werden. Deshalb ist auch die Familienanamnese (Kap. 4) eine wertvolle Informationsquelle zur Krankheitsentwicklung, aber auch besonders zum voraussichtlichen Verhalten im Training und der Trainierbarkeit.

Zusätzlich ist ein aktiver Lebensstil der Eltern einerseits „das mentale Verhaltensvorbild" für die Kinder und andererseits durch Anregung, Förderung und Ausführung zugleich der „aktive Stimulator", sportliche Aktivitäten „zum Teil der Lebensnormalität" werden zu lassen. Die Epigenetik, psychische, soziale und pädagogische Faktoren spielen später sowohl bei der Beibehaltung der „aktiven" oder dem Einschlagen der „passiven" Richtung zusammen.

Physische Belastungen haben sogar einen gravierenden und auch relativ schnellen Einfluss auf die genetisch gestützten Prozesse für die strukturellen und funktionellen Adaptationen. Beanspruchungsadäquat werden die Gene dafür abgelesen und mit diesen Vorgängen wird durch epigenetische Prozesse (Methylinisierung DNA-Basen) gleichfalls der Zugang zu ihnen erleichtert. Gene werden je nach der Belastungsstruktur und dem daraus resultierenden spezifischen Adaptationsmuster „an- und/oder abgeschaltet". Das begründet zugleich den Bedarf der Vielseitigkeit zugunsten einer „somatischen, anti-atrophisch-hypertrophen, anti-involutiven, anti-nozizeptiven und anti-inflammatorischen Körperstruktur" (Laube 2013).

> **Wichtig:** Im wahrsten Sinn ist für den gesunden Anfänger das präventive Gesundheitstraining und für chronisch erkrankte Menschen mit primär verursachender und/oder sekundärer physischer Inaktivität das therapeutische Gesundheitstraining aus epigenetischer und somatischer Sicht für das Gehirn und alle weiteren Körperstrukturen und Organe (Abb. 2.2) ein „Training zum Training der Compliance, Resilienz und der somatischen Trainierbarkeit". Es gilt, vorliegende epigenetische Einschränkungen der Adaptabilität und somatische Defizite, z. B. die der geminderten anabolen Ansprechbarkeit der Gewebe, abzubauen.

Die epigenetischen Modifikationen können relativ schnell erfolgen. Bereits nach einer akuten aeroben Belastung (45 min, 70 % Watt$_{max}$) resultieren signifikante Relationen zwischen globalen DNA-Hypomethylierungen von Leukozyten (IL-6, TNF-α) und physiologischen Parametern der Leistung, der Entzündung und des oxidativen Stresses. Damit können auch funktionelle Wirkungen der belastungsbedingten epigenetischen Veränderungen belegt werden (Hunter et al. 2019). Dies entspricht Ergebnissen in Muskelfasern infolge von Einzel-, aber auch wiederholter Trainingsbelastungen. In Muskelbiopsien (M. vast. lat.) untrainierter Männer und Frauen (n = 14) 20 min nach einer Stufenbelastung bis zum ermüdungsbedingten Abbruch sind reduzierte Methylinisierungen von Genen nachweisbar, dessen Informationen für die belastungsbedingten adaptiven Folgen verantwortlich sind. Ergänzend resultiert aus weiteren Belastungen mit 40 % und 80 % der VO$_{2max}$ eine Dosisabhängigkeit dieser epigenetischen Reaktionen (Barrès et al. 2012). Seaborne et al. (2018) weisen nach, dass Krafttraining über 7 Wochen zu Hypomethylierungen von Genen zugunsten der Hypertrophie führt, welche eine Inaktivitätsphase von 7 Wochen trotz Rückbildung der Muskelhypertrophie überdauern und nach einer anschließenden erneuten 7-wöchigen Trainingsphase sogar das Ausmaß nach der ersten Trainingsphase noch übersteigen und so die Hypertrophieentwicklung verstärken. Krafttraining geht demnach mit einer epigenetischen Signatur einher, die selbst nach relativ kurzen Trainingspausen die erneute Entwicklung der Hypertrophie begünstigen und forcieren kann. Die Muskelfasern werden aus epigenetischer Sicht für das Krafttraining sensibilisiert. Dies gilt beanspruchungsspezifisch offensichtlich auch für das Ausdauer-, aber auch für das koordinative Training.

Vier Wochen Sprintintervalltraining (n = 12, 18–24 Jahre) beeinflusst vielfältig die genomweite DNA-Methylierung in Leukozyten. U. a. erfolgt eine Demethylierung des „epidermal growth factor" und einer entsprechend reduzierten mRNA-Expression. Damit wird seine Beteiligung an der Entwicklung endothelialer Dysfunktionen und der Atherogenese abgeschwächt und insgesamt entstehen positive Auswirkungen für das kardiovaskuläre System (Denham et al. 2015). Bei alten Menschen (Alter: 72 ± 1 Jahre, n = 10) induziert ein 12-wöchiges moderat intensives Schnelligkeitstraining (2×/Woche Programm vgl. (Beltran Valls et al. 2014) Ad aptationen im antioxidativen System und es hat epigenetische Wirkungen zugunsten der Adaptationen des Krafttrainings). Es wirkt zugleich gegen die altersbekannte Verkürzung der Telomere und zum Vorteil der Redoxhomöostase in mononukleären Zellen (Lymphozyten, Monozyten; Dimauro et al. 2016).

Krafttraining (21,1 ± 2,2 Jahre, n = 8, 3×/Woche, 8 Wochen, 3 Serien 8–12 Wdh. mit 80 % 1RM; Denham et al. 2016) steigert die Kraft gleichlaufend mit Veränderungen der genomweiten DNA-Methylierung in Leukozyten in Bezug auf CpG-Inseln (entstehen durch die Nutzung der Erbsubstanz als Informationsträger) und Genen, die vor allem für anabole und weitere wichtige Signalwege verantwortlich sind. Krafttraining „programmiert" über die DNA-Methylierung die mRNA-Expression. In Relation zum Krafttraining scheint aber aerobes Training diese Veränderungen effektiver herauszubilden. Einbezogen in die komplexen Wirkungen sind u. a. Signalwege, die am Diabetes Typ I und II, an calciumvermittelten Prozessen, der Axonführung, an onkologischen Abläufen, der Insulinsensitivität, immunologischen, anti-entzündlichen Vorgängen (Reduzierung der „systemic, persistent, low grade inflammation") und der Synthese von Wachstumsfaktoren beteiligt sind. Des Weiteren spiegeln die Veränderungen die Qualifizierung der muskulären Reparaturmechanismen wider, an denen die Leukozyten bzw. Makrophagen als Zellen des Immunsystems einen Anteil haben (Tidball und Villalta 2010; Pillon et al. 2013) und die Steigerung der kontraktilen Kapazität (Hypertrophie). Aufgrund der klinisch bekannten vorteilhaften Trainingswirkungen ist die Beeinflussung dieser vielfältigen molekularen und letztendlich zellulären Prozesse erwartungsgemäß.

Diabetiker ohne und mit einer Familienanamnese unterscheiden sich anhand einer genomweiten Analyse im epigenetischen Status von Genen der Schlüsselwege in der Muskulatur. Ein 6-monatiges Training sorgt für eine Reduzierung der Methylinierung u. a. von Genen für zwei Schlüsseltranskriptionsfaktoren der Trainingsanpassungen und für die Atmungskette (Nitert et al. 2012). Systematisches Ausdauer-(n = 8) und Krafttraining (n = 9; 16 Wochen) verändert bei Personen mit einer Adipositas Grad III (BMI > 40) und Diabetes positiv die DNA-Methylierung und die mRNA-Expression im Skelettmuskel, wobei insbesondere die Genexpressionen zugunsten der metabolischen und mikrovaskulären Ausdaueradaptationen angesprochen werden (Rowlands et al. 2014).

Bei allerdings einer sehr geringen Anzahl von COPD-Patienten (Pilotstudie, n = 10) zeigen sich epigenetische Mechanismen potenziell an den antiinflammatorischen Effekten eines 3×/Woche über 90 min angeleiteten Rehabilitationsprogrammes, indem die basalen Zytokinspiegel im Blut abfallen (da Silva et al. 2017).

> **Wichtig:** Jede ausreichend dosierte physische Belastung lenkt das Gleichgewicht der Körperfunktionen, die Homöostase, aus und startet adaptive Prozesse. Dafür müssen zunächst die Geninformationen für die Strukturanpassungen abgelesen werden. Bei ausreichender Wiederholung werden diese Ablesevorgänge effektiver und es entsteht „ein Gedächtnis" für diese Vorgänge, welches Inaktivitätsphasen überdauert und nach Wiederaufnahme der Aktivität erneut wirksam wird. Gesundheitstraining ist somit auch ein Training für vorteilhafte epigenetische Verhältnisse. Das Training des Patienten ist somit zuerst ein Training für die effektive Ablesbarkeit der Geninformationen für die Strukturverbesserung.

6.1.4 Gehirn – hochplastisch – Trigger-Beanspruchung

Wie die Muskulatur adaptiert auch das Gehirn aufgrund seiner Neuroplastizität während der gesamten Lebensspanne jeweils spezifisch strukturell und funktionell

- auf Anforderungen (Lernen), aber
- ebenso auf Unter- und ausgesetzte Forderungen (Verlernen) oder
- es bildet als Teil der Pathogenese chronisch degenerativer Erkrankungen Funktionsdefizite, -dysbalancen und Maladaptationen aus (Abb. 2.2).

Letztere entstehen z. B. infolge einer systematischen Auseinandersetzung mit nozizeptiven Afferenzen, wodurch eine zentrale Sensibilisierung entstehen kann und damit eine Schmerzerkrankung, die entweder als fortgeschrittenes Stadium der bestehenden wie z. B. einer myofaszial-skelettalen Erkrankung oder sich als zusätzliche Erkrankung entwickelt. Das Gehirn reagiert zwar altersabhängig mit einer abfallenden Effektivität des Lernens, aber dennoch bleibt es dafür in jedem Alter plastisch (Leuner und Gould 2010). Der Mensch, das Gehirn, kann

1. bei gegebener Aufmerksamkeit und vorhandenem Interesse als voraussetzende hochwichtige Gehirnleistungen und
2. beim Vorliegen fördernder Lern- und Umgebungsbedingungen

lebenslang neues Wissen erwerben, Erlerntes erhalten oder erweitern, Erlebtes erinnern oder auch in einen anderen, neuen Zusammenhang stellen und so Meinungen ändern, Bewegungen lernen und qualifizieren, Störungen in Abhängigkeit vom Schädigungsgrad bis zu einem mehr oder weniger begrenzten Umfang durch Neu- und Wiedererlernen kompensieren und infolge ungenügender Aktivität verlernen. Es ist strukturell und funktionell in die systemischen maladaptiven pathophysiologischen Veränderungen der Körpersysteme bei allen Erkrankungen der Gruppe der „diseasome of physical inacitivty" (Pedersen 2009; Laube 2020) und den Arthrosen (Frank 2003) einbezogen und kann die „finale Stufe" Schmerzkrankheit ausbilden. Hinter der Aneignung der benannten Fähigkeiten, dem Vergessen oder auch der Beteiligung des Gehirns an de facto allen chronischen Erkrankungen direkt oder im späteren Stadium steht eine ständige anforderungsspezifische bzw. pathogenetisch bedingte strukturelle und funktionelle Organisation oder Reorganisation des neuronalen Netzwerksystems und den internen komplexen Interaktionen, die die Leistungen des Gehirns auf der nichtbewussten und der bewussten Ebene ausmachen.

Wichtig: Das Gehirn „lernt" im Prozess der Dekonditionierung und der langfristigen maladaptiven Konsequenzen der Erkrankungen ständig implizit mit und verändert seine Funktionen. So ist jedes Training ein Lernprozess in die entgegengesetzte Richtung.

Anregende und fördernde Bedingungen, gekennzeichnet durch das Fordern und Fördern des Lernens (Fertigkeiten, Verständnis, Verhalten [Lebensstil], Denken, Fühlen, Lernen durch Einsicht), durch soziale Interaktionen und vielfältige physische Aktivitäten steigert im frühen Lebensabschnitt die Neurogenese im Gyrus dentatus des Hippocampus, der eine zentrale Rolle für das Lernen und das deklarative Gedächtnis einnimmt. Der Gyrus dentatus ist auch die einzige Region des Hippocampus, in der Neurogenese stattfindet. Physische Belastungen besonders im Kindes- und Jugendalter verantworten dort sogar eine sehr robuste Neurogenese, die das Lernen und die Gedächtnisleistung (van Praag 2008) fördern und begünstigen. Ausdauernde und intensive Aktivitäten qualifizieren die kognitiven Funktionen wie u. a. das räumliche Lernen und die Gedächtnisleistung. Das kann beim Menschen und im Tiermodell gezeigt werden (Cassilhas et al. 2012).

Wichtig: Obwohl bisher die physiologischen Zusammenhänge und Mechanismen noch ungenügend aufgeklärt sind, kann das Ausdauer- und Krafttraining trotzdem als eine nicht pharmakologische Intervention zugunsten der Entwicklung und der Gesundheit des Gehirns als auch der Behandlung neurodegenerativer Erkrankungen angesehen werden. Beim Schmerzpatienten sind Ausdauer und Kraft nicht nur Interventionen „für die Körperperipherie", sondern sogar über einen bestimmten Zeitraum vorrangig für die cerebrale Reorganisation.

6.1.5   Aerobe Fitness auch Fundament des cerebralen Zustandes

Mit der erstmaligen Untersuchung der cerebralen Durchblutung des Hippocampus mittels Perfusions-MRI bei 7–9-jährigen Kindern (n = 73) belegen Chaddock-Heyman et al. (2016), dass auch dort die aerobe Fitness unabhängig vom Alter und dem Geschlecht mit einer stärkeren Durchblutung einhergeht. Das Gehirn eines Kindes mit einer guten aeroben Kapazität weist somit eine verbesserte Infrastruktur der cerebralen Mikrozirkulation insbesondere in den Regionen für das Lernen und der Gedächtnisbildung auf und es kann damit den metabolischen Anforderungen durch die Beanspruchungen effektiver gerecht werden. Dazu sehr gut passend konnte auch erstmals bei Adoleszenten im Alter von 11–13 Jahren eine signifikante Verbindung zwischen der physischen Aktivität und dem kardiorespiratorischen Fitnesszustand („multistage 20 m shuttle run"-Test); (Leger et al. 1988) und der mentalen Gesundheit (Strengths and Difficulties Questionnaire, Goodman 1997; Verhaltens- und Hyperaktivitäts-Subscores [„externalising"], Peer- und Emotion-Subscores [„internalising"]) nachgewiesen werden (Wheatley et al. 2020).

Wichtig: Physische Aktivität ist im Kindesalter ein wichtiger, wenn nicht sogar der essenzielle Antrieb für die Realisation der biologischen Voraussetzungen, einer den genetischen Anlagen entsprechenden Entwicklung des Gehirns und der mentalen Funktionen und der Gesundheit.

Die Verknüpfung von aerober Leistungsfähigkeit und der Funktions- und Leistungsfähigkeit des Gehirns, der mentalen Gesundheit, steht im präpuberalen Alter auch auf einer phylogenetisch entwickelten sehr begünstigten Grundlage. Präpuberale Kinder, sofern im bisherigen Lebenslauf ausreichend entsprechend den physiologischen Erfordernissen physisch aktiv gewesen, haben eine aerobe Ausstattung und eine vergleichbare Leistungsfähigkeit wie gut ausdauertrainierte Erwachsene (Ratel und Blazevich 2017). Bei Kindern und Jugendlichen führen die aeroben Belastungen auch zu einem höheren Hippocamusvolumen (Chaddock et al. 2010; Herting und Nagel 2012) mit seinen positiven Auswirkungen auf die Gedächtnisfunktionen. In der gesamten folgenden Lebensspanne gilt es, mittels des präventiven Gesundheitstrainings (Laube 2020) die biologischen Voraussetzungen für die Erhaltung und die immerwährende Förderung der kognitiven Funktions- und Leistungsfähigkeit zu erhalten. So kann auch bei alten Menschen eine positive Korrelation zwischen langfristigen systematischen aeroben Belastungen und höheren Volumina des Hippocampus aufgezeigt werden, wenn z. B. über ein Jahr ein Training mit 50–60 % der $Hf_{max.}$ ausgeführt wird (Erickson et al. 2009, 2011). Eine hohe aerobe Kapazität ist offensichtlich aber nur das Fundament für die hippocampale Neurogenese, die erst durch parallele kognitive Anforderungen funktionell voll wirksam werden kann (Kronenberg et al. 2006; Hötting und Röder 2013).

> **Wichtig:** Da das Kindesalter „die Zeitspanne der Neurogenese" ist, muss in diesem Lebensabschnitt auch vorrangig die Förderung physischer Aktivitäten stattfinden! Es könnte der Hypothese gefolgt werden, dass die dadurch begünstigte Gehirnentwicklung in den späteren Lebensabschnitten der Entwicklung einer Schmerzerkrankung entgegensteht und dies auch durch die Aufrechterhaltung einer guten aeroben Kapazität in allen folgenden Lebensspannen der Fall ist. **Die Erhaltung der aeroben Ausdauer kann mit ihren peripheren wie zentralen Wirkungen als anti-nozizeptive Intervention angesehen werden.**

6.1.6   Physische Aktivität: Fundament der Gehirnleistung und anti-nozizeptiv

Es gibt eindeutige Nachweise, dass eine regelmäßige physische Aktivität positive Auswirkungen auf die cerebrale Gesundheit und die höchsten cerebralen Leistungen wie das Treffen von Entscheidungen, das Gedächtnis, die Kognition, akademische Entwicklungen und Leistungen, aber auch für ein reduziertes Risiko für demenzielle Entwicklungen hat (Larson et al. 2006; Castelli et al. 2007; Lautenschlager et al. 2008; Guiney und Machado 2013; Di Liegro et al. 2019).

Bei Vorschulkindern sind physische Aktivitäten (im Mittel 5,2 Jahre) und die daraus folgende gehobene aerobe Fitness als auch angeeignete sensomotorische Fähigkeiten mit höheren Leistungen des Arbeitsgedächtnisses und der Aufmerksamkeit korreliert (Niederer et al. 2009, 2011). Ebenso besteht bei Kindern und Jugendlichen (Altersbereiche: 2–5, 6–11, 12–18 Jahre) eine konsistente moderate positive Verknüpfung der physischen Aktivitäten mit der mentalen Gesundheit (Depression, Angst, Selbsteinschätzung, Optimismus, Wohlbefinden, kognitive Funktionen) und das Gegenteil ist bei Inaktiven der Fall (Biddle und Asare 2011; Rodriguez-Ayllon et al. 2019). Im jungen Erwachsenenalter können junge Frauen (20,5 ± 1,4 Jahre) nach einer 10-minütigen moderat intensiven aeroben Belastung (40–60 % $VO_{2max.}$) sehr ähnliche Gegenstände besser unterscheiden als nicht aktiv gewesene Personen (Suwabe et al. 2017).

Die sehr wichtigen Faktoren für erstens eine gute cerebrale Funktion und Leistungsfähigkeit, zweitens für den Schutz vor der Entwicklung einer Schmerzerkrankung und drittens in logischer Konsequenz für dessen Therapie sind:

1. Die Infrastruktur der Mikrozirkulation als die Schnittstelle zwischen der cerebralen Beanspruchung durch die physischen Belastungen und den cerebralen funktionellen und strukturellen adaptiven Prozessen. Wird die „neurogene Nische", eine begrenzte Region, in denen Vorläuferzellen für die Neurogenese und neue Gliazellen vorhanden sind, sehr gut versorgt, können die Wachstumsfaktoren zur Aktivierung der Gene und Signalwege der Neuroplastizität effektiv wirksam werden.
   Konsequenz: aerobe Kapazität

2. Neuronale Projektionen, welche die neurogene Nische mit verschiedenen Neurotransmittern erreichen und zu funktionellen Konsequenzen wie z. B. der LTP (Langzeitpotenzierung: Begünstigung der Informationsübertragung) an den Neuronen führen (Niederer et al. 2011; Molnar 2011).

    Konsequenz: Lernen, begünstigt durch aerobe Kapazität

3. Vererbbare aktivitätsbedingte epigenetische Veränderungen des Genoms (Denham 2018) und erworbene im Sinne des „epigenetischen Alterns" (Woelfel et al. 2018; Hunter et al. 2019; Schenk et al. 2019) und eines „epigenetischen Gedächtnisses" (van Praag et al. 1999a, 2008; Lista und Sorrentino 2010; Fernandes et al. 2017) als Ergebnis erfolgter oder ablaufender Anpassungsprozesse auf regelmäßige physische Belastungen, welche die Neuroplastizität und somit die Funktionsfähigkeit des Gehirns begünstigen.

    Konsequenz: Training der Koordination, Ausdauer und Kraft

> **Wichtig:** Körperliches Training ist nicht nur aus der Sicht des Erwerbs und der Erhaltung von Bewegungskönnen (sensomotorische Koordination) cerebrales Training, sondern auch mithilfe des Ausdauer- und Krafttrainings, wobei der aeroben Kapazität eine Schlüsselfunktion zugeschrieben werden kann.

> **Wichtig:** Aktuell liegen aber zu den konkreten Arten, Umfängen und Intensitäten der Belastungen und schon gar nicht zu Dosis-Wirkungs-Beziehungen ausreichende Informationen vor, um Programme zugunsten der cerebralen Entwicklung, Funktions- und Leistungsfähigkeit sowie zur Prävention und Therapie von Schmerzerkrankungen begründen zu können. Grundsätzlich gelten mit guter Wirksamkeit die Empfehlungen der WHO (2011, 2020) für alle Altersklassen.

Die Mechanismen des Zusammenhanges zwischen physischer Aktivität und der Gehirnleistung sind bisher noch sehr wenig verstanden. Im Tiermodell triggert physische Aktivität die Neuroplastizität des Gehirns, die anhand einer gesteigerten Neuro-, Synapto- und Angiogenese als auch höherer Freisetzungen von Neurotrophinen nachgewiesen werden kann. In der Summe resultieren bessere kognitive Leistungen. Aus Tierexperimenten (Mäuse) ließ sich ableiten, dass Ausdauerbelastungen bei jungen erwachsenen Tieren die Fähigkeit zur räumlichen Diskriminierung von Mustern steigern. Die Verbesserungen der räumlichen Separierung zwischen den Positionen von zwei benachbarten identischen Stimuli korreliert eng mit der Neurogenese im Hippocampus der 3 Monate alten Tiere (Gyrus dentatus; Creer et al. 2010). Eine Separierung verschiedener stimulierender Reizsetzungen bzw. Umweltbedingungen ergab bei den Tieren auch, dass das Laufen die Anzahl neuer Nervenzellen in ähnlichem Umfang verdoppeln bis verdreifachen kann, wie sehr anregende und fördernde Umgebungsreize (van Praag et al. 1999a, 2008).

Wichtig: Die Relation zwischen Training und Gehirnleistung kann im Detail nur im Tierexperiment aufgeklärt werden. Hier fördern Ausdauerbelastungen bei jungen Tieren die Neurogenese und die synaptische Langzeitpotenzierung im Gyrus dentatus, mitverantwortlich für langfristige Lern- und Gedächtnisinhalte und das Wissen von Fakten und Ereignissen, und die Tiere werden bei Tests im Wasserlabyrinth besser (van Praag et al. 1999b).

Aber die Tatsache, dass sportlich sehr aktive erwachsene Menschen nicht unbedingt eine höhere kognitive Leistungsfähigkeit als nicht Sporttreibende haben, führt Fabel und Kempermann (2008) zu der Meinung, nicht die körperliche Aktivität per se ist gut für das Gehirn, sondern der Kontext von körperlicher Aktivität und gleichzeitigen kognitiven An- und Herausforderungen. Diese Aussage resultiert zusätzlich aus einer nur noch geringen Neurogenese im Erwachsenenalter und dessen Regulation auf sehr vielfältig ineinandergreifenden und auch parallel ablaufenden Ebenen im komplexen neuronalen Netzwerk. Die Neurogenese gehört nicht mehr zu den biologischen Eigenschaften des erwachsenen Nervengewebes im Gyrus dentatus des Hippocampus. Dort ist eine neue Nervenzelle nach Fabel und Kempermann „ein individuelles Ereignis". **Die physische Aktivität ist wahrscheinlich vorrangig der Faktor, den Pool an Vorläuferzellen zu steigern, aus denen dann durch kognitive Anforderungen integrierte reife Neuronen werden können** (Kronenberg et al. 2006).

Übersicht
Wichtig: Die aerobe und kontraktile Fitness muss als das Fundament angesehen werden, auf dem kognitive Beanspruchungen effektiv wirksam werden können. Die belastungsbedingt positiv beeinflusste Neuroplastizität wird beim Menschen an der Fähigkeit sichtbar, auf neue Anforderungen effektiver reagieren zu können. Diese neurokognitiven Vorteile sind an die Aufrechterhaltung des Fundaments aerobe Kapazität, einer guten kardiovaskulären Fitness, gebunden (Hötting und Röder 2013[5471]).

Bei Schmerzpatienten gilt es, diese direkte Wechselwirkung zwischen dem Aufbau der physischen Fitness und der kognitiven Reorganisation durch die ständige Kombination von physischem und mentalem Training auszunutzen.

6.1.7 Myokine: Kopplung Muskelaktivität – Gehirnfunktion

Das Gehirn aktiviert die Muskulatur und, wenn aktiv, kommuniziert mit ihren Signalstoffen rückgekoppelt sehr intensiv mit dem Gehirn und unterstützt es beim strukturellen und funktionellen Ausbau (Pedersen 2019a). Weitere wechselseitige Signalstoffkommunikationen wirken insgesamt protektiv, verzögern den Alterungsprozess und sind somit lebensverlängernd (Pedersen 2019b). Für die Anregung der

Neurogenese spielen die nur von der aktiven Muskulatur, also nur durch Training synthetisierten Myokine mit ihren Interaktionen („cross talks") eine wesentliche Rolle.

Die Funktion der aktiven Muskulatur als „endokrines Organ", zunächst begründet aufgrund eines angenommen hypoglykämischen Faktors (Goldstein 1961) und erst viel später mit dem ersten Myokin, dem IL-6, belegt (Pedersen et al. 2001) bzw. als ein „peripheres signalstoff-basiertes Zentrum" mit den „cross talks" zu nahezu allen Körpergeweben liefert einen wesentlichen, wenn nicht den hauptsächlichen Beitrag zur körperlichen Strukturierung, deren Erhaltung oder zu einem Wiederaufbau. Inzwischen sind extrazelluläre Vesikel als weitere Kommunikatoren der aktiven Muskelfasern, aber auch vieler anderer Gewebe erkannt worden (Vechetti et al. 2021). Extrazelluläre Vesikel sind Exosomen für den Transport biologisch aktiver Moleküle, wie z. B. mikroRNAs zu anderen Geweben, inklusive dem Gehirn, wo sie die Zellfunktionen modifizieren. Damit besitzt die Muskulatur ein weiteres System zur Modulation oder Remodulation und zur Stimulation zellulärer Differenzierungen, die Proliferation und den Stoffwechsel (Darkwah et al. 2021) und sorgt für akute und systemische Wirkungen während und nach physischen Belastungen (Fuller et al. 2020). Der Muskelstatus entscheidet den allgemeinen Gesundheitsstatus.

> **Wichtig:** So ist muskuläre Aktivität die Basis für das „periphere signalstoff-basierte Zentrum Muskulatur" und mit dieser Funktion auch „strukturelles und funktionelles Gehirntraining!" Training ist zugleich Psychotherapie!

Ein wesentliches Myokin ist der **„vascular endothelial growth factor" (VEGF)**. Er verknüpft die Muskelkontraktionen mit der Neurogenese im für das Gedächtnis verantwortlichen Hippocampus. Dafür ist eine sehr enge Kopplung mit der Gefäßversorgung erforderlich. Die Neurogenese ist sehr eng mit der vaskulären Rekrutierung und einer nachfolgenden Remodellierung verknüpft.

> **Wichtig:** Es ist eben wieder die Infrastruktur der Mikrozirkulation als ein hauptsächliches Ergebnis des klassischen Ausdauertrainings (weniger effektiv und stabil auch des hochintensiven Intervalltrainings, des Kraftausdauertrainings, des Krafttrainings bei alten Menschen aufgrund des altersbedingten Abbaus des FTF-Systems), welches die cerebralen Adaptationen und dann bei den Schmerzpatienten die Reorganisation mitbestimmt.

Das kontraktionsbedingt induzierbare Protein **„brain-derived neurotrophic factor" (BDNF)** ist das bisher mit am meisten untersuchte Myokin. Es unterstützt das Überleben der postmitotischen Neurone, ist an der Neurogenese beim Erwachsenen beteiligt, stimuliert das Wachstum und die Differenzierung der neuen Neurone im Hippocampus und schützt die synaptische Vernetzung. Der BDNF-Serumspiegel wird als Vermittler zwischen der physischen Aktivität und der Erhaltung der kognitiven Funktionen im Alter bzw. als Biomarker vorrangig im Alter auftretender degenerativer Entwicklungen des Gehirns angesehen (Beeri und Sonnen 2016; Brown et al. 2013). Die BDNF-Freisetzung des Gehirns steigt beim Menschen unter Belastung (Rudern) um das 2- bis 3-Fache und dieser Anteil fällt nach ca. 1 h Erholung ab. Tierexperimentelle Untersuchungen (Mäuse) belegen, dass Laufbandbelastungen einen Anstieg der BDNF-mRNA-Expression im Hippocampus und im Cortex um das 3- bis 4-Fache mit einem Maximum 2 h nach dem Ende der Belastung hervorrufen (Rasmussen et al. 2009). Hochintensive intermittierende Belastungen steigern bei Frauen unabhängig vom Menstruationszyklus die muskulär bedingten BDNF-Serumspiegel (de Poli et al. 2021). Die belastungsbedingte Produktion von BDNF induziert die Neurogenese im Gyrus dentatus und steigert gleichfalls die synaptische Plastizität (Vaynman et al. 2003; Farmer et al. 2004; Wu et al. 1985; Griffin et al. 2009) und damit die kognitive Leistung. Die Begünstigung der kognitiven Leistungsfähigkeit ist auch gleichfalls eine präventive Intervention, indem sie mit der Sarkopenie bzw. der Gebrechlichkeit in Wechselbeziehung steht (Lauretani et al. 2017; Scisciola et al. 2021).

Insgesamt muss allerdings das Ausmaß der muskulären BDNF-Wirkung noch quantifiziert werden, denn ca. 70–80 % des Serum-BDNF stammt sowohl in Ruhe als auch unter Belastung aus dem Gehirn (Rasmussen et al. 2009). Aber auch dies spricht ohne Einschränkungen für die vom Gehirn generierte Aktivität.

> **Wichtig:** Die Muskelaktivität ist sicher ein sehr wichtiges Element für die Prägung der Gehirnfunktionen (Laube 2013), sowohl weil es die Anregung der Kontraktionen verantwortet als auch wegen der Rückkopplungen („cross talks") aus der aktiven Muskulatur. Aber aktuell ist die Evidenz für eine direkte Wirkung physischer Belastungen auf die neuropsychiatrische Funktion des Gehirns größer als die Evidenz der cerebralen Wirkung des belastungsbedingten Anstiegs der muskulären Signalstoffe (Kim et al. 2019). Direkt und/ oder indirekt, Muskelaktivität prägt das Gehirn und ist ein wichtiges Element der anti-nozizeptiven Reorganisation.

Der Anstieg des BDNF ist offensichtlich von den Aktivitätsparametern Dauer, Intensität und Häufigkeit abhängig (De Assis et al. 2018). Entsprechend ist der Belastungseffekt bei Trainierten groß und bei Untrainierten deutlich kleiner oder sogar nicht vorhanden. Dies besagt, dass auch die Stimulierbarkeit und die Produktionskapazitäten der Signalstoffe einem Trainingseffekt unterliegen.

> **Wichtig:** Da die Signalstoffe die essenziell erforderlichen Substanzen für die Vermittlung zwischen den Beanspruchungen und den strukturellen und funktionellen Konsequenzen sind, ist selbst bei gesunden Anfängern das Training zunächst über einen bestimmten Zeitraum ein „Training der Trainierbarkeit". Das gilt erst recht mit einem wesentlich längeren Zeitbedarf für Patienten mit chronischen Erkrankungen und langfristiger primärer und sekundärer Inaktivität.

Da der größte Anteil des Serum-BDNF-Spiegels seinen Ursprung im Gehirn hat (Rasmussen et al. 2009), ist es sehr gut nachvollziehbar, dass die mit ständig hoher Aufmerksamkeit verbundenen koordinativen Beanspruchungen durch Sportspiele („open-skill exercises") einen höheren Effekt als zyklische Belastungen hervorrufen.

Wichtig: Spiele gehören zu den besonders effektiven Aktivitäten und sollten insbesondere in der Therapie und Rehabilitation umfänglich für die Qualifizierung und die Vielfältigkeit der sensomotorischen Koordination eingesetzt werden, die ja auf der Grundlage adäquater cerebraler Anpassungen steht und die positive Basisemotion Freude fördert.

Der BDNF-Serumspiegel steigt beim ausdauernden Laufen im M. gastroc. (Eldomiaty et al. 2020) und er ist bei aktiven gesunden Tieren signifikant höher als bei inaktiven und bei depressiven deutlich geringer als bei inaktiven gesunden Tieren (Eldomiaty et al. 2017). Trainierende depressive Tiere können aber infolge von Laufbelastungen gleiche Spiegel wie die gesunden aktiven Tiere erreichen. Die Unterschiede des Gewebespiegels im Hippocampus sind weniger ausgeprägt, aber gleichlaufend. Depression, eine übliche Begleitdiagnose bei chronischen Schmerzen bedeutet einen deutlichen Anstieg degenerierter Nervenzellen in verschiedenen Regionen des Hippocampus, was dem verminderten BDNF-Gewebespiegel zugeordnet wird. Diese pathologischen Veränderungen bei der Depression werden durch physische Belastungen infolge einer BDNF-generierten Neurogenese nahezu ausgeglichen. Auch wenn diese Erklärung noch nicht einheitlich „allein" der physischen Belastung, sondern auch veränderten Umweltbedingung mit physischen Belastungen zugeordnet wird, spielt die körperliche Aktivität dennoch eine Hauptrolle (Vivar et al. 2013; Eldomiaty et al. 2017).

Wichtig: Laufbelastungen lassen die antidepressiv wirksamen Signalstoffe ansteigen (Algaidi et al. 2019) und müssen als therapeutische Intervention der die Schmerzerkrankung in der Regel begleitenden Depression betrachtet werden.

Neurologische Erkrankungen wie der M. Parkinson reagieren auf physische Belastungen mit einem Anstieg des BDNF-Serumspiegels, was immer ebenfalls klinisch relevant mit Verbesserungen verschiedener Outcome-Parameter verbunden ist (Hirsch et al. 2018). Auch eine Meta-Analyse aus 11 Studien mit neurologischen Patienten und motorischen Defiziten (Multiple Sklerose, M. Parkinson, cerebraler Insult; PEDro Skore 4,3/10) kann einen großen Effekt aerober Programme als auch einzelner aerober Belastungen auf den BDNF-Spiegel feststellen (Mackay et al. 2017). Gleichfalls steigern physische Belastungen bei Patienten mit M. Alzheimer den BDNF-Spiegel (Coelho et al. 2014) und beeinflussen das klinische Bild günstig.

Der „muscle-brain cross talk" zugunsten der cerebralen Funktionen wird durch den Signalweg des Myokins **Cathepsin B** stark unterstützt (Moon et al. 2016). Das Cathepsin B ist ein endokrines Myokin und stimuliert im Hippocampus die Synthese von BDNF, womit wiederum die Neurogenese angeregt wird. Beim Menschen lassen Laufbandbelastungen den Cathepsin-B-Spiegel ansteigen und die Änderungen korrelieren mit der Fitness- und der Gedächtnisleistung.

Wichtig: Die Wirkungskette Training – Myokin Cathepsin B – Stimulation der Produktion von BDNF im Gehirn – Neurogenese und neuronale Protektion – Förderung der kognitiven Funktionen kann als ein Merkmal der gesundheits- und leistungsfördernden Wirkungen einer regelmäßigen körperlichen Aktivität betrachtet werden. Die zentrale Aktivierung und der „muscle-brain cross talk" ergänzen und unterstützen sich gleichlaufend.

6.1.8 Dekonditionierung – immer periphere und cerebrale Konsequenzen

Für die Entwicklung des Organs Gehirn sind physische Belastungen im Kindes- und Jugendalter eine essenzielle Komponente und in der gesamten Lebensspanne gilt es, auf dieser Grundlage in gesundheitlicher, kognitiver und intellektueller Hinsicht die Funktionsfähigkeit zu erhalten und insbesondere u. a. einer Schmerzerkrankung entgegenzuwirken oder sie zu behandeln.

An der Dekonditionierung infolge primärer und sekundärer chronischer Inaktivität und an den daraus folgenden Krankheitsprozessen ist das Gehirn mit seinen höchsten Instanzen (präfrontaler Cortex, limbisches, mesolimbisches System; Abb. 2.2) beteiligt. Insbesondere zu erkennen, wenn Stoffwechselstörungen und Schmerzen das Krankheitsgeschehen mitbestimmen. Dies äußert sich am Antrieb, der Motivation, depressiven Entwicklungen und den Emotionen. Die psychophysische Leistungsbereitschaft, -fähigkeit, das Verhalten, die Bewältigungsmöglichkeiten und die Belastungs- und Anstrengungstoleranz sind betroffen. Diese Faktoren unterstützen die physische Inaktivität und sie sind für die Akzeptanz körperlicher Belastungen und für die Selbstverantwortung zur notwendigen regelmäßigen therapeutischen Durchführung auch psychotherapeutisch hoch relevant. Die cerebralen Ergebnisse der Dekonditionierung bilden sich auch in Defiziten der sensomotorischen Koordination ab, die Fehlbelastungen der Gelenkstrukturen verursachen und damit die Belastbarkeit mindern. Die dekonditionierten Logistiksysteme (Ausdauer) stehen nicht nur für geminderte Leistungen, sondern gleichwertig auch für defizitäre Regenerations- und Reparaturleistungen. Die Mikrozirkulation ist Quelle nozizeptiver Afferenzen. Die Muskelschwäche bzw. die Sarkopenie (Kraft) korrelieren negativ mit kardiovaskulären, metabolischen und orthopädischen Erkrankungen (Park und Yoon 2013; Park et al. 2013, 2014; Zhang et al. 2018; Godziuk et al. 2018; Misra et al. 2019; Kim und Kim 2020). Die Myokinproduktion ist reduziert und dadurch der Entzündungsstatus gesteigert. Alle diese Veränderungen sind die Basis der peripheren und nachfolgend der zentralen Sensibilisierung, der Schmerzerkrankung.

Wichtig: Die Myokine und die Kommunikation über die Informationen (mRNAs) und Signalstoffe enthaltenden extrazellulären Vesikel der vom Gehirn aktivierten Muskulatur und die durch die Muskelkontraktionen angeregte Produktion von Signalstoffen der weiteren Gewebe wirken lokal, endokrin global und wechselseitig zusammen. Das Gehirn als Muskelaktivator wird durch muskuläre Signalstoffe rückgekoppelt strukturell und funktionell geprägt. Unter dem **„Primat der Muskel-, der intensiven und ausdauernden sensomotorischen Aktivität"**, wird vermittelt durch vielfältige Signalstoffinteraktionen („cross talks") der Funktions- und Gesundheitsstatus des Gehirns und der peripheren Gewebe und Organe bestimmt.

6.2 Gehirn und Schmerzerkrankung – Therapieelement Mentaltechniken

Chronische Schmerzen sind als Folge einer zentralen Sensibilisierung eine Erkrankung des Gehirns. Das Gehirn kennt kein Schmerzzentrum. Die Schmerzsymptomatik wird durch Schmerzkomponenten vertreten, woran bei voller Ausprägung klinisch nahezu das gesamte Gehirn einschließlich der allerhöchsten Funktionsebenen als Schmerzmatrix mit ihrem komplexen Erregungsstatus der „Neurosignatur" beteiligt ist. Mentale Veränderungen bzw. Störungen vertreten einen wesentlichen Teil der Krankheitslast (vgl. Abb. 2.2), sodass alle Interventionen zu deren Beeinflussung zum Therapieregime gehören müssen.

Wichtig: Bei chronischen Schmerzpatienten sind auch die höchsten Gehirnleistungen, wie Motivation, Kognition, Antrieb, Entscheidungen, Kompetenzen, … einbezogen (Abb. 2.2). Diese Leistungen werden aber wiederum im positiven Sinn für den sehr langfristigen, eigentlich lebenslangen Weg, charakterisiert durch die Realisation der erforderlichen Aktivitäten (Abb. 2.1 und 3.1), zur Reorganisation der peripheren und zentralen Dysfunktionen und Maladaptationen (Abb. 3.2 und 4.1) benötigt. Das „anti-nozizeptive Therapieregime" (Abb. 7.1) ist eine kognitive Herausforderung und die „anti-nozizeptive Veränderung des Lebensstils" zugunsten der körperlichen Aktivität inklusive einer „anti-nozizeptiven Ernährung" sind eine kognitive Leistung, die wiederum von den sozialen Bedingungen mitgeprägt wird.

Die mentale Gesundheit wird wesentlich durch regelmäßige physische Belastungen gesichert und somit auch therapeutisch beeinflusst (Laube 2021b). Sie wirkt direkt anti-depressiv, stressabbauend, fördert die kognitiven Funktionen und ist auch zentral metabolisch sehr relevant, woran auch der Muskel-Gehirn-Crosstalk (Pedersen 2019a) und der Muskel-Organ-Crosstalk (Severinsen und Pedersen 2020) einen wichtigen Anteil leisten. Der Muskelstatus ist nicht nur ein Marker der konditionellen, sondern auch der kognitiv-mentalen Funktionen und er benötigt eine wesentlich größere Aufmerksamkeit (Laube 2021a). Chronische Schmerzen sind Ausdruck von Dysfunktionen und Maladaptationen des Gehirns, aber immer auch des gesamten Organismus. Die zentrale Sensibilisierung entsteht auch bei einer vorliegenden Disposition, wie sie bei der Fibromyalgie in Kombination mit psychosozialen Faktoren gesehen wird, nicht „absolut von selbst". Gemeinsam mit dem physischen Programm sind deshalb direkt die die Gehirnfunktionen ansprechenden Mentaltechniken und mentales Training zur Qualifizierung der Selbstwirksamkeit auf den interagierenden und voneinander abhängigen körperlichen, emotionalen und kognitiv-mentalen Ebenen einzusetzen.

Die mentalen Techniken nutzen die sehr enge Verknüpfung der Schmerzmodulation mit kognitiven, affektiven und emotionalen Leistungen des Gehirns wie z. B. Erwartungen, die Aufmerksamkeit und darüber vermittelt auch die Ablenkung. Die Basis dafür ist, dass die cerebralen Netzwerke dieser Leistungen Teile der Schmerzmatrix und somit der verschiedenen Schmerzkomponenten sind. Besonders relevant sind die Netzwerke, die die motivationelle, emotional-affektive und die kognitiv-bewertende Schmerzkomponente vertreten. So modulieren aufgrund der intensiven Vernetzung der Netzwerke der benannten Schmerzkomponenten z. B. Erwartungen die „conditioned pain modulation" (vgl. Laube 2022), also die körpereigene Schmerzhemmung. Erwartungen sind aus individueller und sozialer Sicht und hinsichtlich therapeutischer Ergebnisse offensichtlich mehr als andere kognitive Leistungen klinisch relevante Elemente der Entstehung und Unterhaltung depressiver Störungen, die auch zu fast jeder chronischen Schmerzerkrankung gehören. Entsprechend sind psychologische Therapien der Depression und der Angst bei Schmerzpatienten auf die, die Erkrankung aufrechterhaltenden und auch weiter vorantreibenden ungünstigen Erwartungshaltungen ausgerichtet. Langfristig sollen sie einen Beitrag zur Reorganisation der maladaptativen neuronalen Vernetzungen und funktionellen Wechselbeziehungen leisten. Ein noch zu überprüfender erwartungsfokussierter und erfahrungsbasierter kognitiver Behandlungsansatz der Depression mit dem Fokus der Modifikation dysfunktioneller Erwartungen ist entwickelt worden (Kube et al. 2019). Des Weiteren sind mit „positiven" Erwartungen, wie z. B. einer Schmerzlinderung Placeboeffekte verknüpft, in die neurophysiologische Reaktionen selbst auf der Rückenmarkebene eingebunden sind. Die Placeboanalgesie infolge psychologischer Beeinflussungen geht lt. MRT-Befunden mit einer Reduzierung der schmerzrelevanten Aktivitäten auf der spinalen Ebene einher (Eippert et al. 2009) und die kognitiv getriggerte endogene Schmerzmodulation schließt das endogene Opioidsystem ein (Bingel 2010).

Wichtig: Erwartungen spielen eine sehr große Rolle, indem neben dem klassischen Lernen insbesondere auch soziale Lernprozesse und Instruktionen in starker Abhängigkeit vom emotionalen Zustand Placeboeffekte hervorrufen können. Erwartungen entsprechen einem bestimmten zentralen neurophysiologischen Erregungs- bzw. Funktionszustand, der bei positiver Belegung mit einer Aktivierung der endogenen opioidergen, aber auch der nicht opioidergen Mechanismen einhergeht und deshalb die Schmerzempfindungen lindernd beeinflusst (Klinger et al. 2018).

Die Gestaltung der Beziehung zwischen dem Therapeuten und dem Patienten, gegeben durch eine jeweils im „positiven Kontext" gestaltete „anerkennende" Kommunikation, Informationsvermittlung, Therapiebegründung und die Ausrichtung auf einen „angemessenen" Therapieerfolg als auch die Behandlungsatmosphäre bei der praktischen Ausführung der Interventionen, werden über den damit angestrebten Placeboeffekt wichtige Wirkungskomponenten der Therapie. Compliance und Resilienz werden gefördert.

Wichtig: Es geht im weitesten Sinn um eine positive, zustimmende Kommunikation des Therapeuten zur Ausbildung vorteilhafter Einstellungen und Bewertungen der therapeutischen Atmosphäre, der Zielstellungen, der Begründungen und der Anleitungen beim Patienten und im Therapieprozess um die entsprechende Bewertung der gesundheitlich und schmerzlindernd „helfenden" Behandlungen (Affirmationen: „positive Selbstgespräche"). Alle Bemühungen sind auf die Beeinflussung und Entwicklung einer Gehirnaktivität ausgerichtet, die positiven, aber dennoch realen Bewertungen und Erwartungen entsprechen.

Das Konzept der Mentaltechniken ist ein Begriff der Sportpsychologie. Sie entsprechen den Konzepten der Selbstwirksamkeit und der positiven Psychologie und z. B. Affirmationen („positive statements") sind aus dem Konzept der Selbstwirksamkeit abgeleitet. Die „Positive Psychologie" und „mentale Stärken bzw. Techniken" sind von Braun (2020) gut zusammengefasst, beschrieben und erklärt worden. Diese Konzepte und Anwendungen der Sportpsychologie als eine Teildisziplin der Psychologie werden seit geraumer Zeit auch fortschreitend mehr von anderen Bereichen übernommen und sind somit auch in die Schmerztherapie eingefügt worden.

Es gibt als praktische Anwendungen aus den Ansätzen der positiven Psychologie eine große Palette von Mentaltechniken (Bender und Draksal 2011; Mayer und Hermann 2015; Braun 2020) „Ich denke positiv" bzw. „Ich glaube an meine Selbstwirksamkeit", „self-efficacy belief" bedeutet, aktiv zu handeln bzw. handeln zu können und z. B. eine gute Leistung abzuliefern (Sport) oder Erkrankungen (Medizin) nicht hilflos gegenüber zu stehen oder ihnen ausgeliefert zu sein. Damit geht in der Medizin ein gesteigerter Glaube an einen Therapieerfolg und eine erhöhte Bereitschaft zur Umsetzung der Therapie, die Compliance, einher. Mit den positiven Attributionen bezüglich des Therapieerfolgs geht bzw. soll ein gesteigertes kooperatives Verhalten während der Therapie unterstützt werden. Die Compliance ist in der einschlägigen Psychotherapieforschung ein Parameter des Therapieerfolges. In Studien, in welchen Einflussfaktoren auf die Therapie vermutet und untersucht worden sind, korreliert eine gute Compliance positiv mit einer „erfolgreichen" Therapie. Faktoren wie z. B. die Art der Therapie oder auch die Erfahrung des Therapeuten konnten hierbei aber nicht eindeutig bestätigt werden (Norcross 2002). So kommen in der therapeutischen Praxis Interventionen der positiven Psychologie immer häufiger und systematischer zum Einsatz und werden sowohl psychotherapeutisch als auch für das Coaching genutzt (Blickhan 2018). Sie sind Elemente der Therapie von Depressionen und Angststörungen und da diese auch zum chronischen Schmerzpatienten gehören, ist es sehr sinnvoll, damit auch bei ihnen das Selbstwertgefühl positiv zu beeinflussen. Das Selbstwertgefühl wiederum begünstigt über die Compliance das angestrebte Therapieergebnis. Affirmationen sollen die Bewältigungskompetenz stärken, denn bei Schmerzpatienten korreliert diese Kompetenz mit der zentralen Entspannungsfähigkeit und den Selbstwirksamkeitsüberzeugungen.

Sehr wichtige kognitiv-mentale Interventionen sind also auf eine Gehirnfunktion ausgerichtet, die einen Placeboeffekt generieren, aber auch reale Verhaltensänderungen hervorrufen können. Das Formulieren von Glaubenssätzen und die damit angestrebte positive Beeinflussung wird so oder so ähnlich auch in der positiven Psychotherapie eingesetzt. Damit werden nicht nur Placeboeffekte generiert, sondern auch die angestrebten „echten" Verhaltensänderungen ausgelöst. Der Placeboeffekt ist bereits wiederholt angesprochen worden. Hierfür können Affirmationen (vgl. bei Bender und Draksal 2011), formuliert als „Glaubenssätze", ein Baustein sein. „Glaubenssätze" drücken positive und anregende Erwartungshaltungen aus und nehmen die angestrebten Wirkungen voraus (Antizipation). Dabei geht es nicht „nur" schlechthin um „Glaubenssätze", sondern in der Regel auch um vorhandene „falsche Glaubenssätze" (verbalisierte Erwartungen), die das Ergebnis einer „erlernten Hilflosigkeit" sind, wie z. B. „Ich habe Schmerzen, weil in mir alles hoffnungslos abgenützt und kaputt ist und ich eben die Arthrose habe". Diese müssen in solche mit einer hilfreichen Erwartungshaltung umgewandelt werden. Im therapeutischen Kontext sind sie kurz ausgedrückt „Denken im Sinn der Selbstbejahung, der Selbstwirksamkeit, der „self-compassion", des Selbstwertes und der Selbstbeherrschung" als Elemente der „Gesundheitskontrolle über sich selbst". Das häufige Selbstbejahen soll den „Trainingseffekt" haben, das Verhalten und die Gefühle in die gewünschte Richtung zu verändern (lexikon.stangl.eu 2021). Eine Meta-Analyse zu den Effekten der Selbstmanipulation mittels Affirmationen vor Gesundheitsaussagen auf die Absichten und das Verhalten (Sweeney et al. 2015) zeigt in der Zusammenfassung aller 16 Studien signifikante, aber sehr kleine Effekte. Das für die Praxis sehr wesentliche Ergebnis ist, die Effekte der Absichten spiegeln sich nicht im Verhalten wider. In Übereinstimmung mit den bisherigen Forschungsergebnissen kann zz. keine kausale Beziehung zwischen Absichten und dem Verhalten hergestellt werden. „Ich habe die Absicht, bedeutet nicht, ich werde so handeln". Eine weitere Meta-Analyse untersuchte die Wirkung der Selbstbestätigung mittels Nachdenkens über Werte, persönliche Eigenschaften und soziale Beziehungen auf 1. die Akzeptanz der Information, 2. die Absichten zur Veränderung und 3. das Verhalten (Epton et al. 2015). Die Bearbeitung der Ergebnisse der 144 Studien mit dem Zufallseffektmodell liefert kleine reliable Wirkungen bei allen drei Parametern, der Akzeptanz (n = 3433), den Absichten (n = 5564) und dem Verhalten (n = 2715). Die Ergebnisse zu Selbstaffirmationen zeigen auch, dass bei ihrer intensiven Ausrichtung auf die Gesundheitsprävention die Effekte verstärkt werden, wobei die Wirksamkeit der Gesundheitskommunikation nur bei Verhaltensweisen verbessert wird, die ein erhöhtes Krankheitsrisiko darstellen (Ferrer et al. 2021).

Wichtig: Selbstbestätigungen und Informationen zur Gesundung bzw. der Gesundheit sind, wenn auch teilweise nur mit einer geringen „therapeutischen Wirksamkeit" ausgestattet, dennoch sinnvolle Bestandteile des Therapieregimes des Schmerzpatienten.

Affirmationen können bei dem sehr langfristigen Therapieprozess des Schmerzkranken die Motivationen und Erfolgserwartungen („self-fulfilling prophecy") begünstigen und möglichst aufrechterhalten. An etwas zu glauben und Erwartungen lassen Placeboeffekte entstehen. Visuelle und verbale Suggestionen haben einen Effekt auf die Schmerzempfindungen. Bei Gesunden beeinflussen Suggestionen die kortikale Schmerzverarbeitung und entsprechend die subjektive Schmerzbewertung in Abhängigkeit von der angekündigten Intensität von Schmerzreizen. Dagegen findet sich bei schwerer Migräne ein kortikales Muster, welches die Hyperalgesie aufrechterhält (de Tommaso et al. 2012). Die Wirkungen von Suggestionen sind demnach vom Schweregrad der zentralen Sensibilisierung abhängig.

Wichtig: „Der Glaube an die Gesundung des Körpers ist der erste und wichtigste Schritt zu einem schmerzfreieren Körper!"

Die Wirkungen der Techniken des positiven Mentaltrainings sollen darin bestehen, dass mit den Affirmationen und Suggestionen psychologische Inhalte vorbewusster neuronaler Prozesse (Physiologie bzw. Pathophysiologie der nicht bewussten cerebralen Funktionen und Leistungen) „Prozesse des ‚Unterbewusstseins' zu Bausteinen gesünderer Verhaltensweisen werden". Das Internalisieren von Überzeugungen und der Wandel zum gesundheitlichen Verhalten ist eine Zielstellung der cerebralen strukturellen und funktionellen Reorganisation und kann nur mittels sehr zeitaufwändiger und langfristiger Lernprozesse auf der Grundlage der Handlungstheorie („self efficacy") erreicht werden. Es muss „eine neu strukturelle cerebrale Basis entstehen". Deshalb sind die mentalen Techniken auch als ein „echter Trainingsprozess" über lange Zeiträume anzusehen, wobei diese Zielstellungen letztendlich nur über die Reorganisation der cerebralen Ebenen des bewussten Handelns ermöglicht werden. Es gilt, die kognitiven Leistungen für Entscheidungen zu qualifizieren und Kompetenzen zum gesundheitsorientierten Verhalten zu erlangen und umzusetzen. Das sind höchste bewusste cerebrale Leistungen, wozu es essenziell die Kombination mit physischen Aktivitäten benötigt.

Wichtig: Interventionen der positiven Psychologie sind wertvolle Elemente der Therapie chronischer Schmerzpatienten. Sie müssen aber immer in Kombination mit physischen Belastungen ausgeführt werden.

Chronisch Erkrankte und insbesondere Schmerzpatienten haben depressive Gedanken- und Denkmuster mit Angstsymptomatik, was über die resultierende Antriebslosigkeit und den sozialen Rückzug zur schmerzbedingt eingeschränkten Mobilität führt. Die Antriebsarmut, u. a. auch wegen der Bewegungsängstlichkeit, schließt in der Konsequenz sportliche Aktivitäten aus dem Handlungsrepertoire aus und beeinträchtigt so auch die Compliance und Resilienz für aktive therapeutische Aktivitäten. So ist es notwendig, mental Einfluss zu nehmen, indem bereits morgens mehrmals laut sprechend oder in Gedanken „sich aktivierende und antreibende" Selbstgespräche geführt werden. Sie haben das suggestive Ziel von „mehr Antrieb, Energie und Kraft" für die Realisierung der täglichen Aktivitäten. Im therapeutischen Setting werden die Patienten angeleitet, Ziele positiv zu antizipieren und eine therapieförderliche Erwartungseinstellung einzunehmen. Um eine „ganzheitliche", vielleicht besser, um eine nachhaltige systemische cerebrale positive Selbsterwartungshaltung zu erreichen, werden die Patienten dazu angehalten, die alltäglich verbalisiert ausgedrückten Überzeugungen eines positiven Selbstbildes zu verinnerlichen und zum „motivationellen Eigentum" zu machen. Die Förderung des Selbstbildes, der Selbstwirksamkeit führt zu positiven Überzeugungen und Antizipation, begünstigt „self fulfilling prophecy". Diese Interventionen sind aber immer mit der fachkompetenten Unterstützung eines psychologisch geschulten Therapeuten auszuführen, denn sie können bei Patienten mit geringem Selbstwert auch in das Gegenteil umschlagen.

Beispielhaft können die folgenden mentalen Anleitungen gegeben werden:

1. Konzentriere dich auf die positiven Dinge, Umstände und Tagesziele und unterbinde möglichst „alle" negativen Gedanken und Bilder. Bedenke, deine Gedanken prägen die äußeren Umstände deines Lebens und die Beziehungen zu anderen Menschen. Übe dich jeden Tag in positiven Vorstellungen von Gesundheit, Glück, dem familiären Frieden und der Freude.
2. Ersetze alle negativen Worte deines Vokabulars durch positive. Gebrauche im Gespräch mit den Mitmenschen immer positive Formulierungen und glaube daran. Gewöhne es dir an, nur Dinge zu sagen, die eine positive Überzeugung zum Ausdruck bringen. Wie beispielsweise: Ich bin gesund. Ich bin glücklich. Ich habe Erfolg. Ich bin wohlhabend. Ich bin fit.
3. Übe täglich, die positiven Einstellungen auszudrücken. Stelle dich jeden Morgen wie ein Schauspieler vor den Spiegel und sprich mit fester, selbstsicherer Stimme die bejahenden Verfügungen:
   Das Universum möchte, dass es mir gut geht.
   Ich möchte das Beste, was das Leben für mich bieten kann.
   Ich werde gesund werden!
   Das, was ich mir heute vornehme, werde ich erfolgreich erledigen.
   Ich atme Sonnenkraft ein und ich strahle wie die Sonne
   und ähnliche Aussagen und Glaubenssätze
4. Vertraue dir selbst!
5. Sei dir selbst dankbar für deine eigenen Aktivitäten, das Miteinander mit den anderen und für die gegenseitige Hilfe!

6. Erzeuge in dir mit den positiven Formulierungen Glücksgefühle, Gefühle der Dankbarkeit, der Akzeptanz und der Liebe. Wenn du die Bejahungen mit starken Gefühlen verbindest, erhöht sich die Wirkung um das Vielfache.
7. Beeinflusse dich mit den Bejahungen und den positiven Ein- und Vorstellungen zugunsten deiner Zielstellung, gesünder zu werden.

Des Weiteren werden modifizierte Verstärkungstechniken durch Affirmation verwendet. Mit ihrer Hilfe sollen die Patienten darin unterstützt werden, darüber nachzudenken, was sie in ihrem Leben wollen, anstatt darüber nachzudenken, was sie nicht wollen.

Die folgenden aufbauenden Fragen, abgeleitet aus der positiven Motivationspsychologie und dem „self efficacy beliefs", werden genutzt:

- Ich bin gesund – warum bin ich so gesund?
- Ich bin glücklich –Warum bin ich so glücklich?
- Ich bin beweglich –Warum bin ich so beweglich?
- Ich bin kräftig und fit –Warum bin ich so kräftig und fit?

Durch das Stellen von aufbauenden Fragen werden dem Patienten die eigene Handlungskompetenz und die Selbstwirksamkeit verdeutlicht. Die Valenz des anvisierten Zieles soll gesteigert und ein Gewinn an Motivation generiert werden, sodass das Therapieziel subjektiv angenommen wird und dem Patienten immer mehr erreichbar erscheint. Die Patienten beginnen, sich besser zu fühlen und erhalten Anregungen und Bestätigungen für die erforderlichen Handlungen. Sie initiieren ein wohltuendes Gefühl. Ein weiterer verstärkender Effekt wird dadurch gegeben, wenn man mit den Fragen ein Gefühl der Freude hinterlegt. Durch die Auseinandersetzung mit dem Inhalt der Fragen bekommen sie noch mehr Bedeutung. Gruppenbehandlungen sind für das Erreichen dieser Ziele besonders effektiv, indem der motivationsverstärkende Gruppeneffekt wirkt.

6.3   Die neurophysiologischen Korrelate der positiven Psychologie

Ein neurophysiologischer Schlüsselbefund über verschiedene Strategien zur Beeinflussung der emotionalen Regulation ist die Modulation der Aktivitäten der Amygdala (limbisches System, mit dem Hippocampus Emotionen, Bewertungen von emotional relevanten Erinnerungen, Ängste) und des präfrontalen Cortex (PFC; Integration von Gedächtnisinhalten und emotionalen Bewertungen).

Die konkreten neuronalen Mechanismen der Wirksamkeit von positiven Affirmationen (positiven Selbstbestätigungen) zur Minderung von Stressreaktionen und zur vorteilhaften Beeinflussung des Verhaltens sind bisher bei Weitem nicht ausreichend bekannt. MRI-Untersuchungen belegen inzwischen eine Aktivierung von Teilen der Basalganglien (Striatum: Belohnung), der Strukturen des Belohnungssystems einschließlich von relevanten Anteilen der höchsten Instanz des Verhaltens und der Stressverarbeitung und von Stressreaktionen, des ventro-medialen präfrontalen Cortex (VMPFC). Hervorzuheben ist, alle diese Strukturen sind auch Teil der Schmerzmatrix. Neurophysiologisch ist Schmerz intensitätsabhängig entsprechend intensiver Stress. Selbstbestätigungen gehen im Vergleich zu Vergleichspersonen mit einer höheren Aktivität der linken anterioren Insel und des VMPFC einher, wobei der dorsale anteriore cinguläre Cortex unbeeinflusst bleibt. Die funktionelle Konnektivität zwischen dem präfrontalen Cortex und der anterioren Insel beidseits ist gesteigert. Insgesamt können mit diesen Ergebnissen erste neuronale Funktionskreise, die an der Wirksamkeit von positiven Affirmationen gegen Stressoren beteiligt sind, benannt werden (Dutcher et al. 2020).

> **Wichtig:** An der Wirksamkeit von positiven Affirmationen ist das Belohnungssystem wesentlich beteiligt.

Selbstbestätigungen verändern bei Personen, die potenziell durch bedrohende Situationen oder Ereignisse gefährdet sind, u. a. die motivationelle Signifikanz negativer Bilder und sie führen zur Verringerung der defensiven Vermeidung aversiver Reize (Finley et al. 2018).

> **Wichtig:** Bejahungen beeinflussen die Nicht-Selbst-Motivationssysteme des Gehirns (s. Lichtenberg et al. 2000: 1. Befriedigung physiologischer Bedürfnisse aufgrund biologischer Notwendigkeit, 2. Bedürfnis nach Bindung bzw. Zugehörigkeit, 3. Bedürfnis zur Selbstbehauptung und der Erforschung von …, 4. Bedürfnis, unangenehme Stimuli aversiv zu begegnen, 5. Bedürfnis nach Sinnlichkeit und Vergnügen) und mindern die Sensibilität gegenüber Bedrohungen.

Eine Meta-Analyse belegt, dass mit Selbstbejahungen Gesundheitsinformationen, die Absichten und das Verhalten signifikant, aber mit geringen Effektgrößen beeinflusst werden kann. Das Ausmaß der Absicht lässt aber keine Vorhersage zum Effekt auf das Verhalten zu (Sweeney und Moyer 2015).

> **Wichtig:** Absichten spiegeln sich nicht zwangsläufig und regelmäßig im Verhalten wider.

In ca. 50 % von 18 Studien eines systematischen Reviews (Whelan et al. 2017) führen Gesundheitsinformationen zum Rauchen und der physischen Aktivität im fMRI zur Aktivierung des präfrontalen Cortex. Die Aktivierung des ventro-, dorso- und medialen präfrontalen Cortex infolge von z. B. aversiven Anti-Raucher-Reizen kann potenziell eine nachfolgende Verhaltensänderung bedeuten.

> **Wichtig:** Die Wirksamkeit von Gesundheitsinformationen wird offensichtlich vom dadurch ausgelösten Umfang und dem Ausmaß der Aktivierung des präfrontalen Cortex, der höchsten cerebralen Instanz, mitbestimmt.

Meditationen steigern die Stimmung und begünstigen die emotionale Situation. Bei Gesunden mindert ein Kurzzeittraining (n = 32, 8 Wochen achtsamkeitsbasierte Stressreduktion) der Achtsamkeit im Gegensatz zu einer Kontrollgruppe (n = 35, aktive Bedingungen) die Reaktion der Amygdala auf positive emotionale Bilder (Kral et al. 2018). Eine adäquate Reaktion auf negative benötigt offensichtlich ein Langzeittraining, denn es kann nur nach einer sehr langen Praxis (n = 30, 9081 h Lebenspraxis in Achtsamkeitsmeditation) gefunden werden. Kurze Trainingsphasen steigern aber bereits während der Präsentation der Bilder die funktionelle Konnektivität der Amygdala mit dem für die Emotionsregulation mitverantwortlichen ventro-medialen präfrontalen Cortex (vmPFC). Somit reduziert Achtsamkeitsmeditation affektive Reaktionen, indem die Amygdalareaktivität abfällt und während der Reizsetzung die Verknüpfung mit dem vmPFC ansteigt.

> **Wichtig:** Die Wirkungen von Achtsamkeitsmeditationen haben ihr neurophysiologisches Korrelat in einer veränderten neuronalen Aktivität der Amygdala, die Teil des limbischen Systems (Funktionen: Antrieb, Lernen, Gedächtnis, Emotionen, vegetative Regulation) ist und gemeinsam mit dem Hippocampus emotionale Reaktionen regelt, und einer veränderten Verknüpfung zum präfrontalen Kortex (exekutive Funktionen: Planungen von Handlungen, Antizipation Handlungskonsequenzen, Handlungssteuerung, Lösen neuer Probleme auf Basis von Erfahrungen, Arbeitsgedächtnis).

Eine besondere Ausrichtung der Aufmerksamkeit auf die Atmung („attention-to-breath" [ATB]) ist gleichfalls mit der Regulation des emotionalen Status vergesellschaftet. Ein Training der aufmerksamkeitsbasierten Beachtung der Atmung über 2 Wochen ist eine effektive Intervention zur Beeinflussung aversiver Emotionen. Generell ist der linke dorso-mediale PFC mit der Aufmerksamkeit auf die Atmung verbunden und das fronto-parietale Netzwerk ist während der emotionalen Stimulation zusätzlich aktiv. Das achtsame Atmen lässt die Amygdalaaktivität abfallen. Die Integration Amygdala-dorsofrontaler PFC wird erhöht, was die Fähigkeit zur Achtsamkeit widerspiegelt (Doll et al. 2016).

> **Wichtig:** Eine auf die Atmung ausgerichtete Aufmerksamkeit beeinflusst positiv die emotionale Situation.

Die geminderte Selbstkontrolle hat u. a. die neurophysiologischen Merkmale geringere Aktivitäten in den neuronalen Netzwerken der kognitiven Kontrolle und der emotionalen Regulation, wozu der Gyrus cinguli anterior (ACC) und der benachbarte präfrontale Cortex (mPFC) gehören. Die emotionale Regulation erfolgt, indem die Aktivität des limbischen Systems moduliert wird. Tang et al. (2016) zeigen, dass ein Achtsamkeitstraining (Integrative Body-Mind Training, IBMT) über 5 Tage auch bei klinisch gesunden Nichtrauchern die Fähigkeit zur Selbstkontrolle der emotionalen Regulation (Positive and Negative Affect Schedule [PANAS]; Profile of Mood States [POMS]) steigert und zur Stressreduktion (Cortisol im Speichel) führt. Diese psychologischen Ergebnisse gehen im MRI mit einer gesteigerten Aktivität des ACC/mPFC, dem Netzwerk der emotionalen Kontrolle und der Selbstkontrolle, einher. Raucher haben vor dem Training eine reduzierte Aktivität dieser Hirnregionen und das Training lässt die Defizite kleiner werden.

Übersicht

Wichtig: Die Selbstkontrolle ist das Ergebnis der Aktivität höchster Hirnregionen für die Kognition und die Emotionen. Achtsamkeitstraining beeinflusst diese Hirnregionen und steigert die Fähigkeit zur Selbstkontrolle.

Generell stimulieren Gesundheitsinformationen bevorzugt die Aktivität des präfrontalen Cortex und der Amygdala (Whelan et al. 2017), wobei Affirmationen die Aktivierungen unterstützen bzw. verstärken (Falk et al. 2015; Cascio et al. 2016; Dutcher et al. 2016). Das Denken über selbstrelevante Bestätigungen bzw. über wichtige selbstrelevante Werte fördert die Aktivierung des cerebralen Belohnungssystems (Dutcher et al. 2016) und kann zur Entwicklung positiver Effekte führen bzw. diese unterstützen.

Übersicht

Fazit: Das Gehirn ist „das **Organ des Verhaltens und Handelns**" und liefert die emotionalen „Grundlagen und Begleitungen" dafür. Es adaptiert auf Training, deadaptiert auf Inaktivität und maladaptiert im Rahmen chronisch degenerativer Erkrankungen. Für den Gesundheitszustand sind die **Motivatoren** Interesse, Neugier und Freude besonders wichtig. Sie stehen entweder für gesundheitsorientierte Funktionen oder für erlernte „inadäquate" Verhaltensweisen, die zunächst eine Disposition bedingen und schleichend über „maladaptive" Verhaltensweisen zu Ursachen von Krankheitsentwicklungen werden und die Compliance und Resilienz bestimmen. Das begründet den Bedarf von Mentaltechniken zur gesundheitsfördernden Beeinflussung der psychosozialen Handlungskompetenzen, aber auch zur langfristigen cerebralen Reorganisation.

Obwohl Therapieziele und Therapiekomponenten „leicht" zu formulieren sind und das **„globale Rezept"** grundsätzlich für alle Patienten vergleichbar ist, kann aufgrund der differenten interindividuellen biopsychosozialen Situation und dem Stand der Pathogenese der Krankheitsprozesse kein **„allgemeines, generell für jeden Patienten gültiges detailliertes Rezept"** benannt werden. Dafür sind die anamnestischen, untersuchungs- und verlaufsbedingten Informationen vom konkreten Patienten zwingend notwendig. Deshalb stehen die Begründungen und Argumente zugunsten des aktiven somatischen und psychologischen Trainings im Vordergrund und nicht das Aufzählen von inhaltlichen Programmpunkten und der Versuch, Dosierung anzugeben.

Da das Gehirn absolut allein das mental-kognitiv basierte sensomotorische Verhalten, das Erleben, Reagieren und Handeln als auch das soziale Verhalten und den Lebensstil verantwortet, ergibt sich stets eine frühzeitige direkte Beteiligung des Gehirns am Krankheitsprozess. Gesundheitlich vorteilhafte epigenetische Modifikationen durch regelmäßige Trainingsaktivitäten der Eltern als auch nachteilige durch einen inaktiven Lebensstil werden als Krankheitsrisiken epigenetisch vererbt. Die Familienanamnese ist die Informationsquelle und spricht u. a. für das voraussichtliche Verhalten. Das Gesundheitstraining ist für chronisch Kranke aus epigenetischer und somatischer Sicht zunächst für das Gehirn wie alle weiteren Körperstrukturen ein „Training zum Training der Compliance, Resilienz und der Trainierbarkeit".

Das **Gehirn adaptiert wie die Muskulatur** während der gesamten Lebenspanne spezifisch strukturell und funktionell auf Anforderungen, auf Unter- und ausgesetzte Beanspruchungen und es bildet im Rahmen der Pathogenese chronisch degenerativer Erkrankungen Funktionsdefizite, -dysbalancen und Maladaptationen aus. Das Gehirn „lernt" implizit im Prozess der Dekonditionierung und der langfristig ablaufenden Pathogenese ständig mit. Trotz der noch sehr ungenügend aufgeklärten Zusammenhänge können Ausdauer- und Krafttraining als eine nicht pharmakologische Intervention zugunsten der Gehirnfunktionen angesehen werden. Beim Schmerzpatienten sind sie nicht nur Interventionen „für die Körperperipherie", sondern auch für die cerebrale Reorganisation. Die aerobe Kapazität kann mit ihren peripheren wie zentralen Wirkungen als anti-nozizeptive Intervention angesehen werden. Aktuell liegen aber zu den konkreten Arten, Umfängen und Intensitäten der Belastungen und schon gar nicht zu Dosis-Wirkungs-Beziehungen ausreichende Informationen vor, um Programme zugunsten der cerebralen Entwicklung, Funktions- und Leistungsfähigkeit sowie zur Prävention und Therapie von Schmerzerkrankungen begründen zu können. Die aerobe und kontraktile Fitness stellt aber das Fundament dar, auf dem kognitive Beanspruchungen effektiv wirksam werden können. Bei Schmerzpatienten gilt es, diese direkte Wechselwirkung zwischen dem Aufbau der physischen Fitness und der kognitiven Reorganisation durch die ständige Kombination von physischem und mentalem Training auszunutzen.

Das Gehirn aktiviert die Muskulatur und, wenn aktiv, unterstützt die Muskulatur mit ihren Signalstoffen den strukturellen und funktionellen Zustand des Gehirns. Weitere von der Muskulatur ausgehende wechselseitige Signalstoffkommunikationen stimmen die Adaptationen der Gewebe aufeinander ab. Der Muskelstatus entscheidet den allgemeinen Gesundheitsstatus. Muskuläre Aktivität ist zugleich „strukturelles und funktionelles Gehirntraining!" Training ist zugleich Psychotherapie! Direkt und/oder indirekt, Muskelaktivität prägt das Gehirn und ist ein wichtiges Element der anti-nozizeptiven Reorganisation.

Bei chronischen Schmerzpatienten sind die höchsten Gehirnleistungen Motivation, Kognition, Antrieb, Entscheidungen, Kompetenzen, … einbezogen. Diese Leistungen werden aber wiederum im positiven Sinn als Voraussetzungen für den Weg zur Reorganisation der peripheren und zentralen Dysfunktionen und Maladaptationen benötigt. Das „anti-nozizeptive Therapieregime" ist eine kognitive Herausforderung und die „anti-nozizeptive Veränderung des Lebensstils" zugunsten der körperlichen Aktivität inklusive einer „anti-nozizeptiven Ernährung" ist eine kognitive Leistung, die wiederum von den sozialen Bedingungen mitgeprägt wird. Der Muskelstatus ist nicht nur ein Marker der konditionellen, sondern auch die kognitiv-mentalen Funktionen.

Die **mentalen Techniken** nutzen die enge Verknüpfung der Schmerzmodulation mit kognitiven, affektiven und emotionalen Leistungen des Gehirns. Positive Erwartungen spiegeln einen cerebralen Funktionszustand, der einem Placeboeffekt entspricht und die Aktivierung der Schmerzhemmung einschließt. Entsprechend geht es einerseits um eine positive, zustimmende Kommunikation des Therapeuten zur Ausbildung positiver Einstellungen und Bewertungen der therapeutischen Atmosphäre, der Zielstellungen, der Begründungen und Anleitungen und anderseits um eine gleichartige Bewertung der Behandlungen durch den Patienten.

Die Mentaltechniken kommen aus der Sportpsychologie. Sie entsprechen den Konzepten der Selbstwirksamkeit und der positiven Psychologie. Affirmationen („positive statements") stammen aus dem Konzept der Selbstwirksamkeit und sind inzwischen mit einer großen Palette auch Teil der Schmerztherapie. Selbstbestätigungen, -bejahungen und Informationen zur Gesundung bzw. der Gesundheit sind, wenn auch teilweise nur mit einer geringen „therapeutischen Wirksamkeit" ausgestattet, sinnvolle Bestandteile des Therapieregimes. Affirmationen können die Motivationen und Erfolgserwartungen („self-fulfilling prophecy") begünstigen und sollen sie aufrechterhalten. An etwas Vorteilhaftes zu glauben und Erwartungen lassen Placeboeffekte entstehen. Die Wirkungen stehen als Bausteine im Dienst gesünderer Verhaltensweisen. Dahinter stehen langfristige Lernprozesse auf der Grundlage der Handlungstheorie („self efficacy"), die immer in Kombination mit physischen Belastungen eingesetzt werden müssen.

Schmerzpatienten haben depressive Gedanken- und Denkmuster mit Angstsymptomatik, was über die resultierende Antriebslosigkeit und den sozialen Rückzug zur eingeschränkten Mobilität führt. Die Compliance und Resilienz für aktive therapeutische Aktivitäten sind ineffektiv, wenn nicht sogar kontraproduktiv. Die mentale Beeinflussung sollte stets mit fachkompetenter psychologischer Unterstützung erfolgen.

Der neurophysiologische Schlüsselbefund während mentaler Techniken ist die Modulation der cerebralen Aktivitäten für die Emotionen, die Bewertungen von emotional relevanten Erinnerungen und die höchsten Entscheidungsprozesse. Positive Affirmation mindern Stressreaktionen und begünstigen vorteilhaftes Verhalten. Das Belohnungssystem ist wesentlich beteiligt. Bejahungen beeinflussen die Motivationssysteme des Gehirns und mindern die Sensibilität gegenüber Bedrohungen.

Wichtig ist, dass Absichten sich nicht zwangsläufig und regelmäßig im Verhalten widerspiegeln. Die Wirksamkeit von Gesundheitsinformationen wird offensichtlich vom Umfang und dem Ausmaß der Aktivierung des präfrontalen Cortex, der höchsten cerebralen Instanz, mitbestimmt. Achtsamkeitsmeditationen beeinflussen die Funktionen Antrieb, Lernen, Gedächtnis, Emotionen und vegetative Regulationen, regeln emotionale Reaktionen und steigern die Fähigkeit zur Selbstkontrolle. Affirmationen unterstützen bzw. verstärken dies.

Wie für ein wirksames körperliches Training inzwischen „Standardwissen", sind auch die Effekte des mentalen Trainings nur durch Langfristigkeit und mit „ausreichender Dosierung erreichbar, wobei beide Trainingsformen sich gegenseitig benötigen und beeinflussen".

Literatur

Algaidi SA, Eldomiaty MA, Elbastwisy YM, Almasry SM, Desouky MK, Elnaggar AM (2019) Effect of voluntary running on expression of myokines in brains of rats with depression. Int J Immunopathol Pharmacol 33:2058738419833533. https://doi.org/10.1177/2058738419833533

Barrès R, Yan J, Egan B, Treebak JT, Rasmussen M, Fritz T, Caidahl K, Krook A, O'Gorman DJ, Zierath JR (2012) Acute exercise remodels promoter methylation in human skeletal muscle. Cell Metab 15(3):405–411. https://doi.org/10.1016/j.cmet.2012.01.001

Beeri MS, Sonnen J (2016) Brain BDNF expression as a biomarker for cognitive reserve against Alzheimer disease progression. Neurology 86:702–703

Beltran Valls MR, Dimauro I, Brunelli A, Tranchita E, Ciminelli E, Caserotti P, Duranti G, Sabatini S, Parisi P, Parisi A, Caporossi D (2014) Explosive type of moderate-resistance training induces functional, cardiovascular, and molecular adaptations in the elderly. Age (Dordr) 36(2):759–772. https://doi.org/10.1007/s11357-013-9584-1. Epub 2013 Oct 18

Bender C, Draksal M (2011) Lexikon der Mentaltechniken. Die besten Methoden von A bis Z, 2. überarbeitete und erweiterte Neuauflage. Draksal Fachverlag, Leipzig

Biddle SJ, Asare M (2011) Physical activity and mental health in children and adolescents: a review of reviews. Br J Sports Med 45(11):886–895. https://doi.org/10.1136/bjsports-2011-090185. Epub 2011 Aug 1

Bingel U (2010) [Mechanisms of endogenous pain modulation illustrated by placebo analgesia: functional imaging findings]. Schmerz 24(2):122–129. https://doi.org/10.1007/s00482-010-0901-7

Blickhan D (2018) Positive Psychologie: Ein Handbuch für die Praxis. Junfermann Verlag GmbH, Paderborn

Braun OL (2020) Positive Psychologie, Kompetenzförderung und Mentale Stärke. Gesundheit, Motivation und Leistung fördern. Springer, Berlin/Heidelberg. ISBN: 978-3-662-59664-7

Brown BM, Peiffer JJ, Martins RN (2013) Multiple effects of physical activity on molecular and cognitive signs of brain aging: can exercise slow neurodegeneration and delay Alzheimer's disease? Mol Psychiatry 18:864–874

Cascio CN, O'Donnell MB, Tinney FJ, Lieberman MD, Taylor SE, Strecher VJ, Falk EB (2016) Self-affirmation activates brain systems associated with self-related processing and reward and is reinforced by future orientation. Soc Cogn Affect Neurosci 11(4):621–629. https://doi.org/10.1093/scan/nsv136. Epub 2015 Nov 5

Cassilhas RC, Lee KS, Fernandes J, Oliveira MG, Tufik S, Meeusen R, de Mello MT (2012) Spatial memory is improved by aerobic and resistance exercise through divergent molecular mechanisms. Neuroscience 202:309–317

Castelli DM, Hillman CH, Buck SM, Erwin HE (2007) Physical fitness and academic achievement in third- and fifth-grade students. J Sport Exerc Psychol 29:239–252. http://www.ncbi.nlm.nih.gov/pubmed/17568069

Chaddock L, Erickson KI, Prakash RS, Kim JS, Voss MW, Vanpatter M, Pontifex MB, Raine LB, Konkel A, Hillman CH, Cohen NJ, Kramer AF (2010) A neuroimaging investigation of the association between aerobic fitness, hippocampal volume, and memory performance in preadolescent children. Brain Res 1358:172–183. https://doi.org/10.1016/j.brainres.2010.08.049

Chaddock-Heyman L, Erickson KI, Chappell MA, Johnson CL, Kienzler C, Knecht A, Drollette ES, Raine LB, Scudder MR, Kao SC, Hillman CH, Kramer AF (2016) Aerobic fitness is associated with greater hippocampal cerebral blood flow in children. Dev Cogn Neurosci 20:52–58. https://doi.org/10.1016/j.dcn.2016.07.001. Epub 2016 Jul 4

Coelho FG, Vital TM, Stein AM et al (2014) Acute aerobic exercise increases brain-derived neurotrophic factor levels in elderly with Alzheimer's disease. J Alzheimers Dis 39:401–408

Creer DJ, Romberg C, Saksida LM, van Praag H, Bussey TJ (2010) Running enhances spatial pattern separation in mice. Proc Natl Acad Sci U S A 107(5):2367–2372. https://doi.org/10.1073/pnas.0911725107. Epub 2010 Jan 19

Darkwah S, Park EJ, Myint PK, Ito A, Appiah MG, Obeng G, Kawamoto E, Shimaoka M (2021) Potential roles of muscle-derived extracellular vesicles in remodeling cellular microenvironment: proposed implications of the exercise-induced myokine, Irisin. Front Cell Dev Biol 9:634853. https://doi.org/10.3389/fcell.2021.634853. eCollection 2021

De Assis GG, Gasanov EV, de Sousa MBC, Kozacz A, Murawska-Cialowicz E (2018) Brain derived neutrophic factor, a link of aerobic metabolism to neuroplasticity. J Physiol Pharmacol 69:351–358

Denham J (2018) Exercise and epigenetic inheritance of disease risk. Acta Physiol (Oxford) 222(1). https://doi.org/10.1111/apha.12881. Epub 2017 Apr 19

Denham J, O'Brien BJ, Marques FZ, Charchar FJ (2015) Changes in the leukocyte methylome and its effect on cardiovascular-related genes after exercise. J Appl Physiol (1985) 118(4):475–488. https://doi.org/10.1152/japplphysiol.00878.2014. Epub 2014 Dec 24

Denham J, Marques FZ, Bruns EL, O'Brien BJ, Charchar FJ (2016) Epigenetic changes in leukocytes after 8 weeks of resistance exercise training. Eur J Appl Physiol 116(6):1245–1253. https://doi.org/10.1007/s00421-016-3382-2. Epub 2016 May 7

Di Liegro CM, Schiera G, Proia P, Di Liegro I (2019) Physical activity and brain health. Genes (Basel) 10(9):720. https://doi.org/10.3390/genes10090720

Dimauro I, Scalabrin M, Fantini C, Grazioli E, Beltran Valls MR, Mercatelli N, Parisi A, Sabatini S, Di Luigi L, Caporossi D (2016) Resistance training and redox homeostasis: correlation with age-associated genomic changes. Redox Biol 10:34–44. https://doi.org/10.1016/j.redox.2016.09.008. Epub 2016 Sep 21

Doll A, Hölzel BK, Mulej Bratec S, Boucard CC, Xie X, Wohlschläger AM, Sorg C (2016) Mindful attention to breath regulates emotions via increased amygdala-prefrontal cortex connectivity. Neuroimage 134:305–313. https://doi.org/10.1016/j.neuroimage.2016.03.041. Epub 2016 Mar 24

Dutcher JM, Creswell JD, Pacilio LE, Harris PR, Klein WM, Levine JM, Bower JE, Muscatell KA, Eisenberger NI (2016) Self-affirmation activates the ventral striatum: a possible reward-related mechanism for self-affirmation. Psychol Sci 27(4):455–466. https://doi.org/10.1177/0956797615625989. Epub 2016 Feb 25

Dutcher JM, Eisenberger NI, Woo H, Klein WMP, Harris PR, Levine JM, Creswell JD (2020) Neural mechanisms of self-affirmation's stress buffering effects. Soc Cogn Affect Neurosci 15(10):1086–1096. https://doi.org/10.1093/scan/nsaa042

Eippert F, Finsterbusch J, Bingel U, Büchel C (2009) Direct evidence for spinal cord involvement in placebo analgesia. Science 326(5951):404. https://doi.org/10.1126/science.1180142

Eldomiaty MA, Almasry SM, Desouky MK, Algaidi SA (2017) Voluntary running improves depressive behaviours and the structure of the hippocampus in rats: a possible impact of myokines. Brain Res 1657:29–42. https://doi.org/10.1016/j.brainres.2016.12.001. Epub 2016 Dec 2

Eldomiaty MA, Elayat A, Ali S, Algaidi S, Elnaggar M (2020) Beneficial effects of voluntary over forced exercise on skeletal muscle structure and myokines' expression. Folia Morphol (Warsz) 79(2):350–358. https://doi.org/10.5603/FM.a2019.0131. Epub 2019 Dec 5

Epton T, Harris PR, Kane R, van Koningsbruggen GM, Sheeran P (2015) The impact of self-affirmation on health-behavior change: a meta-analysis. Health Psychol 34(3):187–196. https://doi.org/10.1037/hea0000116. Epub 2014 Aug 18

Erickson KI, Prakash RS, Voss MW, Chaddock L, Hu L, Morris KS, White SM, Wojcicki TR, McAuley E, Kramer AF (2009) Aerobic fitness associated with hippocampal volume in elderly humans. Hippocampus 19:1030–1039. https://doi.org/10.1002/hipo.20547

Erickson KI, Voss MW, Prakash RS, Basak C, Szabo A, Chaddock L, Kim JS, Heo S, Alves H, White SM, Wojcicki TR, Mailey E, Vieira VJ, Martin SA, Pence BD, Woods JA, McAuley E, Kramer AF (2011) Exercise training increases size of hippocampus and improves memory. Proc Natl Acad Sci U S A 108:3017–3022. https://doi.org/10.1073/pnas.1015950108

Fabel K, Kempermann G (2008) Physical activity and the regulation of neurogenesis in the adult and aging brain. NeuroMolecular Med 10(2):59–66. https://doi.org/10.1007/s12017-008-8031-4. Epub 2008 Feb 20

Falk EB, O'Donnell MB, Cascio CN, Tinney F, Kang Y, Lieberman MD, Taylor SE, An L, Resnicow K, Strecher VJ (2015) Self-affirmation alters the brain's response to health messages and subsequent behavior change. Proc Natl Acad Sci U S A 112(7):1977–1982. https://doi.org/10.1073/pnas.1500247112. Epub 2015 Feb 2

Farmer J, Zhao X, van Praag H, Wodtke K, Gage FH, Christie BR (2004) Effects of voluntary exercise on synaptic plasticity and gene expression in the dentate gyrus of adult male Sprague-Dawley rats in vivo. Neuroscience 124:71–79. https://doi.org/10.1016/j.neuroscience.2003.09.029

Fernandes J, Arida RM, Gomez-Pinilla F (2017) Physical exercise as an epigenetic modulator of brain plasticity and cognition. Neurosci Biobehav Rev 80:443–456

Ferrer RA, Cerully JL, Harris PR, Klein WMP (2021) Greater benefit of self-affirmation for prevention-focused individuals prior to threatening health messages. Psychol Health 36(6):719–738. https://doi.org/10.1080/08870446.2020.1800008. Epub 2020 Aug 11

Finley AJ, Crowell AL, Schmeichel BJ (2018) Self-affirmation enhances processing of negative stimuli among threat-prone individuals. Soc Cogn Affect Neurosci 13(6):569–577. https://doi.org/10.1093/scan/nsy036

Frank F (2003) Das metabolische Syndrom, Arteriosklerose und degenerative Erkrankung des Stütz- und Bewegungsapparates. Arbeitsmed Sozialmed Umweltmed 38:31–37

Fuller OK, Whitham M, Mathivanan S, Febbraio MA (2020) The protective effect of exercise in neurodegenerative diseases: the potential role of extracellular vesicles. Cells 9(10):2182. https://doi.org/10.3390/cells9102182

Godziuk K, Prado CM, Woodhouse LJ, Forhan M (2018) The impact of sarcopenic obesity on knee and hip osteoarthritis: a scoping review. BMC Musculoskelet Disord 19(1):271. https://doi.org/10.1186/s12891-018-2175-7

Goldstein MS (1961) Humoral nature of the hypoglycemic factor of muscular work. Diabetes 10:232–234. [PubMed: 13706674]

Goodman R (1997) The strengths and difficulties questionnaire: a research note. J Child Psychol Psychiatry 38(5):581–586. https://doi.org/10.1111/j.1469-7610.1997.tb01545.x

Griffin EW, Bechara RG, Birch AM, Kelly AM (2009) Exercise enhances hippocampal-dependent learning in the rat: evidence for a BDNF-related mechanism. Hippocampus 19:973–980. https://doi.org/10.1002/hipo.20631

Guiney H, Machado L (2013) Benefits of regular aerobic exercise for executive functioning in healthy populations. Psychon Bull Rev 20:73–86. https://doi.org/10.3758/s13423-012-0345-4

Heckhausen J, Heckhausen H (2018) Motivation und Handeln, 5. Aufl. Springer, Heidelberg

Herting MM, Nagel BJ (2012) Aerobic fitness relates to learning on a virtual Morris Water Task and hippocampal volume in adolescents. Behav Brain Res 233:517–525. https://doi.org/10.1016/j.bbr.2012.05.012

Hirsch MA, van Wegen EEH, Newman MA, Heyn PC (2018) Exercise-induced increase in brain-derived neurotrophic factor in human Parkinson's disease: a systematic review and meta-analysis. Transl Neurodegener 7:7. https://doi.org/10.1186/s40035-018-0112-1. eCollection 2018

Hötting K, Röder B (2013) Beneficial effects of physical exercise on neuroplasticity and cognition. Neurosci Biobehav Rev 37(9 Pt B):2243–2257. https://doi.org/10.1016/j.neubiorev.2013.04.005. Epub 2013 Apr 25

Hunter DJ, James L, Hussey B, Wadley AJ, Lindley MR, Mastana SS (2019) Impact of aerobic exercise and fatty acid supplementation on global and gene-specific DNA methylation. Epigenetics 14:294–309

Jordan S, Hoebel J (2015) Gesundheitskompetenz von Erwachsenen in Deutschland. Ergebnisse der Studie „Gesundheit in Deutschland aktuell" (GEDA). Bundesgesundheitsbl 58:942–950. https://doi.org/10.1007/s00103-015-2200-z, Online publiziert: 31. Juli 2015, Springer-Verlag, Berlin, Heidelberg

Kim G, Kim JH (2020) Impact of skeletal muscle mass on metabolic health. Endocrinol Metab (Seoul) 35(1):1–6. https://doi.org/10.3803/EnM.2020.35.1.1

Kim S, Choi JY, Moon S, Park DH, Kwak HB, Kang JH (2019) Roles of myokines in exercise-induced improvement of neuropsychiatric function. Pflugers Arch 471(3):491–505. https://doi.org/10.1007/s00424-019-02253-8. Epub 2019 Jan 9

Klinger R, Stuhlreyer J, Schwartz M, Schmitz J, Colloca L (2018) Clinical use of placebo effects in patients with pain disorders. Int Rev Neurobiol 139:107–128. https://doi.org/10.1016/bs.irn.2018.07.015. Epub 2018 Aug 6

Kral TRA, Schuyler BS, Mumford JA, Rosenkranz MA, Lutz A, Davidson RJ (2018) Impact of short- and long-term mindfulness meditation training on amygdala reactivity to emotional stimuli. Neuroimage 181:301–313. https://doi.org/10.1016/j.neuroimage.2018.07.013. Epub 2018 Jul 7

Kronenberg G, Bick-Sander A, Bunk E, Wolf C, Ehninger D, Kempermann G (2006) Physical exercise prevents age-related decline in precursor cell activity in the mouse dentate gyrus. Neurobiol Aging 27(10):1505–1513. https://doi.org/10.1016/j.neurobiolaging.2005.09.016. Epub 2005 Nov 2

Kube T, Glombiewski JA, Rief W (2019) Erwartungsfokussierte psychotherapeutische Interventionen bei Personen mit depressiver Symptomatik. Verhaltenstherapie 29:281–291. https://doi.org/10.1159/000496944

Larson EB, Wang L, Bowen JD, McCormick WC, Teri L, Crane P, Kukull W (2006) Exercise is associated with reduced risk for incident dementia among persons 65 years of age and older. Ann Intern Med 144:73–81. http://www.ncbi.nlm.nih.gov/pubmed/16418406

Laube W (2013) Muskelaktivität: Prägung des ZNS und endokrine Funktion – somatische oder degenerativ-nozizeptive Körperstruktur. Man Med 51:141–150. https://doi.org/10.1007/s00337-012-0989-1, Berlin/Heidelberg

Laube W (2020) Sensomotorik und Schmerz. Wechselwirkung von Bewegungsreizen und Schmerzempfinden. Springer, Berlin/Heidelberg

Laube W (2021a) Der Muskulatur mehr Aufmerksamkeit schenken! Man Med 59:302–306. https://doi.org/10.1007/s00337-021-00821-7

Laube W (2021b) Mental Health und physische Aktivität. Man Med, published online. https://doi.org/10.1007/s00337-021-00845-z

Laube W (2022) Schmerztherapie ohne Medikamente – Leitfaden zur endogenen Schmerzhemmung für Ärzte und Therapeuten. Springer

Lauretani F, Meschi T, Ticinesi A, Maggio M (2017) "Brain-muscle loop" in the fragility of older persons: from pathophysiology to new organizing models. Aging Clin Exp Res 29(6):1305–1311. https://doi.org/10.1007/s40520-017-0729-4. Epub 2017 Feb 23

Lautenschlager NT, Cox KL, Flicker L, Foster JK, van Bockxmeer FM, Xiao J, Greenop KR, Almeida OP (2008) Effect of physical activity on cognitive function in older adults at risk for Alzheimer disease: a randomized trial. JAMA 300:1027–1037. https://doi.org/10.1001/jama.300.9.1027

Leger LA, Mercier D, Gadoury C, Lambert J (1988) The multistage 20 metre shuttle run test for aerobic fitness. J Sports Sci Summer 6(2):93–101. https://doi.org/10.1080/02640418808729800

Leuner B, Gould E (2010) Structural plasticity and hippocampal function. Annu Rev Psychol 61:111–113

Lichtenberg JD, Lachmann FM, Fosshage JL (2000) Das Selbst und die motivationalen Systeme. Zu einer Theorie psychoanalytischer Technik. Brandes-Apsel, Frankfurt am Main. ISBN 978-3-86099-161-9

Lista I, Sorrentino G (2010) Biological mechanisms of physical activity in preventing cognitive decline. Cell Mol Neurobiol 30:493–503

Mackay CP, Kuys SS, Brauer SG (2017) The effect of aerobic exercise on brain-derived neurotrophic factor in people with neurological disorders: a systematic review and meta-analysis. Neural Plast 2017:4716197. https://doi.org/10.1155/2017/4716197. Epub 2017 Sep 19

Mayer J, Hermann H-D (2015) Mentales Training: Grundlagen und Anwendung in Sport, Rehabilitation, Arbeit und Wirtschaft, 3. Aufl. Springer, Berlin/Heidelberg

Misra D, Fielding RA, Felson DT, Niu J, Brown C, Nevitt M, Lewis CE, Torner J, Neogi T (2019) MOST study: risk of knee osteoarthritis with obesity, sarcopenic obesity, and sarcopenia. Arthritis Rheum 71(2):232–237. https://doi.org/10.1002/art.40692. Epub 2019 Jan 4

Molnar E (2011) Long-term potentiation in cultured hippocampal neurons. Semin Cell Dev Biol 22(5):506–513. https://doi.org/10.1016/j.semcdb.2011.07.017. Epub 2011 Jul 22

Moon HY, Becke A, Berron D, Becker B, Sah N, Benoni G, Janke E, Lubejko ST, Greig NH, Mattison JA, Duzel E, van Praag H (2016) Running-induced systemic cathepsin B secretion is associated with memory function. Cell Metab 24(2):332–340. https://doi.org/10.1016/j.cmet.2016.05.025. Epub 2016 Jun 23

Niederer I, Kriemler S, Zahner L, Bürgi F, Ebenegger V, Hartmann T, Meyer U, Schindler C, Nydegger A, Marques-Vidal P, Puder JJ (2009) Influence of a lifestyle intervention in preschool children on physiological and psychological parameters (Ballabeina): study design of a cluster randomized controlled trial. BMC Public Health 9:94. https://doi.org/10.1186/1471-2458-9-94

Niederer I, Kriemler S, Gut J, Hartmann T, Schindler C, Barral J, Puder JJ (2011) Relationship of aerobic fitness and motor skills with memory and attention in preschoolers (Ballabeina): a cross-sectional and longitudinal study. BMC Pediatr 11:34. https://doi.org/10.1186/1471-2431-11-34

Nitert MD, Dayeh T, Volkov P, Elgzyri T, Hall E, Nilsson E, Yang BT, Lang S, Parikh H, Wessman Y, Weishaupt H, Attema J, Abels M, Wierup N, Almgren P, Jansson PA, Rönn T, Hansson O, Eriksson KF, Groop L, Ling C (2012) Impact of an exercise intervention on DNA methylation in skeletal muscle from first-degree relatives of patients with type 2 diabetes. Diabetes 61(12):3322–3332. https://doi.org/10.2337/db11-1653. Epub 2012 Oct 1

Norcross JC (2002) Psychotherapy relationships that work: therapist contributions and responsiveness to patients. Oxford University Press, New York

Park BS, Yoon JS (2013) Relative skeletal muscle mass is associated with development of metabolic syndrome. Diabetes Metab J 37:458–464

Park SH, Park JH, Song PS, Kim DK, Kim KH, Seol SH, Kim HK, Jang HJ, Lee JG, Park HY, Park J, Shin KJ, Kim D, Moon YS (2013) Sarcopenic obesity as an independent risk factor of hypertension. J Am Soc Hypertens 7(6):420–425. https://doi.org/10.1016/j.jash.2013.06.002. Epub 2013 Jul 30

Park SH, Park JH, Park HY, Jang HJ, Kim HK, Park J, Shin KJ, Lee JG, Moon YS (2014) Additional role of sarcopenia to waist circumference in predicting the odds of metabolic syndrome. Clin Nutr 33(4):668–672. https://doi.org/10.1016/j.clnu.2013.08.008. Epub 2013 Aug 31

Pedersen BK (2009) The diseasome of physical inactivity and the role of myokines in muscle-fat cross talk. J Physiol 587:5559–5568

Pedersen BK (2019a) Physical activity and muscle-brain crosstalk. Nat Rev Endocrinol 15(7):383–392. https://doi.org/10.1038/s41574-019-0174-x

Pedersen BK (2019b) Which type of exercise keeps you young? Curr Opin Clin Nutr Metab Care 22(2):167–173. https://doi.org/10.1097/MCO.0000000000000546

Pedersen BK, Steensberg A, Schjerling P (2001) Muscle-derived interleukin-6: possible biological effects. J Physiol 536:329–337. [PubMed: 11600669]

Pillon NJ, Bilan PJ, Fink LN, Klip A (2013) Cross-talk between skeletal muscle and immune cells: muscle-derived mediators and metabolic implications. Am J Physiol Endocrinol Metab 304(5):E453–E465

de Poli RAB, Lopes VHF, Lira FS, Zagatto AM, Jimenez-Maldonado A, Antunes BM (2021) Peripheral BDNF and psycho-behavioral aspects are positively modulated by high-intensity intermittent exercise and fitness in healthy women. Sci Rep 11(1):4113. https://doi.org/10.1038/s41598-021-83072-9

van Praag H (2008) Neurogenesis and exercise: past and future directions. NeuroMolecular Med 10(2):128–140. https://doi.org/10.1007/s12017-008-8028-z. Epub 2008 Feb 20

van Praag H, Kempermann G, Gage FH (1999a) Running increases cell proliferation and neurogenesisin the adult mouse dentate gyrus. Nat Neurosci 2:266–270

van Praag H, Christie BR, Sejnowski TJ, Gage FH (1999b) Running enhances neurogenesis, learning, and long-term potentiation in mice. Proc Natl Acad Sci USA 96(23):13427–13431. https://doi.org/10.1073/pnas.96.23.13427

Rasmussen P, Brassard P, Adser H, Pedersen MV, Leick L, Hart E, Secher NH, Pedersen BK, Pilegaard H (2009) Evidence for a release of brain-derived neurotrophic factor from the brain during exercise. Exp Physiol 94(10):1062–1069. https://doi.org/10.1113/expphysiol.2009.048512. Epub 2009 Aug 7

Ratel S, Blazevich AJ (2017) Are prepubertal children metabolically comparable to well-trained adult endurance athletes? Sports Med 47(8):1477–1485. https://doi.org/10.1007/s40279-016-0671-1

Rodriguez-Ayllon M, Cadenas-Sánchez C, Estévez-López F, Muñoz NE, Mora-Gonzalez J, Migueles JH, Molina-García P, Henriksson H, Mena-Molina A, Martínez-Vizcaíno V, Catena A, Löf M, Erickson KI, Lubans DR, Ortega FB, Esteban-Cornejo I (2019) Role of physical activity and sedentary behavior in the mental health of preschoolers, children and adolescents: a systematic review and meta-analysis. Sports Med 49(9):1383–1410. https://doi.org/10.1007/s40279-019-01099-5

Rowlands DS, Page RA, Sukala WR, Giri M, Ghimbovschi SD, Hayat I, Cheema BS, Lys I, Leikis M, Sheard PW, Wakefield SJ, Breier B, Hathout Y, Brown K, Marathi R, Orkunoglu-Suer FE, Devaney JM, Leiken B, Many G, Krebs J, Hopkins WG, Hoffman EP (2014) Multi-omic integrated networks connect DNA methylation and miRNA with skeletal muscle plasticity to chronic exercise in Type 2 diabetic obesity. Physiol Genomics 46(20):747–765. https://doi.org/10.1152/physiolgenomics.00024.2014. Epub 2014 Aug 19

Schenk A, Koliamitra C, Bauer CJ, Schier R, Schweiger MR, Bloch W, Zimmer P (2019) Impact of acute aerobic exercise on genome-wide DNA-methylation in natural killer cells-a Pilot study. Genes 10:380

Scisciola L, Fontanella RA, Surina, Cataldo V, Paolisso G, Barbieri M (2021) Sarcopenia and cognitive function: role of myokines in muscle brain cross-talk. Life (Basel) 11(2):173. https://doi.org/10.3390/life11020173

Seaborne RA, Strauss J, Cocks M, Shepherd S, O'Brien TD, van Someren KA, Bell PG, Murgatroyd C, Morton JP, Stewart CE, Sharples AP (2018) Human skeletal muscle possesses an epigenetic memory of hypertrophy. Sci Rep 8(1):1898. https://doi.org/10.1038/s41598-018-20287-3

Severinsen MCK, Pedersen BK (2020) Muscle-organ crosstalk: the emerging roles of myokines. Endocr Rev 41(4):594–609. https://doi.org/10.1210/endrev/bnaa016

da Silva IRV, de Araujo CLP, Dorneles GP, Peres A, Bard AL, Reinaldo G, Teixeira PJZ, Lago PD, Elsner VR (2017) Exercise-modulated epigenetic markers and inflammatory response in COPD individuals: a pilot study. Respir Physiol Neurobiol 242:89–95. https://doi.org/10.1016/j.resp.2017.04.004. Epub 2017 Apr 19

Stangl.eu. Affirmation – Online Lexikon für Psychologie und Pädagogik; https://lexikon.stangl.eu/2229/affirmation. Zugegriffen am 28.12.2021

Suwabe K, Hyodo K, Byun K, Ochi G, Yassa MA, Soya H (2017) Acute moderate exercise improves mnemonic discrimination in young adults. Hippocampus 27(3):229–234. https://doi.org/10.1002/hipo.22695. Epub 2017 Jan 31

Sweeney AM, Moyer A (2015) Self-affirmation and responses to health messages: a meta-analysis on intentions and behavior. Health Psychol 34(2):149–159. https://doi.org/10.1037/hea0000110. Epub 2014 Aug 4

Tidball JG, Villalta SA (2010) Regulatory interactions between muscle and the immune system during muscle regeneration. Am J Phys Regul Integr Comp Phys 298(5):R1173–R1187

de Tommaso M, Federici A, Franco G, Ricci K, Lorenzo M, Delussi M, Vecchio E, Serpino C, Livrea P, Todarello O (2012) Suggestion and pain in migraine: a study by laser evoked potentials. CNS Neurol Disord Drug Targets 11(2):110–126. https://doi.org/10.2174/187152712800269759

Vaynman S, Ying Z, Gomez-Pinilla F (2003) Interplay between brain-derived neurotrophic factor and signal transduction modulators in the regulation of the effects of exercise on synaptic plasticity. Neuroscience 122:647–657. http://www.ncbi.nlm.nih.gov/pubmed/14622908

Vechetti IJ Jr, Valentino T, Mobley CB, McCarthy JJ (2021) The role of extracellular vesicles in skeletal muscle and systematic adaptation to exercise. J Physiol 599(3):845–861. https://doi.org/10.1113/JP278929. Epub 2020 Feb 18

Vivar C, Potter MC, van Praag H (2013) All about running: synaptic plasticity, growth factors and adult hippocampal neurogenesis. Curr Top Behav Neurosci 15:189–210

Wheatley C, Wassenaar T, Salvan P, Beale N, Nichols T, Dawes H, Johansen-Berg H (2020) Associations between fitness, physical activity and mental health in a community sample of young British adolescents: baseline data from the Fit to Study trial. BMJ Open Sport Exerc Med 6(1):e000819. https://doi.org/10.1136/bmjsem-2020-000819. eCollection 2020

Whelan ME, Morgan PS, Sherar LB, Orme MW, Esliger DW (2017) Can functional magnetic resonance imaging studies help with the optimization of health messaging for lifestyle behavior change? A systematic review. Prev Med 99:185–196. https://doi.org/10.1016/j.ypmed.2017.02.004. Epub 2017 Feb 16

Woelfel JR, Dudley-Javoroski S, Shields RK (2018) Precision physical therapy: exercise, the epigenome, and the heritability of environmentally modified traits. Phys Ther 98:946–952

World Health Organization (2011) Global recommendations on physical activity for health. 1. Exercise. 2. Life style. 3. Health promotion. 4. Chronic disease – prevention and control. 5. National health programs

World Health Organization (2020) WHO guidelines on physical activity and sedentary behaviour. World Health Organization, Geneva. Licence: CC BY-NC-SA 3.0 IGO, ISBN 978-92-4-001512-8 (electronic version), ISBN 978-92-4-001513-5 (print edition)

Wu CW, Chang YT, Yu L, Chen HI, Jen CJ, Wu SY, Lo CP, Kuo YM (1985) Exercise enhances the proliferation of neural stem cells and neurite growth and survival of neuronal progenitor cells in dentate gyrus of middle-aged mice. J Appl Physiol 105(2008):1585–1594. https://doi.org/10.1152/japplphysiol.90775.2008

Zhang H, Lin S, Gao T, Zhong F, Cai J, Sun Y, Ma A (2018) Association between sarcopenia and metabolic syndrome in middle-aged and older non-obese adults: a systematic review and meta-analysis. Nutrients 10(3):364. https://doi.org/10.3390/nu10030364

Aktive Bausteine zur strukturbasierten Qualifizierung der Schmerzhemmmechanismen und zur langfristigen anti-nozizeptiven peripheren und zentralen Reorganisation

7

▶ Physische Belastungen integrieren die Schmerzhemmung. Der Pathogenese angepasst, sind sie Schlüsselinterventionen des Schmerzmanagements und Psychotherapie bei chronischen Schmerzen jeder Genese, um die zentrale Sensibilisierung mit der gestörten Schmerzhemmung zurückzudrängen und höchste Gehirnleistungen erneut anti-nozizeptiv zu prägen. Die Kunst der psychologischen und somatischen Therapiegestaltung ist es, Placeboeffekte zu generieren. Schmerzverstärkungen müssen vermieden werden, um Noceboeffekte als „Therapiebarrieren" zu verhindern. Aerobes Training und Krafttraining reduzieren **bei Gesunden** die Schmerzempfindlichkeit unter und kurze Zeit nach der Belastung. Das Ausmaß ist von den Schmerzprovokationen und dem Belastungsprotokoll abhängig. Aerobe Belastungen haben moderate und Kraftbelastungen große Effekte. **Bei chronischen Schmerzen** verursachen aerobe und isometrische Belastungen eine variable Schmerzhemmung. Begrenzt ist die Reaktion paradox. Physische Belastungen sind Schmerztherapeutika.

Wichtig: Es gibt keine chronische Erkrankung, bei der physische Aktivität, therapeutisches Gesundheitstraining, eine Kontraindikation wäre. Im Gegenteil, je ausgeprägter die Chronifizierung, desto wichtiger sind körperliche Aktivitäten, um die Fortentwicklung zu bremsen und die „therapeutische Reorganisation" der Funktion und wo möglich der Struktur einzuleiten und ständig fortzuführen. Es ist sogar zu fordern, dass bereits beim Verdacht der Entwicklung (Borderline-Stadien) und absolut sicher nach der Diagnosestellung einer chronischen Erkrankung mit der Potenz der Fortentwicklung zur Schmerzerkrankung sekundär und tertiär präventives therapeutisches Gesundheitstraining ein essenzieller dauerhafter Bestandteil des Behandlungsregimes sein muss und ein besonderer „therapeutischer Wert" auf die Selbstverantwortung des Patienten gelegt wird. Keine langfristigen Trainingsprogramme zu empfehlen, zu begründen, zu verschreiben und zu begleiten, ist aus biopsycho(jeweils Strukturen und Funktionen der Körperperipherie und des peripheren und zentralen Nervensystems bis in die höchsten Ebenen)sozialer (Lebensbedingungen, Lebensstil) Sicht eine Unterlassung und ist ein Behandlungsfehler!

7.1 Zielstellungen und die allgemeinen Trainingsinhalte und Prinzipien des therapeutischen Gesundheitstrainings bei Schmerzpatienten – Übersicht

Wichtig: Physische Belastungen sind Schlüsselinterventionen eines effektiven Schmerzmanagements bei myofaszial-skelettalen Schmerzsyndromen, aber auch bei chronischen Schmerzen einer anderen Genese. Die Problematik besteht darin, dass als Ergebnis der zentralen Sensibilisierung die physiologische Integration von cerebralem Bewegungsmanagement und Schmerzhemmung funktionell dysbalanciert oder gestört ist und die Reaktionspalette von geminderter Schmerzlinderung bis zur Schmerzverstärkung reicht. Eine Schmerzverstärkung wirkt dann als Nocebo und baut, sofern nicht bereits vorhanden, eine Bewegungsangst auf, unterhält oder verstärkt sie und wird fortschreitend zur „Therapiebarriere" bzw. zur Ursache der Weiterentwicklung des Circulus vitiosus „Schmerz – Inaktivität – Verstärkung der Schmerzen, der Inaktivität und Behinderungen". Compliance und Adhärenz fallen weiter ab.

Physische Belastungen provozieren entsprechend eines systematischen Reviews und einer Meta-Analyse homogen und signifikant, messbar am Anstieg der Schmerzschwellen, bei gesunden Personen eine Aktivierung der Schmerzhemmung (Pacheco-Barrios et al. 2020). Das Ergebnis ist eine belastungsbedingte Hypoalgesie (EIH).

Das therapeutische Gesundheitstraining hat die erforderliche, aber bei chronischen Schmerzpatienten sehr schwierige Aufgabe, die „nozizeptive Struktur und Funktion" des Gehirns, der Körperperipherie und der vielfältigen funktionellen Wechselbeziehungen erneut in Richtung einer physiologischen, anti-nozizeptiven und somatischen Struktur und Funktion zu reorganisieren. Diese globalen Zielstellungen werden selbst bei „idealerweise!" adäquat geändertem, nunmehr aktiven Lebensstil mit den längerfristig systematisch aufzubauenden bzw. nach vielen

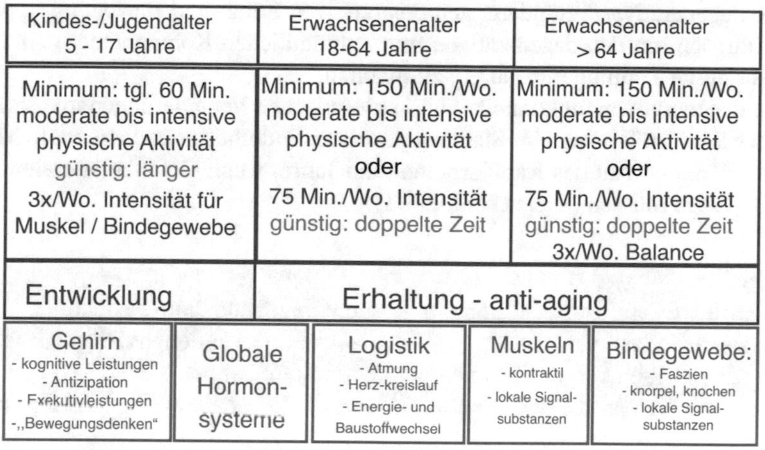

Kindes-/Jugendalter 5 - 17 Jahre	Erwachsenenalter 18-64 Jahre	Erwachsenenalter > 64 Jahre
Minimum: tgl. 60 Min. moderate bis intensive physische Aktivität günstig: länger 3x/Wo. Intensität für Muskel / Bindegewebe	Minimum: 150 Min./Wo. moderate bis intensive physische Aktivität **oder** 75 Min./Wo. Intensität günstig: doppelte Zeit	Minimum: 150 Min./Wo. moderate bis intensive physische Aktivität **oder** 75 Min./Wo. Intensität günstig: doppelte Zeit 3x/Wo. Balance

Entwicklung	Erhaltung - anti-aging			
Gehirn - kognitive Leistungen - Antizipation - Exekutivleistungen -„Bewegungsdenken"	**Globale Hormon-systeme**	**Logistik** - Atmung - Herz-kreislauf - Energie- und Baustoffwechsel	**Muskeln** - kontraktil - lokale Signal-substanzen	**Bindegewebe:** - Faszien - knorpel, knochen - lokale Signal-substanzen

Abb. 7.1 Die Empfehlungen der WHO zur physischen Aktivität (WHO 2011, 2020)

Monaten bis zu wenigen Jahren aufgebauten Trainingsbelastungen im Verbund mit der Belastbarkeit und dem Erreichen der optimalen WHO-Empfehlung (500 min/ Woche moderat-intensive Ausdauer, 2 Krafteinheiten/Woche für große Muskelgruppen, ≥ 65 Jahre zusätzlich 2 koordinative Belastungseinheiten; WHO 2011, 2020; Abb. 7.1) in Abhängigkeit vom Stand der Pathogenese zum Zeitpunkt des Beginns der Umstellung absolut nicht im Sinn einer „restitutio ad integrum" möglich sein. Diese Aussagen basieren auf den folgenden Grundlagen:

- Die cerebralen Reorganisationen zur Zurückdrängung des nozizeptiven Maladaptations- und Konditionierungszustandes, also der Sensibilisierung mit der eingeschränkten psychophysischen Leistungsbereitschaft und -toleranz und den Auswirkungen insbesondere auf die sensorisch-diskriminative, die kognitiv bewertende und die affektiv-emotionale Schmerzkomponente, sind in Abhängigkeit vom Ausprägungsgrad der vorliegenden Sensibilisierung vielleicht nicht absolut unmöglich, aber extrem trainingsaufwändig und sicher auch nur in Wechselbeziehung mit der peripheren Reorganisation zu realisieren (vgl. Abb. 2.2 und 3.2; Laube 2022d).
- Die inaktivitäts- und die mit der jeweiligen Pathogenese verbundenen Verluste an Muskelfasern sind endgültig und der dazugehörende Muskelumbau (Sarkopenie) insbesondere die Bindegewebsproliferation ist so gut wie nicht mehr und die Fettinfiltration extrem schwer zu reorganisieren.
- Die Strukturdefizite der Mikrozirkulation (Lichtung des Netzes, funktionelle Einschränkungen), die interstitiellen nozizeptiven Verhältnisse und zeitabhängig arteriosklerotische Gefäßdegenerationen infolge der Inaktivität liegen ausgeprägt vor und die Sarkopenieentwicklung, ausgelöst und ständig gefördert durch die reduzierte aerobe Kapazität, verschlechtert und „fixiert" die myofasziale Versorgung wegen der fortschreitenden bindegewebigen Separierung der Muskelfaserbündel (Versorgungswege!) und der sehr minimierten Gefäßversorgung des infiltrierten Fettgewebes.

- Die degenerativen Veränderungen des passiven Stütz- und Bewegungsapparates (Arthrosen mit den degenerativen und entzündlichen Komponenten) sind nicht mehr durch Training rückgängig zu machen.
- Die degenerativen funktionellen und sklerotischen Veränderungen im Gefäßsystem erfordern Wochen, im Stadium gestörter Endothelfunktionen, viele Monate zum Weiteraufbau des Kapillarbettes und Jahre, wenn Gefäßkollateralen gebildet werden müssen (Gielen et al. 2001).

Wichtig: Es wird in der Literatur immer prägnanter und eindeutiger, dass physische Belastungen zu den therapeutischen Interventionen der ersten Wahl bei nahezu allen chronischen Schmerzsyndromen gehören.

Aber obwohl das therapeutische Training ein anerkanntes Element des Therapieregimes ist und „nur Training eine strukturelle Reorganisation hervorrufen kann", sind bis heute noch mindestens drei Tatsachen gültig.

- Es gibt zz. keine eindeutige und begründbare Zuordnung von zu bevorzugenden Belastungsinhalten zu konkreten Schmerzsyndromen oder Diagnosen.
- Bisher gibt es für die Belastungsprogramme aller Krankheitsentitäten und Schmerzsyndrome keine Kenntnisse zu Dosis-Wirkungs-Beziehungen.
- Zu den Belastungsprogrammen
  sowohl hinsichtlich der konkreten Zusammensetzung und den Anteiligkeiten der Beanspruchungskomponenten sensomotorische Koordination (Lerntraining), Ausdauer und Kraft
  als auch den einzelnen möglichen Arten, Umfängen und Intensitäten von Belastungen jeder einzelnen Beanspruchungskomponente liegen keine begründeten Angaben und Empfehlungen vor (Laube 2020).

Ein übergreifendes Review über 21 Cochrane-Meta-Analysen (Geneen et al. 2017) zu physischen Aktivitäten und ihren Wirkungen und Effektivtäten bei wesentlich die Prävalenz bestimmenden chronischen Schmerzsyndromen (Fatigue, rheumatoide Arthritis, LBP, Claudicatio, HWS-Nacken-Syndrom, Rückenmarkverletzungen, vorderer Knieschmerz, Osteoarthritis, Fibromyalgie, …) findet in der Regel mäßige Effekte. Polaski et al. (2019) widmet sich bei der Auswertung der gleichen Arbeiten der sehr wichtigen Frage der Dosierung, gegeben durch den Umfang und die Häufigkeit/Woche, die Belastungsintensitäten und die Interventionsdauer in Wochen. **Ein wichtiger Aspekt ist, der analgetische Effekt steigt mit der Belastungsdauer und der Häufigkeit.** Aber obwohl es auch Arbeiten gibt, die eine Dosisabhängigkeit angeben, lassen die bisherigen Literaturdaten insgesamt leider keine suffizienten Aussagen über effektive Dosierungen zur Schmerzlinderung zu.

Wichtig: Das Medikament „Training" ist anerkannt und ebenso, dass es essenziell für die körperliche Reorganisation ist, was für Gesunde und Kranke gilt. Aber die aus dem Sport bekannte „Allgemeine Theorie und Methodik" des Trainings ist für das therapeutische Gesundheitstraining absolut noch nicht ausreichend in Abhängigkeit von der Pathogenese der verschiedenen chronischen Erkrankungen und insbesondere auch dem Entwicklungsstand einer Schmerzerkrankung aufgearbeitet.

7.1.1 Training Sport – Prävention – Therapie

Das **Training in einer Sportart** hat eineindeutige Zielstellungen hinsichtlich der sehr langfristig letztendlich mit hoher Bewegungsqualität zu erlernenden Bewegungen und psychophysischen Handlungsabläufen, den erforderlichen konditionellen Voraussetzungen und ihrer langfristigen Entwicklung. Je nach Sportart beginnt das Training für eine unterschiedlich lange Zeit in bestimmten Altersbereichen mit einem „orientierenden" sportartspezifisch gerichteten Lern- und Konditionierungsprozess, der fließend relativ spät in die „absolute Spezialisierung" münden sollte. Aufgrund des klaren Zieles ergeben sich die Systematik und Inhalte für die Funktions- und Leistungsentwicklung und daraus wieder die Methodik eines langfristigen Trainingsaufbaus über sehr viele Jahre. Anhand der, inzwischen auch wieder seit Jahren vorliegenden aktuellen Entwicklung, steigen auch im Zeitabschnitt der Spezialisierung erneut die sportartunspezifischen Trainingsinhalte für die „Verbreiterung" der koordinativen Leistungsfähigkeiten. Der seit Langem bekannte Begriff dafür ist „unspezifisches Ausgleichstraining" zugunsten koordinativer Fähigkeiten und der moderne Begriff ist „Neuroathletiktraining". Physiologisch geht es einfach um eine vergrößerte Bewegungsvielfältigkeit zum Aufbau eines erweiterten Repertoires sensomotorisch-koordinativer Bewegungsfähigkeiten mit ihren jeweiligen spezifischen posturalen Regulationen als „Qualifizierungsmaßnahme" für das Gehirn mit positiven Folgen sowohl für die Sportartspezifik als auch die Verletzungsprophylaxe. Es ist eine Trainingskomponente, die immer, also auch in der Prävention, der Therapie und Rehabilitation, sinnvoll und erforderlich ist. Sie ist der direkte Zugang zur Strukturierung des Gehirns.

Das **präventive Training** hat keine sportartspezifischen Ziele und kennt somit keine besonders gut zu beherrschenden Bewegungen mit ihren spezifischen konditionellen Entwicklungen und Leistungen. Es nutzt Bewegungen sehr vieler, potenziell aller Sportarten für die physiologische Entwicklung und Erhaltung möglichst aller Körperstrukturen und deren Funktionen. Alle Körperregionen sollen und müssen von einem vielfältigen Training mit jeweils allen Beanspruchungsformen „gleichartig" profitieren. Jede Körperregion hat „ihre Bewegungsformen". Die Muskulatur jeder Körperregion benötigt als Basis der Funktions- und Erholungsfähigkeit eine gute Versorgung (Mikrozirkulation) und aerobe Kapazität (Ausdauer). Für die Realisierung der täglichen Anforderungen ist eine angepasste Kraft mit ausreichenden Reserven notwendig. Letzteres bedeutet, dass die Trainingsinhalte den beruflichen Anforderungen entsprechen bzw. deren Anforderungsprofile kompensieren müssen. Daraus ergeben sich, vergleichbar bzw. als Ersatz einer „Sportartspezifik", die erforderlichen ausgleichenden und die physische wie psychische Belastbarkeit sichernden Trainingsinhalte. Grob ausgedrückt,

- die Person mit PC-Arbeitsplatz bzw. berufsbedingter körperlicher Inaktivität benötigt alle Trainingsformen und
- die physisch beruflich geforderte Person sollte akzentuiert vielseitige Ausdauerbelastungen zugunsten der Erholungsfähigkeit trainieren und die Kraft in den nicht berufsspezifisch belasteten Körperregionen akzentuiert im Fokus haben.

Somit gibt es „inhaltlich keinen allgemein formulierbaren und somit für jede Person gültigen bzw. zu empfehlenden optimalen Inhalt" des präventiven Trainings. Die Prämisse lautet idealerweise

- hinsichtlich der Bewegungsformen „so vielfältig wie möglich, was dann auch immer mit den bewegungsspezifischen konditionellen Anforderungen verknüpft ist" und
- hinsichtlich der Komponenten Ausdauer und Kraft sportwissenschaftlich begründete Dosierungen entsprechender Bewegungsformen für jede Körperregion, wobei
- immer die beruflich bedingte physische Inaktivität oder deren Aktivitäten das Trainingsprogramm inhaltlich bestimmen sollten.

Wichtig: Der präventiv Trainierende ohne krankhafte Einschränkungen kann die Belastungen nach sportwissenschaftlichen Kriterien dosieren und er „kann und sollte idealerweise die Vielseitigkeit in den Vordergrund stellen". So würde er mit keiner Bewegungsform und ihrer konditionellen Ausstattung auch nicht annähernd einen Wettkampf gegen einen „Spezialisten oder akzentuiert Trainierenden" gewinnen können. Training für alle Körperregionen lässt keine „Siegerleistungen" zu. Wichtig ist aber immer, dass die Anstrengungsgrade der Belastungen weit über denen der täglichen Anforderungen liegen müssen, um sie mit Reserven zugunsten einer geringen Ermüdungsentwicklung über den Arbeitstag zur Verfügung zu haben.

Das **therapeutische Training** hat natürlich erst recht keine sportartspezifischen Ziele, aber die Bewegungsstrukturen vieler Sportarten sind durchaus auch hier die therapeutischen Interventionen. Die physischen Belastungen sind die essenziellen Triebkräfte für „den Rückweg" in Richtung einer normotrophen, anti-entzündlichen und anti-nozizeptiven Körperstruktur (Abb. 2.1). Um die dafür voraussetzende Belastbarkeit zu erreichen, sind passive therapeutische Interventionen einzusetzen (Laube 2022a), die aber ohne direkte Kombination mit den aktiven als inadäquat und „kontraproduktiv" anzusehen sind. Es geht um die erneute Entwicklung sensomotorisch-koordinativer Fähigkeiten für den Alltag und später auch darüber hinausgehend um eine gute und ausreichende sensomotorische Vielfältigkeit und Flexibilität. Sensomotorisches Koordinationstraining ist Therapie zur Qualifizierung des Gehirns für die Körperhaltung, -stellung, -wahrnehmung und die Bewegungsdynamik. Zum Bewegungslernen gehört auch die Integration von Bewegung und Schmerzhemmung und es ist demnach auch ein aktives Element der Schmerztherapie. Des Weiteren muss generalisiert der konditionelle Zustand aller Körperregionen den Status der Dekonditionierung (Abb. 2.2) wieder verlassen. **Ausdauer- und Krafttraining sind zugleich Konditionierungs-, Schmerz- und Psychotherapie.** Wichtig ist zu wissen und gegenüber dem Patienten auch zu argumentieren, dass die Ausdauerbelastungen nicht nur die Versorgung der myofaszialen Strukturen verbessern und schmerzlindernd wirken, sofern sie der Leistungsträger der Trainingsbelastung sind, sondern gleichfalls den Ausbau des Versorgungsnetzes im Gehirn und die Neuroprotektion (Swain et al. 2003) fördern. Gemeinsam mit den Kraftübungen, jeweils angeregt durch die Signalstoffe der trainierenden Muskulatur (Myokine, extrazelluläre Vesikel), werden weitere wichtige für das tägliche Leben und die Schmerzbekämpfung sehr vorteilhafte Funktionen und Leistungen des Gehirns (u. a. Gedächtnis) positiv beeinflusst. Bei den chronischen Schmerzpatienten kommt es gerade darauf an, die aktiven Interventionen zunächst unter der Zielstellung „Schmerzlinderung!", einer Therapie für das Gehirn, einzusetzen und dies gegenüber dem Patienten auch in den Vordergrund zu stellen. „Nicht Training, um die körperliche Leistung zu erhöhen, sondern um dem Gehirn „Gutes zu tun", indem es dazu gebracht wird, seiner Funktion als „Schmerzunterdrücker" wieder gerecht werden zu können". Die Reduzierung der Schmerzen wird vom Gehirn als eine „Belohnung" verarbeitet. Das Belohnungszentrum (Nc. accumbens; mesolimbisches System) wird entsprechend aktiv. Damit wird zugleich die affektiv-emotionale Komponente des Schmerzes positiv beeinflusst. Dies sind alles bewusst angestrebte Wirkungen, die durch möglichst viele Wiederholungen die cerebrale Reorganisation des Sensibilisierungszustandes vorantreiben sollen. **Die Ursprünge der Desensibilisierung sind also die cerebral generierten muskulären Aktivitäten.** Die psychologischen Interventionen sind darauf zu richten, die Durchführung der Bewegungsaktivitäten zu fördern und sie dann auch regelmäßig auszuführen. Es gilt u. a. die Diskrepanz zwischen Absicht und Realität des Trainings zu überwinden. Für den Physio- und/oder Trainingstherapeuten ist es eine psychologische Herausforderung, den Patienten die deutlich ermüdenden andauernden (Ausdauer) oder sehr intensiv anstrengenden und ermüdenden (Kraft) körperlichen Belastungen als Schmerztherapie zu vermitteln. Der Patient ist solchen Anstrengungen entwöhnt, er ist objektiv wenig belastungstolerant, die Leistungsfähigkeit ist gering, trotz geringer Intensitäten tritt relativ schnell das subjektive Gefühl „der Überlastung" ein und es besteht vielfach Angst vor einer belastungsbedingten Verstärkung der Schmerzen, was nicht selten auch der Fall ist. Vereinzelt, weil die Patienten es eher selten verbal ausdrücken, fallen Begriffe wie „Selbstkasteiung" oder sinngemäße Äußerungen. Nonverbal und in späteren Gesprächen machen viele Patienten deutlich, dass sie zufrieden waren, dass die Einheit endlich beendet worden ist. Im Spannungsfeld zwischen dem Bedarf der Aktivitäten und den Folgen der peripheren und zentralen Dekonditionierung, den pathogenetischen Ergebnissen der zugrunde liegenden Erkrankung und deren Weiterentwicklung zur Schmerzerkrankung muss der Therapeut die Therapieinhalte so vermitteln und begründen, dass möglichst eine Placebo- und keine Nocebowirkung entsteht. Dazu gehört auch, den Patienten zu informieren, dass die körperlichen Aktivitäten nun eigentlich ein ständiger Bestandteil des Lebens werden sollten.

7.1.2 Trainingsziele und Trainingsbegründungen

Chronische Schmerzpatienten welcher primären Ursache auch immer und nach langem pathogenetischem Verlauf

- sind ausgeprägt physisch dekonditioniert (primär und/oder sekundär),
- sind peripher sensibilisiert,
- haben eine cerebrale Sensibilisierung der Schmerzempfindung und -verarbeitung mit
- damit verknüpften Veränderungen emotionaler, mentaler und kognitiver Funktionen.

Sie leiden auf der Grundlage der strukturellen und funktionellen Folgen der Dekonditionierung, die beim Fortbestehen schleichend zur pathogenetischen Ursache gewebeabhängiger Krankheitsentwicklungen („diseasome of physical inactivity") wird und/oder weiterer Ursachen wie z. B. primär entzündlicher Prozesse, aber auch von Verletzungen und Komplikationen erstgenannter Krankheitsentwicklungen

- an peripheren strukturellen und funktionellen metabolisch, entzündlich und degenerativ bedingten Veränderungen, Maladaptationen und deren Interaktionen,
- an zentralen funktionellen Dysbalancen sowie Störungen der Schmerzhemmung und -modulation, wodurch die funktionelle Einheit von Bewegung und Schmerzhemmung bis hin zum Ruheschmerz nicht mehr physiologisch funktioniert,
- an zentralen Veränderungen des Antriebs, der Motivation, der emotionellen Verarbeitung, der Belastungstoleranz und kognitiver Prozesse (siehe u. a. Schmerzkomponenten),
- an veränderten, beeinträchtigten, defizitären Wechselbeziehungen innerhalb der Körperperipherie, der Muskulatur, der Muskulatur u. a. zum Bindegewebe und zum Immunsystem als auch zwischen der Peripherie und dem Gehirn („cross talks": z. B. Muskel-Gehirn, Muskel-Knochen, Muskel-Stoffwechsel, Muskel-Leber, Muskel-Immunstoffwechsel, …; Pedersen 2019a; Kim und Kim 2020; Kim et al. 2019; Bay und Pedersen 2020; Gomarasca et al. 2020; Gonzalez-Gil und Elizondo-Montemayor 2020; Hong und Lee 2020; Kirk et al. 2020; Laurens et al. 2020; Severinsen und Pedersen 2020; de Oliveira Dos Santos et al. 2021) und

- an einer geminderten Aktivität und Kapazität der anabolen Systeme, die u. a. die Regeneration und Reparaturfähigkeit verantworten, und
- an einer geminderten Ansprechbarkeit der Gewebe auf strukturerhaltende anabole Substanzen.

Wichtig: Für alle genannten funktionellen Defizite gibt es „ein einziges Medikament ohne jede Nebenwirkung", das therapeutische Training!

Aus der Sicht des Therapeuten müssen die Argumentationen so „verbal angepasst und vermittelt werden", dass beim Patienten eine Placebowirkung entsteht und es gilt:

1. Chronisch intermittierende und dauerhafte Schmerzen bedeuten eine Erkrankung des Gehirns infolge von provozierten pathomorphologischen und pathophysiologischen Veränderungen (Sensibilisierung infolge der Neuroplastizität in spinalen nozizeptiven Verarbeitungsebenen, cerebrales klassisches und operantes Konditionieren/Lernen mit u. a. dem wirkenden Mechanismus Furcht-Vermeidung) durch überproportional andauernde Schmerzinformationen aus einer durch Entzündung, Degeneration und/oder metabolisch bedingt sensibilisierten Körperperipherie (periphere nozizeptive Verarbeitungsebene), wobei eine disponierende zentrale Komponente vorliegen kann.

   Das bedeutet: langfristige aktive Therapie zur Reorganisation der Körperperipherie und des Nervensystems/des Gehirns und der Interaktionen zwischen Peripherie und „Zentrale".

2. Für die Reorganisation der Körperperipherie und des Gehirns sind physische Belastungen aller Beanspruchungsformen essenziell erforderlich, denn jede Belastungsform generiert „für sich" eigenständige, nicht mit denen anderer Belastungsformen austauschbare u. a. auch anti-nozizeptive Veränderungen, die sich gegenseitig vorteilhaft ergänzen, auch voneinander abhängig sind und klinisch und funktionell den metabolischen und kontraktilen Muskelstatus zum „globalen Gesundheitsmerkmal" werden lassen, welches wiederum als „Spiegelbild der Gehirnfunktion" betrachtet werden kann.

   Das bedeutet: „idealerweise" lebenslanges vielseitiges Training aller Belastungs(Trainings-)formen mit einem wissenschaftlich begründeten besonders effektiven zeitlichen Umfang bei Erwachsenen von ca. 5 h/Woche und im Kindes- und Jugendalter von mindestens 7 h/Woche (WHO 2011, 2020).

   Zur Reorganisation einzelner Organe und Organsysteme bzw. von Funktionen und den Interaktionen gelten für die Patienten die folgenden Zielstellungen, die mit den entsprechenden aktiven „therapeutischen Teilprogrammen" verwirklicht werden müssen:

3. Bewegungen müssen erneut erlernt und/oder ihre Ausführung qualifiziert und weiterhin durch ständiges Wiederholen erhalten werden, um sie dauerhaft zielführend, sicher, stabil, präzise, schmerzfrei und mit nur minimierter Fehlbelastungsgefährdung des passiven Stütz- und Bewegungsapparates bis ins hohe Alter

ausführen zu können. Das häufige Ausführen von Bewegungen verbessert auch die dazugehörige Kondition. Bewegungslernen spricht akzentuiert das Organ Gehirn an und das Erhalten der Bewegungsfunktion die zugehörige Ausdauer und Kraft, wobei immer auch der Fokus auf die funktionelle Einheit von Bewegung und Schmerzhemmung gerichtet ist.

Das bedeutet: vielseitiges sensomotorisches Koordinationstraining in verschiedenen Ausführungsformen wie Spielen, Gymnastikformen am besten mit Musik, Tanzen, Gleichgewichtstraining auf sehr unterschiedlichen Untergründen ohne und mit sogenannten Multitasking-Aufgaben.

4. Aufbau einer für den Alltag in Beruf und Freizeit erforderlichen Ermüdungsresistenz zur Verhinderung eines zu schnell eintretenden reversiblen koordinativen Funktionsverlustes, der Minimierung von Fehlbelastungen des passiven Stütz- und Bewegungsapparates, für eine funktionsgerechte Gewebeversorgung während physischer Belastungen, einem anti-nozizeptiven Gewebemilieu und für eine gute Erholungsfähigkeit, indem die Logistiksysteme mit dem „Produkt" aerobe Kapazität angesprochen und für alle Lebensfunktionen, -aktivitäten und die Regeneration gefordert und funktionsfähig gehalten werden.

Das bedeutet: Ausdauertraining für alle Körperregionen.

5. Aufbau einer für den Alltag in Beruf und Freizeit ausreichenden Kraftausdauer- und Maximalkraftfähigkeit zur Absicherung wiederkehrender Bewegungen mit einem erforderlichen Krafteinsatz oberhalb von 30–40 % des maximalen Kraftwertes, zur zügigen Überwindung oder dem kompensatorischen Abbremsen von Körperteilen und Lasten, für das Heben und Tragen von Lasten sowie die statische und dynamische Stabilisation des passiven Stütz- und Bewegungsapparates, indem die kontraktile Kapazität der Muskulatur intensiv angesprochen wird.

Das bedeutet: Kraftausdauer- und Maximalkrafttraining für alle Körperregionen bzw. myofazialen Ketten.

6. Aufbau der Fähigkeit, Kraft so schnell wie möglich zwecks Generierung ausreichender Bewegungsgeschwindigkeiten und der effektiven Kompensation interner und externer Krafteinwirkungen zur Verfügung stellen zu können und insbesondere im späteren Lebensabschnitt (spätestens ab dem 35.–40. Lebensjahr) die schnellen Muskelanteile durch die Beanspruchung zu erhalten, indem schnelle Bewegungsausführungen bzw. eine schnelle Überwindung von Lasten gefordert werden.

Das bedeutet: Schnelligkeits- und Schnellkrafttraining für alle Körperregionen und myofasziale Ketten.

7. Aufbau von Sehnen- und Skelettstrukturen mit ausreichend hoher mechanischer Belastbarkeit und Belastungsverträglichkeit zur Vermeidung von Entzündungs- und degenerativen Reaktionen, indem wiederholt hohe mechanische Beanspruchungen gefordert werden.

Das bedeutet: Maximalkrafttraining auf guter aerober Basis durch Ausdauer- und Kraftausdauertraining für alle Körperregionen und myofaszialen Ketten.

8. Verbesserung und Sicherung der Funktion der Faszien als Verschiebeschicht zwischen Muskelanteilen, verschiedenen Muskeln sowie zwischen der Muskulatur und der Haut zu fungieren und keine Verklebungen und Verhärtungen auszubilden, indem vielfältige Bewegungsausführungen durchgeführt werden.

  Das bedeutet: vielfältiges sensomotorisches Koordinationstraining für alle Körperregionen (vgl. Punkt 3).

9. Verbesserung und Sicherung der Funktion der Faszien als Sensorstandort, um die Sensoren für ihre essenziellen Informationsleistungen zur Haltungs- und Bewegungsregulation in einen guten Funktionszustand zu bringen oder zu halten, indem für die neuronalen Strukturen eine bedarfs- und funktionsgerechte Infrastruktur der Mikrozirkulation zur Verfügung gestellt wird.

  Das bedeutet: klassisches Ausdauer-, aber auch nach entsprechender Vorbereitung hochintensives Intervalltraining für alle Körperregionen.

10. Verbesserung und Sicherung der Funktion der Faszien, um als Überträger der kontraktilen Kraft zu fungieren, indem sie mechanisch wiederholt beansprucht werden.

  Das bedeutet: Kraftausdauer- und Maximalkrafttraining für alle Körperregionen bzw. myofazialen Ketten.

11. Verbesserung und Erhaltung der Beweglichkeit der großen Gelenke und der Wirbelsäule zur u. a. Nutzung der anti-nozizeptiv wirkenden Informationen der erst im maximalen ROM aktivierten Sensoren in den Gelenkkapseln, indem wiederholt Bewegungen bis in den endgradigen Bewegungsbereich ausgeführt werden und kurzzeitig in der endgradigen Position verharrt oder auch bewegt wird.

  Das bedeutet: Bewegungen im vollen Bewegungsumfang der Gelenke oder Körperregionen (Wirbelsäule)!

12. Erhaltung der noch vorhandenen Funktionsmöglichkeit des Gelenkknorpels, Kräfte zu dämpfen und ausreichend mechanisch belastbar zu sein, indem viele Bewegungen als „Auftraggeber" zur Produktion der ernährenden Gelenkflüssigkeit und aktive statische und dynamische Gelenksicherungen mit ausreichender Kraft und geringer Ermüdungsentwicklung stattfinden.

  Das bedeutet: häufige Bewegungen im gesamten Bewegungsbereich ohne und unter Last, sensomotorisches Koordinations-, Ausdauer- und Krafttraining.

13. Abbau und Minimierung nozizeptiver Quellen in der Körperperipherie, indem die Durchblutung bedarfsgerecht verbessert und das interstitielle Milieu der Gewebe aller Körperregionen anti-nozizeptiv verändert wird (Ausdauer), die Gelenke korrekter bewegt werden (Koordination, Lernen) und die muskuläre kontraktile Leistungsfähigkeit (Kraft) vergrößert wird. Eine solche Trainingszielstellung beeinflusst gleichzeitig die Funktion des Gehirns, die Bewegungsorganisation mit integrierter Schmerzhemmung und eine ausbalanciertere Aktivität der anti-nozizeptiven Systeme.

  Das bedeutet: Training aller sensomotorischen Beanspruchungsformen.

14. Stimulation der Produktion auto-, para- und endokriner anaboler Signalsubstanzen der Gewebe für die „eigenen" strukturellen Anpassungen und die Wechselbeziehungen zwischen den Geweben und Organen („cross talks") zwecks gegenseitiger struktureller und funktioneller Abstimmung der Anpassungen.

    Das bedeutet: Ausdauer- und Krafttraining für alle Körperregionen.

15. Verbesserung der Ansprechbarkeit aller Gewebe für anabole Signalsubstanzen als essenzielle Schnittstelle zwischen der Beanspruchung und der Umsetzung in strukturelle Anpassungen.

    Das bedeutet: Ausdauer- und Krafttraining für alle Körperregionen.

Bei jedem Patienten sind mit unterschiedlichen Akzentuierungen grundsätzlich stets alle Zielstellungen relevant und dessen Verwirklichung notwendig. Somit ist übergreifend auch immer ein Programm mit allen aktiven Therapiekomponenten indiziert. Betrachtet man die einzelnen Fachgebiete Orthopädie, Unfallchirurgie, Innere Medizin, Neurologie, Psychiatrie und die Onkologie, dann bestehen auf dem Fundament der fachspezifischen Therapien für alle Patienten die gleichen Zielstellungen. Die Menschen möchten einerseits schmerzgelindert und besser schmerzfrei sein. Andererseits sind die „von der Mobilität lebenden und geprägten" Lebensaktivitäten und die Lebensqualität nur möglich, wenn alle Funktionen des sensomotorischen Systems mit ausreichender Qualität (Bewegungsausführungen) und Quantität (konditionelle Fähigkeiten und Kapazitäten) zur Verfügung stehen und genutzt werden können. So gleichen sich die auf die nachhaltige Schmerzlinderung und die Mobilität ausgerichteten übergeordneten Ziele, der Therapiebedarf und deren Inhalte für alle Patientengruppen. Bei den **orthopädischen Patienten** mit ihren Störungen und Erkrankungen des passiven Stütz- und Bewegungsapparats (Skelett-, Bdgw.-System) und gleichzeitig mit all seinen Konsequenzen für die Funktion des sensomotorischen Systems steht parallel zur Schmerzlinderung die Wiederherstellung und Verbesserung der Bewegungsfertigkeiten im Vordergrund. „Der chronische Rückenschmerzpatient, derjenige mit einer Arthrose vor und nach der indizierten OP, mit einem Bandscheibenvorfall usw." möchte seine beruflichen und freizeitlichen körperlichen Aktivitäten wieder ausführen können. Es gelten die benannten Ziele und das resultierende Programm. Die **unfallchirurgischen Patienten** haben infolge der Verletzungen, die in aller Regel auch das sensomotorische System auf der sensorischen Seite betreffen, den gleichen Anspruch wie die orthopädischen. Die **neurologischen Patienten** benötigen wegen neuromuskulärer Erkrankungen, peripherer Nervenschädigungen unterschiedlicher Genese und komplexer cerebral bedingter Schädigungen sensomotorischer Leistungen gleichfalls die Erhaltung, Verbesserung bzw. das Wiedererlangen von Bewegungsfertigkeiten für die alltäglichen Lebensaktivitäten, was nur durch sensomotorisches Training erreichbar ist. Bei **psychiatrischen Patienten** (Angst, Depression) ist Training zur Verbesserung der konditionellen Fähigkeiten als Stimulanz cerebraler Transmittersysteme und der Beeinflussung der Interaktionen zwischen den cerebralen Strukturen eine wichtige Komponente. Die **internistischen Patienten** (Herz-Kreislauf, metabolisches Syndrom, Diabetes mellitus, ...) profitieren nachhaltig von der trainingsbedingten Verbesserung der Funktions- und Leistungsfähigkeit der Logistiksysteme, der neurovegetativen und der globalen neurohumoralen endokrinen und den lokalen anabolen und anti-inflammatorischen Regulationssystemen. Die Inzidenz von 13 **onkologischen Erkrankungen** wird durch eine regelmäßige physische Aktivität reduziert, bei Erkrankung fällt die Rezidivrate und generell lindert Training das Fatigue-Syndrom. Für die Patienten aller Fachrichtungen sorgen die Trainingsinhalte für die Verbesserung der Mobilität für die integrierte Qualifikation der Schmerzhemmung, die Entzündungshemmung durch die Myokine und die Förderung der mental-kognitiven Genesung und Gesundheit (Laube 2020, 2021a, 2022a, b, c, d). Die fachunabhängige essenzielle „Therapiekomponente physische Aktivität" ist das „Medikament" von mindestens 26 chronischen Erkrankungen (Pedersen und Saltin 2015), die das Prävalenzgeschehen gravierend bestimmen.

Wichtig: Die Trainingstherapie ist für alle medizinischen Fachgebiete nicht nur eine relevante, sondern sie ist „als Dach" über den fachspezifischen Behandlungsmaßnahmen eine essenzielle Therapiekomponente. Aber es gibt keine krankheitsspezifischen Trainingsprogramme, „nur" das Wissen, dass sie bei allen Erkrankungen alle Trainingsformen beinhalten müssen und dass der Trainingsumfang und die Häufigkeit in Richtung der Empfehlung von mindestens 150 min/Woche und optimal 500 min/Woche entwickelt werden sollte. Das bedeutet einen langfristigen Aufbau grundsätzlich nach den trainingswissenschaftlichen Kriterien, die durch die Erkrankung, den Krankheitsverlauf und den aktuellen pathogenetischen Entwicklungsstand aus peripherer wie zentraler Sicht zu modifizieren sind. Das ist nur mit dem gleichzeitigen Therapieziel der Entwicklung der Selbstverantwortung für die „eigene" Gesundheit möglich. Gesundheitsstrukturen für einen solchen langfristigen, intermittierend fachlich unterstützten und begleiteten Weg gibt es leider nicht und wird auch nicht diskutiert.

7.1.3 Die Komponente Ausdauertraining in Prävention und Therapie

Die Belastungsformen

Die Ausdauer gibt es nicht! Zu unterscheiden sind die Kurz- (0,5–2 min), die Mittel- (>2–10 min) und die Langzeitausdauer (I: >10–35 min, II: >35–90 min, III >90–360 min). Von denen steht die Mittelzeitausdauer für den Belastungsaufbau und für sinnvolle Intervallbelastungen. Der volle Umfang der Langzeitausdauer I ist vorrangig der therapierelevante für das klassische Ausdauertraining. Werden wöchentlich 3–4 Belastungseinheiten durchgeführt, können 30 min als die optimale und 45 min als die maximale Dauer angesehen werden. Die Dauer und Intensität der jeweiligen Belastungen bestimmen die Stoffwechselanpassungen mehr in Richtung des Fett- oder Glucosestoffwechsels, wobei das akzentuierte Ansprechen des Fettstoffwechsels noch deutlich längere Belastungsdauern erfordern würde.

In der Aufbauphase sind bei dekonditionierungsbedingtem Bedarf 10-minütige Belastungsphasen, die sich über den Tag zu 30–40 min summieren, sinnvoll und zu empfehlen. Die Ausdauerfähigkeit ist abhängig von der Belastungsart und die „klassische Ausdauer" über 30 min und länger bedeutet in Abgrenzung zur Kraftausdauer Krafteinsätze pro Bewegungszyklus von ca. 30–35 % des maximalen Kraftwertes.

> **Wichtig:** Nur die Muskulatur, die die Trainingsleistung erbringt, reagiert mit strukturellen und funktionellen Adaptationen.

Da nur die trainierte Muskulatur „etwas vom Training hat", muss der generalisiert dekonditionierte Schmerzpatient alle Körperregionen ansprechen. Es müssen mit verschiedenen Ausdauerbelastungsformen alle pedo-kranialen Muskelketten und alle myofaszial-skelettalen Bereiche einbezogen werden. Für das Ausdauertraining gibt es eine sehr überschaubare Palette von Bewegungsformen. Es sind

- das Gehen – Laufen (extern oder „Indoor-Variante" Laufband),
- das Wandern,
- das Nordic Walking,
- der Skilanglauf,
- der Crosstrainer als „Indoor-Vvariante" des Nordic Walking und des Skilanglaufes,
- das Fahrradfahren,
- das Ruderergometer als „Indoor-Variante" des eher sehr begrenzt möglichen Ruderns,
- das Handkurbelergometer und
- das Schwimmen.

Alle Belastungsformen trainieren bei entsprechender Dosierung, gegeben durch die Strecke oder Zeitdauer und die Intensität, das Herz-Kreislauf-System und den aeroben Energiestoffwechsel. Aber dessen Beanspruchung hat dennoch ein unterschiedliches Ausmaß in Abhängigkeit von der jeweils aktiven, die spezifische Leistung erbringenden Muskelmasse. Letzteres bestimmt den Umfang der vom Training profitierenden Muskulatur. Der Crosstrainer, das Rudern und das Schwimmen können als Ganzkörperbelastungen angesehen werden, denn die Muskulatur des Rumpfes, der oberen und unteren Extremitäten ist aktiv. Zu beachten ist, dass von diesen drei zyklischen Bewegungsvarianten das Rudern sensomotorisch koordinativ sehr anspruchsvoll ist. Mehr als bei allen anderen Bewegungsformen sollte beim Anfänger der Bewegungsablauf geschult werden, um keine Beschwerden im unteren Rücken zu provozieren und eine Aversion gegen dieses Therapieinstrument zu verhindern. Das Gehen, Laufen, Wandern jeweils ohne Stöcke und das Fahrradfahren beanspruchen relativ wenig und in der Regel nicht ausreichend trainingswirksam die Muskulatur des Schultergürtels und der oberen Extremitäten. Aus diesem Grund sind diese Belastungsformen keine adäquate bzw. spezifische Ausdauertherapie

z. B. für Patienten mit einem Schulter-Nacken-Arm-Syndrom (PC-Syndrom). Sie führen damit ein wichtiges Herz-Kreislauf-Training aus, aber die Schultergürtel-Arm-Muskulatur ist nicht der „Leistungsträger" der Belastung und wird seine Mikrozirkulation nicht, wie durch eine Ausdauerbelastung angestrebt, verbessern. Die Triggerpunkte als wesentliche Schmerzgeneratoren bleiben erhalten. Eine spezifische Therapie für diese Patienten ist die Handkurbelergometrie. Der Leistungsträger für die Dynamik der Bewegung ist die Schultergürtel-Arm-Muskulatur und intensitätsabhängig sichert die Rückenmuskulatur bis hinunter zum Becken die Stützsensomotorik dafür. So ist diese Ergometrievariante nach einem Belastungsaufbau auch eine Intervention bei Personen mit unteren Rückenschmerzen. Die Möglichkeit des Schwimmens ist eher begrenzt und aus der Erfahrung verwechseln die meisten Patienten das Schwimmen mit dem Baden. Auch das Schwimmen muss über eine bestimmte Strecke oder Zeit kontinuierlich ausgeführt werden, damit es als Ausdauerbelastung wirksam werden zu kann.

Ziel: Trainieren aller Körperregionen

Aus der Sicht der Ausdauer gilt: Der chronisch Schmerzkranke ist generalisiert dekonditioniert, also die besonders nozizeptiv relevanten Komponenten Mikrozirkulation und aerobe Kapazität sind in allen myofaszialen Ketten defizitär! Die logische Konsequenz ist, vom therapeutischen Gesundheitstraining müssen alle Körperregionen angesprochen werden und profitieren. So ist es nicht ausreichend, das Ausdauertraining nur mit einer oder zwei Belastungsformen durchzuführen, wenn es nicht krankheitsbedingte Einschränkungen gibt. Beginnen sollte das Programm mit der Bewegungsform, die der Patient am besten beherrscht und bei der keine oder nur marginale Schmerzen provoziert werden. Das sind in aller Regel entweder vorrangig das Fahrradfahren und/oder das Gehen, wenn nicht Arthrosen der großen Gelenke einen Aufbau erzwingen. Je nach klinischem Zustand sind diese Bewegungsformen durch weitere zu ergänzen, um möglichst viele und idealerweise alle Körperregionen zu trainieren oder für wirksame Belastungsintensitäten vorzubereiten. Der chronische Schmerzpatient ist ja auch generalisiert dekonditioniert und benötigt eine strukturelle Verbesserung der Versorgung in allen myofaszialen Strukturen der pedo-kranialen Ketten. Zusätzlich repräsentieren die verschiedenen Bewegungen auch eine differente Sensomotorik und unterstützen das Streben nach sensomotorischer Vielfältigkeit. Letzteres hat wegen der sehr begrenzten Bewegungsformen mit fortschreitender Trainingsdauer seine deutlichen sensomotorischen, aber auch kognitiven Begrenzungen. Ausdauer muss über die Zeit realisiert werden und beim Patienten muss immer mehr die Einsicht zur Grundlage des Bedarfs der Ausführung dieser Trainingsform werden.

Wichtig: Der Fitnesslevel ist der „Moderator" für die Beziehung zwischen Belastungen bzw. Belastungsspitzen und Verletzungen (Gabbett 2020) und das gilt sicher auch auf der einen Seite für die Entwicklung chronischer Erkrankungen und der anderen Seite für deren Behandlung.

Die Dosierung: Umfang und Intensität der Ausdauer

Effektiv wirksames therapeutisches Ausdauertraining hat eine empfohlene **Belastungsdauer** pro Einheit von 30 min bis zu maximal 45 min. Das entspricht dem Übergang zwischen dem Langzeitausdauerbereich I (10–35 min) und II (36–90 min). Vermittelt durch die zyklische Motorik der Belastungsformen ist es das Training der Logistiksysteme mit den besonders schmerzrelevanten Schwerpunkten Mikrozirkulation und aerobe Kapazität. Aus cerebraler Sicht wird Ausdauer über die Ermüdungsentwicklung mit der erforderlichen fortschreitenden Rekrutierung des FTF-Systems der aktiven Muskeln auch zur direkten Schmerztherapie. Deshalb ist die „zu therapierende Fähigkeit Ausdauer" mit der Entwicklung einer deutlichen Ermüdung am Ende jeder Ausdauereinheit verbunden. Dann sind auch die schnellen Muskelanteile an der Leistung beteiligt und das Gehirn muss damit auch seine Schmerzhemmmechanismen aktivieren.

Die **„optimale" Dauer** wird von vielen Patienten zunächst selbst bei unterdosierter Intensität vorrangig aus zentraler Sicht nicht toleriert. Die effektive Belastungsdauer muss, zunächst ohne die Intensität wesentlich zu beachten, aufgebaut werden, indem individuell variabel die Dauer von Einheit zu Einheit gesteigert wird. Oder es wird in einer Einheit, angepasst an die Belastbarkeit, die Belastungstoleranz und die Schmerzsituation, die Intervallmethode genutzt. **Kurzintervalle** mit etwa gleich langen oder den schmerz- und konditionellen Bedingungen (z. B. Rückkehr der HF) angepassten Pausen werden bei erheblichen Einschränkungen eingesetzt, wobei zunächst mit extensiven (Intensität gering, Pausen kurz) und später mit intensiveren (Intensität höher, Pausen länger) Intervallen gearbeitet werden kann. Aufbauend kann zu **Mittelzeit-** und **Langzeitintervallen** übergegangen werden. Ziel ist es, mit der Summe der Intervalle eine 30-minütige Gesamtbelastungsdauer aufzubauen. Auch das Unterbrechen des Ausdauertrainingsmodus durch zwischenzeitliche andere Anforderungen wäre eine probate Methodik. Generell kommt es bei chronischen Schmerzpatienten primär auf die Belastungsdauer und weniger oder sogar noch gar nicht auf die Belastungsintensität an. Der letztgenannte Parameter des Ausdauertrainings hat wie die Dauer auch „seinen Aufbau".

> **Wichtig:** Eine Belastung längere Zeit stabil aufrechtzuerhalten, ist eine affektiv-emotionale als auch eine kognitiv-bewertende cerebrale Anforderung und somit eine wichtige Beeinflussung der entsprechenden Schmerzkomponenten.

Bei den Schmerz- und ebenso z. B. bei adipösen Patienten sind während des Belastungsaufbaus verkürzte Belastungsdauern, also Belastungsintervalle aufgrund der Motivationslage, der psychophysischen Leistungsfähigkeit, der Anstrengungs-, Belastungs- und häufig natürlich auch der Schmerztoleranz das absolute Mittel der Wahl. Ergebnisse einer Testung der „optimalen" Dosierung der Beanspruchung, z. B. gegeben durch die Herzschlagfrequenz und/oder die Leistung in Watt oder die Geschwindigkeit liegen bei Schmerzpatienten nicht vor. Es gilt, sich an die trainingswissenschaftlich begründete wirksame Dosierung über die psychische Belastungsverträglichkeit und „organisierten psychischen Belohnungen" heranzuarbeiten. Das Anstreben einer „optimalen Dauer der Dosierung" von „vornherein", „umgehend" oder „möglichst schnell" ist nicht sinnvoll und kann kontraproduktiv wirken. Vielleicht kann man sagen,

- „für die peripheren Adaptationen des Ausdauertrainings (Herz-Kreislauf-Energiestoffwechsel)" und sicher auch für die des Krafttrainings (sensomotorisch-koordinativen und nachfolgend die kontraktilen) liegen die Umfänge und die später in Wechselbeziehung aufzubauenden Intensitäten deutlich höher als
- „für die bei Schmerzpatienten zunächst anfangs erforderlichen reorganisatorischen cerebralen Adaptationen", was die Therapiedauer wesentlich verlängert.

> **Wichtig:** Die cerebralen Wirkungen der langfristigen Dekonditionierung und der Sensibilisierungsprozesse (Abb. 2.2) verhindern optimale Umfänge und Dosierungen, die dann die Voraussetzung für die Realisation des peripher und zentral optimal wirksamen Trainings sind.

So könnte man ebenso meinen, die Unterdosierung und das Heranführen der Dosierung an „das peripher Notwendige" sind gemeinsam das „anfängliche Therapieelement" für das Gehirn als der zu entwickelnde Motivator, der Generator des affektiv-emotionalen Befindens, der kognitiv-bewertenden Funktion und des Verhaltens, der zu korrigierenden Bewegungsangst und der Schmerzverarbeitung. Aus psychologischer Sicht ist ein solches Vorgehen sicher auch viel günstiger als „ein strenges Vorgehen mit Test, Ergebnis und los geht's". Das systematische Erarbeiten der Dosierung „Dauer wie dann auch der Intensität" hat weiterhin den Vorteil, dass der Patient psychophysisch in den Prozess des Findens „seiner anzustrebenden Belastungsdosierungen" eingebunden und damit gleichzeitig cerebral therapiert wird. Aus der Sicht des Patienten werden mit der Unterdosierung und den verkürzten Belastungszeiträumen die Folgen der cerebralen Sensibilisierung zugrunde gelegt und er wird „bei und mit seiner psychophysischen Situation und Verträglichkeit abgeholt". Ziel ist es, dass der Patient erlebt,

- die Leistung kann erstens erbracht werden und
- zweitens gravierende Schmerzen werden nicht provoziert.

Es wird dadurch für den Patienten ein Erfolgserlebnis organisiert. Entsprechend kann sein cerebrales Belohnungssystem (Nc. accumbens, meso-limbisches System: affektiv-emotionale Schmerzkomponente) anhand des Gefühls „Freude", als das Ergebnis der eigenen Beurteilung der gerade gemachten Erfahrung, eine Belohnung signalisieren. Lässt das Verhalten und/oder das Gespräch mit dem Patienten das positive Gefühl erkennen, wird es der Therapeut verbal unterstützen und kann ergänzend einen Placeboeffekt begünstigen.

Für die Dauer ist die Empfehlung einer Zielgröße und das Messen des Erreichens auch sehr einfach. Dies gilt weniger für die **Belastungsintensität**. Die Intensität wird üblicherweise im „Alltag des Trainings" anhand der Herzschlagfrequenz vorgegeben bzw. kontrolliert. Eine vorausgehende Diagnostik der Relation zwischen Intensität und Stoffwechselbeanspruchung (Laktat-Leistung) steht nahezu nie zur Verfügung und ist auch nicht unbedingt für den Schmerzpatienten wichtig (vgl. vorne Diskussion zur Belastungsdauer). Sie würde bei sehr vielen Schmerzpatienten auch nicht zum gewünschten Ergebnis führen, weil begrenzende oder einschränkende periphere und zentrale Ursachen für die Testdurchführung vorliegen. Wegen der inaktivitäts- und auch altersbedingten Sarkopenieentwicklung liefert diese Diagnostik auch häufig falsch positive Ergebnisse. Die für die Laktatproduktion verantwortliche Muskulatur ist im Ab- und Umbau begriffen und die Intensität an der sogenannten aeroben Schwelle wird so potenziell zu hoch diagnostiziert. Die Belastung mit der zugehörigen Herzschlagfrequenz wird nicht lange genug toleriert. Bleibt für den Therapeuten auch das „Herantasten" an eine „ausreichende" Intensität. In der ersten Therapieeinheit wird eine geschätzte wahrscheinlich tolerierbare Intensität in Watt oder Gehgeschwindigkeit für eine zunächst noch nicht optimale Zeitdauer, die anfangs auch einen Schätzwert darstellt, vorgegeben. Der Belastungsverlauf zeigt dann, welche Belastung über welche Zeit welches Anstrengungsempfinden auslöst bzw. mit welcher Anstrengungstoleranz realisiert werden kann. Des Weiteren stehen leicht zugänglich die Beanspruchungsparameter Atem- und Herzschlagfrequenz und das sensomotorische Verhalten zur Einschätzung der Anstrengung zur Verfügung und die mögliche Provokation oder Entwicklung von Schmerzen lt. VAS-Skala. Anhand des Ergebnisses sind dann zunächst angepasst intensive Intervallbelastungen zu empfehlen, wobei die Intensität von vielleicht leicht in Richtung moderat (vgl. Borg-Skala) zu anstrengend angepasst wird. Mit der Anzahl der Trainingseinheiten tritt der Faktor Belastungsintensität über die gewählte Dauer immer mehr in den Fokus. Die „Schrittgröße" des Intensitätsaufbaus kann die Dauer vorübergehend mit einer Minderung unterstützen, um für den Patienten auch „die Intensität zu einem Erfolgserlebnis" werden zu lassen. Dieses Vorgehen müsste dann für jede Belastungsart ausgeführt werden. Hier gilt Gleiches wie bei der objektiven Testung. Auch ein objektiver Test der Relation Belastung – Stoffwechselbeanspruchung (Laktat-Leistung) wäre nicht von einer Belastungsart auf eine andere übertragbar, da erstens die beteiligte Muskelmasse different und zweitens der muskuläre Trainingszustand sehr unterschiedlich sind und drittens die Qualität der sensomotorischen Koordination der Bewegungsform einen wichtigen Faktor darstellt.

> **Wichtig:** Bei Schmerzpatienten wie auch bei allen chronischen Erkrankungen geht es darum, zunächst eine „zentralnervös realisierbare und angemessene Dosis der Intensität und Dauer" zu finden und den Therapieeffekt darauf zu richten, sie in den „optimalen" Bereich zu entwickeln.

Das bedeutet, in Abhängigkeit vom aktuellen Gesundheitszustand, der Krankheitsentität, deren Dauer und Schwere, eingetretenen neurovegetativen Konsequenzen, dem Grad der zentralen Sensibilisierung, den vorliegenden cerebralen Toleranzen (Abb. 2.2) und von Medikamenten sind die sportwissenschaftlichen Orientierungen anfangs nicht ausreichend hilfreich. Sie „empfehlen" überhäufig, bevorzugt gegeben durch die Beteiligung der höchsten cerebralen Funktionen an der Schmerzerkrankung, aber auch wegen der „cerebralen Dekonditionierung", zu hohe Belastungen. Ein längerfristiger psychophysischer und psychologischer Aufbau ist notwendig.

Wichtig: Die angestrebten Adaptationen der Logistiksysteme infolge eines Ausdauertrainings „leben von der Dauer der Belastung", die dann gemeinsam mit der Intensität den Therapiereiz begründet. Eine für optimal lang angesehene Einheit von 30 min/Einheit und eine Häufigkeit von 3- bis 4-mal/Woche ist letztendlich das Ziel des Trainingsaufbaus.

7.1.4 Die Komponente Krafttraining in Prävention und Therapie

Die Belastungsformen
Die Kraft gibt es nicht! Es sind zu unterscheiden die Kraftausdauer, die Maximalkraft und die Schnellkraft, die jeweils different trainiert werden. Jedes Krafttraining ist in Abhängigkeit vom entsprechenden Konditionierungszustand und dem Alter immer zuerst über Wochen bis Monate sensomotorisches Koordinationstraining und anschließend Training der kontraktilen Kapazität der Muskulatur. Vermittelt durch die intensiv ausgeführte zyklische Sensomotorik der verschiedenen Belastungsformen über wenige bis sehr wenige Wiederholungen und der azyklischen bei einmaliger Ausführung (1RM: One Repetition Movement) ist das Training auch Schmerz- und Psychotherapie. Die intensive bis sehr intensive cerebrale bewegungsspezifische Aktivierung des muskulären Ansteuerungsprogramms („common drive") für eine bis sehr wenige Wiederholungen (Maximalkraft, ca. 75–100 % von F_{max}), die Muskelaktivierung mit einen Kraftniveau zwischen dem des Ausdauer- und des Maximalkrafttrainings über 12-15-20 Wiederholungen (Kraftausdauer, 40 % – ca. 75 % von $F_{max.}$) und die schnellstmögliche maximale Muskelaktivierung zur Überwindung von Lasten (Schnellkraft) bedeutet jeweilig die volle und schnelle Rekrutierung des FTF-Systems, die physiologisch jeweils immer mit einer starken Schmerzhemmung synchronisiert ist.

Für das Krafttraining gibt es im Gegensatz zum Ausdauertraining eine sehr, sehr große Palette von Bewegungsformen. Es sind Teil- und/oder Ganzkörperbelastungen,

- mit statischen isometrischen Beanspruchungen, die de facto immer ausführbar sind und am günstigsten in der gedehnten Muskelposition, bei großem Gelenkwinkel, stattfinden,

- in sehr vielfältigen freien dynamischen Ausführungen ohne Geräte,
- in sehr vielfältigen Ausführungen mit Gummibändern, frei zu handhabenden eher kleineren Gewichten und weiteren Geräten (z. B. Schwingstäbe),
- als Hanteltraining in freier oder geführter Form,
- an speziellen, die Bewegung mehr oder weniger führenden Geräten (Krafttrainingsgeräte vieler Hersteller) für die verschiedenen myofaszialen Ketten bzw. Körperregionen bis hin zu
- spezialisierten PC-gestützten Systemen inklusive Biofeedback für die Generierung hochgradig reproduzierbarer Belastungen zur gezielten Beanspruchung der cerebralen Aktivierungsmuster für die Muskelketten zur Körperstabilisation und von Bewegungen der Körperregionen (Blümel 2008, 2011, 2012).

Alle Belastungsformen trainieren

- die bewegungsspezifische sensomotorische Koordination,
- nach einem „ausreichendem" Trainingszeitraum je nach Intensität und Dauer die kontraktile Kondition und
- die dazu erforderlichen Stoffwechselfunktionen.

Die Aufzählung spiegelt bereits eine große Vielfältigkeit kraftorientierter und spezifischer Krafttrainingsformen wider und die Reihenfolge kann gleichfalls eine Orientierung für den Belastungsaufbau sein, ohne dass Belastungsformen aus dem Programm genommen werden sollten. Es wird auch sichtbar, dass die Bewegungspalette für die Kraft wesentlich größer als die für die Ausdauer ist. Damit kann mit Krafttrainingsbelastungen auch die sensomotorische Vielfältigkeit angesprochen werden.

Die isometrischen Belastungen sind bevorzugt frühe Interventionen. Sie sind „Innervationstraining als koordinative Komponente der Kraftgenerierung" nach lang dauernder Immobilisation, in der Frühphase nach OPs und auch längerfristig nach verschiedenen Verletzungen, wobei als Prototypen z. B. die Kreuzband- oder Achillessehnenruptur und deren Rekonstruktion benannt werden können. Auch ansonsten können isometrische Kontraktionen, weil „immer und überall ausführbar", als effektive Elemente des Krafttrainings eingesetzt werden. Die freien dynamischen Ausführungen ohne Geräte sind vorrangig koordinative Beanspruchungen aus dem sehr großen Repertoire der Gymnastikformen, die je nach Ausführung und Anzahl der Wiederholungen zum „Krafttraining werden können". Gleiches gilt für die Belastungen mit Bändern und kleinen Geräten, wobei hier natürlich auch vorrangig die Koordination geschult wird und die Krafteinsätze pro Wiederholung willkürlich variabel dosiert und in der Regel höher als während der Gymnastikformen werden können. Mit dem freien oder geführten Hanteltraining können nach dem guten Beherrschen der Bewegungsausführungen grundsätzlich alle Kraftformen trainiert werden, was auch für die Krafttrainingsgeräte zutrifft. PC-gestützte Systeme mit Biofeedback zur präzisen Vorgabe der Körperhaltung während isometrischer Kontraktionen und einer programmierbaren dynamischen Führung von Bewegungen (dynamische Veränderungen der Körperpositionen im Raum) und deren optisch rückgekoppelte mechanische Ergebnisse der muskulären Beanspruchungen ermöglichen eine besonders genaue und angepasste Dosierung nach einer entsprechenden Diagnostik.

Ziel: Trainieren aller Körperregionen

Auch aus der Sicht der Kraft gilt: Der chronisch Schmerzkranke ist generalisiert dekonditioniert, also die besonders nozizeptiv relevanten Komponenten kontraktile Kapazität, Dynapenie und Sarkopenie mit Konsequenzen für die Sensomotorik (Fehlbelastungen), und die Belastbarkeit der bindegewebigen Strukturen aller myofaszialen Ketten (Überbelastungen) sind defizitär! Die logische Konsequenz ist, das therapeutische Gesundheitstraining muss alle myofasziale Ketten fordern. Sofern nicht „zunächst" durch krankheitsbedingte Einschränkungen limitiert, startet das Krafttraining mit möglichst großen Muskelgruppen, also mit Ganzkörperbelastungen im Modus der niedrig dosierten Kraftausdauer mit Krafteinsätzen von ca. 40–50 % des maximalen Kraftwertes/Wiederholung.

Die Dosierung: Umfang und Intensität der Kraft

Beim Krafttraining sind die Aspekte

- willkürliche Aktivierungsfähigkeit, gegeben u. a. durch die Motivation, die psychophysische Leistungsfähigkeit, die Anstrengungstoleranz, eine mögliche Belastungs- bzw. Bewegungsangst und Schmerzen,
- die koordinative Fertigkeit der genutzten Bewegungsausführung,
- die Belastbarkeit der Bindegewebsstrukturen, aber auch
- die aerobe Kapazität als Basis der Erholungsfähigkeit zwischen den Wiederholungen und den Trainingseinheiten und
- die aerobe Kapazität als Marker der Gewebeversorgung und als Ursache der Entwicklung einer Sarkopenie zu beachten.

Wichtig: Der zentralnervöse Aspekt, gegeben durch die stets intensive Aktivierung des schnellen Muskelfasersystems, immer im Verbund mit der der Schmerzhemmung und dem Bedarf einer hohen Anstrengungstoleranz belegt, dass Krafttraining zugleich Psychotherapie ist.

Die Belastbarkeit der Faszien und Sehnen muss trainingsmethodisch über das Kraftausdauertraining aufgebaut werden. Des Weiteren benötigt ein effektives Krafttraining ein paralleles Training der Ausdauer, um bei ausgeprägter Dekondtionierung zunächst dem Muskelab- und -umbau aufgrund der defizitären aeroben Kapazität entgegenzuwirken und ihn zu stoppen und langfristig aus der Sicht der Muskelversorgung (Infrastruktur der Mikrozirkulation) und des Energiestoffwechsels in einen Muskelaufbau durch Krafttraining zu wandeln.

Aus der Sicht der Schmerzen gewinnt die Schmerzhemmung mit der fortschreitenden Kontraktionsintensität, gleichbedeutend mit der fortschreitenden Rekrutierung des FTF-Systems nach dem Größenprinzip nach Henneman (Henneman 1957; Henneman et al. 1965; Henneman und Mendel 1981; Duchateau und Enoka 2011) an Bedeutung. Das Größenprinzip besagt, dass bei ansteigender Kraftentwicklung die motorischen Einheiten immer in der Reihenfolge von der langsamsten bis zur schnellsten Einheit erfolgt, sodass mit dem Erreichen des maximalen Kraftwertes alle Einheiten aktiv sind. Erfolgen die Kontraktionen maximal schnell zum Kraftmaximum, bleibt diese Reihenfolge erhalten, wobei die zeitliche Verzögerung der Aktivierung zwischen den aufeinanderfolgend aktiv werdenden Einheiten minimal wird. Werden Körperkompartimente bzw. leichte Gewichte so schnell wie möglich bewegt, werden für die maximal mögliche Beschleunigung auch die schnell (FTF_O) und sehr schnell (FTF_G) kontrahierenden motorischen Einheiten eingesetzt. Mit steigender Kontraktionsgeschwindigkeit fällt zugunsten der Verkürzungsgeschwindigkeit der Muskelfaserpopulation der Kraftwert ab (Hill'sche Beziehung; Hill 1938, 1964). Schnelle bis sehr schnelle Bewegungen aktivieren somit den größten bis hin zum gesamten Pool motorischer Einheiten eines Muskels, ohne einen hohen Kraftwert zu generieren.

Mit dem Intensitätsanstieg der somatischen Anstrengung gehört zum zentralen Ansteuerungsprogramm auch automatisch eine Intensivierung der gleichlaufenden Aktivierung der Schmerzhemmmechanismen, denn physiologisch „sind bei steigender bis zu maximaler Beanspruchung auch vermehrt nozizeptive Afferenzen zu erwarten". Um, wie bei Gesunden absolut der Fall, maximale Kraftentwicklungen auch schmerzfrei ausführen zu können, muss der Eingang nozizeptiver Afferenzen im Rückenmark durch die Schmerzhemmung und -modulation aus dem Hirnstamm unterdrückt werden. Dies muss als ein phylogenetisch entwickelter Mechanismus angesehen werden bzw. mit dem Anstrengungsgrad steigt auch die Antizipation möglicher Schmerzinformationen, die es vorausschauend cerebral zu hemmen gilt.

Wichtig: Allerdings beeinträchtigen Schmerzen die physiologische Rekrutierungsordnung, wobei die Schmerzursache nicht unbedingt im kontrahierenden Muskel liegen muss, sondern auch in Strukturen des von ihm bewegten Gelenks liegen kann (Tucker et al. 2009; Tucker und Hodges 2009). Dies dürfte bei Schmerzpatienten vorliegen und auch mit einer funktionell veränderten Schmerzhemmung vergesellschaftet sein und Belastungen können zum Schmerzauslöser werden. Somit führt jede Schmerzlinderung auch potenziell zur „Normalisierung" der Rekrutierungsordnung.

Ab einer Kontraktionsintensität von 5–10 % des maximalen Kraftwertes beginnt die Kompression der Gefäße und während hoher und sehr hoher Muskelspannungen ist die Blutversorgung unterbrochen. Energetisch wird mit der Rekrutierung des FTF-Anteils der anaerobe Stoffwechsel immer mehr führend und im Interstitium entsteht ein saures Milieu mit u. a. endogenen neuro-, vasoaktiven und nozizeptiv wirkenden Substanzen. Daraus resultiert eine „physiologische periphere Quelle" nozizeptiver Informationen, denn anstrengende hochintensive Muskeltätigkeit gehört zur Lebenstätigkeit und wird durch die Schmerzhemmung und -modulation schmerzfrei gehalten.

Beim heutigen absolut bevorzugten Lebensstil ohne nennenswerte körperliche Anstrengungen darf angenommen werden, dass der Mechanismus für diese Schmerzfreiheit fortschreitend defizitär wird und zumindest für eine Schmerzerkrankung disponiert. Das belastungsbedingt provozierte biochemische Milieu wird bei den peripher sensibilisierten Patienten zusätzlich auch noch vermehrt Schmerzafferenzen auslösen und zu paradoxen Reaktionen führen. Die zentrale Sensibilisierung mit dysbalancierter und gestörter Schmerzhemmung verursacht dann inadäquat Schmerzempfindungen unter oder in der Folge des Trainings. Der Patient bricht das Training ab, führt es nicht weiter und/oder entwickelt sogar eine Aversion gegen Belastungen und eine Belastungsangst oder steigert sie. Bei Gesunden sind die Veränderungen des interstitiellen Milieus infolge der Aktivitäten des FTF-Systems absolut problemlos, denn die Phylogenese hat mit der Rekrutierung der FTF auch eine bedarfsgerechte, weil erforderliche Intensivierung der Schmerzhemmung entwickelt.

Die Kraftausdauer, die Maximalkraft und die Schnellkraft haben jeweils „ihre eigenen Dosierungen". Das **Kraftausdauertraining** erfolgt mit Intensitäten zwischen 40–75 % des maximalen Kraftwertes pro Wiederholung. Die Serienlänge liegt zwischen 8-12-16-20 Wiederholungen. Dieses Training hat zwei sehr wichtige Wirkungen. Erstens wird die Belastbarkeit der faszialen Strukturen gefördert und zweitens wird die Mikrozirkulation verbessert. Es ist neben der Spezifik eine aufbauende Trainingsform für das intensivere Maximalkrafttraining. Hierfür erfolgen relativ viele Wiederholungen, mit denen fortschreitend ermüdungsbedingt der FTF-Anteil zugeschaltet werden muss und entsprechend auch die Schmerzhemmung aktiviert. Das **Maximalkrafttraining** wird mit Intensitäten von 75–100 % Krafteinsatz pro Wiederholung und Serien von 1-4-6-8 Wiederholungen ausgeführt. Die Intensität erfordert eine hohe Willensanstrengung, um umgehend den FTF-Pool mit der Schmerzhemmung zu aktivieren. Das **Schnellkrafttraining** hat aufgrund der vorgegebenen möglichst maximalen Beschleunigung eines Gewichtes den Vorteil, dass auch bei submaximalen Lasten ohne nennenswerte Verzögerung der aufeinanderfolgenden Rekrutierung der motorischen Einheiten alle in Funktion versetzt werden. Die Kraftentwicklungen der FTF-Einheiten realisieren das Beschleunigen und es werden akzentuiert das muskuläre Aktivieren in kürzester Zeit und kontraktil die FTF-Muskelfasern trainiert. Die entwickelte Kraft ist entsprechend der Hill-Beziehung gering, weil mit der Verkürzungsgeschwindigkeit die Kraft abfällt. Wichtig ist es, immer zu beachten, dass die Schmerzsituation die physiologische Muskelaktivierung nachteilig beeinflusst, was sich der Beobachtung entzieht. Letzteres spricht aber absolut nicht gegen Krafttraining, sondern nur für eine gute Vorbereitung zur Schmerzlinderung.

Der Belastungsaufbau beginnt mit der Kraftausdauer und sehr vielen Wiederholungen und nachfolgend die Maximalkraft mit zuerst relativ großer Serienlänge. Der Aufbau der Dosierung ist vom Verhalten des Patienten abhängig.

Übersicht
Wichtig: Aufgrund der intensiven bis hochintensiven Muskelansteuerung jeder Wiederholung und der ermüdungsbedingten Aktivierung des FTF-Motoneuronenpools wird simultan die Schmerzhemmung aktiv, weshalb Krafttraining auch direkt Schmerzprävention und bei entsprechendem Belastungsaufbau Schmerztherapie ist. Die Belastbarkeit und Belastungsverträglichkeit müssen aufgebaut werden.

Krafttraining benötigt auch eine gute bis ausreichende aerobe Kapazität, denn in den Kontraktions- und vorrangig den Serienpausen sind nicht nur die Energiereserven (Kreatinphosphat) wieder aufzufüllen (benötigt nach der Entleerung bei gut bis ausreichend Trainierten ca. 3 min), sondern auch die interstitiellen Veränderungen abzubauen.

Das Austesten der maximalen Kraft – One Repetition Maximum (1RM)

Bei den Patienten mit chronischen Erkrankungen und erst recht bei denen mit einer Schmerzerkrankung ist das Austesten des 1RM nicht möglich. Als Ersatz kann nach dem Konzept des hypothetischen individuellen Maximalgewichtes (der maximalen Kraft) mit der Methodik der erreichbaren Wiederholungsanzahl im submaximalen Bereich das 1RM mit ausreichender Wahrscheinlichkeit hochgerechnet werden (Poliquin 1987; Gießing 2003; Tab. 7.1). Diese Diagnostik gilt nur für Grundübungen und hat seine Grenze bei 20 möglichen Wiederholungen. Werden mehr Wiederholungen mit einer Last bewältigt, resultiert kein ausreichend genauer Schätzwert mehr. Das Wissen um die wahrscheinliche maximale Kraft ist in der Therapie und Rehabilitation auch völlig ausreichend.

Tab. 7.1 Schätzung des 1RM aus maximal möglichen Wiederholungen mit einem submaximalen Gewicht

Poliquin 1987		Gießing 2003	
Wdhs mit submax. Gewicht	% des möglichen Fmax.	Wdhs mit submax. Gewicht	% des möglichen Fmax.
20	47	20	47
19	50		
18	53		
17	56		
16	58		
15	61	15	61
14	64	14	64
13	67	13	67
12	69	12	70
11	72	11	72
10	75	10	75

Tab. 7.1 (Fortsetzung)

Poliquin 1987		Gießing 2003	
Wdhs mit submax. Gewicht	% des möglichen Fmax.	Wdhs mit submax. Gewicht	% des möglichen Fmax.
9	78	9	77
8	81	8	80
7	83	7	83
6	86	6	86
5	88	5	88
4	92	4	92
3	94	3	95
2	97	2	97
1	100	1	100

7.1.5 Das langfristige Therapieziel – Reorganisation durch Training

Schmerzpatienten benötigen einen sehr langen aktiven Therapieweg für die nachhaltige zentrale und die periphere anti-nozizeptive Reorganisation. Hierbei ist hervorzuheben, dass die Strukturschädigungen des Stütz- und Bewegungsapparates (Arthrosen, Bandscheibenschäden, …) nicht mehr reorganisiert werden können. Gleiches gilt eigentlich auch für vorliegende degenerative Veränderungen des Gefäßsystems (Arteriosklerose). Wäre „nur" die Endothelfunktion gestört, ist bereits ein Training über viele Wochen notwendig. Der erneute Ausbau der mikrozirkulatorischen Infrastruktur erfordert Monate und die Bildung von Kollateralen Jahre (Gielen et al. 2001). Auch eine Sarkopenie ist nicht mehr rückbildungsfähig, denn der Verlust an Muskelfasern ist endgültig. Dies gilt ebenso für die Bindegewebsproliferation, die die noch vorhandenen Muskelfaserbündel separiert und dadurch die Mikrozirkulation limitiert. Die Fettinfiltration kann kaum bis sehr wenig ausgeglichen werden. Es würde, wenn überhaupt nachhaltig möglich, sehr umfangreiches Training inklusive Kalorienreduktion erfordern. Trainierbar sind primär das sensomotorische System (Laube 2009) und darüber die abhängigen Strukturen der Logistik und sehr langfristig die Bindegewebsstrukturen Faszien, Sehnen und Knochen, wobei arthrotische Maladaptationen unbeeinflusst bleiben. Letztere können aber in ihren klinischen nozizeptiven Auswirkungen durch die Verbesserung der sensomotorischen und logistischen Funktionen beeinflusst werden. Das anzuvisierende, in der Regel sehr, sehr langfristige Endziel sind körperliche Belastungen, wie sie von der WHO (2011, 2020) empfohlen werden (Abb. 7.1). Die zeitliche Länge des Weges und die erreichbaren strukturellen und funktionellen Reorganisationen der sensomotorischen Funktionen und darin integriert diejenigen, die die Schmerzen verursachen (peripher) und jene der cerebralen Sensibilisierung können nicht benannt werden.

Wichtig: Der therapeutische Weg kann aber nie ohne fortschreitende Selbstverantwortung zurückgelegt werden, denn wie die Abb. 7.1 auch erkennen lässt, sind alle Körperstrukturen und -funktionen durch das Training zu reorganisieren.

7.1.6 Objektivierung und Kontrolle der Beanspruchungen

Das Anstrengungsempfinden: Borg-Skala
Valide, sehr hilfreich, einfach einzusetzen, effektiv und kaum zeitaufwändig ist es, bei der Suche nach der Dosierung, aber auch bei der Kontrolle der Therapiebeanspruchungen die Borg-Skalen zu verwenden. Sie ermitteln, mit welchem subjektiven Anstrengungsempfinden bzw. welcher Anstrengungstoleranz (Borg 1962; „rating of perceived exertion", Borg-RPE-Skala 6–20; Tab. 7.2) und/oder welcher subjektiven Bewertung der entwickelten Ermüdung/Erschöpfung, der respiratorischen und/oder kardialen Beanspruchung und/oder von Schmerzen (Borg 1982, Category Ratio Scale, Borg-CR-Skala 0–10; Tab. 7.2) die Belastung realisiert wird bzw. werden kann. Diese Skalen erfragen einen etwas überproportionalen, nicht linearen Beanspruchungsanstieg und sie haben keine klaren Stufenbezeichnungen. Dieses Manko gleicht die auch auf der RPE-Basis stehende subjektive Anstrengungsskala Sport (ASS; Tab. 7.2) aus, indem sie vollständige Stufenbezeichnungen und eine bessere begriffliche Eindeutigkeit für die subjektive Einschätzung der Anstrengung hat (Büsch et al. 2021).

Tab. 7.2 Die RPE-Skala (Borg 1962, 1970), die CR-Skala (Borg 1982), die ASS-Skala (Büsch et al. 2021)

RPE-Skala		CR-Skala		Anstrengungsskala Sport	
6		0	nichts		
7	sehr, sehr leicht	0,5	gerade bemerkbar		
8		1	sehr schwach	1	gar nicht nicht anstrengend
9	sehr leicht	2	schwach/leicht	2	extrem wenig anstrengend
10		3	moderat	3	sehr wenig anstrengend
11	ziemlich leicht	4	wenig/gering stark	4	wenig anstrengend
12		5	stark/schwer	5	mäßig anstrengend
13	etwas, wenig schwer	6		6	anstrengend
14		7	sehr stark/intensiv	7	sehr anstrengend
15	schwer	8		8	extrem anstrengend
16		9		9	max. anstrengend
17	sehr schwer	10	sehr, sehr stark/intensiv	10	anstrengend, Abbruch notw.
18					
19	sehr, sehr schwer				
20					

Anstrengungsempfindung und Beanspruchung Logistiksysteme – Ausdauer
Die Werte der Borg-CR-Skala, die HF, die Leistung und die VO_2 eines Stufentests mit einer Minute Dauer sind eng miteinander korreliert. RPE-CR-Borgwerte um 5 für die Beanspruchung der Atmung, aber auch für die aktive Muskulatur korrespondieren mit einer intensiven Empfindung und entsprechen bei physisch aktiven wie inaktiven etwa der ventilatorischen Schwelle. Der Borg-CR-Wert um 5 trennt somit die aerobe von anaeroben Stoffwechselbelastung (Zamunèr et al. 2011).

Wie bei allen statistischen Berechnungen von Abhängigkeiten gilt aber auch hier immer zu beachten, dass die Skalen zwar als valide subjektive Messgrößen der Belastungsintensität anerkannt sind, aber entsprechend einer Meta-Analyse das Ausmaß der Validität dennoch von verschiedenen Faktoren beeinflusst wird. Die gewichtete Validität physiologischer Parameter (HF, Laktat, $\%VO_2max$, VO_2, Ventilation, Atemfrequenz) liegt zwischen 0,57 und 0,72. Ursachen für die Variationen sind u. a. die Relation Fitness-HF, die Belastungstypen, die Testprotokolle und die genutzte Skala. So besteht u. a. z. B. eine sehr enge Beziehung zwischen der 15-stufigen Borg-RPE-Bewertung und der Laktatkonzentration (Chen et al. 2002; Scherr et al. 2013). Die Werte der Borg-RPE-Skala sollten deshalb auch immer in Verbindung mit klinischen, psychologischen und physiologischen Informationen verwendet werden.

Die subjektive Anstrengungsempfindung anhand der Borg-Werte ist auch valide und für die Belastungssteuerung repräsentativ zu nutzen, weil sie sehr eng die Beanspruchung des Herz-Kreislauf-Systems (HF) bzw. den Nutzungsgrad und die maximale aerobe Kapazität widerspiegeln kann. Bei Gesunden (n = 200, 33,2 ± 7,8 Jahre, Min. 17–Max. 50 Jahre; Habibi et al. 2014) besteht während des 6-Minuten-Belastungsprotokolls auf dem Fahrradergometer nach Astrand-Ryhming (3 ‚in Warmfahren zum Erreichen einer HF von $\geq$ 120 S/min, Belastungssteigerung um 25 W oder mehr, damit Dauer 6 min, minütlich HF- und Borg-Wert) eine sehr enge signifikante negative Relation (Pearson-Korrelation) zwischen der subjektiven Anstrengungsempfindung, dem Borg-(RPE)-Wert der Skala von 6–20 und der aeroben Kapazität (r = –0,904, p < 0,005), eine positive zur HF (r = 0,991, p < 0,005) und erwartungsgemäß eine enge negative Korrelation zwischen der HF und der aeroben Kapazität (r = –0938, p < 0,005).

Wichtig: Hohe Borgwerte unter submaximalen Belastungen mit HF-Werten ab 120 S/min weisen eine geringe Leistungsfähigkeit und somit auch Belastbarkeit aus. Aufgrund der submaximalen Belastung und des geringen erforderlichen HF-Niveaus könnte ein solcher Test auch bei Schmerzpatienten genutzt werden, wobei möglicherweise zusätzlich die Information zur Belastungstoleranz anhand der Zeit eines Belastungsabbruchs hinzukommen kann. Die Prüfung der Relation zwischen Borg und der HF bzw. der aeroben Kapazität für den HF-Bereich 100–120s /min wäre sehr hilfreich.

Die Laktat-Leistungs-Diagnostik ist relativ aufwändig, bei sehr inaktivitäts- und altersbedingt sarkopenischen Personen nicht mehr präzise und bei Schmerzpatienten kann das Belastungsprogramm limitierend sein. Sie ist auch nicht unbedingt erforderlich, denn es reicht eine Orientierung zur Stoffwechselbeanspruchung, die sich auch aus der leicht zu erhebenden psychophysischen Borg-Bewertung ableiten lässt. Anhand einer sehr großen Untersuchungsgruppe (Scherr et al. 2013; n = 2560: Männer: 1796, Frauen: 765, Alter: 28, Min. 17–Max. 44; physisch inaktiv: 46,7 %, Hypertension: 20,6 %, Hyperlipidämie: 15,4 %, koronare Herzerkrankung n = 146, Alter: 66, Min. 58–Max. 71) ist auf der Basis eines stufenförmigen Laufband- (n = 1039) bzw. Fahrradergometertests (n = 1521) die Beziehung zwischen der HF, dem Laktat und dem Anstrengungsempfinden lt. Borg-RPE-Skala (6–20) analysiert worden.

Die Borg-RPE-Werte der Gesamtgruppe erwiesen sich eng mit der HF (r = 0,79, p < 0,001) und der Laktatkonzentration (r = 0,84, p < 0,001) verknüpft. Die Regressionsgleichung zur Berechnung der Laktatwerte während der Belastungsstufen aus den RPE-Werten hat ein sehr hohes Bestimmtheitsmaß (Laktat [mmol/L] = 5503 + (−1025) × RPE + 0,064 × RPE^2 [adjustiertes Bestimmtheitsmaß: r^2 = 0,71, p < 0,001]). Die RPE-Werte bei Laktat 3,0 mmol/l und 4,0 mmol/l liegen bei 13 bis 14 und die Geschwindigkeiten und die HFs korrelieren eng mit den RPE-Werten. Die gute Kopplung von RPE und der Beanspruchung des Energiestoffwechsels, gemessen mit der Laktatkonzentration, ist schon früh erkannt worden. Ebenso, dass der RPE von ca. 13,5 an der Laktatschwelle nicht vom Geschlecht und dem Ausdauertrainingszustand abhängig ist, obwohl deutliche Differenzen der physiologischen Parameter Ventilation, VO$_2$, %VO$_2$max und HF vorliegen (Demello et al. 1987). Auch aus frühen Untersuchungen (Noble et al. 1983) wurde bekannt, dass die Muskelfaserzusammensetzung ein Faktor der Beanspruchungsbewertung ist. Trainierte Männer mit dem höheren STF-%-Anteil im M. quadr. fem. (51,1 %) geben beim Fahrradtest signifikant geringere Werte für die Anstrengung der Beine und des Herz-Kreislauf-Systems als diejenigen mit einem geringen Anteil (34,5 %) an.

Die statistische Analyse (Scherr et al. 2013) weist darüber hinaus keine Unterschiede der Relation RPE-Laktat zwischen den Geschlechtern (Abb. 7.2) und zwischen den physisch aktiven und nicht aktiven aus (Abb. 7.3), aber erwartungsgemäß für die Relation RPE-HF. Die mittlere aerobe Laktatschwelle, gegeben durch die höchste Belastung vor dem Beginn des Laktatanstiegs nach Davis et al. (1976) und die individuelle anaerobe Schwelle (Belastung mit 1,5 mmol/l über dem ersten Laktatanstieg bzw. höchste Belastung mit noch ausbilanzierter Laktatbildung und -elimination; IAT oder Max.Lass) entsprechen bei der Gesamtgruppe RPE-Werten von 10,8 ± 1,8 bzw. 13,6 ± 1,8. Für die fixe anaerobe Schwelle bei Laktat 4,0 mmol/l betragen die Werte 14,0 ± 2,0. Für die IAT und die fixe anaerobe Schwelle variieren

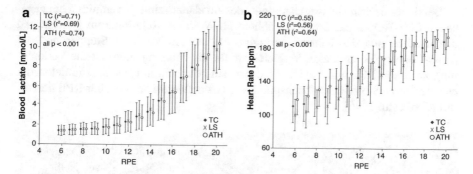

Abb. 7.2 Die Relation zwischen der Anstrengungsempfindung (RPE) und der Laktatkonzentration im Blut sowie der RPE und der Herzschlagfrequenz für die Gesamtgruppe (TC) und die Untergruppe der Männer und Frauen (Scherr et al. 2013)

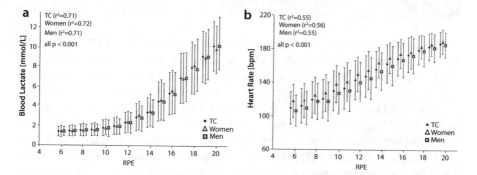

Abb. 7.3 Die Relation zwischen der Anstrengungsempfindung (RPE) und der Laktatkonzentration im Blut sowie der RPE und der Herzschlagfrequenz für die Gesamtgruppe (TC) und die Untergruppe der aktiven Männer und Frauen (ATH) und den Inaktiven (TS) (Scherr et al. 2013)

die mittleren Borg-Werte und die Variation darum (Standardabweichung, SD) zwischen den Untergruppen, aber auch zwischen den Belastungsarten Laufband und Fahrrad nicht (Mittelwerte: 14,0 bis 14,2, SDs 1,8 bis 2,1). Die aeroben Schwellen der Untergruppen variieren ein wenig mehr und liegen zwischen 10,4 ± 1,7 (aktive Personen) und 11,2 ± 1,7 (Inaktive) und sie sind mit 12,0 ± 1,7 bei den Herzkranken signifikant größer. Zwischen der Laufband- und Fahrradbelastung besteht eine Borg-Anstrengungsdifferenz von 1,0 (10,2 ± 1,7 gegenüber 11,2 ± 1,7), was signifikant ist.

Bei rhythmischen Belastungsregimes des Ausdauertrainings veranlasst bei gegebenen RPE-Werten das Laufband höhere HF-Werte in Relation zum Fahrrad und dem Rudern und das Fahrrad geringere als das Airdyne, der Stepper und der Cross-Country-Skisimulator. Vergleichbar für die Trainingsmodi ist die Verknüpfung zwischen RPE und Laktat. Eine Ausnahme macht nur der Skisimulator, der eine geringere Stoffwechselbeanspruchung (Laktatwerte) bei gleicher RPE hervorruft (Zeni et al. 1996).

Wichtig: Die subjektive Anstrengung spiegelt sehr gut und für die therapeutische Praxis völlig ausreichend die Herz-Kreislauf- und Stoffwechselbeanspruchung wider, wobei bei der Schätzung der belastungsbedingten Stimulation des Energiestoffwechsels der Konditionierungszustand kaum, aber auch zumindest die bei Scherr et al. eingeschlossenen Krankheitsentitäten nicht übermäßig Beachtung finden müssen. Die kardiovaskulären Erkrankungen benötigen Aufmerksamkeit.

Die Abhängigkeiten zwischen dem VO_2-Wert und dem Borg-RPE-Wert an der Laktatschwelle, bestimmt aus der VO_2-Laktatbeziehung und der maximalen Rate der β-Oxidation (indirekte Kalorimetrie) bei Untrainierten (n = 120, Frauen, Männer, fit [41,0 ± 5,4 ml/kg/min], nicht fit [17,3 ± 3,3 ml/kg/min]: Mittel Untergruppen 24,1 bis 32,3 Jahre, n = 28, 57,7 ± 6,7 Jahre) und die Einflüsse des Geschlechts, Alters und der Fitness analysierten Rynders et al. (2011). Die Belastung mit der maximalen Fettverbrennung liegt stets vor der aeroben Schwelle. Die relative VO_2 liegt ca. 1,3 ml/kg/min und die RPE ca. ein Punkt geringer (nicht durchgängig signifikant). Nur bei den alten und den sehr fitten Menschen (27,8 ± 10,7 Jahre) sind die VO_2rel. und die RPE an der Laktatschwelle und bei der Fettutilisation$_{max.}$ ohne nennenswerte Differenz. Die Fettutilisation$_{max.}$ entspricht einer signifikant geringeren VO_2rel. von 12,7 ± 7,5 ml/kg/min gegenüber 14,1 ± 5,9 ml/kg/min an der Laktatschwelle. Die Teilgruppen unterscheiden sich dabei nicht.

Wichtig: Mit der Borg-RPE-Skala können beide Belastungsintensitäten, die der maximalen Fettutilisation und die der aeroben Laktatschwelle detektiert werden.

Zur Präzisierung der Anwendbarkeit der Borg-RPE und Borg-CR-10 haben Abe et al. (2015) im Stufentest auf dem Laufband die Beziehung zum Energiestoffwechsel, gegeben durch die aerobe Schwelle [AT] aus der Relation VO_2-Laktat und der OBLA (4 mmol/l-Schwelle) kontrolliert (Ausdauerläufer n = 15, Geher n = 6, Untrainierte = 11; Altersmittel 19–23 Jahre). An der AT geben die Untrainierten einen signifikant geringeren RPE-Wert an als die Läufer und Geher, aber die CR-Werte sind an der AT ohne Gruppendifferenzen. Bei 4,0 mmol/l ist die kriteriumbezogene CR-Bewertung der Untrainierten geringer als die der Läufer. Die RPE- und HF-Werte geben keine Unterschiede zwischen den Gruppen wieder. Beide Scores steigen linear mit der HF (siehe HF-Leistung). Das Laktat steigt in Relation zur RPE als Merkmal der Belastungsintensität exponentiell an (siehe Beziehung Laktat-Leistung). Die Relation der Borg-CR-10 zum Laktat kann am günstigsten mit zwei linearen Funktionen beschreiben werden. Die CR-Werte im Überschneidungsbereich beider Funktionen und an der AT sind für alle Gruppen gleich. Aber das Laktat ist an den Schnittpunkten der beiden linearen Funktionen signifikant different (Läufer: 1,2 ± 0,4 mmol/l, Geher: 0,9 ± 0,3 mmol/l, Untrainierte: 1,9 ± 0,3 mmol/l), was dem Trainingszustand des Fettstoffwechsels entspricht.

Wichtig: Beide Borg-Anstrengungsskalen sind somit geeignete Tools für die Dosierungskontrolle des Trainings der aeroben Kapazität bzw. Fitness bei Sportlern, bisher Untrainierten und in der Therapie.

Die Anstrengungsempfindung über eine ganze Trainingseinheit mit der Borg-Skala ist auch eine anerkannte Möglichkeit des Belastungsmonitorings in verschiedenen Sportarten. Die Borg-RPE- und die CR-Skala sind eng mit vergleichbaren Trainingsbelastungen verknüpft (r = 0,90) und können als austauschbare Schätzungen der Trainingsintensität angesehen werden (Arney et al. 2019). Mit dem Produkt aus dem Anstrengungsempfinden lt. RPE-Skala und der Dauer der jeweiligen Einheit ist auch die Gesamtbelastung einer Trainings- bzw. Therapieeinheit beschreibbar (Gomes et al. 2020; Foster et al. 2021), womit im Längsschnitt die Beanspruchung über einen bestimmten Therapieabschnitt „gemessen" und dokumentierbar werden kann. Aber obwohl mit beiden Borg-Skalen valide Möglichkeiten vorliegen, intensive Trainingsbelastungen, objektiviert mit der HF und Trainingsparametern wie z. B. der Gesamtlaufbelastung/Einheit abzubilden, sind sie z. B. für relativ kurze Variationen der Laufintensität nicht ausreichend sensibel (Scott et al. 2013). So müssen weiterhin einzelne spezielle Trainingsinhalte einer Einheit dennoch zusätzlich subjektiv bewertet werden, weil ihre Beanspruchung mit dem Wert über die gesamte Einheit nicht ausreichend vertreten wird.

Wichtig: Die Anstrengungsskalen können für die Trainings(Therapie-)dokumentation die globalen Parameter Trainingsumfang, -dauer und -inhalte einer gesamten Einheit integrieren und sind auch der Parameter für den „subjektiven Anstrengungsgrad" einzelner Belastungsinhalte. Im Längsschnitt können sie Monitor der Belastungsgestaltung sein und den langfristigen Aufbau des Programms anhand der Belastungsverträglichkeit durch die Relation Inhalt und Anstrengung wiedergeben. Daraus lassen sich auch Informationen zur Wirksamkeit entnehmen, indem bei „gleicher Anstrengung" längere Belastungsdauern und/oder höhere Intensitäten realisiert werden.

Bei sehr geringer Belastbarkeit und intensiver Schmerzsituation wäre unabhängig von der Dauer der gewählten Belastung in der Anfangsphase ein Anstrengungsgrad von RPE von ca. 10–11 bzw. CR 3–4 anzustreben, um mittelfristig aufbauend in den Bereich RPE 12–13 (14) und CR 4–5 (6) zu kommen. Wichtig erscheint die Tatsache, dass während

- konstant ausgeführter geringer Belastungsintensitäten (CR 3) als auch
- kurzen verschieden intensiven submaximalen und maximalen Fahrradergometerbelastungen

die realisierte mechanische Leistung parallel und somit auf der Basis des „zentral generierten Anstrengungsempfindens" ausgeführt wird und unabhängig von der Wahrnehmung peripher bedingter Missempfindungen bzw. Beschwerden ist (Christian et al. 2014). Das Anstrengungsempfinden und die Anstrengungstoleranz, also primär cerebrale Leistungen haben für die Ausführung der Belastungen die Führungsfunktion! Damit ist die Diagnostik der Borg-Werte ein sehr wertvolles Instrument!

Das Aufbauen der Belastungsdauer von 30 min oder im deutlich fortgeschrittenen Stadium auch für einige Einheiten bis zu maximal 45 min pro Einheit kann über einen unterschiedlich langen Zeitraum mit psychologisch sehr vorteilhaften Wirkungen durch summierte kürzere Belastungsdauern erreicht werden. Jakicic et al. (1995a) haben bei Adipösen (BMI = 33,9 +/− 4,1 kg/m^2) über eine 20-wöchige Intervention einen Vorteil mehrerer kurzer 10-minütiger Belastungen/Tag gegenüber der jeweils in der Summe gleich langen einmaligen Belastung gefunden. Die Adhärenz, die Belastung lt. Vorgabe auch auszuführen, war günstiger. Die Personen, die die kurzen Intervalle ausführten (n = 28, 40,4 +/− 5,9 Jahre), trainierten signifikant häufiger (p < 0,05) und realisierten im Trend einen höheren Trainingsumfang (p = 0,08) als diejenigen mit dem einmaligen Training/Tag (n = 28, 40,9 +/− 7,3 Jahre).

Anstrengungsempfindung und Beanspruchung bei alternierenden Belastungen

Die Verwendung der Borg-RPE-Skala bei alternierenden (n = 11, 23,9 ± 1,9 Jahre, Variation zw. 120 W und 200 W für je 10 s oder 20 s bzw. zwischen 200 W und 280 W) und kontinuierlichen Belastungen von 160 W und 240 W über jeweils 10 min prüften Zinoubi et al. (2018) bei gesunden sehr leistungsfähigen Männern. Die Beanspruchung, gemessen anhand der HF, des Laktats und der Borg-RPE-Skala erwies sich durch den alternierenden gegenüber dem kontinuierlichen Belastungsmodus signifikant höher, wobei die längeren 20-sekündigen Phasen zusätzlich beanspruchungsstimulierend sind. Alle Beanspruchungsmerkmale ordnen sich systematisch aufsteigend in der genannten Belastungsreihenfolge an und die Relation HF-RPE weist zur 10. Belastungsminute einen signifikanten Shift zu höheren Werten aus. Die statistische Beziehung zwischen den mittleren, aber auch den individuellen Daten der HF, dem Laktat und der RPE zeigt sich unabhängig vom Belastungsprotokoll, aber bei jedem Belastungsmodus sind die absoluten HF-Werte und die des Laktats bei vergleichbaren RPE-Werten different.

Wichtig: Die Borg-RPE-Skala kann valide sowohl als Vorgabe als auch als Kontrolle der Beanspruchung für alternierende und kontinuierliche Belastungsgestaltungen eingesetzt werden.

Anstrengungsempfindung und Beanspruchung Muskelaktivierung und kontraktile Kapazität – Kraft/Schnellkraft

Der bisherige Einsatz der Borg-Skalen betraf vorranging ausdauer- bzw. ausdauerorientierte Belastungen. Für das Krafttraining wurde die OMNIBUS Resistance Exercise Scale (OMNI-Res) auf RPE-Basis entwickelt und validiert. Es ist eine 11-Punkte-Skala, die mit bildlichen Darstellungen und Beschreibungen ergänzt ist. Jeder Skalenwert entspricht einer Steigerung des Ein-Wiederholungs-Maximums (One Repetition Maximum: 1RM) um ca. 10 %, sodass der Punkt 10 diesem Maximum entspricht (Tab. 7.3, Robertson et al. 2003). Robertson et al. konnten auch zeigen, dass die OMNI-Res-RPE-Skala gleichartig sowohl für die Einschätzung der Anstrengung des aktiv ausführenden Muskels („biceps curl", „knee extension") als auch für die allgemeine körperliche Anstrengung beim Krafttraining bei 18- bis 30-jährigen Frauen und Männern valide ist. Auch unterscheiden sich die RPE-Werte der lokalen und generalisierten Empfindung zwischen den Geschlechtern nicht. Für den deutlich voluminöseren M. quad. fem. ist eine positive lineare Beziehung zwischen der Laktatkonzentration und dem RPE-Wert der finalen Kontraktion der Serien aus 4, 8 und 12 Wiederholungen (r = 0,87, p = 0,01) nachweisbar.

Tab. 7.3 Die OMNI-Res-Scale (Robertson et al. 2003) und die Skala zur Empfindung der Bewegungsgeschwindigkeit (Perceived velocity; Bautista et al. 2014a)

OMNI-RES-Skala			Perceived velocity	
0	extrem leicht	Piktogramm	0,1	
1		**extrem locker**	0,2	sehr langsam
2	leicht		0,3	
3		Piktogramm	0,4	langsam
4	halbwegs leicht	**problemlos**	0,5	
5			0,6	
6	halbwegs schwer	Piktogramm	0,7	Power-Zone
7		**noch gut zu schaffen**	0,8	
8	schwer		0,9	
9		Piktogramm	1,0	
10	extrem schwer	**extreme Anstrengung**	1,1	schnell
			1,2	
			1,3	sehr schnell
			1,4	
			1,5	
			1,6	max. schnell

> **Wichtig:** Die OMNI-Res-Skala kann sowohl beim Krafttraining als auch für die Diagnostik der Ausdauer, gegeben durch die „physical working capacity" (PWC), eingesetzt werden.

Mielke et al. (2008) nutzten die RPE-Borg-Skala (6–20) und die OMNI-Skala (0–10), um die PWC an der Borg- und OMNI-Schwelle zu bestimmen und um sie mit denen der HF und VO_2 zu vergleichen. Dazu realisierten die Probanden zunächst einen Stufentest zur Bestimmung der VO_2max und der ventilatorischen Schwelle und weitere 4 jeweils konstante Belastungen, die zum kontinuierlichen Anstieg der HF, der VO_2, der RPE- und OMINI-Werte führten, aber über 8 (höchste Last) bis 20 min (geringste Last) ausgeführt werden konnten. Die zeitabhängigen Anstiege der Parameter wurden berechnet (z. B. HF = f(t) usw.), grafisch zu den Wattwerten der 4 Stufen in Beziehung gesetzt und der Schnittpunkt der linearen Verbindung zwischen den 4 Anstiegswerten mit der y-Achse als die PWC-Borg-,PWC-OMNI-, PWC-HF- und PWC-VO_2-Schwelle abgelesen. Alle PWC-Wattwerte und ebenso die der ventilatorischen Schwelle waren ohne signifikanten Unterschied und die Schwellenleistungen sind mit 66 bis 72 % der VO_2max realisiert worden. Somit kann die Borg-RPE-Skala auch für die Diagnostik der PWC-Ermüdungsschwellen und auch der ventilatorischen Schwellen eingesetzt werden.

Bautista et al. (2014b) ermittelten eine signifikante Relation der OMINI-Res-RPE-Skala zur mittleren Bewegungsgeschwindigkeit der Wiederholungen (r = 0,94) beim Austesten der 1RM-Leistung des Bankdrückens auf einer Smith-Maschine (2–4 Stufen plus die für RM). Die daraufhin geschätzten Werte der Bewegungsgeschwindigkeit geben die gemessenen sehr gut wieder (r = 0,77, p = 0,01) und die Autoren ziehen die Schlussfolgerung, dass die OMINI-RES-Skala für die Vorhersage der Bewegungsgeschwindigkeit bzw. für die Intensitätskontrolle des Bankrückens genutzt werden kann. Daraufhin entwickelten und validierten Bautista et al. (2014a) auf dem Borg-Prinzip eine 15-Stufen-Skala zur subjektiven Empfindung der Bewegungsgeschwindigkeit (Tab. 7.3) beim Bankdrücken (aktive Männer, n = 21, 27,5 ± 4,7 Jahre). Getestet wurden mit der Aufgabe einer schnellstmöglichen, explosiven konzentrischen Überwindung 3 Lasten (<40 % 1RM, 40–70 % 1RM, >70 % 1RM) und die Personen schätzten unmittelbar nach dem Test die Geschwindigkeit ein. Für alle drei Intensitäten wurde zwischen der gemessenen und der empfundenen Geschwindigkeit eine positive lineare Korrelation (r = 0,88 bis 0,69) ermittelt. Ebenso besteht ein Lerneffekt, indem durch das Wiederholen der Serien die Korrelationen enger werden und auf r = 0,88 bis 0,96 ansteigen.

> **Wichtig:** Zumindest für trainierte Personen sind die Schätzungen der kontraktilen Anstrengung des aktiv ausführenden Muskels, der körperlichen Gesamtanstrengung und der Bewegungsgeschwindigkeit mit der OMNI-Res-RPE-Skala und der modifizierten für die Bewegungsgeschwindigkeit valide, ermöglichen ein kontinuierliches Feedback zur Intensitätskontrolle und können die Borg-RPE-Skala ergänzen.

Polito et al. (2021) stellen eine validierte GOL-Skala vor, dessen Ergebnisse sie mit der Borg-RPE-6-20-Skala und der Cavasini-Skala abgeglichen haben und zu den Beanspruchungsmerkmalen HF, %Hfmax in Belastungen mit kurzen Stufen bis zur Erschöpfung (Maximal Cardiopulmonary Effort Test, MCET; Yo Yo Intermittent Recovery Test – Level 1) und der Laktatkonzentrationen in Beziehung gesetzt haben. Die GOAL-Skala erwies sich für beide Belastungsbedingungen als sehr eng mit der Borg-Skala ($r = 0{,}93$; $r = 0{,}88$), der Cavasini-Skala ($r = 0{,}91$; $r = 0{,}90$), den %-HF-Werten ($r = 0{,}91$; $r = 0{,}86$), der HF ($r = 0{,}87$; $r = 0{,}83$) und noch eng mit der Laktatkonzentration ($r = 0{,}68$; $r = 0{,}83$) verknüpft. Der „zeitliche" Vorteil der Skala gegenüber den anderen besteht darin, dass die Befragung in bildlichen Darstellungen eine nonverbale Grundlage hat und die Bewertung gleichfalls nonverbal erfolgen kann. Befragung und Bewertung sind somit der einer bildlichen Darstellungsreihe der VAS-Skala mit sich intensitätsabhängig ändernden Gesichtsausdrücken vergleichbar und wegen des übereinstimmenden Modus auch sehr gut für Schmerzpatienten geeignet.

Die RPE eignet sich offensichtlich generell auch unabhängig vom Belastungsmodus für die Dosierung von Belastungsintensitäten. Dies zeigt eine Analyse zur Frage, ob die gesundheitlich relevanten Reaktionen eines RPE-gestützten bzw. selbstregulierten Trainings mit hochintensiven Intervallen denen eines HF-gestützten Trainings vergleichbar sind (Marcal et al. 2021).

Wichtig: Insgesamt sind die RPEs geeignet, die Belastungsintensitäten in Diagnostiktests der Ausdauer und der Kraft, während des Trainings dieser Fähigkeiten, von ganzen Trainingseinheiten und spezifisch eingebauten kurzfristigen Belastungsvariationen subjektiv valide zu schätzen. Damit eignen sie sich als sehr zeiteffektive Instrumente auch in der Therapie und Rehabilitation, wo es nicht wie im Sport auf die Maximierung in „sehr effektiven" Zeiträumen, sondern auf die Anpassung und Optimierung der Belastungen in Abhängigkeit vom zentralen und peripheren Krankheitszustand und dessen Aktivität ankommt.

Borg und Krankheitsbilder

Die Borg-CR-10-Skala eignet sich auch als valides und reliables (0,90) **Monitoring** von kompensierenden bzw. von ausgleichend eingesetzten physischen Anstrengungen bei **myofaszial-skelettalen Beschwerden** in Büros. Zwischen den Borg-CR-Werten und der VAS gibt es eine signifikante Beziehung (r = 0,75, p = <0,01; Shariat et al. 2018). Das Gleiche gilt auch für die Intensitätskontrolle individueller rehabilitativer Belastungsprotokolle mit Hanteln oder Gummibändern (Andersen et al. 2010). Mit beiden Trainingsmitteln werden bei entsprechenden Vorgaben vergleichbare Muskelaktivierungen erreicht. Die Hauptmuskeln der Ausführung werden beim 3-Wiederholungsmaximum mit einer sehr gut übereinstimmenden EMG-Aktivität, normiert auf die maximale Isometrie, in Funktion versetzt (Hanteln: 59 –87 %, Thera-Band: 64 –86 %). Entsprechend besteht auch eine moderat bis sehr enge Relation zwischen den CR-10-Werten und der normierten EMG-

Aktivität. Zu den RPE-Werten während langer Laufbelastungen mit konstanter HF tragen periphere mechanische und metabolische Feedback-Informationen bei. Konsistent zeigen sie eine starke periphere Ermüdung an und eignen sich deshalb zum Monitoring dieser Belastungen (Bergstrom et al. 2015).

Wird eine vielseitige Konditionierungsbelastung bestehend aus Stößen, Boxsprüngen, Klimmzügen, Gewichtheben („power clean"), dem Hochstrecken von Hantelgewichten („shoulder to overhead"), dem Anheben der Beine bis zur Stange im Hang („toes to bar"), Rudern und Ballwürfen einmal mit maximal möglichen Wiederholungen oder einer Intensität von Borg-CR-6 ausgeführt (Tibana et al. 2019), belegen die RPEs und die Laktatwerte, aber nicht die HF-Werte die differenten Intensitäten. Die Anstrengung und die Laktatkonzentration ($r = 0,66$, $p = 0,005$) sowie die RPE und die Anzahl der Wiederholungen ($r = 0,55$, $p = 0,026$) korrelieren miteinander.

Während der Mobilisation erreichen **Intensivpatienten** häufig ihr kardiopulmonales Limit. Mit dem Blutlaktat und der Borg-CR-10-Skala sollte die Anstrengung objektiviert werden (Nessizius et al. 2021). 6 Patienten wurden zum Sitzen am Bettrand, 12 zum Stehen und 2 zum Gehen mobilisiert. Dabei stieg die subjektive Anstrengung um 4,9 Punkte ($p = 0,13$, n. s.) und die Laktatkonzentration um 1,2 mmol/l ($p < 0,001$), wobei beide Werte nur tendenziell in einen Zusammenhang gebracht werden konnten ($r = 0,123$). Auf einem so extrem geringen Belastbarkeitsniveau steigen trotz minimaler physischer Aktivitäten die Laktatwerte signifikant und ebenso die Anstrengung, aber eine Relation ist noch nicht herzustellen.

Da überhäufig eine **Komorbidität mit kardiovaskulären Erkrankungen** besteht, bei der u. a. β-Blocker im Einsatz sind, erscheint der Hinweis notwendig, dass eine nicht selektive Blockade insbesondere im höheren Intensitätsbereich bevorzugt die Borg-RPE-Antworten lokaler Muskelbeanspruchungen steigern, weil die sympathische Blockade die Durchblutung nachteilig beeinträchtigt (Eston und Connolly 1996).

Bei **Adipositas** (Frauen) ist die Borg-RPE-Skala ein Marker der Belastungsintensität. Vor als auch nach einem Gewichtsverlust nach einem 12-wöchigen Training korrespondieren im Test nach dem Balke-Laufbandprotokoll (V = const., Anstieg steigt) die während der differenten Steigungswinkel prozentual zum Maximum eingestellten bzw. erreichten HF- und VO_2-Werte mit den RPE. Die RPE-Werte 13–14 entsprechen ca. 70 % der Maximalbeanspruchung. Aber nachdem vor der Gewichtsreduktion die %-Werte der HF und der VO_2 dem Intensitätsbereich zwischen 40–70 % entsprechen, zeigt bei reduziertem Körpergewicht die prozentuale HF eine höhere Intensität als die VO_2 an (Jakicic et al. 1995). Erste Ergebnisse weisen darauf hin, dass bei übergewichtigen Frauen ein langsam ausgeführtes (5 Sets, 5 Wdhs, „leg press": „con-ecc" 6/6, „leg extension": „con-ecc" 5/5) Krafttraining gegenüber einem konventionellen eine wirksame Methodik ist. Die Schmerzen werden sogar signifikant stärker reduziert und ebenso ist die lt. Borg ermittelte Ermüdung nach dem Programm geringer (Scarin et al. 2019).

Irving et al. (2006) verwendeten die Borg-RPE-Skala und die OMNI-Skala bei Patienten mit einem **metabolischen Syndrom** (Frauen n = 26, Männer n = 10, 45,8 ± 2,0 Jahre), um sie als Marker der Blutlaktatkonzentration zu prüfen. Dazu ist ein Laufbandtest zur Ermittlung der VO_2max und der Laktatschwellen durchgeführt worden. An der aeroben Laktatschwelle (Anstieg von 0,2 mmol/l über den Vorbelas-

Tab. 7.4 Mittelwerte der Anstrengungsempfindungen nach Borg-RPE-6-20-, der auf Borg normierten OMNI-0-11- und der OMNI-Skala (Standardabweichungen 0,2 bis 0,4) bei Patienten mit metabolischem Syndrom für die Belastungsintensitäten der aeroben Schwellen, entsprechend dem ersten Laktatanstieg, den Laktatkonzentrationen 2,5 mmol/l und 4,0 mmol/l und dem maximalen Laktatwert (Irving et al. 2006)

	Borg	OMNI (stand.)	OMNI
aerobe Schwelle	10,1	9,9	3,1
2,5 mmol/l	13,1	13,5	5,6
4,0 mmol/l	15,6	16,0	7,4
Laktat$_{max.}$	16,9	17,1	8,2

tungswert) bei Laktat 2,5 mmol/l, 4,0 mmol/l und dem maximalen Laktatwert sind lt. Borg, OMIN und der auf Borg normierten OMNI die in Tab. 7.4 mitgeteilten Anstrengungsempfindungen angegeben worden.

Bei den übergewichtigen **Diabetikern** misst die Borg-RPE-Skala bei ca. 50 % der Personen die Anstrengung angemessen. Aber bei mehr als einem Drittel der Patienten liegt das Risiko der Unterschätzung der Beanspruchung vor und die Patienten belasten sich zu hoch (Unick et al. 2014). Bei RPE 12 bzw. 13 befinden sich ca. 57 % der Patienten im angestrebten HF-Bereich von 40–59 %, aber bei 37 % ist die Beanspruchung höher und bei 6 % zu gering. Zu intensiv arbeiteten vor allen Dingen Frauen und Personen mit hohem BMI, also die besonders dekonditionierten. Diabetiker mit Neuropathie weisen sowohl dekonditionierungs- als auch erkrankungsbedingt eine Verschiebung des neurovegetativen Gleichgewichts zum Sympathikus auf, was mittels der Herzschlagfrequenzvariabilität (Sinusarrhythmie) nahgewiesen werden kann. Die Ruhe- und submaximale HF sind erhöht und die HF$_{max.}$ reduziert. Dennoch besteht bei den Diabetikern mit (62,9 ± 2,8 Jahre; VO$_2$rel.max. 15,1 ± 1,3 ml/kg/min) und ohne (58,0 ± 2,2 Jahre; VO$_2$rel.max. 19,0 ± 2,1 ml/kg/min) Neuropathie jeweils eine lineare Beziehung mit übereinstimmendem Anstieg zwischen der Herzschlagfrequenzreserve (%HFmax.) bzw. der RPE und der prozentualen Ausnutzung der VO2 (r = 0,98 bzw. r = 0,94) im Belastungstest.

Wichtig: Die RPE ist in der aktiven Therapie von Diabetikern ohne und mit Neuropathie ein valides Instrument zum Monitoring der Belastungsintensität (Colberg et al. 2003). Das Ausdauertraining, valide mit der RPE zu dosieren, ist auch besonders wichtig, denn unabhängig vom Stadium des Diabetes mit oder noch ohne Neuropathie ist die aerobe Kapazität bereits an bzw. sogar bereits unter der biologischen Existenzgrenze. Die Werte liegen unter 20 ml/kg/min und ab dieser Grenze steigt die Mortalität exponentiell stark an. Die aerobe Kapazität im Bereich einer sehr hohen Mortalität belegen auch Kluding et al. (2012) mit 16,0 ± 3,8 ml/kg/min (57,0 ± 5,1 Jahre) und Yoo et al. (2015) mit 17,2 ± 5,0 ml/kg/min (58,4 ± 6,0 Jahre). Die Daten von Yokota et al. (2013, 2017) für Patienten mit metabolischem Syndrom mit 24,0 ± 4,3 ml/kg/min (48,0 ± 9,0 Jahre) bzw. 25,0 ± 4,9 ml/kg/min (52,0 ± 11,0 Jahre) zeigen, dass die Patienten, bei denen sich viele in der „Vorstufe zum Diabetes" befinden, bereits der Grenze sehr nahe sind.

Hinsichtlich der Nutzung der Borg-RPE-Skala gehen auch die Ergebnisse und Empfehlungen von Kunitomi et al. (2000) konform. An der ventilatorischen Schwelle (Fahrradergometrie) geben Diabetiker ohne und mit Neuropathie (53,5 ± 7,7 Jahre) RPE-Werte von 12,4 ± 1,5 an (n = 56), eine Teilgruppe mit Neuropathie 12,2 ± 1,0 (n = 32), die Diabetiker über 60 Jahre 11,8 ± 2,0 (n = 16) und eine gesunde Kontrollgruppe (n = 56, 53,7 ± 7,5 Jahre) 12,9 ± 1,2 an. Die Autoren leiten daraus für Diabetiker ein aerobes Training mit der Intensität RPE 12 ab.

Primeau et al. (2020) beschreiben den Verlauf der Borg-RPE-Skala und der belastungsinduzierten Schmerzen bei **Gonarthrose** (n = 56, 55,2 ± 6,8 Jahre, Schmerzen seit: 7,3 ± 7,9 Jahren, Aktivitäten gering („sedentary"): n = 12 [20 %], moderat (übliche Tagesaktivitäten): n = 31 [53 %], relativ hoch (Sport/Hobbys mit Mobilität): 16 [27 %]) während eines aktiven Programms (1 ×/Woche: in Klinik, 3 ×/ Woche Home-Programm; Erwärmung 5 min, 6–13 Belastungen aus einer Liste [Appendix] mit 2–3 Sets und 10–15 Wiederholungen) über 12 Wochen. Von Woche 1 bis 12 stiegen die RPE-Werte der Einheiten um 2,6 von eher schwer bis sehr schwer, die belastungsinduzierten maximalen Schmerzen während der Belastungseinheit fielen um VAS 1 (95 %CI 0,5–1,3) ab und gleichfalls die Schmerzen nach der Einheit, wobei ab Woche 9–10 ein Plateau erreicht wurde.

Wichtig: Das Verfolgen der Borg-RPE-Werte und der Schmerzsituation in jeder Therapieeinheit als auch über einen Therapiezeitraum weist mit ansteigender Anstrengungsempfindung der Therapieeinheiten geringere Schmerzen aus und kann als Unterstützung der Motivation des Patienten genutzt werden.

Übersicht

Fazit: Dem Stand der Pathogenese angepasste physische Belastungen sind Schlüsselinterventionen eines effektiven Schmerzmanagements und zugleich Psychotherapie bei myofaszial-skelettalen Schmerzsyndromen und bei chronischen Schmerzen auch jeder anderen Genese. Physische Belastungen integrieren die Schmerzhemmung, was an der belastungsbedingten Hypoalgesie (EIH) erkennbar wird. Es gilt, die zentrale Sensibilisierung mit ihrer dysbalancierten physiologischen Integration von Bewegungsmanagement und Schmerzhemmung zurückzudrängen und höchste Gehirnleistungen erneut anti-nozizeptiv zu prägen. „Die Kunst der psychologischen und somatischen Belastungsgestaltung" ist es aber, Schmerzverstärkungen zu vermeiden, denn sie können als Nocebo wirken und, sofern nicht bereits vorhanden, Bewegungsangst aufbauen, unterhalten oder verstärken, was eine „Therapiebarriere" darstellt.

Das therapeutische Gesundheitstraining hat die erforderliche, aber bei chronischen Schmerzpatienten die sehr schwierige Aufgabe, die „nozizeptive

Struktur und Funktion" des Gehirns, der Körperperipherie und der vielfältigen funktionellen Wechselbeziehungen erneut in Richtung einer physiologischen, anti-nozizeptiven und somatischen Struktur und Funktion zu reorganisieren. Diese globalen Zielstellungen werden aber in Abhängigkeit vom Stand der Pathogenese zum Zeitpunkt des Therapiebeginns selbst bei „idealerweise!" adäquat geändertem, nunmehr aktiven Lebensstil mit den längerfristig aufgebauten Trainingsbelastungen und dem Erreichen der optimalen WHO-Empfehlung nicht mehr im Sinn einer „restitutio ad integrum" möglich sein. Die Schmerzsituation ist aber sehr wohl positiv beeinflussbar.

Die cerebralen Reorganisationen sind extrem trainingsaufwändig und nur in Wechselbeziehung mit der peripheren Reorganisation realisierbar. Die Sarkopenie ist weitestgehend endgültig. Die Strukturdefizite der Mikrozirkulation benötigen lange Adaptationszeiträume und werden durch die bindegewebigen Separierungen im Muskelgewebe beeinflusst. Die degenerativen Veränderungen des passiven Stütz- und Bewegungsapparates sind nicht mehr rückgängig zu machen.

Aber obwohl das Training ein anerkanntes Element des Therapieregimes ist und „nur Training eine strukturelle Reorganisation hervorrufen kann", sind bis heute keine Belastungsprogramme mit begründeten Anteiligkeiten der Beanspruchungskomponenten Koordination, Kraft und Ausdauer und damit auch keine Dosis-Wirkungs-Beziehungen für konkrete chronische Erkrankungen und Schmerzsyndrome vorhanden. Das Medikament „Training" ist zwar anerkannt, aber die „Allgemeine Theorie und Methodik" des Trainings ist in Abhängigkeit von der Pathogenese der verschiedenen chronischen Erkrankungen und insbesondere dem Entwicklungsstand einer Schmerzerkrankung bisher nicht aufgearbeitet.

Das **Training in einer Sportart** hat eineindeutige Zielstellungen. Das **präventive Training** kennt keine besonders gut zu beherrschenden Bewegungen und konditionellen Leistungen. Es „benutzt" Bewegungen vieler Sportarten für die Entwicklung und Erhaltung möglichst aller körperlichen Strukturen und Funktionen. Der präventiv Trainierende kann mangels an krankhaften Einschränkungen die Belastungen nach sportwissenschaftlichen Kriterien dosieren, aber er würde mit keiner Bewegungsform und ihrer konditionellen Ausstattung einen Wettkampf gegen einen „Spezialisten oder akzentuiert Trainierenden" gewinnen können. Training für alle Körperregionen lässt keine „Siegerleistungen" zu. Das **therapeutische Training** hat erst recht keine sportlichen Ziele, aber es „bedient sich" ebenso den Bewegungen vieler Sportarten. Die physischen Belastungen sind die essenziellen Triebkräfte für „den Rückweg" in Richtung einer normotrophen, anti-entzündlichen und anti-nozizeptiven Körperstruktur. Es geht darum, erneut koordinative Fertigkeiten und einen guten konditionellen Zustand aller Körperregionen aufzubauen und den Status der Dekonditionierung zu verlieren.

Die Trainingstherapie ist für alle medizinischen Fachgebiete nicht nur eine relevante, sondern sie ist „als Dach" über den fachspezifischen Behandlungsmaßnahmen eine essenzielle Therapiekomponente.

Die Ausdauer gibt es nicht! und es gibt nur eine sehr überschaubare Palette von Belastungsformen. Hinsichtlich der Belastungsdauer sind für den Aufbau die Mittelzeitausdauer (>2–10 min) und für die optimale Wirkung des klassischen Ausdauertrainings die Langzeitausdauer I (>10–35 min) relevant. Immer genau zu beachten ist, nur die Muskulatur der Körperregion, die die Trainingsleistung erbringt, wird auch einen Trainingseffekt ausbilden und profitieren. Als effektiv wirksame Belastungsdauer werden 30 min (max. 45 min) oder als Summe eines Intervalltrainings empfohlen. Eine Belastung längere Zeit stabil aufrechtzuerhalten ist eine affektiv-emotionale als auch eine kognitiv-bewertende cerebrale Anforderung und somit eine wichtige Beeinflussung der entsprechenden Schmerzkomponenten. Bei Schmerzpatienten wie auch bei allen chronischen Erkrankungen gilt es zunächst, eine „zentralnervös realisierbare und angemessene Dosis der Intensität und Dauer" zu finden und den Therapieeffekt darauf zu richten, sie in den „optimalen" Bereich zu entwickeln.

Die Kraft gibt es nicht! Jedes Krafttraining ist in Abhängigkeit vom entsprechenden Konditionierungszustand und dem Alter immer zuerst über Wochen bis Monate sensomotorisches Koordinationstraining und anschließend Training der kontraktilen Kapazität der Muskulatur. Bei den Patienten kann die Dosierung auf der Grundlage des Konzepts des hypothetischen individuellen Maximalgewichts ermittelt werden, indem mit der Methodik der erreichbaren Wiederholungsanzahl im submaximalen Bereich das 1RM hochgerechnet wird. Durch die hohe Intensität ist Krafttraining auch Schmerz- und Psychotherapie. Auch hier gilt, alle myofaszialen Ketten und Körperregionen sind zu trainieren! und Krafttraining benötigt eine gute bis ausreichende aerobe Kapazität, denn in den Kontraktions- und Serienpausen sind die Energiereserven wieder aufzufüllen und die interstitiellen Veränderungen abzubauen.

Valide, sehr hilfreich, einfach einzusetzen, effektiv und kaum zeitaufwändig ist es, bei der Suche nach der Dosierung und der Kontrolle der Therapiebeanspruchungen die Borg-Skalen zu verwenden. Sie ermitteln, mit welchem subjektiven Anstrengungsempfinden bzw. welcher Anstrengungstoleranz (Borg-RPE-Skala 6–20) und/oder welcher subjektiven Bewertung der entwickelten Ermüdung/Erschöpfung, der respiratorischen und/oder kardialen Beanspruchung und/oder von Schmerzen (Borg-CR-Skala 0–10) die Belastung realisiert wird. Die Borg-Werte sind eng mit den Beanspruchungsmerkmalen des Herz-Kreislauf-Systems und des Stoffwechsels verbunden. Die Laktat-Leistungs-Diagnostik ist aufwändig, bei sehr inaktivitäts- und altersbedingt sarkopenischen Personen nicht mehr ausreichend aussagefähig und bei Schmerzpatienten ist das Belastungsprogramm limitierend. Sie ist auch nicht erforderlich. Die subjektive Anstrengung spiegelt für die therapeutische Praxis völlig ausreichend die Herz-Kreislauf- und Stoffwechsel-Beanspruchung wider. Die Anstrengungsskalen sind sowohl für die Diagnostik des „subjektiven Anstrengungsgrades" einzelner Belastungen als auch für die Trainings(Therapie-)dokumentation ganzer Therapieeinheiten nutzbar. Bei sehr geringer Belastbarkeit und intensiver Schmerzsituation wäre in der Anfangsphase unabhängig von der Dauer der gewählten Belastung ein Anstrengungsgrad von Borg-RPE 10–11 bzw. Borg-CR 3–4 anzustreben, um mittelfristig in den Bereich RPE 12–13 (14) und CR 4–5 (6) zu kommen.

Die Borg-Skalen eignen sich als valides und reliables **Monitoring** physischer Anstrengungen bei myofaszial-skelettalen Beschwerden auch im Büro und die Intensitäten vielseitiger Konditionierungsbelastungen werden widergespiegelt. Auch bei **Adipositas** ist die RPE ein Marker der Belastungsintensität und bei übergewichtigen **Diabetikern** unterschätzt die Borg-RPE-Skala bei mehr als einem Drittel der Patienten die Beanspruchung und sie belasten sich zu hoch. Ebenfalls bei Arthrosen können der Therapieverlauf und die Entwicklung der belastungsinduzierten Schmerzen mit der Borg-RPE beschrieben werden.

7.2 Training zur Qualifikation der Schmerzhemmung („exercise induced hypoalgesia" – EIH)

Wichtig: Es gibt keinen diagnostischen Goldstandard für die Auslösung einer „exercise induced hypoalgesia" (EIH). Bei Gesunden sorgt aufgrund des „physiologischen Bausteins Schmerzhemmung im sensomotorischen Handlungsprogramm" eine anstrengende aerobe und/oder eine Kraftbelastung sicher für eine generalisierte Schmerzhemmung, die EIH, während der Belastung und kann auch in Abhängigkeit von der realisierten Intensität und der provozierten Ermüdung für kurze Zeiträume bis ca. maximal 20–30 min nachwirkend diagnostiziert werden.

7.2.1 EIH-Beleg für die Integration von Sensomotorik und Schmerzhemmung

Da unter physiologischen Funktionsbedingungen die Sensomotorik, die Ausführung jeglicher Bewegungen, und die Schmerzhemmung eine funktionelle Einheit bilden, gilt es, das präventive wie auch das therapeutische Training nicht nur

- zur Qualifizierung des Bewegungskönnens und
- der Verbesserung oder Erhaltung der konditionellen Fähigkeiten Ausdauer und Kraft anzusehen,
  sondern auch

- als Intervention zur Prävention chronischer Schmerzen und
- als Schmerztherapie.

Die untrennbare physiologische Verknüpfung von Bewegung und Schmerzhemmung ist ein wichtiger phylogenetisch entwickelter Faktor der Mobilität und wird unbewusst immer dann „erlebt", wenn gesunde Menschen jeden Alters schmerzfrei intensive und ermüdende Bewegungsausführungen realisieren. Die Schmerzfreiheit des Bewegungsverhaltens ist eine implizite Komponente der Mobilität, der Funktion des sensomotorischen Systems, solange das Gehirn nicht im Rahmen der Pathogenese chronischer Krankheitsentwicklungen sehr verschiedener Entitäten (Laube 2022a) eine Sensibilisierung ausgebildet hat. Die Verknüpfung und dessen Qualifizierungsmöglichkeit, die Trainierbarkeit, durch physische Aktivität wird zusätzlich daran erkennbar, dass häufige sporadische oder systematisch geplante (Training) Belastungswiederholungen für höhere Schmerzschwellen, eine geringere Schmerzempfindlichkeit und eine höhere Schmerz- und Anstrengungstoleranz sorgen (vgl. Abb. 2.2). Geringere Schmerzschwellen und eine gesteigerte Kapazität der CPM (Laube 2022a) bei Trainierenden sind belegt (Flood et al. 2017a, b). Insbesondere myofazial-skelettale Krankheitsentwicklungen infolge chronisch physischer Inaktivität und primär entzündlicher Genese mit sekundärer Inaktivität haben den entgegengesetzten Effekt.

Die generelle Integration der Schmerzhemmung und -modulation in jedes sensomotorische Handlungsprogramm ist somit die physiologische Grundlage dafür, dass physische Belastungen inzwischen

- als eine wesentliche, weil effektive Komponente des Therapieregimes chronischer Schmerzsyndrome betrachtet werden und
- dass langfristige therapeutische Belastungsprogramme natürlich nicht linear, aber stets zu einer bleibenden Schmerzlinderung und einer positiv veränderten Schmerzverarbeitung führen,

wobei beide Punkte nur vollständig gültig sind bzw. werden,

- wenn die therapeutische Belastung dauerhaft realisiert wird.

Wichtig: Als besonders effektive „Schmerztherapeutika" müssen die physischen Belastungen konkrete Merkmale aufweisen. Sie müssen anstrengende Intensitäten haben (Borg-RPE ca. 12–13 oder im kurzen Intervall auch 14–15) und/oder zur deutlichen Ermüdung führen.

Black et al. (1979) haben das Phänomen der „exercise induced hypoalgesia" (EIH) erstmals bei Sportlern beschrieben. Der Mechanismus der EIH steht seit einigen Jahren im Fokus der Forschung. Dennoch ist er bisher nur sehr unvollkommen aufgeklärt. Es war aufgefallen, dass nach physischen Belastungen die Schmerzempfindungen geringer ausfallen. Nachfolgend sind verschiedene Belastungsformen auf diesen Effekt, der sowohl einen Anstieg der Schmerzschwellen als auch der Schmerztoleranz einschließt, untersucht worden. In den sehr komplexen Wirkungsmechanismus der EIH sind periphere Faktoren und spinale sowie supraspinale Funktionssysteme bis in die höchsten bewussten Bereiche mit ihren gegenseitigen Interaktionen eingebunden (Ellingson et al. 2012a; Koltyn et al. 2014; Kami et al. 2016, 2017; Crombie et al. 2018; Vaegter und Jones 2020). So sind für die lokale und generalisierte Ausbildung der EIH gemeinsam die Modulation der spinalen nozizeptiven Tor-Mechanismen der Transmission und die Top-down-Regulation der Schmerzhemmmechanismen verantwortlich (Wu et al. 2021). Mit einer Meta-Analyse weisen Naugle et al. (2012) darauf hin, dass für die sehr wahrscheinliche Ausbildung einer EIH ein Zeitbedarf der Belastung von mindestens 10 min benötigt wird.

7.2.2 Warum benötigt intensive und ermüdende Muskelaktivität Schmerzhemmung?

Die Tatsache, dass der EIH-Effekt bei sehr anstrengenden und/oder ermüdenden Belastungen am stärksten eintritt bzw. damit auch am effektivsten trainierbar ist, kann global wie folgt begründet werden:

Das zentrale Ansteuerungsprogramm, der „common drive", aktiviert die Muskelkontraktionen. Sie werden umgehend der adäquate Reiz der Mechanosensoren mit Fasern der Gruppe III und mit steigender Intensität der Innervation auch der metabosensitiven Sensoren mit Fasern der Gruppe IV im Fasziensystem. Letztgenannte Afferenzen treiben die sympathisch vermittelte Stoffwechselstimulation und den „exercise pressor reflex" an. So sorgen sie für die re-afferente Einstellung und Feinregulation der Stoffwechselaktivität, der kardialen Funktion und des Blutdrucks. Beide, der „common drive" und der Reflex, sichern die bedarfsgerechte kardiovaskuläre Funktion für eine bedarfsgerechte O_2-Versorgung. Sie sind beide aber zugleich Komponenten im Dienst der Schmerzhemmung. Der Baroreflex ist ein physiologischer Baustein der endogenen Hypoalgesie (vgl. Laube 2022a). Deshalb ist auch der direkt und reflektorisch eingestellte belastungsbedingte Blutdruck antinozizeptiv wirksam, aber hat wahrscheinlich für die überdauernde Hypoalgesie keine Bedeutung.

Mit steigender Muskelaktivität wird fortschreitend die **zentrale Ansteuerung** intensiver, denn das schnelle Muskelfasersystem muss einbezogen werden, um die kontraktile Leistung zu erbringen und bei länger dauernden Belastungen die Ermüdung der bisher aktivierten motorischen Einheiten zu kompensieren. Eine intensivere Ansteuerung bedeutet, weil physiologisch dazu gehörend, gleichzeitig eine intensivere Aktivierung der hohen und höchsten Hirnregionen im Sinn der Schmerzmatrix und darin integriert die Aktivierung der Hirnstammregionen, die die Ausgangspunkte der spinalen Schmerzhemmung und -modulation sind. Wegen dieses komplexen, de facto das gesamte Gehirn einbeziehenden Funktionsprozesses (siehe Schmerzmatrix, Neurosignatur; Komponenten des Schmerzes) sind immer auch psychologische Faktoren einbezogen und müssen bei Patienten Beachtung finden.

Die **Stoffwechselaktivierung** steigt und der anaerobe Stoffwechsel wird immer intensiver genutzt und bestimmt die Synthese der erforderlichen biologischen Energie. Im noch ausbilanzierten aeroben Intensitätsbereich der Energielbildung bis zur anaeroben Schwelle (Bilanz Bildung, Verteilung, Elimination im Gleichgewicht) und erheblich bei Laktatwerten darüber verändert sich das myofasziale interstitielle biochemische Milieu gemeinsam mit Elektrolytverschiebungen durch die Innervation der Muskualtur. Dies wird zum adäquaten Reiz auch für die nozizeptiven Sensoren in den Faszien. Mit der anaeroben Energiebildung, aber auch der dauerhaften aeroben ATP-Resynthese während Ausdauerbelastungen und den innervationsbedingten Elektrolytverschiebungen verändert sich das myofasziale interstitielle biochemische Milieu und es wird zum adäquaten Reiz auch für nozizeptive Sensoren in den Faszien.

Moderat intensive aerobe Belastungen (25 min, 50 % HF-Reserve) bilden lt. Borg-RPE auf kontinuierliche und wiederholte Wärmestimuli eine EIH aus und entsprechend einer Dosis-Wirkungs-Beziehung ist der Effekt durch intensivere aerobe Belastungen (25 min, 70 % HF-Reserve) auch höher. Die intensive Anstrengung steigert zusätzlich die Druckschmerzschwellen (Naugle et al. 2014). Ein sehr gut vergleichbares Ergebnis beschreiben Kodesh und Weissman-Fogel (2014). Der Vergleich einer hochintensiven aeroben Intervallbelastung (30 min, 4 × 4 min, 85 %, 2 min Pause mit 60 % der HF-Reserve) und einer kontinuierlichen Belastung (30 min, 70 % HF-Reserve) belegt anhand der Hitzeschmerzschwellen jeweils eine EIH und infolge der Intervalle zeichnet sich eine höhere EIH-Reaktion ab.

Im Gegensatz zu Gesunden findet ein Review, dass isometrische Kontraktionen bei lokalen muskuloskelettalen Schmerzen nicht konsistent für eine EIH sorgen. Aber die Inkonsistenz kann auch der hohen Variabilität der Interventionen, gegeben durch die Dosierung, Lokalisationen und das Belastungsprotokoll, zugeschrieben werden (Bonello et al. 2021), sodass die Isometrie dennoch als ein Therapieinstrument angesehen werden muss.

Aus der Sicht des Krafttrainings sehr gut passend zu diesen Befunden sorgen intensive Belastungen (n = 24, Kreistraining) wegen der erforderlichen sehr hohen zentralen Aktivierung des schnellen Pools der motorischen Einheiten, gemessen an den Blutlaktatwerten für eine folgerichtige hohe Inanspruchnahme des anaeroben Energiestoffwechsels und steigern dementsprechend die Schmerzschwellen (EIH), die Schmerztoleranz und auch die RPE-Werte. Die Toleranz gegenüber sehr hohen Anstrengungen geht mit der Schmerztoleranz parallel (Baiamonte et al. 2017).

Entsprechend hat die Schmerzhemmung durch Muskeltätigkeit ihre Quellen in den

- zentralen Aktivierungen der Muskelkontraktionen (Bestandteil des „common drive") und
- Afferenzen der Sensoren mit Gruppe III- und IV-Fasern, die nicht nur Informationen für
  - die Bewegungsregulation,
  - die Herz-Kreislauf- und Stoffwechsel-Regulation (Laube 1990; Wan et al. 2020), sondern auch

– die Regulation der Schmerzhemmung liefern, wofür sie u. a. das zentrale opioide System anregen (Thoren et al. 1990) und zum Teil des EIH-Mechanismus werden.

> **Wichtig:** Damit anstrengende Muskeltätigkeiten nicht zur Schmerzempfindung führen, muss das Gehirn mit der fortschreitenden Hemmung der spinal eingehenden Schmerzafferenzen reagieren. Belastungsintensität und Belastungsdauer sind deshalb direkt über die Intensität der zentralen Muskelaktivierung als auch indirekt über die Re-Afferenzen durch die peripheren Stoffwechselauswirkungen mit der Schmerzhemmung, aber auch der Schmerztoleranz verbunden. Intervalltraining ist im Rahmen des therapeutischen Gesundheitstrainings ein wichtiges Element!

Akute isometrische, aerobe und dynamische intensive Belastungen verursachen lt. einer Meta-Analyse (Naugle et al. 2012) bei Gesunden einen schmerzlindernden EIH-Effekt. Das Ausmaß variiert in Abhängigkeit von der Methodik der diagnostischen Schmerzauslösung und dem Belastungsprotokoll. Mit moderaten Effektgrößen wirken aerobe und mit großen Effektgrößen isometrische und dynamische kontraktile Anstrengungen. Bei Schmerzpatienten ist der Chronifizierungsgrad der wesentliche Faktor für die Wirksamkeit (Effektgrößen) von aeroben und isometrischen Belastungen und verantwortet sehr variable Amplituden und teilweise eine paradoxe Wirkrichtung. Gleichfalls ist die Belastungsintensität ein wichtiger Faktor. Optimale Dosierungen lassen sich nicht ableiten.

7.2.3 EIH und psychosoziale Faktoren

Ganz im Sinne des biopsychosozialen Gesundheits- bzw. Krankheitsmodells und als Beleg für die Einbeziehung auch der höchsten Gehirnstrukturen für die kognitiven, mentalen und emotionalen Funktionen und Leistungen haben psychosoziale Faktoren (siehe u. a. Anamnese!) einen gravierenden Einfluss auf die Schmerzsensitivität und die EIH. Bei Gesunden (n = 58, 21 ± 3 Jahre) sprechen eine sozial gute familiäre Situation für eine schwächere Schmerzempfindlichkeit und höhere EIH-Reaktionen bei einem 3-minütigen isometrischen Handgriff mit 25 % MVC und umgedreht. Der situative Zustand des Katastrophisierens und eine ungünstige Stimmung verstärken die Schmerzen, mindern die EIH und führen zu höheren Borg-RPE-Werten und stärkeren Muskelschmerzen während der Kontraktion (Brellenthin et al. 2017).

> **Wichtig:** Die Verknüpfung von psychosozialen Verhältnissen, psychosozial geprägtem Verhalten und aktueller psychisch-mentaler Situation mit der Schmerzempfindlichkeit und der Reaktion auf physische Belastungen ist unbedingt zu beachten. Die Anamnese (Kap. 4) liefert hierfür wichtige Informationen.

7.2.4   EIH und psychologische Faktoren

Wegen der Wichtigkeit im Therapieprozess widmen sich Munneke et al. (2020) in einem systematischen Review mit der Relation zwischen psychologischen Faktoren (Kinesiophobie, Katastrophisieren, Depression, übertriebene Ängstlichkeit, Schmerzangst, Stimmung, Einstellung zu Schmerzen) und der EIH bei Gesunden und Personen mit myofaszial-skelettalen Schmerzen. Wie der aktuelle wissenschaftliche Stand zum EIH-Mechanismus noch sehr unvollkommen ist, so ist er es auch zur Verknüpfung psychologischer Faktoren mit der EIH. Die Autoren fanden insgesamt nur neun Querschnittsuntersuchungen mit hohem Biasrisiko. Die Belastungen waren sehr unterschiedlicher Art, Intensität als auch Dauer, die psychophysische Diagnostik der Schmerzsituation war uneinheitlich und eine Berechnung einer relevanten Mindestwirksamkeit (Power-Analyse) ist kaum vorliegend. Nur eine Arbeit mit Patienten und zwei Arbeiten mit Gesunden berichten über eine signifikante Beziehung zwischen psychologischen Merkmalen und EIH. Bei Schmerzpatienten ist in der Regel die Ausprägung der EIH nicht mit den psychologischen Faktoren verbunden. Die Ergebnislage zur Intensität der EIH und der auslösenden Belastung (Isometrie, aerob) ist uneinheitlich und nicht konsistent. Damit sehr gut vergleichbar sind ebenfalls die Ergebnisse bei den Gesunden. Werden Verbindungen mitgeteilt, handelt es sich um die Faktoren Angst, Schmerzangst, Schmerzkatastrophisierung, Stimmungszustand, ungünstige soziale familiäre Situationen. Hinweise auf diese Faktoren kann zum Teil die Anamnese liefern (Kap. 4) und natürlich, wie bei chronischen Schmerzpatienten häufig sehr sinnvoll, sollte ein Psychologe im Behandlungsteam sein.

> **Wichtig:** Der psychologische Status ist zz. kein Instrument, um auf die Entwicklung einer Schmerzlinderung durch physische Belastungen schließen zu können. Dies gilt inkonsistent auch für Gesunde. Somit ist die therapeutische Zielstellung, mit Intervallen isometrischer und/oder konzentrischer Kraftanstrengungen und mit aeroben Belastungen, eine EIH provozieren zu wollen, zunächst für jeden Patienten gegeben.

7.2.5   EIH: Gesunde, Trainingsstatus und Belastungen

50 Studentinnen (21,9 ± 3,6 Jahre), eingeteilt anhand objektiv gemessener (Beschleunigungssensor) Aktivitätszeiten und berechneter Intensitäten (<1,5 METs: inaktiv, 1,5–2,99 METs: gering, 3–5,99 METs: moderat, >6 METs: intensiv) in den Gruppen mit den Inhalten 1. aerobes Training, 2. aerobes und Krafttraining, 3. Krafttraining, jeweils mit Umfängen lt. den Empfehlung der ACSM, und 4. ungenügender Aktivitäten haben, gemessen an den Druckschmerzschwellen über dem M. flexor carpi rad., nach einem maximalen isometrischen Handgriff bis zur Erschöpfung die gleiche Kapazität der EIH. Die Schwellen am Unterarm steigen nach identischen Ausgangswerten rechts um 7,7 % und links um 7,0 % (Algometrie;

Tab. 7.5 Einige ausgewählte und absolut bei weitem nicht vollständige (siehe Vaegter und Jones 2020) Ergebnisse zur EIH

Anshel and Russell (1994):	Untrainierte Männer: aerobes Training = höhere Schmerztoleranz
Andrzejewski et al. (2010):	Intensive reguläre Belastungen (lt. Selbstauskunft) = höhere Schmerzschwellen
Ellingson et al. (2012b):	Umfang physische Aktivität lt. ASCM-Empfehlung = geringere Schmerzempfindlichkeit
Vaegter et al. (2016):	Isometrische Kontraktionen, Fahrradbelastung = Reduktion Schmerzschwellen und Steigerung Schmerztoleranz vom cerebralen Sensibilisierungsgrad abhängig
Smith et al. (2017):	Isometrie („wall squat exercise", Kniewinkel 100°, 3 min) = Druckschmerzschwellen (über C_5, M. tib. Ant.) gesteigert bei Gesunden und Schleudertraumapatienten
Smith et al. (2017):	Aerobe Belastung (30 min, 75 % $HF_{max.}$) = Druckschmerzschwellen ohne Änderung bei Gesunden und Schleudertraumapatienten
Vaegter et al. (2017):	Isometrische Kontraktionen = Schmerztoleranz (Manschettenalgometrie) steigt, aber nicht die Druckschmerz- und Hitzeschmerzschwelle
Munneke et al. (2020):	Psychologische Faktoren = keine konsistente Relation zur Ausprägung der EIH
Review	
Vaegter und Jones (2020):	Einzelbelastungen = vielfach belegt Minderung der Schmerzempfindlichkeit bei Gesunden für 5–30 min; beachte Modalität der Schmerzreizung, konsistente Faktoren für die EIH sind: Intensität und Dauer bei gegenseitiger Beeinflussung und Ergänzung, höhere Intensitäten mit höherer Wirkung
	Aerobe Belastungen (Laufen, Fahrrad), dynamisches und isometrisches Krafttraining = vielfach Steigerung der Druckschmerzschwellen der belasteten Bereiche um 15–20 % und weniger ausgeprägt auch in entfernten Regionen

Black et al. 2017). Die fehlende Trainingsabhängigkeit der Druckschmerzschwellen könnte eventuell auch der Jugend der Probandinnen zugeschrieben werden können, indem trotz differenter Aktivitäten noch keine Einbußen oder Vorteile entstanden sind oder weil auch sporadische sehr kurze intensive Belastungen „noch" wirksam sind. So ist auch die von den Autoren gegebene Erklärung dieses unerwarteten und nicht mit den in der Literatur konform gehenden Ergebnisses (Tab. 7.5), dass intensive Aktivitäten, die kürzer als die empfohlenen 10 Minutenbausteine der ACSM- wie auch der WHO-Empfehlungen (WHO 2011, 2020) sind und deshalb hier nicht als solche angerechnet wurden, einen Effekt auf die Schmerzhemmung haben könnten. Sie sprechen vom Bedarf, einen zeitlichen Schwellenwert intensiver Muskelaktivitäten überschreiten zu müssen, um die von anderen Autoren gefundenen gesteigerten Schmerzschwellen bei aktiven Menschen zu erreichen.

Ellingson et al. (2012b) zeigen, dass gesunde Frauen, wenn sie die Umfänge der Empfehlungen für intensive Belastungen lt. ASCM einhalten (n = 12, 28,8 ± 5,4 Jahre), gegenüber denen, die dies nicht realisieren (n = 9, 31,7 ± 6,1 Jahre), auf schmerzhafte thermische Reize

1. eine signifikant geringere Schmerzsensibilität (spinothalamic tract) und weniger Unannehmlichkeiten (spinomesencephalic fract; je lt. Gracely Box SL category ratio pain rating scales [0–20]) angeben,
2. eine negative Beziehung zwischen beiden Parametern und den intensiven physischen Belastungen besteht, aber
3. dass wegen der zu geringen Trennschärfe aufgrund der kleinen Probandengruppe auch geringere Aktivitäten nicht mit Schmerzen verknüpft werden konnten.

Die Tab. 7.5 gibt einige wenige ausgewählte Literaturergebnisse zur EIH an, wobei diese Auswahl auch nicht annähernd den Anspruch auf Vollständigkeit erheben kann. Eine repräsentative umfängliche Zusammenstellung liefern Vaegter und Jones (2020).

> **Wichtig:** Physische Belastungen wirken schmerzlindernd, wobei die Belastungsintensität und die Belastungsdauer das Ausmaß bestimmen. Bei Patienten ist es vom cerebralen Sensibilisierungsgrad abhängig, der bei intensiver Ausprägung auch für eine Schmerzintensivierung verantwortlich sein kann. Es kann dennoch allgemein die Schlussfolgerung gezogen werden, Training ist eine belegte Intervention der Schmerztherapie.

7.2.6 EIH: Placebo und Nocebo

Physische Belastungen wie auch Informationen, die eine positive Erwartung im Sinn eines Placeboeffekts hervorrufen, bewirken einen EIH-Effekt. Beide Interventionen sind sogar in der Lage, vergleichbare Wirkungen zu erzielen. Aber auch die nachteiligen Noceboeffekte wirken sich während physischer Belastungen aus und können erhöhte Schmerzbewertungen hervorrufen (Colloca et al. 2018).

> **Wichtig:** Die Gestaltung der Anamnese, der körperlichen Untersuchung, die Art und Weise der Informationsvermittlung und Beratung über die erforderlichen therapeutischen Aktivitäten und die mit ihnen angestrebten Wirkungen, besonders die notwendigen Informationen zum Bedarf der Langfristigkeit des bevorzugt aktiven Therapieverlaufs und damit insgesamt das Verhältnis Therapeut-Patient ist immer unter dem Aspekt der Erwartung eines möglichst positiven Therapieergebnisses zu gestalten, um Placeboeffekte zur Schmerzlinderung auszunutzen. **Das ist offensichtlich die größte Herausforderung für den Therapeuten zugunsten des Patienten.**

7.2.7 EIH: Alter und Belastungen

Ein Ergebnis des **Alterungsprozesses** ist u. a. eine Minderung der Kapazität der Schmerzhemmung insbesondere ab dem 6. Lebensjahrzehnt (Riley et al. 2010; Naugle et al. 2015) und viele Menschen dieses Altersabschnitts benötigen auch Schmerztherapie. Entsprechend gilt es, zunächst die Schmerzhemmung von klinisch gesunden jungen (n = 25, Frauen, 21,7 ± 4,1 Jahre) und älteren (n = 18, 63,7 ± 6,6 Jahre) Menschen zu ermitteln (Naugle et al. 2016). Die Belastungsmodi zur Diagnostik der EIH waren ein ermüdender Handgriff mit submaximaler Intensität (3 min, 25 % MVC) und erstmalig eine aerobe moderate (20 min, 50–55 % HF-Reserve) und intensive (20 min, 70 % HF-Reserve) Fahrradbelastung. Die Isometrie verursacht eine deutlich geringere EIH bei den Älteren. Die Erhöhungen der Druckschmerzschwellen am Unterarm bei den Jungen fallen moderat bis gering und bei den Älteren sehr gering aus. Die Älteren entwickelten aber nie eine Hyperalgesie. Auch die aeroben Belastungen sind bei den Jüngeren ohne Geschlechtsdifferenz und ohne Intensitätsabhängigkeit deutlich wirksamer. Besonders ausgeprägt dokumentiert sich der Altersunterschied bei der intensiven Belastung und er ist moderat bei der geringeren Intensität.

7.2.8 EIH und Krankheitsbilder

Bei Patienten mit **Fibromyalgie** (n = 11, 41,3 ± 13,2 Jahre) weisen Ellingson et al. (2012a) anhand von fMRI-Untersuchungen während schmerzhafter Hitzereizungen ohne und mit kognitiver Ablenkung nach, dass die physische Aktivität bzw. Inaktivität mit der Schmerzverarbeitung und -modulation in Beziehung stehen. Die Muskelaktivitäten korrelieren positiv mit den Antworten der schmerzrelevanten Regionen dorsolateraler präfrontaler Cortex, Gyrus cinguli (Emotionen, Lernen, Gedächtnis) und periaquäduktalem Grau (Ausgangspunkt der absteigenden Schmerzhemmung) und negativ mit dem linken anterioren Inselkortex (Voraussagen) während der gleichzeitigen kognitiven Beanspruchungen. Die zeitlichen Umfänge der Muskeltätigkeiten haben eine direkte Relevanz für die zentralnervöse Schmerzverarbeitung.

Wichtig: Die Zeit der täglichen Inaktivität ist negativ mit den reizbedingten Antworten der Gehirnregionen für die Schmerzmodulation und die sensorische Diskrimination verbunden und somit werden diese Funktionen desto ungünstiger, je länger die Inaktivität ist und wird. Die Dosis-Wirkungs-Beziehungen sind zu untersuchen.

McLoughlin et al. (2011) belegen anhand der fMRI-Bildgebung während schmerzhafter Hitzestimuli bei der Fibromyalgie (n = 16) und bei Gesunden (n = 18) signifikante Wechselbeziehung zwischen der physischen Aktivität und der kognitiv-emotionalen und der sensorischen Schmerzverarbeitung. Die Schmerzwahrnehmung und -modulation sind gleichzeitig ablaufende Prozesse und Muskelaktivität bei Fibromyalgie regelt die Balance zwischen ihnen zugunsten der hemmenden Modulation.

> **Wichtig:** Bei diesen chronischen Schmerzpatienten profitiert die kognitiv-bewertende, die affektiv-emotionale und die sensorisch-diskriminative Schmerzverarbeitung von physischen Belastungen und sie sind somit ein unverzichtbarer Therapiebaustein zur anti-nozizeptiven cerebralen Reorganisation.

Menschen mit einer **rheumatischen Arthritis** und einem sehr geringen Schmerzniveau (n = 45, VAS-Median 11/100) weisen gegenüber Gesunden eine deutlich höhere Schmerzsensitivität auf Druckbelastungen (RA: 318 kPa K: 487 kPa; p < 0,001) auf und vertragen bei Borg-CR 4/10 und 7/10 wesentlich weniger Druck (RA: 433 kPa; K: 638 kPa; p = 0,001 bzw. RA: 620 kPa K: 851 kPa; p = 0,002). Eine belastungsnahe EIH über dem bis zur Erschöpfung kontrahierenden M. quadr. und eine belastungsferne EIH über dem M. delt. bilden übereinstimmend die Patienten wie die Gesunden aus, sodass bei diesem geringen Schmerzniveau eine vergleichbare aktivitätsbedingte Schmerzhemmung vorliegt (Löfgren et al. 2018). Die Patienten mit einer rheumatischen Arthritis benötigen empfehlenswerterweise ein Langzeittrainingsprogramm. Löfgren et al. (2018) haben bei 30 Patienten (61 ± 10 Jahre, BMI 25 ± 3, Krankheitsdauer 12 ± 11 Jahre) vor, nach einem und nach zwei Jahren Beteiligung an einem gesundheitsfördernden Programm („european network for the promotion of health-enhancing physical activity": HEPA) die globalen Schmerzen (VAS 0–100), die Druckschmerzschwellen (M. quadr. fem., M. delt.), die überschwellige Druckschmerzempfindlichkeit entsprechend Borg-CR-4/10 und -7/10 und die EIH infolge einer isometrischen Kontraktion des M. quadr. fem. mit 30 % MVC bis zum ermüdungsbedingten Abbruch geprüft. Die Druckschmerzschwellen über beiden Muskeln sind durch das Training über zwei Jahre nicht beeinflusst worden. Vor dem Programm provozierte die isometrische Kontraktion eine deutliche EIH sowohl über dem tätigen Muskel (510 ± 254 kPa auf 662 ± 324 kPa), aber auch über dem entfernten inaktiven M. delt. (235 ± 113 kPa auf 357 ± 174 kPa). Die EIH konnte auch nach einem und nach zwei Jahren ausgelöst werden, wobei der zeitabhängige Anstieg der Schwelle während der Kontraktionen über dem M. quadr. wesentlich geringer geworden war, aber über dem M. delt. statistisch identisch ausgeprägt blieb. Bei der rhematischen Arthritis ist aber auch über längere Zeiträume der Krankheitsentwicklung eine EIH auslösbar. Auffällig ist, dass infolge eines langen aktiven Programms die generalisierte EIH-Reaktion sehr stabil bleibt, aber sich über dem testbedingt aktiven Muskel abschwächt. Bei Reduzierung der globalen Schmerzintensität von 11/100 auf 6/100 bleiben die Schmerzempfindlichkeit und die EIH unbeeinflusst. Dieses Ergebnis wird u. a. auf das geringe Schmerzniveau zu Beginn zurückgeführt, aber auch der ungenügenden Adhärenz der Patienten zugeschrieben. Die Patienten führten insbesondere das Krafttraining nicht häufig genug aus und folgten den Intensitätsvorgaben nicht ausreichend, was ohne Kontrolle für Patienten dieser, aber auch anderer Erkrankungsgruppen typisch ist (vgl. Löfgren et al. 2018). Ausreichend hohe Intensitäten und eine hohe Adhärenz sind für die angestrebten Wirkungen wesentlich und begründen dann auch Veränderungen der Schmerzsensitivität (Henriksen et al. 2014).

Wichtig: Die von den Patienten selbstverantwortet ausgeführten physischen Aktivitäten eines empfohlenen therapeutischen Aktivitätsprogramms (z. B. HEPA) werden zu häufig nicht auf dem Niveau ausgeführt, welches für die Verbesserung der endogenen Schmerzmodulation und die Minderung der Schmerzsensitivität erforderlich ist (Löfgren et al. 2018). Dies ist auch die praktische Erfahrung im Therapiealltag und insbesondere mit Beginn des selbstverantworteten Zeitraumes.

Patienten mit chronischen **myofaszial-skelettalen Schmerzen** und einem hohen gegenüber einem niedrigen cerebralen Sensibilisierungsgrad haben reduzierte Druckschmerzschwellen (Manschettenalgometrie), eine verminderte Schmerztoleranz und eine gesteigerte Summation von Schmerzreizen ($p < 0,02$). Durch isometrische Kontraktionen (90 s, HF = 30 % MVC M. quadr. fem.) und eine aerobe Belastung (15 min, HF = 50 % VO$_2$max, HF = 75 %VO$_2$max) auf dem Fahrradergometer bildet sich bei den wenig Sensibilisierten eine EIH aus. Die Druckschwellen steigen und die Schmerztoleranz bei beiden Gruppen ($p = 0,001$). Die Ausbildung einer EIH wie die CPM sind in Abhängigkeit vom Grad der cerebralen Sensibilisierung beeinträchtigt (Vaegter et al. 2016), sodass die CPM-Diagnostik (vgl. Laube 2022a) erforderlich ist. Bei diesem Befund ist zu beachten, dass junge gesunde Männer auf eine isometrische Kontraktion über 3 min mit 30 % der maximalen Kraft nur mit einer Steigerung der Schmerztoleranz, aber nicht der Druckschmerz- und Hitzeschmerzschwellen reagieren (Vaegter et al. 2018).

Wichtig: Bei Patienten entscheidet der zentrale Sensibilisierungsgrad über die Intensität der belastungsbedingten Schmerzhemmung und somit über die zunächst vorliegende Effektivität physischer Belastungen im langfristigen Prozess der Reorganisation. Der „Wiederaufbau" der Schmerzhemmung ist sowohl ein Therapieziel wie auch ein Therapieergebnis. Bei Gesunden ist bevorzugt die Schmerztoleranz betroffen.

Das „PC-Syndrom" chronischer Schulter-Nacken-Schmerz benötigt physische Aktivitäten für die betroffene Region, denn in der Muskulatur sind mit Sicherheit die schmerzgenerierenden ischämischen aktiven und passiven Triggerpunkte vorhanden. Für eine nachhaltige Verbesserung der Durchblutungssituation muss diese Muskulatur auch die Therapie(Trainings-)leistung erbringen. Das bedeutet Handkurbelbelastungen, Crosstrainertraining unter Beachtung, dass die oberen Extremitäten auch die Leistung mitbestimmen und nicht nur mitgeführt werden, und nach dem Erlernen des Bewegungsablaufs das Rudern. Chronische Schmerzpatienten reagieren je nach peripherem myofaszialen Zustand und zentraler Sensibilisierung u. a. auch mit belastungsbedingter Schmerzverstärkung, was die Compliance und Resilienz negativ beeinflusst und so als Nocebo wirkt. Grimby-Ekman et al. (2020) ließen 26 Personen mit chronischen Schulter-Nacken-Schmerzen seit mindestens 3 Monaten (Median 52,5 Jahre, Min.-Max.: 23–66 Jahre) eine gering intensive Handkurbelbelastung (30 Min., Beginn 10 min, Frauen 200 g/Männer 300 g, Steigerung jeweils 200 g alle 10 min) ausführen und prüften vor, während und 24 h später die Druckschmerzschwellen. Die Belastungsintensität entsprach einer sehr leichten Arbeit. Die Schmerzpatienten reagierten trotz geringer Borg-RPE-Werte mit einem systematischen Anstieg der Schmerzintensität im Schulter-Nacken-Bereich lt. VAS von 2,5 auf knapp 5 nach 30 min. Die gesenkten Schmerzschwellen unmittelbar nach der Belastung belegen die Ausbildung einer mechanischen Hyperalgesie und eine defizitäre EIH. Am Abend nach der Belastung und des folgenden Tages waren die Schmerzen um 1 VAS-Punkt gegenüber dem Ausgangswert intensiver.

Reagieren die Schulter-Nacken-Patienten paradox auf spezifische Belastungen der Region, kann die Fahrradergometrie als eine indirekt schmerzlindernd wirkende Intervention probiert werden. Werden bei Gesunden mittels Druckschmerzalgometrie mechanische Schulterschmerzen über dem M. infraspinatus provoziert und danach eine 10-minütige, moderat-intensive Belastung auf dem Liegeergometer ausgeführt, dann können immerhin mit moderater Effektstärke (0,30–0,43) die Schmerzen signifikant reduziert (p = 0,003) werden (Wassinger et al. 2020).

Wichtig: Chronische Schmerzen im Schulter-Nacken-Bereich benötigen Belastungen dieser Körperregion, um die Mikrozirkulation der myofaszialen periphere Schmerzquelle ursächlich zu behandeln. Besteht das Schmerzsyndrom über längere Zeit und hat zur cerebralen Sensibilisierung geführt, sind solche Belastungen zwar weiter indiziert, aber können die Symptomatik verstärken. Ein sehr „feinfühliger" Belastungsaufbau ist erforderlich, der die belastungsbedingten Beschwerden in „verträglichen" Grenzen hält und begleitende passive Interventionen zur Schmerzlinderung sind indiziert. Zunächst können muskuläre Aktivitäten nicht betroffener Körperregionen aufgrund ihrer indirekten, weil generalisierten anti-nozizeptiven Wirkungen helfen, die Belastbarkeit bzw. aktive Therapierbarkeit der schmerzenden Region zu verbessern.

Auch Funktionsstörungen des Kiefergelenks mit Myalgien der Kaumuskulatur gehen mit einer ineffizienten EIH nach einer aeroben 5-minütigen Belastung auf einem Stepper (Schrittfrequenz 50 % des Maximums in einer Minute) einher. Die Schmerzmodulation ist gegenüber schmerzfreien Personen defizitär und weist eine geminderte Nachbelastungsdauer und ein verändertes Zeitmuster auf, wie es auch für andere chronische Schmerzsyndrome bekannt ist (Nasri-Heir et al. 2019).

> **Wichtig:** Alle myofaszial-skelettalen Schmerzsyndrome weisen eine gestörte Schmerzmodulation auf und sind eine Indikation für schmerztherapeutisch wirksame physische Belastungen.

Die EIH kann auch für eine Prognose zur anti-nozizeptiven Wirksamkeit von Therapieprogrammen bei der **Osteoarthrose** eingesetzt werden. Dies basiert auf der Tatsache, dass sensomotorische Aktivitäten die Schmerzhemmung in Abhängigkeit von der Dauer des Krankheitsprozesses noch integrieren können und eine EIH verantworten. So ist grundsätzlich ein größerer schmerzlindernder Effekt eines Belastungsprogramms bei den Patienten zu erwarten, dessen Schmerzhemmung noch am wenigsten dysfunktional oder gestört ist, also bei noch geringerer cerebrale Sensibilisierung. Entsprechend haben Hansen et al. (2020) einer Therapieserie mit 12 Einheiten für schmerzhafte Gonarthrosepatienten (n = 24, 64,3 ± 1,5 Jahre; NEMEX-Programm [Ageberg et al. 2010; Ageberg und Roos 2015]) die Ermittlung der EIH durch das Abduzieren beider Arme mit Theraband (2 „lateral raises", Dauer 30 Wdhs mit 2:2) über 2 min voran- und nachgestellt. Die EIH ist anhand der Druckschmerzschwellen über dem M. delt. und dem M. quadr. fem. gemessen worden. Vor und nach dem Therapieprogramm ist eine lokale (M. delt.), aber keine generalisierte EIH (M. quadr.fem.) ausgebildet worden. Die NEMEX-Belastungen waren auf eine EIH ohne Effekt. Die Patienten mit der anfänglich geringeren EIH-Reaktion, entsprechend der stärkeren Minderung der Schmerzhemmung, und den höheren Werten des PDQ (PainDETECT Questionnaire) weisen die geringere subjektive anti-nozizeptive Wirksamkeit und Funktionsverbesserung (6-MWT) der Therapieaktivitäten auf. Mit der zentralen Sensibilisierung steigt der erforderliche Therapiezeitraum zur aktivitätsbedingten Schmerzlinderung.

> **Wichtig:** Offensichtlich ist die Wirksamkeit physischer Therapieprogramme vom cerebralen Sensibilisierungsgrad und damit vom „pathogenetischen Fortschritt" und somit dem Schweregrad der Krankheitsentwicklung abhängig. Das erklärt viele ungenügende Therapieeffekte aufgrund zu geringer Interventionszeiträume.

In den evidenzbasierten Empfehlungen für **LBP-Patienten** zählen die physischen Aktivitäten zu den besten nicht pharmakologischen Interventionen. Aber die Wirkungen aktiver Interventionen schwanken offensichtlich nicht nur

- wegen variabler Programminhalte, Therapieumfänge und Belastungsintensitäten, wofür es bisher keine Dosis-Wirkungs-Beziehungen gibt,
- weil die beanspruchte Körperregion schmerzfrei oder schmerzhaft ist (Vaegter und Jones 2020),

sondern auch in Abhängigkeit

- vom nozizeptiven Sensibilisierungsgrad.

Deshalb gibt es Personen, die einerseits am häufigsten mit einem Abfall oder andererseits mit einem Anstieg der Schmerzen reagieren. Sind vor einem 6-MWT (LBP, n = 96) die Schmerzsensitivität (Schmerzschwellen) und -intensität höher, kann mit einer wahrscheinlichen Verstärkung der Schmerzen während des schnellen Gehens um VAS ≥2/10 gerechnet werden und die EIH ist reduziert (Vaegter et al. 2021).

> **Wichtig:** Eine Intensivierung der Schmerzen infolge physischer Aktivität spricht für ein fortgeschritteneres Krankheitsstadium, was sehr wahrscheinlich für alle Schmerzsyndrome angenommen werden darf.

Personen mit einem sogenannten unspezifischen LBP, den es als solchen nicht gibt und der nur so benannt wird, weil die funktionellen Störungen in den Bewegungssegmenten nicht oder noch nicht diagnostizierbar sind (Laube 2021b), führten einmalig eine 20-minütige aerobe (n = 21, 42,0 ± 9,7 Jahre), Kraft- (n = 20, 35,8 ± 11,6 Jahre) und dehnende (n = 21, 40,0 ± 11,4 Jahre) Belastung aus, um die Frage einer belastungsspezifischen EIH-Ausbildung zu prüfen. Die Gruppen waren in den psychodemografischen, psychologischen und klinischen Merkmalen gleich. Alle physischen Belastungsarten minderten in den Körperregionen die Schmerzsensitivität (p = 0,01) und die Bewertung der Druckintensitäten (p < 0,001) in unterschiedlichem Ausmaß und steigerten die lumbale Flexibilität. Für aerobe Belastungen sind EIH-Reaktionen bekannt, aber auch Einschränkungen, die auch die „conditioned pain modulation", die Aktivierungsfähigkeit des Mechanismus „Schmerz hemmt Schmerz", betrifft. Für diese und insgesamt die Heterogenität der vorliegenden Ergebnisse ist eine Reihe von Biasfaktoren zu beachten, die es zu analysieren gilt.

> **Wichtig:** Die anti-nozizeptive trainingstherapeutische Wirkungen sind beim LBP vorhanden, aber bisher nicht einheitlich geklärt. Eine Reihe von Biasfaktoren wie auch das Stadium der Schmerzstörung sind zu beachten.

Die Prävalenz intermittierender oder permanenter Schmerzen variiert bei der progressiv ablaufenden **neurologischen Erkrankung M. Parkinson** zwischen 40–83 %, weshalb muskuloskelettale Schmerzen auch zu einem von 3 Klassifikationsmerkmalen gemacht worden sind (Mylius et al. 2015). Bei diesen Patienten verursachen isometrische (n = 30, 67 Jahre, Krankheitsdauer 6,7 ± 5,1 Jahre, 3 min, 40 % MVC) und aerobe gering (n = 30, 67 Jahre, Krankheitsdauer 10,1 ± 7,1 Jahre, RPE 9–10; 39 % der HF-Reserve) bis moderat (RPE 12–13, 59 % der HF-Reserve) intensive Gehbelastungen unmittelbar eine lokale EIH über dem spezifisch tätig gewesenen Muskel (M. quadr. fem.) und auch generalisiert (M. bizeps. br.), wie es auch ohne Unterschiede die Kontrollpersonen ausgebildet haben. Die EIH nach beiden aeroben Intensitäten ist ohne Unterschied. Das Ausmaß der EIH zeigte sich ohne Abhängigkeit von der Krankheitsdauer und -schwere, der Schmerzempfindlichkeit bzw. der zentralen Sensibilisierung (Nguy et al. 2019). Aerobe Belastungen sind auch bei Parkinsonpatienten sichere Interventionen. Sie sind aber eine Herausforderung für die Compliance und wenn ausgeführt erwartungsgemäß sehr vorteilhaft. Sie steigern auf dem Level-1-Niveau die physische Fitness, können motorische Symptome lindern, den Skelettstatus verbessern und die Inzidenz kardiovaskulärer Erkrankungen und die Mortalität reduzieren. Hierfür sind lt. einem Review und einer Meta-Analyse (Schootemeijer et al. 2020) und im Gegensatz zu Nguy et al. (2019) die höheren gegenüber den moderaten Belastungsintensitäten wirkungsvoller. Die Ergebnisse zugunsten der gesundheitsrelevanten Lebensqualität und der nicht mit der Sensomotorik zusammenhängenden Symptome sind dagegen wenig überzeugend.

Wichtig: Die notwendigen therapeutischen physischen Aktivitäten des Parkinsonkranken sind bei ausreichender Compliance positiv wirksam, vorteilhaft und es sind auch Interventionen zur Minderung der Schmerzsensitivität. Sie sind somit somatische und zugleich anti-nozizeptive Therapie. Hinsichtlich der Dosierung sind die Ergebnisse nicht eindeutig, indem für die gesundheitlichen Vorteile intensivere Belastungen notwendig erscheinen, aber die Schmerzen auch mit gering intensiven behandelt werden können. Letzteres hat Vorteile für eine gefahrlose Dosierung ohne Nebenwirkungen.

Patienten mit einem chronischen Syndrom nach **Schleudertrauma** (n = 40) haben eine dysbalancierte bzw. gestörte Schmerzhemmung. Eine abgeschwächte EIH ist während der Belastungen an der Hand messbar, aber war gleichermaßen nach submaximalen Gehgeschwindigkeiten auf dem Laufband und nach isometrischen Kontraktionen des M. quadr. fem. aufgehoben. Ausschließlich für die Isometrie ist gefunden worden, dass der Grad der eingeschränkten CPM-Reaktion (Aktivierung Mechanismus „Schmerz hemmt Schmerz"; vgl. Laube 2022a) eine Prognose für die mögliche Ausbildung einer EIH an der Hand und dem Hals zulässt (Smith et al. 2020). Andere Tests mit Patienten nach einem Schleudertrauma (Smith et al. 2017) finden nach einer ermüdenden isometrischen Arbeit („wall squat exercise", Kniewinkel 100°, Dauer: 106 s [Min.: 43 s – Max.: 180 s]) aber nicht infolge einer aeroben Fahrradbelastung über 30 min mit 75 % der HF_{max} eine EIH in der schmerzenden Region und auch generalisiert.

> **Wichtig:** Personen nach einer beschleunigungsbedingten Verletzung der HWS haben eine nicht einheitlich ausgeprägte Störung der Schmerzhemmung und eine EIH wird nicht oder abhängig vom Belastungstyp ausgebildet.

Die physische Inaktivität disponiert nach dem heutigen Stand für ca. 13 verschiedene **onkologische Erkrankungen** (Moore et al. 2016; Hong et al. 2020). Nach der spezifischen Intervention gilt es, durch physische Belastungen

- die Überlebensrate und das Risiko für ein Rezidiv zu reduzieren, was für die Entitäten Prostata-, Kolorektal- und Mammakarzinom gegenüber inaktiven Personen mit einem solchen Karzinom gegeben ist (Pedersen 2019b),
- das Fatigue-Syndrom abzuschwächen und
- entweder vorliegende Schmerzen zu lindern und/oder ein Schmerzsyndrom zu verhindern.

So ist es erforderlich, die Effekte von einzelnen aeroben Belastungen mit geringer und hoher Intensität für die Ausbildung einer EIH als auch die Wirkung von adäquat intensiven Trainingsphasen bei Karzinompatienten (n = 19, Mamma, Prostata, kolorektal, Lymphom; nach Chemo- und Strahlentherapie 3–12 Monate, Hormontherapie, <90 min physische Aktivität/Woche) zu untersuchen (Clifford et al. 2021). Fahrradergometerbelastungen mit den Intensitäten 30–40 % bzw. 60–70 % der HF-Reserve über 15 min waren auf der Basis eines Tests zur Schätzung der maximalen aeroben Kapazität (mod. YMCA Test, Abbruch bei 80 % des altersbedingten HF-Maximums) die Einzelbelastungen zu Beginn und am Ende von 2-wöchigen Trainingsphasen mit den genannten Intensitäten mit 3 TEs/Woche In der zweiten Woche wurde die Dauer der Einzelbelastung auf 20 min/TE gesteigert. Die Druckschmerzschwellen über dem M. rect. fem. steigen nach jeder Einzelbelastung mit der Intensität signifikant an und belegen die Auslösbarkeit einer EIH, wobei die Effektgrößen intensitätsabhängig gering bzw. moderat sind. Die Trainingsphasen beeinflussen die Druckschmerzschwellen nicht, also die Druckempfindlichkeit ist ohne Trainingseffekt. Aber nach dem 2-wöchigen Training mit jeder der beiden Intensitäten zeigt sich im wiederholten Einzeltest nun nach beiden Anstrengungsgraden über dem M. quadr. fem. eine moderat ausgebildete EIH. So hat das gering intensive Training trotz des geringen Gesamtumfangs die Schmerzhemmung qualifiziert und kann empfohlen werden.

> **Wichtig:** Bei onkologischen Patienten ist eine EIH auslösbar und sie profitieren aus der Sicht der Schmerzhemmung von einem aeroben Training auch geringer Intensitäten.

7.2.9   EIH im Licht von Reviews und Meta-Analysen

Die Meta-Analyse von Naugle et al. (2012) erfolgte mit Studien des Prä-Post-Designs zur Wirksamkeit von akuten aeroben, isometrischen und dynamischen Kraftbelastungen auf die Schmerzschwellen und die Schmerzintensität.

Alle Belastungsmodi reduzieren bei **Gesunden** in Abhängigkeit von der Methodik der Schmerzauslösung und dem Belastungsprotokoll die Schmerzwahrnehmung eines experimentellen diagnostischen Schmerzes. Für aerobe Belastungen sind im Mittel moderate und für isometrische und dynamische Kraftbelastungen sogar hohe Effektgrößen ermittelt worden.

Bei **chronischen Schmerzen** sind nach aeroben und isometrischen Belastungen die Ausprägung und die Auslenkung der EIH in Richtung Hypo- oder Hyperalgesie in Abhängigkeit von der Intensität und dem klinischen Schmerzzustand sehr variabel.

> **Wichtig:** Diese Ergebnisse sprechen generell für physische Belastungen aller Modi als Schmerztherapeutika.

Unter eher großem Vorbehalt wird ein anderes Bild gezeichnet, wenn die Ergebnisse nur randomisierter kontrollierter Studien mit experimenteller Schmerzauslösung die EIH-Entwicklung nach einzelnen akuten aeroben, Kraft- und isometrischen Belastungen einem Review und einer Meta-Analyse unterzogen (Wewege und Jones 2021) werden. Dann ist das

- erste Ergebnis, dass es nur 10 Studien mit Gesunden, 3 Studien mit Patienten mit chronisch muskuloskelettalen Schmerzen, keine Studie mit Gesunden und Patienten gibt und dass mit Patienten nur einmal eine Kraftbelastung und noch nie eine aerobe Belastung untersucht worden sind. Dazu kommt, dass das Biasrisiko hoch und die Qualität gering sind.
- zweite Ergebnis, dass bei Gesunden aerobe Belastungen zu robusten großen EIH-Effekten führen, aber ganz im Gegensatz zu früheren Meta-Analysen mit bevorzugtem Prä-Post-Design (Naugle et al. 2012) isometrische und dynamische Kraftbelastungen nur minimale oder sogar keine Effekte haben. Dieser gravierende Unterschied wird methodischen Gründen zugeschrieben. Immerhin mussten mehr als 100 Studien unbeachtet bleiben, weil kein randomisiertes kontrolliertes Design genutzt worden ist und/oder die Reihenfolge der Belastungen nicht randomisiert durchgeführt worden waren, was Biasfaktoren für die EIH sind.
- dritte Ergebnis, dass für Personen mit muskuloskelettalen Schmerzen keine Studien zur Wirkung aerober Belastungen vorliegen und dass durch isometrische und Kraftbelastungen keine EIH ausgebildet wird.

　　Der Vorbehalt der Autoren basiert darauf, dass dieses Review ausschließlich die Wirksamkeit von Einzelbelastungen und keine Trainingsphasen betrachtet. Da nur randomisierte und kontrollierte Untersuchungen einbezogen worden sind, ist die Datenlage sehr limitiert. Die Heterogenität der Daten ist groß und erschwert erheblich die Bewertung der Effekte. Des Weiteren ist die EIH nur mittels eines experimentellen Schmerzes diagnostiziert worden und das kann nicht einfach auf einen vorliegenden klinischen Schmerz übertragen werden. Entsprechend fassen die Autoren zusammen, die Ergebnisse können nur mit großer Vorsicht betrachtet werden.

Wichtig: Physische Belastungen sind in fast allen Therapieempfehlungen enthalten (Airaksinen et al. 2006; WHO 2011, 2020; Garber et al. 2011; Thompson et al. 2013; Ambrose und Golightly 2015; Hauser et al. 2017; Qaseem et al. 2017; Oliveira et al. 2018; Bannuru et al. 2019; Parke et al. 2021; Liguori et al. 2022 [ACSM-Guidelines], u. v. a.), stehen außer Frage und werden vielfach als die nicht pharmakologische Intervention der ersten Wahl bezeichnet. Die schmerzlindernde akute Wirkung, die EIH, und die längerfristige Wirkung durch eine adaptationsbedingte periphere und cerebrale Reorganisation müssen weiterhin intensiv und umfänglich wissenschaftlich aufgearbeitet und begründet werden.

Übersicht

Fazit: Es gibt keinen diagnostischen Goldstandard für die Auslösung einer „exercise induced hypoalgesia" (EIH). Bei Gesunden sorgen aufgrund des „physiologischen Bausteins Schmerzhemmung im sensomotorischen Handlungsprogramm" anstrengende aerobe und/oder isometrische und dynamische Kraftbelastungen sicher eine generalisierte Schmerzhemmung, die EIH, während der Belastung und sie kann auch in Abhängigkeit von der realisierten Intensität und der provozierten Ermüdung für ca. maximal 20–30 min nachwirkend diagnostiziert werden.

　　Da unter physiologischen Funktionsbedingungen die Ausführung jeglicher Bewegungen die Schmerzhemmung integriert, ist präventives und therapeutisches Training zugleich Intervention zur Prävention chronischer Schmerzen und zur Schmerztherapie. Bei Schmerzpatienten ist der Chronifizierungsgrad der wesentliche Faktor für die Effektgrößen von aeroben und isometrischen Belastungen und er verantwortet sehr variable Amplituden und teilweise eine paradoxe Wirkrichtung. Die Belastungsintensität bleibt ein wichtiger Faktor. Optimale Dosierungen lassen sich zz. nicht ableiten.

　　Die untrennbare physiologische Verknüpfung von Bewegung und Schmerzhemmung ist ein wichtiger phylogenetisch entwickelter Faktor der Mobilität und wird unbewusst immer dann „erlebt", wenn gesunde Menschen jeden Alters schmerzfrei intensive und ermüdende Bewegungsausführungen realisieren. Die Schmerzfreiheit des Bewegungsverhaltens ist eine implizite Komponente der Mobilität, der Funktion des sensomotorischen Systems, solange das Gehirn nicht im Rahmen der Pathogenese chronischer Krankheitsentwicklungen sehr verschiedener Entitäten eine Sensibilisierung ausgebildet hat. Geringere Schmerzschwellen und eine gesteigerte Kapazität der CPM bei Trainierenden sind belegt.

Insbesondere myofazial-skelettale Krankheitsentwicklungen infolge chronisch physischer Inaktivität und primär entzündlicher Genese mit sekundärer Inaktivität haben den entgegengesetzten Effekt.

Langfristige therapeutische Belastungsprogramme führen natürlich nicht linear, aber stets zu einer bleibenden Schmerzlinderung und einer positiv veränderten Schmerzverarbeitung, wenn das Programm dauerhaft realisiert wird. Hierfür müssen die Belastungen Intensitäten mit Borg-RPE-Werten 12–13 oder im kurzen Intervall 14–15 haben und/oder zur deutlichen Ermüdung führen.

Das Phänomen der „exercise induced hypoalgesia" (EIH) wurde erstmals bei Sportlern beschrieben. Der Mechanismus, der den Anstieg der Schmerzschwellen als auch der Schmerztoleranz einschließt, ist bisher nur unvollkommen aufgeklärt. Die lokale und generalisierte Ausbildung basiert gemeinsam auf der Modulation der spinalen nozizeptiven Verarbeitung und der Top-down-Regulationen der Schmerzhemmmechanismen. Die Belastung muss mindestens 10 min andauern, um eine EIH auszubilden.

Ein EIH-Effekt entsteht bei sehr anstrengenden und/oder ermüdenden Belastungen, weil er mit der Aktivierung der schnellen Anteile der tätigen Muskulatur, den entsprechenden Stoffwechselkonsequenzen und der Ausbildung der Ermüdung verknüpft ist. Die Intensität des zentralen Antriebs und die peripheren Folgen stehen im Dienst der Schmerzhemmung. Damit anstrengende Muskeltätigkeiten nicht zur Schmerzempfindung führen, muss das Gehirn mit der fortschreitenden Hemmung der spinal eingehenden Schmerzafferenzen reagieren. Belastungsintensität und Belastungsdauer sind deshalb direkt über die Intensität der zentralen Muskelaktivierung als auch indirekt über die Re-Afferenzen durch die peripheren Stoffwechselauswirkungen mit der Schmerzhemmung, aber auch der Schmerztoleranz verbunden.

Als Beleg für die Einbeziehung auch der höchsten Gehirnstrukturen für die kognitiven, mentalen und emotionalen Funktionen und Leistungen haben psychosoziale und psychologische Faktoren einen gravierenden Einfluss auf die Schmerzsensitivität und die EIH. Der psychologische Status ist zz. aber kein Instrument, um auf die Entwicklung einer Schmerzlinderung durch physische Belastungen schließen zu können.

Physische Belastungen als auch eine Atmosphäre und Informationen, die eine positive Erwartung im Sinn eines Placeboeffekts hervorrufen, können sogar einen vergleichbaren EIH-Effekt bewirken. Aber auch die nachteiligen

Noceboeffekte wirken sich während physischer Belastungen aus und können erhöhte Schmerzbewertungen hervorrufen.

Der **Alterungsprozesses** mindert insbesondere ab dem 6. Lebensjahrzehnt u. a. die Kapazität der Schmerzhemmung. Isometrische Kontraktionen verursachen bei den Älteren eine deutlich geringere EIH, aber sie entwickelten nie eine Hyperalgesie. Auch aerobe Belastungen sind bei Jüngeren ohne Geschlechtsdifferenz und Intensitätsabhängigkeit deutlich wirksamer. Besonders ausgeprägt dokumentiert sich der Altersunterschied bei intensiven und moderat bei geringeren Belastungen.

Bei der **Fibromyalgie** stehen die physische Aktivität bzw. Inaktivität mit der Schmerzverarbeitung und -modulation in Beziehung. Die Zeit der täglichen physischen Inaktivität ist negativ mit den reizbedingten Antworten der Gehirnregionen für die Schmerzmodulation und die sensorische Diskrimination verbunden und somit werden diese Funktionen desto ungünstiger, je länger die Inaktivität war bzw. andauert. Die Muskelaktivitäten korrelieren positiv mit den Aktivitäten höchster Ebenen des Gehirns einschließlich den Netzen, welche die Ausgangsorte der Schmerzhemmung sind. Die kognitiv-bewertende, die affektiv-emotionale und die sensorisch-diskriminative Schmerzverarbeitung profitiert von physischen Belastungen, weshalb sie unverzichtbare Therapiebausteine der anti-nozizeptiven cerebralen Reorganisation sind. Menschen mit einer **rheumatischen Arthritis** bilden eine „belastungsnahe" EIH über dem bis zur Erschöpfung kontrahierenden M. quadr. und eine „belastungsferne" EIH über dem M. delt. aus. Die Patienten benötigen ein Langzeittrainingsprogramm. Ausreichend hohe Intensitäten und besonders eine hohe Adhärenz sind für die angestrebten Wirkungen wesentlich und begründen dann auch Veränderungen der Schmerzsensitivität. Alle **myofaszial-skelettalen Schmerzsyndrome** weisen eine gestörte Schmerzmodulation auf und sind eine Indikation für schmerztherapeutisch wirksame physische Belastungen. Der zentrale Sensibilisierungsgrad entscheidet über das Ausmaß der belastungsbedingten Schmerzhemmung und über die zunächst vorliegende Effektivität physischer Belastungen im langfristigen Prozess der Reorganisation. Bei **Osteoarthrosen** ist bei den Patienten ein höherer EIH-Effekt zu erwarten, bei denen die Schmerzhemmung noch am wenigsten dysfunktional oder gestört ist, also bei noch geringerer cerebraler Sensibilisierung durch den Krankheitsprozess. In den evidenzbasierten Empfehlungen für **LBP-Patienten** zählen die physischen Aktivitäten zu den besten nicht pharmakologischen Interventionen. Aber die Wirkungen aktiver Interventionen schwanken offensichtlich auch in Abhängigkeit vom nozizeptiven cerebralen Sensibilisierungsgrad und einer Reihe von Biasfaktoren. Bei der **neurologischen Erkrankung M. Parkinson** verursachen isometrische und aerobe gering bis moderat intensive Gehbelastungen eine lokale EIH über der Oberschenkelmuskulatur, aber auch generalisiert, wie es auch ohne Unterschiede die Kontrollpersonen ausbilden. Das Ausmaß der EIH zeigte sich ohne Abhängigkeit von der Krankheitsdauer und -schwere, der Schmerzempfindlichkeit bzw. der zentralen Sensibilisierung. Aerobe Belastungen sind somit auch bei dieser Patientengruppe sichere Interventionen, wenn die Compliance stimmt. Personen nach einem **Schleudertrauma der HWS** haben eine nicht einheitlich ausgeprägte Störung der Schmerzhemmung. Eine EIH wird nicht oder abhängig vom Belastungstyp ausgebildet. Bei **onkologischen Erkrankungen** ist eine EIH auslösbar, wobei selbst aerobe Belastungen geringer Intensität wirksam sein können.

Lt. einer Meta-Analyse zur Wirksamkeit von akuten aeroben, isometrischen und dynamischen Kraftbelastungen auf die Schmerzschwellen und die Schmerzintensität reduzieren **bei Gesunden** alle Belastungsmodi in Abhängigkeit von der Methodik der Schmerzprovokationen und dem Belastungsprotokoll die Schmerzwahrnehmung eines diagnostischen Schmerzes. Aerobe Belastungen haben im Mittel moderate und isometrische und dynamische Kraftbelastungen große Effekte. **Bei chronischen Schmerzen** sind nach aeroben und isometrischen Belastungen die Ausprägung und die Auslenkung der EIH in Richtung Hypo- oder Hyperalgesie in Abhängigkeit von der Intensität und dem klinischen Schmerzzustand sehr variabel. Die Ergebnisse sprechen generell für physische Belastungen als Schmerztherapeutika.

Literatur

Abe D, Yoshida T, Ueoka H, Sugiyama K, Fukuoka Y (2015) Relationship between perceived exertion and blood lactate concentrations during incremental running test in young females. BMC Sports Sci Med Rehabil 7:5. https://doi.org/10.1186/2052-1847-7-5. eCollection 2015

Ageberg E, Roos EM (2015) Neuromuscular exercise as treatment of degenerative knee disease. Exerc Sport Sci Rev 43:14–22

Ageberg E, Link A, Roos EM (2010) Feasibility of neuromuscular training in patients with severe hip or knee OA: the individualized goal-based NEMEX-TJR training program. BMC Musculoskelet Disord 11:126

Airaksinen O, Brox JI, Cedraschi C, Hildebrandt J, Klaber-Moffett J, Kovacs F, Mannion AF, Reis S, Staal JB, Ursin H, Zanoli G (2006) COST B13 Working Group on Guidelines for Chronic Low Back Pain: Chapter 4. European guidelines for the management of chronic nonspecific low back pain. Eur Spine J 15(Suppl 2):S192–S300. https://doi.org/10.1007/s00586-006-1072-1

Ambrose KR, Golightly YM (2015) Physical exercise as non-pharmacological treatment of chronic pain: why and when. Best Pract Res Clin Rheumatol 29(1):120–130. https://doi.org/10.1016/j.berh.2015.04.022. Epub 2015 May 23

Andersen LL, Andersen CH, Mortensen OS, Poulsen OM, Bjørnlund IB, Zebis MK (2010) Muscle activation and perceived loading during rehabilitation exercises: comparison of dumbbells and elastic resistance. Phys Ther 90(4):538–549. https://doi.org/10.2522/ptj.20090167. Epub 2010 Feb 4

Andrzejewski W, Kassolik K, Brzozowski M, Cytner K (2010) The influence of age and physical activity on the pressure sensitivity of soft tissues of the musculoskeletal system. J Bodyw Mov Ther 14(4):382–390

Anshel MH, Russell KG (1994) Effect of aerobic and strength training on pain toleranee, pain appraisal and mood of unfit males as a function of pain location. J Sports Sci 12(6):535–547

Arney BE, Glover R, Fusco A, Cortis C, de Koning JJ, van Erp T, Jaime S, Mikat RP, Porcari JP, Foster C (2019) Comparison of RPE (Rating of perceived exertion) scales for session RPE. Int J Sports Physiol Perform 14(7):994–996. https://doi.org/10.1123/ijspp.2018-0637

Baiamonte BA, Kraemer RR, Chabreck CN, Reynolds ML, McCaleb KM, Shaheen GL, Hollander DB (2017) Exercise-induced hypoalgesia: pain tolerance, preference and tolerance for exercise intensity, and physiological correlates following dynamic circuit resistance exercise. J Sports Sci 35(18):1–7. https://doi.org/10.1080/02640414.2016.1239833. Epub 2016 Oct 7

Bannuru RR, Osani MC, Vaysbrot EE, Arden NK, Bennell K, Bierma-Zeinstra SMA, Kraus VB, Lohmander LS, Abbott JH, Bhandari M, Blanco FJ, Espinosa R, Haugen IK, Lin J, Mandl LA, Moilanen E, Nakamura N, Snyder-Mackler L, Trojian T, Underwood M, McAlindon TE (2019) OARSI guidelines for the non-surgical management of knee, hip, and polyarticular osteoarthritis. Osteoarthr Cartil 27:1578–1589

Bautista IJ, Chirosa IJ, Chirosa LJ, Martín I, González A, Robertson RJ (2014a) Development and validity of a scale of perception of velocity in resistance exercise. J Sports Sci Med 13(3):542–549. eCollection 2014 Sep

Bautista IJ, Chirosa IJ, Tamayo IM, González A, Robinson JE, Chirosa LJ, Robertson RJ (2014b) Predicting power output of upper body using the OMNI-RES scale. J Hum Kinet 44:161–169. https://doi.org/10.2478/hukin-2014-0122. eCollection 2014 Dec 9

Bay ML, Pedersen BK (2020) Muscle-organ crosstalk: focus on immunometabolism. Front Physiol 11:567881. https://doi.org/10.3389/fphys.2020.567881. eCollection 2020

Bergstrom HC, Housh TJ, Cochrane KC, Jenkins ND, Zuniga JM, Buckner SL, Goldsmith JA, Schmidt RJ, Johnson GO, Cramer JT (2015) Factors underlying the perception of effort during constant heart rate running above and below the critical heart rate. Eur J Appl Physiol 115(10):2231–2241. https://doi.org/10.1007/s00421-015-3204-y. Epub 2015 Jun 25

Black CD, Huber JK, Ellingson LD, Ade CJ, Taylor EL, Griffeth EM, Janzen NR, Sutterfield SL (2017) Exercise-induced hypoalgesia is not influenced by physical activity type and amount. Med Sci Sports Exerc 49(5):975–982. https://doi.org/10.1249/MSS.0000000000001186

Black J, Chesher GB, Starmer GA, Egger G (1979) The painlessness of the long distance runner. MedJAust 1:522–523

Blümel G (2008) Medizinisch kontrollierte Konditionierung der wirbelsäulenstabilisierenden Muskulatur zur Prävention bzw. Therapie von Rückenbeschwerden mit Hilfe von Biofeedback geführtem Krafttraining. In: Prävention von arbeitsbedingten Gesundheitsgefahren und Erkrankungen, 14. Erfurter Tage. Verlag Dr. Bussert & Stadeler, Quedlinburg, S 343–366

Blümel G (2011) BFMC-Gerätekonzept für Arbeitsplatznahe Rückenprävention (APR). In: Grieshaber, Stadeler, Scholle (Hrsg) Prävention von arbeitsbedingten Gesundheitsgefahren und Erkrankungen. Verlag Bussert & Stadeler, Jena/Quedlinburg

Blümel G (2012) Reaktion sensomotorischer Antriebe auf belastungsinitiierte Beanspruchungen unter isokinetisch – isotonischen, isokinetisch – plyometrischen und auxotonischen Arbeitsbedingungen. In: Grieshaber, Stadeler, Scholle (Hrsg) Prävention von arbeitsbedingten Gesundheitsgefahren und Erkrankungen. Verlag Bussert & Stadeler, Jena/Quedlinburg

Bonello C, Girdwood M, De Souza K, Trinder NK, Lewis J, Lazarczuk SL, Gaida JE, Docking SI, Rio EK (2021) Does isometric exercise result in exercise induced hypoalgesia in people with local musculoskeletal pain? A systematic review. Phys Ther Sport 49:51–61. https://doi.org/10.1016/j.ptsp.2020.09.008. Epub 2020 Sep 19

Borg GA (1982) Psychophysical bases of perceived exertion. Med Sci Sports Exerc 14(5):377–381

Borg GAV (1970) Perceived exertion as an indicator of somatic stress. Scand J Rehabil Med 2:92–98

Borg GAV (Gunnar Anders Valdemar) (1962) Physical performance and perceived exertion. Thesis. Studia Psychologica et Paedagogica, series altera, investigastions XI. Lund: CWK Gleerup. E. Munksgaard, Copenhagen

Brellenthin AG, Crombie KM, Cook DB, Sehgal N, Koltyn KF (2017) Psychosocial influences on exercise-induced hypoalgesia. Pain Med 18(3):538–550. https://doi.org/10.1093/pm/pnw275

Büsch D, Utesch T, Marschall F (2021) Entwicklung und Evaluation der Anstrengungsskala Sport. Ger J Exerc Sport Res. https://doi.org/10.1007/s12662-021-00757-z

Chen MJ, Fan X, Moe ST (2002) Criterion-related validity of the Borg ratings of perceived exertion scale in healthy individuals: a meta-analysis. J Sports Sci 20(11):873–899. https://doi.org/10.1080/026404102320761787

Christian RJ, Bishop DJ, Billaut F, Girard O (2014) The role of sense of effort on self-selected cycling power output. Front Physiol 5:115. https://doi.org/10.3389/fphys.2014.00115. eCollection 2014

Clifford BK, Jones MD, Simar D, Barry BK, Goldstein D (2021) The effect of exercise intensity on exercise-induced hypoalgesia in cancer survivors: a randomized crossover trial. Phys Rep 9(19):e15047. https://doi.org/10.14814/phy2.15047

Colberg SR, Swain DP, Vinik AI (2003) Use of heart rate reserve and rating of perceived exertion to prescribe exercise intensity in diabetic autonomic neuropathy. Diabetes Care 26(4):986–990. https://doi.org/10.2337/diacare.26.4.986

Colloca L, Corsi N, Fiorio M (2018) The interplay of exercise, placebo and nocebo effects on experimental pain. Sci Rep 8(1):14758. https://doi.org/10.1038/s41598-018-32974-2

Crombie KM, Brellenthin AG, Hillard CJ, Koltyn KF (2018) Endocannabinoid and opioid system interactions in exercise-induced hypoalgesia. Pain Med 19(1):118–123. https://doi.org/10.1093/pmpnx058

Davis JA, Vodak P, Wilmore JH, Vodak J, Kurtz P (1976) Anaerobic threshold and maximal aerobic power for three modes of exercise. J Appl Physiol 41:544–550

Demello JJ, Cureton KJ, Boineau RE, Singh MM (1987) Ratings of perceived exertion at the lactate threshold in trained and untrained men and women. Med Sci Sports Exerc 19(4):354–362

Duchateau J, Enoka RM (2011) Human motor unit recordings: origins and insight into the integrated motor system. Brain Res 1409:42–61. https://doi.org/10.1016/j.brainres.2011.06.011. PMID: 21762884

Ellingson LD, Shields MR, Stegner AJ, Cook DB (2012a) Physical activity, sustained sedentary behavior, and pain modulation in women with fibromyalgia. J Pain 13(2):195–206. https://doi.org/10.1016/j.jpain.2011.11.001. Epub 2012 Jan 13

Ellingson LD, Colbert LH, Cook DB (2012b) Physical activity is related to pain sensitivity in healthy women. Med Sci Sports Exerc 44(7):1401–1406. https://doi.org/10.1249/MSS.0b013e318248f648

Eston R, Connolly D (1996) The use of ratings of perceived exertion for exercise prescription in patients receiving beta-blocker therapy. Sports Med 21(3):176–190. https://doi.org/10.2165/00007256-199621030-00003

Flood A, Waddington G, Thompson K, Cathcart S (2017a) Increased conditioned pain modulation in athletes. J Sports Sci 35(11):1066–1072. https://doi.org/10.1080/02640414.2016.1210196. Epub 2016 Jul 25

Flood A, Waddington G, Cathcart S (2017b) Examining the relationship between endogenous pain modulation capacity and endurance exercise performance. Res Sports Med 25(3):300–312. https://doi.org/10.1080/15438627.2017.1314291. Epub 2017 Apr 10

Foster C, Boullosa D, McGuigan M, Fusco A, Cortis C, Arney BE, Orton B, Dodge C, Jaime S, Radtke K, van Erp T, de Koning JJ, Bok D, Rodriguez-Marroyo JA, Porcari JP (2021) 25 years of session rating of perceived exertion: historical perspective and development. Int J Sports Physiol Perform 16(5):612–621. https://doi.org/10.1123/ijspp.2020-0599

Gabbett TJ (2020) Debunking the myths about training load, injury and performance: empirical evidence, hot topics and recommendations for practitioners. Br J Sports Med 54(1):58–66. https://doi.org/10.1136/bjsports2018-099784

Garber CE, Blissmer B, Deschenes MR, Franklin BA, Lamonte MJ, Lee IM, Nieman DC, Swain DP (2011) American College of Sports Medicine: American College of Sports Medicine position stand. Quantity and quality of exercise for developing and maintaining cardiorespiratory, musculoskeletal, and neuromotor fitness in apparently healthy adults: guidance for prescribing exercise. Med Sci Sports Exerc 43(7):1334–1359. https://doi.org/10.1249/MSS.0b013e318213fefb

Geneen LJ, Moore RA, Clarke C, Martin D, Colvin LA, Smith BH (2017) Physical activity and exercise for chronic pain in adults: an overview of Cochrane Reviews. Cochrane Database Syst Rev 4:CD011279. https://doi.org/10.1002/14651858.CD011279.pub3. PMID: 28436583; PubMed Central PMCID: PMCPMC5461882

Gielen S, Schuler G, Hambrecht R (2001) Exercise training in coronary artery disease and coronary vasomotion. Circulation 103(1):E1–E6

Gießing J (2003) Trainingsplanung und -steuerung beim Muskelaufbautraining Das Konzept vom individuellen Maximalgewicht (h1RM) als methodische Alternative. Leistungssport 33(4):26–31

Gomarasca M, Banfi G, Lombardi G (2020) Myokines: the endocrine coupling of skeletal muscle and bone. Adv Clin Chem 94:155–218. https://doi.org/10.1016/bs.acc.2019.07.010. Epub 2019 Aug 8

Gomes RL, Lixandrão ME, Ugrinowitsch C, Moreira A, Tricoli V, Roschel H (2020) Session rating of perceived exertion as an efficient tool for individualized resistance training progression. J Strength Cond Res. https://doi.org/10.1519/jsc.0000000000003568

Gonzalez-Gil AM, Elizondo-Montemayor L (2020) The role of exercise in the interplay between myokines, hepatokines, osteokines, adipokines, and modulation of inflammation for energy substrate redistribution and fat mass loss: a review. Nutrients 12(6):1899. https://doi.org/10.3390/nu12061899

Grimby-Ekman A, Ahlstrand C, Gerdle B, Larsson B, Sandén H (2020) Pain intensity and pressure pain thresholds after a light dynamic physical load in patients with chronic neck-shoulder pain. BMC Musculoskelet Disord 21(1):266. https://doi.org/10.1186/s12891-020-03298-y

Habibi E, Dehghan H, Moghiseh M, Hasanzadeh A (2014) Study of the relationship between the aerobic capacity (VO2 max) and the rating of perceived exertion based on the measurement of heart beat in the metal industries Esfahan. J Educ Health Promot 3:55. https://doi.org/10.4103/2277-9531.134751. eCollection 2014

Hansen S, Vaegter HB, Petersen KK (2020) Pretreatment exercise-induced hypoalgesia is associated with change in pain and function after standardized exercise therapy in painful knee osteoarthritis. Clin J Pain 36(1):16–24. https://doi.org/10.1097/AJP.0000000000000771

Hauser W, Ablin J, Perrot S, Fitzcharles MA (2017) Management of fibromyalgia: practical guides from recent evidence-based guidelines. Pol Arch Intern Med 127:47–56

Henneman E (1957) Relation between size of neurons and their susceptibility to discharge. Science 126:1345–1347

Henneman E, Mendell LM (1981) Functional organization of motoneuron pool and its inputs. In: Handbook of physiology the nervous system motor control. American Physiological Society, Bethesda, S 423–508

Henneman E, Somjen G, Carpenter DO (1965) Excitability and inhibitability of motoneurons of different size. J Neurophysiol 28:599–620

Henriksen M, Klokker L, Graven-Nielsen T, Bartholdy C, Schjødt Jørgensen T, Bandak E, Danneskiold-Samsøe B, Christensen R, Bliddal H (2014) Association of exercise therapy and reduction of pain sensitivity in patients with knee osteoarthritis: a randomized controlled trial. Arthritis Care Res 66:1836–1843

Hill AV (1938) The heat of shortening and the dynamic constants of muscle. Proc R Soc Lond B Biol Sci 126:136–195. https://doi.org/10.1098/rspb.1938.0050

Hill AV (1964) The effect of load on the heat of shortening of muscle. Proc R Soc Lond B Biol Sci 159:297–318. http://doi.org/10.1098/rspb.1964.0004

Hong BS, Lee KP (2020) A systematic review of the biological mechanisms linking physical activity and breast cancer. Phys Act Nutr 24(3):25–31. https://doi.org/10.20463/pan.2020.0018. Epub 2020 Sep 30

Irving BA, Rutkowski J, Brock DW, Davis CK, Barrett EJ, Gaesser GA, Weltman (2006) Comparison of Borg- and OMNI-RPE as markers of the blood lactate response to exercise. Med Sci Sports Exerc 38(7):1348–1352. https://doi.org/10.1249/01.mss.0000227322.61964.d2

Jakicic JM, Donnelly JE, Pronk NP, Jawad AF, Jacobsen DJ (1995a) Prescription of exercise intensity for the obese patient: the relationship between heart rate, VO2 and perceived exertion. Int J Obes Relat Metab Disord 19(6):382–387

Jakicic JM, Wing RR, Butler BA, Robertson RJ (1995b) Prescribing exercise in multiple short bouts versus one continuous bout: effects on adherence, cardiorespiratory fitness, and weight loss in overweight women. Int J Obes Relat Metab Disord 19(12):893–901

Kami K, Taguchi S, Tajima F, Senba E (2016) Histone acetylation in microglia contributes to exercise-induced hypoalgesia in neuropathic pain model mice. J Pain 17(5):588–599. https://doi.org/10.1016/j.jpain.2016.01.471. Epub 2016 Feb 1

Kami K, Tajima F, Senba E (2017) Exercise-induced hypoalgesia: potential mechanisms in animal models of neuropathic pain. Anat Sci Int 92(1):79–90. https://doi.org/10.1007/s12565-016-0360-z. Epub 2016 Aug 2

Kim G, Kim JH (2020) Impact of skeletal muscle mass on metabolic health. Endocrinol Metab (Seoul) 35(1):1–6. https://doi.org/10.3803/EnM.2020.35.1.1

Kim S, Choi JY, Moon S, Park DH, Kwak HB, Kang JH (2019) Roles of myokines in exercise-induced improvement of neuropsychiatric function. Pflugers Arch 471(3):491–505. https://doi.org/10.1007/s00424-019-02253-8. Epub 2019 Jan 9

Kirk B, Feehan J, Lombardi G, Duque G (2020) Muscle, bone, and fat crosstalk: the biological role of myokines, osteokines, and adipokines. Curr Osteoporos Rep 18(4):388–400. https://doi.org/10.1007/s11914-020-00599-y

Kluding PM, Pasnoor M, Singh R, Jernigan S, Farmer K, Rucker J, Sharma NK, Wright DE (2012) The effect of exercise on neuropathic symptoms, nerve function, and cutaneous innervation in people with diabetic peripheral neuropathy. J Diabetes Complicat 26(5):424–429. https://doi.org/10.1016/j.jdiacomp.2012.05.007. Epub 2012 Jun 18

Kodesh E, Weissman-Fogel I (2014) Exercise-induced hypoalgesia – interval versus continuous mode. Appl Physiol Nutr Metab 39(7):829–834. https://doi.org/10.1139/apnm-2013-0481. Epub 2014 Feb 12

Koltyn KF, Brellenthin AG, Cook DB, Sehgal N, Hillard C (2014) Mechanisms of exercise-induced hypoalgesia. J Pain 15(12):1294–1304. https://doi.org/10.1016/j.jpain.2014.09.006

Kunitomi M, Takahashi K, Wada J, Suzuki H, Miyatake N, Ogawa S, Ohta S, Sugimoto H, Shikata K, Makino H (2000) Re-evaluation of exercise prescription for Japanese type 2 diabetic patients by ventilatory threshold. Diabetes Res Clin Pract 50(2):109–115. https://doi.org/10.1016/s0168-8227(00)00170-4

Laube W (1990) Zur Rückführung des vegetativ-chronotropen Tonus, der Erholung im neuromuskulären System und den Wechselbeziehungen zwischen beiden Funktionssystemen nach Auslösung einer identischen anaeroben Stoffwechselsituation durch verschiedene Belastungsarten. Dissertation B (Dr. med. sc.), Humboldt-Universität zu Berlin, Bereich Medizin Charité, Physiologisches Institut

Laube W (Hrsg) (2009) Sensomotorisches System. Thieme, Stuttgart/New York

Laube W (2020) Sensomotorik und Schmerz. Wechselwirkung von Bewegungsreizen und Schmerzempfinden. Springer, Berlin/Heidelberg

Laube W (2021a) Muskeltraining – ein universelles Medikament. Man Med 59:179–186. https://doi.org/10.1007/s00337-021-00801-x. Zugegriffen am 02.06.2021

Laube W (2021b) Der Muskulatur mehr Aufmerksamkeit schenken! Man Med 59:302–306. https://doi.org/10.1007/s00337-021-00821-7

Laube W (2022a) Schmerztherapie ohne Medikamente – Leitfaden zur endogenen Schmerzhemmung für Ärzte und Therapeuten. Springer, Berlin, Heidelberg

Laube W (2022b) Muskeldysfunktionen – mit Training gegen Schmerz (Teil I). Man Med 60(2):84–89

Laube W. Muskeldysfunktionen – mit Training gegen Schmerz (Teil II). Manuelle Medizin. https://doi.org/10.1007/s00337-022-00887-x. Zugegriffen am 13.05.2022c

Laube W (2022d) Mentale Gesundheit und physische Aktivität. Man Med 60:13–21. https://doi.org/10.1007/s00337-021-00845-z. Zugegriffen am 20.10.2021

Laurens C, Bergouignan A, Moro C (2020) Exercise-released myokines in the control of energy metabolism. Front Physiol 11:91. https://doi.org/10.3389/fphys.2020.00091. eCollection 2020

Liguori G, Feito Y, Fountaine C, Roy BA, American College of Sports Medicine (2022) ACSM's guidelines for exercise testing and prescription. Wolters Kluwer, Philadelphia

Löfgren M, Opava CH, Demmelmaier I, Fridén C, Lundberg IE, Nordgren B, Kosek E (2018a) Long-term, health-enhancing physical activity is associated with reduction of pain but not pain sensitivity or improved exercise-induced hypoalgesia in persons with rheumatoid arthritis. Arthritis Res Ther 20(1):262. https://doi.org/10.1186/s13075-018-1758-x

Löfgren M, Opava CH, Demmelmaier I, Fridén C, Lundberg IE, Nordgren B, Kosek E (2018b) Pain sensitivity at rest and during muscle contraction in persons with rheumatoid arthritis: a substudy within the Physical Activity in Rheumatoid Arthritis 2010 study. Arthritis Res Ther 20(1):48. https://doi.org/10.1186/s13075-018-1513-3

Marçal IR, Falqueiro PG, Fernandes B, Ngomane AY, Amaral VT, Guimarães GV, Ciolac EG (2021) Prescribing high-intensity interval exercise by rating of perceived exertion in young individuals. J Sports Med Phys Fitness 61(6):797–802. https://doi.org/10.23736/S0022-4707.20.11449-X. Epub 2021 Jan 29

McLoughlin MJ, Stegner AJ, Cook DB (2011) The relationship between physical activity and brain responses to pain in fibromyalgia. J Pain 12(6):640–651. https://doi.org/10.1016/j.jpain.2010.12.004. Epub 2011 Feb 18

Mielke M, Housh TJ, Malek MH, Beck TW, Schmidt RJ, Johnson GO (2008) The development of rating of perceived exertion-based tests of physical working capacity. J Strength Cond Res 22(1):293–302. https://doi.org/10.1519/JSC.0b013e31815f58ca

Moore SC, Lee IM, Weiderpass E, Campbell PT, Sampson JN, Kitahara CM, Keadle SK, Arem H, Gonzalez AB, Hartge P, Adami HO, Blair C, Borch KB, Boyd E, Check DP, Fournier A, Freedman ND, Gunter M, Johannson M, Khaw KT, Linet MS, Orsini N, Park Y, Riboli E, Robien K, Schairer C, Sesso H, Spriggs M, Dusen RV, Wolk A, Matthews CE, Patel AV (2016) Association of leisure-time physical activity with risk of 26 types of cancer in 1.44 million adults. JAMA Intern Med 176:816–825

Munneke W, Ickmans K, Voogt L (2020) The Association of Psychosocial Factors and exercise-induced hypoalgesia in healthy people and people with musculoskeletal pain: a systematic review. Pain Pract 20(6):676–694. https://doi.org/10.1111/papr.12894. Epub 2020 May 15

Mylius V, Ciampi de Andrade D, Cury RG, Teepker M, Ehrt U, Eggert KM, Beer S, Kesselring J, Stamelou M, Oertel WH, Möller JC, Lefaucheur JP (2015) Pain in Parkinson's disease: current concepts and a new diagnostic algorithm. Mov Disord Clin Pract 2(4):357–364. https://doi.org/10.1002/mdc3.12217. eCollection 2015 Dec

Nasri-Heir C, Patil AG, Korczeniewska OA, Zusman T, Khan J, Heir G, Benoliel R, Eliav E (2019) The effect of nonstrenuous aerobic exercise in patients with chronic masticatory myalgia. J Oral Facial Pain Headache Spring 33(2):143–152. https://doi.org/10.11607/ofph.2342. Epub 2019 Feb 6

Naugle KM, Fillingim RB, Riley JL 3rd (2012) A meta-analytic review of the hypoalgesic effects of exercise. J Pain 13(12):1139–1150. https://doi.org/10.1016/j.jpain.2012.09.006

Naugle KM, Naugle KE, Fillingim RB, Samuels B, Riley JL 3rd (2014) Intensity thresholds for aerobic exercise-induced hypoalgesia. Med Sci Sports Exerc 46(4):817–825

Naugle KM, Cruz-Almeida Y, Vierck CJ, Mauderli AP, Riley JL 3rd. (2015) Age-related differences in conditioned pain modulation of sensitizing and desensitizing trends during response dependent stimulation. Behav Brain Res 289:61–68. [PubMed: 25907744]

Naugle KM, Naugle KE, Riley JL 3rd (2016) Reduced modulation of pain in older adults after isometric and aerobic exercise. J Pain 17(6):719–728. https://doi.org/10.1016/j.jpain.2016.02.013. Epub 2016 Mar 15

Nessizius S, Oelinger L, Mur E, Joannidis M (2021) [Lactate changes during mobilization of intensive care patients: a retrospective observational study]. Med Klin Intensivmed Notfmed. https://doi.org/10.1007/s00063-021-00885-2

Nguy V, Barry BK, Moloney N, Hassett LM, Canning CG, Lewis SJG, Allen NE (2019) Exercise-induced hypoalgesia is present in people with Parkinson's disease: two observational cross-sectional studies. Eur J Pain 23(7):1329–1339. https://doi.org/10.1002/ejp.1400. Epub 2019 May 14

Noble BJ, Borg GA, Jacobs I, Ceci R, Kaiser P (1983) A category-ratio perceived exertion scale: relationship to blood and muscle lactates and heart rate. Med Sci Sports Exerc 15(6):523–528

Oliveira CB, Maher CG, Pinto RZ, Traeger AC, Lin CC, Chenot JF, van Tulder M, Koes BW (2018) Clinical practice guidelines for the management of non-specific low back pain in primary care: an updated overview. Eur Spine J 27(11):2791–2803. https://doi.org/10.1007/s00586-018-5673-2. Epub 2018 Jul 3

de Oliveira Dos Santos AR, de Oliveira Zanuso B, Miola VFB, Barbalho SM, Santos Bueno PC, Flato UAP, Detregiachi CRP, Buchaim DV, Buchaim RL, Tofano RJ, Mendes CG, Tofano VAC, Dos Santos Haber JF (2021) Adipokines, myokines, and hepatokines: crosstalk and metabolic repercussions. Int J Mol Sci 22(5):2639. https://doi.org/10.3390/ijms22052639

Pacheco-Barrios K, Carolyna Gianlorenço A, Machado R, Queiroga M, Zeng H, Shaikh E, Yang Y, Nogueira B, Castelo-Branco L, Fregni F (2020) Exercise-induced pain threshold modulation in healthy subjects: a systematic review and meta-analysis. Princ Pract Clin Res 6(3):11 28. https://doi.org/10.21801/ppcrj.2020.63.2. Epub 2020 Sep 16

Parke SC, Ng A, Martone P, Gerber LH, Zucker DS, Engle J, Gupta E, Power K, Sokolof J, Shapar S, Bagay L, Becker BE, Langelier DM (2021) Translating 2019 ACSM cancer exercise recommendations for a physiatric practice: derived recommendations from an International Expert Panel. PM R. https://doi.org/10.1002/pmrj.12664

Pedersen BK (2019a) Physical activity and muscle-brain crosstalk. Nat Rev Endocrinol 15(7):383–392. https://doi.org/10.1038/s41574-019-0174-x

Pedersen BK (2019b) The physiology of optimizing health with a focus on exercise as medicine. Annu Rev Physiol 81:607–627

Pedersen BK, Saltin B (2015) Exercise as medicine – evidence for prescribing exercise as therapy in 26 different chronic diseases. Scand J Med Sci Sports 25(Suppl 3):1–72. https://doi.org/10.1111/sms.12581

Polaski AM, Phelps AL, Kostek MC, Szucs KA, Kolber BJ (2019) Exercise-induced hypoalgesia: a meta-analysis of exercise dosing for the treatment of chronic pain. PLoS One 14(1):e0210418. https://doi.org/10.1371/journal.pone.0210418. eCollection 2019

Poliquin C (1987) Strength training for elite athletes. AS-CA-World Clinic, Yearbook, Las Vegas, S 129–139

Polito LFT, Marquezi ML, Marin DP, Villas Boas Junior M, Brandão MRF (2021) The goal scale: a new instrument to measure the perceived exertion in soccer (indoor, field, and beach) players. Front Psychol 11:623480. https://doi.org/10.3389/fpsyg.2020.623480. eCollection 2020

Primeau CA, Birmingham TB, Moyer RF, O'Neil KA, Werstine MS, Alcock GK, Giffin JR (2020) Trajectories of perceived exertion and pain over a 12-week neuromuscular exercise program in patients with knee osteoarthritis. Osteoarthr Cartil 28(11):1427–1431. https://doi.org/10.1016/j.joca.2020.07.011. Epub 2020 Aug 21

Qaseem A, Wilt TJ, McLean RM, Forciea MA, Clinical Guidelines Committee of the American College of Physicians, Denberg TD, Barry MJ, Boyd C, Chow RD, Fitterman N, Harris RP, Humphrey LL, Vijan S (2017) Noninvasive treatments for acute, subacute, and chronic low back pain: a clinical practice guideline From the American College of Physicians. Ann Intern Med 166(7):514–530. https://doi.org/10.7326/M16-2367. Epub 2017 Feb 14

Riley JL, King CD, Wong F, Fillingim RB, Mauderli AP (2010) Lack of endogenous modulation and reduced decay of prolonged heat pain in older adults. Pain 150:153–160

Robertson RJ, Goss FL, Rutkowski J, Lenz B, Dixon C, Timmer J, Frazee K, Dube J, Andreacci J (2003) Concurrent validation of the OMNI perceived exertion scale for resistance exercise. Med Sci Sports Exerc 35(2):333–341

Rynders CA, Angadi SS, Weltman NY, Gaesser GA, Weltman A (2011) Oxygen uptake and ratings of perceived exertion at the lactate threshold and maximal fat oxidation rate in untrained adults.

Eur J Appl Physiol 111(9):2063–2068. https://doi.org/10.1007/s00421-010-1821-z. Epub 2011 Jan 23

Scarin S, Aspesi V, Malchiodi Albedi G, Cimolin V, Cau N, Galli S, Capodaglio P (2019) Slow versus traditional strength training in obese female participants: preliminary results. Int J Rehabil Res 42(2):120–125. https://doi.org/10.1097/MRR.0000000000000335

Scherr J, Wolfarth B, Christle JW, Pressler A, Wagenpfeil S, Halle M (2013) Associations between Borg's rating of perceived exertion and physiological measures of exercise intensity. Eur J Appl Physiol 113(1):147–155. https://doi.org/10.1007/s00421-012-2421-x. Epub 2012 May 22

Schootemeijer S, van der Kolk NM, Bloem BR, de Vries NM (2020) Current perspectives on aerobic exercise in people with Parkinson's disease. Neurotherapeutics 17(4):1418–1433. https://doi.org/10.1007/s13311-020-00904-8

Scott TJ, Black CR, Quinn J, Coutts AJ (2013) Validity and reliability of the session-RPE method for quantifying training in Australian football: a comparison of the CR10 and CR100 scales. J Strength Cond Res 27(1):270–276. https://doi.org/10.1519/JSC.0b013e3182541d2e

Severinsen MCK, Pedersen BK (2020) Muscle-organ crosstalk: the emerging roles of myokines. Endocr Rev 41(4):594–609. https://doi.org/10.1210/endrev/bnaa016

Shariat A, Cleland JA, Danaee M, Alizadeh R, Sangelaji B, Kargarfard M, Ansari NN, Sepehr FH, Tamrin SBM (2018) Borg CR-10 scale as a new approach to monitoring office exercise training. Work 60(4):549–554. https://doi.org/10.3233/WOR-182762

Smith A, Ritchie C, Pedler A, McCamley K, Roberts K, Sterling M (2017) Exercise induced hypoalgesia is elicited by isometric, but not aerobic exercise in individuals with chronic whiplash associated disorders. Scand J Pain 15:14–21. https://doi.org/10.1016/j.sjpain.2016.11.007. Epub 2016 Dec 6

Smith A, Ritchie C, Warren J, Sterling M (2020) Exercise-induced hypoalgesia is impaired in chronic Whiplash-associated Disorders (WAD) with both aerobic and isometric exercise. Clin J Pain 36(8):601–611. https://doi.org/10.1097/AJP.0000000000000845

Swain RA, Harris AB, Wiener EC, Dutka MV, Morris HD, Theien BE, Konda S, Engberg K, Lauterbur PC, Greenough WT (2003) Prolonged exercise induces angiogenesis and increases cerebral blood volume in primary motor cortex of the rat. Neuroscience 117:1037–1046

Thompson PD, Arena R, Riebe D, Pescatello LS, American College of Sports Medicine (2013) ACSM's new preparticipation health screening recommendations from ACSM's guidelines for exercise testing and prescription, ninth edition. Curr Sports Med Rep 12(4):215–217. https://doi.org/10.1249/JSR.0b013e31829a68cf

Thorén P, Floras JS, Hoffmann P, Seals DR (1990) Endorphins and exercise: physiological mechanisms and clinical implications. Med Sci Sports Exerc 22(4):417–428

Tibana AR, de Sousa NMF, Prestes J, da Cunha ND, Ernesto C, Falk Neto JH, Kennedy MD, Azevedo Voltarelli F (2019) Is perceived exertion a useful indicator of the metabolic and cardiovascular responses to a metabolic conditioning session of functional fitness? Sports (Basel) 7(7):161. https://doi.org/10.3390/sports7070161

Tucker K, Butler J, Graven-Nielsen T, Riek S, Hodges P (2009) Motor unit recruitment strategies are altered during deep-tissue pain. J Neurosci 29(35):10820–10826. https://doi.org/10.1523/JNEUROSCI.5211-08.2009

Tucker KJ, Hodges PW (2009) Motoneurone recruitment is altered with pain induced in nonmuscular tissue. Pain 141(1–2):151–155. https://doi.org/10.1016/j.pain.2008.10.029. Epub 2008 Dec 17

Unick JL, Gaussoin S, Bahnson J, Crow R, Curtis J, Killean T, Regensteiner JG, Stewart KJ, Wing RR, Jakicic JM (2014) The look AHEAD Research Group: validity of ratings of perceived exertion in patients with type 2 diabetes. J Nov Physiother Phys Rehabil 1(1):102

Vaegter HB, Jones MD (2020) Exercise-induced hypoalgesia after acute and regular exercise: experimental and clinical manifestations and possible mechanisms in individuals with and without pain. Pain Rep 5(5):e823. https://doi.org/10.1097/PR9.0000000000000823. eCollection Sep-Oct 2020

Vaegter HB, Handberg G, Graven-Nielsen T (2016) Hypoalgesia after exercise and the cold pressor test is reduced in chronic musculoskeletal pain patients with high pain sensitivity. Clin J Pain 32(1):58–69

Vaegter HB, Hoeger Bement M, Madsen AB, Fridriksson J, Dasa M, Graven-Nielsen T (2017) Exercise increases pressure pain tolerance but not pressure and heat pain thresholds in healthy young men. Eur J Pain 21(1):73–81. https://doi.org/10.1002/ejp.901. Epub 2016 Jun 5

Vaegter HB, Petersen KK, Sjodsholm LV, Schou P, Andersen MB, Graven-Nielsen T (2021) Impaired exercise-induced hypoalgesia in individuals reporting an increase in low back pain during acute exercise. Eur J Pain 25(5):1053–1063. https://doi.org/10.1002/ejp.1726. Epub 2021 Jan 17

Wan HY, Weavil JC, Thurston TS, Georgescu VP, Hureau TJ, Bledsoe AD, Buys MJ, Jessop JE, Richardson RS, Amann M (2020) The exercise pressor reflex and chemoreflex interaction: cardiovascular implications for the exercising human. J Physiol 598(12):2311–2321. https://doi. org/10.1113/JP279456. Epub 2020 Apr 27

Wassinger CA, Lumpkins L, Sole G (2020) Lower extremity aerobic exercise as a treatment for shoulder pain. Int J Sports Phys Ther 15(1):74–80

Wewege MA, Jones MD (2021) Exercise-induced hypoalgesia in healthy individuals and people with chronic musculoskeletal pain: a systematic review and meta-analysis. J Pain 22(1):21–31. https://doi.org/10.1016/j.jpain.2020.04.003. Epub 2020 Jun 26

World Health Organization (2011) Global recommendations on physical activity for health. 1. Exercise. 2. Life style. 3. Health promotion. 4. Chronic disease – prevention and control. 5. National health programs

World Health Organization (2020) WHO Guidelines on physical activity and sedentary behaviour. World Health Organization, Geneva. Licence: CC BY-NC-SA 3.0 IGO, ISBN 978-92-4-001512-8 (electronic version), ISBN 978-92-4-001513-5 (print edition)

Wu B, Zhou L, Chen C, Wang J, Hu L, Wang X (2021) Effects of exercise-induced hypoalgesia and its neural mechanisms. Med Sci Sports Exerc. https://doi.org/10.1249/MSS.0000000000002781

Yokota T, Kinugawa S, Yamato M, Hirabayashi K, Suga T, Takada S, Harada K, Morita N, Oyama-Manabe N, Kikuchi Y, Okita K, Tsutsui H (2013) Systemic oxidative stress is associated with lower aerobic capacity and impaired skeletal muscle energy metabolism in patients with metabolic syndrome. Diabetes Care 36(5):1341–1346. https://doi.org/10.2337/dc12-1161. Epub 2013 Feb 7

Yokota T, Kinugawa S, Hirabayashi K, Suga T, Takada S, Omokawa M, Kadoguchi T, Takahashi M, Fukushima A, Matsushima S, Yamato M, Okita K, Tsutsui H (2017) Pioglitazone improves whole-body aerobic capacity and skeletal muscle energy metabolism in patients with metabolic syndrome. J Diabetes Investig 8(4):535–541. https://doi.org/10.1111/jdi.12606. Epub 2017 Jan 31

Yoo M, D'Silva LJ, Martin K, Sharma NK, Pasnoor M, LeMaster JW, Kluding PM (2015) Pilot study of exercise therapy on painful diabetic peripheral neuropathy. Pain Med 16(8):1482–1489. https://doi.org/10.1111/pme.12743. Epub 2015 Mar 20

Zamunér AR, Moreno MA, Camargo TM, Graetz JP, Rebelo AC, Tamburús NY, da Silva E (2011) Assessment of subjective perceived exertion at the anaerobic threshold with the Borg CR-10 scale. J Sports Sci Med 10(1):130–136. eCollection 2011

Zeni AI, Hoffman MD, Clifford PS (1996) Relationships among heart rate, lactate concentration, and perceived effort for different types of rhythmic exercise in women. Arch Phys Med Rehabil 77(3):237–241. https://doi.org/10.1016/s0003-9993(96)90104-5

Zinoubi B, Zbidi S, Vandewalle H, Chamari K, Driss T (2018) Relationships between rating of perceived exertion, heart rate and blood lactate during continuous and alternated-intensity cycling exercises. Biol Sport 35(1):29–37. https://doi.org/10.5114/biolsport.2018.70749. Epub 2017 Oct 12

Stichwortverzeichnis

© Der/die Herausgeber bzw. der/die Autor(en), exklusiv lizenziert an Springer-Verlag
GmbH, DE, ein Teil von Springer Nature 2023
W. Laube, A. Daase, *Regulative Schmerztherapie*,
https://doi.org/10.1007/978-3-662-66215-1

Printed in the United States
by Baker & Taylor Publisher Services